谨 谢

谨以此书献给我的家人、来访者和同事们,感谢他们的生活、品质和知识,感谢他们的耐心、理解和爱。

徐 青

高等院校心理学专业精品教材系列

Abnormal
PSYCHOLOGY

变态心理学

徐 青 / 主编

ZHEJIANG UNIVERSITY PRESS
浙江大学出版社

图书在版编目（CIP）数据

变态心理学 / 徐青主编. —杭州：浙江大学出版
社，2023.10（2025.1 重印）
ISBN 978 7-308-20247-3

Ⅰ.①变… Ⅱ.①徐… Ⅲ.①变态心理学—高等学校
—教材 Ⅳ.①B846

中国版本图书馆 CIP 数据核字（2020）第 262218 号

变态心理学

BIANTAI XINLIXUE

徐　青　主编

责任编辑	王　波	
责任校对	吴昌雷	
封面设计	春天书装	
出版发行	浙江大学出版社	
	（杭州市天目山路 148 号　邮政编码 310007）	
	（网址：http://www.zjupress.com）	
排　版	杭州青翊图文设计有限公司	
印　刷	广东虎彩云印刷有限公司绍兴分公司	
开　本	787mm×1092mm　1/16	
印　张	26.25	
字　数	672 千	
版 印 次	2023 年 10 月第 1 版　2025 年 1 月第 2 次印刷	
书　号	ISBN 978-7-308-20247-3	
定　价	78.00 元	

FOREWORD
前 言 >>> >

变态心理学(abnormal psychology)涉及主要的异常心理现象的描述、对其如何进行诊断，不同理论模型对各种异常心理现象成因的分析和解释，以及如何进行有效的治疗和干预等内容。变态心理学是心理学本科生的必修课程之一，教材的更新问题一直困扰着我们。目前国内已有的变态心理学书籍，许多内容不能很好地反映当前此领域学科的进展情况。还有些同类书籍，其内容近似精神病学教科书，未能反映出变态心理学作为一门心理学课程的特点。

21世纪的变态心理学领域正在经历一场革命。生物精神病学和对变态的心理社会研究都取得了重大突破。尤其重要的是有关心理障碍的生物学模型和心理学模型日趋整合，从而在心理障碍的认识、解释和治疗方面有了新进展。

编写本书的主要目的就是要抓住这一契机，让学生明白我们在心理障碍研究中的发现，以及研究人员是如何取得日新月异的进步的。另一个重要目的是继续突出心理障碍患者的个人感受，让学生了解他们的痛苦和勇气，并帮助学生理解自身遇到的心理病理学现象。

本书首先介绍了变态心理学的相关概念、历史，介绍了对异常心理现象进行分析和解释的相关理论模型及心理评估与诊断等内容。其后的各个章节，通过对不同心理障碍的症状表现和案例的描述、对诊断标准的比较、对病因的分析与解释、对治疗或干预要点的提供等，使读者对各种异常心理现象有比较全面的了解和认识。此外，本书汇集了许多国内外最新的研究资料，突出了心理学对异常心理现象的研究、治疗方面的贡献，使读者真正了解什么是变态心理学研究的重点内容。

在变态心理学课程的长期教学实践中，我一直让学生把注意力集中在文化与性别对心理病理学的作用上——它们如何影响个人对某种心理障碍的易感性、对疾病的表达以及对治疗的反应。我所提供的心理疾病中有关文化和性别的资料都有扎实的研究基础，尤其是最新的研究和学术讨论基础。

在我编写本书期间，一些成就卓越、非常繁忙的同事给我提供了他们的最新工作研究成果，这些材料使我能够讨论这一领域内最先进和最有前途的工作；其他同事帮我审核了本书的具体内容，并提供了宝贵的反馈意见。在此一并表示衷心的感谢。

徐 青

目 录 ⟩⟩⟩ ⟩

0 导　言

0.1　理解心理、心理功能、心理障碍

我们都尝试了解人和事,尝试了解别人,但要了解和判断别人所做所想的原因不是一件容易的事。事实上,我们连自己的行为和想法都不是总能了解。要厘清人们正常、预期的行为方式已经够困难的了,更不要说那些看上去不正常的行为。

心理学(psychology)是对人类和动物的心理过程及其行为进行研究的一门科学、一个专业、一个领域(Larry,1989;Oltmanns,2018)。通常,不同的心理学分支所研究的内容都是在人类中具有广泛意义的正常的心理现象,而对于心理的异常、一部分人的或一些人在一生的不同时期出现问题的研究就需要特别的分支来研究,变态心理学就是这样一个分支学科。

变态心理学(abnormal psychology),又称**异常心理学**,是心理学中研究异常心理现象的一个分支,对心理问题或心理障碍的产生原因以及如何干预治疗进行研究,同时对一些心理异常现象早期发现,及时治疗;或者积极预防,妥善对待,维护或提高我们的生活质量。所以,变态心理学的具体内容可以细分为三部分。(1)描述现象:心理异常的异常表现、与正常的区分,流行病学、病程及预后等;(2)探索原因:从生物学、心理学、社会文化等多方面看待异常心理现象的产生、变化和影响因素等;(3)干预治疗:探讨对心理障碍进行干预治疗的不同理论观点、治疗方法及效果等。

与变态心理学密切相关的概念是**精神病理学(psychopathology)**,也同样是对心理障碍进行研究的专业领域,与变态心理学相比,它更偏重对异常心理现象的原因和变化机制的探讨。精神病理学是一门研究心理疾病以及引发心理疾病行为的学科。它的研究范围包括各种心理疾病的起因、发展、症状以及治疗等方面,并且对各种心理疾病进行划分与归类。需要特别指出的一点是,精神病理学并不是仅仅研究精神病性心理障碍如精神分裂症等不同类型精神病的一门学科,而是涵盖了所有类型的心理问题、障碍及疾病。

0.2　污名标签化

面对心理异常现象的一个巨大挑战是需要保持客观性。心理异常现象的普遍性以及它潜在引起的不安总是影响着我们的日常生活。我们的主观性行为,始终会个别化地并强有力地影响着我们的客观性。谁能保证一生中没有过荒谬的想法或感觉? 我们大多数人都会认识一些人,他们的行为难以看透、让人烦恼。而且我们知道试着去了解和帮助一个有心理问题的人可能会令人感到受挫和恐惧。可以想象,由于主观性对我们个人的影响,我们必须时刻保持神志清醒,同时还要有坚定的信念,才能保证客观性。

但是明显不利的是,我们先入为主地形成了有关心理障碍的特定的思考和讨论方式,和一些貌似合适的特定词汇和概念。当你阅读这本书,了解书中讨论的心理障碍时,我们希望你能接受不同于你所习惯了的思考和讨论方式。

也许最挑战我们的,不仅仅是意识到自己对心理障碍先入为主的概念,还有我们必须面对和改变与心理障碍相关联的那些标签化的污名。**污名(stigma)**是指社会对行为和处世方式不同于大众的群体持有的消极看法和态度,例如对有心理障碍的人群的态度。更明确地说,污名有四个特征(图 0.1):

(1)被贴上用于与其他人区分的标签(例如,"癫狂")。

(2)这个标签的内容是社会认为异常或者不良的特征(例如,癫狂的人是危险的)。

(3)认为贴上标签的人跟没有标签的人有本质上的区别,形成了"我们"和"他们"两个概念(例如,我们可不像那些癫狂的人)。

(4)被贴标签的人会受到不公平的歧视(例如,给癫狂的人治病的医院不能建在我们附近,犹如垃圾处理场)。

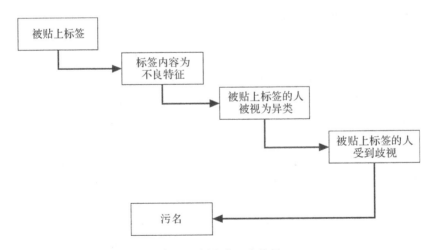

图 0.1　污名的四个特征

考察引起污名化的原因,其中之一可能是对心理障碍的治疗并不总是有效的。心理障碍患者曾经经常受到残忍的对待和排斥,折磨人的治疗手段曾被描述成奇迹治疗。就算在今天,疯狂、精神错乱、迟钝和精神分裂这些词语仍随意地使用于人,从不考虑那些在真实地遭受心理障碍折磨的人的感受。这些侮辱性的和让人极度痛苦的态度和行为却是精神病患者现实生活里每天都要经受的。

尽管大众对心理障碍的认识已经有很大的进步,但它仍是21世纪最被污名化的事物之一(Hinshaw,2007)。David Satcher(1999)在他有关心理障碍的开创性的报告里写到,"对于心理障碍和心理健康领域的未来发展来说,污名是最可怕的障碍"。遗憾的是,20多年过去了,他所说的依旧是现实。

通过本书,我们希望向大家展现有关这些障碍的现象、本质、病因和治疗手段的研究历史及最新研究,希望能消除它们的神秘感和对它们的误解。为此,在接下来的章节中,我们会将心理障碍人性化,对患有这些障碍的人群进行详尽的描述和讨论。

同时,也请你加入这场战斗中,因为书本里获得的少量知识不能保证消除污名。最近20年里有关心理障碍的神经生理因素的发现,如神经递质和基因遗传等,使很多心理健康的从业者和倡导者都希望更多的人能了解到造成心理障碍的神经生理原因,这样对患者的污名就会少些。但是最新的研究结果显示,这个愿望不一定能实现。令人难过的是,人们相关知识的增加并没有减少心理障碍患者的污名。一项研究中,研究者分别在1996年和2006年调查了人们对心理障碍患者的态度和了解程度。相比起1996年的研究,2006年虽然人们似乎更相信像精神分裂、抑郁和酒精依赖等心理障碍有神经生理原因,但是对它们的污名没有因此减少。事实上,有些障碍的污名程度还增强了。例如,2006年人们更不愿意精神分裂症患者做他们的邻居。显然,减少污名还有很长一段路要走。

如果想要进一步深入研究诸如污名、标签化此类问题,可以了解**文化精神病学(cultural psychiatry)**的相关研究。文化精神病学研究和治疗个人的精神疾病,它也考虑到更广泛的种族、宗教和文化背景。随着现代社会变得更加多样化,这种对情境精神病学的研究方法也有了显著的发展。文化精神病学涵盖了广泛的学科:社会和行为科学家的研究,文化人类学家的探索,医学以及世界范围内的精神卫生工作者为个体患者确定的最佳临床治疗方案。例如,文化精神病医生在护理治疗不同背景的抑郁症患者时,可能会考虑诸如歧视、移民、文化差异、本土精神和宗教方面导致的心理压力等。

0.3 与污名对抗的策略

众多的社会权利倡导者、心理学家和多学科的研究者在与污名对抗领域做出了巨大的贡献,主要提出了针对产生心理障碍污名的几个步骤的消除对策。这里我们将简短讨论一些与污名对抗的关键建议,这些建议来自不同领域,包括法律和政策、社区、心理健康相关职业、个体/家庭的行为和态度等。

0.3.1 法律和政策

平等的保险保障,精神卫生平等法是重要的第一步,这要求心理疾病的保险保障率达到和别的疾病同一个级别。比如,2008年3月,美国众议院通过了一个更能体现平等性的法案——《保罗·威尔斯通心理健康平等和成瘾公平法案》(the Paul Wellstone Mental Health Parity and Addiction Equity Act)。有了这个法案,保险公司不能对心理障碍患者设置比其他疾病患者更高的自付额度或可扣除费用标准。美国参议院在 2008 年 10 月 3 日通过该法案,并于 2010 年上半年正式施行。

在法律领域与污名的斗争中,我们所有人都能做的就是强调反歧视法的重要性。心理障碍患者的失业率非常高,尽管有法律(比如,《中华人民共和国残疾人保障法》2018 年修订版)规定他们有权获得或保有一份工作,但现实情况是,只有少量案例是处理心理障碍患者的工作歧视问题的。似乎是因为心理障碍的污名效应,他们害怕这些问题被提出来讨论。

0.3.2　社区策略

提供住所对减少污名是非常关键的一步。需要为无家可归的心理障碍患者提供住所,由于人数太多了,因此,越来越多的公益组织会提供社区居住点给他们。但是,由于种种原因,很多人不接受有心理障碍的人住得太近,当然更不愿主动友好地靠近。

个人交流的给予和保障是提供住所的真正内涵和意义。为心理障碍患者提供住所,意味着他们可以和没有心理障碍的人一样享受当地的餐饮、购物、娱乐、学习等设施。研究证实,当患者地位相对公平时,这样的交流接触是有利于减少污名的。利用正式场所,如当地的公园,更有利于搭建患者和健康人之间沟通的桥梁。

0.3.3　教育

教给人们有关心理障碍的知识,是本书的目的之一,也是减少污名非常重要的一步。通过学习,人们在接触不同疾病的患者时会少些迟疑。不幸的是,虽然如此,污名依然使人们难以开诚布公地交流。教育或许可以使人们在讨论他们的问题时少些犹豫。

教育的一个重要目标,是增加与工作相关的社会技能训练和其他能增强职场成功机会的能力培训计划。为心理障碍患者提供更进一步的工作技能训练可以提高他们的就业机会。例如,为那些因心理障碍而中断学习的人提供更多教育优惠。

0.3.4　专业训练和职业策略

心理卫生评估是有效开展预防和策略提供的重要一环,类似的策略对儿童和成人的心理障碍的预防都有效果。例如在身份认同问题变得更严重前,可通过家长和老师的问卷评估指出问题所在,可以及早做出有效关注和预防。

心理卫生从业者也许最应该接受与污名有关的训练。这类训练能帮助从业者识别出有关污名的恶性信号,防止污名现象出现在以帮助心理障碍患者为己任的职业当中。另外,从业者需对心理障碍的描述、原因和有实证支持的疗法保持正确的了解。这必定可以保证从业者与患者有更好的交流,还可以帮助大众了解心理卫生从业者所从事工作的重要性。

0.3.5 个体和家庭策略

人们在发现所爱的人生病了时会感到恐慌和无所适从,对于发现有心理障碍患者的家庭来说,更是如此。正确认识发病原因和治疗方法非常关键,因为这有助于减轻家庭可能持有的对心理障碍患者的责备和刻板印象。教导心理障碍患者本人也同样相当重要,有时候这也称作**心理教育**(**psychoeducation**),不管是药理学的还是社会心理学的,这类知识已经融合了很多不同类型的治疗方式,在让患者了解为什么他们应该接受某一治疗方案时,有一点非常重要,就是让他们了解自身疾病的本质以及可选择的治疗方案。

0.3.6 支持和倡导团体

对心理障碍患者和他们的家庭来说,参与到支持或倡导团体当中对治疗很有用。支持或倡导团体给有心理障碍的人寻求支持提供了一个平台。这些团体鼓励人们不要隐瞒他们的疾病,讨论自己的病并且帮助去除神秘化,从而减轻污名。举例来说,非营利性组织"让心改变"(Bring Change to Mind),就找到了几种去心理障碍神秘化的方法,包括让有心理障碍的人书写博客等。"患者如我"(Patients Like Me)网站是提供给患有不同疾病的人的一个社交网站。这些网站均由有心理障碍的人负责发展和运作,包含各种有用的链接、博客,还有其他有用的资源。面对面接触的支持团体也非常有用。在这些支持团体中找到同伴是非常有益的,在情感支持和心理赋权方面尤其如此。其他还有比如世界性的心理障碍联盟支持的团体。比如国际精神自由组织(Mind Freedom International)、"疯人之傲"(Mad Pride)在全世界范围内开展与心理障碍的人有关的支持和倡导。

1 异常行为的理解:过去与现在

1.1 理解异常行为的精神病理学

你每天是否这样度过:早上起床、洗脸刷牙、吃早饭,然后出门、上课、学习,享受和一些朋友在一起的快乐时光,然后回家,最后上床睡觉、进入梦乡。也许你没有注意到,很多人要像你一样度过平常的一天有多么困难。也许你注意到,你自己按部就班的日常生活的程序一旦打乱是那么让自己苦恼。如果你放眼周遭,关注身边的人和事,看电视或电影,听广播,浏览网页,接触到很多事情,就一定不难发现一些名人因为吸毒、酒驾或其他问题成为新闻。在书架上,讲述如何与恐惧症、抑郁症、精神分裂症、肥胖等做斗争的书层出不穷。《沉默的羔羊》《美丽心灵》《飞越疯人院》等电影都在描述心理异常的某个方面,而且时不时获得奥斯卡大奖。有些时候身边听闻某个母亲杀害孩子、学生跳楼自杀的悲剧,让我们唏嘘不已。事实上,我们要关注的问题中心,就是或多或少不同程度的**心理障碍(psychological disorder)**。

需要提醒的是,要细致和深度地理解人。理解的分类有两个层次。第一个层次是心理和行为二分;第二个层次是,心理分为状态、能力、过程和特征四类,行为分个体行为和社会行为两类。如果出现了问题或障碍,同样地可以采用相同的理解方式。《临床精神病理学》中有一分为二的做法,即"精神障碍……大体上可分为心理异常和行为异常两大类"。

1.1.1 变态或异常的用词

有很多词语用于形容或描述看起来异常的人和行为,譬如,古怪、发疯、发狂、疯狂、邋遢、疯癫、癫狂、愚蠢、傻傻的、崩溃、怪癖的、精神错乱、神志不清、神经分分、精神有点问题、精神病、精神失常。人们在交谈时好像对什么是异常行为有一种直觉的判断和描述。而且,这种描述和形容在不同语言和文化中有极其相似的一致性。譬如在英语单词或词组(相应的中文词汇)中存在大量类似的现象:aroundthebend(精神错乱),bananas(发狂),barmy(疯癫),batty(古怪),berserk(发狂),bonkers(发疯),cracked(疯狂),crazy(疯狂),cuckoo(傻傻的),daft(愚蠢),delirious(亢奋),demented(发狂),deranged(精神错乱的),dingy

（邋遢），erratic（古怪），flaky（古怪），flipped out（发疯），freaked out（崩溃），fruity（疯疯），insane（精神错乱），insanity（疯癫），kooky（古怪），lunatic（精神错乱），mad（疯狂），mad as a march hare（像春兔一样疯狂），mad as a hatter（发疯），maniacal（癫狂），mental（发疯），moonstruck（发痴），nuts（狂热），nutty（疯癫），nutty as a fruitcake（神经兮兮），of unsound mind（精神失常），out of one's mind（发疯），out of one's tree（发疯），out to lunch（神志不清），potty（癫狂），psycho（精神病患者），screw loose（精神有点问题），screwball（怪癖的），screwy（古怪），silly（愚蠢），touched（神经兮兮），unbalanced（精神失常），unglued（崩溃），unhinged（精神错乱），unzipped（精神错乱的），wacky（古怪）。

语言、文字、文化的不同和变迁，几乎等同于我们对异常行为的理解和变迁。一部人类的文明史几乎对应了一部异常行为的文明史。

1.1.2　心理障碍的概念和定义

对于心理障碍的概念和定义，迄今为止专业人士仍争论不休，公众也有诸多疑惑。因为与此关联的第一个问题就是如何给"正常（常态）"或"异常（变态）"先做个准确的区分和定义，之后再就异常行为做出进一步定义。

"正常"和"异常"是很难定义的，目前没有一个被普遍接受的定义，但并不是说我们没有定义，只是说每一种不同的定义都有些问题，缺乏一致性；即便这样，还是存在很多一致性的意见和共识。目前来自DSM-5中最为广泛接受的"异常"或"障碍"的定义认为，行为、心理或生物学意义上的功能障碍有下列诸多表现：(1)行为不符合文化习惯；(2)存在内心痛苦和社会功能缺损，或痛苦、死亡和社会功能缺损的风险增加。如果具体到某个社会来说，仔细辨认什么叫正常，什么叫不正常（或失控），就可以将这一定义应用于不同的文化或亚文化环境。

但是，功能障碍具体指什么又是一个很难讲清的问题。米歇尔·福柯（Michel Foucault，1926—1984）在其所著的《疯癫与文明》一书中阐述了他对疯癫（法语folie，相当于英语的insanity）的文明史的观点，摘述如下：

(1)在文艺复兴时期，理性得到张扬，人们把理性与疯癫区分开来。他认为，这样做却是"另一种形式的疯癫"，即对疯人实施流放、禁闭和无情的迫害。

(2)在18世纪末至19世纪初法国大革命前后，罪犯提出强烈的要求，要求把犯罪与疯癫区分开来，这是由于有理性的罪犯实在受不了当时对疯人的虐待。

(3)在19世纪末，疯癫与道德被区分开来，因为事实上道德规训对疯人不起作用。〔按：所谓道德治疗（moral therapy）即现代心理治疗的前身。在罪犯中，Prichard（1835）发现了一部分人并命名为moral insanity（悖德狂），这跟当时的主流思潮有关，也就是现在称之为反社会人格（antisocial personality）的前身。〕

(4)在1961年，福柯在其著作中提要说："最后，20世纪给疯癫套上项圈，把它归为自然现象（按：即强调精神障碍的生物学基础），系于这个世界的真理。这种实证主义的粗暴占有所导致的，一方面是从奈瓦尔（Nerval Gerard De，1808—1855）到阿托尔（Artaud Antonie，

1896—1948)的诗作中所能发现的抗议激情。这种抗议是使疯癫体验恢复被禁闭所摧毁的、深刻有力的启示意义的努力。"

福柯从人文历史的视角看问题。他的著作提示,对精神障碍的考察和研究,可以也应该有不同的视角。迄今为止,除文化史的视角外,至少有以下五种不同的视角:

(1)健康—疾病,即生物学视角。

(2)正常—异常,即统计学视角。

(3)理性—非理性,即心理学视角,现在的精神病学和变态心理学已经不限于理性,而是涉及认知、情感、意志行为、智力和人格等。

(4)道德—不道德,即伦理学视角,亦即社会的视角,涉及社会规范和风俗等广阔的领域;目前普遍采用的诊断和评定疗效的标准中,有社会功能一项,就基于这一点。

(5)有刑事责任、民事行为能力—无刑事责任、民事行为能力,即法学视角。

可见,精神障碍是一个异质性范畴(heterogeneous category)。对于异质性范畴,既不可能有严格逻辑的定义,也不可能有严格逻辑的分类。

文化史的视角是对某种文化(福柯限于欧洲文化)做纵向的考察,我们还可以在同一时期内对不同文化做横向的比较,这就是文化或跨文化精神病学,也可以说是一种广义的社会视角。

上述思考的框架和对待患者的态度具有基本的重要性。毋庸讳言,精神"健康"总是带有道德上肯定评价的意味,而精神"疾病"则免不了有道德上否定评价的意味。把世界上的人分成根本不同的两类——精神上健康的人和精神上有病的人,跟儿童看电影总是喜欢问大人"是好人还是坏人"一样的天真和过于简单化。一位精神科医生只有真正看清自己的内心世界里也有精神不大健康或很不健康甚至病态的方面或成分,他才会由衷地尊重坐在他面前的患者。

把人的疾病看成一种生物学的状态或过程,以此为基本概念的医学,称之为**生物医学模式**。20 世纪 50 年代以来,生物医学模式受到了医学社会学家和社会医学家深刻的批评。作为一门应用科学,医学的有效性在很大的程度上取决于政府的卫生政策,保健实施系统的组织、分布和运转,医学教育和群众性卫生教育的实施。而经济发展的水平、居民的食物供应和住房条件、环境的污染、烟酒的生产和销售、药物和麻醉剂的管理、人们的风俗习惯等,也明显且深远地影响着居民的卫生健康状况。行为科学研究揭示,人们的行为是决定卫生状况和健康水平的重要因素,反过来,后者对前者又起着巨大的作用。

生物医学模式不适用于变态心理学和精神医学的研究,也不利于心理学、社会学和文化人类学的观点方法在变态心理学和精神医学中的应用。目前,精神医学在它的分类和命名系统中已经不大使用**疾病(disease)**这个术语和概念(除了像 Alzheimer disease 等少数例外),而普遍采用**精神障碍(mental disorder)**一词,主要理由是,精神障碍不是一个生物学概念,也不具有狭隘的生物学含义。在此,精神障碍(mental disorder)与之前的心理障碍(psychological disorder)两个词将通用于描述本教材中所讨论的所有障碍。

用正常和异常来定义精神障碍,同样也是不够的。正常和异常如果只是一对统计学概念,它们本身并不意味着任何评价。一个人可以异常地好,也可以异常地坏。天才是异常地好,白痴是异常地不好。同样是痛苦的心理冲突,因痛苦而迸发哲学、科学或文学艺术的火花是异常地好,因痛苦而多年无所作为则是异常地不可取。可见,精神障碍这个概念本身离不开价值判断。人类学家告诉我们,在一种文化中被视为病态的精神状况在另一种文化中却不被视为病态,甚至是社会认为可取的。总之,精神障碍的判定离不开一定文化的价值标准和尺度。

精神障碍是在实践中形成的概念,它现在仍在发展变化之中。参加这一实践的人并不限于医生和生物学家,还有也许为数更多的心理学家、社会学家、教育工作者、社会工作者、法律工作者和人类学家等。

在精神医学广阔的领域中,把精神障碍看作一个**心理社会概念(psychosocial concept)**似乎最为可取。这也是唯一能够最广泛地(包括各种非医学专业)被接受的描述性概念。所谓描述,只限于对事实和现象的辨别和界定,它本身不涉及任何理论性假设,如精神障碍的根本性质、可能的原因、病理基础和发病机制等。描述性概念的好处是可以避免讨论一开始就纠缠于谁也说不服谁的争论,有利于不同专业之间发展共同的语言。如果我们看到,现在科学的发展有赖于不同学科和专业之间的互相影响和渗透,描述的价值便不容低估了。生物学家完全不必担心他们会丢失任何领地,因为用生物学的观点和方法对精神障碍者进行卓有成效的研究总是可能的。但是,单一地从心理社会角度看待异常同样是不完整的,需要加上生物学的角度。总体来看,精神障碍的评估与诊断包含心理学的、社会的和生物学的三种标准,缺一不可。理查德·克拉夫特·埃宾(Richard von Krafft-Ebing,1886)早就指出,病态与其说在于异常性行为多么突出,毋宁说更根本的在于正常性心理的缺陷。这话的前一半主要是社会标准,而后一半说的则是心理学标准。事实上,有些没有精神障碍的人为了追求新奇完全可以有各种异常性行为。要说明的是,心理学标准和社会标准常常不能分得一清二楚。例如,自知力就既是心理学的也是社会的,下面要谈到的精神痛苦也是如此。

社会标准有两个,符合其中之一便满足了确定精神障碍的社会标准。

(1)非建设性的精神痛苦。精神痛苦虽然是主观感受,但也是可以被诠释的。构成精神障碍的痛苦没有任何社会价值,患者长期陷在精神痛苦之中无所作为,甚至因此而导致各种人际纠纷。精神痛苦是人生的题中应有之义,也许谁都不是完全免疫的。能够"化悲痛为力量"的人是健康的。思想家的精神痛苦成了一种创造的动力,使他们对人生有深刻的理解,达到了凡夫俗子所不可及的境界。基于社会标准,这种精神痛苦不能视为病态。如果没有丧失症状自知力,也没有阻碍求治的社会环境,精神痛苦的患者是主动求治的。求治遂成为临床医生判定精神痛苦之为病态的一个最简易的标准。

(2)社会功能受损或有缺陷。社会功能可以分解为四个方面:①自理生活的能力;②人际交往与沟通的能力;③工作、学习和操持家务的能力;④遵守社会规则的能力。任何一种能力显著受损或有缺陷都可以视为满足了精神障碍的社会标准,但临床上常见的情况是两种以上的能力都有不同程度的损害或缺陷。

就一般常人而言,风俗、道德、行政和法律这四种社会规则总是特别重要,但对于识别精神障碍它们的重要性有时反而不及**残余规则**（residual rules）。残余规则有一些对应的症状，诸如消极的信念、有不寻常的想法但是不全是妄想性、活动减少和情感淡漠但没有严重到一眼就识别的程度。残余规则是不好概括和归类的规则，同时又是大家都不明说但却是公认为不言而喻的。如，与人谈话时注视对方的眼睛或嘴脸而不注视人家的耳朵，走路时用整个脚板着地而不只是脚趾尖或脚后跟着地，诸如此类。违反残余规则的行为使我们感到古怪，但除了这种感受以外似乎说不出更多的道理。然而，这却是辨认精神障碍的一种十分灵敏的线索。

1.1.3 精神健康与道德的区别和联系

精神健康（以下简称健康）有三个特征（区别性特征）：

（1）成长：从幼稚到成熟，而成熟意味着独立自主，有稳定的价值观，能耐受挫折和失败，人格诸方面良好的整合，等等。

（2）发展：从低层次到高层次动机和需要的发展，如从基本需要（缺乏性需要）到潜力的发挥（丰富性需要）的发展。

（3）在同样的社会和经济条件下，生活质量的提高是健康的表现，否则为不健康。

对于**道德**（morality），可以从以下几方面来看其特征：

（1）就行为模式而言，在某一文化里，它是普适的。通俗地说，道德行为是可以推广的，是值得大家学习的。

（2）就动机而言，每一次真正的道德行为都是自觉的，是体现意志自由（自己做出选择和决定）的行为。

（3）就目标而言，道德行为是利他的而非个人功利的；舍己为人是道德行为的最高表现。

精神健康和道德两者相对而言，前者是更加根本性的，而后者是继生性的；为了利群（利他）而牺牲个人健康是道德行为的常例；因为人己之间的利益常相互冲突而难以兼顾。

婴儿可以是健康的，也可以是不健康的，但他们的行为还未涉及道德的方面，因为更多的是本能地生活，因此，不能说某某婴儿自私地吸着奶水。自杀通常是不健康的，但在特殊处境下可以是道德的。精神障碍是不健康的，但精神病人的行为属于非道德的。

健康对道德起促进作用，但道德行为可以毁坏健康。健康人个人的（既非人际的，也非公益的）业余趣好可以是各式各样的，但任何一种业余趣好都属于非道德的。健康人格的行为模式是各式各样的，如爱说爱笑或沉默寡言以及各种过渡和混合形式，它们属于非道德的行为模式。

可以图解如下（图1.1、图1.2）：大圆圈内包括个人的所有心理和行为。

如果把任何一类或多类非道德行为说成道德的或不道德的，就叫作**泛道德化**（moralistic）。所谓非健康的，即与健康没有关系的，或很难甚至不能评判究竟是否健康的。如属于正常变异的个人风格和行为模式。最常见而浅显的例子是人们走路的步态和姿势千差万别，但绝大多数都属于非健康的；又如，绝大多数梦也属于非健康的。

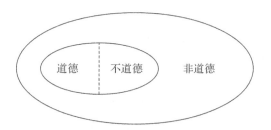

图 1.1　个人的所有心理和行为道德维度区分

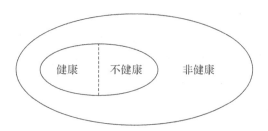

图 1.2　个人的所有心理和行为健康维度区分

1.1.4　精神障碍的原因

按照医学临床工作的传统思考范式,通常采用 3P 来考虑,即素因(predisposing factors)、诱因(precipitating factors)和持续因(perpetuating factors)。因为这样的思考和分析框架便于构思防治计划和安排适当的措施。三方面的简单分析如下：

素因：遗传和先天因素,围产期不利因素；身体(尤其是神经系统)发育和健康的历史(残疾)；家庭成员(尤其指父母、亲子)的关系及教养情况；学校教育及师生、同学关系；社会—文化背景的影响；个人的经验(经历和体验)和人格特点。

诱因：生活事件(广义的概念；凡是生活中发生的、可以相对清楚地区分出来的一件事,都可以视为生活事件,小到某次在电视节目中看到的夫妻不和或暴力事件,偶然一次与人口角,大到离婚、亲人死亡,都是生活事件)；身体(包括神经系统)疾病对患者的直接、生物学的影响(患者对患病的态度和心理、行为反应则属生活事件)。

持续因(临床医生的临床工作要素)：素因和诱因的不利作用持续存在；本人对精神障碍的认识态度和反应；家属及其他重要关系人对患病的态度和反应；工作、学习环境对患者的态度和反应,如因病而致休学、职业性质改变、失业等；受歧视(stigmatization)；医疗情况；同时存在身体疾病或其他精神障碍(共病)。

1.2　异常行为理解的历史

尽管在 300 万年前地球上就已经有人类的足迹了,但文字记录的历史却只有几千年,因而我们对祖先的了解无疑是有限的。人类在试图理解各种异常行为的历史过程中不幸产生过很多误解,即使如此,我们也无法否认现代的科学观念和治疗方法仍然在某种程度上沿用着早期的方法。

历史上,关于异常行为的理解和治疗总体上有三大理论。**超自然理论(supernatural theories)**,认为异常行为是神的干预、诅咒、魔鬼附体和个人罪孽的结果。为了让个体摆脱他所感知到的痛苦,需要使用宗教仪式、咒语、驱魔、忏悔和赎罪等方法。**生物学理论(biological theories)**,认为异常行为类似于生理疾病,都是身体系统出现故障造成的,恢复身体健康就是适合的治疗手段。**心理学理论(psychological theories)**,认为异常行为是创伤或压力造成的,例如丧失亲人或长期的压力。根据这些理论,休息、放松、改变环境以及某些药物有时是有用的。这三种理论影响着行为异常者的社会形象。例如,因为犯罪而被认为异常的人,相对于因为患病而被认为异常的人,人们看待两者的方式是不同的。每一种理论观点在理论、技术和实践上都有比较深入和细致的发展。我们就此作一简要历史回顾。

关于史前人类对异常行为的概念,我们的理解来源于对考古发现的推断,遗骨残片、工具、艺术品,等等。自从书面文字发明以来,人类就一直在记录异常行为,这表明人类向来认为异常是一类需要特殊解释的事物。

1.2.1 邪魔理论与驱邪

根据人类早期著作中与异常行为有关的文字,中国人、埃及人、希伯来人和希腊人常把异常行为归因于妖魔或神灵附体,但究竟是神灵还是妖魔附体则取决于患者的症状。如果患者的言行蕴含宗教或神秘意味,通常会被认为是神灵附体;但是大多数异常行为的表现都被认为是妖魔所致,尤其当患者表现得亢奋、过激且有悖宗教教义时。历史学家和考古学家推测,这个概念很可能来源于超自然信仰(Selling,1940)。

文献记载治疗恶魔附体的主要方法是驱魔,即用各种不同的方式将恶魔从受害者身上驱走。其中典型的方式有巫术、祷告、符咒、喧闹和使用各种味道难闻的混合物驱邪,比如用羊粪和酒调制的泻药。巫师或治病术士力图用咒语或诵经劝说邪魔离开人的躯体,或者采用极端手段使其无法在人的躯体内生存,例如饥饿或鞭打。在很多时期,被认为魔鬼附身的人可能会被直接处死。一种治疗变态的方式从石器时期一直持续到中世纪,人们会在行为怪异者的颅骨上凿孔让魔鬼离开。考古学家发掘出了距今50万年的石器时代的颅骨,颅骨的某些部位被钻穿或挖掉了。用于凿孔的工具叫作**环钻**,这种手术因此被称为**环钻术(trephination**,也译作头盖骨钻洞术)(图1.3)。有些历史学家认为,这种脑部手术被用于治疗产生幻视或幻听以及长期悲伤的人。我们推测,如果经过手术的人能活下来,邪魔就被驱逐了,其怪异行为也会减少。然而,我们无法确认颅骨穿孔是否仅仅就是用于驱除邪魔的。其他历史学家则认为,环钻术主要用于清除战争期间石头武器造成的血凝块以及其他医疗目的(Maher & Maher,1985;Feldman & Goodrich,2001)。

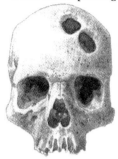 

6500 BC Trephining

The first known surgery was probably trephining, or drilling the skull. This may have been a cure for headache. The remains of skulls where the hole has healed suggest that some patients even survived the operation!

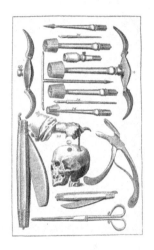 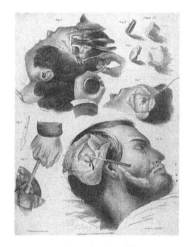

图 1.3　颅骨化石及环钻术
（图片来自网络搜索，涉及版权请联系本书作者）

1.2.2　古代中国中医：阴阳平衡

古代中医典籍《黄帝内经》是中国最早的典籍之一，也有大量关于异常的文字记载。相传为黄帝（公元前 2717—前 2599）所作，因以为名。但后世较为公认此书最终成型于西汉（公元前 202—公元 8），作者亦非一人，而是由中国历代黄老医家传承增补发展创作而来。《黄帝内经》将人的心理活动统称为情志，它是人在接触和认识客观事物时，人体本能的综合反映，是七情和五志的合称。《黄帝内经》中所说的七情是指喜、怒、忧、思、悲、恐、惊七种情绪的总称，就是人们常说的"七情六欲"中的"七情"。七情与脏腑的功能活动有着密切的关系，七情分属五脏，以喜、怒、思、悲、恐为代表，称为"五志"。如《黄帝内经·素问·举痛论》中这样记载：怒则气上、喜则气缓、悲则气消、恐则气下、惊则气乱、思则气结。《黄帝内经·素问·宣明五气篇》指出："五精所并，精气并于心则喜，并于肝则悲，并于肺则忧，并于脾则畏，并于肾则恐，是谓五并，虚而相并者也。"《黄帝内经·素问·阴阳应象大论》明确地说"怒伤肝,悲胜怒""喜伤心,恐胜喜""思伤脾,怒胜思""忧伤肺,喜胜忧""恐伤肾,思胜恐"。针对情志病,中医基本上采取情志生克法,也就是以情治情法。原理实际上还是五行相克的原理。

中医的基础是阴和阳的概念,人体包含正的力量(阳)和负的力量(阴),存在彼此对抗并相互依存的动力学过程。如果两种力量对抗处于平衡状态,人体就是健康的。如果两种力量不平衡,就会导致疾病,包括精神错乱。例如,狂症被认为是阳盛造成的;狂症患者初期症状为情绪低落,饮食和睡眠减少;继而变得狂妄,觉得自己聪明高尚,整日喋喋不休、唱个不停、行为怪异,看见奇怪事物,听见奇怪声音,相信自己能看到魔鬼或神灵等。对这类症状的治疗手段是禁食,因为食物被认为是阳的力量来源,而患者需要降低这种力量(Tseng,1973)。

古代中医哲学的另一种理论认为,人的情绪受其内脏的控制。当"精气"生于或滞于某脏腑时,人就会体验特定的情绪。例如,当气生于心脏时,人就感到高兴;滞于肺脏时,人就感到悲伤;生于肝脏时,人就感到愤怒;滞于脾脏时,人就感到忧虑;滞于肾脏时,人就感到恐惧。该理论鼓励人们生活要和谐、有条理,这样精气才能畅通。

尽管以《内经》为代表的古代文献对心理症状的看法主要属于生物学观点,然而,秦朝和唐朝时期(公元 420—618)兴起的道教和佛教对异常行为形成了一些具有宗教色彩的理解。邪风入体和鬼魂附体会让人着魔,并使人产生怪异的情绪和无法控制的行为。但是,关于变态的宗教理论在唐朝后逐渐衰落了。

1.2.3 古埃及、希腊和罗马的主流理论:生物学理论

古埃及和美索不达米亚的纸莎草文稿有关于异常行为的记载,其历史可追溯至公元前1900 年。有两部公元前 16 世纪的古埃及纸莎草文稿记载了现知最早的对疾病和行为失常的治疗。埃德温·史密斯纸莎草文稿详细记载了当时如何治疗伤口或进行外科手术。其中有人类对大脑最早的描述,它明确指出大脑是心理活动的场所。另一部埃伯斯纸莎草文稿则提出了不同的治疗观点。该文献记载了内科学和循环系统,但还是更多地依靠咒语和巫术来解释和治愈病因不详的疾病。当时的医疗中虽然可能已经使用了外科手术,但术中伴随着祷告等行为,这都反映了当时人们对行为失常的缘由的主流观点。该文稿记载了很多心理障碍,每个都附有医生对病因的诊断以及恰当的治疗手段。其中的几种障碍明显地造成人们不可解释的疼痛、悲伤和对生活的冷漠。例如,"一位恋床的女人,她不起床,也不摇晃床"。据说只有女人患此类疾病,病因是"游走的子宫"。显然,古埃及人相信女人的子宫可以移动并在体内四处游动,从而干扰其他器官并导致了这些症状。后来,对女性持有相同解剖学观点的古希腊人将其定名为"癔病"(源于希腊词 hysteria,意为子宫)。如今,该术语用于指代那些可能是由于心理过程造成的生理症状。在古埃及纸莎草文稿中,治疗的手段包括采用具有强烈气味的药物迫使子宫归位(Veith,1965;Okasha & Okasha,2000)。

当时大部分希腊人和罗马人认为疯狂是神所给予的痛苦。值得一提的是,苏格拉底(Socrates,公元前 469—前 399)和柏拉图(Plato,公元前 429—前 347)都有认为某些形式的疯狂是神圣的,它们是伟大的文学和预言天赋的源泉。在雅典领袖佩里克利斯(Pericles,公元前 461—前 429)的领导下,希腊黄金时代开启了希腊神庙的治疗历程。遭受痛苦的人会

去供奉埃斯科拉庇俄斯神的寺庙静修,牧师会在那里举行治疗仪式。然而,古希腊医生多半不接受对异常行为的超自然解释(Wallace & Gach,2008)。尽管当时的希腊人认为人的身体神圣不可侵犯,但对于人体解剖和生理学知之甚少。然而,这一时期见证了人类对异常行为的理解和治疗的巨大进步。

在这一时期,有现代医学之父美誉的希腊医生希波克拉底(Hippocrates,公元前460—前377)不接受是神灵和魔鬼的介入而导致病情发展的观点,坚持认为精神疾病(从此异常行为有归类于疾病的传统)和其他疾病一样,有着自然的原因和适宜的治疗方法。他认为大脑是人的智能中心,精神疾病是由大脑病变所致。他还强调遗传和诱因的重要性,指出头部受伤会导致感官和运动神经疾病。他把精神疾病分为三大类:躁狂、抑郁和谵妄(其实是脑膜炎),并对每一类中的具体病症做出了详细的临床观察描述。根据患者每天的临床表现进行记录,描述得异常精确。另外,提出了所谓人格或气质的四种体液说(B. A. Maher & W. B. Maher,1994)。后来的罗马医生盖伦也因此而出名。当时人们认为构成物质世界的四种要素是土、空气、火和水,它们分别象征着热、冷、干、湿。这些要素相结合形成四种基本的体液:血液、黏液、胆汁和黑胆汁。这些体液在不同的个体内里按不同的比例结合,其中占主导地位的体液将决定一个人的气质和性情。所有疾病包括精神疾病都是由人体基本体液的失衡造成的。从而衍生出对人类行为的最早且最持久的分类方式之一:多血质、黏液质、胆汁质和忧郁质。每一种类型都蕴含一套个性特点,例如,多血质的人乐观、快乐并无所畏惧。

希波克拉底认为梦对了解患者的人格非常重要。在这一点上,他是现代心理动力学治疗的基本概念的先驱。他提倡的疗法远远超越了当时盛行的驱魔疗法。例如,他治疗抑郁症的处方是:规律平静的生活、节制、吃素食、禁欲、锻炼、必要时放血。他还认识到环境的重要性,常让患者从家里搬出来。这些方法也为当时大多数医生所使用。

希波克拉底强调疾病的自然原因,重视临床观察,强调大脑病变是精神疾病的根源,这在当时无疑都是革命性的观点。然而与其同时代的人一样,希波克拉底几乎不懂生理学。他认为歇斯底里症(没有器质性病变而出现的身体疾病)只限于妇女,病因是由于渴望孩子,子宫游走到身体的各个部位。对于这种疾病,希波克拉底认为结婚是最好的治疗方式。

古希腊医生采用的治疗手段是力图恢复体液的平衡。有时也采用强制性的生理治疗手段,例如,治疗血液过剩引起的心理障碍的常见手段是给患者放血。其他治疗手段包括休息、放松、改变气候或风景、改变饮食和生活节制。这些医生采用的有些非药物治疗手段和现代心理治疗师所使用的极为相似。例如,希波克拉底相信让患者离开难以相处的家庭有助于恢复心理健康。柏拉图认为当人们的理智被冲动、激情或欲望所征服时,疯狂就会产生。以恢复对情感的理性控制为目标而与患者进行交谈,可以让患者重获理智。柏拉图的学生、著名的希腊哲学家亚里士多德(Aristotle,公元前384—前322)写有大量有关精神病的著作,其中对意识的描述是真正对心理学所做的最不可磨灭的贡献。早在弗洛伊德之前,亚里士多德就提出"思考"是消除痛苦、获得快乐的最有力的方式。

在希波克拉底和柏拉图的时代,希腊人鼓励精神病患者的亲属将患者关在家里。城邦对患者不承担任何责任,除了宗教场所以外,没有救济院或公共机构收容他们。然而,城邦却可以剥夺被宣布为精神病患者的权利。患者的亲戚可以对其提起诉讼,城邦会将患者的财产奖赏给他们。被判定为精神病的人不能结婚,不能占有或处置自己的财产。贫穷的患者,只要没有暴力倾向便任其流落街头;如果有暴力倾向,便会被锁起来。民众对各种形式的疯癫患者都感到恐惧,往往退避三舍,或用石头袭击他们。

后期的希腊、罗马医生继承了希波克拉底的思想,特别是在埃及的亚历山大港(公元前332年)成为希腊文化的中心,医疗水平高度发展,敬奉萨杜恩农神的很多神庙都成为一流的疗养院。愉悦的环境被认为对精神病患者有很好的疗效,患者不断地参加各种活动,如聚会、舞会,在神庙花园里散步,在尼罗河泛舟和听音乐会。这个时期的医生采用的治疗方法多种多样,包括节食、按摩、水疗、健身操和说教,但也有一些不太可取的做法,诸如放血、通便或用机械强制约束。

最具影响力的希腊医生是盖仑(Galen,公元130—200),他在罗马行医。他详细阐述了希波克拉底的传统方法,却并没有对精神疾病的治疗和临床诊断提出新的看法。虽然如此,他对神经系统的解剖却做出了众多开创性的贡献(他的发现主要以动物解剖为依据,因为当时仍然禁止人体解剖)。盖仑还遵照科学的方法提出将精神疾病的病因分为身、心两类,他提出的病因有头部损伤、酗酒、受惊、恐惧、青春期、经期变化、经济倒退和失恋。

罗马的医学是罗马人实用主义的性格特点的医学实践。罗马的医生希望患者感到舒适,因此使用令人愉快的物理疗法,如热浴和按摩。他们也遵循对立的原则(否定之否定),例如让患者在热浴时喝冰冷的葡萄酒。

1.2.4　中世纪的观点

中世纪时,希腊医学中较科学的部分在中东的伊斯兰国家流传下来。792年,第一所精神病院在巴格达建立,很快在大马士革和阿勒坡也有其他精神病院相继建立(Polvan,1969)。在这些医院,精神病患者得到了人道的治疗。伊斯兰医学界的杰出人物是阿拉伯的阿维森纳(Avicenna,980—1037),他被誉为"医学王子"(Campbell,1926),所著《医典》也被广泛研究。

令人遗憾的是,阿维森纳时代的大多数西方医生对待精神病患者的方式完全不同。古代思想家们的先进思想对当时多数人对待异常行为的方式影响甚微。

在中世纪(400—1500)的欧洲,对异常行为的科学探究非常有限,人们主要通过宗教仪式或迷信活动治疗心理异常的患者,对患者具体情况的了解并不重视。和中东伊斯兰国家的阿维森纳时代以及17、18世纪启蒙运动时期截然不同,中世纪的欧洲几乎没有对精神疾病进行科学的思考,也没有对精神疾病患者实施人道的治疗。

事实上,在欧洲,异常行为的超自然理论也是到11世纪至15世纪之间的中世纪晚期才成为主流的。11世纪之前,人们虽然接受巫师和巫术存在的现实,但认为那只是迷信者所热衷的令人讨厌的事物。沉重的情感打击和身体疾病或伤害常常被视为怪异行为的诱因。例如,英国法庭记录中将精神健康问题归咎于诸如"头部遭受到打击"等因素,有些解释症状是"对父亲的恐惧引起的",或"他失去理智是因为长期无法治愈的疾患"(Neugebauer,1979)。外行或许相信心理障碍是由邪魔和诅咒造成的,但有力的证据表明,医生和政府官员认为异常行为是由生理因素或创伤引起的。

需要一提的是,到2世纪时,中国的医学已经发展到相当先进的水平。大约在公元200年时,有中国希波克拉底之称的张仲景(约公元150～154—约公元215～219)写了一部有名的医学著作《伤寒杂病论》。像希波克拉底一样,张仲景对身体和精神疾病的看法都基于临床的观察,他指出器官病变是疾病的主要原因,同时认为紧张的心理状况也会导致器官病变。他的治疗方法和希波克拉底的一样,既使用药物,也通过恰当的活动让患者重新达到情绪上的平衡。

之后像欧洲发生的一样,在中国,人们对精神疾病的看法也发生了倒退,认为超自然的力量是致病原因。从2世纪后期一直到9世纪初期,疯癫病都被认为是鬼怪作祟、恶魔附体。不过,中国的"黑暗时代"不像西方的那么严酷(就对待精神病患者而言),持续时间也没有那么长。之后,人们对精神疾病的看法又恢复到生物学的角度和躯体的角度,并强调心理社会学的因素。

1.2.5　巫术、猎巫与驱魔

精神病在中世纪的欧洲是多发疾病,到了中世纪末期更是如此,因为那时中世纪的制度、社会结构和信仰都发生了翻天覆地的变化。这一时期,以超自然的原因解释精神病的病因也愈发普遍。在这种环境下,显然很难在异常行为的理解和治疗上有长足的进步。虽然神学的影响在迅速扩大,但将违背宗教道德的罪行排除在导致精神病的原因之外。这个时期的两个事件——群体性精神失常和驱魔,可以揣摩与异常行为观点之间的关联。

中世纪的欧洲,对精神病患者的处理大多交给神职人员。修道院成了庇护所和限制患者活动的地方。中世纪早期,精神病患者大多得到非常仁慈的对待。治疗包括祷告、施圣水、使用神圣的药膏、牧师吹气或是用牧师的唾液、触摸圣者的遗物、参观圣地以及温和地驱魔等。在一些修道院和神殿,牧师温柔地抚摸患者的头顶就完成了驱魔。这些方法通常结合人们不太理解的治疗方法而开出如下的处方:对于中邪的人,当恶魔附体或恶魔通过他体内的疾病控制他时,把白羽扇豆、麦芽汁果子酒、天仙子草和大蒜捣碎放在一起,然后加上麦酒和圣水,做成让他呕吐的饮料。

中世纪后期(11世纪初),教会的权力受到了封建制度垮台以及叛乱的威胁。教会选择用异端和崇拜恶魔等说法来解释此类威胁。建立宗教法庭的初衷是要除掉异教徒,但后来从事巫术或恶魔崇拜的人也成了被搜捕的主要对象。搜捕女巫在宗教改革之后还持续了相当长一段时间,并在15—17世纪的文艺复兴时期达到顶峰(Mora,2008;2014)。有些精神病史学家认为,被指控从事巫术活动的人肯定是精神病患者(Veith,1965;Zilboorg & Henry,1941)。有时,被指控的巫师承认自己与魔鬼对话、骑在动物背上飞行以及从事其他异常行为。这样的人或许经历了妄想(错误的信念)或幻觉(不真实的认知体验),这些都是某些心理障碍的信号,然而,很多人可能是屈打成招,或者用招供来交换暂缓处刑(Spanos,1978)。

变化经常从事物内部产生。16世纪,后来被封为圣徒的西班牙修女特丽莎(1515—1582)开辟了人类思想的新时期,她的影响至今不衰。当时,在某个修女团体中出现大规模暴发癔症的现象,而西班牙宗教裁判所认定是邪魔作祟而加以处刑。特丽莎探索修女怪异行为的自然诱因,为她们辩护说她们并不是恶魔附体,而是生病了或者"好像是生病了",原因可能是虚弱或疾病引起的。显然她的意思是她们的身体没有病,但"好像"这个词第一次暗示心理就像身体一样也会生病。这是一个重要的提议,开始只是一种比喻,但后来成为事实。人们开始全面理解精神疾病的概念,"好像"一词就不再使用了(Sarbin & Juhasz,1967)。

约翰·维尔(Johann Weyer,1515—1588),一位德国医生兼作家,他用拉丁笔名Joannus

Wierus 写作。当看到那些被指控行巫术的人受到囚禁、拷打甚至被烧死时,他深感不安,于是对整个问题进行了仔细研究。1563 年,出版了著作《论妖术》(De Praestigiis Daemonum),(又名《恶魔的诡计》,此书附录有《妖魔分级录》(Hierarchy of Demon),弗洛伊德曾盛赞此书为有史以来的十大巨著之一),步步为营地反驳了一本 1486 年出版的女巫搜捕指南《女巫之锤》(拉丁语:Malleus Maleficarum;德语:Hexenhammer)(一本教导女巫猎人和法官如何识别巫术、检验女巫与怎样对女巫施行酷刑的书)。书中指出,被指控为巫师的人实际上遭受着忧郁(抑郁)和衰老的折磨,此书遭到了教会的封禁。20 年后,雷金纳德·斯科特在其著作《巫术揭秘》(Discovery of Witchcraft,1584)中支持了韦耶的观点:"这些女人只不过是抑郁、患病的可怜人,她们的言语、行动、思维以及举止表明疾病已经影响到她们的大脑,损害了判断能力。"(Castiglioni,1946)维尔是首批专门研究精神病的医生之一,他广博的阅历和先进的观点使他当之无愧地成为现代精神病理学的创始人。不幸的是,他的思想太过超前,维尔的著作得到了他那个时代为数不多杰出的医生和神学家的认同,更多地遭到同时代人的耻笑,并被骂作异教徒和疯子。20 世纪前,他的著作一直被教会列为禁书。

此外,中世纪和文艺复兴时期的大多数记述,包括马萨诸塞勒姆地区的巫师搜捕时期的相关文献,都清楚地区分了疯子和巫师。在信仰巫术的文化中,对疯狂和巫术的区分一直沿用到现在。

长久以来,人们都认为在中世纪有不少精神病患者被指责为女巫,因此受到惩罚甚至被处以极刑(Zilboorg,1941)。但新近更多的研究对这种说法的准确性提出了质疑(Maher & Maher,1985;Phillip,2002;Schoeneman,1984)。例如,施恩曼在一篇文学评论中指出"典型的女巫不是有精神疾病的人,而是说话尖酸刻薄、脾气暴躁的穷女人"。他接着阐明"不论是搜捕女巫的人、普通民众还是当代的历史学家,其实都从不相信巫术是某种妖魔附体的说法"。当然,说"从不"也许有些夸大其词,因为确实有精神病患者被当作女巫而遭到惩罚。否则,为什么某些医生和思想家要不遗余力地去揭露关于两者关联的谬见?人们混淆巫术和精神病的部分原因是人们无法确定是否有恶魔附体。被恶魔附体的人可以分为两种,身体被恶魔附体的人是精神失常,而精神上被附体的人则是女巫。久而久之,这两种附体之间的区别在历史学家的眼中逐渐模糊,结果就产生了这样的看法,认为巫术和精神病在中世纪的人看来有更多的联系——事实并非如此。

随着巫术和精神病关系的改变,一个更大的问题产生了,即我们将怎样更加准确地解读历史事件?

1.2.6 精神时疫

精神时疫(psychic epidemics),也称**群体性精神失常,精神流行病**,是指大量人群出现异常行为并且明显表现出歇斯底里症的症状,表现为说胡话、蹦跳、舞蹈和痉挛,这是一整群人几乎同时感染这种疾病的现象。早在 10 世纪时就已有相关报道,名字为"舞蹈狂躁症"。中世纪后半期经常有关于舞蹈狂躁症的报告。13 世纪初期,意大利流行的一种舞蹈狂躁症被称为"塔兰图拉毒蛛病"(tarantism)。这种"毒蛛病"与舞蹈狂躁症有类似的现象,人们突然产生剧烈疼痛,并认为是由狼蛛叮咬造成的。他们在大街上跳跃并狂野地跳舞,不停撕扯自己的衣服,还用鞭子互相抽打。有些人在地上挖洞、翻滚;其他人则嚎叫并做出下流动作。

这种舞蹈狂躁症后来传到德国和其他欧洲国家,被称为"圣·维特斯跳舞病"(Saint Vitus' dance)。当时,很多人认为是由邪魔附身引起的。其行为类似古时人们祭祀希腊酒神狄俄尼索斯的仪式。这些仪式随基督教的出现而被禁止,但它们深深扎根于文化中,并存在于秘密聚会中(这类秘密集会可能导致大量犯罪行为和冲突)。随着时间的推移,这些舞蹈的寓意发生了变化,旧的仪式又再次出现,但却被归因于被塔兰图拉毒蜘蛛咬伤的症状。参与者不再是罪人,而是塔兰图拉毒蜘蛛的受害者。剧烈跳舞就成了"解毒的方法",也就是我们今天所知的塔兰图拉舞蹈的起源。

13—19 世纪,群体性精神失常周期性地暴发,并在 14 世纪和 15 世纪达到高潮。因为这一时期社会压迫深重,饥荒和传染病盛行。在此期间,欧洲暴发了有名的黑死病,夺去了数百万人的性命,严重地扰乱了社会秩序。毫无疑问,很多群体性精神失常的奇特病例都和这个时期恐怖事件所产生的抑郁、恐惧情绪和疯狂的神秘主义有关。人们无法相信像黑死病这样恐怖的大灾难是自然原因造成的,因此也不相信人类有能力控制、防止或是引发这样的灾难。

时至今日,我们依然能见到精神时疫事件的发生。如 1991 年 2 月 8 日,罗得岛一所高中的大量师生认为他们嗅到了来自通风系统的有害气体。第一个嗅到毒气的是一名 14 岁女生,她倒在地上又哭又叫,说自己胃痛且眼睛刺痛。教室里的其他学生和老师也开始有同样的症状。在一片混乱中他们被转移到了大厅里。相邻教室里,凡是能看见大厅的学生和老师的人很快都出现了同样的症状。最后,共有 21 个人(17 名学生和 4 名老师)被送往当地医院急诊室。所有患者都表现出呼吸急促,其中多数人感到眩晕、头痛和恶心。虽然血液化验显示,一些患者初期表现为轻度一氧化碳中毒,但是学校里找不到毒气存在的证据。当值医生得出的结论是:这是对海湾战争中使用的化学武器的恐惧而导致的大规模癔症暴发(Rockney & Lemke,1992)。

精神时疫不再被认为是邪魔附身或狼蛛叮咬的结果。相反,心理学家试图用社会心理学中关于他人对个体自我感知的影响的研究来理解这些现象。社会情境甚至可以影响到我们对自己身体的感知。

1.2.7 精神病院的兴起

中世纪后期和文艺复兴初期,以科学为本的探索又重新展开,一场特别重视人文关怀的运动开始了,这就是人本主义运动(这一运动至今仍在进行)。在这一运动的影响下,人们开始质疑那些有碍于我们理解和有效治疗精神疾病的迷信思想。

早在 12 世纪,欧洲的很多城镇就承担了精神病患者的部分收治工作。其中一个突出的代表是比利时的基尔市,市民常常把到圣迪姆夫纳神殿寻求医治的精神病患者带回自己家中。

大约在 11 世纪或 12 世纪,普通医院开始为表现出异常行为的人提供特殊病房或设施。精神病患者在早期医院中的待遇如同囚犯。他们被强行关押,环境常常极其恶劣。如英国最古老的精神病机构是位于伦敦的伯利恒皇家医院,建立于 1247 年。这家医院最初是宗教组织下属的一个修道院,当时的人称之为圣玛利亚伯利恒(St. Mary of Bethlehem)医院,1377 年,修道院开始接受精神病患者。1547 年,将修道院改为疯人院,后俗称为**贝德兰姆(Bedlam)**。17世纪时,人们可以花2便士去参观里面的患者,这渐渐成为当时上层阶级的消遣。1676年,因参观者众多,疯人院不得不扩大重建,尽管作为世界上最早收治精神病患者的医院,伯利恒皇家医院曾享有盛名,但这家医院也曾因为对待精神病患者的异常残酷而臭名昭著,以致贝德兰姆(Bedlam)这个词在英语中竟衍生为可怕的精神病院的同义语。

16世纪至17世纪的欧洲,战争、大屠杀、恐怖事件还有瘟疫等,把社会搅得一片混乱。统治阶级感到,要维持自己的绝对权力,唯一的办法就是要使社会保持稳定和秩序。比如,法国就曾制定并实施了一套系统的维持稳定的办法。1656年4月27日,法国国王颁布诏书,提出要在巴黎建立总医院,来清除街头流浪的穷人和其他闲散之人。结果,在那所谓的大禁闭时期中,精神病患者和穷人、乞丐、罪犯、妓女、老年人、慢性病患者、失业青年等,都被扫荡进这一新型的总医院里,精神病患者大约占十分之一,是最有可能要无限期地被禁闭在那里的人。另一方面,精神病医院中患者被公开展览以获取钱财。他们生活在肮脏的环境里,常被人用铁链拴在墙上或关在小笼子里。在总医院所属的萨尔佩特里埃里医院,精神病患者的住处是与阴沟同等高度的牢房,阴暗潮湿的环境中,患者常常遭到一群群巨鼠的袭击,有的患者的脸、手、脚都被老鼠咬伤。这些患者通常被铁链锁在墙上或床上,脖子上还套着链条,被锁在天花板或地板上的铁棒上。米歇尔·福柯在《古典时代疯狂史》中曾引用埃斯基洛医生的原话来描述当时精神病患者在总医院的情景:"我看到他们,裸着身,穿着褴褛,躺卧在石板上,仅有草垫抵御寒冷潮气。我看到他们,食物粗糙,缺乏空气,难以呼吸,缺水止渴,生活的最低必需亦匮乏。我看到他们,被交给真正的狱卒,流落于其严酷监控之下。我看到他们,住在窄小、肮脏、恶臭、不透气、不透光的陋室里。"(Selling,1940)

欧洲和美国的法律认为将精神病患者关起来是出于对大众以及患者家属的保护。例如,道尔顿的1618年版《普通法》中规定:"精神病患者的父母、亲戚或其他朋友将其抓起来关在屋子里,将其捆绑起来或用铁链拴起来,用棍子抽打,采取任何其他强制手段让其恢复理智,或使其不能伤害到他人均属于合法行为。"(Allderidge,1979)英国第一部《精神病院管理法案》直到1774年才得以通过,该法案的目的是要治理医院以及精神病院恶劣的环境,并制止精神病患者因为生病而遭到监禁的不公正行为。法案包括对精神病院颁发执照和进行监督,并要求在收治患者前有一名内科医生、外科医生或药剂师在入院证明上签字。然而,上述条款仅用于私立精神病院中有支付能力的患者,对关在劳动救济所的贫穷患者无效。

这些精神病院的修建和经营者认为,变态行为属于药物可以治疗的疾病。例如,美国精神病学奠基人之一本杰明·拉什(Benjamin Rush,1745—1813)认为,异常行为是脑内血液过多造成的,因此他建议使用放血疗法,即从患者的身体里抽出大量的血液。尽管人们谴责中世纪的超自然理论导致对精神病患者的治疗变得十分残酷,但当时以及随后几个世纪的医学理论也并未产生更好的治疗方法。

1.2.8　18世纪和19世纪的人道治疗

幸好,18世纪和19世纪见证了精神病人道治疗的发展,这一时期以**心理卫生运动(mental hygiene movement)**著称。新治疗手段所依据的心理学观点是,人之所以变得疯狂是因为他们脱离了自然，并且当时快速的社会变迁使他们承受了极大的压力。治疗方式是让精神病患者回归自然，在安静宜人的地方休息或放松。

菲利普·皮内尔(Philippe Pinel，1745—1826)是精神病人道治疗(humanitarian treatment)运动的一位领袖人物。1793年，这位法国医生接管了巴黎的萨尔佩特里埃里精神病医院。皮内尔指出："将疯狂者关在与世隔绝的地方，并给他们戴上脚镣铐，使他们无法防御残忍的野蛮行径……一句话，用铁棍来控制他们……只是一种简单粗暴的管理体制，而绝不是人道的或成功的管理模式。"(Grob，1994)皮内尔相信，通过恢复患者的尊严和平静可以治愈多种形式的异常。

皮内尔允许患者在精神病院内自由走动。他们为患者提供了干净且阳光充足的房间、舒适的睡床以及良好的食物。护士和专业治疗人员都受过培训，从而可以帮助患者恢复平静的心态，以及从事有计划的社会活动。虽然很多医生认为皮内尔简直是疯了，但他的方法十分成功。很多在黑暗中被关了几十年的人，开始变得能够控制自己的行为并重新投入生活。有些患者恢复良好，甚至可以出院。皮内尔后来对巴黎的莎尔贝特雷埃尔女性精神病院也进行了改革，同样取得了成功。

1796年，夸克尔·威廉·图克(Quaker William Tuke，1732—1819)在英国开了一家叫作"疗养院"的精神病院，以回应他在其他地方所目睹的精神病患者受到的野蛮对待。图克的治疗方式就是用尊重和维护患者尊严的方式对待他们，并鼓励他们练习自我控制，从而恢复患者的自我约束能力。

多萝西雅·迪克斯(Dorothea Dix，1802—1887)是精神病人道治疗的斗士之一。她是一个教师，居住在美国波士顿。1841年，在一个寒冷的星期天早上，迪克斯去一所监狱给女犯人兼精神病患者上学校课程，她注意到了行为异常患者所遭受的忽视和残忍对待，他们很多人只是像物品一样被"存放"在监狱里。这次经历让迪克斯开始为改善心理障碍患者的治疗而不知疲倦地工作。在迪克斯的努力游说下，相关的法律和拨款得以通过，用于清洁精神病院的环境和培训立志于人道主义治疗的心理健康专业人员。在1841年至1881年间，她亲自帮助在美国、加拿大和苏格兰等地修建了30多家精神病医院。在此期间，成百上千的治疗精神病的公立医疗机构在其他人的帮助下相继建立，并按照人道主义理念进行管理。

不幸的是，人道治疗运动发展过快，随着更多精神病院的建立和收治患者数量的增加，精神病院招募心理健康专家以及维持人道、个体化治疗的能力开始下降。医生、护士以及其他护理人员根本没有足够的时间给每个患者提供他们需要的平静和关注。

早期人道治疗运动的巨大成功，逐渐被有限的成功或完全的失败所替代。患者的状况不仅没有得到改善，甚至还恶化了。有些患者即便是得到了最好的人道治疗，也无法从中受益，因为他们的问题根本不是多萝西雅·迪克斯在美国倡导人道治疗所针对的失去尊严，或失去平静心态造成的。因为有太多患者接受了人道治疗，不能从中受益的患者人数也随之增多，结果导致人们对人道治疗效果的质疑声越来越高。

与此同时，随着19世纪后期大批移民涌入美国，来自不同文化和低社会经济阶层的患者比例呈上升趋势。对"外国人"或"外族人"的偏见，加上对人道治疗失败的关注度上升，最终导致公众对资助这类机构的支持度下降。患者得到的护理质量也随之大大降低。到20世纪之交，很多公立医院形同虚设。

严重心理障碍的有效治疗方法直到20世纪才出现。在此之前，尤其承担私人护理的精神病患者基本上都被集中关在拥挤不堪且远离城镇的大型机构中,根本得不到有效的治疗。

1.3　现代观点的出现

尽管对心理或行为异常的治疗质量在 20 世纪之交有所下降,但对心理障碍的科学研究却取得了重大进步。这些进展为异常心理现象的生物学、心理学和社会学理论奠定了基础,这三种理论主宰着今天的心理学、变态心理学和精神病学。

1.3.1　现代生物学观点的起始

生物学观点历经兴衰,终于在 19 世纪又因发现梅毒的本质和病因而蓬勃发展起来。梅毒是由病菌侵入大脑而导致的性传播疾病。晚期梅毒患者的行为症状和思维症状通常表现为坚信他人要谋害自己(被害妄想)或觉得自己是上帝(夸大妄想),以及其他不合理的行为。这些是精神病的常见症状。虽然这些症状和某些精神病的症状很像——思维内容基于对现实的扭曲(妄想),以及产生非现实的感觉(幻觉),研究人员还是认为这是一种新的精神病类型,这种病的患者会在发病五年间持续恶化、瘫痪乃至死亡;而其他大部分精神病患者病情都十分稳定。1825 年,学术界确定命名该种疾病为麻痹性痴呆(General Paresis)。麻痹性痴呆与梅毒的关系在过了相当长时间后才被发现。1870 年左右,路易·巴斯德(Louis Pasteur,1822—1895)提出的疾病细菌学论,促使医学界最终发现了梅毒的病菌。他指出,侵入人体内的细菌是导致疾病的罪魁祸首。梅毒可诱发某种精神疾病的发现使得生物因素可诱发心理障碍的观点更具分量(Duffy,1995)。

19 世纪末,人类在人体的解剖学、生理学、神经学和化学方面的基础知识得到快速增长。随着基础知识的增长,人们更加关注心理障碍的生物因素。1845 年,德国精神病学家威廉·格里辛格(Wihelm Griesinger,1817—1868)出版了《心理障碍的病理学及其治疗》一书,系统地阐述了各种心理障碍都可以用大脑病理学来解释。1833 年,格里辛格的追随者埃米尔·克雷佩林(Emil Kraepelin,1856—1926)也出版了一本教材,强调大脑病理学在心理障碍中的重要性。克雷佩林提出的心理障碍分类方法成为现代分类体系的基础。一套好的分类系统向科研人员提供了不同障碍所通用的标签,也为区分不同障碍提供了一套标准,对心理障碍科学研究的进步有巨大的贡献。生物学论在美国的旗手是当时最著名的精神科医生奥恩·格雷(John P. Grey),1854 年,格雷担任美国当时最大的医院纽约尤蒂卡州立医院的院长,同时还担任美国精神病协会王牌周刊《美国精神病杂志》(《美国精神病学杂志》的前身)主编。格雷认为精神病都是由生理原因造成的,因此,对精神疾病患者的治疗也应该像对躯体疾病患者一样。他秉承了几个世纪以来一直被生物学论的医生推崇的方法,他所倡导生物学方法方面颇具影响力,对待精神病患者就像对待身体有病的人一样——休息、营养、住院。强调治疗重点还是休息、健康饮食、合适的室温和空气流通等。此外,格雷还发明了旋转扇来改善医院的通风条件。在格雷的领导下,医院的条件有了大幅度的改善,变得更加舒适、更加人性化。但之后,精神病院变得日益庞大而没有人情味,患者的独特个性得不到应有的关注。

实际上，19世纪末，精神病学界的权威们认为医院规模过大以及不注重人性关怀的环境是一个不容忽视的问题，于是提议进行大幅度精简。约一个世纪以后，在饱受争议的"院外治疗"即让患者出院、回到社区内的方针指引下，社区精神卫生运动（去机构化运动）减少了精神病住院患者的数量。但是，这样做的恶果是使无家可归的慢性精神病患者人数大幅度增加。

对心理障碍的生物学原因的研究和发现，极大地促进了心理病理学的发展，同时带来了很多新的生物学疗法。20世纪30年代，电休克及脑外科手术等生理手段被广泛使用。1938年，两名意大利医生Cerletti和Bini将微弱电流作用于抑郁症患者的脑部，人为制造抽搐（Hunt，1980），结果患者康复了。颇受争议的**电抽搐疗法（electroconvulsive therapy，ECT）**经过大幅度改良一直沿用到今天。20世纪50年代起，人类开始系统研制治疗严重精神疾病的药物。在此之前，很多化学物质，包括阿片（罂粟提取物）都被用作镇静剂，另外还有不计其数的草药和土方（Alexander & Selesnick，1966）。随着印度罗芙木（即后来的利血平）和其他类别的神经安适剂（强安定药）的发现及广泛使用，幻觉和妄想类思维过程得以控制，同时躁动和攻击性行为也得到控制。苯二氮类（弱安定药）药物可缓解焦虑。20世纪70年代，苯二氮类药（安定或利眠宁）已成为世界范围内处方量最大的药物之一。但目前随着镇静剂的缺点和副作用日益显现，加之作用有限，处方量有所下降。

1.3.2　精神分析观点的起始

精神分析理论要从18世纪的弗朗兹·安东·麦斯默（Franz Anton Mesmer，1734—1815）的奇特故事开始。这位奥地利内科医师相信人体内有磁性的流体，它以一种特殊的方式分布在体内以维持人体健康。一个人体内的磁性流体会受到他人磁气的影响，同时也会受到行星排列的影响。1778年，麦斯默在巴黎开办了一家诊所，采用动物磁气来治疗各种疾病。

麦斯默治疗的主要心理障碍是癔症性障碍，患者的某些身体部位会失去机能或感觉，但没有明确的生理原因。患者在黑暗中围坐在装有各种化学试剂的浴盆旁边，从浴盆中露出的铁棍戳刺着他们受了影响的部位。麦斯默身穿精美的长袍伴着音乐声出现，触碰经过的每一个患者，期望用自己的强大磁气重新调整患者的磁气。麦斯默声称，这样的过程可以治病，包括心理障碍。

最终，包括本杰明·富兰克林在内的一个科学评审委员会宣布麦斯默为庸医，他也因此渐渐被人遗忘，但是他的治疗方法——**麦斯默术（mesmerism）**——在之后很长时间内仍是人们争论的焦点。精神病患者的"痊愈"效果被归因于麦斯默在患者身上制造的恍惚状态。后来，这种状态被命名为**催眠（hypnosis）**。催眠状态下，麦斯默的患者表现得非常容易受暗示影响，似乎仅通过暗示病痛会消失就足以让症状真的消失。虽然不是所有的科学家都能接受催眠和癔症之间的联系，但当时确实有几位知名科学家对这种联系很感兴趣。特别值得一提的是当时著名的神经学家，巴黎莎尔贝特雷埃尔医院院长让·夏可（Jean Charcot，1825—1893），他认为癔症是大脑退化所致。然而，法国南锡市两位开业内科医生，希波莱特·玛丽·贝尔南（Hippolyte-Marie Berheim，1840—1919）和昂布鲁瓦兹·奥古斯特·利埃博（Ambroise-Auguste Liebault，1823—1904）让夏可改变了看法。贝尔南和利埃博演示了他们可以通过暗示的方式让催眠状态中的人产生癔症症状,如一条手臂瘫痪或者一条腿失去知觉。幸好,他们也可以在催眠状态下让这些症状消失。癔症具有心理根源的证据给夏可留下了深刻的印象,他后来成为研究异常行为心理原因的领军人物。贝尔南和利埃博的实验,以及夏可的倡导促进了变态心理学观点的发展。

维也纳神经病医生西格蒙德·弗洛伊德(Sigmund Freud,1856—1939)是夏可的学生之一,他从1885年开始师从夏可。在此期间,他逐渐确信个人的大部分精神生活并不为意识所知。通过在巴黎与皮埃尔·让内(Piecre Janet,1858—1947)的交往,弗洛伊德更加坚信自己的观点。让内致力于研究多重人格,患者表现出多重分离的人格,每一人格各自独立运作,并常常对其他人格的存在浑然不知(Matarazzo,1985)。

回到维也纳后,弗洛伊德和另一位内科医生约瑟夫·布罗伊尔(Josof Breuer,1842—1925)共事,他也对催眠术和心理问题背后的无意识过程感兴趣。布罗伊尔发现在催眠状态下鼓励患者讲述自己的问题,会引起情感的极大膨胀和释放,这种做法最后被定名为**宣泄**(**catharsis**)。患者在催眠状态下讲述自己的问题比在清醒状态时更少受限制,这样治疗师就很容易得到患者重要的心理资料。

1893年,布罗伊尔与弗洛伊德合作发表了一篇论文:《论癔症现象的心理机制》(On the Psychical Mechanisms of Hysterical Phenomena),文章阐述了他们在催眠术、无意识以及宣泄法的临床价值上的发现。该论文成了精神分析(psychoanalysis,也译作心理分析)发展的基石。精神分析是对无意识的研究。1909年,应美国心理学奠基人之一斯坦利·霍尔的邀请,弗洛伊德在马萨诸塞州伍斯特市的克拉克大学发表了一系列演讲,将他的观点带到了美国。

弗洛伊德撰写了数十篇关于精神分析理论的论文及专著,成为精神病学和心理学领域最知名的人士。弗洛伊德的理论对20世纪心理学的发展有着不可低估的影响。弗洛伊德的思想不仅影响了心理病理学的专业著述,同时对文学理论、人类学以及其他人文学科也产生了重大影响,至今仍是心理过程的常用概念。

1.3.3 行为主义的观点

无独有偶,精神分析理论在欧洲诞生的同时,行为主义也开始在欧洲和美国生根。俄国生理学家伊万·巴甫洛夫(Ivan Pavlov,1849—1936)提出了一套根据刺激和反应而不是无意识的内部运作来理解行为的方法和理论。他发现,让食物和其他刺激成对出现,可以使狗形成条件反射,对非食物刺激产生分泌唾液的反应,这样的过程后来被命名为经典条件作用(classical conditioning)。巴甫洛夫的发现启发了美国人约翰·华生(John Watson,1878—1958),他用经典条件作用研究了重要的人类行为,如恐怖症。他否认异常行为的精神分析和生物学理论,完全依据个体的条件作用就能解释恐怖症等异常行为。华生(Watson,1930)甚至鼓吹他能够把任何一个健康的儿童训练成人们想要的成年人:"给我一打体格强健的健康儿童,并在我所规定的环境中成长。从中任选一个,不管他具有什么样的天赋、嗜好、脾性、能力、才能和种族,我担保把他培养成我所选定的专家——医生、律师、艺术家、商业大亨,是的,甚至乞丐或小偷。"

与此同时,另外两位美国心理学家桑代克(E. L. Thorndike,1874—1949)和斯金纳(B.

F. Skinner,1904—1990)正在研究行为结果影响行为再现的可能性。他们指出,产生积极结果的行为比产生消极结果的行为更可能再现。这一过程就是操作性条件作用或工具性条件作用。这个思想在我们今天看来似乎很简单(由此可以看出它在过去一个世纪里对人们的思想有多么巨大的影响),但是,这种主张在当时却是相当激进的,它甚至用行为的强化或惩罚来解释一些复杂行为,例如对他人的暴力。

行为主义(behaviorism)研究强化和惩罚对行为的影响,它和精神分析理论一样,也对心理学和心理学常识产生了深远影响。行为主义还产生了很多针对心理障碍的有效治疗方法。

1.3.4　认知革命

20世纪50年代,一些心理学家指出,由于行为主义拒绝探讨刺激与反应之间的内在思维过程,因此其解释能力有限。但直到20世纪70年代,心理学才实质性地把研究关注点转移到认知(cognition)上。认知,指的是影响行为和情绪的思维过程。

艾伯特·班杜拉(Albert Bandura)是认知革命的重要人物之一,他是接受了行为主义训练的临床心理学家,在将行为主义应用于心理病理学方面做出了杰出贡献。班杜拉把人们相信自己有能力采取必要的行动来控制重大事件,这一信念叫作自我效能信念(self-efficacy beliefs)。他认为这种信念对决定一个人的幸福感十分重要。

认知流派的另一个重要人物是艾伯特·埃利斯(Albert Ellis),他认为容易患心理障碍的人往往对自己和外在世界抱有非理性的消极假设,并发展出了一种对情绪问题的治疗方法,叫作理性—情绪疗法。这种疗法具有争议性,因为它要求治疗者挑战非理性信念,有时甚至是相当严厉地挑战患者的非理性信念系统。然而,这种治疗方法非常受欢迎,并将心理学推进到研究严重情绪问题背后的思维过程。亚伦·贝克(Aaron Beck)提出了针对心理疾病患者非理性思维的另一种治疗手段。贝克的认知疗法被广泛用于各种心理障碍的治疗。

20世纪70年代以来,探讨心理障碍的人际理论变得更加引人注目,尽管行为主义理论仍然十分强大,而且理论家们仍在持续强调心理病理中的认知因素。

1.3.5　现状:科学方法和整合取向

直到20世纪90年代心理病理学的发展才出现了新的篇章,促进这个发展的原因有二:(1)科学研究工具和方法论建设发展日趋完善;(2)在经过激烈的碰撞后,心理学界开始意识到,影响心理健康的各种因素(生物学因素、行为因素、认知因素、情绪因素以及社会因素)都不是单独起作用的。实际上我们无论是思考、感受或行为,都需要脑和身体协调一致。而我们的思想、感觉、行为不可避免地会暂时或永久地影响到脑功能甚至脑结构,这一点往往被人忽略。也就是说,我们的行为,包括异常行为,是心理因素、生物因素和社会因素不断共同作用的结果。

用综合的视角理解心理病理学的观点由来已久,其中最著名的人物是被称为美国精神病学领袖的阿道夫·迈耶(Adolf Meyer,1866—1950)。20世纪上半叶,各个流派固守自己的小天地互不理睬,而此时迈耶就坚信,对于心理病理学来说,生物因素、心理因素和社会文化因素同样占有一席之地。尽管当时也有人同意迈耶的观点,但直到100年后,大家才认识到迈耶的智慧。

21世纪是心理学知识爆炸的年代。新兴科学——认知科学和神经科学后来居上,人们在这两个领域的研究让大脑结构以及大脑加工、存储、提取信息的秘密慢慢呈现在世人眼前。同时,行为科学的研究提醒人们早期经历对人们发展的重要影响。鉴于此,心理学家们开始意识到固守老一套的单一模式已经不符合时代的需要了,建立全新而整合的模型迫在眉睫。这种新模式不仅有效地整合了心理学界在认知、生物、心理、社会文化等各个领域的研究成果,还采用一种发展的眼光来探讨人类从婴儿期到老年期各个不同发展阶段的人生经历。

1.4 现代心理健康保健

20世纪中叶,对一些主要类型的心理障碍的药物治疗取得了重大突破,特别是发现了可以减轻幻觉和妄想的吩噻嗪类药物。这让多年禁锢在精神病院或医院的大量患者得以出院回家。自此之后,针对各种精神病态的新药物疗法猛增,此外,人们发展出了几种心理疗法,这些疗法被证明可以有效治疗多种心理疾病。然而,心理健康保健的实施仍存在一些严重问题,其中一部分从20世纪中叶的去机构化运动就开始了。

1.4.1 去机构化运动

1960年出现了一场大规模且声势宏大的运动——**患者权利运动(patients' rights movement)**。患者权利倡导者认为,如果患者能够融入社会并得到社区治疗设施的帮助,那么他们就能恢复得更彻底,或者过上更满意的生活,这就是所谓的**去机构化(deinstitutionalization)运动**。很多患者仍旧需要全天候的护理,但他们可以从社区治疗中心而不是从缺乏人情味的大型医疗机构处获得护理。在美国,作为心理健康保健的"大胆新举措",**社区精神卫生运动(community mental-health movement)**,由约翰·肯尼迪总统于1963年正式发起,旨在社区中心给人们提供协作式的心理健康服务。这一运动试图在社区精神卫生中心(community mental-health centers)为人们提供心理卫生服务。

去机构化运动对严重心理障碍患者的生活产生了极大的影响。从1955年到1998年,美国国家精神病院的患者人数从高达55.9万降到大约5.7万,减少了几乎90%(Lamb & Weinberger,2001)。同样的风潮也在欧洲兴起。很多曾经在冷漠、没有人情味的医疗机构中生活多年且没有得到有效护理的患者,在被释放后,他们的生活质量有了巨大的提升。不仅如此,他们还突然有了选择适合自己的生活场所的自由。

这个时期建立的几类社区治疗设施还在继续为有心理健康问题的患者服务。社区心理健康中心中常有社区治疗师和医生等多个团队之间的协作保健活动。中途之家(halfway houses)为有长期心理健康问题的人提供了一个机会,当他们试图重新获得工作并与亲朋好友重建关系时,他们可以生活在一个结构化的支持性环境中。日间护理中心(day treatment centers)允许人们白天接受照料以及职能和康复方面的治疗,但晚间可在家中居住。

有急性症状需要住院的人们可以去综合性医院或专门的精神病院的病房。有时,他们与心理健康专家的第一次接触就在医院的急诊室。不过,一旦急性症状消退,通常就会把他们放回社区治疗中心,而不是长时间让其待在精神病院。

遗憾的是,护理所有释放患者所需的资源从来都不足。由于没有修建足够的中途之家,社区心理健康服务中心也没有足够的资金,大量曾经待在国家医疗机构中的患者,以及如果没有发生这场运动而应该待在国家医疗机构的患者无处可去。与此同时,数以百计的国家精神病院关闭了,切断了患者的退路。社区心理健康运动蔓延到欧洲,造成了类似的后果。28%的欧洲国家只有很少或完全没有针对严重心理问题患者的社区服务机构。

从精神病机构出来的患者开始居住到护理院或其他类型的团体之家里,在那儿他们几乎得不到心理健康治疗。有一些患者同家人一起生活,但很多家庭缺乏设施,根本无法处理严重的心理疾病(Lamb,2001)。还有一些患者开始流落街头。当然,并不是所有的无家可归者都是精神病患者,但研究者估计,在美国和欧洲,长期无家可归的成年人中有高达五分之四的人患有严重的心理障碍或者物质滥用障碍(如酒精依赖),或兼而有之。紧急情况下,他们会被送往综合医院或私人医院,这些医院没有相应设施,不能为患者提供恰当的治疗。

因此,尽管去机构化运动的目的值得赞赏,但其中很多目标从未完全实现,很多原本会进入机构化精神病院的人,其境况并没有得到改善。

1.4.2 管理型医疗保健

20世纪中后期,美国的整个健康保健的私人保险体系经历了一场革命,管理型医疗保健系统成为组织健康保健的主流手段。**管理型医疗保健(managed care)**包含多种协调保健活动的方法,从简单的监控到对于提供及支付何种保健服务的完全掌握,其目标是协调针对已有疾病的各项服务,以及预防疾病的发生。通常,根据成员(患者)人数健康保健提供者每月会得到一笔固定资金,然后他们要决定如何用这笔资金为每个患者提供最好的服务。

管理型医疗保健可以解决去机构化运动引发的一些问题。例如,初级保健提供者能为严重的心理障碍患者寻求到恰当的医疗保健,而不是让患者自己或其家属到处去找,并保证患者可以得到恰当的治疗。假设一个患者对他的初级保健医生说,即使周围没有人,他也能听到说话,那么医生会把他转给精神病学家进行评估,以确定患者是否有心理障碍;在某些情况下,初级保健医生会协调其他医疗保健提供者提供的保健服务,如药物治疗、心理治疗以及康复服务。他们也要保证护理的连续性,使患者不至于"被忽视"。因此,从理论上讲,管理型医疗保健可以给长期、严重的心理障碍患者带来巨大的好处。程度较轻的患者也可以通过管理型医疗保健及其他私人保险系统获得心理健康保健,从而使寻求心理治疗和其他心理健康保健的人数大幅增加。

遗憾的是,医疗保险并不能完全覆盖心理健康保健的费用。另外,很多人根本就没有任何医疗保险。近年通过了一些法律旨在提高心理健康服务的覆盖面,但这些法律存在着巨大的争议。心理健康服务费用昂贵,因为心理健康问题有时是慢性的,需要长时间的治疗。那些严重的心理障碍患者,他们常常已经耗尽了财源。

在美国,只有50%～60%的严重心理障碍患者能够得到稳定的心理健康治疗,在欠发达国家和更贫穷的国家,这个百分比还要低得多。例如,在芬兰和比利时等比较富裕的欧洲国家,每10万人拥有超过20名心理健康专家,而在土耳其和塔吉克斯坦等贫穷国家,每10万人只有2名。有时,人们拒绝接受可能会对他们有帮助的治疗。还有些时候,由于旨在把心理健康保健的费用负担从一个机构转移到另一个机构的官僚政策,他们就被医疗安全网络遗漏了。要铭记,只有人们在能够获得治疗干预时,那些疗法才能见效,这一点很重要(Kessler,2001;Wang,2007)。

2 异常行为的理解:当代理论模型

2.1 素质—压力模型

各种有关异常行为的观点或模型有一个共同之处,即它们都可以被视为**素质—压力模型(diathesis-stress model)**。易患某种疾患的倾向称为素质。素质取决于生理、心理社会或社会文化因素,各种观点在解释不同素质时的侧重点不同。人们认为多数心理障碍是某种应激源作用于具有该障碍患病素质的个体所导致的结果。如果要将这个术语翻译为致病因素类型,那么素质因素相当于远端必要因素或促成因素,但是它们不足以直接引发疾病。与此对应,应激源就相当于近端因素,它可以是促成因素或是必要因素,但同样不足以导致障碍或疾病的出现。

应激(stress)是指个体在应对繁重或超出其个人资源的事件时所做出的反应(Lazarus & Folkman,1984)。应激与应激相关障碍我们会在之后相应章节中详细介绍。通常只有在应激环境导致适应不良行为时,素质的影响作用才会体现出来。更复杂的是,促进素质发展的因素可能本身就是一个高强度的应激源,例如一个孩子在经历了父母去世之后,就会形成容易抑郁的倾向或素质。这种互为因果的关系让我们在理解异常行为时变得极其复杂。

近几十年来,人们开始关注保护因素,它们可以改善个体在应对环境压力时的反应模式,从而使个体能够在一定程度上避免不利的应激后果。例如,对于儿童来说,一个重要的保护因素就是足够温暖和支持的家庭环境,让孩子建立安全的依恋关系,以利于面对各种应激环境。另一方面,成功应对压力情境的经历又恰恰能提升个体的自信和自尊,从而成为一种保护因素。也就是说,一些应激源反而能提升应对能力。有研究表明,"**钢化效应(steeling effects)**"和"**接种效应(inoculant effects)**"只会发生在中等水平的应激源情况下,太轻微或太极端的应激源都无益于提升应对能力。其他保护性因素包括个体的品质、脾气特性、自尊、智商、学业水平等(Barlow,2002;Coatsworth,1998;Rutter,1987)。

保护性因素往往与心理弹性相关,**心理弹性(resilience)**是一种成功适应恶劣环境的能力。心理弹性这个术语来描述三种不同的现象:(1)在危机中保持斗志;(2)在高风险情境下仍能取得好结果;(3)能够从创伤中恢复。换句话说,心理弹性就是人们"战胜困境"的能力。越来越多的证据表明,如果儿童的基本适应系统(如智力和认知发展、自我管理的能力、成就动机和有效的父母教养)功能正常,那么最具有威胁性的环境也只会带来很小的影响(Masten,2001)。只有当出现如下几种情况时,问题才会出现:在应激过程中,适应系统中的一个或多个工作低效(如低智商),或严峻的应激源破坏了一个或多个系统(如父母亡故),或应激源本身远远超出了人类的适应能力(如战争或持续的家庭虐待所导致的长期创伤性体验)。另外,心理弹性并非一种全或无的能力。有研究指出,那些心理弹性强的儿童(指在高应激情境中仍然表现出高社会能力的儿童)同样会报告异常痛苦的情绪体验。

综上所述,我们可以将导致异常行为的原因分为两种:(1)源于生理特征或个人的早期经验,即自身素质、易感性或患病倾向性;(2)与个人近期生活中所面临的挑战有关,即应激源或应激。一般来说,素质或应激都不会单方面导致障碍或疾病的出现,但两者的结合常常会诱发个体的异常行为。另外,我们还可以找到一些保护因素,这些因素可能是个人的特殊经历,也可能是一些个人特质,这些特质能够提升个体应对易感性和应激时的心理弹性。随后我们将会看到,不同的异常行为模型会将不同的素质和应激源视为导致异常的原因,同时也会将不同的保护因素视为面对逆境时产生心理弹性的原因。必须强调的是,我们必须在一个宏观的框架之下来考虑素质—压力模型,即多因素发展模型。儿童在发展过程中会面临各种风险因素,这些风险因素的不断累加和相互作用导致儿童出现心理问题和障碍;这些风险因素有时也会与各种保护性过程和应激源相互作用,并最终决定个体在童年期、青春期或成年期是表现出适应性的正常发展,还是表现出适应不良行为和心理障碍。还有很重要的一点是,要理解什么是异常,我们必须充分理解正常个体的发展过程。这一议题是快速崛起的发展心理学或发展精神病理学领域所关注的问题:通过与发展过程中正常和预期的变化相比,识别什么才是发展各阶段中的异常表现。例如,3～5岁的儿童对于黑暗的极端恐惧并不会被视为异常,因为大多数儿童在进入青春期早期之前都会对某种特定的事物感到恐惧;但如果成年人表现出对黑暗的极端恐惧,就会被视为异常(Antony,1997;Rutter,2001)。

2.2　理解异常行为的当代理论模型

行为科学对同一事物会有多种不同的阐释。一般而言,研究的现象越复杂,就会衍生出越多的理论观点来解释它,但并非所有的观点都同样有价值。一个理论观点的适用性往往取决于它能在多大程度上帮助研究者理解某个现象,而其有效性则往往取决于它是否能得到实证研究的支持。

一般异常行为的理论观点至少需要帮助我们从三个维度来理解:临床表现(障碍的症状)、致病因素和障碍的治疗。每一种理论观点都能帮助研究者组织他们所观察到的现象,为观测数据提供一个思考系统,并且为疾病的治疗和研究提供一些可关注的领域。但是,有些理论观点只是一些用来帮助心理学家研究异常行为的理论框架。作为一系列的假设性陈述,每个理论观点都会维护自身的重要性和完整性,而对其他的理论有所排斥。不幸的是,这些理论观点有时会给研究者造成盲点,使他们忽视其他理论,而实际上他们只有吸收一些新的观点,才能解决原有理论模式不能解决的问题。这些新的观点会带来研究范式的转变,深刻地影响人们对整个科学领域的认识，并带来深刻的变革（Kuhn，1962）。例如，过去人们一直认为地球是宇宙的中心，直到哥白尼提出地球围绕太阳运行的观点。这一观点为天文学和物理学的发展带来了一次重大的范式转变。正如弗洛伊德让人们对异常心理的认识从生理疾病或道德败坏转向了无意识心理过程。

通常比较理论时，我们的兴趣不仅在于发现它们的异同，而且在于判断哪个更好些。为做出这一判断，我们需要决定"好"的标准是什么。每个人在评价时采用的标准不同。因此，有必要区分相似的一些理论术语，分析人们在区分理论好与差时常用的一些标准。

我们必须十分注意研究者或明或隐地赋予理论这一术语的含义。如果所有研究者倾向于在相同意义上使用某一术语，那么解决这一问题是很简单的，但事实并非如此。某一研究者把理论和模型看作同义词，其他研究者则不这样认为。在进一步深入分析理论之前，我们需要区分和探究这些术语是如何被不同研究者使用的。

2.2.1　异常行为的理论相关术语

在理论相关的概念范畴中，最常见的有 14 个术语：理论、模型、范式、世界观、模拟、结构、体系（这 7 个几乎同义）；元理论（近年来非常流行）；假说、公理、公设、假设、原理、法则（这 6 个常被用来区分同一理论内的不同表述）。

一个理论对描述问题的表述涉及：(1)哪些事实对于理解异常行为最重要；(2)事实之间的何种关系对于产生这一理解最有意义。理论可被界定："一系列陈述，包括(1)作为公理的原理，(2)从公理中推导出的其他定律或定理，(3)概念的定义"（Reese & Overton，1970）。

模型这一术语最近几十年被越来越多地使用，以指代理论观点。在广义上，模型可指关于变量之间关系的任何尝试性的构思计划。在这一概括水平上，一个模型可以是一种世界观（Kuhn，1962）或者一种关于世界的假设（Pepper，1934，1942），表述了关于人类或现实的本性的某些东西。而在狭义的理解上，有著者已用模型指代事物运作方式的独特的数学或图示表征（Suppes，1969）。

范式指称一种非常通用的框架，用于对事物之间关系的总体观点或描述，是一种世界观。但是另外的学者则用范式指称对于变量之间关系的一种概括的、一般的描述或更具体的描述。在这种意义上，他们把范式与模型等同，并交替使用这两个术语。有时学者甚至在同一文献中赋予范式多种意义，却不把这一事实告知读者。因此，马斯特曼（Masterman，1970）曾指责库恩在 21 种不同的意义上使用"范式"一词。库恩在其名著《科学革命的结构》（The Structure of Scientific Revolutions）中，对范式的使用"过分宽泛并十分不一致"。

理论家使用类比或模拟这一术语，把某事物的方面比作其他事物来解释意义。因此，模拟是一类模型，这是从一种事物代表了其他事物的特性的意义来说的。

结构和体系，它们具有相同的含义。因为每个术语均区分了组成整体的元素并描述了元素之间相互联结的方式，因此，可以把某一理论家复杂的信念及其彼此间的联系称作一种体系。同样，总体复杂的信念的一部分也可被抽取出来作为一独立实体，有自己的组成部分，自身可被称作一个系统或亚系统。

从 20 世纪 70 年代开始，大量新的"元"（meta-）词群在文献中出现：元认知、元记忆、元分析、元学习、元知觉、元理论和元原理等。尽管在用法上有某些一致，但并不是所有著者都在同一意义上使用这些带"meta"（元一）前缀的术语。在当代文献中，前缀"meta"（元一）最通常指对前缀依附的主词的"分析"或关于该主词的"知识"，例如，元认知就是关于认知的知识，或者关于思维的思维。而元理论的含义并未标准化，是指包括更多特殊亚理论的一种上位的、总括性的理论？还是指真正理论的前身——一系列还不具备严密理论水平的初始推断？这需要在使用前认真研究。

六个术语指的是可以包括在一个理论中的各类表述：假说、公理、公设、假设、原理和法则。但是，并非所有著者都赋予这些术语相同的含义。这里，我们将分析每一术语得到最广泛接受的含义。探究这六个术语的有效方法之一是思考它们在理论家提出或完善模型的四个阶段中所处的地位（表2.1）。首先，理论家在没有验证前就认可某些信念是正确的，这些自明的信念通常被称作公理、公设或假说。一个公理或公设是这种信念的规范表述，而理论家据此建立自己的模型。一个假说则是理论家的非规范性表述或根本无所表述。有时理论家并没有意识到自己提出了某些假说，直到批评者指出它们。尽管理论建构过程可被描述为四个序列阶段或步骤，但是在实践中，理论家经常可能不系统地经过这一顺序。更经常的是，理论家似乎会穿梭来往于各阶段，修正这里，改变那里，以形成他们认为提供了一个有效解释事实的图式。

表 2.1　理论建构过程中的术语和阶段

	阶段1 建立构想	阶段2 模型描述	阶段3 逻辑推论	阶段4 结论
阶段的产物	公理 公设 假说	结构 体系	假设	原理 法则
理论家的行为	接受某些自明的信念	确定模型的成分及其相互关系	如果模型准确表征了它假设的某方面问题，那么表明合理推断的关系或结果就是可以预期的	根据搜集到的验证或评价模型准确性的证据做出结论

近年来，在异常行为研究中两大范式并驾齐驱。其一，是处于不断更新变化中的生物学观点，它是当今精神病学和变态心理学的主流观点，对临床科学正产生着越来越广泛的重要影响。其二，对于众多实证取向的临床心理学研究者而言，行为主义观点和认知行为观点是非常重要的研究范式。但是生理、心理、社会和文化研究让我们明白，只有一种整合的取向才可能更全面地理解各种心理疾病的原因，才可能更有效地提出对心理疾病的治疗方案。因此，近年来许多研究者意识到，我们需要一个更有整合性的生理—心理—社会观点，这种观点认为生理、心理和社会因素之间互相影响，三者在心理病理学和治疗方面都扮演着重要角色。理解了以上内容之后，我们就可以来具体看看各种主要的理论观点了。我们并不认为某种理论观点一定优于另一种，而是将客观描述这些理论，陈述每种理论的重要观点，以及讨论如何评估这些理论观点的有效性。同样，我们也会描述每种理论所强调的各种致病因素。您将会看到的，不同理论对某种因素影响某种疾病的机制往往有着不同的解释。

2.2.2 生物学观点及生物学致病因素

传统生物学观点将心理障碍视为疾病,认为心理障碍是由遗传或生理病理过程所引起的中枢神经系统、自主神经系统或内分泌系统的失调。曾几何时,支持这个观点的学者希望能找到一种单一的生理学解释;而今越来越认识到单一的生理学解释太过简单。因此,虽然研究者仍然坚持遗传、生物化学或其他生物过程的失衡是造成行为异常的原因,但他们也越来越多地开始认可并关注心理社会学和社会文化学因素的影响。

心理障碍的生理或器质性病变都与严重的脑结构或神经系统损伤有关,这些障碍也被称为**神经性疾病(neuropathy,neurological disorder)**,因为它们源于脑功能的物理或化学损伤,而且往往表现出心理或行为上的偏差。但神经损伤并不一定会导致异常行为,而且大多数心理障碍并不是由神经损伤引起的。同样地,妄想中出现的怪异内容或其他异常心理状态从来都不能简单直接地归结于脑损伤。如果一个人出现行为障碍(如记忆丧失),即便可以在其脑部找到相应的组织损伤,人们通常也不能解释这些损伤是如何导致了思维怪诞和行为异常。例如,可以理解麻痹性痴呆或阿尔茨海默病带来的神经损伤会导致患者无法完成某些任务,但是一个精神分裂症患者非要声称自己是拿破仑的怪异行为,就不能简单地归因于神经损伤或毁坏。这类妄想的内容应该源自不同神经结构的某种功能性整合,这种整合受到人格特征和过去经验的影响(如,了解有关拿破仑的知识)。

今天,我们已经知道,多数情况(如脑膜炎或发高烧)都会暂时性地阻碍大脑的信息加工能力,但不会导致相关神经细胞的永久性损伤或坏死。在这种情况,神经细胞的正常功能随着环境(尤其是化学环境)的变化而出现异常。最普遍的例子是人在喝醉酒时表现出平时受到抑制的破坏性行为和不恰当行为。总之,大脑损伤之外的很多过程都会影响大脑的功能,从而改变人的行为。

我们将着重讨论与异常行为紧密相关的五大类生理因素:(1)大脑神经递质和激素失调;(2)遗传易感性;(3)气质及其他体质易感性;(4)大脑功能异常和神经易感性;(5)物理剥夺或损伤。上述每一类因素都对应着一组影响我们身体机能和行为的情况。它们并非彼此孤立,而是会在不同的人群中以不同的方式同时出现。

2.2.2.1 神经递质和激素失调

为了保证大脑的正常运转,神经元或激活的神经细胞之间必须进行有效的沟通。神经细胞一端的轴突(相对于树突)或另一神经细胞细胞体的交流站点称为突触或者突触间隙——神经细胞之间的一种细小缝隙。这种神经元间(或突触间)的传递是由被称为神经递质的化学物质完成的,当神经冲动产生时,神经递质由突触前膜释放到突触间隙中。神经递质有各种类型,一些递质能增加突触后神经元兴奋(产生一次神经冲动),另一些则能抑制冲动。影响神经信号是否能有效传递给突触后细胞的决定因素中,包括突触间隙中某种神经递质集聚的水平高低。大量的精神障碍的药物治疗是基于神经递质传递过程和代谢过程来实施的。

1. 神经递质失调

大脑中神经递质失调会导致异常行为,这已成为现今生物学流派的基本观点。心理压力有时会引发神经递质的失调,而引发的方式多种多样。例如神经递质的过度产生和释放会导致这种神经递质的功能激越。另一方面,如果神经递质在释放到突触间隙后失活,会导致其不能发挥正常的功能。通常这种失活的出现有两种可能,一是神经递质释放到突触间隙之后,其中的降解酶导致了它的失活;另一种情况则更为常见,即神经递质在释放后被突触前膜所在的轴突重新吸收,这一过程被称为再摄取。突触中的去活性酶不足或是正常的再摄取过程被延迟,这些功能异常都会造成神经递质的失调,并最终影响相应的突触后神经元受体,表现为受体异常敏感或异常迟钝。各种障碍可能正是起源于大脑不同区域不同形式的神经递质失调。人们认为抗精神病药物就是通过改善这些神经递质的失调状态来治愈各种障碍的。例如,广泛使用的抗抑郁药物百忧解就是通过减缓神经递质血清素 5-HT 的再摄取来改善抑郁情绪的(Thompson,2000)。

在各类神经递质中,人们已经深入研究了其中的四种与心理疾病的关系,它们是:(1)去甲肾上腺素 NE;(2)多巴胺 DA;(3)血清素 5-HT;(4)伽马氨基丁酸 γ-GABA。其中,前三个属于单胺类神经递质,即均由一个单独的氨基酸合成(单胺即代表"一个胺基")。多巴胺和去甲肾上腺素比较类似,因为它们由同一类氨基酸合成,两者属于儿茶酚胺。当我们处于压力或危险情境时,去甲肾上腺素在人体的应激反应中起重要作用。人们发现人体内的多巴胺与精神分裂症有关,但并不能简单地假设说,精神分裂症就是由多巴胺水平过高引起的,因为这并不完全正确。多巴胺功能的变化也与其他心理障碍有关。与儿茶酚胺不同,血清素由吲哚氨基酸合成,它会影响我们对来自周围环境的信息加工过程,并可能与焦虑、抑郁和自杀等情绪障碍有关,这一点我们会在之后章节谈到。

2. 激素失调

某些心理疾病也与激素的失调有关。激素是由我们体内一系列内分泌腺释放的化学物质。每种内分泌腺产生并释放其独有的激素,这些激素通过血液传递,影响着我们的大脑和身体的各个部分。通过下丘脑对垂体的作用,中枢神经系统影响着内分泌系统,这一作用机制被称为神经内分泌系统。垂体腺是人体内分泌腺的核心,它释放多种激素以控制并调节其他的内分泌腺。一系列非常重要的反应发生在下丘脑—垂体—肾上腺—皮质轴上。这条神经内分泌轴的活动包括:下丘脑分泌促激素释放激素(CRH)到脑垂体,使垂体分泌促肾上腺皮质激素(ACTH),该激素刺激肾上腺皮质腺(位于肾的上端)分泌肾上腺素和应激激素皮质醇,它们能帮助人体应对应激。接着皮质醇会向下丘脑和脑垂体提供负反馈,从而抑制CRH 和 ACTH 的释放。这种负反馈系统的运行加上正向的神经内分泌轴的活动的平衡,共同完成人的神经内分泌系统的功能实现。正负反馈系统的功能异常可以解释多种形式的心理疾病,例如抑郁和创伤后应激障碍,由性腺分泌的性激素分泌失调造成的障碍。此外,激素对神经系统发育的影响,例如体现在男性和女性行为表现的差异。

2.2.2.2 遗传易感性

1.基因与遗传

遗传学是一门以基因结构与功能为主线,以基因型和表型分析为核心,以遗传分析思想为导向,从群体、物种、个体、细胞和基因等多个层次揭示生物遗传变异的规律的学科。它包括以下四个方面:(1)遗传物质的组成与性质;(2)遗传物质如何在世代间传递;(3)遗传物质如何在个体发育中发挥功能;(4)遗传学如何研究遗传物质的性质与规律。

遗传基因(gene,mendelian factor),也称为遗传因子,是指携带有遗传信息的 DNA 或 RNA 序列,是控制性状的基本遗传单位。基因通过指导蛋白质的合成来表达自己所携带的遗传信息,从而控制生物个体的性状表现。

现代医学研究证明,除外伤外,几乎所有的疾病都和基因有关系。像血液分不同血型一样,人体中正常基因也分为不同的基因型,即基因多态型。不同的基因型对环境因素的敏感性不同,敏感基因型在环境因素的作用下可引起疾病。另外,异常基因可以直接引起疾病,这种情况下发生的疾病为遗传病。可以说,引发疾病的根本原因有三种:(1)基因的后天突变;(2)正常基因与环境之间的相互作用;(3)遗传的基因缺陷。绝大部分疾病,都可以在基因中发现病因。

基因通过其对蛋白质合成的指导,决定我们吸收食物,从身体中排除毒物和应对感染的效率。第一类与遗传有关的疾病现有已知四千多种或更多,通过基因由父亲或母亲遗传获得。第二类疾病是常见病,例如心脏病、糖尿病、多种癌症等,是多种基因和多种环境因素相互作用的结果。

基因是人类遗传信息的化学载体,决定我们与前辈的相似和不相似之处。在基因"工作"正常的时候,我们的身体能够发育正常,功能正常。如果一个基因不正常,甚至基因中一个非常小的片段不正常,都可以引起发育异常、疾病,甚至死亡。

健康的身体依赖身体不断地更新,保证蛋白质数量和质量的正常,这些蛋白质互相配合保证身体各种功能的正常执行。每一种蛋白质都是一种相应的基因的产物。

基因可以发生变化,有些变化不引起蛋白质数量或质量的改变,有些则引起。基因的这种改变叫作基因突变。蛋白质在数量或质量上发生变化,会引起身体功能的不正常以致造成疾病。

2.遗传易感性

人体内的生理生化过程本身都受到基因的影响。虽然各种行为和心理障碍并不仅仅由基因决定,但大量证据表明很多心理障碍受到基因的影响。近期的研究支持了生物学观点,即在抑郁、精神分裂症和酒精成瘾等各种心理障碍中,遗传都是一种很重要的体质因素。一些遗传影响最早表现在新生儿与儿童身上,例如气质特点,一些儿童天生就比较害羞或者焦虑,而另一些则比较外向。但另一些由遗传决定的易感性要等到个体更成熟的时候才会表现出来,如青少年期或成年期。

在异常心理学中,遗传影响很少以简单而直接的方式表现出来。这是因为并非完全由遗传基因所决定,而是有机体与环境互动的产物。换句话说,基因只能间接地影响行为表现。基因"表达"往往不是DNA编码信息的简单产物,而是一连串内部环境与外部环境相互作用的复杂过程。实际上,受压力等环境的影响,基因有可能被激活,也可能被抑制。

人类遗传的主要特征有基本的共通性。遗传的过程从受精开始,女性卵子细胞与男性精子细胞结合形成受精卵,受精卵携带着基因编码,这组基因编码将影响个体发展和行为表现的可能性。基因表达出的遗传特征千差万别,只有同卵双胞胎在出生时才拥有完全相同的基因。因此,遗传不仅提供了某个物种发育和行为的各种可能性,同时也蕴含着个体差异的重要来源。遗传所决定的并非个体的某个特定行为,而是行为特点会在多大程度上受到环境和经验的影响。例如,一个有遗传性内向体质的人将来或多或少地都会有些内向,至于内向的程度则受到成长经历的影响,但他(她)绝不可能成为一个真正外向的人。

3.经典遗传学与表观遗传学

自孟德尔遗传定律被重新发现,诞生了**经典遗传学**。之后的一个世纪,围绕着基因的本质,基因如何决定表型的核心问题,产生了以中心法则为主线的分子生物学和基因组学。但生命世界充满了奥秘,基因并不决定一切,许多现象不能用基因决定表型的遗传学理论来解释。生物体从基因型到表型之间存在着复杂和精细的调控机制,这就是**表现遗传学(epigenetics)**的研究范畴。如果说,基因组DNA序列包含了编码生灵万物的遗传密码,那么,表观遗传就决定了在个体发育及与环境生存互动过程中,如何使用遗传密码,产生不同的基因表达谱和表现型,以更好地适应环境变化。

表观遗传学中的"表观"(epi)一词源自希腊语,本义是"在……之上"的意思。我们细胞中的DNA并不是那么纯洁又纯正的分子。DNA的特定区域可以结合一些小化学基团。我们的DNA同时也被特定的蛋白包裹着。这些蛋白自身也被一些小化学基团所覆盖。但这些分子的存在并没有改变基因的编码序列。这些DNA上或者蛋白质上的小分子的添加或移除改变的是邻近基因的表达情况。这些基因表达的变化会改变细胞的功能及其自身的性质。有时候,这些化学分子的添加或移除发生在发育的关键时期,那么这些变化会陪着我们度过余生,哪怕活到100多岁。毫无疑问DNA蓝图是起点,是一个非常重要而绝对必需的起点。但它并不能充分解释那些时而精彩、时而可怕的生命的复杂性。

4.染色体异常

染色体是细胞核中携带基因信息的一种链状结构。正常人类的细胞中包含46条染色体,这些染色体携带着基因信息,遗传图谱就以这种方式传递。受精卵开始发育时,正常遗传包括23对染色体,一半来自父亲,另一半来自母亲。这些染色体中有22对是常染色体,它们通过生物化学形式决定个体的解剖学及物理学特征。剩下的一对是性染色体,它决定新生儿的性别。女性来自父母双方的两条性染色体都是X染色体,而男性的性染色体则由一个来自母亲的X染色体和一个来自父亲的Y染色体组成。发育遗传学的研究显示,染色体结构或数目异常会引起多种畸形和障碍。例如,唐氏综合征是一种精神发育迟滞,有明显的面部特征被识别,这类儿童的第21对染色体上出现了三体性,即本来只应有两条染色体却出现了三条染色体,这条多余的染色体就是引发疾病的主要原因。性染色体也会出现异常,从而衍生出不同的并发症,例如出现性别特征不明显或混乱等,这可能引发个体表现出异常行为的先兆。

基因型和表现型的关系基因是一长串分布在细胞核中染色体不同位置上的DNA（脱氧核糖核酸）分子。基因就像是染色体这条"项链"上的"珍珠"，每个基因基本上就是一连串氨基酸的"图纸"，这个氨基酸链条一旦被"建造"出来，就会自动折叠形成具有复杂空间结构的蛋白质或酶，从而影响机体的生理机能。不幸的是，个别基因携带的信息会引发机体的功能障碍，但我们尚不能准确预测大多数这种功能障碍。

一个人整体的基因遗传称为基因型，而基因型与环境的共同作用所产生的外显的结构和功能特征称为表现型。有时一些基因型易感性在个体出生时并没有得到表现，而是到个体更成熟的时候才表现出来。更多的时候，基因型塑造着儿童在环境中的体验，从而以另一重要方式影响个体的表现型。例如，一个在基因型上有攻击性的儿童可能会在小时候因为其攻击行为而遭遇同伴的拒绝，而这种拒绝使得该儿童会与同样有攻击和违抗行为的个体成为同伴，这大大增加了其在青少年期成为真正违法者的风险概率。基因型以这种方式影响个体在环境中的经验，我们称这种现象为遗传—环境相关。前面提及的表观遗传学着重研究这遗传与环境关系。当然，现在的技术使我们能在孩子出生前就探测到其染色体异常（一种染色体结构的不规则），这意味着可通过后天的发育和行为来了解染色体结构变化的影响。

似乎很多有趣但令人费解的遗传效应（基因型对正常行为和异常行为的影响）都是多基因共同作用的结果，如叠加作用或交互作用（Plomin，1990；2001）。一个有遗传易感性的人继承了大量基因，它们集合在一起呈现出某些不完美的遗传特征。这些不完美的基因可能会导致中枢神经系统的结构异常，从而导致大脑化学和激素水平的失调，或影响自主神经系统反应的激活或抑制，从而影响各种情绪调节作用。

5.遗传与环境的交互作用

个体的基因型与环境的交互方式有三种：（1）被动效应；（2）激活效应；（3）主动效应。由于父母与子女之间的遗传相似性，基因型对环境具有所谓的**被动效应**。如，高智商父母往往会给其子女提供一个有丰富信息刺激的环境，这个环境本身更有利于高智商遗传基因的表达。儿童的基因型可能会引发来自社会和物理环境的某种特定的反馈，即所谓的**激活效应**。如，活泼快乐的婴儿从外界得到的积极反馈要远远多于被动麻木的婴儿。儿童的基因型还可以更主动地对环境产生作用，即所谓的**主动效应**。这种作用表现为儿童主动地寻求或创造一些适合自己的环境。例如外向的儿童会主动寻求他人的陪伴，从而促使他们更擅长与他人交往。

通过对遗传与环境之间相关的讨论，我们看到了基因对儿童环境探索过程的影响。但另一种具有吸引力的复杂阐释是：不同基因型的人对所处环境有不同的敏感性和易感性，这被称为遗传—环境的交互作用。由苯丙酮尿症（PKU）引发的精神发育迟滞可以看作是遗传—环境交互作用的典型例子。有苯丙酮尿症基因易感性的儿童对含淀粉食物的反应不同于正常儿童，他们无法正常代谢摄入的淀粉，而那些无法分解的物质积淀后会损伤大脑。

6.基因与环境的相互作用

基因因素和环境在多个方面相互作用，影响我们的行为。

第一，基因因素会影响我们所选择的环境类型，环境又会强化基因对人格和兴趣的影响。Holden(1980)有令人震惊的一对同卵双生子的研究报告：涉及基因 100% 相同的一对叫吉姆的同卵双生子，从婴儿时期分开后，直到 39 岁才重聚。两人都与名叫琳达的女子结婚，并又都离婚了。两人的第三个妻子都叫贝蒂。两人的儿子都叫詹姆士·艾伦，养的狗也都叫托伊。两人都是烟鬼，抽沙龙牌香烟，都是副警长，开雪佛兰牌汽车，都有咬指甲的习惯，喜欢赛车，都有地下工作室，而且都在院子里的树周围建造了白色的环形长椅。遗传学家的解释：基因相同的人们可能具有相似的气质和天赋，这导致他们选择了相似的环境。基因影响环境选择的例子中，大多数并不像这对双胞胎这样惊人，不过这种影响对于心理症状的产生可能很重要。例如，攻击和冲动行为都受到基因因素的影响，有这种行为倾向的儿童在选择朋友时，可能就会选择鼓励其攻击和冲动行为并为其提供实施反社会行为机会的人交朋友。

第二，基因和环境的相互作用可以通过环境作为基因倾向的催化剂来实现。例如，像前面提到的，5-羟色胺转运基因中的短等位基因会增加个体罹患抑郁症的风险，但它并不能决定个体是否会患抑郁症。研究者卡斯皮、莫非特及其同事发现，携带一个以上 5-羟色胺转运基因的短等位基因的个体，成年后罹患抑郁症的风险并不会增加，除非他们在幼年时受到过虐待。在没有受过虐待的个体中 5-羟色胺转运基因的基因型与抑郁症之间没有关联。不过 s/l 基因型的人如果受过虐待，则其患抑郁症的概率会急剧增加；s/s 基因型的人如果受过虐待，则其患抑郁症的概率会更大。后续的研究没能重复卡斯皮及其同事的发现(Risch, 2009)，但是这个有趣的研究激励了很多其他研究者去探索基因和环境的相互作用。

第三，表现遗传学(epigenetics)是一个有趣的新研究领域，它指出环境条件可以影响基因表达。不同的环境条件可以通过化学方式对 DNA 进行修改，决定基因的表达与否。因此，细胞、组织和器官在发育过程中都会发生变异。表现遗传学研究的是在不改变基因序列的前提下基因表达的可遗传变化。

7. 研究遗传影响的方法

虽然我们已经在探测缺陷基因的研究中取得了一些进步，但仍然无法对导致特定心理障碍的基因缺陷进行精确定位。因此，我们所获得的大多数有关遗传因素如何影响心理障碍的信息基于的并不是基因研究，而是对人的相互关联的研究。**行为基因学**关注心理障碍（以及心理机能）的遗传性，该领域的主要研究方法包括如下三种：(1)家谱图，或称家族史方法；(2)双生子研究法；(3)寄养研究。最近出现了两种新方法（连锁研究和相关研究）。

家谱图或家族史法

要求研究者观察该家族史上的渊源者或先证者，又称指标个案（指有某种特质的个体，或表现出某种障碍的个体）所在家族的所有亲属样本，以分析某种障碍的出现率是否随着遗传相关程度的增加而增加。另外，这种方法还会对比该障碍在正常群体中出现的概率与在指标个案所在家族中出现的概率。这种方法的主要局限是，同一个家族中的个体不但有最相近的基因，同时也有最相似的成长环境。这使得研究者很难区分基因的作用与环境的作用。

双生子研究法

同卵双生子拥有相同的遗传基因，因为他们由同一个合子或受精卵发育而来。如果某种障碍或特质完全由基因决定，那么共病率（双胞胎均患某种疾病或出现某种特征的概率）

应该是百分之百。这就是说,如果同卵双生子之一患有某种疾病,则另一个也必然患有同样的疾病。但是没有一种心理障碍在同卵双生子中的共病率达到百分之百,所以我们可以充分得出结论,即没有一种心理障碍完全来自基因遗传。但我们会发现,同卵双生子在一些常见的严重心理障碍上的共病率相对较高,尤其当某些障碍在异卵双生子中的共病率低于同卵双生子时,这对研究者来说有着特别的意义。

异卵双生子由不同的受精卵发育而来,因此他们之间的基因相似度与任何非同卵双生的兄弟姐妹之间一样。如果某种障碍有很强的基因遗传性,那么我们可以推断它在异卵双生子中的共病率远低于同卵双生子。因此通过对同卵和异卵双生子在某一障碍上的共病率进行比较,就可以了解这种障碍是如何通过基因传递的了。对于大多数障碍来说,异卵双生子的共病率都低于同卵双生子。

有一些研究认为,某种障碍在同卵双生子中的共病率高于异卵双生子并不是基因遗传的确凿证据,因为父母教养环境对待同卵双生子的方式很可能比异卵双生子更趋同(Propping,1993;Torgersen,1993)。但更多研究提供的证据确凿地表明,基因相似性对双生子的影响比父母教养行为更为重要。

对心理病理学的遗传因素最理想的研究,是对比在完全不同环境中长大的同卵双生子。但这种双生子样本很难找到,目前只进行了少数针对少量样本的研究。例如,格塔斯曼(Gottesmen,1991)曾对同卵双生子精神分裂症的共病率做过研究,他考察了14对被分开养育的同卵双生子,每对双生子中有一个患有精神分裂症。虽然样本太小不足以定论,但值得注意的是,在分开抚养的同卵双生子中,其精神分裂症的共病率与在一起抚养长大的同卵双生子非常接近,这表明,基因对心理障碍产生的影响比家庭环境的影响更重要。

收养研究

收养研究采用的一种方法,是比较患某种障碍的儿童其亲生父母与正常儿童的亲生父母(这两类儿童都在出生后不久就被领养),考察他们在该障碍上的患病率。如果存在基因影响,那么患病儿童直系亲属的患病率应该高于正常儿童的直系亲属。另一种方法是对比亲生父母患有某种障碍的领养儿童与亲生父母正常的领养儿童,考察他们在该障碍上的患病率。如果存在遗传影响,那么亲生父母患有该障碍的领养儿童将表现出更高的患病率。

尽管上述三种方法均有瑕疵,但所有研究汇聚的结论都指向一种合理解释:遗传对心理障碍产生了影响。

8.区分遗传效应与环境效应

上述三种遗传学研究都在一定程度上将遗传从环境因素中分离出来,因此它们也检验了环境因素的影响,并区分了"相同"和"不同"环境对个体发展的影响。

共有环境影响会对家中所有儿童产生相似影响,并使他们表现出相同行为,例如过于拥挤、贫困或家庭纷争等。**非共有环境影响**则会对家中不同的儿童产生不同的影响,包括儿童在学校中的经历,以及在家庭中儿童可能体验到的不同教养风格,比如父母对待每个孩子的方式会有质的不同。例如,争吵和敌对的父母可能会将某些孩子带到冲突中去,但其他孩子却能幸免。对许多重要的心理特征和心理障碍而言,非共有环境有着更大的影响力,即儿童在该环境中所经历的独特的体验对其行为和适应的影响,要大于在家中与其他孩子共同经

历的环境的影响。

9.连锁分析和相关研究

分子基因学方法(molecular genetic methods)是一种比较新的研究遗传对心理障碍的影响的方法,包括连锁分析和相关研究。之前提到的研究方法主要尝试获得遗传对不同心理障碍的影响程度的定量估计,而连锁分析和相关研究则尝试对引起心理障碍的基因进行定位。这项工作是激动人心的,因为一旦实现了对障碍的基因定位,将会对疾病的新的治疗形式甚至早期预防带来积极的影响。

对心理障碍的连锁分析研究,关注已知的其他生理特点或生物过程的基因染色体定位。例如,对有精神分裂症病史的家庭进行家族谱系研究,调查精神分裂症个体的数代亲属中是否有患同样疾病的人。与此同时,追踪记录这些人的瞳孔颜色和诊断情况。选取瞳孔颜色是因为人们已知某条染色体上与它相对应的基因位置。如果研究者发现在一个家庭谱系中,家族的精神分裂症与瞳孔颜色有关,他们就可以推论说,影响精神分裂症的基因应当分布在决定瞳孔颜色的基因附近。换言之,在这种情况下,研究者会预期在某个有精神分裂症遗传史的家族中,所有患精神分裂症的家族成员都有同样的瞳孔颜色(例如,蓝色);即使在另一个精神分裂症家族遗传中患病成员的瞳孔都是棕色的。一些连锁分析研究得到了有力的证据支持这种推论,例如,有研究发现双向情绪障碍的致病基因定位在第 11 号染色体上(Egeland,1987),而精神分裂症的致病基因分布在第 6 和第 13 号染色体的特定位置上(O'Neill & Burke,1995)。

但遗憾的是其他研究并没能重复获得这样的结果。因此,目前大多数研究结果并没有被视为定论。这种情况产生的部分原因可能在于,心理障碍往往受到多条染色体上多个基因的共同影响。到目前为止最成功的基因定位技术使用在单基因致病的脑损伤障碍中,如亨廷顿综合征(Carey,2003)。

相关研究

包含两大组人,一组被试患有某种障碍,而另一组被试则没有这种障碍。研究者会对比这两组被试特定染色体上某个已知基因标记出现的频率。如果一个或多个已知基因标记出现的概率在患病组中高于未患病组,研究者就可以推论与该障碍有关的一个或多个基因分布在同一染色体上。最理想的情况是研究某种障碍的基因定位时,使用的基因标记正好是该障碍中受损的生物过程。例如,已知多动症是由神经递质多巴胺的失调引起的,因此研究者就可以比较多巴胺功能的基因标记在多动症儿童与正常儿童中出现的频率。如果该基因标记在多动症儿童中出现的概率显著大于正常儿童,则可以推断与多动症有关的一部分基因分布在该基因标记的附近。对于大多数受到多基因影响的心理障碍而言,相关研究在确定特定基因的微小影响方面比连锁分析更加有效。

总之,虽然使用连锁分析和相关研究范式的分子基因学研究可以带来很多新的干预和治疗方法,但目前这些研究也因难以得到重复结果而未能发挥充分作用。

2.2.2.3 气质

与基因和遗传易感性类似的,气质包括个体的活动性和自我调节方式,它也可以被视为

一种体质易感性。当我们说婴儿有气质上的差异时，是指他们应对各刺激时固有的情绪反应和唤醒反应不同，以及在参与、回避和处理各种情境上的倾向不同。例如，一些婴儿会被很轻的声音惊吓，或是在阳光照到脸上的时候大哭；但另一些婴儿似乎对这些刺激不敏感。这些行为被认为与气质相关而与基因无关：婴儿们可能并非只受到基因的影响，胎儿期和出生后的环境因素也在其发展中起了重要作用（Kagan，1994；Rothbart，2006）。

人类的早期气质是人格发展的基础。婴儿早在2~3个月的时候就可以从5种先后出现的维度划分其气质类型：（1）恐惧性；（2）易激惹性和受挫性；（3）积极情感；（4）活动水平；（5）注意持续性。它们与成人人格的三个重要维度密切相关：（1）神经质或负性情感；（2）外倾性或积极情感；（3）紧张性（谨慎与宜人性）（Rothbart，1994；Watson，Clark，& Harkness，1994）。比如，婴儿气质维度中的恐惧性和易激惹性与成人人格维度中的神经质对应，即产生负性情绪的倾向；婴儿气质维度中的积极情感和活动水平似乎与成人人格维度中的外倾性有关；而注意持续性则与成人的紧张性或控制力有关。从生命第一年的后期到童年中期，气质发展至少在一些方面表现出稳定性，但它也是可以改变的（Lemery，Klinner & Mrazek，1999）。

婴幼儿的气质对其各方面的发展过程有着深远的影响。例如，一个恐惧型气质的儿童很可能会在各种引发恐惧的情境中对恐惧产生经典条件作用，之后他/她就会学着回避这些恐惧情境。研究表明，这种儿童尤其可能会产生对社交环境的恐惧。同样，悲伤阈限低的儿童会逐渐学会维持自己周围刺激的低水平以调节悲伤情绪，而一个对刺激有较高需求的儿童则会做各种事来提高兴奋度。

既然气质对各种基本发展过程都会产生如此深远的影响，那么它对个体之后各种心理障碍的发展产生影响也就不足为奇。众多研究支持这种观点，例如，卡根及其同事把在很多情境下都容易恐惧的儿童界定为行为退缩型，这一特征有显著的遗传成分（Kagan，1994），而且当其稳定之后，就会增加童年晚期或成年期出现焦虑障碍的可能性。相反，如果儿童在2岁时仍表现出严重的不受约束，对任何事物都不害怕，那么他们要从父母或社会那里习得应有的道德规范就可能很困难，而且在13岁之后会表现出更多的攻击和违抗行为。如果这些人格要素与高水平的敌意相结合，则会发展成品行障碍或反社会人格障碍。

2.2.2.4　脑功能障碍和神经可塑性

脑组织严重受损虽然会增加个体出现心理障碍的风险，但是脑组织中可观察到的特定损伤并不是导致精神障碍的主要原因。然而，今天有越来越多的细微脑功能缺陷被证实与某些心理障碍密切相关。在过去的15年中，我们对这些脑结构和功能异常作用于心理障碍的机制有了更多的认识，这都要归功于新的神经影像学技术的快速发展。

各种研究技术让我们认识到，基因对大脑发育的影响并非如我们先前理解的那样是决定性的而且一成不变。例如，让怀孕的母猴暴露在不可预测的强噪声环境中，它们的婴儿就会表现出神经紧张以及神经化学异常（血液中的儿茶酚胺）。许多产后的环境事件也会影响婴幼儿的大脑发育。例如，新生儿的后天经验会对其出生后神经新联结（或突触）的形成产生重要影响。在刺激丰富的环境中长大的老鼠比环境隔离组的老鼠在大脑皮质特定部位上发育得更好，每个神经元上也有更多的突触。成熟一些的动物在丰富环境中也会有同样的改变,只是改变相对较小。因此神经系统在毕生发展过程中均有某种程度的可塑性。这方面的早期研究让人们相信应该为婴儿提供刺激非常丰富的环境。然而,之后的一些研究又发现,父母照顾周到的正常养育环境就完全可以达到很好的效果;而更新的研究则表明,缺乏刺激或者环境剥夺会导致发育迟滞(Thompson & Nelson,2001)。

　　神经和行为可塑性的研究,以及前文提到的对遗传—环境相关的研究,能很好地解释发展心理病理学家为何要持续关注发展的系统方法。这一方法认为并非只有基因活动才会影响神经活动,从而影响个体行为进而影响环境,而是这种影响也会反过来进行。环境中的很多因素(物理的、社会的和文化的)都影响着我们的行为,而行为反过来也影响着我们的神经活动,甚至影响着基因的作用。

2.2.2.5　生理剥夺或损伤

　　人类的消化系统、循环系统和其他身体机能是一系列相当复杂的过程,这些系统能使我们的身体保持生理平衡和整合。过度劳累、饮食不足或者带病工作等压力会破坏这种平衡,从而导致个体对很多问题形成易感体质。例如,没有什么比连续几天有计划地剥夺睡眠和食物更能引诱犯人供出信息了。在一项实验研究中,志愿者的睡眠被剥夺了 72 到 98 小时,随着睡眠剥夺时间的延长,他们出现的心理问题也越来越多,包括无法对时间、空间定位,以及出现人格解体感等。

　　长期但相对缓和的睡眠剥夺也会导致人出现不良情绪反应。在一项针对 3000 多例青少年的研究中,沃夫森和卡斯克顿(Wolfson,1998)发现青少年的总体睡眠时间会在整个青春期逐渐减少,而这种减少是与大量的白天睡眠相关的。他们认为青少年因过度睡眠而出现的行为偏差会导致他们更容易陷入各种意外事件,促使他们使用咖啡因和酒精,还会导致各种情绪和行为问题。

　　长期的食物剥夺同样会影响心理机能。这种影响不仅是短期的,也可能是长期的。例如,严重的体重下降会造成长期的心理后果。第二次世界大战的战俘中,那些被捕期间体重下降了 35% 甚至更多的人,30 年后在多项认知功能测验中的表现要比体重下降较轻的战俘差得多。此外,伯里维伊及其同事(Polivy,1994)发现,被捕期间有明显体重下降的战俘在之后的许多年中饮食过量的水平要高于预期水平。

　　也许最悲惨的剥夺莫过于幼儿期的营养不良。严重营养不良会影响身体发育,并造成对疾病的抵抗力下降;此外它还会影响大脑的正常发育,导致明显的智力低下,增加注意力缺陷障碍;该障碍会导致注意力问题,注意力易分散,并影响儿童在学校的行为表现;近期的研究表明,母亲用传统方式被动抚养孩子更容易导致儿童的营养不良问题。如果这些母亲能学会给予婴儿更充足的营养补给(有条件的话),那么早期营养不良的负面影响就可能得到扭转,婴幼儿就能得到更多的能量,也能更开放地应对社会化过程,这些对儿童智力的正常发育都有着至关重要的影响。

2.2.2.6　生物学观点的影响

　　无论是在正常行为还是异常行为中,由基因决定的生物化学因素和先天特征都起着重要作用。此外,自 20 世纪 50 年代以来,我们见证了药物使用的很多新进展,现在的药物能奇迹般地缓解心理障碍或改善病程,例如在精神分裂症等严重的精神障碍上。大量新药物的出现吸引很多人开始关注生物学观点。生物治疗与其他疗法相比似乎见效更快,而且在大多数情况下更有希望"治愈"疾病——即花很小努力就能立竿见影。生物学发展对人类理解自身行为产生了深远的影响。

然而,正如葛伦斯坦(Gorenstein,1986,1992)所言,人们对于新近的生物研究进展的认识存在一些普遍的偏差。葛伦斯坦指出,人们总是有一种错觉(包括某些杰出的生物学研究者),即认为区分出生物学差异——如精神分裂症个体与正常个体的内在和外在特征,就证实了精神分裂症是一种疾病。事实上,所有的行为特征(外倾或内倾的),例如,高水平或低水平的刺激寻求都来源于其内在的生物学特征,但我们并不将这些生物学特征定位为疾病。对心理疾病或障碍的定义在很大程度上还是依靠主观判断,即障碍行为是否对心理和社会功能造成影响。但生理学观点并不关注这个问题,因为无论是异常行为还是正常行为都有其生物学基础。

葛伦斯坦指出的第二个重要的错误观念,即几乎所有心理障碍都是关联生物原因引发的生物学状态。由于人类所有的行为和认知最终都可以简化为大脑中的一系列生物性事件,因此区分生理原因和心理原因就没什么意义了。正如葛伦斯坦提出的,"只有在进入中枢神经系统前",心理诱因才能与生理诱因区分开来(1992)。这是因为心理诱因一旦对个体产生影响,这种影响必然受到中枢神经系统活动的调节。事实上,如果我们发现神经系统中的功能异常,那么这种异常可能是由生理诱因引起的,也可能是由心理诱因引起的。另外,心理社会干预与药物干预都能有效改变大脑的组织和功能(Andreasen,1984)。

在更广泛的意义上,我们需要时刻谨记,心理障碍与个体的人格和经历的生活事件密不可分。在后续的章节中,我们会继续关注强调这类心理社会和社会文化因素的观点。我们会牢记我们面临的最大挑战是如何整合这些不同的观点,以形成一个生物—心理—社会的整合型心理病理学理论框架。

2.2.3　心理社会学观点及致病因素

2.2.3.1　心理社会学观点

目前对异常行为的心理社会学解释远远多于生物学解释。这些心理社会学的观点反映了如何更好地理解人类,即人类不仅是生物有机体,而且是拥有动机、欲望和观念的人及人群。最有代表性的三种关于人性和行为的观点:心理动力学观点、行为主义观点和认知行为观点。除此之外还有另外两种观点:人本主义观点和存在主义观点。人本主义观点强调要把人们从功能失调的假设和看法中解放出来,让他们生活得更完满。所以它强调的是成长和自我实现,而不是治疗疾病或减轻症状。存在主义观点强调自我实现本质上的困难。

这些心理社会学的观点将呈现不同的、有时甚至是冲突的观点,但是它们在许多方面是相互补充的;它们都强调个人早期经验的重要性以及对社会影响和心理过程的自我意识——即所谓的"心理社会"因素。本章在讨论了不同的心理理论模型之后,我们会转向各种与异常行为有关的心理社会诱因,并讨论某些心理社会模型如何解释这些因素的影响。

2.2.3.1.1　心理动力学观点

西格蒙德·弗洛伊德创立了心理分析学派,该学派强调无意识过程对正常或异常行为的决定性作用,其核心概念是无意识。按照弗洛伊德的观点,人类的意识只是心理的一小部分,而无意识部分则如同海平面下的冰山,占有更大的比重。在无意识的深层部分是那些被禁止的欲望、创伤性记忆以及其他被压抑的经验——这些部分被排除在意识层面之外;然而无意识内容会不断地寻求表达,不断在幻想、梦境、口误之中以及催眠状态下呈现;这些无意识内容也可能会引发非理性和适应不良的行为,除非它们通过精神分析等方式进入意识水平并整合到心理的意识层面。在此,我们对经典精神分析理论的原理有一个大致的了解;如果要深入地理解和追随精神分析的理论、技术和实践,我们必须需要持续地研究和学习(Alexander,1948;或弗洛伊德的原著)。

1.弗洛伊德观点

人格的结构:本我、自我和超我。

在弗洛伊德的理论中,人的心理由三种"我"组成:本我、自我和超我,每种"我"都有不同的功能;弗洛伊德认为人的心理决定了人所表现出的行为,因此人类行为是受到心理的三大主要组成部分的影响的。

本我(id)是人类内心深处的本能冲动,包含性和攻击的需要以及相关的感觉和能量。本质上说,它是我们体内生物性冲动的体现。如果本我不受任何约束,它会让每个人都变成强奸犯或杀人犯。本能或本我的驱动力称为**力比多(libido)**。直到今天还有人用力比多不足来解释性欲降低,因此此类力比多又称性本能。另一种驱动力(弗洛伊德理论中表述不完全)为死本能,或称作自然毁灭。这两种驱动力就像物质与反物质一样,一个代表生命、支配和满足感,另一个代表着人们死亡和破坏的欲望;两者相互对立又相互平衡。

本我遵循**快乐原则(pleasure principle)**,寻求快乐最大化。同时它竭尽全力避免与之相伴随的紧张和冲突。越是年幼的儿童身上越能清楚地看到这一点,儿童的行为就遵循快乐原则且经常与社会规则相违背。本我使用**初级过程(primary process)**来处理信息,本我使用的是**初级过程思维**,表现为情绪化、无理性、无逻辑、异想天开,充斥着性、攻击、自私以及嫉妒,没有时空限制。

弗洛伊德认为,本我并不是毫无节制地遵循着快乐原则。刚出生几个月的婴儿就懂得根据外部条件来调整自己的基本需求。虽然自己的需求要满足,但也要顾及周围的人、事、物,也就是说要考虑符合现实实际的条件和要求。个人心理结构中负责适应现实环境的部分称为**自我(ego)**。自我遵循现实原则而非快乐原则;自我的行为或思维方式以逻辑性和理性为特点,称为**次级过程(secondary process)**,这与本我无逻辑、无理性的初级过程相对。自我负责调节本我的需要与外部的现实世界。例如,儿童在如厕训练中学习如何控制身体机能,以满足父母和社会的期望。正是发展中的自我担当了调节身体/本我的生理需要与现实(寻找适当时间地点)之间关系的角色。自我的基本目的就是在保证个体生存和健康的前提下满足本我的需要。这就需要自我运用推理及其他智能资源来应对外在世界,并且练习控制本我的需要，自我的适应性方式，即**继发过程思维**。

弗洛伊德提出，儿童在成长过程中会逐渐学会来自父母与社会的关于对错的准则，人格的第三个层次便逐渐从自我中发展出来，即**超我（superego），又称良心（conscience）**。超我反映的是父母和社会文化灌输给我们的**道德原则（moral principles）**。超我是个体把社会禁忌和道德观内化的结果，关心的是区分对错。随着超我的逐渐发展，它会成为一种内在控制系统，负责控制那些未被压抑的本我需求。当我们做了"错事"，良心就会跳出来谴责我们。超我存在的意义就是抑制本我危险的性和攻击冲动，超我和本我的冲突是个体内心冲突的根源之一。

本我和超我的冲突叫作**内心冲突（intrapsychic conflicts）**，本我和超我的冲突需要调和，这个责任就由自我担当。自我根据现实原则调节本我和超我的需求。精神分析学家将自我比喻为心理的协调员。只有自我成功地调节了内心的冲突，人类才可能进行学习和创造，相反，如果本我或超我力量过于强大，两者的冲突超出了个体的调节范围就会造成心理障碍。

弗洛伊德提出心理结构的设想，用来解释潜意识过程。在他看来，本我和超我基本上都被潜意识所掩埋，而能进入意识的只有自我的次级过程，这只不过是心理结构的冰山一角。弗洛伊德认为，本我、自我和超我三者间的交互作用对人类行为有决定性作用。人们的内心冲突常常也是由这三个子系统的目标不一致所引起的。这些内心冲突如果没有得到及时解决，就会导致心理障碍。

焦虑与心理防御机制

内心的冲突无时无刻不在沸腾，所以自我一刻都不得安宁和放松。有时，内心冲突过强就会引起焦虑，焦虑过大就会令自我不安。焦虑情感是一种预警，它提醒自我要调动**心理防御机制（defense mechanisms）**。所谓的防御机制是潜意识里的保护措施，用于消解内心冲突所带来的消极情绪，这样自我才能维持心理平衡。心理防御机制的概念最早由弗洛伊德提出，之后他的女儿安娜·弗洛伊德（Anna Freud）进一步完善了这个学说。

焦虑这一概念在心理分析理论体系中非常重要，因为它是几乎所有神经症都有的症状。实际上，弗洛伊德认为焦虑是各种心理障碍的重要原因。有时人们能很明显地感受到焦虑，而有时焦虑则会被压抑，并转换成另一种外显症状表现出来。焦虑是对将要发生的真实或想象的危险以及痛苦经验的警示，它能促使个体采取正确的应对行为。通常情况下，自我可以通过理性的方式应对客观存在的焦虑。但是，由于神经症性焦虑与道德焦虑往往是无意识的，因此它们往往很难通过理性的方式得到缓解，这时自我就会无意识地启动一些非理性的保护方式，即所谓的**自我防御机制（ego defense mechanism）**。表2.2描述了一些常见的自我防御机制。这些防御机制可以克服或者缓解焦虑，但它们只能帮助个体把令人痛苦的想法逐出意识，而不是直接解决问题。虽然某些防御机制相对来说相对成熟，比较有适应性，但总体来说防御机制会导致个体对现实的扭曲认识。弗洛伊德认为潜意识的内心冲突，冲突引起的焦虑以及自我防御机制是一切非精神疾病的心理障碍的起源，这所谓的非精神疾病的心理障碍称为**神经症（neuroses）**，或神经症性障碍。

表 2.2　自我防御机制

自我防御机制	定义	举例
见诸行动	为了应对情绪压力而不计后果地做出反社会或过分的行为	一个不快乐的、挫败的男人随意发生外遇,而且不考虑这种行为的消极后果
否认	拒绝接受或面对令人痛苦的现实以达到自我保护	一个抽烟者认为吸烟有害健康的证据是没有科学依据的
置换	将被压抑的情绪(通常是敌对情绪)发泄在危险性较小的事物上,而不是引起这些情绪的事物上	在工作时被老板骚扰了的女性与丈夫发生争吵
固着	以非理性的或夸张的方式依附于某人,或将情绪发展停留在儿童期或青春期水平	一个未婚的中年男人仍然依靠母亲提供自己的日常所需
投射	将自己不被接受的动机或特点归于他人	一个极权主义国家中某个想要扩张领土的独裁者认为邻国策划入侵本国
合理化	用勉强的"解释"来隐藏或掩盖自己无意义的动机	一个狂热的种族主义者从圣经中引用模棱两可的段落来为自己对少数民族的敌对行为正名
反向形成	通过夸张的相反行为来避免不被接受的欲望被意识到和被表达	一个被自己同性恋倾向所困扰的男性发动一场轰轰烈烈的反对同性恋酒吧的社区运动
压抑	阻止痛苦或危险的思维进入意识	一个母亲压抑偶尔冒出来的、想要谋杀自己调皮的 2 岁孩子的冲动,不让其进入意识
退行	退回到早期的发展水平,包括不成熟的行为和不负责任	一个自尊遭受打击的男性退回到孩子般的"炫耀"行为,对年轻女子展示他的生殖器
抵消	以某种象征性的行为补偿或试图神奇地驱除不被接受的欲望或行为	一个少年手淫感到内疚,于是每次手淫之后,都要仪式性地摸门把手固定若干次
升华	将受挫的性驱力引导到替代的活动中去	一个遭受性挫折的艺术家疯狂地画色情作品

来源:Anna Freud(1946) 和 DSM-Ⅳ(1994)。

性心理发展阶段

　　性心理发展阶段(psychosexual stages of development)是弗洛伊德的另一大发现,他提出人们在幼儿期和童年早期经历的一系列发展阶段对一生都有重大的影响,这种以发展的眼光来研究心理病理行为的观点几乎影响了之后所有的异常行为的心理学家和临床工作者。性心理发展阶段分为口欲期、肛欲期、性器期、潜伏期以及生殖期,这 5 个阶段分别代表了人类满足基本需求、追求生理快感的不同模式。每个阶段都有一种获得力比多(性)快感的主要模式:(1)口欲期:1～2岁,口腔是主要的性感区;婴儿最大的快感来源就是吮吸,而吮吸对于进食是非常必要的。(2)肛欲期:2～3岁,幼儿通常在这一时期开始排便训练,无论是粪便的保留还是排泄,肛门都是快感的主要来源。(3)性器期:3～6岁,对生殖器的自我抚弄是提供快感的主要来源。(4)潜伏期:6～12岁,儿童性驱力的重要性下降,取而代之的是发展技能和其他活动。(5)生殖期:发育期发育后,最重要的愉悦情绪来源于性关系。

弗洛伊德认为在每一个性发展阶段中快感获得恰当满足是非常重要的,否则个体就会停滞或固着在某个阶段上。例如,口欲期大约从出生到2岁左右,这时期的孩童特别关注食物,主要的需求也是食物。该阶段,吮吸是得到食物的主要方法,而通过吮吸,嘴唇、舌头和口腔共同满足了力比多的需求。弗洛伊德认为,如果某一时期的需求没有得到应有的满足,或某一时期的满足留下了特别深刻的印象,称为**固着(fixation)**,那么成年后的人格特征就会有相应的反应。例如,口欲期固着会导致吮吸手指的习惯,或个体习惯通过进食、咬铅笔或咬手指来满足欲望。成年后的口欲期人格会表现为依赖、被动,或者反叛、愤世嫉俗等。

俄狄浦斯情结和厄勒克特拉情结

每一个阶段都对个体提出了要求,发展意味着每个阶段所产生的冲突得到解决。弗洛伊德认为最重要的冲突之一发生在性器期,该阶段中自我刺激的快感及随之而来的性幻想产生了**俄狄浦斯情结(Oedipus complex)**。希腊神话中,俄狄浦斯在不知情的情况下弑父娶母。弗洛伊德认为,每个小男孩都在象征性地重演俄狄浦斯的故事。每个男孩渴望母亲的性爱,并且认为自己的父亲是可恨的对手;然而同时也担心父亲会割除自己的阴茎以惩罚自己的性欲。这种阉割焦虑迫使男孩压抑自己对母亲的性欲和对父亲的敌意。如果一切顺利,男孩最终会认同自己的父亲并且对母亲只保留无害的感情,且把其性冲动指向其他女性。

厄勒克特拉情结(Electra complex)则是女孩的俄狄浦斯情结,这一名称便是来源于希腊神话中厄勒克特拉公主的故事。厄勒克特拉情结基于这样的观点:每个女孩都希望取代母亲的地位拥有父亲。同样,弗洛伊德认为这一阶段每个女孩都经历着阴茎嫉妒,希望自己能更像父亲和兄弟。当她开始认同母亲时就会产生这样的情结并满足于允诺自己:总有一天她会拥有自己的、能给她带来孩子的男人——而孩子在潜意识中正是典型的阴茎替代物。

如果在成年早期,无论男女,要发展出令人满意的异性关系,那么解决上述两种矛盾就相当重要。精神分析观点认为,我们对此抱有的最好希望就是在与自己的欲望对抗时能达成妥协,并且以最小的惩罚和最少的内疚来尽可能地获得最大的满足。因此精神分析观点代表了一种对人类行为的决定论观点,它将自我决定的理性和自由最小化。在群体的层面上,它将暴力、战争和相关现象解释为人类天性中的攻击和破坏本能的必然产物。

2.新心理动力学观点(后弗洛伊德观点)

经典的精神分析理论经过弗洛伊德追随者和学生们的改进,有了不同方向的发展。有的理论家着眼于其中一点并且进一步完善;有的则与老师决裂,创新立派。弗洛伊德主要关注本我的功能、其能量之源的本质,以及如何引导或转换这种本我能量的方式。他同样也关注超我,也许他再也抽不出精力关注其他了。

弗洛伊德之后的理论学者和临床工作者在三个不同的方向上发展了他的这些基本观

点。一个新的方向是由弗洛伊德的女儿**安娜·弗洛伊德（Anna Freud，1895—1982）**发展起来的，她注意到了父亲很少关注自我的重要性。她更关注自我如何行使其作为人格"执行者"的主要功能。她和其他有影响的第二代心理动力学家完善并细化了自我防御机制，并把自我置于最显著的地位，认为它在人格发展中起了重要的组织作用（Freud，1946）。这个流派就是众所周知的**自我心理学（ego psychology）**。第二个新方向关注的是早期的母婴关系，第三个新方向则关注行为的社会决定因素和人际关系的重要性。这三个新方向都淡化或抛弃了经典（弗洛伊德）精神分析理论对力比多能量和内部冲突的重要性的强调。而**"心理动力学（psychodynamics）"**这一术语现在一般指在某些重要方面来源于、同时在另一些重要方面不同于弗洛伊德精神分析理论的各种第二代理论。

客体关系理论（object relations theory）　客体关系取向源于心理分析的布达佩斯学派，他们最杰出的代表是**桑德尔·佛伦齐（Sandor Ferenczi，1873—1933）**，弗洛伊德的同事和朋友。弗洛伊德认为在俄狄浦斯阶段所发生的事件是神经症发展的关键，但是**佛伦齐**却认为前俄狄浦斯阶段的关系对人格发展和心理疾病来说更重要。这一取向既不关注本我也不关注自我，而是关注婴幼儿将这些冲动指向的客体，以及婴幼儿如何将这些客体内摄（合并）到自身的人格中。客体在这里是指婴幼儿环境中重要他人的象征性表征，通常是父母和照看者。内摄是指婴幼儿通过意象或记忆象征性地合并重要他人的内部过程。例如，儿童可能会内化父母皱眉的形象。以后这一外部客体（也是内部客体）的象征或表征会影响个体体验事件和做出行为的模式。

玛格丽特·马勒（Margaret Mahler，1897—1985）的理论也强调婴儿不能区分自我和客体，只能逐渐获得区别于其他客体表征的内在自我表征。而这种能力是通过分离个体化过程实现的，从4～5个月大开始一直持续到大约3岁。因此，个体在生命的头三年中的一个重要任务就是，从与母亲的象征性关系逐渐过渡到一个独立的个体。成功完成分离——个体化过程对于个体成熟来说至关重要。

在**梅兰妮·克莱茵（Melanie Klein，1882—1960）**、**费尔贝恩（W. R. D. Fairbairn，1889—1964）**和**温尼科特（D. W. Winnicott，1896—1971）**的领导下，20世纪30年代的英国又出现了其他强调心理动力思想的客体关系早期学说。虽然各种客体关系学说有许多不同，但它们都关注个体与真实或想象他人（内部客体或外部客体）的相互作用，以及个体所体验到的与这些内部或外部客体的关系。人们一般认为内化的客体可能会有各种互相冲突的性质，例如，兴奋和吸引相对于敌意和挫败（或拒绝），并且客体可能从中心自我分离出来并独立存在，从而导致内部冲突。举例来说，一个儿童可能内化了一个施行惩罚的父亲形象，这一形象之后会内化成孩子对自己的严厉批评。个体如果经历了这样一种与内化客体的分离可以形容为"一仆多主"，那么将很难过上整合有序的生活（Greenberg & Mitchell，1983）。

在过去几十年间，大多有影响的精神分析师都成了客体关系理论的拥护者。其中**奥托·肯伯格（Otto Kernberg，1928—）**的边缘性人格和自恋性人格的研究特别值得一提。肯伯格认为，具有边缘性人格的人，其首要特质是不稳定（尤其是人际关系），他们不能达到完整和稳定的个体认同（自我），因为他们无法整合和调和内化了的病理性客体。因为他们不能建构自己的内在世界，所以他们认为自己所认识的人（包括他们自己）不能同时拥有好的品质和坏的品质，因此他们会非常极端地看待外在世界。例如，一个人可能在某一时刻"绝对好"，但在下一时刻就变成"完全坏"（Kernberg，1985；1996；2000）。

最需要一提的是，1971 年**海因兹·科胡特（Heinz Kohut, 1913—1981）**出版了《自我分析》，该书使许多精神分析家感到恼火，因为他用自我概念（self）取代了自我（ego）。除了这本书之外，他的《恢复自己》（1977）以及他去世之后由米丽亚姆·埃尔森编辑的《科胡特专集》（1987）也阐述了许多他对自我心理学的理论观点。与其他客体关系理论家相比，科胡特更强调自我从模糊的、无分化的意象向清晰、精确的个体同一性感演变的过程。认为人格的核心是人际关系而不是先天的本能驱力。按照科胡特的观点，婴儿要求成年照顾者不仅满足自己的躯体需求而且还要满足自己基本的心理需求。为了满足婴儿躯体和心理两方面的需求，成人或**自我客体（self object）**把婴儿当作有自我感的个体一样来对待。例如，父母依据婴儿的行为表现出热情、冷酷或漠不关心。通过移情互动过程，婴儿将自我客体的反应理解为骄傲、内疚、害羞或嫉妒，所有这些态度最终都是构成自我的建筑材料。科胡特（1977）界定自我是"个体心理世界的中心"；自我使个体经验具有统一性和一致性，它在一段时间内保持相对的稳定，是"创造性的中心与印象的接受者"；自我也是儿童人际关系的焦点，将左右他如何与父母及其他自我客体的交往。

科胡特认为婴儿天生自恋。他们以自我为中心，只是寻找自己的幸福，并希望因他们自己的样子和他们所做的事而受到赞赏。早期的自我因两个基本的自恋需求而变得具体了。这两个基本的自恋需求是：(1)炫耀夸大自我的需求；(2)获得父母双方或一方理想的意象的需求。当婴儿与那些表现出赞赏自己行为的"镜子"似的自我客体有了联系时，夸大炫耀的自我就建立起来了。这样，婴儿从诸如"如果其他人认为我是完美的，那么我就是完美的"这样的观念，形成了初期的自我意象。理想化的父母意象与夸大自我正相反，因为它的意思是说别人是完美的。但是，它也能满足一种自恋需求，因为婴儿认为"你们是完美的，但我是你们的一部分"。两种自恋性的自我意象对健康人格的发展都是必要的，但它们必须随着儿童的成长而不断改变。如果它们保持不变，最终就会导致病理性的成人自恋人格。夸大自我必须转变成对自我的现实看法，而理想的父母意象也必须发展成为对父母的现实意象。这两个自我意象可能不会完全消失，健康的成年人不但对自己仍抱有积极的态度，而且还能认识到父母或代理父母的人的优良品质。然而，自恋的成年人不能超越幼儿时期的这些需求，继续以自我为中心并把自己以外的世界看作是赞赏自己的观众。弗洛伊德认为这样自恋的人不适合精神分析治疗，科胡特则认为心理治疗对这类患者是有效的。

3. 人际观点

人类是社会性的存在，这种存在的大部分是由我们与他人的人际关系所组成。很多心理障碍也反映了这一事实，即心理障碍植根于我们在处理人际环境时的不幸挫败。这正是人际观点所关注的。其肇始源于**阿尔弗雷德·阿德勒（Alfred Adler, 1870—1937）**于 1911 年对老师弗洛伊德精神分析理论的背叛。相对于行为的内部决定因素，阿德勒更强调社会因素。他反对弗洛伊德将本能作为人格的基本驱力来强调，认为人们本质上是社会性的存在，其主要动机是渴望参与或归属于一个团体。

之后，很多心理动力理论学家也开始就精神分析理论对重要社会因素的忽略提出异议。其中，最著名的是**埃里克·弗洛姆（Erich Fromm, 1900—1980）**和**卡伦·霍妮（Karen Horney, 1885—1952）**。弗洛姆关注人们在人际交往中所采取的定向或倾向（例如，剥削性关系），他认为当这些倾向不适应社会环境时就会导致很多心理障碍。霍妮也独立发展了一个相似的观点,值得一提的是,她强有力地否定了弗洛伊德贬低女性的精神分析观点(例如女性的阴茎妒忌)。

艾里克·埃里克森(Erik Erikson,1902—1994)则扩展了心理分析理论的人际层面。他详细阐述并扩展了弗洛伊德的性心理阶段,使之变得更加有社会倾向。他将人的发展分为8个阶段,描述了每个阶段中所出现的危机和矛盾,人们在每个阶段都会以健康或不健康的方式解决这些危机和矛盾。例如,埃里克森认为在弗洛伊德所谓的口唇期,当儿童全神贯注于口唇的满足时,他/她真正的发展核心是学会对周围的世界发展出"基本的信任"或"基本不信任"。例如,学会一定程度的信任对今后生活中很多方面的能力发展非常必要。

人际理论学家**哈里·斯塔克·沙利文(Harry Stack Sullivan,1892—1949)**,沙利文的继承者往往被称为"华盛顿学派"。他的理论的基本信念是:个人的人格乃是由他/她出生后所接触的人及社会力量逐渐模塑而成。他认为人格的发展经历了不同阶段,每个阶段有不同的人际关系模式,最初主要是与父母的互动,然后是与同伴群体的互动,而成年早期则是在亲密关系中的互动。沙利文认为人的主要欲望有两大类:第一类是生物的。它只与身体的需要有关,而且寻求满足的对象是固定的。第二种冲动大半是社会的。它的目标是企图在社会里获得安全感。他相信每个人在出生后就有想得到周围人们赞同的冲动;还有另一个冲动和它比邻存在,这就是逃避反对的冲动。在个人生活的塑造上,这两种压力一块儿扮演着主要的角色,它们与他"决定如何生活"有密切的关系。如同心理分析对早期经验的重视,沙利文也尤其关注儿童早期人际关系中会引起焦虑的部分。由于婴儿完全依赖于父母和兄弟姐妹以满足所有需要,因此缺乏爱和照顾会导致安全感的缺失,而这会引发一种非常强烈的焦虑(Greeberg,1983)。

4.依附理论

依附(attachment)这个概念最早是由英国精神病学家**约翰·鲍尔比(John Bowlby,1907—1990)**提出的。20世纪50年代,鲍尔比开始对客体关系表示不满,其不满主要针对它不适当的动机理论和欠缺的经验主义。基于他对**个体生态学(ethology)**和进化理论的了解,他意识到客体关系理论应该引进一种进化论的观点。他认为通过二者的合二为一,就可以纠正该理论的经验主义缺陷并将其向新的方向发展。他在**康拉德·洛伦兹(Konrad Lorenz,1903—1989)**的研究(婴儿对母亲的印刻理论)和**哈利·哈洛(Harry F. Harlow,1905—1981)**的实验(幼猴尽管由铁丝做的母猴喂养,但却寻求依偎于有绒织物的母猴)的基础上创立了**依附理论(attachment theory)**。所谓依附,是指小孩与照料者间一种具有生物性基础的连带关系,被用来确保孩子的安全与生存。相比于客体关系理论,依附理论假定小孩的目标不是追寻客体,而是经由接近母亲或客体以寻求一种物理状态;随着发展,这种物理性目标转化为心理性的目标,以获得一种跟母亲或照料者更亲密的感觉。安全的依附强烈地影响到人际关系间关系模式的发展,而且它被储存为心理基模,使我们能够体验到他人对我们行为表现的期待。鲍尔比将依附定义为"个体与具有特殊意义的他人形成牢固的情感纽带的倾向,能为个体提供安全和安慰"。鲍尔比最初提出依附这个概念主要是用来解释婴儿与照料者之间的情感联系,但后来的研究者们将之扩展到了成人之间,所以中文有时也翻译为"依恋"。现在,依恋一般指是个体与主要抚养者发展出的一种特殊的、积极的情感纽带,也是指个体寻求并企图与另一个体在身体和情感上保持亲密联系的倾向。

鲍尔比的依附理论,其很多方面来源于人际理论和客体关系理论,在儿童心理学和儿童精神病学以及成人心理病理学中产生了巨大影响。鲍尔比的理论(1969,1973,1980)从弗洛伊德及其他心理分析理论中吸取了营养,强调早期经验的重要性,尤其认为早期的依附关系是贯穿童年期、青春期和成人期的功能基础。鲍尔比强调父母照顾的质量对于发展安全依附的重要性,但与早期的很多理论学家相比,他还同时看到了婴儿在塑造自身发展的过程中所扮演的更主动的角色(Carlson & Sroufe,1999)。

　　鲍尔比的依附关系理论与精神分析观点不同,他认为儿童时期是起点,然后以此类推到成年期。他坚信儿童期形成的依恋关系对成年期有重要影响。因为儿童期的依附关系对以后的发展极为重要,所以鲍尔比提出研究者应该直接研究儿童期,而不要依赖成年人歪曲的回顾性描述。

　　依恋关系理论起源于鲍尔比对人类和灵长目婴儿的观察。他观察他们在与主要监护人分离时所经历的一系列反应。从中观察到三种**分离焦虑(separation anxiety)**阶段。当婴儿看不到监护人时,他会哭闹,不理会其他人的安慰,而一味寻找监护人。这个阶段称为抗议阶段。随着分离时间的推移,婴儿会逐渐安静下来,显得很伤心、消极、无精打采和漠然。第二个阶段称之为**绝望**。最后一个阶段,也是人类所特有的阶段,即**独立阶段**。在这个阶段里,婴儿可以从情感上与他人分离,包括他们的监护人。如果他们的监护人(母亲)回来了,婴儿也会不理不睬,甚至躲避她。当他们的母亲离开时,变得独立的婴儿不再伤心。随着年龄的增长,他们与其他人一起玩耍和交往,投入的感情很少,但看起来比较友善。然而,他们的人际关系是肤浅的,缺乏热情。

　　在观察一系列反应的基础上,鲍尔比发展了他的依附关系理论,在他发表的《依附与丧失》三部曲中反映了他的理论(1969/1982,1973,1980)。鲍尔比的理论建立在两个基本假说上。首先,一个敏感和可接近的监护人(通常是母亲)必须为孩子提供安全环境。婴儿需要知道监护人是可接近并可以依赖的。如果这种依赖存在,孩子在探索世界的过程中就容易建立信心和获得安全感。这种联结关系对婴儿与监护人的依恋关系是至关重要的,由此婴儿可以生存下来,最终才有可能使种族延续下去。第二个假说是当一种联结关系(或缺乏它)被内化并成为一种心理活动模式时,该联结关系就会成为发展未来的友谊和恋爱关系的基础。因此,最初的依恋模式是所有关系中最关键的。然而,对于建立这样一种依恋关系,婴儿不能只是被动地接受监护人行为,即使这些行为使婴儿感到可接近和可依赖。依恋风格是两个人之间的关系,不是监护人所赋予婴儿的品质。它是一个双向通道,婴儿和监护人必须彼此有反应,一方必须影响另一方的行为。

　　很大程度上不受异常影响所支配的依附策略,在婴儿时期就启用,并维持相对稳定。**玛丽·爱因斯沃思(Mary Ainsworth,1919—1999)**等人在实验室情境下研究了这些策略,这种评价照料者和学步的幼儿之间的依附策略的方法称为**陌生情境法(strange situation)**。此程序要求在实验室摄制20分钟的情景,最初母亲和学步的幼儿单独待在娱乐室里。然后,一个陌生人进入房间,几分钟之后陌生人开始与幼儿进行简短的接触。随后母亲离开两次,每次两分钟。第一次离开期间,幼儿单独与陌生人在一起;第二次,留下幼儿自己在房间里。关键行为是母亲返回时幼儿如何反应,会引发下列四种行为策略。(1)有**安全感的(secure)**,幼儿在照料者回来后只会与她亲近一下,然后就觉得舒服了,又回去玩他自己的。(2)某些在分离时看起来不是很焦虑的幼儿会出现**逃避性(avoidant)**行为,并冷落照料者;与陌生人相比,这类幼儿并不会显得特别偏好母亲或照料者。(3)所谓的**焦虑-矛盾或抗拒(anxious-ambivalent or resistant)**策略,幼儿在分离时显得非常难过,在照料者回来后则表现出愤怒、紧张与抓住不放的依附行为。(4)所谓的**失序-迷惘(disorganized-disoriented)**型,幼儿没有显示出什么一致的策略来处理这种分离经验。许多研究已说明,父母亲自己的依附状态不仅能够预测出他们的孩子是否发展出安全的依附,也能预测出孩子在陌生情境测试中所显露的特定依附类型(Fonagy,2001)。也有研究证据显示这些依附模式会持续到成年,而且这些依附风格的类型能够用精心设计的访谈测量出来(George,1996)。这四种对陌生情境的反应,依序对应以下成年人的依附类型:(1)看重依附关系、有**安全感/自主的(secure/autonomous)**个体;(2)拒绝、诋毁、看轻或理想化当下与过去的依附关系、**无安全感/逃避的(insecure/dismissing)**个体;(3)迷惘的、被过去与当下的依附关系所席卷、**固着的(preoccupied)**个体;(4)常常受到忽视或创伤、**游移不定或失序的(unresolved/disorganized)**个体。(Ainsworth,1978)

依附理论对于我们理解什么是人类行为的驱动做出了重要的贡献。性、攻击性与自我凝聚性对于理解有心理障碍的成年人而言,都是相当重要的。然而,对安全的追求也是一个基本的驱动因素,而这点有一部分是从依附理论与研究发现中推论出的。对比与精神分析学家克莱因对内在幻想的重视,被依附理论看为精神分析理论的核心的,是实质的疏于照顾、抛弃、其他的早期创伤以及对这些创伤的心理反应。有大量的证据显示,失序的依附关系是日后发生精神障碍的易感因子,而依附安全感则是一个人能够避免在成年期发生精神病理的保护性因子(Fonagy & Target,2003)。

照料者是否具备观察婴儿的意图与内心世界的能力,会影响这个孩子安全依附的发展。依附理论中有个关键概念是**心智化(mentalization)**,这种能力指的是能够理解到自己与他人的思维在本质上是**表征性的(representational)**,而自己与他人的行为,例如思考与感受,则是由内在的状态所推动。本身就有这种心智化能力的父母或照料者,能够与婴儿的主观心理状态相互调和,于是,婴儿最终能在照料者的心中找到自己的位置,并内化为照料者的表征,形成一个核心的心理自体(对应自体客体);以这种方式,孩子对照料者的安全依附,孕育出这个孩子的心智化能力。换句话说,经由与照料者的互动,小孩学到了理解行为的最好方式,就是假定想法与感受决定了一个人的行为。无论正常和异常行为都符合这一原理,但是要理解和思考正常或异常,却需要这种心智化的能力。

心智化通常被用来指称拥有一种"心智理论"(theory of mind)的能力。在临床工作中,特别是心理治疗中所发生的很多情况,极其依赖于临床工作者能够理解他人心灵的能力,也即临床工作者的心智化能力。真正的心智化要到四岁到六岁之间才开始,延续到成年或持续一生,最近的神经影像学研究显示内侧前额叶皮质(medial prefrontal cortex)、颞叶极(temporal poles)、小脑(cerebellum)和上后侧颞叶沟(posterior-superior temporal sulcus)可能都涉及心智化神经网络区域,未来也许对心智化将有更多研究探索。(Calarge 2003;Frith 2003;Sebanz & Frith,2004)

5.心理动力观点的影响

弗洛伊德的精神分析理论第一个系统地展现了人类心理过程对心理障碍的影响。对许多精神病学家和心理学家而言,正如生物学观点用机体病理学取代了迷信作为心理疾病的可能原因一样,心理动力学观点则用内在冲突和夸大的自我防御取代了机体病理学作为心理障碍的可能原因,或至少是某些心理障碍的原因。

弗洛伊德极大地增进了我们对正常和异常行为的理解,其许多原创观点已经成为我们思考人类本性和行为的基础。弗洛伊德有两大贡献尤其值得在此强调:(1)弗洛伊德发展了很多治疗技术了解我们心理的意识和潜意识层面,例如自由联想和梦的分析。这些技术的应用尤其重视以下几点:①潜意识动机和防御机制影响行为的程度;②童年早期经验对成年后人格适应的重要性;③性的因素对人类行为和心理障碍的重要影响。虽然弗洛伊德在更为广泛的意义上使用了"性"这个词,但他关于"性"的观点仍然激起了人们的争议。但性的因素对人类行为的影响也因此最终成为一种可以接受的研究对象而被公众接受。(2)弗洛伊德阐述了某些异常的心理现象,认为它们发生在人们试图应对某些困难问题时,只不过是正常自我防御机制的夸大。正常行为和异常行为遵循同样的心理原则,这种认识驱散了许多围绕心理障碍的疑惑和恐惧。

另外一面,精神分析观点也遭到了来自各个方面的抨击。对经典精神分析理论的批评关注的都是其无法用科学方法解释异常行为,这些批评中有两个重要的观点:第一,精神分析方法获得信息的主要方式是个体对自身经验的报告,但很多人认为其没有充分认识到这种方式的科学限制。第二,其很多解释性假说以及有效性都缺乏科学证据支持。另外,弗洛伊德的理论还由于对性驱力的过分强调、对女性的贬低观点、对基本人性的悲观、对潜意识过程作用的夸大、对个人成长和实现动机的忽略等而受到批评。

新心理动力理论在考察某些概念的科学性上做出了很多努力,诸如个体核心的(同时是潜意识的)人际冲突等。同时,新精神分析在理解心理动力治疗如何起效以及证明心理动力对某些问题的有效性等方面有了很多进步。另外,鲍尔比的依恋理论也带动了大量研究,从而支持了精神分析在正常和异常儿童发展和成人心理障碍等方面的很多基本原则。总之,人际观点认为过去和当前的不良人际关系是许多适应不良行为的基本原因,人际观点的研究者也做了许多工作来建立其科学效度。在诊断领域,很多人际观点的支持者认为,如果能发展出一个新的基于人际功能的诊断系统,那么心理诊断的信效度就可以得到提高。目前这方面已经有了一些成果。人际治疗的焦点在于缓解问题和原因之间的关系,帮助人们获得更满意的关系。最近几年,很多研究证明人际心理治疗对抑郁症、贪食症和人格障碍是有效的(Fairburn et al.,1994;Gotlib & Schreadley,2000)。

2.2.3.1.2　行为主义观点

行为主义观点兴起于 20 世纪早期,它在一定程度上是对精神分析缺乏科学性的方法论的一种反击。行为主义心理学家认为研究主观经验(如自由联想和梦的解析)不能提供可接受的科学数据,因为这些观察不能被其他研究者所证实。因此,只有研究直接的可观察的行为以及控制这些行为的刺激和强化条件,才是理解人类正常或异常行为的基础。

虽然行为主义观点最初是从实验室研究而不是从对精神病患者的临床实践发展而来的,但其对适应不良行为的解释和治疗很快就凸显出来。行为主义观点根植于巴甫洛夫的经典条件反射研究和桑代克的工具性条件反射研究(后来被斯金纳更名为操作性条件反射,现在这两个术语都通用)。在美国,华生以其著作《行为主义》在心理学领域中为行为主义取向赢得了很高的地位。

行为主义取向的中心议题是学习—行为改变,关注刺激及体验的结果。由于大多数人类行为是习得的,因此行为主义者研究的是学习如何发生的问题。他们关注各种类型的反应模式是如何在环境条件(刺激)的影响下获得、修正或消退,包括适应和适应不良。

　　1.经典条件反射

　　在经典条件反射(classic conditional reflection)中,某种特定的刺激会引起某种特定的反应。例如,虽然食物本身就能引发唾液分泌,但在食物之前呈现的信号刺激也能引发唾液分泌。在这里,食物是**非条件刺激(unconditioned stimulus,UCS)**,唾液分泌是**非条件反射(unconditioned reflection,UCR)**,标志着食物出现并最终引发唾液分泌的刺激被称为**条件刺激(conditioned stimulus,CS)**。当单独呈现条件刺激引发唾液分泌时,**条件反射(conditioned reflection,CR)**就形成了。例如,巴甫洛夫在给狗呈现食物(非条件刺激)之前先给出一种声音(将要被条件化的刺激)。在多次声音—食物配对后,狗在只有声音(条件刺激)出现时也能分泌唾液(条件反射)。狗学会了将声音视为食物呈现的可靠信号(刺激预期),因此用与食物呈现时相同的方式对声音做出反应(Pavlov,1927)。

　　经典条件反射的特征是一个之前中性的刺激(CS)通过与非条件刺激(UCS)的反复配对获得了引发生物适应性反应的能力。然而我们现在知道,这种经典条件反射的过程并不像我们过去所认为的那样是盲目或自动的,动物(和人类)似乎是主动获得相关信息的,例如哪些条件刺激(CS)出现后,就可以预测、期望或准备产生某种重要的生物反应(UCS)。实际上,只有当条件刺激提供的有关非条件刺激出现的信息足够可靠和明确时,条件反射才可能形成(Hall,1994;Resorla,1988)。例如,如果非条件刺激常常在没有某种条件刺激的情况下出现,那么这种条件刺激就不能形成条件反射,因为它并不能提供非条件刺激出现的可靠信息。经典条件反射可以很好地维持很长时间而不会被轻易遗忘。然而,如果一个条件刺激反复在没有非条件刺激的情况下出现,那么这种条件反射就会逐渐消失,这一渐进过程称为**消退(extinction)**。我们不能将它与反学习的概念混淆,因为我们知道这个反射可能会在未来的某个时刻重现(这一现象被巴甫洛夫称为自然恢复)。而且,一些比消退了的条件反射更弱的条件反射也可能在不同的环境背景中被引发出来(Bouton,1994,1997,2002)。因此,很多在治疗室里消退了的恐惧反应不一定会完全和自动地外化到治疗室以外的环境中。正如我们将要看到的,消退和自然恢复的规律对许多行为主义治疗方式有重要的启发作用。

　　经典条件反射主要有四个特征。(1)获得:将条件刺激与无条件刺激多次结合呈现,可以获得条件反应和加强条件反应。如将声音刺激与喂食结合呈现给狗,狗便会获得对声音的唾液分泌反应。(2)消退:对条件刺激反应不再重复呈现无条件刺激,即不予强化,反复多次后,已习惯的反应就会逐渐消失,如学会对铃声产生唾液分泌的狗,在一段时间听到铃声而不喂食之后,可能对铃声不再产生唾液分泌反应。(3)恢复:消退了的条件反应,即使不再给予强化训练,也可能重新被激发,再次出现,这被称为自然恢复作用。(4)**泛化**:指某种特定条件刺激反应形成后,与之类似的刺激也能激发相同的条件反应,如狗对铃声产生唾液分泌反应后,对近似铃声的声音也会产生反应。这些重要特征在临床行为疗法中得到了广泛的应用。

　　在异常心理学中,经典条件反射的重要性体现在许多心理和情绪反应都是可以条件化的,包括恐惧、焦虑、性唤起以及物质滥用所引起的反应。例如,如果能引发恐惧的刺激(如恐怖的噩梦或幻想)规律性地出现在黑暗条件下,那么个体就可能习得对黑暗的恐惧;同样个体也能通过这种方式在被蛇咬之后习得对蛇的恐惧。另外,恐惧和其他反应也可能对内部身体线索(内感性线索)形成条件作用。例如,如果个体在急性惊恐发作之前产生心悸,那么就有可能在其他情况下发生心悸时也产生惊恐发作(Bouton,Barlow,2001)。

2.操作性条件反射

操作条件反射(operant conditioning),亦称"工具性条件反射",是斯金纳新行为主义学习理论的核心。斯金纳把行为分成两类:一类是应答性行为,这是由已知的刺激引起的反应;另一类是操作性行为,是有机体自身发出的反应,与任何已知刺激物无关。与这两类行为相应,斯金纳把条件反射也分为两类。与应答性行为相应的是应答性反射,称为S(刺激)型(S型名称来自英文 Stimulation);与操作性行为相应的是操作性反射,称为R(反应)型(R型名称来自英文 Reaction)。S型条件反射是强化与刺激直接关联,R型条件反射是强化与反应直接关联。斯金纳认为,人类行为主要是由操作性反射构成的操作性行为,操作性行为是作用于环境而产生结果的行为。在学习情境中,操作性行为更有代表性。斯金纳很重视R型条件反射,因为这种反射可以塑造新行为,在学习过程中尤为重要。

在操作性(工具性)条件反射中,个体学习如何达到其所需要的目标,这里的目标可能是获得一些奖励或者逃避一些令人不愉快的情景。这里有必要提出一个概念——强化,它是指在操作完成后会获得一个奖励或令人愉快的刺激,或是逃避一个令人厌恶的刺激。如果新反应受到强化,那么个体就能习得或是重现这种反应。

虽然过去人们认为操作性条件反射只是在受到强化之后对刺激—反应联结的简单加强,但是现在人们认为动物和人类习得的是一种反应—结果预期(Maskintosh,1983)。个体如果可以被结果(如:消除饥饿感)有效地驱动,就会做出已经习得的反应(如:打开冰箱)以获得预期的结果。

最初为了建立操作性条件反射,高比率的强化是必要的,但随后稍低比率的强化就足以维持这一反射了。事实上,操作性条件反射在强化是不等比的情况下建立得尤其牢固,即强化刺激并不是每次都随着反应出现,就像在赌博中偶然的奖励却可以维持高比率的赌博行为一样。然而,如果个体很长时间都没有得到强化,那么这种条件反射就会逐渐消退,这一点不管是对于经典条件反射还是操作性条件反射均适用。

如果个体已经对一个厌恶情境形成了条件反射,并学会了做出工具性反应以避免该情境,那么在消退这种反射时就会产生问题。比如,如果一个男孩曾经在游泳池里溺水,那么他可能会产生对水的恐惧,继而形成一种条件性回避反应,即总是避免靠近任何有水的地方。当他看到池塘、湖泊和游泳池时就会感觉焦虑,于是他会离开并逃避这些场景以减轻自己的焦虑,而这又强化了他的逃避反应。这种逃避反应同样会让他失去通过接触水而减轻其恐惧的机会,因此他的回避行为很难消除。

随着我们不断长大,操作性条件反射会成为一种重要的区分机制,它告诉我们,对我们来说什么是奖励性的,什么又是惩罚性的,从而帮助我们获得应对周围世界的行为模式。不幸的是,我们所学的东西不一定有用。我们可能会学会一些事情(例如,香烟和酒精),它们短期内似乎非常有吸引力,可从长期来说却会伤害我们;我们还可能习得一些应对方式(如,习得性无助、欺侮行为或其他不负责任的行为),它们从长期来说可能是适应不良的,而且这些行为本身成为心理障碍的一部分。

3.泛化和分化

在经典条件反射和操作性条件反射中,当一个反应可以被一个或一系列刺激所引发,那么它就可以被其他相似的刺激引发,这个过程称为**泛化(generalization)**,或者称为**刺激泛化(stimulus generalization)**。例如,一个人如果害怕蜜蜂,就有可能将这种害怕泛化到所有会飞的昆虫。与泛化恰好相反的过程是**分化(differentiation)**,即个体学会分辨各种相似刺激之间的差异,并根据是否存在强化来做出不同的反应。例如,红色的草莓味道不错而绿色的草莓不好吃,那么个体在吃过两种草莓之后就会产生条件性分化。

泛化和分化的概念对许多适应不良行为的发生发展有很大启发。虽然泛化可以让我们用过去的经验来应对新的情境,但不恰当的泛化同样存在,例如:一个问题少年不能区分同伴眼神中的"戏弄"哪些是友好的、哪些是怀有敌意的。在某些情况下,由于个体无法做出某些重要的分化(例如,一个偏执的人总是以刻板印象来对待他人,而不是把对方当作独特的个体来对待),就有可能产生不恰当和适应不良的行为。

4.观察学习

人类和其他动物都有观察学习的能力,即仅仅依靠观察就可以习得行为,而不用直接经历非条件刺激(经典条件反射)或者强化(操作性条件反射)。例如,儿童可以仅仅通过观察父母和同伴就习得对某种物体和情境的恐惧,而之前他们并不害怕这些物体或情境。在这种情况下,儿童替代性地经历了父母和同伴的恐惧,并且一些原本对儿童来说是中性的刺激与恐惧产生了联系(Maskintosh,1983)。阿尔伯特·班杜拉(Albert Bandura,1925—2021)在20世纪60年代进行了一系列经典的实验,研究儿童是如何在观察榜样攻击玩偶并得到奖励之后习得这些新的攻击行为的(Bandura,1969)。虽然这些儿童本身从来没有因为这些攻击行为而直接得到强化,但是当他们有机会与这些玩偶接触时,却都表现出了攻击行为。经典条件反射以及操作性条件反射都可以通过观察形成,这大大增加了人类习得适应或适应不良行为的机会。按照班杜拉的理解,对于有机体行为的强化方式有三种:一是直接强化,即对学习者做出的行为反应当场予以正或负的刺激;二是替代强化,指学习者通过观察其他人实施这种行为后所得到的结果来决定自己的行为指向;三是自我强化,指儿童根据社会对他所传递的行为判断标准,结合个人的理解对自己的行为表现进行正或负的强化。自我强化参照的是自己的期望和目标。

班杜拉的社会学习理论包含观察学习、自我效能、行为适应与治疗等内容。他把观察学习过程分为注意、保持、动作复现、动机四个阶段,简单地说就是观察学习须先注意榜样的行为,然后将其记在脑子里,经过练习,最后在适当的动机出现的时候再一次表现出来。他认为以往的学习理论家一般都忽视了社会变量。他们通常是用物理方法来进行动物实验,以此来创建他们的理论体系,这种研究方法对于作为社会一员的人的行为来说,没有多大的研究价值。因为人是生活在一定的社会条件下,所以他主张在自然的社会情境中来研究人的行为。事实上,人们在社会情境中通过观察和模仿,学到了许多行为。

5.行为主义观点的影响

20世纪50年代，多拉德（John Dollard）和米勒（Neal Miller）在其经典著作《人格与心理治疗》一书中很好地总结了条件作用的原理，并运用学习原理的术语重新阐述了精神分析理论。他们声称弗洛伊德理论中无法控制并寻求快感的本我冲动只不过是一种强化作用（个体总以寻求快乐的最大化为行为目标，比如获得正强化；或者以寻求痛苦的最小化为行为目标，比如逃避令人厌恶的场景）；而焦虑只是一种条件性恐惧反应；压抑只是以减轻焦虑作为条件性思维中止的强化；等等。这本书的出版为行为主义对当时盛行的精神分析教条进行冲击奠定了基础（Salter，1949；Wolpe，1958）；然而由于精神分析的坚定支持者们的对抗，直到20世纪六七十年代行为主义才成为分析和治疗异常行为的主要取向。行为主义试图用相对较少的几个基本概念来解释所有行为模式的获得、改变和消退。它认为适应不良行为本质上来自于：（1）没能习得必要的适应行为和能力，例如建立令人满意的人际关系；或（2）学会了无效的或不适当的行为反应。因此，适应不良的行为是错误学习的结果，它是可以观察、但不被期望的特定行为反应。

对于行为主义治疗来说，治疗的重点在于改变特定的行为和情绪反应，即消除适应不良的反应，并学习适应性的反应。例如，长时间暴露在令其害怕的物体和情境中可以有效地治疗害怕或恐惧，这是一种通过经典条件反射的消退原则来减少习得行为的方法。同样，操作性条件反射的经典研究也表明，通过对慢性精神病患者的适应行为进行代币奖励，让他们换取自己想要的奖励（如糖果、看电视的时间、允许外出等），可以帮助他们重新学会基本的生存技能，如自己穿衣服和吃东西等。

行为主义取向素来以其精确性和客观性、研究的丰富性以及其在改变特定行为上的有效性而被世人称道。一个行为主义治疗师首先会明确哪些行为需要改变以及怎样改变，然后通过评估拟定目标达到的程度来客观地衡量治疗的有效性。但另一方面，行为主义也因为只关注症状表现而被其他流派诟病。然而当时很多行为主义治疗师都认为这种批评并不公平，因为成功消除症状的聚焦治疗对患者生活的其他方面产生了积极的作用。也有人认为行为主义取向过于简化了人类的行为，很难解释人类行为的复杂性。尽管行为主义本身有很多不足，但是它对我们理解人类本性、行为和心理疾病产生了重大影响，并将继续产生影响。

2.2.3.1.3　认知行为观点

从20世纪50年代起，心理学家们开始关注认知过程及其对行为的影响。认知心理学的研究对象包括基础信息加工机制（如注意和记忆），以及更高级的心理活动过程（如思维、计划和决策）。当今心理学总体来说比较强调理解正常人认知过程的各个方面，这种对认知的强调最初其实是为了反抗激进的传统行为主义对人的机械观点，比如行为主义没有看到内部心理过程的重要性，无论是其本身还是其对情绪和行为的影响。学习心理学家班杜拉发展了认知行为理论，他将研究的重点放到了学习的认知层面。

班杜拉强调人类通过内部的象征过程——认知来控制自身的行为，即人类可以通过内部强化来学习。例如，在面对之前没有遇到过的复杂任务时，我们会通过预见各种可能的结果来做好准备。所以我们会在冬天来临之前做好各种车辆的抗冻检查，因为我们能"预见"

自己的车可能会在冬天的路上抛锚。班杜拉(1974)提出一个观点:人类具有"自我指导的能力",之后他又提出了自我效能感,即我们相信自己能够达到目标的一种信念,同时他也指出认知行为治疗在很大程度上就是提高其自我效能感的过程。

其他认知行为心理学家比班杜拉更进一步,他们彻底放弃了学习理论的框架,而着眼于认知过程及其对行为的影响。现今认知观点以及认知行为观点对异常行为关注的主要是:思维及信息加工过程是如何变得扭曲并导致适应不良的情绪和行为。不同于行为主义只关注外显行为,认知观点将认知过程视为"行为者",认为其可以成为实证研究和心理治疗的主要焦点。例如:一名抑郁女性被要求表达头脑中的想法,她有可能会说"我什么都做不好"或"没有人会爱我";那么认知行为疗法接下来就会尝试改变这些思维模式,包括从逻辑上重新分析这些想法,以及通过行为实验来验证这些想法是否正确。

另外,通过研究各种心理障碍患者所表现出的信息加工过程的异常,研究者们已经发现了可能会导致和维持某些心理障碍的机制。例如,抑郁症个体表现出对负面信息比对正面或中性信息更好的记忆,这种偏差很可能会强化和保持个体当前的抑郁状态(Mineka,2003;Williams,2020)。如今认知行为疗法已经非常有影响力,不仅是因为它发展了许多治疗心理障碍的有效方法,更重要的是它强调了异常认知对异常行为的重要影响。

1. 归因、归因风格和心理病理归因理论

归因这一概念最初由心理学家弗里茨·海德(Fritz Heider,1896—1988)于1958年提出,后来相继出现琼斯和戴维斯的"相应推断理论(correspondent inference theory)"和凯利的"三维理论(cube theory)",产生广泛影响的是韦纳提出的"成败归因理论(attribution theory of success and failure)"。心理学将归因理解为一种过程,指根据行为或事件的结果,通过知觉、思维、推断等内部信息加工活动而确认造成该结果之原因的认知过程。简单来说,就是把发生的事情归为某种原因的过程。我们可能会把行为的原因归为外部事件,即奖励或惩罚("他这么做是为了钱");也可能假设原因是来自内部的,即我们或者他人本身的特点("他这么做是因为他是一个好人")。归因可以帮助我们解释和预测自己或他人的行为。一个学生可能将测验不及格归因为自己的智商不行(个人归因),也可能归因为测验本身的问题(环境归因)。每个人的归因过程各具风格,使得归因活动体现出人格差异,也即心理学中所说的归因风格(attributional style),也称"归因方式"或"解释方式"。

归因理论学家感兴趣的是,心理疾病是否与独特的和失调的归因风格有关。归因风格指的是每个个体将好事坏事进行归因的独特倾向。例如抑郁症患者倾向于将不幸的事归因为内部的、稳定的、泛化的原因(例如他们会说"我测验不及格是因为我是个笨蛋",而不是"我不及格是因为老师心情不好,于是给了个不公平的分数")。然而不准确的归因会变成我们对世界看法的重要部分,并对我们的情绪健康产生重要影响。它们会让我们认为自己或他人是一成不变的,也会使我们的人际关系变得僵化呆板。认知疗法另一个先锋认知心理学家是贝克(Aaron Beck,1921—2021),他借鉴了认知心理学的图式概念(Neisser,1967,1982)。**图式(schema)**指的是对已有知识结构的表征,它会引导我们当前的信息处理过程,并常常会导致注意、记忆和理解过程的异常。根据贝克的理论,不同的心理疾病有着不同的适应不良图式,这些图式来源于早期的不良学习经验,它会导致某些心理障碍所特有的异常认知过程,例如焦虑、抑郁和人格障碍(Beck & Weishaar,1990)。

贝克的基本理论是，我们对事件的解释决定了我们的情绪反应。比如，假设您正坐在客厅里，忽然听到隔壁的餐厅传来玻璃破碎的声音。这时您想起您刚才打开了餐厅的窗户，而刚才的声音有可能是您最喜欢的新花瓶被风吹倒打破的声音。那么您将产生什么样的情绪反应？您可能会很懊恼，恨自己怎么没把窗关上，或者怎么把花瓶留在了那个房间（或者两者皆有）。相反，假设您把这个声音归结为有盗贼进入了您的房间，这时您的情绪又会如何？您很有可能会感觉很害怕。这就是说，对另一个房间传来的破碎声响的解释，很大程度上决定了你的情绪反应。

贝克是认知疗法的创立者，他对各种心理疾病的认知行为疗法的发展做出了重大贡献。认知行为取向的理论学家和临床学家将焦点从外显的行为转向了行为背后的认知观念，因此研究的主题就变成了如何改变适应不良的认知图式。例如，认知行为治疗师会关注来访者的自我言语，即来访者在解释自身经历时都对自己说了什么。如果一个人将生活中发生的事解释为自我价值的一种消极反应，那么他/她就很可能产生抑郁；而如果一个人把自己的心跳加速解释为心脏病发作，那么他/她就很容易产生惊恐发作。认知行为治疗师会用各种技术去改变来访者的任何消极的认知偏差（Beck，2000；Hollon，1994）。这与心理动力的疗法正好恰恰相反，心理动力理论认为人的各种问题都来自人格结构的内部冲突（如尚未解决的俄狄浦斯情结），并且也不直接治疗个体特定的问题和诉求。

2. 认知行为观点的影响

认知行为观点对当代临床心理学具有重大影响。许多研究者和治疗师已经找到了多种证据支持，通过改变来访者对自己和他人的认知以改变自己的行为。然而许多传统的行为主义者对此仍抱有怀疑态度，斯金纳（B. F. Skinner，1990）在其最后的重要著作中，仍然坚持其纯粹的行为主义观念。他认为认知行为取向偏离了操作性条件反射的原理，他提醒读者，认知是不可观察的，我们不能把它当成实证研究的可靠数据。虽然斯金纳已经去世了，但毫无疑问这一争论仍将继续。事实上，沃尔普作为行为治疗的另一个创始人，直到1997年去世前都对认知观点抱有批评的态度。

3. 如何看待不同观点

每一种关于人类行为的心理社会观点——心理动力学派、行为主义学派以及认知行为学派，都加深了我们对心理疾病的理解，但是单靠其中的某一种理论不可能完全解释人类复杂的适应不良行为。由于不同的观点关注的不良适应行为的要素不同，因此每一种观点都是从有限的观察和研究中得出的概括性结论。例如：在解释酒精依赖等复杂心理障碍的原因时，最传统的心理动力学观点会关注人格结构之间的冲突和焦虑，人们试图通过饮酒来减轻这些焦虑；相近的心理动力学观念则聚焦于个体过去和现在的人际关系问题是否对饮酒行为产生影响；行为主义观点则会认为，个体习得了错误的习惯（饮酒行为）来减轻压力，而环境条件又加剧或维持了这一行为；认知行为观点则关注适应不良的思维过程，包括问题解决和信息加工能力的缺乏，例如：个体非理性地认为酒精能用来减轻压力。如图2.1所示。

因此，我们采用哪一种观点具有重要的意义，这会影响到我们对适应不良行为的理解，即我们需要寻找何种证据，以及我们用什么方式来解释这些证据。从完全不同的角度解释和治疗同一种心理疾病的，有时这些不同的观点是那么的对立或互补。

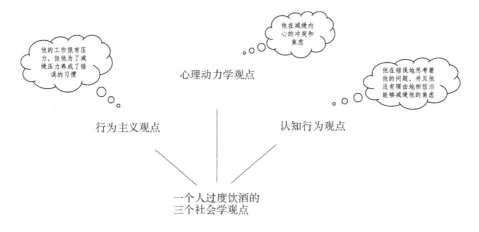

心理动力学观点

行为主义观点   认知行为观点

一个人过度饮酒的
三个社会学观点

图 2.1　对酒精依赖三种主要的心理社会学观点

2.2.3.1.4　人本主义和存在主义观点

1. 人本主义观点

人本主义观点认为"性本善"。它并不过多关注无意识过程和童年经历,而是强调当前的意识过程,更强调人们内在的对自身负责的自我指导能力。人本主义心理学家认为,大多数考察致病因素的研究过于片面,不足以解释人类行为的复杂性。因此,人本主义观点更像是一种有关我们该如何看待人性的价值取向,并尝试以此来解释人类行为,至少是解释被个人问题所困扰的个体的行为。

这一观点关注的主题:爱、希望、创造力、价值观、意义感、个人成长和自我实现。虽然这些抽象概念很难通过实证研究来考察,但人本主义心理学的某些基本主题和原理还是可以检验的,包括将自我作为一个统合的主题,以及聚焦价值观和个人成长等。

人本主义心理学家将自我作为一个统合概念,并强调个体性的重要性。在人本主义心理学家中,卡尔·罗杰斯(1902—1987)最系统地提出了自我概念的理论,这一理论主要建立在他对心理治疗过程本质的开创性研究的基础上。罗杰斯的观点可以概括为以下几点:(1)每个人都拥有一个以"主我""客我"和"自我"为中心的个人体验世界。(2)一个人最基本的需求就是获得自我的存在感、自我提升和自我实现。(3)自我感受到威胁时会产生防御,包括加强感知和行为以及引入自我防御机制。(4)每个人都有追求健康和完整的内在倾向;在正常情况下,每个人都会以理智和有意义的方式行事,并积极寻找自我成长和自我实现的方式。(5)价值观和选择过程对指导我们的行为和实现充实有意义的人生非常重要。这意味着我们每个人都要依据我们自己的经验发展出价值观和自我认同,而不是盲目地接受他人的价值观,否则,我们将会否认自己的体验并失去自己的真实感受。只有这样我们才能达到自我实现,即发挥自身的最大潜能。(6)心理障碍在本质上就是个体实现自我成长和身心健康的天性遭受到了阻碍或扭曲。持有人本主义观点的心理治疗师致力于将人们从这种扭曲的假设和态度中解放出来,从而生活得更充实。因此人本主义观点强调的是成长和自我实现,而不是治愈疾病或缓解病情。

2. 存在主义观点

存在主义观点与人本主义观点的相似之处在于，它同样强调每个个体的独特性，强调对价值和意义感的探求，以及自我决定和自我实现的自由。但是，存在主义对人性的观点没有那么乐观，而是更多地强调人类的非理智倾向和自我实现的固有困难——尤其是在现代官僚主义和人性泯灭的乱世之中。总之，与人本主义者相比，存在主义者眼中的生存更像是一种与世界的"对峙"。存在主义思想家尤其关注个体在理解和应对最深层的人性问题时所获得的内部体验。存在主义的基本命题：(1)存在及其意义。我们的存在是先天注定的，而我们如何面对这种存在，即我们存在的意义所在，则是由我们自己决定的。(2)选择、自由和勇气。我们的选择所决定了我们存在的意义，因为我们的选择反映了我们的生命所基于以及指导我们生活的价值观。(3)意义、价值和义务。活得有意义是人类的一种基本倾向，即想要寻找令人满意的人生价值观并以其引导生活。同样，我们对他人的责任也很重要。(4)存在焦虑和虚无感。非存在或虚无的最终形式就是死亡，是每个人都无法挣脱的命运。意识到死亡的必然性及其对生命的意义会让人产生存在焦虑，这种焦虑是对我们是否活得有意义、是否活得充实的深刻反思。

因此存在主义心理学家关注建立价值观的重要性，关注一个人如何达到能配得上人性所赋予的自由和尊严的心灵成熟水平。如果回避这些核心问题，人们就会过着堕落、无意义和浪费的生活。因此很多异常行为被存在主义者视为无法建设性地处理存在所带来的绝望和挫败的结果。

2.2.3.2 心理社会方面的致病因素

这一节中我们将讨论那些容易导致或加速障碍发生的各种心理社会因素，这些因素可能会阻碍个体的心理发展，使其在应对事件时缺乏心理资源。总体上，存在四种不同类型的心理社会致病因素：(1)早期的丧失与创伤；(2)不良的父母教养；(3)离婚和婚姻不和；(4)不良的同伴关系。但是，我们必须牢记，心理社会因素在情绪激活和行为改变时总是受到神经系统调节的。

生活事件对于经验的影响，在不同儿童身上是有差异的，一个很好的例子就是这些经验的可预测性或可控制性。如果把可预测性和可控制性看成一条连续线，那么处于这一端点的儿童在稳定、充满爱和宽容的环境中成长，这些因素可大大缓冲社会严酷现实的威胁；而处于另一端点的儿童则持续不断地经历着不可预期或不可控制的可怕事件或难以言喻的残酷现实。如此不同的经验会对儿童成人后关于世界和自己所形成的图式产生相应的影响；前一种儿童长大后认为世界总是充满爱、安全和亲切的，当然世界并非总是如此；而后一种儿童长大后可能会认为我们生活的世界是一个弱肉强食的丛林，在其中安全甚至生命本身都是不能保证的。如果考察对这两种经历的偏好，那么我们中的多数人很可能会选择前者。然而，前一种经验对于应对真实世界可能并不是最佳蓝图，因为面对压力并学习处理这些压力以获得控制感或自我效能感也同样是非常重要的。

不断遭遇不可控制和不可预测的可怕事件，很可能会导致个体容易产生焦虑和负性情绪，这是本书所讨论的众多心理障碍共有的一个主要问题。例如，承认某些生物因素在应激环境下容易导致焦虑,但在综观相关研究的基础上,研究者强调不可预测和不能控制的消极经验同样重要。临床诊断为焦虑的个体,在其图式中他就会认为,无法预测的可怕事件是极有可能发生的,而且世界是危险的(Beck & Weishaar,2000)。

2.2.3.2.1　早期剥夺或创伤

儿童通常从父母或监护人那里获得所需的资源,如果这种资源被剥夺,就会对儿童造成深远的、有时是不可逆的心理创伤。这些资源包括食物、爱和关注的庇护等,而对这些资源的剥夺也有不同的形式。例如,它可以发生在一个完整家庭中,父母因为种种原因(如父母本身心理障碍)不能或不愿提供亲近和频繁的人性接触;但是更常见的剥夺通常见于弃儿和孤儿,他们可能被收容,也可能成长在不完整或不适当的寄养家庭中。

之前的几种心理学理论可从不同的角度来阐述剥夺或创伤及它们的影响。这种剥夺可能会造成性心理发展固着在口唇期(弗洛伊德);也可能阻碍基本信任的发展(艾里克森);也可能因为缺少有效强化而不能及时获得所需的人际技巧(斯金纳);还可能导致儿童发展出适应不良的图式和自我图式,他们将人际关系视为不稳定、不值得信任和与情感无关的(贝克)。对于特定的个案来说,可能任何一种观点都能很好地解释问题,而各种观点的结合可能比单一观点更好,因为正如我们之前提到的,致病的原因通常是多维的。

1. 家庭剥夺和虐待

大多数缺乏父母关爱的孩子并没有与父母分开,而是遭到了父母的不良对待。最典型的就是父母忽略自己的孩子,对孩子很少关注。父母对孩子的拒绝有多种表现形式:(1)缺乏身体接触;(2)拒绝关爱;(3)对孩子的活动和成就缺乏兴趣;(4)没有花足够的时间与孩子在一起;以及(5)不尊重孩子的权利和感受;甚至(6)情感、身体或性方面的虐待。父母对孩子的拒绝有可能是部分的,也有可能是完全的;有可能是被动的,也有可能是主动的;有可能是隐蔽的,也可能是显而易见的。

这种剥夺和拒绝会产生非常严重的结果。布拉德(Bullard,1967)提出了"成长障碍"综合征,即儿童正常的成长和发展受到阻碍。剥夺和拒绝常常可能导致儿童需要入院治疗,有时可能会对孩子的健康产生严重的不利影响,甚至导致死亡。有调查统计显示这个问题在低收入家庭很常见,据估计大约6%遭到了剥夺和拒绝(Lozoff,1989)。研究者认为,这类孩子更容易产生行为问题和发展迟缓(Drotar & Robinson,2000)。

父母对孩子身体或者性虐待会对儿童成长产生许多负面影响,有些研究甚至认为,至少对婴儿来说,极度忽视可能比虐待更有害。受虐儿童往往有言语或身体上的暴力倾向,对同伴善意的表现也可能做出敌对的回应(Emery & Laumann-Billings,1998;Shonk & Cicchetti,2001)。研究者同时发现,受虐儿童在语言发展、情感和社交功能等方面会出现严重问题,容易沮丧、焦虑,容易遭到同伴的回避和拒绝,从而导致其同伴关系不良。受到虐待的孩子也很可能发展出一种非典型的依恋模式——通常是一种紊乱型的依恋模式,特点是缺乏安全感、缺乏条理性、对照料者的反应前后矛盾。例如,这类孩子在与照料者相处时,有时会表现得麻木和呆滞,而有时却又会试图亲近其照顾者,随即又表现出拒绝和回避。很多孩子可能会将这种行为模式一直持续到成年,他们也会对同伴表现出攻击性,从而遭到同伴的排斥。研究结论清晰表明:"这些不安全和非典型依恋的内部表征模式,以及与之互补的自我模型和他人模型,可能会泛化到新的人际关系中,并且导致个体对他人行为和自身人际关系产生消极预期。"(Shields et al.,2001)

这些源自对照料者不良表征的消极期望,意味着儿童可能永远不能从早期精神创伤所带来的负面影响中恢复,部分原因是儿童会选择性地回避一些机会,而他们原本可以借着这些机会进行必要的人格重塑。如果一个孩子认为其他人都是不可信的,那么他就不会更多地与人打交道,也就不会有机会了解到世界上有的人是可信的,这与儿童对同伴攻击和回避的研究成果是一致的。道奇(Dodge)及其同事的研究也支持这种观点,他们发现受虐儿童对于来自同伴的敌意线索过度警觉,因为他们从小就学习到,自己只能期望从父母那儿得到敌意或拒绝。这导致受虐儿童容易在同伴互动中怀着敌意的意图,而正常儿童则更可能怀着中性的意图。如果受虐儿童认为他人与自己相处的方式是敌对的,那么他们产生攻击行为的概率就会增加,并且他们会知道攻击性的回应能够带来有利的结果,比如可以为所欲为,或对自己的愤怒感觉良好等。另外,敌意意图的归因倾向至少可以在一定程度上影响攻击行为的发展。

2.儿童身体虐待的长期影响

对儿童身体虐待的长期影响(一直到青少年期和成人期)的回顾研究支持早期虐待的持续性影响,也证明受到身体虐待的儿童(特别是男孩)更有可能会在青春期和成人期实施家庭中或家庭外的暴力。而且更多的证据表明,发现身体虐待通常与自残行为和自杀行为有关,同时也与焦虑、抑郁和人格障碍有关。

拒绝或虐待儿童的父母中有相当比例的人自己也曾是儿童虐待的受害者。他们早期被拒绝和虐待的经历显然对其图式和自我图式有消极影响,并且会导致他们不能内化良好的父母榜样。研究证据显示儿童虐待代际传递的比例大约为30%。

然而,如果成长环境得到改善,受虐儿童(不管是遭受虐待还是剥夺)至少可以在一定程度上取得进步。另外,环境的影响并不是一成不变的,总有一些因素不会导致消极结果,反而是一种保护性因素,包括童年期与某些成人所保持的良好关系、高智商、积极的学校经历或者具有吸引力的外表等。(Emery & Laumann-Billings,1998)

3.收容

有些孩子在收容机构中长大。与正常家庭相比,收容机构缺乏温暖的身体接触,缺少智力、情感、社会方面的刺激,缺乏对积极学习的鼓励和帮助。过去在英美的收容机构中所做的研究清晰地表明,早期经历过环境剥夺和社会性剥夺的孩子即使后来被送入收容机构,但长期预后效果并不好。许多在收容机构中度过婴幼儿期的孩子表现出较为严重的情绪、行为和学习问题,而且患心理疾病的风险较高。一个已经建立了良好依恋的儿童即使在童年后期进入收容机构,产生的问题也不会有那么严重。但是,有些在童年早期即进入收容机构的孩子也会表现出心理弹力,在成年以后适应良好。产生这种结果的保护性因素包括:在学校有好的经历,例如社会关系、运动或学业上的成功;有支持性的婚姻伴侣;由学业和婚姻成功带来的自尊和自我效能感的提高等(Quinton & Rutter,1998;Rutter,1985;Rutter et al.,2001)。

令人欣慰的是,这方面研究的结果对很多国家的公共政策制定颇具影响力,政府已经意识到需要让这类儿童被家庭收养而不是进入收容机构。因此现在西方社会对儿童收容的研究也相应地没有以前那么急迫和实用了。然而不幸的是,一些东欧国家仍然没有实行合理的政策,在这些东欧孤儿院里度过婴儿期的许多孩子随后被英国或美国的家庭收养。这些孩子在出生后一两年的关键时期是在那种条件非常差的孤儿院度过的,他们随后表现出非常明显的智力、语言和成长缺陷,而且在收容机构里待的时间越长,这种缺陷越严重;他们还出现严重的生理、行为和心理问题(Gunnèr;Rutter,1984)。但当这些孩子被良好的家庭收养数年之后,再对其进行重测时发现,尽管与出生后马上就被收养的孩子相比他们依然存在某些缺陷,但大多数孩子在各个方面都有了长足的进步。一般来说,收容机构中的孩子越早被收养,之后的适应就越好(Johnson,2000)。

4.其他童年期创伤

我们中的大部分人曾经有过创伤经历,它可能曾经一度影响了我们的安全感、满足感和价值感,并影响了我们对自己和周围环境的感知。

这类创伤性事件很容易留下难以愈合的心理创伤,这种创伤常常是情绪反应的经典条件性反射的结果。这种条件反射通常在一个特殊(往往是创伤性的)事件之后又发生了另一个中性事件时形成,通常难以消退。因此,一次在湖中差点溺水或在游泳池中惊恐发作的经历足以导致今后数年甚至终生的恐水症。由创伤经历所形成的经典情绪条件反射也会泛化到其他相关情境中。例如,一个有恐水症的孩子也可能害怕坐船或其他任何可能导致溺水的情境,即使这种可能性微乎其微。

5.分离

鲍尔比(Bowlby,1960,1973)分析了因长期住院而与父母分离对于2~5岁儿童的创伤性影响。首先,这种分离会对儿童产生短期或者急性的影响,包括与父母分离期间的极端失望,以及在与父母重聚时的疏离感。鲍尔比认为即使对于安全依恋的婴儿来说,这些反应在与父母长期分离的情况下也是常见的。经历过这种分离的儿童有可能发展出不安全依恋。另外,早期与父母的分离也可能存在长期影响。例如,这种分离可能导致成人期对应激源的易感性升高,使得个体罹患抑郁(Bowlby,1980)或出现其他的精神症状的可能性增加(Canetti,Agidet,2000)。与其他早期创伤经验一样,分离的长期影响很大程度上取决于父母或其他重要他人是否能给予儿童支持和安慰,比如儿童至少与父母中的一方形成安全的依恋关系。值得注意的是,许多经历了父母一方死亡的儿童并没有表现出受到明显的长期影响。

6.父母的心理疾病

总体而言,研究发现,如果父母患有心理疾病(包括精神分裂症、抑郁、反社会人格障碍、酗酒或酒精依赖),那么其子女产生各种发展障碍的可能性较大,尤其是抑郁、品行障碍、青少年犯罪和注意力缺陷障碍。虽然这些影响中无疑有遗传的成分,但诸多研究者认为遗传的影响并不能完全解释父母心理疾病对子女的不良影响(Hammen,2002)。

另一方面,虽然父母的心理疾病对子女有着深远影响,但许多来自这种家庭的孩子也可以健康成长,这是因为诸多保护因素起了作用。例如,父母一方患有严重心理疾病的孩子,如果与另一位家长或家庭以外的成年人建立起了温暖友善的关系,那么这就会成为他/她重要的保护因素。其他能提升心理弹性的重要保护因素还包括良好的智力技能、社交和学业能力,以及招人喜爱的个性等(Masten & Coatsworth,1995)。

2.2.3.2.2　不良的父母教养方式

即使没有严重的剥夺、忽视和创伤,许多不恰当的抚养手段同样会对孩子今后应对生活挑战的能力产生深远影响,使孩子容易产生各种心理疾病。因此,虽然各种心理社会理论观点差异很大,但其对心理疾病的解释大多聚焦于孩子在早期社会互动中获得的行为倾向——主要是与父母或监护人的互动有密切关系(Carlson,2000)。

应始终记得这个事实:孩子与父母的关系永远是双向的。就像任何持续性的关系一样,双方的行为肯定相互影响。某些孩子比其他孩子更容易去爱别人,而某些父母比其他父母对婴儿的需求更敏感。例如,有的父母发现,自己的孩子有着较高的负面情绪水平(即容易产生负面情绪),这使得他们很难与孩子相处。确实,如果孩子负面情绪水平较高或适应性较低,那么其父母就倾向于用忽视、敌对或批评的态度来与之互动,而这反过来会使孩子更容易产生心理疾病,因为他们成为家庭中"不和与争吵的焦点"。这个例子说明婴儿的性格特点是如何导致不良依恋关系的,但正像我们接下来会讨论到的,大多数情况下还是父母对孩子的影响在塑造孩子行为上起着更重要的作用。

1.教养方式:温暖与控制

父母教养方式的差异虽然不像父母是否患有心理疾病的差异那么大,但同样会对儿童的发展产生重要影响,增加其产生心理问题的风险。过去人们认为管教意味着惩罚不良行为和预防将来再次发生这种行为。现在人们对管教的看法更加积极,认为其意味着提供能促进儿童健康成长的必要结构和指导。这类指导为儿童提供了一些图式,这些图式与个人在社会中产生的图式类似。个体获得这些信息后能够对自己行为的可能结果产生控制感,并自由做出选择。如果父母认为惩罚是必需的,那他们就需要明确指出孩子哪些行为是不合适的、哪些行为是被期望的,并针对违规行为制定积极和持续的处罚方案。

研究人员一直以来都很感兴趣:父母教养方式(包括其处罚方式)在儿童发展过程中到底在多大程度上影响儿童的行为。目前已发现有四种父母教养方式:(1)权威型;(2)专制型;(3)放任型;(4)忽视型。这四种教养方式在父母温暖程度上有所不同(温暖指支持、鼓励、喜爱,与羞辱、拒绝和敌对相对应),在父母控制程度上也不同(控制指惩罚和监督,与放任不管相对应)。

权威型教养方式

权威型教养方式的父母非常温暖,也会非常仔细地制定关于特定行为的限制和规范,同时也允许孩子在一定范围内有大量的自由。在这种教养方式下成长的儿童会发展出最积极的早期社会性发展,他们更可能是精力充沛和友善的,并且更有能力应对他人和环境。一项追踪到青少年期的纵向研究发现,权威型教养方式会对儿童产生持续的积极影响。

专制型教养方式

专制型教养方式的父母控制程度高但温暖程度低,他们的子女常常是苦恼、易怒和闷闷不乐的。追踪到青少年期的研究表明,这些孩子会产生更多的消极表现,男孩的社会和认知技能尤其差。如果这些专制型父母同时还过度使用严重体罚(而不是取消表扬或好处),那么孩子的攻击行为就会增加。显然,体罚提供了一种攻击行为的模式,儿童会效仿它们并将其纳入自我图式中(Millon,1995)。

放任型教养方式

放任型的父母很温暖慈爱,但缺乏处罚和控制。这类父母的教养方式容易导致儿童的冲动及攻击行为。过度放纵的孩子会被宠坏,他们自私、缺乏耐心、不体谅他人和苛求。在一项经典研究中,希尔斯(Sears,1961)发现家庭中较多的放任和较少的处罚与反社会攻击行为呈正相关,在童年中后期尤其如此。与那些遭到拒绝和情感剥夺的孩子不同,被纵容的孩子较易建立人际关系,但他们会为了自己的目的而利用别人,就像他们当初学会利用父母一样。简而言之,他们的自我图式具有典型的"特权"特点。而当"现实"迫使他们不得不重新审视对自己和世界的看法时,他们可能会感到困惑和适应困难(Baumrind,1993;Emery,1995)。

忽视型教养方式

忽视型教养方式的父母亲温暖程度和控制程度都很低。这种教养方式与童年期混乱的依恋关系有关,而且会导致童年后期的情绪化、低自尊和各种行为问题。在这种疏离的教养方式下成长的儿童在同伴关系和学业表现上也面临问题(Hetherington & Parke,1993)。

2. 限制

只考察限制程度影响(不考虑温暖程度的影响)的研究表明,限制对在高风险环境中长大的孩子有保护作用。所谓的高风险环境是根据家庭成员的职业和教育水平、民族地位以及父亲离开与否等因素而综合确定的。在高风险环境下成长的儿童中,那些在认知任务(智商以及学业成就)上表现较好的孩子通常有着限制较多而民主较少的父母。事实上,限制程度和认知表现之间的正相关只出现在高风险儿童身上,而低风险儿童身上则没有表现出这种正相关。限制对于生活在高犯罪率地区的家庭尤其有帮助(Baldwin,1990)。

3. 不当、无理且愤怒的交流

不当交流有多种形式。父母有时会阻止孩子提问题,或以其他方式阻断信息交流,而交流其实是孩子发展关键能力所必需的。有的父母太忙或只关心自己的事,以至于无暇聆听孩子,或不能理解孩子所面临的冲突和压力。有的父母忘记了在孩子眼中世界有多么不同,因此急速的社会变化会导致代沟的出现。在其他情形下,不当交流会以更为异常的形式出现,例如听者歪曲、否定或忽略说者的原意。最后,儿童往往会面临强烈的愤怒和冲突,这会导致儿童压抑或情绪激动。愤怒情绪会随着婚姻不和谐、家庭暴力或父母的心理疾病而出现,往往会导致孩子产生各种心理问题。可以预料的是,受虐儿童比正常儿童更容易受到父母愤怒情绪(尤其是莫名的愤怒)的惊吓。

2.2.3.2.3 婚姻不和谐与离婚

亲子关系模式不良(如父母拒绝)很少会达到严重的程度,除非整个家庭氛围存在异常。

因此,不良的家庭结构才是增加个体对特定压力源易感性的重要风险因素。如婚姻不和谐的完整家庭、父母离异或分居的破裂家庭。

1. 婚姻不和谐

不论婚姻不和的原因是什么,只要它持续很长时间,就会导致沮丧和痛苦,并对大人和孩子都产生不良影响。比较严重的婚姻不和会使得孩子面临之前我们讨论过的压力源中的一种或多种:虐待或忽视,与有严重心理障碍的父母一起生活,专制型或忽视型的教养风格,以及家庭暴力等。研究发现,如果父母一方或双方是慈爱的、会经常表达赞扬和赞同,并且不会对孩子表现出拒绝,那么其子女受到婚姻冲突不利影响的程度就较低。另一项研究也发现,从同伴那里获得较多支持的孩子也能在一定程度上抵挡父母婚姻不和带来的消极影响。纵向研究明确指出,严重的婚姻不和对孩子的不利影响会持续到成年期:无论婚姻不和的父母最终是否离婚,其子女自身的婚姻状况都不乐观。婚姻不和代际传递的部分原因是,子女通过观察父母之间的互动而习得了消极的互动方式(Katz & Gottman,1997;Amato & Booth,2001)。

2. 父母离异

许多情况下,家庭不完整是因为死亡、离异、分居或其他原因,也受到对离婚的接受度日益提高的文化影响。据估计,美国18岁以下的儿童中约20%来自单亲家庭,包括父母未婚或离异;而近半数的婚姻以离婚告终。20世纪90年代出生的孩子有50%～60%生活在单亲家庭中(Hetherington,Bridges & Lnsabella,1998)。

离婚对成人的影响

对成人来说要维持一段不幸福的婚姻是困难的,但要结束一段婚姻同样也会带来身心的巨大压力。对有些人来说离婚的消极影响是暂时的,但对另一些人来说他们永远也无法从离婚的创伤中完全恢复。调查显示,精神病患者中离婚和分居的比率很高,但我们并不清楚两者的因果关系。离婚和身体疾病、死亡、自杀以及谋杀等原因一样,是心理疾病产生的一个主要原因。但我们也必须认识到,离婚对某些人来说是有利的。总的来说,离婚后的良好适应与个体的收入、有固定的约会对象、再婚、在婚姻不和时相对而言更倾向于离婚以及主动提出离婚等因素有正相关(Amato,2000)。

离婚对儿童的影响

离婚会对儿童产生**创伤性**的影响。父母的冲突或父母一方对孩子的溺爱,会加剧孩子的不安全感和被拒绝感。可以预料的是,一些儿童确实对父母离婚产生了严重的不良反应。难以与人相处的儿童比性情平和的儿童需要更长的时间适应这一生活转变。多少些讽刺意味的是,难以相处的儿童其父母更有可能离婚,这可能是因为孩子难以相处的气质特点可能会恶化婚姻问题(Block,1986)。

尽管父母以前的或正在持续的争吵可能会促使青少年产生违法犯罪及其他诸多心理问题,但离婚家庭的子女还是比完整家庭的子女更有可能出现这些问题。此外,大量研究表明,离异对儿童适应功能的不利影响可能会延续到其成年期。在平均水平上,离异家庭的年轻人比完整家庭的年轻人受教育水平更低、收入更低、生活满意度更低,而且他们自身的婚姻也更有可能以离婚告终。

尽管如此,还是有许多儿童能很好地适应父母离异。事实上,以美国为例,一项定量研究回顾了 20 世纪 50 年代以来、共涉及 13000 名儿童的 92 项研究,这些研究探讨了父母离异与儿童健康的关系,结果发现离婚对孩子的消极影响平均起来其实是比较微弱的。而持续到子女成年期的消极影响也同样微弱(Amato & Keith,1991b)。也有研究发现,离婚的消极影响在 20 世纪 50 年代到 80 年代期间逐年减少,在 20 世纪 70 年代这种趋势尤其明显,这可能是因为社会对离婚的污名降低了。然而,最近对 20 世纪 90 年代发表的 67 项相关研究进行跟踪回顾时发现,离婚的消极影响在 1990 年之后没有进一步下降(Amato,2001)。继续留在饱受婚姻冲突和纷争的家庭中,这种情况给孩子带来的不良影响往往比离婚的影响更大。人们曾经认为,成功的再婚如果能为孩子的抚育提供良好的环境,那么离婚的不良影响就可能减少。但令人遗憾的是,阿玛托和基斯(Amato & Keith,1991a)的文献回顾发现与继父母一起生活的孩子,其状况并不比单亲家庭的孩子要好,而且这种情况在女孩身上比在男孩身上更明显些。事实上,一些研究发现儿童对再婚的适应期可能比对离婚的适应期更长。其他一些研究表明,与和亲生父母一起生活的孩子相比,与继父母一起生活的孩子(尤其是年龄很小的孩子)更有可能面临继父母的体罚(导致伤害甚至死亡)。

2.2.3.2.4 不良同伴关系

家庭关系之外另一种重要的人际关系通常开始于学龄前期,即与同龄人或同伴的关系。当孩子步入世界时,他(或她)就面临着复杂而不可预测的挑战,而这些挑战可能带来的问题和挫折是相当多的。这个阶段的儿童尚未掌握人际关系的技巧或策略。共感,即对他人的处境、观点和感受的理解,充其量只是初步形成。例如,当一个更受欢迎的玩伴出现时,孩子会马上拒绝现在的玩伴而转向新玩伴。寻求即时满足感往往是孩子互动的首要目的,儿童还不能清楚地认识到合作和协作可能会带来更大的好处。有相当一部分儿童似乎对学校里的严格要求和竞争关系不适应,最可能的原因是儿童本身的不良气质类型和家庭的心理社会缺陷。他们中的很多人远离同伴,成为学校里孤单的孩子。还有很多人(尤其是男孩)表现出对他人进行身体恐吓和攻击,他们往往是社区里的小霸王。研究发现,这些小霸王主动攻击(他们发起攻击行为)和被动攻击(他们在面对冲突时做出过激反应)的频率都很高(Salmivalli & Nieminen,2002)。虽然他们中的有些人之所以这么做可能是因为缺乏社交技能,但另一些(往往是那些孩子王)则对社会行为有更复杂的理解,这使得他们能够操纵和组织同伴,能够让自己逃脱追捕而让同伴被捕(Swettenham,1999)。学校里的孤独者或社区里的小霸王都不会有良好的心理健康状况。

事物都存在两面性。虽然同伴关系会导致某些发展风险,但其也可以成为学习重要经验的来源,对个体起到若干年甚至终身的积极作用。对一个有能力的儿童而言,在学校就读期间的给予和付出、输赢和成败为其提供了绝好的训练,使其能够处理好与现实世界的关系,处理好发展中的自我,包括自身的能力和限制、优点和缺点。与朋友建立亲密关系的经验正是从这个阶段频繁的社会互动开始萌芽的。如果在青春期的早期一切都顺利发展,那么孩子将会带着充分的社会知识和技能进入青春期,而这些社会知识和技能日后将构成社交胜任力。和他人进行亲密沟通的实践和经验使得同伴关系有可能从吸引、着迷及纯粹的性好奇转变成真诚的爱和承诺。这些资源会成为有力的保护因素,帮助个体有效应对沮丧、颓废、绝望和各种心理问题(Masten & Coatsworth,1998)。

在过去的二三十年里,越来越多的研究开始关注影响儿童同伴关系的风险因素。

受欢迎和遭拒绝的原因

什么因素决定哪些孩子讨人喜欢、哪些遭人拒绝? 研究人员发现在青少年的特质中与受欢迎程度相关最紧密的因素是友善和外向(Hartup,1983),其他的因素包括智力和外表吸引力等。

更多的研究者关注为何某些孩子总是被同伴拒绝。许多被拒绝的孩子与同伴相处时过分苛求或攻击性很强,攻击性强的孩子往往容易生气,容易将同伴的玩笑看成敌意,从而使矛盾升级;而且他们对这种情形倾向于采取更具惩罚性而更少宽容性的态度。那些遭受父母虐待的孩子尤其如此,他们对照顾者发展出了不良的心理表征,因为担心遭受虐待,所以在社交场合中他们会更激动、更焦虑和易怒。这些反应可能适应于他们在家中的经验,但在同伴交往的情境中则显得很不协调(Shield,Coíe,1991;Crick & Dodge,1994)。但攻击性并不是导致被拒绝的唯一因素。一小部分孩子显然是因为他们自己的社交退缩或屈从而遭到拒绝。还有些孩子遭到拒绝的原因不明,有些原因很隐晦(Coíe,1990)。

儿童期某个阶段遭到拒绝并表现出攻击行为的孩子,长大后产生攻击和犯罪行为的可能性大大提高。如一项从幼儿园到八年级长达 8 年的追踪研究显示,那些在童年早期形成敌对认知结构(图式)的孩子更有可能形成持续性的攻击行为(Burks,Laird,Dodge,Petit & Bates,1999;2001)。基于此,他们发现遭遇同伴拒绝往往会导致若干年后孩子与问题同伴交往,而这又会反过来促发青少年犯罪。

另一类儿童虽然长期遭遇拒绝但并不具有攻击性,而是对同伴非常被动和屈从。在此情况下,拒绝有时也会导致社会隔离,而这种社会隔离常常是自觉的(Hymel & Rubin,1985)。社会隔离很可能产生严重的后果,因为它剥夺了孩子进一步学习社会行为和人际交往规范的机会,而这些规范会随着年龄的增长变得日益复杂和微妙。最常见的结果就是反复的社交失败,反过来又会进一步损害儿童的自信和自尊,有时甚至导致孤僻和抑郁(Burks,Dodge & Price,1995)。

总之,逻辑推论和研究结果得出了同样的结论:一个孩子在发展期如果不能建立良好的同伴关系,那么他/她就会丧失关键的背景经历,就更有可能在青少年期和成年期产生各种问题,包括抑郁、退学以及犯罪等。但也必须记住,同伴关系问题也可能是心理障碍的早期症状,这些心理障碍有遗传因素,但只有到了青少年期或成年期才会表现出来。常见的情形是,同伴关系问题确实反映了部分遗传素质,但同时也是导致潜在的心理障碍全面表现出来的应激因素(Parker,1995)。

2.2.4 社会文化观点及致病因素

2.2.4.1 社会文化观点

从韦氏词典(Merriam-Webster)中的定义,**社会(society)** 是指一个持久而合作的社会团体,其成员通过相互互动发展了有组织的关系模式;具有共同传统、机构、集体活动和兴趣的社区、民族或广泛的人群。**文化(culture)**是指种族、宗教或社会群体的惯常信仰、社会形式和物质特征;也是人们在一个地方或时间所分享的日常存在的特征(作为转移或一种生活方式),代表机构或组织的一组共同的态度、价值观、目标和实践;这些与特定领域、活动或社会特征相关的一组价值观、惯例或社会实践。所以,从人类学的角度来看,文化是成为某个特定群体的成员的意义。

社会偏于结构性,文化偏于功能性或意义性。社会被称为共享共同区域、文化和行为方式的一群人。社会是统一的,被称为独特的实体。社会由政府、医疗保健、教育系统和若干职业组成。在一个社会中,每个人都很重要,因为每个人都可以为社会做出贡献。此外,还可以具有特定目标的较小人群,其中包括学生群体、政府机构、志愿者或为社会特定原因筹款的群体。文化使社会在语言、治理、哲学或宗教、经济、地位和艺术方面得到了体现。一个社会中可以发现许多不同的文化,一个小社会就有一个亚文化。社团的建立也取决于其政治结构,例如国家、乐队、酋长和部落。政治权力的程度根据文化、历史和地理环境的不同而不同。当个人或团体对社会采取有利行动时,某些社会赋予个人或团体某些地位。

20 世纪初,社会学和人类学开始成为独立的学科,并在理解社会文化因素对人的发展和行为所起的作用上取得了长足的发展。早期的社会文化理论学家包括著名的本尼迪克特(Ruth Benedict)、卡迪那(Abram Kardiner)、玛格丽特·米德(Margaret Mead)和弗朗兹·鲍亚士(Franz Boas)。他们的研究和著作表明,个体的个性发展既受到更为宏观的社会制度、规范、价值观和观念的影响,也受到个体的直系家庭和其他群体的影响。已有研究还清晰地展示了各种社会文化条件与心理疾病之间的关系(如某个社会中的特定压力源与这个社会的典型心理疾病有关)。进一步的研究表明,某个社会环境中身心疾病的模式会随着社会文化条件的改变而改变。这些发现扩展了现代社会对异常行为的看法(Fabrega,2001;Tsai,Butcher,Munoz & Vitousek,2001;Westermeyer & Janca,1997)。

1.跨文化研究

社会文化观点关注文化及社会环境对心理障碍的影响,如适应不良行为与育儿态度、家庭理念等社会文化因素之间的关系,以及适应不良行为和贫困、歧视、教育水平低下等不良环境条件之间的关系。我们观察到一个心理异常的个体成长在一个不良的社会环境中是一回事,但用实证研究来表明这些不良环境条件导致了心理障碍的产生,而不仅仅是与之相关,那就是另一回事了。

在不同社会中成长并面临不同环境条件的人群,为开展这方面的研究提供了某种天然的"实验材料"。一些研究者指出,跨文化研究能帮助我们了解人类行为和情绪发展的各种可能,初步探讨正常和异常行为的原因,以便今后在实验室场景中对这些原因进行更为严格的验证(Rothbaum,Weisz,Pott,et al.,2000,2001)。

2.文化特异性的心理障碍和症状

很多研究支持,许多心理问题(不管是成人的还是儿童的)普遍存在于大多被研究过的文化中。例如,虽然在程度和症状上会有些差异,但是精神分裂症的异常思维和异常行为的基本模式在所有人群中都一样,无论是最原始的地区还是科技高度发达的地区。此外,近期研究表明,根据 MMPI-2(美国明尼苏达州多项人格测验第二版)确定的某些心理症状在许多国家的临床人群中类似,被诊断患有偏执型精神分裂症的人,无论来自意大利、瑞士、智利、印度、希腊还是美国,在 MMPI 结果中都展现出类似的总体人格模式(Butcher,1996;Eleanor,2017;Robert,2005)。

尽管一些普遍的症状和症状模式确实存在,但社会文化因素仍然会影响疾病的形成、形式以及变化过程(表2.3)。例如,一些严重的心理障碍在不同国家中其预后或结果会有所不同。一些国际研究发现,精神分裂症在发展中国家比在发达国家会有更良好的发展过程(Kulhara & Chakrabarti,2001)。另一个研究,克莱曼(Kleinman,1986,1988)比较了中国人和西方人的压力应对方式。他发现在西方社会中,抑郁是个人应对压力时常会产生的反应;相反,在中国,报告的抑郁发生率则相对较低,压力的影响更有可能表现为生理问题,如疲劳、虚弱和其他不适。此外,不同文化的抑郁状况调查,西方社会中抑郁的重要元素(如通常会出现的强烈的内疚感)在其他文化中并不常见;同时,悲伤、绝望、不快乐、对周围的人和事缺乏兴趣等各种抑郁(或焦虑)症状在不同的社会中其意义大相径庭。

对佛教徒来说,在世俗事务以及人际关系中寻找快乐是所有苦难的根源,因此要获得拯救首先就是自我克制。而对于伊朗的什叶派穆斯林来说,悲伤是一种宗教体验,它表明个体认识到了要在这个不公正的世界上公正生活的悲剧性后果,而这种充分体验悲伤的能力标志着人格的成熟和对人生更深刻的理解。

表 2.3 与文化相关的综合征

障碍名称	文化	描述
杀人狂 Amok	马来西亚(也存在于老挝、菲律宾、波利尼西亚、巴布亚新几内亚和波多黎各)	这种心理障碍的特点是患者突然暴发出强烈的攻击行为或杀人行为,患者可能会杀死或伤害他人。这种狂暴的心理障碍的患者病发前通常相当退缩、沉默和随和。病人常常是在感到被冒犯或被伤害时突然暴发出这样的行为。人们已经注意到该病有这样几个典型阶段:第一阶段,患者变得更加退缩;沉寂之后的第二个阶段,明显表现就是不与人交往,被害怕的念头和愤怒的情绪所完全控制;最终就进入了不由自主和狂暴的阶段,患者跳起来,乱喊乱叫,手持凶器,遇到人或物体就乱砍乱杀;最后一个阶段通常是疲乏和抑郁,并遗忘了自己发狂的行为
拉塔症 Latah	马来西亚和印度尼西亚(也见于日本、西伯利亚和菲律宾)	这是一种对突然的恐惧的过度敏感,往往发生在智商较低、顺从和自卑的中年妇女身上。"蛇"这个词或呵痒都会激发这种疾病。其特点是模仿言语(重复他人的词语或句子)和模仿动作(重复他人的动作)。患者也可能表现出精神解离或恍惚

续表

障碍名称	文化	描述
恐缩症 Koro	东南亚（尤其是马来西亚）以及中国南部	男子因害怕阴茎缩进体内并可能导致死亡而出现的惊恐反应或焦虑状态。这种反应可能出现在过度性交或过度手淫之后，它往往很强烈并且来得很突然。这种情况通常是通过患者或其亲友紧紧抓住其阴茎来"治疗"。通常会把阴茎夹在一个木盒子里
温第高综合征 Windigo	阿尔贡金语族的印第安猎人	猎人变得焦虑和狂躁不安的一种恐慌反应，患者认为巫婆对自己施了魔法，最主要的恐惧是觉得自己被贪得无厌的食人怪兽变成了食人生番
狐魅症 Kitsunetsuki	日本	患者认为自己被狐狸附身，并模仿狐狸的面部表情。患者的整个家庭都会被所在社区妖魔化和躲避。这种事发生在日本乡村地区，那里的人不仅迷信而且所受教育较少
见人恐怖症 Taijinkyotusho TKS	日本	一种在日本较普遍的精神疾病。患者形成一种恐惧心理，害怕由于自己在社交场合的不当行为或自己想象出的身体缺陷而得罪或伤害他人。该病最显著的问题是患者过于关注自己在社交场合的表现
魔鬼附身症 Zar	北非以及中东	病人认为自己精灵附体，会经历一种解离状态，喊叫、大笑、大哭、言行怪异。患者也可能变得漠然、退缩、不进食也不工作

来源：Based on American Psychiatric Association（DSM-Ⅳ-TR，2000）；Bartholomew（1997）；Chowdhury（1996）；Hatta（1996）；Kiev（1972）；Kirmayer（1991）；Kirmayer et al.（1995）；Lebra（1976）；Lewis &. Ednie（1997）；Sheung-Tak（9196）；Simons and Hughes（1985）。

3. 文化与控制过度或抑制不足的行为

对不同文化中儿童心理障碍的不同发病率的研究也提出了有趣的问题。如在泰国文化中，成年人对子女抑制不足行为（诸如攻击、反抗以及违逆）极度不能容忍，孩子被明确教导要懂礼貌、尊敬他人，还要抑制对愤怒情绪的表达。而在美国父母似乎能在更大程度上容忍这种行为。这就引出了一个有趣的问题：泰国儿童与抑制不足行为有关的问题是否就比美国儿童要少呢？另外一个问题是：与美国儿童相比，泰国儿童的控制过度行为（诸如害羞、焦虑以及抑郁）是否就相对较多呢？

两项跨文化研究（Weisz，Suwanlert，1987，1993）显示泰国的儿童和青少年确实比美国的儿童和青少年有更多与控制过度行为有关的问题。虽然两个国家在抑制不足行为问题的发生率上没有差异，但在这方面问题的类型上确实存在差异。例如，泰国青少年在间接及微妙的抑制不足行为上的得分要比美国青少年更高，如他们通常不会直接攻击，但注意力难以集中、会残忍对待动物等；而美国青少年在打斗、欺负和学校中的不服从等行为上的得分要高于泰国青少年。这两个国家的父母在选择孩子需要治疗的问题上有很大差异，这使上述研究结果变得更加复杂。总体而言，泰国的父母比美国的父母较少带孩子接受心理治疗。这可能部分是因为泰国父母信佛教，认为问题是暂时的，他们乐观地相信孩子的问题是会改善的。另外一种可能是，泰国的父母不带孩子去治疗这些行为问题，仅仅是因为他们羞于把自己孩子这种不被社会接受的行为让他人知道。

2.2.4.2　社会文化因素的致病因素

我们所有人都受几千年社会演变形成的社会文化遗产影响，犹如我们受到上百万年生物演变形成的基因影响一样。由于每个社会文化群体都通过对后代的系统教育而形成自己的文化模式，因此来自同一个社会文化群体的成员往往都有些相似。在猎头族中长大的孩子会成为猎头人，而在反对暴力的社会中长大的孩子也会学会以非暴力的方式解决分歧。一个群体对年轻一代的教育越是统一和全面，这个群体中成员的相似性就越大。因此，在观点限定且一致的社会中，其个体差异就不会像我们今天这种社会那么大。我们所处的这个社会中，孩子会接触到大量相互冲突的观念。但即使如此，有些核心价值观仍然是我们大多数人都认为重要的。

同一社会文化环境中的亚群体（如不同家族、性别、年龄、职业、种族、宗教的群体）会形成自己的信仰和规范，这主要是通过群体成员学会扮演某种社会角色完成的。学生、教师、军官、牧师或护士都各有其相应的被期待的角色行为。由于大多数人都属于不同的亚群体，因此会面临不同的角色要求，而这些角色要求也会随时间而改变。当社会角色的要求相互冲突、不明确或难以达到时，一个人健康的个性发展会受到伤害。

不良的社会影响因素

致病的社会影响因素来自多方面，有的源自社会经济因素，其他的则源自社会文化因素，如角色期待、偏见和歧视等的破坏性作用等。

低社会经济地位与失业

我们这个社会中，**社会经济地位**(social economic status，SES)和异常行为的发生率之间存在负相关；换言之，社会经济地位越低，心理障碍的发生率越高；但这种负相关的程度随着心理障碍类型的不同而不同。例如，反社会人格与社会阶层有高相关，在最低收入群体中的发生率是最高收入群体的大约 3 倍；而抑郁症在最低收入群体的发生率只是最高收入群体的约 1.5 倍(Eaton & Muntaner，1999)。

这种总体上的负相关有多方面的原因。有证据表明，一些心理障碍患者会下滑至较低的经济地位，并一直维持在这一经济地位，有时因为他们没有经济或人际资源以改善自己的经济地位，有时则是因为社会对心理障碍患者有偏见和污名。同时，较为富裕的人更易获得恰当的帮助或更易掩盖其问题。此外，生活在贫困中的人毋庸置疑会比中上阶层的人遭遇更多更严重的生活应激，而且他们通常缺少应对这些应激的资源。因此，某些异常行为之所以常常发生在社会经济地位较低的群体中，至少部分原因是对心理疾病易感的人本身面临的应激源也更多(Caracci & Mezzich，2001)。

来自社会经济地位较低家庭的儿童同样也会产生更多的问题。大量研究表明，至少在 5 岁以前,父母的贫困状况与儿童的低智商之间有强相关,而长期贫困所产生的不利影响更大。有研究者对来自社会经济地位较低家庭的儿童进行了学前评估,发现这些儿童在接下来的四年中表现出更多的攻击行为。但是,很多来自城市中心区社会经济背景较差家庭的儿童仍然表现得很好,展现出社会地位的上移。那些高智商,在家庭、学校以及同伴中有良好人际关系的儿童尤其如此(Felsman & Vaillant,1987;Masten & Coastsworth,1995)。

除了贫困对儿童的影响,还有父母失业本身对成人和儿童的影响。很多研究发现,失业(包括它所带来的经济困难、自我价值感降低和情绪困扰)与心理疾病的易感性和发生率的提高有很大关系(Prause & Ham-Rowbottom,2000)。具体而言,抑郁、婚姻冲突和睡眠问题的发生率在失业率升高期间会增加,而在就业率恢复时又回归正常。当然,这并不能简单地解释为心理不稳定的人更有可能失业,因为即使考虑了失业前的心理健康状况,这种情况照样存在。因此不难想象,丈夫失业会对妻子造成不利影响,导致其焦虑、抑郁和敌意水平升高,而这至少部分是由丈夫失业所带来的沮丧引起的(Dew,Bromet,1987)。儿童同样也会深受影响,最糟糕的是,失业的父亲很有可能虐待孩子(Cicchetti,2006)。

种族、性别及民族的偏见和歧视

我们这个社会中的很多人遭受过刻板印象的打击,以及在就业、教育、住房等方面遭到公开歧视。自从 20 世纪 60 年代以来,在种族关系上已经取得了进步,但在许多地方仍然可以清楚地看到不同民族或种族之间由于缺乏信任与和谐而始终未能解决的问题。例如,尽管许多用意良好的学校管理部门一直在努力消除隔阂,但在大多数校园的非正式场合里,多数学生主要还是与自己身处的亚文化群体成员在一起。这种趋势不必要地限制了学生的教育经历,也无助于消除相互之间的误解和偏见。少数民族群体遭受的偏见也许可以解释为什么他们有时更有可能罹患某些心理疾病(Cohler,1995;Kessler,1994)。

虽然有很大的进步和改观,性别歧视在我们这个社会中仍然普遍存在。但我们仍然需要继续努力以消除性别歧视。遭受各种情绪问题的女性远多于男性,尤其是抑郁和焦虑。这至少有一部分原因是女性传统社会角色所固有的疾病易感性(如被动和依赖)以及至今仍存在的性别歧视所导致的。性别歧视有两种主要的形式,一是就业歧视,即女性因其性别而不被聘用;二是待遇歧视,女性的工作报酬偏低,晋升机会偏少。工作中的性骚扰是女性所面临的另一种压力。此外,随着传统角色的迅速变化,许多现代女性作为全职妈妈、全职主妇和全职员工,又必须应对更多特殊的压力,这也导致她们抑郁、焦虑和婚姻不满的比率升高。当女性工作时间长(每周超过 40 小时)、收入超过其丈夫或家里子女较多时,这种情况尤其明显。但必须指出,至少在某些情况下,外出工作也是女性对抗抑郁和婚姻不满的保护性因素(Brown& Harris,1978;Helgeson,2002)。

社会变迁与不稳定

当今社会变化的速度和广度与我们的先辈们所经历过的任何事都截然不同。我们生活的方方面面——教育、工作、家庭、休闲、财政、信仰和价值观——都受到了影响。我们需要不断地根据这些变化做出大量调整,这给我们带来了相当大的压力。同时,随着地球自然资源的不断减少,环境因污染而不断变差,我们正面临着不可避免的危机。对现有的"科技将解决我们所有的问题","未来会比过去更好"也不再确信。相反,我们想去解决现存问题的努力,似乎却在不断制造更糟的新问题。随之而来的绝望、失落和无助感又导致人们采取异常行为来应对各种压力事件(Dohrenwend et al.,1980;Seligman 1990,1998)。

城市应激源:暴力与无家可归

全球范围内,不管是在发达国家还是发展中国家的大城市中,每年都有不少人成为暴力直接或间接的受害者(Caracci & Mezzich,2001)。据世界卫生组织(2009)估计,全球每年有超过350万人死于暴力事件,针对妇女与儿童的家庭暴力尤其普遍。这些暴力事件让我们付出了沉重的代价,不仅消耗了我们大量的医疗费用、影响了生产效率,而且还增加了人们的焦虑、创伤后应激障碍、抑郁和自杀的比率(Caracci & Mezzich,2001)。

另一个严重的全球性城市应激源是无家可归者,其人数在过去几十年中迅速增加。据估计,大约1/3的无家可归者都受到严重精神疾病的影响,但是很多没有精神疾病的人也因为暴力或贫困而成为无家可归者。无须赘言,无家可归所带来的巨大压力会导致各种身心疾病,包括焦虑、抑郁和自杀等,甚至对那些原本健康的人亦是如此(Caracci,2001)。

社会文化观点的影响

随着我们对社会文化影响的了解越来越多,我们对心理疾病的关注也从单一的个体因素扩展到了社会、社区、家庭和其他群体环境因素。社会文化研究已经促成了一些项目,以改善会导致适应不良行为和心理疾病的社会条件;也促成了一些社区设施的投入,以尽早对心理疾病进行排查、治疗和大范围预防。

很多强有力的证据表明,文化会对异常行为产生影响,而这方面的研究能帮助我们回答很多与异常行为的起源和发展有关的问题(Fabrega,2001;Cohler,1995)。然而,尽管越来越多的研究表明,当治疗师和患者来自同一个种群(或治疗师至少熟悉患者的文化)时患者会好转得更快,但许多专业人士在处理心理疾病时仍然没能采取一种合适的文化观点(Sue,1998,2002;Yeh,1994)。当今世界,各国人士可以随时随地交流,因此科学家和专业人士具有国际化视野至关重要。实际上,文化因素对于我们理解精神障碍非常重要,为此 DSM-5 诊断系统中增加一个轴,以反映心理疾病中的文化因素。首先,其增加了一个附录来说明在做精神疾病诊断时如何考虑文化因素,并鼓励临床医生们在评估患者时考虑文化因素。其建议临床医生注意个体的文化身份,注意个体心理疾病可能的文化原因,以及可能会影响医患关系的文化因素。同时,其也提供了一个特定文化综合征的术语表,即那些通常只发生在特定社会或文化区域中、所谓"地方性的、民间的诊断分类"。

2.2.5　异常行为的理论观点和致病因素综合讨论

理解和研究异常行为存在的众多理论观点为心理学家提供了理论架构。作为一系列假设性的指导原则,每种理论都强调自己与其他观点不同的重要性和完整性。比如,大多数心理动力学导向的临床心理学家都看重弗洛伊德或新心理动力学派的传统著作和观念,而忽略其他相反的观点。他们通常坚持采用心理动力学疗法所指定的方式,而不是暴露疗法之类其他方式。

2.2.5.1　坚持一种理论观点的优势

保持理论的完整性并坚持一个系统化的观点有其关键优势:确保心理治疗的实践或研究工作有一个连续统一的取向。一旦掌握了该理论的方法体系,就能指导心理治疗从业者或研究者有效面对人类复杂的问题。但是这样忠诚于某一理论流派也有其劣势。由于排除了其他可能的解释,研究人员会忽视其他可能同样重要的因素。实际上,目前还没有哪一个理论能解决所有的异常问题——每一个理论所关注的都是有限的。

因此两种普遍的趋势开始出现。第一种趋势是,原始的理论模型会通过扩展或修正其中的一些元素而得到完善。这样的例子很多,如阿德勒和艾里克森对弗洛伊德理论所作的修正,以及最近认知行为学派对行为学派所作的修正。但是早期很多弗洛伊德学派的理论学家并不接受新弗洛伊德学派的补充,而当今许多经典行为主义治疗师也不接受认知行为学家所提出的修正观点。因此,新的理论观点会不断增加、彼此共存,它们每个都有自己独立的主张,而不只是被吸收到先前的理论流派中去。

2.2.5.2　折中的取向

另一种趋势是,两个或多个不同的取向互相结合,形成一种更加广泛和折中的理论取向。实际上,很多心理学家采用兼收并蓄的姿态来回应多种理论派别的存在;就是说,他们从不同理论中吸取有用的观点,并加以综合。例如,一位折中取向的心理学家可能会接受心理动力学理论对焦虑的解释,同时应用行为疗法的技术来降低焦虑。另一位心理学家可能会将认知行为取向的技术与人际取向的技术结合使用。然而,纯粹主义者(提倡单一理论观点的人)对折中主义表示怀疑,他们认为这种方法缺少完整性,而且会制造出一个缺乏理论基础和实践一致性的"怪胎"。这种批评也许正确,但是对许多心理治疗师而言,折中取向似乎相当管用。

采用折中取向的人通常并不会尝试去综合各种理论观点。尽管在治疗中采取折中的方法是有效的,但在理论水平上这种做法并不可取,因为许多理论流派的基本原则目前看来是互相排斥的。因此这种折中取向仍然不能帮助我们达到最终的目标,即在整合这些理论的基础上发展出一个可以理解的、内在一致的观点,而它能够真实地反映我们关于异常行为的实证研究。

2.2.5.3　生物—心理—社会的综合统一方法

目前,从综合统一的角度对理论进行整合的唯一尝试被称为生物—心理—社会观点。这个名字反映了这样一种信念:大多数心理障碍,尤其是童年期以后发生的障碍,都是各种因素共同作用的结果(包括生理、社会心理、社会文化的因素)。此外,对某一个具体的个人来说,各种因素的组合可能是独一无二的,或者至少与大部分患有相同疾病的其他人不同。例如,一些青少年犯罪可能是由于他们基因中的反社会行为倾向,也可能是因为居住在暴徒较多的地区等环境影响。因此,尽管我们无法对个体的这种行为做出精确的预测,也无法保证不会遗漏一些"无法解释"的影响因素,但我们仍然可以期盼能够对异常行为的众多原因形成一个科学的综合性理解。

3 变态心理学的研究方法

任何科学研究过程或**科学方法**(scientific method)都包括一系列基本步骤,目的是系统地收集和评估与问题相关的信息,找到其中的因素,厘清它们之间的关系或规律。

首先,变态心理学研究者必须选择并定义一个问题。例如,研究问题是确定应激和抑郁症之间的关系。然后,必须形成一个**假设**(hypothesis),即对研究中我们预期会发生的事情所做的可检验的陈述。接下来,选择一个检验该假设的方法并加以实施。数据的收集和分析工作一结束,研究者就得出恰当的结论,并把结果写进研究报告。科学研究可以让我们进一步地理解疾病的病因(或原因)。最后,我们需要通过研究来帮助那些希望抗击疾病的患者得到最好的医疗帮助。

变态心理学的研究可以在临床机构、医院、学校、监狱,甚至更加非结构化的情境中进行,比如对街上无家可归者的观察。并不是环境决定了一个研究可否进行。正如卡兹丁(Kazdin,1998)贴切指出的,"方法学并不只是一套操作和程序。它关乎问题解决、思考和获得知识"。就这一点而论,研究方法(我们用以实施研究的过程和程序)是在不断发展的。当新的技术出现时,如大脑成像技术和新的统计方法等,方法学反过来也在发展。变态心理学的研究让我们不仅理解基础的研究概念,而且更重要的是可以像一位临床科学家那样辩证地思考。

变态心理学的研究在很多方面类似于其他领域的研究,但是心理病理学研究还是会带来一些特殊的挑战。第一个挑战是准确测量异常的行为和感受。我们无法看见、听到或感受别人的情绪和想法。研究者常常必须依赖人们对自身内部状态或体验的自陈或自我报告。自我报告可能以很多方式有意或无意地受到歪曲。同样,依靠观察者对某个人的评估也存在着固有的缺陷。性别和文化刻板印象、特殊偏见以及缺乏有关信息,都可能引起观察者的评估偏差。第二个挑战是,较难征募到目标人群(例如有偏执人格障碍和幻听的人)参与研究。第三个挑战是,大多数心理异常形式可能是多种因素造成的。除非一个单独的研究能同时抓住引起所感兴趣的心理病理的所有生物、心理和社会因素,否则它就无法全面解释该异常行为的诱因。几乎没有哪个单独的研究能做到这么多。相反,关于某个障碍或症状的诱因问题,我们通常只能得到部分答案,必须把几个研究得到的部分答案拼合起来,才能获得一个全面的了解。

尽管存在这些挑战,在过去60年中,研究者对多种心理异常形式的理解还是取得了巨大的进步。通过使用多种方法,也就是使用不同的方法来研究相同的课题,研究者克服了心理病理学研究中的很多挑战。虽然每一种研究方法都有各自的局限,但它们结合起来就可以为异常心理和行为提供令人信服的证据。

3.1　信息获取

3.1.1　个案研究

作为人类,我们经常把注意力放到周围人身上。当有人要你描述一下你最好的朋友、你的爸爸或者甚至是教你变态心理学课程的教授时,你毫无疑问有很多可以说的。正如同几乎所有科学领域一样,心理学知识的基础源自观察。事实上,心理学大量的早期知识提炼于个案研究,在这些研究中,研究者对特定的个体进行了详尽的描述。

经验丰富的临床研究者可以使用**个案研究(case study)** 法来获得大量信息。但是,呈现出来的信息存在偏差(bias),因为是研究者本人来选择使用哪些信息,忽略哪些信息。另一个顾虑是,个案研究中的材料常常只跟研究对象本人相关。这意味着个案研究的结论存在较低的普遍性(generalizability),也就是说,这些结论不能用于对其他个案做出推论,即使这些个案中的人有着很相似的疾病。当仅仅有一个观察者和一个研究对象,且观察是在相对未控制的环境中进行时,从本质上来说是带着传闻性且基于表面印象的,我们得到的结论是很有限的,而且可能是存在错误的。尽管如此,个案研究仍然是呈现临床材料的绝佳方式。它也可以为某个理论提供一些支持,或者为反驳某个盛行的观点、假设提供反面证据。重要的是,个案研究是新观点的重要来源,可以为开展新的研究提供灵感。而且,个案研究可以帮助我们理解一些临床上罕见的情况,这些个案相当罕见以至于无法对它们进行系统的研究。

3.1.2　自陈数据

如果我们想要用一种更加严谨的方式来研究行为,我们可以怎样做?一种方法是从我们想要研究的人群收集**自陈数据(self-report data)**。这可能需要让研究对象填写各种类型的问卷。另一种收集自陈数据的方法是**访谈法(interviewing method)**。研究者提出一系列的问题,并记录对方的回答。让被试报告他们的主观体验可能是一种很好的收集信息的方式。然而,作为一种研究方法,它存在一些局限。自陈数据有时存在误导性。一个问题是人们可能并不十分擅长做自己主观状态或体验的报告。例如,在一个访谈中,一个小朋友可能报告他有 20 个"最好的朋友"。然而,当我们观察他时,他可能总是自己一个人玩。另一个小朋友可能说自己只有一个最好的朋友,尽管他总是被那些想吸引他注意的孩子们环绕。因为人有时会撒谎,错误地理解题目,或者想以一种受欢迎的(或者不受欢迎的)方式表现自己,所以我们不能总认为自陈数据是高度准确和值得相信的。

3.1.3 观察法

当我们收集数据并不依靠直接询问(自陈)时,我们使用的是某种形式的观察法。准确地说,我们如何使用观察法取决于我们的目的。比如,如果我们在研究攻击性儿童,我们可能希望令训练有素的观察员去记录儿童出现符合定义的攻击性行为的次数,比如打、咬、推、砸、踢他们的玩伴。这就涉及对儿童行为的**直接观察**(**direct observation**)。

我们也可以在攻击性儿童的样本中收集生物学变量的信息(比如心率)。或者,我们可以收集关于应激激素的信息,比如皮质醇,让儿童向一个塑料容器中吐唾液(因为唾液中有皮质醇)。然后我们可以将唾液样本送到实验室去化验分析。这也是观察性数据的一种形式,通过分析一个与我们的研究题目相关的变量,它告诉了我们一些我们想要得到的信息。

科技在进步,曾经被认为是不可被理解的领域,现在都有发展出方法来研究行为、情绪和认知。例如,功能性磁共振成像(functional magnetic resonance imaging,fMRI)来研究工作中的大脑,可以在记忆任务过程中研究各个脑区的血流。甚至可以看一看是哪个脑区影响着想象。再比如,经颅磁刺激(transcranial magnetic stimulation,TMS)在头部表层形成了一个磁场,可以刺激底下的大脑组织。这些都是无痛且非侵入性的,被试坐在扶手椅上接受经颅磁刺激。使用经颅磁刺激,甚至可以让大脑的某个区域暂停工作几秒,然后测量这对行为产生的影响。总之,我们现在可以收集那些10年前根本不可能获得的数据。

在临床研究中大量使用自陈报告法和观察法。请记住,当说到观察法时,我们不仅仅指单纯地观察对象,同时观察法也指的是对特定个体(比如,健康人群、抑郁人群、焦虑人群、精神分裂症人群)的行为表现的仔细观察。我们可能研究抑郁患者的社交行为,通过招募训练有素的观察者去记录患者微笑或者出现眼神接触的频率。我们也可以让患者自己填写测量社交技能的自陈问卷。如果认为抑郁患者的社交能力可能跟他们的抑郁严重程度有关(或相关),我们还可以让患者去填写一份测量其严重程度的自陈问卷。甚至可以测量患者血液、尿液或者脑脊液中某种物质的水平。最后,我们可以凭借大脑成像技术直接研究患者的大脑。这些不同的信息来源都可以为我们提供有潜在价值的数据,成为提出科学问题的基础。

3.2 形成和检验假设

一言以蔽之,研究就是问问题。为了弄清行为的意义,研究者提出假设。形成假设是为了去解释、预测或者探索某个事物。科学的假设和我们日常做出的含糊不清的推测是有区别的,区别在于科学家们会尝试着去检验他们的假设。也就是说,他们试图设计一个研究帮助他们去理解事情是怎样发生的,以及为什么发生。特殊的现象比如个案研究,对于我们提出假设非常有价值,尽管个案研究并不适合用来验证那个由它们引发的假设。还有一些假设来自不同寻常或出乎意料的研究发现。例如,隆过胸的女性的自杀率高于平均水平,可能的解释是接受隆胸手术的女性的心理疾病发生率较高,她们对手术带来的积极影响有不切实际的期待,术后并发症可能导致她们有更多的抑郁情绪,以及其他因素,比如对术前的躯体形象的不满意感。

变态心理学对于问题的假设是十分关键的,因为它们经常决定了治疗某种临床问题的方法。假设某个人每天要洗手上百次,这对她的皮肤和皮下组织造成了损伤,她被诊断为强迫症。如果相信她的这种行为是由某个神经回路的轻微损伤造成的,我们可能要去寻找是哪个回路出问题了,希望最终能够找到一种方法去修复(可能是通过药物)。如果认为过度洗手反映了一种对罪恶和不可接受的想法的仪式性清洗,我们可能会试图去发掘并处理其内心的过度内疚和对违反道德的担忧。最后,如果认为洗手仅仅是条件反射和学习的产物,我们可能要设计一些行为方式去消除这种问题行为。总之,我们对不同疾病的成因的假设很大程度上决定了我们如何研究和治疗这些疾病。

3.2.1　样本和推广

我们偶尔可以从对单个个案的十分详细的观察中得到有启发性的信息。然而,这种方法很少能提供足够的信息让我们得出严格的结论。变态心理学的研究目的在于得到对异常行为的足够认识,以及在可能的情况下,控制异常行为(能够预先改变异常行为)。那么就需要研究一大群有相同问题的人,以发现哪一个观察和假设是具有科学信度的。研究的人越多,我们对自己的发现越有信心。

我们应该将哪些人和多少人纳入研究范围?一般来说,应当研究行为存在同样异常的群体中的个体。如果我们想要研究患有惊恐障碍的人,第一步是选择筛查标准,比如 DSM-Ⅳ-TR 提供的标准,用以鉴别人们是否患有这种疾病;第二步我们需要找出那些符合该标准的人。理想情况是,我们要研究世界上每一个符合该标准的人,因为是这些人组成了我们要研究的总体。这当然是不切实际的,所以替代的方法是我们试图得到一个有代表性的样本(sample),样本来自我们想要研究的总体。为了实施这个方法,我们使用的技术是取样(sampling)。取样的意思是,我们试图选取一部分人,这些人是惊恐障碍患者所组成的更大群体中有代表性的一部分。

3.2.2　内部效度和外部效度

从研究的角度来说,样本越有代表性,越能将我们的研究推广(或者扩展我们的研究结果)至更大的群体。我们超越研究本身扩展研究结果的程度被称为**外部效度(external validity)**。一个包括不同性别、各个年龄段、各个收入和受教育水平的惊恐障碍患者的研究,显然比使用了一个全部由 25 岁未婚的女性幼儿园教师所组成的惊恐障碍患者样本的研究更有代表性(有更大的外部效度)。而且,当我们研究的人群有共同的被定义的特征(即某种疾病)时,我们也许随后可以推测他们的其他共性(比如有抑郁的家族史,或者某种神经递质的较低水平)可能跟疾病有关。当然,这也建立在一个条件上,即这些共性并不被未患有该疾病的人群所有。

外部效度指某个研究的方向可以推论到其他样本、情境和时间的程度,而**内部效度(internal validity)**反映的是我们在多大程度上对某个研究的结论有信心。换句话说,内部效度是一个研究在方法学上的可靠程度,没有混淆变量或者其他错误来源,可以得到一个有效结论的程度。想象一下,如果在实验中,已经完成实验的被试可以和未开始实验的被试坐在一起自由交谈,你对该实验的结果有多大信心? 如果后者得知了实验中根本就不会有真的电击呢? 该信息会如何影响被试的反应? 没能控制住信息的传递很明显会破坏该实验的完整性,并且威胁该实验的内部效度。一些被试(那些不知道信息的人)会预期接受真正的电击;其他被试不会,因为在主试不知情的情况下,信息已经预先泄露给他们了。

3.2.3　实验组和对照组

为了检验假设,研究者设置了对照组(comparison group),有时候也称为控制组(control group)。例如,对照组的被试不患有我们想要研究的那种疾病,但是他们在其他重要的方面和实验组(criterion group)(即患有该疾病的人)等价。"等价(equivalence)"指的是,这两组在年龄、性别组成、教育水平等其他人口学变量上相似。通常,就某一特定标准来说,对照组是心理健康的、正常的。然后,研究的就是研究者在感兴趣的变量上比较两组的差异。

3.3　研究设计

变态心理学研究者的一个主要目标是研究不同疾病的成因。基于一些伦理以及现实的原因,我们通常不能直接研究病因。如果我们研究导致抑郁的因素,可能会假设压力或者在生命的早期失去父亲或母亲是重要的影响因素。但是,毋庸置疑,我们不可能创造一个压力或者丧亲的环境,然后来看会发生什么。

替代的方法是,研究者使用**观察性研究(observational research)**设计,也被归为**相关性研究(correlation research)**设计。不同于一个真正的**实验设计(experimental design)**,观察性的研究并不涉及任何对变量的操控,而是研究者选取了一些具备某些特点的特定群体(比如,近期面临大量压力的人群,在成长过程中曾失去父亲或母亲的人群)。然后,研究者会比较有或无这些特点的群体在某些方面的差异(如比较两组的抑郁水平)。

当研究患有某种疾病的人和未患有该疾病的人之间的差异时,我们使用的是这种观察性的或相关性的研究设计。我们实质上利用了这样一个事实,即世界运转的过程中已经天然地划分了人们的类别(患有特定疾病的人,曾有过创伤经历的人,中了彩票的人),然后我们可以开始研究。使用这种研究设计,我们可以识别出与抑郁、酒精成瘾、暴食症或交替性的心理痛苦状态相关的因素。

3.3.1　测量相关

相关研究依照事物本来的样子进行研究,并测量两个现象之间的关系。变量间的关系有三种:(1)正相关(positive correlation),观测值是同方向对应着变化的,比如性别为女对应着患抑郁症的风险增加。(2)负相关(negative correlation),相反地,变量之间存在着一个相反的相关,即,比如较高的社会经济地位对应着心理疾病的风险减少。(3)变量间是独立的、不相关的,即一个变量无法有效地预测另一个变量。如图3.1所示。

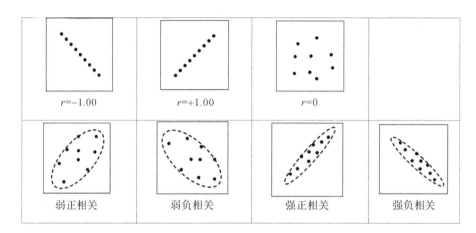

图3.1　各种相关关系表示

　　数据的散点图可表示出两个变量之间的正相关、负相关或不相关的特点。图中的点表示个体的自变量和因变量的数据。当自变量和因变量存在很强的正相关时($r \rightarrow +1.0$),自变量分数越高则因变量分数也越高,两者的关系表现为一条向上倾斜的直线。当自变量和因变量存在很强的负相关时($r \rightarrow -1.0$),自变量分数越高则因变量分数越低,两者的关系表现为一条向下倾斜的直线。当两者不相关时($r=0$),自变量和因变量的分数没有什么关系。

　　相关(correlation)的程度由**相关系数(correlation coefficient)**来度量,用字母 r 表示。取值区间为$-1.0 \sim +1.0$。r 的绝对值越大,两个变量间的相关程度越高。正相关意味着一个变量上的取值越大,则另一个变量的值也越大,比如身高和体重(身高越高,体重就越重)。负相关表示一个变量上的取值增大,则另一个变量的值变小,比如用于参加聚会的时间增多,则用来学习的时间减少。

3.3.2　相关和因果

　　当谈到相关时,记住一点很重要:相关并不意味着因果。仅仅是两个变量之间的相关,并不能给我们任何信息说明它们为什么相关。不管相关程度有多大,都是如此。变态心理学的很多调查研究揭示了两个(或更多)现象是经常伴随的,比如贫穷和智力发育迟滞,或者抑郁和被试报告先前存在压力。但这绝不能说明是一个因素导致了另一个。

　　思考一下,冰激凌的销量和溺死率呈现正相关,这能否说明吃了冰激凌会削弱人游泳的能力所以导致溺死?或者说那些想要溺死的人在他们投河之前要吃最后一个冰激凌?显然这两种解释都是荒谬的。更可能的情况是一个未知的与这两个变量都相关的第三个变量在起作用。这被称为第三变量问题(third variable problem)。在这个例子中,第三变量可能是什么?思考片刻,你也许意识到最合理的第三变量可能是炎热的夏日天气。在炎热的夏天,冰激凌销量上升。而溺死的人数增多,是因为夏天游泳的人比一年当中其他时候都多。冰激凌销量和溺死率之间的相关关系是一个虚假相关,事实是它们都和天气相关。

尽管相关研究不能精确地找到因果关系,但其可以为推论提供强有力而丰富的证据。相关研究提示着因果假设(假设一:较可能是身高变高导致体重增加;假设二:体重增加导致身高变高),为进一步研究提出的假设问题,就需要提供一些至关重要的数据来证实或反驳某个假设。我们现在对心理疾病的认识,很多来自相关性的研究。我们不能对研究的很多变量进行操控,并不意味着我们不可以利用相关研究得到大量知识。

3.3.3　回顾性研究和前瞻性研究

　　观察性的研究设计一般用于研究当前状态下的不同患者群体。比如我们使用大脑成像来看一下精神分裂症和健康个体的特定大脑结构的体积,我们采用的是这种研究范式。但是如果我们想了解精神分裂症患者在发病前究竟发生了什么,我们可能需要采用**回顾性研究**(**retrospective research**),即回顾过去。也就是我们需要收集一些关于他们发病前某些表现的信息,我们的目标是从这些信息中找到与疾病发生相关的因素。来源可能包括患者的回忆、家属的回忆、日记材料,或其他记录。这种方法存在的局限是记忆可能有误且有选择性。在试图重构患者的过去经历的过程中,存在很多困难。首先有这样一个事实,即正患有心理疾病的个体可能不是最准确或者最客观的信息来源。除此之外,回顾性研究可能使得研究者发现他们根据理论或背景信息而预先设想出来自己可能会发现的东西。所以,在研究程序上存在有意无意的偏差。

　　另一种方法是使用**前瞻性研究**(**prospective research**),即追踪未来。比如找到那些心理疾病高风险人群,将研究焦点聚集在他们发病之前的表现。如果我们在疾病发展之前追踪并测量了那些影响因素,我们提出对病因的假设时会更有信心。当我们的假设正确地预测了某个群体后来发展出的问题时,我们便离建立一个因果关系更近了。**纵向研究**(**longitudinal study**),即对研究对象进行一段时间的追踪,试图发现先于其发病的影响因素。例如,对于母亲患有精神分裂症的孩子,通过追踪他们,以一定的时间间隔采集他们从婴儿期到成年期的数据,研究者可以比较那些后来发展出精神分裂症和没有发展出精神分裂症的孩子,以识别是哪些因素导致他们出现这样的差异(Reinherz,2006)。

　　横断面研究(**cross-sectional study**)又称横断面调查,因为所获得的描述性资料是在某一时点(或在一个较短时间区间内)收集的,所以它客观地反映了这一时点的疾病分布以及人们的某些特征与疾病之间的关联。由于所收集的资料是调查当时所得到的现况资料,故又称**现况研究或现况调查**;在变态心理学中,最多的横断面研究所用的指标主要是患病率,又称**患病率调查**(**prevalence survey**)。

3.3.4　操控变量:变态心理学中的实验法

　　当我们发现了变量间很高的正相关或负相关时,相关性的研究并不允许我们做出任何关于方向的结论(是 A 导致了 B,还是 B 造成了 A)。要想得出关于因果关系的结论,解决方向性的问题,我们必须采用实验性研究(experiential research)。在这种方法中,科学家们控制所有因素,除了一个可能对结果产生影响的变量。然后他们操控(或影响)这个变量。被操控的变量被称为自变量(independent variable)。如果我们感兴趣的结果,即因变量(dependent variable),随着被操控变量的改变而发生了变化,则自变量可以看成是结果的原因。图 3.2 是观察性研究和实验性研究的设计图示。

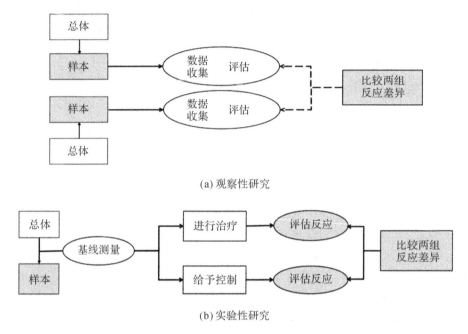

(a) 观察性研究

(b) 实验性研究

图 3.2　观察性研究和实验性研究设计

(a)在观察性研究中,数据来源于两个不同的样本,并相互比较。

(b)在实验性研究中,参与者首先在基线期进行评估,然后随机分到两个不同的组中(如,一组参与治疗,另一组是控制条件)。在实验处理或治疗结束后,从两个不同的组别中收集数据并进行比较。

资料来源:改自 Petrie & Sabin,2000。

例如,那些被父母抛弃的孩子通常是被放在孤儿院抚养而不是送到寄养家庭。为了研究机构抚养和其他形式抚养对孩子认知能力的影响,研究者随机将 136 名孤儿院中的孩子分成两组,一组留在孤儿院中(实验组一),一组送往寄养家庭抚养(实验组二)。这些寄养家庭由研究者为此研究招募而来。为了进行比较,研究中还有另一个样本的孩子(对照组),他们和原生家庭生活在一起。所有孩子都在他们 30 个月、42 个月以及 54 个月大的时候接受认知测验。在此研究中,自变量是孩子们的成长环境(孤儿院或者寄养家庭),因变量是他们的认知功能。那些分配到寄养家庭的孩子是否比留在孤儿院的孩子发展更好? 答案是肯定的。在他们 42 个月和 54 个月大时所做的两次测验,寄养家庭中的孩子在认知功能上的得分都显著高于孤儿院中的孩子。因此我们可以得出结论,寄养家庭中存在某些因素使得孩子们的智力发展较好。然而,遗憾的是,两组孩子的认知发展水平都比原生家庭中的孩子(对照组)低很多。这个研究的结果告诉我们,孤儿院和寄养家庭的孩子相对于由亲生父母抚养的孩子存在劣势。不过,正是在这种引人注目且生死攸关的研究或多或少的影响下,政府或国家立法不再允许将未患有严重残疾的孩子送入孤儿院(Nelson et al.,2007)。

3.3.5 对治疗效果的研究

变态心理学的研究者对研究针对某种疾病采取何种疗法通常很感兴趣。在对治疗效果进行研究时,实验法被证明是不可或缺的。实验的过程是简单明了的:对一组患者采取某种疗法,对另一组相似的患者不采取该疗法。如果治疗组比非治疗组表现出了显著的改善,那么我们可以有信心认为该疗法有效。然而,我们可能并不知道该疗法为什么有效,尽管研究者已经越来越精确地微调实验来分析到底是在哪一步骤起了疗效(Kazdin & Nock,2003;Jacobson et al.,1996;Hollon,DeRubeis & Evans,1987)。

在干预研究中,非常重要的是,两个组(干预组和非干预组)应该尽可能地等价,除了一个不同,即一个接受干预,一个没有干预。为了实现等价,患者被随机分配到治疗组或控制组。**随机分组(random assignment)**意味着每一个被试有相同的概率被分配到干预组或非干预组。一旦一个疗法被证明有效,它随后可以被用于原来的控制组(非干预组),来改善功能。然而,有时候基于伦理或其他一些考虑,"等待名单"的控制组设计被视为并不适宜。仅仅为了去评估一种新疗法,而对控制组不进行一个已被证明有效的疗法,可能使得控制组被试在更长时间内失去得到有效治疗的机会,所以这被认为并不适宜,有涉及伦理问题。因此,综合考虑潜在的危害和研究所能创造的价值,研究者需要采取严格的保护措施。

在某些情况下,我们需要换一种研究设计。比如,对两组或者更多等价的组施以不同的治疗方案。这种方法被称为**标准治疗对照研究(standard treatment comparison study)**。一般来说,控制组的治疗方案已被证明是有效的;因此,分配到控制组的患者并不会损失自身利益。相反,现在的问题是接受新疗法的患者能在多大程度上比控制组的患者取得更好的疗效。这种实验设计有很多优点,值得推荐,而且现在也越来越多地被研究者采用。

3.3.6 单个案实验设计

研究者总是通过在组间操控变量来检验假设吗?简单地回答,答案是否定的。我们已经认识到个案研究的重要性,它是思想和假设的来源。而且,个案研究可以在科学的框架下作为一种发展和检验疗法的技术。这种方法被称为**单个案研究设计(single-case research designs)**(Hayes,1998;Kazdin,1998)。该设计的一个核心特征是从始至终研究一个相同的被试。某个时间点的行为或表现可以同干预后的另一个时间的行为或表现相比较。

单个案研究中一个最基础的实验设计是ABAB设计(ABAB design)。不同的字母代表干预的不同阶段。第一个A阶段作为基线水平。在此阶段我们做的仅仅是收集被试的数据。然后,在第一个B阶段,我们实施干预。被试的行为在某些方面可能发生变化。即使有变化产生,我们也不能证明变化是由我们的干预导致的。有可能有其他因素伴随着干预而产生,所以如果这时就断定干预和行为改变相关联,可能存在错误。为了探究到底干预是不是导致行为变化的因素,我们撤走了干预方案,来看看会发生什么。这就是为什么我们要设置第二个A阶段(即在ABA这个点)。最后,为了证明B阶段观察到的行为改变可以再次被观测到,我们重新施加干预,并且看一看我们在第一个B阶段观察到的行为改变是否可以再次显现。

3.3.7　动物研究

最后要提的,可以使用实验法的方式是进行**动物研究(animal research)**。尽管伦理上对用动物进行研究仍然存在批评的声音,但是我们可以用动物来进行那些根本无法在人身上实施的研究(如,给予实验性的药物,进行电击来记录大脑活动,等等)。

当今一个抑郁模型,即"无望感抑郁",起源于早期对动物的研究。实验室研究:在反复给狗疼痛的、不可预知的且不可逃避的电击之后,即使在另一个情境下面临可以逃脱的电击时,狗也没有做出逃避反应。它们仅仅是坐着,忍受疼痛,这个观察到的现象使得塞利格曼(Seligman)和他的同事提出,人类的抑郁(他们认为跟无助的狗的反应模式相似)是一种对不可控的压力事件的反应,因为个体的行为无法改变环境,因而导致了无助感、无抵抗和抑郁。也就是说,这些动物研究的发现推动了最初被大家称作"抑郁的习得性无助理论"(Abramson,1978;Seligman,1975)的发展,现在,这个理论被叫作"抑郁的无望感理论"。与此同时,经过如上处理的狗就成为具体抑郁状态的实验模型,如同人类抑郁症患者,替代人进行研究者感兴趣的各种与抑郁有关的疾病机制或治疗的研究(Abramson et al.,1989)。这些理论并非没有局限。但是,我们需要认识到:尽管我们把动物研究的结果推广到人类心理病理学模型时会出现问题,但习得性无助已经触发了很多研究,并且研究结果使得我们发展和完善了我们对抑郁的理解。另外,值得我们注意和重视的是,动物保护者联盟对此类研究提出强烈的控诉,认为这是对动物的权利和伦理的侵犯,有悖于人的伦理。

4 异常行为的临床评估、分类、诊断

面对来访者的表现和问题,该如何理解和处理? 由于每个人的思想、情感、态度、学识以及所处的场所和社会等诸多不同,理解和处理千差万别。但是,作为心理学家或精神科专家,通常应该对来访者进行临床评估和诊断,了解判断究竟有什么问题,做出诊断分类,并基于对问题的理解考虑相应的干预或治疗。

临床评估和诊断的过程对于学习心理病理学而言十分重要,也是治疗心理障碍的核心。**临床评估(clinical assessment)**是对于一个有可能患有心理障碍的个体身上所具有的心理、生理和社会因素所做的系统评价和测量。**诊断(diagnosis)**是用来判断让个体感到痛苦的某个具体问题是否符合某种心理障碍的标准的过程。

4.1 临床评估的关键问题

在心理病理学中,临床评估过程往往被比作漏斗。开始,临床工作者会收集许多的信息,这些信息涵盖了个体功能水平的诸多方面,从而确定问题可能在哪里。在获得了对个体整体功能水平的初步印象后,会通过排除某些领域的问题,将注意力集中在那些看上去最为相关的和重要的领域。

为了理解临床工作者评估心理问题的不同方式,需要理解三个基本的概念及其价值:**信度、效度和标准化**。评估技术遵循各种严格的要求,其中重要的是:有证据(或研究)证明该技术的确能达到其旨在达到的评估目标;与此同时,该技术是可靠的。

信度(reliability)指的是一种测量手段是否一致的程度。想象一下,如果你因为胃痛去找了 4 名有能力的医生,然后得到了 4 种不同的诊断和 4 种不同的治疗,你该怎么抉择? 你会认为这些诊断都是不可信的,因为两个或两个以上的"评估者"(即医生)并没有就结论达成一致。一般而言,我们会期待相同的症状会让不同的医生做出类似的诊断。心理学家用来改善信度的方式之一是仔细地设计评估工具,然后对这些工具进行研究以确认两个或两个以上的评估者会获得相同的答案,即**评分者间信度(interrater reliability)**。他们也会去判定这些评估技术在时间维度上是否稳定。换句话说,如果你在周一去找一位临床工作者,然后被告知你的智商评估结果是 110,那么你应该可以预期如果你在周四再做一次测验,得到的结果会是类似的。这叫作**重测信度(test-retest reliability)**。当我们谈到诊断和分类的时候,我们将会再次回到信度这个概念上来。

　　效度(validity)指一种技术是否测量到了它旨在测量的内容。将某种新的评估手段的测量结果与已有的权威评估手段的结果做比较,就可以判定前者的效度。这种比较方式被称为**同时效度(concurrent validity)**或者**描述性效度(descriptive validity)**。例如,如果由一种新的简短版智商测验所测量出的结果和由一种标准的复杂版智商测验所获得的结果是一致的,那么你就可以得出结论说,这个简短的版本具有同时效度。**预测效度(predictive validity)**指的是某个评估在多大程度上能够告诉你在未来会发生什么。比如,它是否能够预测谁会在学业上获得成功以及谁获得成功困难?(对于智商测验来说,这很重要。)

　　标准化(standardization)指的是针对某项测量确定其某组标准或常模的过程,从而使其在不同测量的运用中能够保持一致。标准化可以体现在测验的过程、计分以及评估数据上。比如,可能有许多人参加评估,而这些人在一些重要的因素上有所不同,例如年龄、种族、性别、社会经济地位等,他们的分数会和那些与他们类似的人的分数放在一起组成一组,从而形成一个供参照的标准或常模。比如说,如果你是一位城市男性,现年19岁,具有中产阶级背景,那么你在某个心理测验中的得分应该和那些类似你的人进行比较,而不是和那些与你截然不同的人(例如来自农村、家庭贫困的60岁的女性)。信度、效度和标准化对于所有的心理评估形式来说都是重要的。

4.2　临床评估的方法

　　临床评估包含了许多策略和程序,它们帮助临床工作者获得他们所需的信息;而获得这些信息正是为了理解和帮助患者。这些程序包括一次临床访谈,在此期间可以以正式或非正式的方式进行精神状态检查;往往也会包括一次全面的身体检查;还包括一次行为观察和评估;并进行必要的心理测验。

4.2.1　临床访谈

　　临床访谈是大多数临床工作的核心。心理学家、精神科医生以及其他心理健康领域的专业人员都会使用临床访谈。访谈会针对个体现在和过去的行为、态度和情绪,以及其一般生活和目前问题的详细历史收集信息。临床工作者会判定具体的问题是何时开始的,并且会鉴别出其他在同一时间发生的事件(例如,生活应激事件、创伤或是躯体疾病等)。此外,大多数的临床工作者会收集一些有关患者的目前和过往的人际历史和社会性历史的信息,包括家庭的构成(例如,婚姻状态、兄弟姐妹、子女数量、单身者是否和父母同住等),以及个体是如何被抚养成人的。关于性心理发展、宗教态度(目前和过往的)、与文化相关的困扰(例如,因为歧视而导致的应激),以及教育经历也可能成为被例行收集的信息。为了组织好在一次访谈中所收集的各种信息,许多临床工作者会使用精神状态检查。

1. 精神状态检查

精神状态检查(mental status exam)涉及对个体的行为进行系统的观察。这种类型的观察是在任何个体和另一个体的互动过程中进行的。我们所有人每天都会实施某种"伪精神状态检查",而临床工作者的专业诀窍在于以某种方式对观察加以组织。这种组织的方式会给予他们充分的信息来判断个体是否患有某种心理障碍。精神状态检查可以是一种结构化的细致观察或结构化访谈。**结构临床访谈**(structured interview)则是由各种问题所组成的,这些问题不仅具有精心组织的措辞,而且已接受过测试,确保其能以稳定一致的方式引导出有用的信息,让临床工作者询问到特定障碍中最为重要的方面。但在大多数时候,经验丰富的临床工作者在访谈患者或对患者进行观察的过程中会以相对快捷方式来实施这一检查,这项检查包含五个方面:(1)外表和行为;(2)思维过程;(3)心境和情感;(4)智力功能;(5)感知意识。具体内容以下一一介绍。

外表和行为(appearance and behavior)。临床工作者会留意任何外显的躯体行为(如抖动的腿),以及个体的穿着、整体的外观、姿势和面部表情。例如,缓慢且费力的运动行为有些时候属于精神运动性迟滞,可能预示存在严重的抑郁。

思维过程(thinking process)。临床工作者倾听患者讲话的时候,能很好地知悉这个人的思维过程。他们往往从几方面寻找信息。例如,语言的速度或流畅性如何? 这个人的语速是快还是慢? 患者的话语是否有意义,或是所呈现出的想法之间缺乏关联? 例如,在某些患有精神分裂症的人身上,很容易能观察到一种紊乱的语言模式,这种语言模式被称为**思维松散或思维不连贯**。如果患者表现出难以持续地讲话,或者是语速缓慢,那么临床工作者可能会询问"你可以清晰地思考吗,还是说你在整合自己的想法时遇到了困难?"或"你的想法是不是容易混在一起,或者是想法出现的速度很慢?"除了语言的速度或流畅性以及连续性外,语言的内容又是什么样子的呢? 有没有任何妄想(歪曲现实的观点)的迹象? 例如,典型的妄想可能是被害妄想,在这种情况下,个体会认为别人总是在追杀他,或是想要逮到他;或者是夸大妄想,在这种情况下,个体会认为他在某种程度上是全能的。个体可能也会出现牵连观念,即其他所有人所做的任何事情都和自己有关。最常见的例子是,认为在房间另一边的两个陌生人一定是在谈论自己。幻觉指的是某一个人看见或听见事实上不存在的东西。例如,临床工作者可能会说:"让我问你几个例行的问题,这些问题我每个人都会问。你是不是会看见某些东西,或者听见某些声音,即便你知道并不存在这些东西或声音?"

心境和情感(mood and emotion)。在精神状态检查中判断心境和情感是其很重要的一部分。**心境**是个体内心占主导地位的或长期的感受状态。这个人的情绪看上去十分低落还是持续高涨? 这个人是否在以一种抑郁或无望的方式与人交谈? 这种心境有多普遍? 是否有某些时候抑郁消失了? **情感**指的是我们在特定时刻的感受状态。通常我们的情感是"合宜的"。例如,当我们说了些有趣的事情时,我们会大笑,当我们讲述一些伤心的事情时,我们会显得悲伤。如果一个朋友告诉你他的母亲去世了,然后对此开怀大笑,或者说,如果你的朋友刚中了彩票大奖而她却在号啕大哭,那么你多少会觉得奇怪。这个朋友的情绪反应就是"不合宜的"。或者,你可能会发觉你的朋友在谈论一系列快乐和伤心的事情时没有表现出任何的情感,临床工作者可能认为这种情绪反应是"迟钝的"或"淡漠的"。

智力功能(intelligence function)。临床工作者能够通过交谈来估计对方的智力功能水平。词汇量如何？是否可以使用抽象概念和隐喻来交谈（就像大多数人在大多数时候所做的那样）？临床工作者通常能够大概估算出那些显著偏离正常区间的智力水平，得出结论说这个人的智力水平在一般人之下或之上。

感知意识（sensorium）。 感知意识是指个体对于周围环境的一般觉察能力。患者是否知道今天是几号，现在是几点钟，自己目前身在何处，自己是谁，以及你是谁？大多数正常人都能完全觉察到这些事实。而出现永久性脑损伤或功能失调的人，或出现暂时的脑损伤或功能失常的人（常常是由药物或其他中毒状态造成的），可能并不知道这些问题的答案。如果患者知道自己是谁，知道临床工作者是谁，并且能很好地知晓时间和地点，那么临床工作者就会说这个患者的感知意识是"清晰的"，具备"三种定向能力（即人、地点和时间）"。

一般而言，非正式的行为观察中能够让临床工作者做出一个初步的判断，决定在哪些领域需要对患者的行为和状况进行更为详细或更为正式的评估。如果个体有可能患有心理障碍，那么临床工作者会开始假设，存在的心理障碍到底是哪种。而这个过程则会让接下来的评估和诊断活动更加有的放矢。就具体内容来说，从精神状态检查中能够获得的信息，例如，某个来访者的外表是合宜的，他的语言流畅性和内容是合理的，他的智力水平显然在正常的范围之内，而且他具有三种定向能力。他的确表现出一种焦虑的心境，但是他的情感对于他所谈及的内容而言是合宜的。这些观察提示，我们需要用剩余的临床访谈时间以及额外的评估和诊断活动来鉴别他是否可能存在某种障碍（如可能有强迫症，此种障碍具有特征性的表现和症状、侵入性的思维，并且个体试图抵抗它们）。当然，我们在之后会在相应的章节详细讨论，一些特定的评估策略需要使用。

对于临床访谈通常来说，患者对于自己主要的困扰在整体上有着不错的理解；但有些时候，在做完评估之后，患者之前所报告的问题可能在临床工作者眼中看来并不是主要的议题。激发患者的信任和以共情的方式来实施临床访谈非常重要。心理学家和心理健康领域的其他专业人士接受了大量的训练，目的就是让他们能够实施让患者感到轻松和促进沟通的谈话方法，包括一种不给人带来威胁的方式获取信息和恰当的倾听技能。由患者向心理学家和精神科医生所提供的信息是受到"特许沟通"的法律或保密性原则保护的；也就是说，即使政府部门想要从治疗师那里获得患者所提供的信息，也必须先经过患者的许可。唯一的例外情形是：临床工作者判断患者的状态会对其本人或他人造成某些迫在眉睫的危害或危险。在初始访谈开始的时候，治疗师应当告知患者他们的谈话所具有的保密特性以及不遵守保密原则的例外情形。即便有这些对于保密性的保证和临床工作者的访谈技能，有些时候患者仍然难以主动地告知一些敏感的信息。

2.半结构临床访谈

在完成专业训练之后，大多数的临床工作者发展出一套自己的方法来从患者那里收集必要的信息。因此，患者可能会碰上不同心理学家或其他心理健康领域的专业人员的相当不同的访谈类型和风格。**非结构化的访谈（unstructured interviews）** 不遵从任何系统化的形式，**半结构式访谈（semi-structured interview）** 可能也会偏离指定的问题而去进一步询问具体的议题，因此被称为"半结构式"访谈。由于问题的措辞和先后顺序是多年细致研究所得到的结果，因此临床工作者可以相信半结构式访谈能够完成它的使命。但其劣势在于，它让访谈失去了两个人在谈论某一个问题时具有的一定的自发性。此外，如果以一种过于僵化的方式实施半结构式访谈的话,那么它就有可能抑制患者吐露出某些所提问题相关的但很有用的信息。因此,完全结构式访谈并不流行(有时由计算机实施的),而只会在某些场合中使用。不过,越来越多的临床工作者会例行使用半结构式访谈。有些人在这方面特别擅长。

4.2.2　躯体检查

许多有心理困扰的患者首先会去找一般临床医生,接受一次躯体检查。如果报告有心理问题的患者在最近一年里没有接受过躯体检查,那么临床工作者需要建议其做一次检查。特别要关注的是某些和特定心理问题联系在一起的医学问题。许多问题看上去属于行为、认知或心境障碍,但是如果进行全面细致的躯体检查就会发现,它们和某种短期的中毒状态有关。中毒可能是食物有毒、服药剂量或种类有误造成的,也可能是患上某种医学疾病的缘故。比如,甲状腺功能亢进,可能会导致类似焦虑障碍的症状,看上去像是患上了广泛性焦虑障碍;甲状腺功能减退则可能会导致类似抑郁的症状。某些精神病性的症状,包括妄想或幻觉,可能和脑部肿瘤有关。戒断可卡因时常常会产生惊恐发作,但是许多报告有惊恐发作问题的患者并不愿意主动提供有关自己物质成瘾行为的信息,这可能会导致临床工作者做出不恰当的诊断和不合宜的治疗。

一般而言,心理学家和其他心理健康领域的专业人员能够意识到那些可能造成患者所描述的心理问题的医学以及物质使用情形。如果患者目前面临某个医学问题,或存在某种物质滥用的情况,那么临床工作者就必须明确这些问题只是偶然和心理问题同时存在,抑或它们正是心理问题的原因。通常临床工作者的做法会是去探查问题是何时出现的。例如,患者在过去5年里经历了几次严重的抑郁发作,并且在最近一年里开始出现甲状腺功能亢进或是服用镇静剂等情形,那么临床工作者就不会得出结论说,患者的抑郁是由医学问题或药物使用而造成的。但是,如果抑郁是和开始服用镇静剂同时出现的,而且当患者不服用时,抑郁也在很大程度上减轻了,那么临床工作者就很可能会得出结论说,患者的抑郁乃是由物质使用所诱发的心境障碍。

4.2.3　行为评估

精神状态检查是以调查的方式考察人们如何思考、感受和行为,以及这些活动何以造成或解释他们所具有的问题的一种手段。**行为评估(behavioral assessment)**则在一个特定的情境或背景下通过直接的观察来正式地评估某个个体的思维、感受和行为,从而让这个过程更进一步。对于年龄不够大或者不具备足够的技能来报告自身问题和体验的个体而言,行为评估要比访谈更为恰当。临床访谈有时候只能提供有限的评估信息。比如,年幼的孩子,或是那些由于所患障碍的性质特殊而难以启齿的人,又或是那些由于认知缺陷或认知功能损伤而无法使用口头报告的人,都不是临床访谈的合适人选。正如我们之前已经提到过的,有时人们会有意地隐瞒某些让人尴尬的信息,有时人们也会在无意中遗漏某些看似不重要的信息。除了在办公室里和患者讨论某个问题以外,有些临床工作者会走入患者的家庭或是前往他们的工作场所,甚至是进入其所在的社区中去直接观察这个人以及他所报告的问题。另一些临床工作者会在临床机构中设立**模拟情境**,通过角色扮演来观察患者在两个和自己日常生活相似的环境中会有什么样的表现。这些技术都属于行为评估。

在行为评估中,临床工作者会鉴别出目标行为,并对其进行观察;观察的目的则是确定哪些因素能够影响目标行为。鉴别困扰某个特定个体的因素(即目标行为)看似容易,其实相当有挑战性。例如,一位母亲为了患有严重品行障碍的 7 岁孩子到诊所寻求帮助。在多次鼓励之下,她告诉临床工作者,孩子"不听她的话",而且他有时候会"摆出某种姿态"。但是这个男孩的学校老师则描绘出了一幅相当不同的画面。老师坦率地指出了孩子所表现出的言语暴力行为,他会威胁其他孩子和她本人,而这些威胁在她看来绝非只是在开玩笑。为了能够更清楚地知晓实际情况,临床工作者在一个下午拜访了这家人。在家访开始大约 15 分钟之后,这个男孩离开了餐桌,但并没有拿走他喝水的杯子。当他的母亲怯生生地让他把杯子放到水槽里去的时候,他拿起水杯就往房间另一头扔了出去,碎玻璃溅得满厨房都是。然后他咯咯地笑了一阵,便径自回房间看电视去了。"看吧,"母亲说,"他不听我的话。"显然,这位母亲对于儿子在家中行为的描述并没有表现出他真实的样子;也没有准确地描述出她对于儿子爆发的暴力行为的反应。如果不进行家访的话,临床工作者对于问题的评估和所给出的治疗建议可能就会有很大的不同。显然这一行为远不止是"不听话"。此后,临床工作者发展出了一些策略来教这位母亲如何对她的儿子提出要求,以及如果他表现出暴力行为的话,她又如何去应对。

大多数的临床工作者认为,如果要完整地了解某个人的问题,就要在自然的环境中对其进行直接的观察。但是走进一个人的家庭、工作场所或学校并不总是现实可行的,因此临床工作者有时候会安排模拟情境,或是相似的情境。例如,对患有孤独症谱系障碍的儿童,通过将儿童置于某个仿真情境之下,例如一个人坐在家里,和某个兄弟姐妹一起玩游戏,或者让其完成一个困难的任务,我们就能发现儿童击打自己(自伤行为)的原因。观察儿童在这些不同的情境中如何表现,有助于确定他们为何会击打自己,这样的话,就能够设计出成功的治疗方法来消除这一行为。

对于某些心理病理学领域而言,如果不使用模拟法,很难对其进行研究。例如,研究某些男性对于女性进行性骚扰的倾向。研究者给男性放映了一些电影片,有些片段的内容涉及一些潜在的性侵犯行为,有些片段则没有;然后让这些男性选择和一位女性一起观看那一部电影,这位女性也是研究者(这一点那些男性并不知情)。选择放映可能会让人感到尴尬的电影的男性在自我报告中提到,之前自己在性方面有过强迫他人的行为。这种类型的评估让研究者能够在不让其他人遭受消极行为的情况下对性骚扰行为的某些方面进行研究。对于发展适当的筛查和治疗手段而言,这类评估十分有益。

观察式评估通常聚焦在此时此刻。因此,临床工作者的关注点经常指向当下发生的行为、其前因事件(在行为发生之前那一刻发生的事情)以及它的后果(行为之后发生的事情)。以之前有暴力行为的那个男孩为例,观察者可能会注意到,整个事件发生的顺序是:(1)母亲让他把杯子放进水槽里(前因事件);(2)男孩把杯子扔了出去(行为);(3)母亲对此没有反应(后果)。这个前因—行为—后果的序列表明,男孩突发的暴力行为因为母亲让其清理他所制造的混乱场面而获得了强化。而且因为他的行为没有任何消极的后果(他的母亲并没有训斥他或责备他),在下一次他不想要做某些事情的时候,他很可能会再次表现出暴力行为。这是一个**非正式观察法(informal observation)**的例子。这类观察所具有的一个问题是,它依赖于观察者的回忆以及观察者对事件所做的解释。正式观察需要鉴别出可以被观察和可以被测量的特定行为,即进行操作性定义。**操作性定义(operational definition)**会通过具体的界定,如"当男孩没有服从他母亲提出的合理要求的任意时刻"来澄清何谓"摆出某种姿态"。一旦选择并界定了这一行为,观察者就可以记录下每次它发生的时间,以及相应的前因和后果。搜集这一信息的目标是找出这一行为是否具有一定模式,以便根据其模式设计出某种治疗方法。

自我监控

人们也可以观察自己的行为从而发现其模式,这叫作**自我监控(self-monitoring)**,或自我观察。试图戒烟的人可以记录下自己抽烟的数量、时间和地点。这一观察可以准确地告诉他们自己的问题有多大(例如,一天抽两包)以及在哪些情境中他们会抽烟(例如,打电话的时候)。在这些评估中,手机的使用变得越来越流行。手机可以帮助来访者更便利地监控自己的行为。尤其当行为仅在私人场合出现时(如患有贪食症的人出现的催吐行为),自我监控就是必不可少的了。因为有这类问题的人是最适合观察自己行为的人。临床工作者也常常会让患者对自己的行为加以自我监控从而获得更详细的信息。

一种更正式、更结构化的观察行为的方法是采用症状核查表和**行为评定量表(behavior rating scales)**,这些会在治疗之前作为评估的工具来使用,也会在治疗期间使用从而评估个体行为的改变。例如,在用来评估各类行为的许多这类工具中的**简明精神病评定量表(brief psychiatric rating scale)**对 18 个困扰领域进行了评估。每个症状使用的是 7 点量表的评分,从 0 分(不存在)到 6 分(非常严重)。这个评分量表用以筛查中度到重度的精神障碍,并且包括了诸如躯体困扰(对于身体健康过于担忧、害怕患躯体疾病、疑病症)、内疚感(自责、羞耻、为过去的行为而感到后悔)以及夸大感(自负、傲慢、深信自己有非同寻常的力量或能力)等(美国精神病学会,2006)。

但是,一种叫作**反应性(reactivity)**的现象可能会歪曲观察所获得的任何数据。无论你在什么时候去观察人们的行为,你在现场这一事实就可能会导致他们改变自己的行为。为了测试一下反应性的存在,你可以告诉一位朋友,每次她说"喜欢"这个词的时候,你都会记录下来。不过,在你暴露你的意图之前,请你先花 5 分钟记录一下你朋友原本使用这个词的数量。你或许会发现,当你做记录的时候,你的朋友较少地用这个词。也就是说,你的朋友通过改变行为对你的观察做出了反应。如果你去观察自己的行为,或进行自我监控的话,也会出现同样的现象。当人们进行自我监控的时候,人们想要增加的行为(例如在课堂中多发言)就往往会增加,而人们想要减少的行为(例如吸烟)则往往会减少。因此,临床工作者有些时候会运用自我监控造成的反应性来增强治疗效果。

4.2.4 心理测验

我们很多时候都能在大众媒体上遭遇所谓的心理测验,这些测验往往只是为了娱乐而已,其目的是让你想一想这个话题。一般来说,它们是为了配合某篇文章而写的,并且会包含一些看似很有道理的问题。人们之所以对这些测验感兴趣,是因为人们希望能更好地理解自己和他人的行为。但事实上,这些测验能告诉我们的东西非常有限。

与此相反,用来评估心理障碍的测验必须符合我们前面讲过的那些严格的标准。它们必须是有信度的,即两人或多人若对同一个人实施测验,将对其问题得出相同的结论;它们也必须是有效度的,即它们能够测量出想要测量的东西。

心理测验包括用以确定与特定障碍有关的认知、情绪或行为反应的工具,以及评估长期人格特点的工具。还有专门化的测验领域,如确定认知的结构和模式的智力测验等。神经心理测验用于确定脑损伤或功能异常对患者造成的可能影响。脑成像技术则使用精密的科技来评估脑结构和功能。的确,我们所讨论的是 IQ,它并不等于智力。不过一般而言,IQ 测验通常是可靠的,而且就它们能预测学业成就这一点而言,它们是有效的评估工具。

4.2.5　神经心理测验

神经心理测验(neuropsychological tests)测量的是接受和表达语言、注意和注意力集中、记忆、运动技能、知觉能力以及学习和抽象能力等,这类评估可以让临床工作者相当准确地推断个体的表现以及是否存在脑损伤。也就是说,这种评估脑功能失调的检测方法是通过观察功能失调对于个体在完成某种任务时所造成的影响来实现的。尽管我们没有办法看到损伤,但是我们可以看到其影响。

一种经常用于儿童的相对简单的神经心理测验是本德尔视觉—动作完形测验(Bender visual-motor Gestalt test)。在评估器质性(大脑)损伤并且更精确地确定问题位置的高级测验中,最为流行的两种是 **LN 神经心理成套测验**(Luria-Nebraska neuropsycho-logical battery, **LNNB**)及 **HR 心理成套测验**(Halstead-Reitan neuropsychological battery, **HRNB**)。这些测验各提供了一组精细的工具来评估青少年和成年人身上的多种技能。

有关神经心理测验的效度研究表明,它们在鉴别器质性损伤方面或许有用武之地。研究发现,HR 神经心理成套测验和 LN 神经心理成套测验在其鉴别脑损伤的能力上是相当的,其准确性为 80% 左右。不过,此类研究也提出了有关误报和漏报的问题。神经心理测验主要被作为一种筛查工具来使用,并且通常都会配合其他评估手段来改善诊断的准确性。就测量的信度和效度而言,它们表现不错。其缺点在于每次需要数小时来施测,因此除非怀疑参与者存在脑损伤,否则不会轻易使用这些测验。

4.2.6　神经影像:脑成像

一个多世纪以来,我们逐渐了解到,我们所做的许多事情,我们进行的各种思考和记忆都是由特定的脑区负责的。近年来,人们发展出了探测神经系统内部的能力,通过技术越来越精确地记录脑结构和功能的画面。**脑成像**(neuroimaging)**技术**分为两大类。第一类检查脑结构,诸如不同部位的尺寸和是否存在损伤。第一类脑成像技术问世于 20 世纪 70 年代初,主要是从不同角度给脑拍摄多重 X 光片;也就是说,用 X 射线扫描头部。由于骨对 X 射线的阻隔或削弱程度比脑组织更高,在头部另一侧的探测器最终会接收到不同强弱的射线。然后由计算机重构出不同切面的脑图像。这套程序需要大约 15 分钟,通常叫作**计算机轴向断层扫描**(computerized axial tomography scan,即 **CT 扫描**)。它是一种相对而言非侵入性的技术,而且已经被研究证明能有效地鉴别和定位大脑在结构或形状上存在的异常。CT 扫描可用在鉴别脑肿瘤、损伤和其他结构及解剖异常方面。在基于 X 射线的 CT 技术之后,现在也有其他的结构成像技术,如**核磁共振技术**(nuclear magnetic resonance,NMR,MRI)等等。第二类通过绘制脑血流和其他代谢活动的图像来呈现脑的实际功能。这类脑成像技术就是最近受到认知神经科学家普遍重视的脑功能成像技术。与脑结构成像不同的是,这些技术可以动态地检测活体脑的生理活动,对当代认知神经科学的发展产生了深刻而巨大的影响。脑功能成像技术发展非常迅速,迄今进入实用阶段的已有十几种,诸如**正电子发射型计算机断层显像**(positron emission computed tomography,PET)技术、**脑电波**(electroencephalogram,EEG)技术、**功能性磁共振成像**(functional magnetic resonance imaging,fMRI)技术、**近红外脑功能成像**(functional near-infrared spectroscopy,fNIRS)技术、**脑磁图**(magnetoencephalography,MEG)技术,等等。根据所测量的内容,可以把脑功能成像技术分为三大类。第一类是各种活体脑内化合物测量技术,这些技术也可看作特殊的神经化学研究技术,它们可定位、定量(或半定量)地测量活体人脑内各种生物分子的分布和代谢;第二类是非侵入性电生理技术,可实时测量活体脑内神经元的活动,但现有的技术只能测量大群神经元的总体活动,空间分辨率有限;第三类脑功能成像技术则通过测量神经元活动引起的次级反应(如局部葡萄糖代谢和血流、血氧变化等)研究与行为相关性的脑局部神经元的活动情况,这类技术的时间和空间分辨率已能在一定程度上满足认知神经科学研究的需要,受到了普遍的关注。

4.2.7　心理生理评估

　　一种评估大脑结构和特定功能以及一般的神经系统活动的方法叫作**心理生理评估**(psychophysiological assessment)。心理生理评估指的是通过测量反映出神经系统中情绪或心理事件的变化。这些测量既可以直接在大脑层面实施,也可以从身体外周部位获得。例如,对可能患有癫痫的人进行脑电图(electroencephalogram,EEG)检查就很重要。测量大脑中和特定神经元组放电有关的电活动能够揭示出脑电波的状态,而脑电波来源于神经元活动所发出的低伏电流。脑电波在个体觉醒和睡眠状态下都可以测量。在EEG中,多个电极会直接置于头皮的不同部位上,从而记录不同的低伏电流。在近几十年中,我们对EEG已经有了许多了解。一般而言,我们会测量大脑中正在进行的电活动。有时,我们会记录个体对于类似倾听一个有心理意义的刺激等特定事件所做出的反应的短期EEG模式。这类反应被称为**事件相关电位**(event-related potential,ERP),或**唤起电位**(evoked potential,EP)。EEG模式常常会受到心理或情绪因素的影响,而且可以成为个体反应的指针,或是心理生理评估指标。

　　另外,一个正常、健康、放松的成年人清醒状态时脑电波活动的电压表现为有规律的变化,这种变化的模式叫作**alpha波**(alpha waves)。许多旨在减轻压力的治疗都会尝试增加alpha波的频率,通常的做法都是以某种方式让病人放松,因为alpha波是和放松以及平静联系在一起的。在睡眠中,我们的脑电波活动会经历几个阶段,它们在一定程度上可以通过EEG模式加以鉴别。最深且最为放松的睡眠阶段通常出现在个体入睡后的一两个小时之后。在这个阶段,EEG会记录到一种delta波(delta waves)模式。delta波比alpha波缓慢,而且不太规律,对于这个阶段的睡眠而言是十分正常的。个体在熟睡状态时所出现的惊恐发作几乎都发生在delta波阶段。如果个体在觉醒时出现delta波的活动,它可能预示大脑局部区域存在功能失常的情况。测量其他身体反应的心理生理评估手段可能也在评估中占有一席之地。这些反应包括心率、呼吸和皮肤电活动反应以及由外周神经系统所控制的汗腺活动。

在许多障碍中,对于情绪刺激的心理生理反应的测量十分重要,其中之一就是创伤后应激障碍。和创伤有关的画面、声音等刺激会唤起强烈的心理生理反应,哪怕病人当时并未意识到这一点。另外,心理生理评估也被用于许多和性有关的异常及障碍。例如,性唤起可以通过直接测量面对性刺激时男性的阴茎周长或女性的阴道血流量来获得,通常这些性刺激是以影片或幻灯片的形式呈现的。而有些时候,心理生理反应的测量显示有变化,个体却可能并未觉察到特定的性唤起模式。

生理评估在评估和治疗诸如头疼、高血压等问题时也有其重要性;它们构成了生物反馈治疗的基础。在**生物反馈(biofeedback)**治疗中,诸如血压指数、心率指数、皮肤电等生理反应的水平会通过数字计量方式不断报告给病人,这样一来,病人就能够尝试调节这些反应。尽管如此,生理评估并非没有局限,因为它需要大量的技能和专家。即使在其施测恰当的情况下,因为程序、技术等问题,或反应本身的特性,评估有时也会产生不一致的结果。因此,只有那些擅长治疗特定障碍的临床工作者才会使用这些技术,尤其在这些评估手段对该障碍特别重要时才会大量使用心理生理记录设备;而更多常见的直接应用是诸如在练习放松时监控心率等。更为精密的心理生理评估最常用于对特定心理障碍(尤其是情绪障碍)的性质进行理论层面的研究时。

4.3　异常行为的分类

4.3.1　分类策略

当我们已经审视了某个个体的功能状况,也就是说,我们已经仔细地观察了他的行为、认知过程和心境,而且我们已经实施了躯体检查、半结构化访谈、行为评估和心理测验等。这些操作告诉某人所具有的独特性,而不是他和其他个体有何共通之处。

就问题而言,知道他和其他人可能有哪些相像之处十分重要。如果曾经有人发生过类似的问题或呈现出类似的心理剖面图,那么我们就可以回过头从他们的案例中寻找到许多信息,而这些信息可能适用于这个人。

对于其他人而言,这类问题是如何开始的?哪些因素似乎对问题有所影响?这类问题会持续多久?在其他案例中,这个问题是否曾自动消失?如果不是的话,是什么导致它持续下去的呢?这类问题是否需要治疗呢?最为重要的是,什么样的治疗帮助其他人解决了这个问题呢?这些一般性的问题之所以宝贵,是因为它们能发掘出相当丰富的临床和研究信息,这些信息使得研究者能够做出某些推论,预测今后可能会发生什么以及什么样的治疗或许管用。换而言之,临床工作者可以得出一般性的结论并建立某种**预后的推断**(指的是某一障碍在某种条件下可能的未来进程)。

在心理病理学的研究和治疗中有两类策略处理分类和诊断问题,而且是必不可少的。如果我们想要确定个体的人格、文化背景或处境有哪些独特之处,我们就会使用**个体策略**

(idiographic strategy),这类信息让我们能够根据这个人调整治疗。但是为了能够运用在某个特定问题或障碍上已经积累的信息,我们必须能够确定目前主诉的问题归属于哪一大类。这就是**常规策略(nomothetic strategy)**,即我们会试图命名这个问题或对这个问题进行归类。当我们鉴别出了某个特定的心理障碍(如精神分裂症)时,在临床情境下,我们就是在做出诊断。我们也可以通过类似 MMPI 等心理测验的特定人格剖面图来鉴别出问题的类型。比如,在 MMPI 测量中,在精神病态分量表中得分很高,因此我们可以推断,被测者和其他同样在这个分量表中获得高分的人都具有攻击性和不负责任等人格特征。

4.3.2　分类

分类是科学中不可或缺的一部分,而且在我们人类的经验中,我们的确也会各自描述事物各种不同的方面。**分类(classification)**这一术语本身有着宽泛的意义,指的是尝试建立组别或类目,并将事物或人基于其共同拥有的特质或关系将其分配到这些类目中的努力(一种常规策略)。如果这个分类是在一个科学的情境中做出的,那么它最为常见的称谓是**分类学(taxonomy)**,即因为科学目的而对实体所做的分类,例如昆虫、岩石,或者像心理学领域这样对行为进行分类。将一个分类学系统应用在心理学或医学现象或其他的临床领域之中,就会使用**疾病分类学(nosology)**一词。所有在医疗情境中所使用的诊断系统,诸如那些用于内科疾病、外科疾病的诊断系统,都属于**疾病分类系统(disease classification system)**。**命名法(nomenclature)**一词指的是障碍的名称或标签,这些名称或标签构成了疾病分类系统(如焦虑障碍或精神分裂症)。大多数心理健康领域的专业人员会使用 DSM-5(美国精神病学会,2013)分类系统,美国精神障碍诊断的官方系统,它也在全世界被广泛使用。或者 ICD-11(世界卫生组织,国际疾病分类第 11 版),或者 CCMD-3(中国精神障碍分类与诊断标准)。

近几年来,如何对心理病理学进行分类的议题已经发生了许多的变化。因为这些发展对于临床工作具有很大影响,所以我们将仔细地去考察分类和诊断过程在心理病理学中的运用。我们的讨论以目前广泛使用的分类体系 DSM-5 为主。

值得一提,在 1949 年中华人民共和国成立之前,我国没有自己的精神疾病分类系统,在一些正规医院的病案管理,直接引进与使用国外的分类编码。1958 年 6 月,卫生部在南京召开的第一次全国精神疾病防治工作会议上,提出了一个分类草案,将精神疾病划分为 14 类。1978 年 7 月,中华医学会神经精神科第二届学术会议在南京市召开,提出成立专题小组对二十年前的分类草案进行修订。1979 年在上海市召开《医学百科全书——精神病学分卷》编写会时,又进行了讨论修改,并在同年的《中华神经精神科杂志》上正式公布,名为《精神疾病分类(试行草案)》,将精神疾病分为 10 类。1986 年 6 月,中华医学会第三届全国神经精神科学会在重庆市召开,决定成立精神疾病诊断标准工作委员会,要求通过专题研究与现场测试,用三年左右时间,制定《中国精神疾病分类与诊断标准》(Chinese Classification and Diagnostic Criteria of Mental Disorders,CCMD)。1989 年 4 月,在西安召开的中华神经精神科学会精神科常委扩大会议上,通过了《中国精神疾病分类方案与诊断标准》,并定为第二版,1996—2000 年完成第三版,即 CCMD-3。

分类议题

分类在任何科学中都属于核心领域,而我们在这方面要讲的大部分内容都是常识。如果我们不将对象或经验进行排序和命名,那么科学家们就无法彼此沟通,而人类的知识也不会有任何进展,因为所有人都可能发展出一套对于其他人来说没有任何意义的个人系统。例如在生物学或地理学中,当我们学习昆虫或岩石时,分类乃是基础。知道一类昆虫和另一类之间有何区别就能让我们去研习它们的功能和起源。但当我们面对人类行为或人类行为的障碍时,分类变得富有争议。有些人曾经质疑对于人类行为进行分类是否恰当,或是否符合伦理。即便在那些认可分类的必要性的人当中,在几个议题上也出现了重大分歧。例如,在心理病理学领域,如何界定"正常"和"异常"就存在争议。同样有争议的是假设某个行为或认知乃是某个障碍的一部分,而不属于另一个障碍。有些人更偏好以一种连续体的方式来讨论行为和感受,即从开心到伤心,或者从恐惧到不恐惧,而不是去创造出类似躁狂、抑郁和恐怖症这样的类别。不管怎么样,对行为和人进行分类是我们每个人都会做的事情。很少有人会通过使用一个量度上的数字(0 代表完全不开心,100 代表完全开心)来讨论自己或朋友的情绪,尽管这种取向或许更为准确一些。("你对此感受如何?""大概 68 分吧")实际上我们更多谈论的是感到开心、伤心、愤怒、抑郁、恐惧等。

4.3.3　分类法、维度法、原型法

为了避免每次看到一组新的问题行为就得重新做一遍工作,同时也为了能够找到有关心理病理学的一般性原则,我们至少可以用三种方式来对人类行为进行划分。一种做法是用**分类法**进行分类,我们可以确立彼此独立的障碍类别,使得不同障碍之间鲜有或没有任何共同之处。例如,要么听到冰箱里有声音向你说话(幻听)并伴有其他精神分裂症症状,要么完全没有这些症状。另一种做法是**维度法**进行分类,我们可以将某种心理障碍的各种不同的特征按照若干维度进行量化,从而得出一个复合的分数。MMPI 的剖面图就是一个很好的例子。另一个例子是将障碍"维度化",比如,将抑郁标记在从晨间的轻微抑郁(大多数人都会短暂地有这类体验)到强烈抑郁和无望(如感到自杀是唯一出路)的严重程度连续体上。

用分类法进行分类,又称**经典分类法(classical categorical approach)**源于埃米尔·克雷佩林(1856—1926)的工作和心理病理学研究中的生物学传统。在生物学传统中,我们假设每一个诊断背后都有其清晰的生理病理学原因,比如说细菌感染或是内分泌系统功能失调,而且每一种障碍都是独特的。当我们以这样的方式来思考精神障碍诊断,尽管其原因并不是生理病理方面的,而是心理或文化方面的,但是每一种障碍仍然只有一套病因因素,这套病因因素和其他障碍的病因因素之间并无重叠。因为每一种障碍本质上不同于其他的障碍,因此我们只需要一组界定标准,在这一类别下的每一个人都必须符合这组标准。假设,抑郁发作的标准是:(1)存在抑郁心境;(2)在没有节食的情况下出现严重的体重下降或上升;(3)思维或注意力集中的能力显著下降,以及 7 种其他具体症状。那么,一个人如果要被诊断为抑郁症的话,他就必须符合所有这些标准。在这种情况下,根据经典分类法,临床工作者是了解障碍的起因的。经典分类法在医学中十分有用。医生能够做出正确的诊断是相当重要的。如果一位患者出现了发烧并伴有胃痛的情况,那么医生必须迅速判断其原因是

肠胃型感冒还是盲肠炎。这并不总是件容易的事情,但是医生所接受的训练有助于他们仔细地考察迹象和症状,让他们通常都能得出准确的结论。理解了症状(盲肠炎)的起因就能知晓什么治疗会是有效的(手术)。但是如果一个人出现了抑郁或焦虑的情况,其背后的原因并不如此单纯。事实上,大多数心理病理学家相信,心理和社会因素会和生理因素出现交互作用,从而产生某种障碍。因此,尽管克雷佩林和其他生物取向的早期研究者有这样的信念,但是心理健康领域并没有采用经典的类别模型来界定心理病理学。经典分类法显然并不适应心理障碍具有的复杂性。

第二种策略是**维度法(dimensional approach)**。此种方法中会留意患者所呈现出的各种认知、心境和行为,并将它们在某个维度上进行量化。例如,在 1～10 的量度上,某位患者可能会被评定为有严重的焦虑(9)、中等程度的抑郁(6)和轻微的躁狂(2),从而获得一个情绪功能的剖面图(9,6,2)。尽管维度法早已应用于心理病理学中尤其是人格障碍,但比较起来它们并不令人满意。大多数的理论家无法在究竟需要多少个维度这一议题上达成一致。有些人认为一个维度就够了;另一些人鉴别出的维度则多达几十个。

第三种对行为障碍进行组织和分类的策略近年来得到了越来越多的支持。这种策略被认为可以替代经典分类法或维度法;其不同之处在于它本质上将前两者中的一些特征组合在了一起。这种策略叫作**原型法(prototypical approach)**。它能鉴别出某个实体的某些本质特征,因此人们能对实体进行分类,同时它也允许存在某种非本质性的变化,这种变化并不必然会改变实体所属的类别。比如,如果去描述一条狗,或许能很容易地给出一个一般化的描述(本质的、分类的特征),但是可能没有办法准确地描述出一条具体的狗(狗有不同的毛色、大小),甚至种类也有所不同(非本质的、维度上的变化),但是它们都共同具有狗的特征,让你能够将它们同猫区分开来。因此,有一定数量的原型标准再加上某些额外的标准就已经足够了。这一系统并不完美,因为在类与类的边界处有些模糊,而且某些症状可以适用于不止一种障碍;但它具有的优势是最为符合我们目前对于心理病理学的知识状态,而且相对来说它使用起来也更容易一些。若我们在对心理障碍进行分类时使用原型法的话,那么就要列出这个障碍具有的许多可能的特征或特性,而且任何患者必须满足足够的特征才能够被归入这一类型。请看一看 DSM-5 对重性抑郁发作的部分标准的例子:

在 2 周的时间内,出现 5 个(或以上)下列症状,而且功能水平表现出改变。其中,至少有一个症状是抑郁心境,或缺乏兴趣或快感。注意:不包括那些显然由医学情形导致的症状。

1.在一天中的大多数时间里存在抑郁心境,几乎每天如此。

2.在一天中的大多数时间里,对所有或几乎所有的活动表现出显著的兴趣减少或愉悦感减少,几乎每天如此。

3.在没有节食的情况下体重显著下降或上升。

4.失眠或嗜睡,几乎每天如此。

5.心理运动性激越或迟滞,几乎每天如此。

6.疲倦或丧失精力,几乎每天如此。

7.无价值感或存在过度或不恰当的内疚感,几乎每天如此。

8.思维或集中注意力的能力降低,或者无法做出决策,几乎每天如此。

9.反复出现有关死亡(而非只是害怕死亡)的念头,反复出现自杀的观念但无特定的计划,或者出现自杀企图,或者有自杀的特定计划(APA,2013)。

当然,这套标准包括了许多非本质的症状。但是如果某人出现了抑郁心境,或者在大多数活动中表现出了显著的兴趣或乐趣缺失,并且在剩下的 8 个症状中出现了至少 4 种,那么此人就足够接近重性抑郁发作的标准原型了。某个人或许表现出抑郁心境、显著的体重下降、失眠、心理运动性激越以及精力丧失,另一个人则可能表现出显著丧失兴趣或乐趣、疲倦、无价值感、思维或注意力集中困难以及想要自杀。这两个人都具有必要的 5 个症状,这些症状让他们与原型十分接近,但是他们彼此之间只共有一个症状,因此看来十分不同。这就是原型法的一个很好的例子。DSM-5 正是基于这种方法建立的。

4.4 异常行为的诊断

4.4.1 1980 年之前的诊断

正如一句老话所说的,心理病理学的分类有着"一个漫长的过去和一个短暂的历史"。在之前变态行为的理解历史所提到的,对于抑郁、恐怖症或是精神病性症状的观察可以追溯到最早有记录的对于人类行为的观察。许多观察足够详细和完整,使得我们如今可以对其中所描述的个体做出诊断。尽管如此,直到最近我们才尝试完成这个困难的任务:创造一个全世界的科学家和临床工作者都能使用的正式的疾病分类学。1959 年,世界范围内至少存在 9 个心理障碍分类系统,其实用性不一,但在 9 个系统中仅有 3 个将"恐怖症"列为单独的一种类型(Marks,1969)。导致这一混乱局面的原因之一在于,创造出一个有用的疾病分类学实在是"说起来容易做起来难"。

早期对心理病理学进行分类的努力源于生物学传统,尤其是克雷佩林的工作,这在之前章节已经介绍过了。克雷佩林首先鉴别出了我们现在所知的精神分裂症的障碍。在当时,他给予这一障碍的术语是早发性痴呆(dementia praecox)(Kraepelin,1949)。早发性痴呆意指在某些高龄人身上出现的大脑的退化(痴呆)早于其应发生的年龄就出现,或者说是"过早发生"(早发)。这一标签(之后被改为精神分裂症)反映出克雷佩林的信念,即该障碍的病因是大脑出现了病理问题。克雷佩林在 1913 年出版的巨著《精神病学:学生和医生用的教材》(Psychiatry:A Textbook for Students and Physicians)中不仅描述了早发性痴呆,也描述了双相情感障碍(当时被称为躁狂抑郁精神病)。克雷佩林还描述了多种器质性的大脑综合征。在那个年代,其他一些著名人物(例如法国精神病学家皮内尔)认为包括抑郁(忧郁症)在内的心理障碍乃是独立的实体,但克雷佩林则指出心理障碍本质上是生理上的困扰。他的理论对于我们的病理分类学的发展带来的影响最为深远,而且也导致早年对于经典分类法的强调。

直到 1948 年,世界卫生组织(WHO)才在第六版《国际疾病和相关健康问题分类系统》(International Classification of Diseases and Related Health Problems,ICD)中加入了心理障碍分类章节。不过,早年这一系统并不具备多大的影响力。由美国精神病学会在 1952 年出版的第一版《诊断和统计手册》(Diagnostic and Statistical Manual,DSM)也没有太多的影响力。直到 20 世纪 60 年代末,疾病分类学的诊断系统才开始对心理健康领域的专业人员产生了一定程度上真正的影响。1968 年,美国精神病学会出版了第二版《诊断和统计手册》(DSM-Ⅱ)。1969 年,WHO 则出版了 ICD 第八版。尽管如此,这些系统缺乏准确性,彼此之间常常存在重大的差异,而且很大程度上依赖于未经验证的病原学理论,但这些理论又并未被所有的心理健康领域专业人员所接受。两个心理健康执业者若基于当年的疾病分类学检查同一个患者,常常会得出不同的结论。即便到了 20 世纪 70 年代,许多国家,比如法国和俄罗斯,仍然使用它们自己的疾病分类学。在这些国家中,同一个障碍也可能会得到不同的标签和解释。

4.4.2　DSM-Ⅲ 和 DSM-Ⅲ-R

1980 年在疾病分类学的历史上具有里程碑意义:《精神障碍诊断和统计手册(第三版)》(DSM-Ⅲ)(美国精神病学会,1980)出版。在 Robert Spitzer 的带领下,DSM-Ⅲ 和它之前的两个版本相比存在重大区别。其中有三项改变尤为突出。第一,DSM-Ⅲ 尝试以一种非理论的方式来对待诊断,即依赖临床工作者面前所呈现的障碍的精确描述,而非心理动力学或生物学的病因理论。DSM-Ⅲ 的这个特性使其可以成为持有不同观点的临床工作者共同的工具。比如说,DSM-Ⅲ 并没有将恐怖症分在以内心冲突和防御机制为特征的"神经症"这一大类下,而是让其自成一支,并归在一个新的大类(焦虑障碍)之下。第二,DSM-Ⅲ 中一项重要改变是,鉴别一个障碍所需的标准被详细具体地列了出来,让临床工作者可以去考察它们的信度和效度。尽管在 DSM-Ⅲ(以及 1987 年出版的修订版 DSM-Ⅲ-R)中,并非所有的分类都能够达到完美的或是良好的信度和效度,但相比之前的分类而言,这一系统已经有了极大的改善。第三,DSM-Ⅲ(以及 DSM-Ⅲ-R)让人们对可能患有心理障碍的人在五个维度或轴上进行评分。障碍本身,例如精神分裂症或心境障碍,仅仅代表轴Ⅰ的诊断;被认为更为持久的(慢性的)人格障碍被列在了轴Ⅱ;轴Ⅲ包含的则是个体可能存在的任何躯体障碍和状况;在轴Ⅳ上,临床工作者会以维度的形式来评定个体所报告的心理压力的程度,而其目前的适应性功能水平则在轴Ⅴ中评定。这一**多轴系统(multiaxial system)**的框架使得临床工作者能够在多个领域收集有关个体的功能水平的信息,而不仅仅是收集和障碍本身有关的有限的信息。尽管其本身仍有诸多缺陷,例如在鉴别某些障碍上信度低,以及对许多障碍的诊断标准所做出的决策是武断且任意的,但 DSM-Ⅲ 和 DSM-Ⅲ-R 还是获得了相当大的影响力。Maser、Kaelber 和 Weise(1991)调查了各类诊断体系在国际上的使用情况,发现 DSM-Ⅲ 的流行乃是出于几个理由。其中最重要的理由是其精确的描述性形式和其在诊断背后的假设原因上所具有的中立性。强调对于整个人进行广泛考量而非只是狭窄地聚焦在障碍本身的这种多轴框架也被认为很有帮助。因此,在世界各地,都有更多的临床工作者自 20 世纪 90 年代初开始使用 DSM-Ⅲ-R,而非偏爱在全世界推广使用的 ICD 系统(Maser,1991)。

4.4.3　DSM-Ⅳ 和 DSM-Ⅳ-TR

到了 20 世纪 90 年代末,临床工作者和研究者都意识到需要有一套世界范围内一致的疾病分类学。ICD-10 曾预计在 1993 年出版,而美国按照条约有义务在所有和健康相关的事务中都使用 ICD-10 分类系统。因此，为了能够让 ICD-10 和 DSM 尽量相容，ICD-10 和 DSM-Ⅳ 的准备工作几乎是同步进行的。后者于 1994 年发表。DSM-Ⅳ 工作组决定尽量少依赖专家之间的共识，任何在诊断系统上出现的变化都应该基于良好的科学数据。因此修订者们尝试在和诊断系统相关的各个领域进行海量的文献回顾（Widiger et al.，1996，1998），并且鉴别出了大量的数据。这些数据原本是为了其他的原因而被收集起来的，但是在经过再次分析之后，这些数据对于 DSM-Ⅳ 十分重要。最终，12 项独立研究或田野试验考察了几组替代性定义或标准的信度和效度，另外，还考察了创造新诊断的可能性（Widiger et al.，1998；Zinbarg et al.，1994，1998）。DSM-Ⅳ 中最重要的改变是去除了之前几个版本对于器质性障碍和心因性障碍之间所做的区分。正如我们现在已经知道，即便是那些已知和大脑病理问题有关的障碍也会受到心理和社会因素的显著影响。同样，之前被描述为具有心理学病因的障碍肯定也具有生物学的病因因素，而且很可能会具有可以被鉴别出的特定大脑回路。

DSM-Ⅳ 中的多轴系统

DSM-Ⅳ 继续保留了多轴系统，但在五轴中有一些改变。具体来说，DSM-Ⅳ 中仅有人格障碍和智力迟滞会在轴 Ⅱ 进行编码。之前在轴 Ⅱ 中评定的广泛性发育障碍、学习障碍、运动技能障碍和沟通障碍，都改在轴 Ⅰ 中编码。轴 Ⅳ 曾用于评定患者的心理社会压力程度，但因其用处不大而被新的内容所替换。新的轴 Ⅳ 被用来报告那些可能对于障碍产生一定影响的心理社会问题和环境问题。轴 Ⅴ 本质上没有变化。2000 年，工作组委员会更新了伴随 DSM-Ⅳ 诊断分类的研究文献，并且对于某些诊断本身做出了微调从而改进其一致性（First & Pincus，2002；美国精神病学会，2000A）。这一修订版本 DSM-Ⅳ-R 帮助澄清了许多和心理障碍诊断相关的问题。

4.4.4　DSM-5

4.4.4.1　DSM-5 简介

在 DSM-Ⅳ 出版后的近 20 年间，有关精神障碍的知识已经取得了极大的进展。而在近 10 年的共同努力下，DSM-5 在 2013 年春天出版了。这一重量级的任务也是在和国际领军人物的合作下完成的——他们同时也在开展 ICD-11 的工作（2014 年出版）——即每个负责一组障碍（例如，焦虑障碍）的"工作小组"都有一个国际专家深入工作之中。大家的共识是，DSM-5 和 DSM-Ⅳ 相比并没有太大改变，尽管 DSM-5 引入了一些新的障碍，并且重新分类了另一些障碍。但在诊断手册本身的组织和结构上发生了一定的变化。例如，手册被分为三个主要的部分。第一部分介绍了手册并描述了如何能最好地使用它。第二部分呈现的是障碍本身，而第三部分描述那些在能够作为正式诊断成立之前还需要进一步研究的障碍或情形。

或许最为显著的改变是 DSM-5 移除了多轴系统，过去的轴 Ⅰ、轴 Ⅱ 和轴 Ⅲ 被合并进了对障碍本身的描述，而临床工作者可以对相关的心理社会或文化因素（过去轴 Ⅳ 的内容），或与诊断有关的残疾程度（过去轴 Ⅴ 的内容）单独进行标注。DSM-5 还加强了以相对统一的方式在各个维度上评定不同障碍的严重程度、强度频率或持续时间的做法,这一点呼应了之前的提议(Regier et al.,2009)。例如,对于创伤后应激障碍(PTSD)而言,LeBeau 等人发展出了《全美应激事件调查 PTSD 简表》。这是一个基于一项对美国成年人进行的全民调查数据发展而来的 9 条自评量表(Kilpatrick,Resnick & Friedman,2010)。DSM-5 工作组对于这个量表进行了审议,并认可其能够就最近 7 天内 PTSD 症状的严重程度进行评估(美国精神病学会,2012)。

　　除了对每一个障碍进行严重程度或强烈程度的维度评估之外,DSM-5 还引入了跨维度的症状评估。这些评估并不具体到任何特定的障碍,而是从整体上去评价那些常常出现在所有患者身上的重要症状。例如,包括焦虑、抑郁和睡眠问题。其初衷是为了在既存障碍的治疗过程中始终监控这些症状。据此,我们可以诊断一个人患有双向障碍,并且也给出一个对既存的焦虑程度的维度评定,因为更高的焦虑程度能够预测更糟糕的治疗反应。在 DSM-5 中,此类问题包括"在过去两周里,你在多大程度上(或多久)因以下情况而感到困扰:①感觉紧张、焦虑、害怕、担忧或者紧张不安? ②感觉到惊恐或恐慌? ③回避让你焦虑的情境?"(美国精神病学会,2013)。DSM-5 的评估使用的是 0~4 点评分,0 为没有焦虑,4 为极为严重的焦虑。请注意,这并不代表障碍分类本身出现任何的改变,而是说这些维度被添加到分类诊断之中,从而为临床工作者做出评估、制订治疗计划和监控治疗进程提供额外的信息。

4.4.4.2　DSM-5 中有关社会和文化的考量

　　通过强调环境中的压力水平,DSM-Ⅲ 和 DSM-Ⅳ 让我们更容易获得有关个体的完整画面。而 DSM-Ⅳ 将重要的社会和文化影响力整合入诊断之中,进一步补充了之前所遗漏的内容;这个特点也被保留在 DSM-5 中。"文化"指的是个体的价值观、知识和行为实践,这些价值观、知识和行为实践是从个体作为不同民族、宗教或其他社会群体的成员身份中获得的,也包括了群体成员的身份如何影响个体对自己的心理障碍体验的看法。而"文化概念化"项目使得我们可以结合患者的个人体验视角和其所属的主要社会和文化群体的视角(如非洲裔、西班牙裔或华裔等)去描述障碍。在 DSM-5 中的《DSM-5 文化概念化访谈》(DSM-5 Cultural Formulation Interview,美国精神病学会,2013)中与文化有关的问题将有助于实现上述目标:

　　(1)部分问题举例:患者主要的文化参照群体是什么? 对于最近移民到这个国家的移民以及其他少数种族而言,相比他们原有的文化,他们对"新"文化的投入程度如何? 他们是否掌握了新国家的语言(例如,美国的英语),还是持续存在语言问题?

　　(2)患者是否会使用来自其原有国家的术语和描述方式来描述这一障碍? 例如,在西班牙语人群的亚文化中,"ataques de nervios"是某种类似惊恐发作的焦虑障碍。患者是否接受医疗系统中治疗障碍所使用的有关疾病或障碍的西方模型,还是说患者在原有文化中另有一个医疗系统(例如,华裔亚文化中的传统中医)?

　　(3)"残疾"意味着什么? 在某个文化中,哪种类型的"残疾"是可以接受的,哪种类型是不可以接受的? 例如,躯体疾病是可以接受的,但焦虑或抑郁是不可以接受的? 在这一文化中,典型的家庭、社会和宗教支持是怎样的? 患者是否可以获得这些支持? 临床工作者是否能够理解患者的母语以及这一障碍具有的文化意义?

做出诊断和计划治疗时绝对不应忽视这些文化方面的考虑,目前的共识是,我们在这个领域中还需要做很多工作,才能让我们的疾病分类学真正具备文化敏感性。

4.4.4.3 对于 DSM-5 的批评

因为编制 ICD-11 和 DSM-5 时的团体间合作很成功,DSM-5(以及和其紧密相关的 ICD-11 心理障碍部分)是迄今为止最为先进和科学支持最有力的疾病分类学系统。尽管如此,任何疾病分类学系统的工作都应该不断进步。DSM-5 已经试着做好了相应的准备,允许在出现新信息的情况下对分类进行临时的修订。

目前我们的分类边界仍然不够清晰,导致临床工作者有时难以做出诊断决策。其结果是,个体常常同时获得不止一种心理障碍诊断,这种情况叫作**共病(comorbidity)**。如果我们面对的是一组障碍的话,我们如何能够对其中某一种障碍的进程、治疗反应或相关问题的概率做出确定的结论呢? 要解决这些棘手的问题仍然需要长期而缓慢的科学进步(Brown & Barlow,2009;Helzer et al.,2008)。

对于 DSM-5 和 ICD-11 的批评主要围绕在另外两个方面。首先,这些系统极为强调信度,有时甚至牺牲了效度。这是可以理解的。因为除非你愿意牺牲一定的效度,否则信度很难达标。如果确立抑郁的唯一标准是你听到患者在访谈的某一个时刻表示"我感到抑郁",那么在理论上诊断就能够达到完美的信度。但是这一良好的信度是在牺牲效度的情况下达成的,因为许多患有其他心理障碍或没有患任何心理障碍的人在某些时候都会说自己感到抑郁。因此,临床工作者可以同意这一陈述,但这一点没什么用处。其次,就像 Carson(1996)指出的那样,用来建构心理障碍疾病分类学的方法存在一种倾向,那就是会将那些经过了几十年传递到我们手上的这些定义固定下来,即便它们在本质上可能是有缺陷的。Carson(1991)有力地指出,更好的方法是每隔一段合适的时间就重新来过——基于不断涌现的新知识创造出一个新体系,而不只是去对那些旧的定义进行微调。但这种情况不太可能发生,因为所需的精力和财力过于巨大。而且人们怀疑,是否有必要舍弃之前版本所积累下来的智慧呢? 除了心理病理学分类过程所具有的复杂性实在让人生畏之外,这些系统也会出现误用的问题。有些误用可能是危险且有害的。诊断分类只不过是一种对观察进行组织的便利形式,其目的在于帮助专业人员进行沟通、研究和做出计划。但是如果我们将一个分类实体化,把它实际上变成了一样"东西",认为它具有实际上并不存在的某种意义,那会怎么样呢? 因为新出现的知识时不时就可能会改变分类,因此没有事情是铁板钉钉的。如果一个案例落在不同诊断分类的模糊边界上,我们就不应该花费过多精力一定要将它塞进某一个分类中去。所有的事物都应该有其清晰的位置本身就是一种错误的假设。

4.4.5 警惕:关于贴标签和病耻感

当我们对人们进行分类时,一个必然会出现的相关问题就是**贴标签(labeling)**。《芝麻街》中的青蛙科米特说:"长得一身绿色,活着真不容易。"人类本性中有些东西让我们使用某个标签(甚至是像肤色这样肤浅的东西)去描述整个人("他是黑色的,我是白色的……他和我不一样")。在心理障碍中我们会看到同样的现象("他是个疯子")。此外,如果某个障碍是和认知功能或行为功能损害有关的,这个标签本身就会具有贬义,而且会导致**病耻感(stigma)**。所谓的病耻感是消极、刻板的信念、偏见和态度的总和。它会导致被贬低的群体生活机会变少,而患有心理障碍的个体就属于这类群体(Hinshaw & Stier,2008)。

多年来,我们花费了大量努力对智力残疾进行分类。绝大多数的分类是基于损害的严重程度,或是个体可以获得的最高发展能力水平。但是我们不得不每隔一段时间就改变对这些认知损害的分类所使用的标签,因为和它们有关的病耻感总会不断累积。早年有一个分类系统按严重程度将智力残疾分为痴愚者、低能者和白痴。当我们最初引入这些术语时,它们是中性的,只不过是在描述一个人的认知和发展功能损害的严重程度而已。但是当人们开始在日常语言中使用它们的时候,它们就逐渐成了贬义词,并且被用来羞辱他人。由于这些术语渐渐成了贬义词,我们就不能继续将它们作为分类来使用,并提出一组不那么具有贬低意味的、新的分类标签。最近一次更新是根据这些个体所需要的支持水平对智力残疾进行功能上的分类。换句话说,一个人智力残疾的程度取决于其所需要的支持有多少(例如,间歇性、有限的、密集的、大量的)而非其IQ分数。在DSM-5中,"智力迟滞"这个词已经被弃用,取而代之的是更为准确的"智力残疾",这和其他分类中所新近出现的改变是一致的。

总之,一旦被贴上了标签,患有某种障碍的个体就会被认为具有这一标签所携带的消极含义,从而这会影响他们的自尊;尽管有些学者一再指出,如果诊断是以一种富有同情心的方式传达给患者的话,并不一定会导致和贴标签有关的消极意义。尽管如此,如果你想想自己对于心理疾病的反应,你或许就会意识到这种根据标签做出不恰当的推论的倾向。事实上,Hinshaw和Stier(2008)注意到,出于各种原因,对于患有心理障碍的个体的歧视实际上在增加而非减少。我们必须记住,心理病理学中的术语所描述的并不是个人,而是在某些情境下可能出现或者可能不出现的行为模式。因此,无论障碍是躯体障碍还是心理障碍,我们必须抵制将某个人和这种障碍等同起来的诱惑。请注意"张三是个精神病"和"张三是一个患有精神病的人"这两句话之间所隐含的不同意义。

4.4.6 超越DSM-5:维度和谱系

随着科学的进展,改变现存的诊断标准和创建新的诊断标准的过程将会继续下去。在影响人类行为的认知神经回路、认知过程和文化因素等方面的新发现可能会更加迅速地更新诊断标准。虽然加入了一些新的障碍,并且将一些障碍从某一部分调整到了另一部分,但整体而言DSM-5与DSM-Ⅳ之间的变化并不大。然而,大多数参与这一修订过程的专业人员都认为,完全依赖彼此独立的诊断分类将无法获得一个足够客观且令人满意的疾病分类学系统(Krueger,Watson & Barlow,2005;Frances & Widiger,2012)。

不仅存在前面提到的有关共病和诊断分类之间边界不清的问题,而且鲜有证据能证实这些诊断分类的效度,例如,能够发现每一个分类背后都有其特定的病因。事实上,没有一项生物学指标(如某个实验室的测验)能够将我们已经发现的一种障碍和另一种障碍清晰地区分开来。另一点明确的是,目前的分类缺乏治疗特异性。也就是说,诸如认知行为治疗或抗抑郁药物这些特定种类的治疗对于很大一部分诊断分类都是有效的,尽管这些分类理应没有那么多相似之处。因此,也有许多人已经开始认识到,目前的诊断系统局限性相当大;若继续根据这些诊断分类进行研究,那么我们可能永远也无法成功地发现它们背后的因素,也无法帮助我们发展出新的治疗。

或许是时候采取一种新的方法了(例如采用维度策略或谱系法),大多数人同意新方法应包含维度策略,其力度将远远大于目前 DSM-5 中所使用的程度,直至**谱系(spectrum)**这一术语则以另一种方式描述共有某些基本的生物学或心理学特征或维度的障碍群体。例如,在 DSM-5 中将阿斯伯格综合征(一种轻度的孤独症)和孤独症障碍整合在一起,从而组成一个新的分类"孤独症谱系障碍"。不过,目前的研究还没有进展到足以让我们全面转向维度法或谱系法,因此大部分 DSM-5 中的分类和 DSM-Ⅳ 中的分类十分近似,虽有一些语言上的更新,其精确程度和准确性也有所提升。在创建 DSM-5 的过程中,因为受到了研究和概念革新上所取得的进展的启发,目前正在发展在概念上更为深入且一致程度更高的维度法。或许在 10~20 年内,它们将在 DSM 第六版中闪亮登场。

举例来说,在人格障碍领域,大多数研究者在同时研究人格障碍患者样本和普通人群样本后已经得出了这样的结论:人格障碍患者和普通人群样本中功能正常的个体所具有的人格特点并无本质区别。人格障碍只是代表了普通的人格特质所具有的非适应性的或极端的变式;甚至人格的基因结构与各种独立的人格障碍分类也不一致。也就是说,定义更为宽泛的先天人格倾向(例如羞怯、抑制或外向),相比目前所界定的人格障碍,具有更强的基因影响(即基因载荷更高)。

再例如,就焦虑和心境障碍而言,Brown 和 Barlow(2009)基于之前的研究已经提出了一个新的维度分类系统。这个系统所呈现的焦虑和抑郁之间的共同点要比之前设想的更多,甚至最好将它们视为同一个负性情感连续体或同一个情绪障碍谱系中的不同点。即便对于那些基因影响似乎更强的严重障碍(例如精神分裂症)而言,维度策略或谱系法似乎也会成为更好的分类法。

与此同时,来自和大脑结构及功能有关的神经科学领域的新进展令人兴奋,它们也会为心理障碍的本质提供极为重要的信息。这些知识可以和更多心理、社会和文化方面的信息整合成为一个诊断系统。但即便是神经科学家也已经放弃了这样的观念,即他们可以发现某组基因或某条大脑回路和 DSM-5 诊断分类存在特异性的关联。与此相反,目前的假设是,我们将会发现和具体的认知、情绪、行为模式或特质(比如,行为抑制)有关的神经生物学过程,而这些模式或特质并不一定和目前的诊断分类之间有密切的对应关系。

最后再回顾一下用来获取心理病理学知识的研究方法和策略。是否所有人都有心理疾病?心理障碍界限在不断扩展。作为心理障碍的定义,由于缺乏事实可靠的手段来判定何为疾病、何为正常而受到诟病。越来越多的问题可能被看作心理障碍,这也涉及心理健康专业人士的经济利益。有很多非正式的证据来使 DSM-Ⅳ 努力去阻止很多类似的无价值的心理诊断提案进入 DSM 系统。例如,通过严格的入选标准,DSM-Ⅳ 很大程度上阻止了大部分旧版 DSM(DSM-Ⅲ-R)中没有的诊断的涌入。DSM-5 也同样面临这个任务或难题。然而,这是一项艰苦的斗争。与其他专业成员一样,心理健康专业人士倾向于以自己的视角来看待世界,试图将现象描述与自己的专业知识联系起来。同时,一个心理障碍是否包含在 DSM 诊断标准中,也是提供健康保险服务的先决条件。因此,从公众的利益来看,需要以谨慎的态度看待心理障碍界限的扩张问题。可以想象到,如果不这样做,最终可能导致大部分人类行为(除了那些平淡的、墨守成规的、传统的行为以外)都会被看作心理障碍。那样的话,精神病理学的概念会因为失去了科学意义而变得毫无辨别力。

5 异常行为的预防和治疗

5.1 治疗概述

绝大多数人曾有过这样的经历：当我们情绪低落时，与亲朋好友交谈给了我们很大的支持与帮助。和所有好的倾听者一样，大多数治疗师保持着接纳、温情和共感的态度，不会评判来访者提出的任何问题。专业治疗与非正式助人关系不同，专业治疗有细致的干预计划，并以特定的理论预想为指导，系统地向前推进。

有心理障碍的人是可以改变的，通过学习，他们对事物的感知和评价方式将更具适应性，行为方式的改变也能帮助他们更好地适应社会。这一信念是所有心理治疗的基础。但改变绝非易事，有时候，个体早期的病理关系被多年的消极生活事件所强化，扭曲了个体对世界的看法及其自我概念。在另一些个案中，除了心理治疗中的改变，个体还需改变那些不适合的或令人不满的职业、婚姻或社会功能，这些都将极大地改变个体原有的生活状态。人们有时会发现，忍受自己现存的问题比冒险改变和尝试无法预知的事情更容易。治疗还需要时间，即使是一名技术精湛、富有经验的治疗师也无法抹去来访者过去的所有经历，并在短期内使来访者能够充分应对生活中的困难。治疗并不会带来神奇的转变。然而，即使是最严重的心理疾患，心理治疗也能给患者带去希望。此外，与通常的观念相反，从长远来看，心理治疗比其他干预方式的花费更少。

个体所接受的治疗方法，不仅要取决于他（她）的具体问题，还要根据治疗师的治疗取向以及他（她）所受过的训练来确定。据估计，目前有几百种心理治疗方法，从心理分析到参禅冥想。然而，管理医疗保险时代的到来使人们越来越迫切地需要了解治疗效果的实证证据。本章将探寻某些目前被广泛接受和使用的药理学和心理学的治疗方法。

5.1.1　人们为何寻求治疗？

5.1.1.1　生活环境中的压力

寻求心理治疗的人有着各自不同的问题和解决问题的动机。或许，最常见的是那些突然遭遇离婚、失业或其他高应激事件的个体。这些人感到自己几乎被危机淹没，无法依靠自身的力量解决问题，变得十分脆弱。他们更倾向于在心理治疗中敞开心扉，因为他们紧迫地想要改变当前这种令人无法忍受的心理状态。这种情况下，来访者往往能在短期内从治疗师提供的观点中获益良多。

5.1.1.2　长期存在问题的人们

还有一些在接受治疗前经历了长期的精神折磨和适应不良。他们可能有人际交往方面的问题，如在亲密关系中感到不自在，或者容易受到情绪低落的影响并难以驱散消极情绪。长期的不幸、缺乏自信及无安全感可能最终促使他们寻求外界帮助。他们寻求心理援助以摆脱不满与绝望。他们可能对治疗抱有很高的动机水平，但随着治疗的推进，他们顽固的适应不良行为模式可能会产生阻抗，治疗师必须与之斗争。例如，一个自恋的来访者期待治疗师的表扬和赞赏，当他得不到这些时，便可能感到幻灭并产生敌意。

5.1.1.3　勉强的患者

来访者起初并没有直接寻求心理治疗。或许他们曾经找过内科医生，咨询头疼或胃疼的问题，结果却被告知无任何躯体性病变。在最初面对心理治疗师时，这些个体可能拒绝相信自己的躯体症状来自情绪问题。来访者接受心理治疗的动机各不相同。非自愿的来访者可能出于很多原因前来治疗。例如，酗酒者受到妻子"要么治疗要么离婚"的威胁而前来治疗，或者一名重罪嫌疑人的律师建议他接受治疗，因为这么做会有助于减轻罪刑。一般而言，男性远比女性更不愿意接受治疗，这和男性在迷路时不愿问路的道理大同小异。很多生气的父母带孩子来治疗，要求治疗师解决孩子行为不受控制的问题，父母认为这些行为与家庭环境无关。这些父母可能对现实中自己在塑造孩子行为模式时所扮演的角色感到吃惊，并且不愿承认。

5.1.1.4　比较正常的接受治疗的人

他们看起来是成功人士，有稳定的收入，家庭生活温馨幸福，并已实现了很多人生目标。他们接受治疗不是由于绝望或难处的人际关系，而是因为感到没能实现自我期望或没有充分发掘自身潜能。由于他们的问题比其他人的问题更容易处理，他们可能在个人成长方面获益更多。

然而，心理治疗并不仅仅适用于有明确心理障碍、高动机水平以及有能力洞察自身行为的个体。心理治疗被广泛应用于各种长期问题的干预。即使是一个受到严重困扰的精神病患者也可能从中获益,心理治疗师会根据患者的功能水平设定患者能力可达的治疗子目标。

上文简要描述了接受治疗的不同群体的特点,我们从中清晰地看到,没有"典型的"来访者。事实上也没有"典型的"治疗。目前没有哪一种可用的疗法能适用于所有的来访者,所有的标准疗法都能获得一定功效。大多数专家一致认为,来访者变量,如动机和困难的严重性对于治疗结果极其重要。人们发现当治疗师根据特定来访者的特征来选择治疗方法时更可能取得成功。

5.1.2 药物治疗还是心理治疗? 联合治疗

现代精神药理学已经减轻了很多精神障碍的不良影响,尤其是精神病的严重程度和病程长度。它已经帮助了很多患者,没有它,很多患者要接受住院治疗才可能在家庭和社区中行使恢复的功能。精神药理学也使早期需要住院的患者获得了自由,并大大促进了后期治疗计划的有效性,它也在很大程度上废弃了病房对患者的束缚和封锁。药物治疗给患者和医院员工带去了更加有利的住院氛围。

然而,在使用这些精神类药物的过程中产生了一些问题。除了可能发生的副作用之外,特定个体所需的适用药物及剂量也很复杂。有时候,也需要在治疗过程中改变患者的用药。此外,对有些障碍而言,如果单纯使用药物治疗而不采用其他疗法,效果可能并不理想,因为药物本身往往并不能治愈心理障碍。正如很多研究者指出的那样,药物通过引导患者体内的生化改变来缓解症状,而不是通过帮助个体理解并改变那些会强化适应不良行为的个人因素或情境因素来缓解症状。此外,一旦停止用药,患者可能会有复发的危险。对很多心理障碍而言,除非患者长期坚持服药,各种实证有效的心理治疗将比仅仅使用药物治疗的疗效更为持久。

另一方面,对一些已经有了有效药物的精神障碍,若不在心理治疗计划中加入药物治疗,也会导致很严重的问题。

过去,药物治疗和心理治疗被认为是互不相容的治疗方法,不能同时采用。然而,目前的临床实践中,药物与心理的**联合治疗**已经被广泛应用于很多心理障碍。一项调查结果显示,55%的患者同时接受药物治疗和心理治疗。这一联合的方法是生物—心理—社会模式的范例,极好地体现了目前专家对心理障碍的看法,并贯穿本书始终。

药物治疗可以和很多心理疗法相结合。在某些个案中,比起单纯接受心理治疗,药物能帮助患者获得更多,并且能够减少治疗中的不顺从行为。在另一些个案中,心理治疗可能在患者家中进行,比如,在家进行的心理社会干预,通过减少精神分裂症患者家中高水平的外显情绪表达,从而降低患者的复发率。总之,我们有理由对这联合治疗方法持乐观态度,尤其是针对某些严重障碍,如精神分裂症和双相心境障碍。尽管在这类案例中,常常至少要服用药物等到精神症状开始缓解才能采用心理治疗。患者本人也乐于接受这类联合治疗,认为其必不可少。

5.2 治疗的药理学取向

精神药理学(psychopharmacology)领域已然取得令人兴奋的飞速进展。临床上不断有所突破,目前那些曾被认为无法医治的患者也有了真正的希望。这些药物有时被称作"精神药物",意思指"改变心智,表明它们主要作用于大脑"。在检验这些药物疗法时,很重要的一点就是要记住药物的个体代谢速度是不同的,体内对摄入药物的代谢速度有快有慢。例如,很多非洲裔美国人对抗抑郁药和抗精神病药的代谢速度比白人慢。这意味着他们有时候对这些药物的反应速度更迅速,但也有更多的副作用。确定正确的剂量是关键,因为剂量过少毫无效果,剂量过大则会导致药物中毒并有可能威胁生命。剂量的确定需因人而异、因药而异。

不同种类的精神病药物被用来治疗许多类型的心理障碍。但这些类别里的所有药物都是作用于脑内的神经递质系统,影响了神经元之间神经冲动传导的微妙的化学平衡。精神病药物的主要类别有抗焦虑药物、抗精神病药物以及抗抑郁药物,还有用于治疗双相障碍患者心境波动的锂盐,等等。

尽管生物医学方法在治疗一些形式的异常行为方面已经取得了极大的成功,但它还是存在局限性。一方面,药物可能会有不受欢迎的或危险的副作用。药物还可能有潜在滥用的情况。一个最常被使用的弱安定剂——地西泮(Valium),已经变成一种主要的被滥用的药物,人们在心理上或生理上依赖它。

5.2.1 抗精神病药物

抗精神病药(antipsychotic drugs),也称为精神抑制剂,被普遍用于治疗具有严重症状的精神分裂症和其他精神障碍,如幻觉、错觉和意识混乱状态。这些药物于 20 世纪 50 年代被引入,包括氯丙嗪、硫利达嗪(硫醚嗪)、羟哌氟丙嗪(氟奋乃静),属于吩噻嗪类的化学药品。吩噻嗪类药物似乎是通过阻止脑内受体上的神经递质多巴胺活动来控制精神病症状。尽管精神分裂症的潜在病因尚未得知,研究者推测其中可能涉及大脑内部多巴胺系统的失调。氯氮平(可致律),一种与吩噻嗪类药物不同的化学类精神抑制剂,它在治疗那些症状对其他精神抑制剂不反应的精神分裂症患者时是有效的。然而,氯氮平的应用必须被谨慎监控,因为它有潜在的危险的副作用。见表 5.1。

精神抑制剂的使用极大降低了对严重紊乱的患者采用更有限制性的治疗形式(例如被物理约束和限制在软垫房)的需求,也减少了长期住院的需要。引进于 20 世纪 50 年代的第一代抗精神病药物是导致大量慢性精神病患者从医院离开的主要因素之一。许多之前住院的患者可以恢复家庭生活,并在服药期间保持工作。

精神抑制药物本身并非没有问题,它包含潜在的副作用,例如肌僵直和震颤。尽管这些副作用通常可以用其他药物加以控制,但长期使用抗精神病药物(可能除氯氮平之外)会产生一种潜在的不可逆的运动瘫痪障碍,称为迟发性运动障碍,该障碍的特点为不可控制的眨眼、面部怪相、吧唧嘴以及其他口、眼、四肢的不自主运动。研究者正在通过降低剂量、间歇的药物治疗以及新的药物等进行试验来减少产生这类并发症的风险。

表 5.1　常用抗精神病药物

药物种类	属名	商品名	剂量范围（mg/d）	半衰期（h）
非典型类	氯氮平	可致律（Clozaril）	300～900	5～16
	利培酮	维思通（Risperdal）	1～8	20～24
	奥氮平	再普乐（Zyprexa）	5～20	21～54
	喹硫平	思瑞康（Seroquel）	100～750	6～7
	齐拉西酮	哲思（Geodon）	80～160	6.6
	阿立哌唑	安律凡（Abilify）	15～30	75
常规类	氯丙嗪	氯丙嚓（Thorazine）	75～900	16～30
	羟哌氯丙嗪	奋乃静（Trilafon）	12～64	9～21
	吗苟嗣	Moban	50～200	6.5
	替沃噻吨	氨吩噻吨（Navane）	15～60	34
	三氟拉嗪	Stelazine	6～40	13
	氟哌啶醇	好度（Haldol）	2～100	12～36
	氟奋乃静	Prolixin	2～20	13～58

来源：Sadock & Sadock（2003），Buckley & Waddington（2001），Bezchlibnyk-Butler & Jeffries（2003）。

5.2.2　抗抑郁药物

抗抑郁药如今被广泛运用的四种主要类型的抗抑郁药（antidepressants）有：三环类（TCAs）、单胺氧化酶抑制剂（MAOI）、选择性5-羟色胺再摄取抑制剂（SSRIs）以及5-羟色胺去甲肾上腺素（SNRIs）。三环类和单胺氧化酶抑制剂可以提高神经递质去甲肾上腺素和5-羟色胺的可用性。一些较常见的三环类药物是丙咪嗪（盐酸丙咪嗪）、阿米替林（盐酸阿米替林）和多虑平（多塞平）。单胺氧化酶抑制剂包括诸如苯乙肼这样的药物。三环类抗抑郁药（TCAs）比单胺氧化酶抑制剂更受欢迎，因为它较少产生严重的副作用，见表5.2。

选择性5-羟色胺再摄取抑制剂（SSRIs），对大脑中5-羟色胺水平具有更特殊的作用。这类药物包括氟西汀（百忧解）和舍曲林（左洛复）。SSRIs通过传递神经元干扰5-羟色胺的再摄取（再吸收），进而提高大脑5-羟色胺的可用性。5-羟色胺去甲肾上腺素再摄取抑制剂，其中包括文拉法辛，通过传递神经元抑制这些化学物质的再摄取，专门作用于提高两种与情绪状态联系的神经递质水平——5-羟色胺和去甲肾上腺素。

尽管大部分抑郁症患者对抗抑郁药物都会产生反应，我们不能就认为抑郁症一定会被治愈。总的来说，抗抑郁药物的作用最多只能算是适度的，在抗抑郁药物治疗的第一轮之后，只有约三分之一的患者的症状得到全部缓解。当一些患者换了其他抗抑郁药物或当两种抗抑郁药物结合进行治疗时，这些治疗反应可能会有所提高。没有哪一种抗抑郁药物比另一种有更明显的效果。新一类的SSRIs（如百忧解）和早期的三环类抗抑郁药的疗效之间也没有什么明显的差异。然而，百忧解和其他SSRIs可能更受欢迎，因为与早期的三环类抗抑郁药物相比,它们产生较少的副作用(如体重增加)以及用药过度致死的风险也比较低。

抗抑郁药在治疗广范围的心理障碍方面也有显著的疗效,这些心理障碍包括惊恐障碍、社交恐惧症、强迫症和暴食症。随着继续研究这些心理障碍的潜在诱因,我们可以发现大脑中神经递质功能紊乱对于这些障碍的发展起到的关键作用。

表 5.2　常用抗抑郁药物

药物种类	属名	商品名	剂量范围(mg/d)	半衰期(h)
SSRI	氟西汀	百忧解	10～80	4～6 天
	舍曲林	左洛复	50～200	26
	帕罗西汀	Paxil	10～60	21
	氟伏沙明	兰释	50～300	15
	西欧普兰	Celexa	10～60	33
	草酸依地普仑	Lexapro	10～20	27～32
SNRI	文拉法辛	怡诺思	75～375	3～13
	瑞波西汀	Vestra	8～20	13
三环类药物	阿米替林	依拉维	75～300	10～46
	氯米帕明	安拿芬尼	75～300	17～37
	去甲丙咪嗪	诺波明	75～300	12～76
	多塞平	神宁健	75～300	8～36
	丙咪嗪	妥复脑	75～300	4～34
	去甲替林	Aventyl	40～200	13～88
	曲米帕明	Surmontil	75～300	7～30
MAOI	苯乙肼	拿地尔	45～90	1.5～4
	反苯环丙胺	Parnate	20～60	2.4
	异卡波肼	马普兰	30～50	N/A
非典型的抗抑郁药物	奈法唑酮	SERZONE	100～600	2～5
	曲唑酮	美舒郁	150～600	4～9
	米氮平	瑞美隆	15～60	20～40
	安非他酮	WELLBUTRIN	225～450	10～14

来源:Sadock & Sadock(2003),Buckley & Waddington(2001),Bezchlibnyk-Butler & Jeffries(2003)。

5.2.3　抗焦虑药物

抗焦虑药物(antianxiety drugs)可对抗焦虑,减少肌肉紧张状态。这些药物包括温和的镇静剂,例如苯二氮卓类的药物,包括地西泮(安定)和阿普唑林;还有安眠药类的,如三唑仑(醋乐欣)、氟西泮(盐酸氟胺定)等,见表5.3。

抗焦虑药物抑制了中枢神经系统(CNS)特定部位的激活水平。反过来,中枢神经系统降低了交感神经系统的活跃水平,减少了呼吸频率和心率,减轻焦虑和紧张的状态。温和的镇静剂(如地西泮)已经被广为使用,而医生们又开始关注更强效的镇静剂的使用,例如巴比妥,该药非常容易成瘾,且一旦过量服用或和酒精混合使用会非常危险。不幸的是,这种担心已经变为现实,镇静剂同样可以,并且经常导致生理依赖(成瘾)。对安定形成依赖的人们突然停止服用该药时,可能会出现抽搐。在把温和镇静剂与酒精混合服用或对这类药物敏感的人中,也有报告过死亡的案例。

使用抗焦虑药物的副作用包括疲劳、嗜睡和运动协调受损(活动或自主操作能力受损)。长期服用这些药物还会产生**耐受性(tolerance)**,它是一种药物依赖的生理现象,指的是随着时间推移需要不断增加药物剂量来达到原有的效果。当在短期治疗中使用时,抗焦虑药物对于治疗焦虑和失眠是安全而有效的,但是药物本身并不能教会人们新的技能或教会他们用更适宜的方法来解决问题,反而仅仅使人们学会依赖于使用药物来处理自己的问题。

焦虑反弹(rebound anxiety),是指终止服用某种镇静剂后出现强烈的焦虑体验。这是另一个与长期使用镇静剂有关的问题。许多长期使用抗焦虑药物的人报告说一旦他们停止服用药物,会出现更严重的焦虑或失眠情况。对一些人来说,这可能是表现了一种对失去药物依靠的恐惧。对另一些人而言,焦虑反弹可能反映了目前尚未清楚的生化过程的改变。

表5.3　常用抗焦虑药物

药物种类	属名	商品名	剂量范围(mg/d)	半衰期(h)
苯二氮卓类	阿普唑仑	佳静安定	0.5～10	9～20
	氯硝西泮	氯硝安定	1～6	19～60
	地西泮	烦宁	4～40	30～200
	劳拉西泮	安定文	1～6	8～24
	奥沙西泮	舒宁	30～120	3～25
	氯卓酸钾	Tranxene	15～60	120
	氯氮卓	利眠宁	10～150	28～100
其他抗焦虑药	丁螺环酮	布斯哌隆	5～30	1～11

来源:Sadock & Sadock(2003),Buckley & Waddington(2001),Bezchlibnyk-Butler & Jeffries(2003)。

5.2.4　锂盐和其他情绪稳定类药物

20世纪40年代后期,澳大利亚的乔恩·凯德(John Cade)发现锂盐(碳酸锂)能有效治疗躁狂症。在20世纪四五十年代,锂盐曾作为食盐的替代品用于高血压患者,当时由于其毒副作用强而不受欢迎。锂盐的副作用甚至导致部分患者死亡,这令医学界在使用锂盐时非常小心谨慎。另外,由于它是自然合成物,制药公司无法申请专利,无专利则意味着研发此药无利可图。然而,到了20世纪70年代中期,锂盐被视作精神病学的一种神奇药物。目前该药仍广泛用于治疗双向障碍,品名为碳酸锂。

锂盐治疗的生理化学基础尚不清楚。有一种假设认为,锂盐作为一种矿物盐,可能影响人体内部电解质的平衡,从而改变大脑中很多神经递质系统的活动,这与众多临床效果相一致。然而该假设仍有一个问题尚未解答,即目前这一联结在很大程度上仍然是随机的。显然,想要真正一窥究竟,尚需更多更深入的研究。

即使我们尚未完全掌握锂盐的作用原理,它的疗效却毋庸置疑。70%～80%的躁狂症患者在服用锂盐2～3周后有明显改善。此外,有时锂盐也能缓解抑郁,尽管可能主要针对双向障碍的抑郁患者。然而,一些无躁狂的抑郁患者也可能从中获益。但也有证据显示,以锂盐维持疗法预防躁狂症的再次发作可能未必如人们曾经料想的那么可靠。

锂盐的副作用包括口干、胃肠不适、体重增加、震颤和疲劳。此外,过量服用锂盐或肾脏无法以正常速度进行代谢时,可能对人体产生毒害。锂盐中毒导致的问题很严重。如果不能迅速给予适当治疗,会导致中毒患者的神经受损甚至死亡。因此,持续服用该药的患者必须被严密监控其血液浓度。

尽管锂盐对患者有所助益,但并非所有的双向障碍患者都能按照处方服药。很多患者在轻度躁狂阶段似乎会怀念其"兴奋状态"和充沛的精力,所以当他们面对令人不快的副作用并失去兴奋状态时,可能会停止用药。

其他情绪稳定类药物

虽然锂盐依然被广泛使用,但是有些其他药物也是治疗双向障碍的一线药物(参见表5.4),包括双丙戊酸钠和氨甲酸苯卓(卡马西平)。其他在临床上研究和用于治疗快速循环型双向障碍的药物有加巴喷丁(镇顽癫)、拉莫三嗪(利必通)和托吡酯(妥泰)。这些药物大多用于治疗癫痫,并且是抗痉挛的药物。氨甲酸苯卓有强烈的副作用,包括引发血液问题、肝炎和严重的皮肤病。和使用锂盐一样,使用氨甲酸苯卓时也必须对患者的血液进行仔细监测。丙戊酸或许是副作用最小的药物,副作用包括恶心、腹泻、镇静、震颤和体重增加。

表 5.4　常用情绪稳定类药物

药物种类	属名	商品名	剂量范围(mg/d)	半衰期(h)
锂盐	锂盐	碳酸锂	400～1200	24
抗惊厥剂	氨甲酸苯卓	卡马西平	300～1600	16～24
	双丙戊酸钠	Depakote	750～3000	6～16
	拉莫三嗪	利必通	100～500	25
	加巴喷丁	镇顽癫	900～3600	5～9
	托吡酯	妥泰	50～1300	21

来源:Sadock & Sadock (2003),Buckley & Waddington(2001),Bezchlibnyk-Butler & Jeffries(2003)。

5.3　电休克治疗

第一个采用惊厥休克法治疗心理障碍的人是瑞士医生兼炼金术士帕拉塞斯(1493—

1591），他让一名精神失常的患者服用樟脑直至痉挛。然而，人们通常认为现代电休克治疗的创始人是匈牙利医生拉迪拉瑟·冯·梅德纳。他认为几乎没有癫痫患者有精神分裂症（事实并非如此）。这一观察结果使他推测，精神分裂症和癫痫之间在某种程度上不相容，通过诱导个体产生痉挛或许可以治愈精神分裂。通过对小鼠的实验研究，他用樟脑诱导精神分裂症患者产生痉挛，治疗后，患者清醒得比较快，不久，他开始使用一种名为卡地阿唑的药物代替樟脑，这种药物诱发痉挛的起效更快。

早期的其他治疗方法还包括给患者注射胰岛素以诱发痉挛，这种胰岛素昏迷疗法已经不再使用。然而，这些方法不能精确诱发抽搐，医生也无法随意控制抽搐的时长。1938年，意大利医生屋格·色勒提（Ugo Cerletti）和卢西奥·彼尼兹（Lucio Biniz）在屠宰场看到动物遭受电击后失去意识，便尝试了这种最简单的治疗方法——给患者的大脑通电流。尽管电休克治疗（electroconvulsive therapy，ECT）是从屠宰场这一不祥的地方开始的，但是它被用于治疗严重的心境障碍。

公众通常把电休克治疗视作一种恐怖的原始疗法。的确，一些关于医疗事故的诉讼案便针对采用电休克治疗的精神病医生，主要是他们没能得到患者的同意便实施了电休克治疗，但患者可能因自身的病情而被视作无完全刑事责任能力人，这使得患者的知情同意不具有法律效力。然而，尽管有些患者讨厌电休克治疗，但它确实颇为重要，不失为一种安全有效的治疗方法。事实上，它有时是治疗一些重度抑郁和有自杀企图患者的唯一方法，这些患者很可能对其他疗法都没反应。此外，它也常被用于治疗患有重度抑郁的孕妇，对这些孕妇而言，服用抗抑郁药是有害的。对于老年患者情况亦然，鉴于其身体状况，使用抗抑郁药存在一定的危险性。在正确实施情况下，电休克治疗不会对大脑造成任何结构上的损伤。此外，对过去60年电休克治疗的研究显示，它对那些对药物治疗无效的躁狂症患者也同样有效，对难治患者的治疗有效率达到80%。

如今，接受电休克治疗的患者在治疗前将被注射镇静剂和肌肉弛缓剂，以防肌肉猛烈收缩。之前没有这类注射，有时候患者会因治疗中的严重抽搐而椎骨骨折。

事实上，每种神经递质系统都受到电休克治疗的影响。电休克治疗能降低去甲肾上腺受体的感受性，从而增加这一神经递质的功能。然而，电休克治疗的确切工作原理迄今不完全清楚。

电休克治疗有两种方法。在双侧电休克治疗中，电极被置于患者头部两侧，高强度或低强度的持续电流脉冲以最高约1.5秒从大脑一侧传递到另一侧。与之相反，在单侧电休克治疗中，电流限定在单侧大脑，通常是非优势半脑（对大多数人而言是右脑）。麻醉剂使患者在整个过程中处于睡眠状态，肌肉弛缓剂用以防止患者肌肉的猛烈收缩，在采用电休克治疗的早期，这种肌肉猛烈收缩会导致患者骨折。如今，如果观察某个接受电休克治疗的患者，那么所能见到的可能只是手部的微小抽动。

电休克治疗结束后，患者会丧失治疗前一段时间的记忆，并且往往会在接下来的一小时左右的时间里感到糊里糊涂。通常一个疗程不会超过12次治疗，尽管偶尔会有患者需要更多治疗。在接受通常每周3次的重复治疗之后，患者会逐渐失去定向力，这种状态会在治疗终止后消失。

经验证据显示，双侧ECT比单侧更有效。遗憾的是双侧ECT伴随着更严重的副作用，可能导致认知和记忆方面的问题。在治疗结束后的三个月内,患者往往在形成新记忆方面存在困难(顺行性遗忘)。因此,治疗师在采取双侧 ECT 时必须权衡治疗效果与可能导致的更严重的认知问题。一些治疗师建议,先对患者采取单侧 ECT,若在 5～6 次治疗之后仍无效果,再换作双侧 ECT。

5.4　神经外科手术

19 世纪时,通过神经外科手术缓解大脑压力的方式在治疗精神障碍中只是偶尔为之,神经外科手术的起源得追溯到 1935 年,葡萄牙精神病学家安东尼奥·莫尼兹(Antonio Moniz)和神经外科医师 Lima 合作,施行双侧前额叶脑白质切除手术,开创了精神外科学,并将该手术命名为"Moniz-Lima"手术。这种手术可以令躁狂型的精神分裂症患者变得温顺,冲动攻击行为明显减少,在北美和欧洲医学界风靡一时。专家们有时会在寻找精神病的有效疗法时走向极端,而额叶切除术正是这种极端产生的不可靠的疗法。但是颇具讽刺意味的是,这一导致患者大脑结构发生永久改变并受到众多学者强烈批判的技术,却使莫尼兹在 1949 年获得了诺贝尔医学奖(虽然之后他被一名毫不心存感激的患者枪杀)。也就是莫尼兹获诺奖后几年的时间里,科学界终于发现了此种手术的不人道,也发明出了更温和的治疗精神病的药物。到了 20 世纪 70 年代,世界上绝大多数国家已经立法将额叶切除术列为禁止项目,精神病的治疗渐渐走入了药物治疗时代,莫尼兹的发现则被视为了诺奖之耻,给后世医学研究留下了深刻的经验和教训。

在 1935 年至 1955 年间(那时抗精神病药物刚开始出现),成千上万的精神病患者接受了前额叶切除术及相关神经外科手术,最初的手术结果报告令人振奋,对并发症(包括 1％～4％的死亡率)和不良副作用则漠不关心。然而随着接受这种手术的病例增多、随访时间的加长,医生们发现此项手术会给部分患者带来"矫枉过正"的效果——使躁狂型的精神分裂症患者变得过于安静,出现感情淡漠甚至对外界的刺激没有反应,也可能给部分患者遗留下不可逆的器质性精神障碍,如记忆力、智能下降和人格缺陷等。因此,20 世纪 50 代后,医学界基本上已经停止应用双侧前额叶脑白质切除手术治疗精神分裂症患者。

但其后的数十年至今,神经外科手术不断发展出新的手段,在治疗部分精神疾病取得了切实的效果,医学界对其的态度也从禁用到有限制地实施。2008 年 4 月 25 日,我国卫生部发布消息表示,要严格进行神经外科手术治疗精神疾病的技术审查管理和临床研究管理,对违规开展神经外科手术治疗精神疾病的医疗机构和医师将按规定进行处理。在"有限制地实施"此类手术同时,卫生部强调,"经卫生部技术审核同意的医疗机构,方可应用神经外科手术方式治疗国际学术界没有争议的、经规范化非手术方式长期治疗无效、患者脑部有器质性改变或长期频发异常脑电波、给患者家庭和社会造成严重危害的难治性强迫症、抑郁症、焦虑症的精神疾病。同时,要充分尊重患者的知情权和选择权,做好医患沟通,每例手术必须通过医院伦理委员会审查。"

5.5　心理疗法

5.5.1　心理治疗有效性的研究

多年以前,人们就开始研究心理治疗的综合效果。1980 年,Smith、Glass 以及 Miller 通过元分析的方法回顾了以往的研究,并得出"接受过心理治疗的普通人的状况最终要比 80% 没接受过心理治疗的人好"的结论。1996 年,Lambert 等陈述总结了这些研究。研究文献清楚地表明,心理咨询是有效的,不治疗和安慰剂也有相关的效果。心理咨询效果可能会相对持久。在相对较短的时间内,效果就会开始显现,随着咨询次数增多,很多来访者也会表现出较大的进步。

当我们更多地了解到某种治疗方式对某种疾病特别有效时,接下来的艰巨任务就是向临床工作者以及公众推广这种方法,并使用有效的方法培训治疗师。1995 年,在早期的循证实践中,美国心理协会采用随机对照试验(RCTs)的方法确定了 18 种治疗方法。通过实践证明这些方法对某些特定的精神障碍有突出的疗效。举例:认知行为疗法对贪食症非常有效,暴露疗法对某种特定的恐惧症非常有效,暴露反应阻断对强迫障碍(OCD)特别有效。从那之后,大量文章和书籍的关注点落在了循证干预和治疗方法的研究上(Courtois & Ford,2009;Huey & Polo,2008;Kazdin,2008;Magnavita,2010;Norcross,Hogan & Koocher,2008)。但是这些文献资料也提醒我们**临床疗效(clinical efficacy)**和**临床效果(clinical effectiveness)**是两个不同的概念。

心理治疗的临床疗效出现在某个特定的治疗研究试验中,而临床效果则是出现在治疗的常规实践中。有必要进行比较研究,比较各种精神障碍的治疗过程中两种可供选择的治疗方法的相对优势和劣势,同时还要探讨来访者、治疗师以及治疗联盟等治疗相关特质。研究治疗过程面临众多的挑战,由于治疗联盟的互动性特点,即使是表述最明确的治疗方法也很难复制。其他的挑战则存在于治疗的有效性研究之中,比如来访者的众多变量、治疗师的专业技能变量、某种严重精神障碍的变量、实验参与者与观察者的偏见、关于在真实情境中建立情绪障碍患者的控制组与安慰剂组的伦理道德问题以及如何客观评估两组治疗效果的困难。

一旦临床治疗师为某个人确定了治疗场所,那么接下来就是确定指导治疗的具体方法和策略。目前,临床治疗师有 400 多种心理治疗的方法可用(Stricker & Gold,2006),但是各种治疗方法在治疗结果上不存在有意义的区别,相反,治疗之间的相似性要多于差异。关于心理治疗的有效性已在本章前面的内容中全面讨论过。研究表明,75%～80% 的人可以从治疗中获益。

一旦证实多数人能从心理治疗中获益,那么接下来最重要的问题就是"哪种心理治疗是最有效的,这些治疗中更为有效的共同要素是什么?"尽管结论性的答案还未揭晓,但是大量的研究推断任何一种成功治疗的关键组成部分都有诸如疗愈过程的确立、积极合作的治疗同盟和治疗帮助来访者树立的希望和信念,以及处理来访者症状、发展来访者自我效能和问题解决能力的可靠治疗方式等共同治疗元素。对相关文献的元分析发现,足有70%的不同治疗模型之间的结果差异是由所有成功治疗的共同元素所致(Wampold,2001;Lambert & Ogles,2004;Frank,1991)。

正如我们已知道的那样,结果的差异更多地取决于治疗师、来访者以及他们的同盟关系,而不取决于所运用的某个特定治疗模型(Lambert & Ogles,2004)。当然,所用的治疗方法和策略对治疗结果也确实有很重要的贡献。让心理治疗效果最大化需要的不仅是理解治疗方法和策略的能力,还需要理解来访者和治疗师变量的能力。现在我们来看看当代临床实践中最常见的理论取向,我们对每种理论及其应用和有效性都做了简短的描述。

5.5.2　精神分析疗法

目前对经典精神分析疗法的有效性研究还很少,在一定程度上可能是因为治疗时间长和强度激烈,这意味着每位治疗师能治疗的来访者屈指可数。治疗师已普遍从持续时间很长的精神分析治疗以及其他持续很久的治疗转向发展短程心理治疗。然而,门宁格基金会(the Menninger Foundation)于20世纪80年代对精神分析的有效性进行了一项历时30年的研究。高达63%的接受精神分析的人取得较好或中等的治疗结果。更多详情见精神分析研究项目(Wallersten,1986)。

以心理分析的视角的心理动力学治疗疗法主要有两种基本形式:**经典精神分析和心理分析取向的心理治疗**。经典精神分析由弗洛伊德及其追随者创立,是一种密集的(每周至少三到四次)长期治疗,用以揭示来访者被压抑的记忆、思维、恐惧和冲突,治疗师认为这些都来自早期的性心理发展困扰,将帮助来访者在成年的现实生活中接纳这些问题。例如,过度讲究规则、缺乏幽默感并严格自我控制的问题或许源自幼儿早期如厕训练方面的困难。

在心理分析取向的心理治疗中,治疗仍大致基于心理分析理论的概念,但方法和理念可能远离传统的弗洛伊德理论的原理和程序。例如,很多心理分析取向的治疗师不会安排很频繁的面谈(如,一周一次),他们会与来访者面对面,而不是让来访者躺在沙发上、自己坐在来访者看不见的沙发背后。同样,治疗师原先相对被动的姿态(以聆听来访者的"自由联想"为主,几乎不给予任何"解释")被积极的交谈所取代,治疗师会试图澄清来访者扭曲的认知和问题的因果,从而挑战来访者表现出的"防御性"。人们普遍相信,这种更直接的治疗方法明显地缩短了整个治疗的时间。

弗洛伊德的经典精神分析(心理分析)是在弗洛伊德时代不断发展起来的一个治疗体系。精神分析并不容易描述,涉及的问题也很复杂,很多人对其认识都基于卡通片和其他形式的漫画,因此并不正确。我们展开讨论的最佳途径是描述精神分析疗法中的四项基本技术:(1)自由联想;(2)梦的解析;(3)对阻抗的分析;(4)对移情的分析。之后,讨论后弗洛伊德时代起精神分析治疗所发生的非常重要的改变。

5.5.2.1　自由联想

自由联想的基本原则是,个体要说出浮现在脑海中的任何内容,不论这些内容有多么私密、痛苦或看似毫无关联。来访者通常以放松的姿势躺在沙发上,不断说出头脑中一个接一个冒出来的想法、感受和愿望。为了不打扰来访者的自由联想,治疗师往往坐在来访者的背后。

弗洛伊德并不认为说出脑海中所有想法的行为是随机的。他相信,这些联想如同其他发生的事件一样被某些事物所决定。自由联想的目的是彻底发掘潜意识的内容——潜意识是心理的一部分,它从属于有意注意,但只有一小部分被意识注意到。分析解释的过程包括治疗师把来访者零散的想法、信念和行动联系起来形成有意义的解释,从而帮助他们洞察适应不良的行为与被压抑(潜意识)的事件和幻想之间的关系。

5.5.2.2 梦的解析

另一种揭示潜意识内容的重要方法是释梦。当个体入睡时,压抑的防御机制松懈,被禁止的欲望和感受可能会通过梦境展现出来。因此,梦被视作"通往潜意识的捷径";然而,一些冲动无法被个体接受,即使在梦境中它们仍然无法公开呈现,而是通过伪装方能表现出来。因此,梦的内容通常分为两种:(1)显梦,即梦实际表现的内容;(2)隐梦,令人费解,难以接受的动机借助伪装的形式得以表达。

治疗师的任务是通过研究来访者梦中显性的内容和来访者潜意识的联想来揭示梦中伪装的内容。例如,一名来访者梦见自己被海浪吞没,这或许可以解释为来访者感到自己正处于被压抑着的恐惧或敌意吞没的危险之中。

5.5.2.3 对阻抗的分析

在自由联想或释梦的过程中,个体可能遭遇阻抗——不愿意或没有能力谈论某些想法、动机或经历。例如,来访者正在谈论童年的一次重要经历,却突然转换话题,他或许会说"其实这并不那么重要"或"讨论这件事太荒谬了"。阻抗也可能发生在来访者解释他的自由联想时,或发生在面谈迟到甚至"忘记"面谈的时候。阻抗可以阻止痛苦和危险的内容进入个体的意识领域,因此,治疗师必须寻找出阻抗的来源,从而使来访者能够面对问题并学会如何在现实中处理它们。

5.5.2.4 对移情的分析

在来访者与治疗师互动的过程中,他们的关系可能变得复杂并牵扯到情感问题。来访者在潜意识中通常会把他们过去对父母或其他亲近的人的态度和情感转移到治疗师身上,这一过程便是**移情**。因此,来访者会以对那个人相同的方式对待治疗师,能感受到曾经有过的相同的爱、恨或拒绝的体验。如果治疗师能够扮演好自己的角色,保持客观的姿态,那么来访者情感负载的反应可以被解释为一种**投射**,这与当前的情境不相适,但揭示了来访者生活中的核心问题。例如,如果来访者激烈地(但错误地)谴责治疗师没有关心和注意其需求,这可被视为对治疗师产生"移情",如同儿时与父母或其他重要人物的交流方式。

为了帮助来访者理解并知道这种移情关系,治疗师可以帮助来访者洞察自己对别人的反应的意义。通过这种操作,治疗师借由拒绝与来访者建立不合适的治疗关系,引导来访者获得正确的情感体验。如果来访者希望得到拒绝和批评,那么治疗师要谨慎地保持中立态度。这样做或许能使来访者认识到自己的移情并"完成"对其父母的情感冲突,或者克服来自早年父母拒绝时产生的敌意与自我贬低。在治疗情境中,来访者若能成功克服这种与治疗师之间的情感冲突,那么其早期不良关系所造成的消极影响也将被削弱。来访者重新体验造成心理疾病的过往关系,在某种意义上是对他现实生活中所患神经症的再现,因此这常被称为**移情神经症**。

我们在这里不可能非常详细地阐述移情关系的复杂性,但是来访者对治疗师的态度往往远比我们所举例子更为复杂。来访者常常是矛盾的,不相信治疗师、认为其代表权威并对其有敌意,但同时又想从治疗师那儿寻求接纳与关爱。此外,移情的问题也不只出自来访者,治疗师也可能对来访者产生复杂的感受。这种**反移情**使治疗师不能客观地看待来访者的问题,而是一味道地附和来访者对他的移情。治疗师必须能识别并妥善处理反移情。因此,治疗师应当能够充分理解自身的动机、冲突和"弱点",这很重要。事实上,所有的精神分析师在开始独立进行治疗前,都要先对自己进行心理分析。

移情神经症的解决被认为是影响精神分析疗效的关键因素。只有当分析师成功处理反移情时,才能解决移情神经症的问题。也就是说,分析师必须明白自己对来访者行为的移情或反应。如果分析师未能做到这一点,那么这种治疗关系只不过是重复来访者成年生活中典型的人际关系问题。对移情和反移情现象的分析也是大多数从经典精神分析派生出来的心理动力理论的组成部分。

自弗洛伊德以来的心理动力学治疗发展到今天,最初的精神分析理论已经极少被运用于实践领域。它需要花费大量的时间、金钱和情感投入,可能需要几年时间才能圆满解决来访者生活中的所有主要问题。因此,心理分析/心理动力学治疗师对治疗程序进行了修改,以缩短治疗时间和费用。

5.5.2.5　客体关系、自体心理学和其他人际关系的变式

几十年来,对经典精神分析理论最大的修正是客体关系理论。"客体"指的是其他人。不论心理治疗的研究者和临床工作者是否在其理论中使用"客体关系""依恋"或"自体心理学"这类术语,越来越多的人开始关注人际关系,尤其在来访者—治疗师关系方面。

人际关系理论最大的贡献是其在"整合"各种心理治疗理论的发展运动中所起到的作用,当前众多的研究者和临床医生指出,人际关系理论在心理动力学、行为治疗、认知治疗甚至精神药理学领域都起到至关重要的作用。

心理动力的人际关系取向的治疗师们所关注的时间点大不相同:有的关注过去发生的事情;有的关注目前的人际关系(包括治疗中的关系);有的既关注过去又关注现在。大多数治疗师力图揭示造成来访者当前困境的过往发展性缘由,以使来访者意识到这些因素并改善由此带来的影响。这样的治疗通常会保留经典精神分析治疗的目标,即根据过去的经历来理解现在。它们所忽视的是精神分析中分阶段的力比多能量转化的概念,并完全摒弃了内部驱力导致精神病理学症状形成的观点。

5.5.3　心理动力学疗法

心理动力学疗法有大量经验的支撑,目前有新的证据表明其对很多状况和人群治疗有

效。对治疗结果的元分析研究和随机对照试验证实心理动力治疗对情绪和焦虑障碍、躯体障碍、C族人格障碍、精神分裂症和物质滥用都有效。一项关于边缘型人格障碍（BPD）的研究表明，心理动力治疗效果与辩证行为治疗相当，甚至超越辩证行为治疗。以上的研究和其他元分析研究都表明，长程治疗的疗效在治疗结束后仍在持续。

短程心理动力学疗法（STPP）越来越普遍。尽管这种治疗方法大量借鉴了心理动力模型，但是这种治疗的时间更短，指导性更强，并且吸纳了其他治疗技术，如认知疗法。短程心理动力学疗法中理想的来访者的特征是主动要求改变，愿意对治疗承诺，有心理学头脑，能忍受并讨论痛苦情感，聪明，有良好的语言技能，有灵活成熟的防御机制，而且来访者的焦点问题只有一个，并且至少有一种有意义的童年关系。

短程心理动力学疗法的典型结果包括缓解症状，提升人际关系，提高自尊，提高洞察力和自我意识，提高问题解决能力和成就感。这种方法能帮功能障碍不严重的个体矫正情绪体验，但不适用于抑郁障碍、焦虑障碍（尤其是创伤后应激障碍）、适应障碍、压力、丧失和有轻度人格障碍的人。短程心理动力学疗法对缓解躯体症状和改善精神病症状也有良好效果，它可能对更广泛的躯体和健康相关症状有效。

人际关系心理疗法（IPT）是被证实有效的短程心理动力治疗形式，已证实在抑郁症的治疗中 IPT 与药物和认知疗法一样有效。在哈利·斯塔克·沙利文的工作基础上，杰拉尔德·科尔曼和他的同事特别为抑郁症的治疗创立了 IPT，这是一种聚焦的、有时间限制的治疗方法，强调社会和人际关系体验。IPT 已成功应用于成人，降低了人际交往问题，减少了物质滥用。

5.5.3.1 人际关系心理治疗（IPT）

当前的心理动力学取向的心理治疗十分关注人际关系。换句话说，它们强调传统的弗洛伊德学派所指的移情和反移情现象，将这些概念扩展至困扰来访者的所有人际关系，而不仅仅在治疗关系中考虑这些问题。人际关系心理治疗理论由哈利·斯塔克·沙利文（Harry Stack Sullivan）提出，其核心观点是，所有人在任何时刻都会不由自主地调用早期习得的与他人（如我们的父母）的人际互动图式来解释目前人际关系中所发生的事情。当那些早期的人际关系存在问题的时候，如遭到拒绝或虐待，这些早期人际互动的"摄入性的"特征可能会以各种方式扭曲个体正确客观地加工目前人际关系信息的能力。因此，曾经遭受过虐待或拒绝的个体可能会内隐（潜意识）地假设这个世界通常就充满拒绝和/或虐待。源自这一信念的不信任感必然会对目前的人际关系造成消极影响。最糟糕的情况（他人对来访者的谨慎、沉默或反击）甚至可能会让来访者确信这个世界即使不危险，也令人厌恶（Carson，1982；Wachte，1993）。

5.5.3.2 婚姻与家庭治疗

治疗师遇到的很多问题显然来自人与人之间的关系。一个常见的例子便是夫妻或婚姻问题。这些例子中的适应不良行为是关系中的各个成员所共有的。把问题进一步延伸的话，**家庭系统理论**反映出家庭中任何一个成员的行为都受到其他家庭成员行为和交流模式的影响。换句话说，"系统"的产物或许该为理解与改变负责。因此，来自系统内部的问题需要通过聚焦于人际关系而不仅仅是聚焦于个体的治疗技巧来解决。

大量的夫妻由于夫妻关系问题来寻求帮助,这使得婚姻治疗不断发展成长。通常夫妻二人会一起前来治疗,治疗聚焦于澄清并改善夫妻互动与关系。尽管在婚姻治疗的开始阶段,夫妻中的一方往往认为只有对方需要改变(Cordova & Jacobson,1993),但有效的治疗则一般需要夫妻双方共同参与。

多年来,婚姻治疗的黄金定律是传统行为主义夫妻治疗(TBCT)。它强调评估并修正每个人在关系中的特定问题。TBCT采用的行为技术有强化、模仿和行为复现,最终实现关系中的行为改变。治疗师会指导夫妻双方如何增加或减少特定行为以改善他们在夫妻关系中的整体满意度。夫妻也会学习如何进行更好的交流和解决问题的技巧。

夫妻治疗中的一个难点在于夫妻之间强烈的情绪情感体验,这使他们难以感知和接受彼此关系中的真实情况。妻子常常能够清楚地看到丈夫身上存在的"问题",但却看不到自身的态度和行为对僵局所造成的影响;反之,丈夫往往对妻子的缺点具有极强的"洞察力",但却看不到自己的缺点。为了帮助夫妻改正这一问题,有时候会使用录像的方式记录夫妻间激烈互动的关键时刻。在紧张局面平息后,立即让夫妻观看录像带记录下的内容,他们会更充分地意识到彼此互动的性质。丈夫或许会第一次意识到自己在试图掌控妻子,而不是倾听并考虑她的需求和期望;妻子可能会意识到自己正在不断贬低丈夫的价值感和自尊心。

TBCT是解决婚姻问题的有效疗法,有关综述回顾了大量相关研究结果。有约三分之二的夫妻关系得到改善。然而,仍有三分之一的夫妻在治疗结束时依然很苦恼,治疗对他们没有效果。此外,即使在那些关系得以改善的夫妻中,关系再次恶化也很常见,改善并不能长久保持(Christensen & Heavey,1999;Jacobson & Addis,1993)。

TBCT的局限让研究者得出结论,聚焦于改变的治疗并不适用于所有夫妻。TBCT不再强调改变(改变有时候会产生矛盾的效果,让人们反而不想改变),它关注于接纳,包括一些策略用以帮助夫妻双方互相妥协并接受对方的不足之处。当然,TBCT并非不允许改变。在TBCT中,接纳策略与改变策略相整合,形成一种更加适合个人特征和夫妻需求的治疗形式。尽管这是婚姻治疗领域的新发展,但是初步的研究结果显示这一疗法的前景相当乐观(Jacobson,2000)。

5.5.3.3 家庭系统治疗

对一个家庭的治疗显然与夫妻和婚姻治疗相重叠,但根源有所不同。婚姻治疗是为了帮助大量来访者解决夫妻关系问题,而家庭系统治疗的起源是,人们发现很多来访者在个别治疗中得到明显改善(往往是在咨询室里),但是当他们回到家中,毛病又复发了。正如对心境障碍和精神分裂症的情绪表达研究所显示,家庭取向的观点有助于人们理解心理困扰甚至严重障碍的复发问题,这使得上述结论得到越来越多的支持。

家庭治疗中颇有影响的一种疗法是弗吉尼亚·萨提亚(Virginia Satir,1967)的**联合家庭疗法**。萨提亚强调改善家庭成员之间的不良沟通、互动方式和关系,并形成一种能够更好地满足每个家庭成员需求的家庭系统。遗憾的是,该疗法虽然很受欢迎,但并没有明显的研究结论能证明其效度(Prochaska & Norcross,2003)。

另一解决家庭功能失调的疗法是**结构化家庭治疗**(Minuchin,1974)。这一疗法基于系统理论,认为如果家庭环境可以改变的话,那么家庭成员在家中的体验也会转变,他们的行为方式也会顺应新家庭关系的要求而有所不同。因此,**结构化家庭治疗**帮助夫妇提高沟通技能并寻找更适应于解决治疗的一个重要目标就是改变家庭的组织方式,使家庭成员更好地支持彼此,并减少可能诱发心理疾病的不良互动模式。

结构家庭治疗关注当前的互动关系,它要求治疗师采取积极但并非指导性的方法进行干预。在治疗开始阶段,治疗师会通过扮演家庭成员并参与家庭互动的方式来收集家庭的各种信息、家庭的典型互动模式的结构图。通过这种方式,治疗师可以发现该家庭系统中的边界是严格固定还是充满弹性,谁在家庭中占据主导地位,当出错时谁会受到责备,等等。有了这些了解之后,治疗师会作为中介人来改变家庭成员间的互动方式,包括成员间相互影响的缠绕(过分卷入)、过度保护、严格刻板和糟糕的冲突解决技巧。"被识别的来访者"往往在避免家庭冲突中起到重要作用。

5.5.4　行为疗法

过去 50 年里的很多研究都已证实行为疗法的价值。暴露疗法有助于缓解强迫症的症状。系统脱敏疗法有助于治疗特定的恐惧症和广场恐惧症。尽管暴露疗法的使用有很多需要注意的地方,但强烈的、长时间的暴露,同时辅以药物,已证明对广场恐惧症有很好的效果。

行为疗法(behavior therapy)对品行障碍、精神迟滞导致的行为困难、尿床、物质依赖障碍和家庭冲突的治疗是有效的。对行为疗法有较好反应的其他障碍类型:冲动控制障碍、性功能障碍、对立违抗障碍、性欲倒错、睡眠障碍、焦虑障碍和情绪障碍(Barlow & Durand,2008;Nathan & Gorrnan,2007;Roth & Fonagy,2005)。

能从行为疗法中获益的人大多数是那些主动要求改变、能完成家庭作业或自助任务的人,并且他们有朋友和家庭成员支持他们改变的努力。文献记载了很多关于行为疗法有效性的积极的报告。然而,对行为疗法有效性的评估由于有策略和变量过多而很复杂。治疗方法和具体技术的持续时间是决定行为疗法有效性的关键变量,比如一次两小时的暴露治疗似乎比四次半小时的暴露治疗更为有效,如果暴露时间不足够长就不足以消退焦虑反应,反而会增加焦虑。其次,对恐惧症、强迫症和性障碍的治疗,基于行为的暴露疗法比运用想象象征符号程序的方法更加有效。尽管在促进来访者坚持行为疗法计划中支持比对抗好,但是在能准确确定如何让这种强有力的治疗方法最好地被运用之前还需要更多的研究。

尽管行为激活疗法(BAT)的要素很早就有了,但是最近这种治疗方式的发展才加快,并对抑郁症和共病障碍的独立治疗获得实证支持。BAT 的基本前提是情绪导致了行为(穷思竭虑、回避行为)的反复发作,久而久之使人束手无策。激活抑郁症患者会表现出不同的行为,计划、安排这些行为,并强化给予,那么积极的改变就会发生。BAT 能被整合到多数理论取向中而被应用(Sturmey,2009;Martell,Dimidjian,2010)。

5.5.5　认知疗法和认知行为疗法

认知疗法(cognitive therapy)由贝克及其同事(Beck,Rush,Shaw & Emery,1979)创

立,是被研究最多的治疗形式之一。认知疗法假设人们的思维是一种动态表征,是关于他们如何看待自己、如何看待他们的世界观、他们的过去和未来的(换句话说,就是他们可感知的领域)。认知结构被看作是人们情感状态和行为模式的主要决定因素。通过认知疗法,人们能了解他们的不良认知并能矫正不良的自动化思维和图式,矫正能促进个体整体的改善。治疗强调的是当下,并强调两次会谈之间作业的重要性。

认知疗法通常结合行为疗法,这两种方法之间的早期竞争已经演变成对两者整合价值的互相欣赏和认可。认知行为疗法已被证实有效治疗了大量的疾患,包括:单向抑郁症,多数类型的焦虑障碍,儿童焦虑和抑郁,贪食性神经症,物质滥用障碍,跨诊断障碍如愤怒、冲动和慢性疼痛。

对认知行为疗法(cognitive behavioral therapy,CBT)的批评主要集中在快速定下治疗方案,洞察不深刻,没有深度。但是,有研究推断 CBT 也有持久的效果,在有些个案中结束治疗后效果至少会持续 7 年。实际上,CBT 在降低复发率上有优于药物的长期优势。

辩证行为疗法(DBT)由 Linehan(1993)创立,她是在与有边缘型人格障碍的来访者工作中创立的 DBT,该方法已取得一些成功。以认知行为疗法为基础,DBT 整合了大量支持性和领悟取向的治疗方法。目前,关于将 DBT 运用于青少年和有自杀想法、抑郁和自伤行为等个体的研究表明,DBT 是一种有效的方法,能降低住院率、减少自伤行为(割伤)、缓解抑郁情绪。DBT 也适用于治疗饮食障碍、反社会人格障碍、物质滥用与边缘型人格障碍(BPD 共病)。

接纳与承诺疗法(ACT)(Eifert & Forsyth,2005)可以以其首字母来描述:接纳想法,选择尊重来访者的目标,分步骤塑造目标行为。在临床实践中,ACT 以关系框架的力量为基础,协助人们理解他们是如何陷入自己想法的困境里的。通过东方文化的正念练习来不评价、不假思索地接纳他们的想法,然后来访者就能转到治疗的行动阶段。

对多项有关 ACT 的随机对照研究进行元分析,结果表明虽然 ACT 对各类精神障碍的治疗效果比不治疗更为有效,但是没有决定性的证据表明 ACT 优于其他疗法(Powers,Zum Vörde Sive Vörding & Emmelkamp,2010)。这些随机对照试验是在运用 ACT 对抑郁症、海洛因依赖、疼痛障碍、抽烟以及职场压力的治疗中进行的(Seligman & Reichenberg,2010)。

5.5.6　人本体验式疗法

人本体验式疗法始于卡尔·罗杰斯以人为中心的治疗(1951,1965),强调影响来访者体验改变的重要性。人本主义治疗假设人们重视自主和反思问题、做出选择和采取积极行动的能力,而且人本体验式治疗师会促进情绪的表达和处理,加强个体的情绪处理技能,帮助他们控制和调节情绪的唤起,最终扩大意识和增强自尊(Gendlin,1996;Greenberg & Watson,2005)。

人本体验式范畴之下的具体方法包括以人为中心的疗法、格式塔治疗(Perls,1969)、过程体验/情绪聚焦疗法(PE-EFT)、夫妻关系提升疗法、加强夫妻关系疗法和动机会谈(MJ)。

直至现在,几乎没有关于人本治疗效果的对照研究,但是随着对照结果研究的数量增加,有证据表明这些治疗方法对一定范围的疾患有缓解症状和提升功能的效果,这些疾患包括酒精滥用、焦虑障碍、人格障碍、人际交往关系、抑郁、癌症应对、创伤、婚姻问题,甚至精神分裂症(Bozarth,Zimring & Tausch,2001;Cain & Seeman,2001;Elliot,2001;Gottman,Coan,Carrere & Swanson,1998;Johnson,2004)。

　　有限的元分析有一个共同的结论:人本主义疗法是有效的;人本治疗比不治疗更加有效;治疗的效果在治疗后的 12 个月内能保持稳定。CBT 显得比以人为中心的疗法和非指导性的支持治疗有一定的优势,但是更具有指导性的治疗,如格式塔治疗、夫妻情绪聚焦治疗和过程体验治疗等至少跟 CBT 一样有效。Elliott 指出在处理具体的问题或特定的人群上,以人为中心的疗法即使不比 CBT 更有效,也能跟 CBT 有一样的效果(Elliott,1995,2001;Greenberg,Elliott & Lietaer,1994)。

　　动机会谈能帮助人们解决他们在改变和治疗承诺等方面的问题。一般在对难于治疗(较为困难)的障碍进行治疗之前安排动机会谈,这些较为困难的障碍包括抑郁、酗酒和物质相关障碍、赌博和饮食障碍。MJ 能增加治疗中个案的保留率,以及降低个案在 3 个月后的脱落率(Connors,Walitzer & Dermen,2002)。

5.5.7　其他治疗方法

　　尽管心理治疗效果的多数实证研究主要集中在心理动力、行为主义、人本主义和认知的方法上,但是其他领域的研究也正在增多。而且缺乏实证研究也并不意味着这种治疗是无效的,相反,研究始终表明没有一种理论取向可以做到明显地比任何其他方法更加有效。其他可能有效的方法还有以下一些。

5.5.7.1　阿德勒方法

　　目前使用得越来越普遍,尤其是在治疗儿童行为障碍、家庭和其他人际冲突、轻度抑郁和焦虑以及关于目标和方向的问题方面。

5.5.7.2　存在主义心理疗法

　　最适合功能相对良好的患有轻度抑郁和焦虑,或因为情境而引发生活意义和方向问题的人们。对于需要应对危及生命的疾病,处理痛苦和丧失的问题,以及应对人生转变的人们,存在主义治疗通常很有效。

5.5.7.3　格式塔疗法

　　在德语中,"格式塔"这一术语指的是"完形",格式塔疗法强调心身统一———非常强调思维、情感和行动的整合。格式塔疗法由皮尔斯(Frederick Perls,1967,1969)创立,用以指导来访者识别被意识所阻挡的躯体过程和情绪。与来访者中心疗法一样,格式塔疗法的主要目标是增加个体的自我意识和自我接纳。

　　尽管格式塔疗法常用于团体情境中,但是它强调在某一刻关注某一个人,治疗师把注意力集中于一名来访者身上,帮助其识别尚未意识到的自我或世界。治疗师或许会要求来访者表现出自己的感受和冲突,或者要求来访者坐在一把椅子上代表冲突的一方,随后再换坐另一把椅子代表冲突的另一方。治疗师或其他小组成员往往会提问如"您此刻意识到自己身体内发生了什么?"或"当您想到那件事的时候,您内心感受怎样?"

在皮尔斯的治疗理论中,治疗师还需要用大量注意力关注来访者的梦,但是关注重点与经典的精神分析完全不同。在格式塔理论中,梦的所有元素包括看似不合逻辑的、非个人的内容,也被视作做梦者自我中没有公开部分的表现。治疗师要求来访者暂时不要对此进行评判性的评价,而是去体验梦中的内容并报告自己的感受。

5.5.7.4　基于正念的疗法

40多年前,乔·卡巴金(Jon Kabat-Zinn,1982,1990)创立了正念减压疗法(MBSR),用于治疗疼痛和慢性疾病。MBSR强调当下的觉察、冥想和放松技术,帮助人们缓解与生理疾病有关的疼痛,减少压力,提升情绪和思维的自我调节能力,减少不良行为,如抽烟、无节制的饮食、失眠和酒精及物质相关障碍(Selignan & Reichenberg,2010;Walsh & Shapiro,2006)。现在很多治疗师在吸纳东方思想,如正念(Linehan,1993)、接纳(Brach,2000;Eifert & Forsyth,2005)、情绪转化(Goleman,2003)、强调利他主义和服务(Walsh,2000)。在有关治疗效果的大量实证研究中,亚洲的治疗师仅次于行为治疗师,许多临床治疗师将冥想和瑜伽整合到压力调节中,并将之纳入他们的治疗计划中,或将之作为整体治疗方法的一部分运用于治疗实践中。

5.5.8　整合性治疗方法

整合的方式是指为了使治疗积极效果的可能性最大化,将治疗方法和治疗策略整合成一种符合逻辑的系统方法。整合性方法不同于食谱般的方式,某种障碍治疗就明确指定运用某种治疗方法,也不同于折中的方法。调查结果反映出临床实践上转向整合或折中治疗,将近34%的心理治疗师、23%的咨询师和26%的社会工作者描述他们的首要理论取向是整合性或折中的取向(Prochaska & Norcross,2010)。

反诊断疗法能处理各种各样的精神障碍中的一般症状,已成为一种新的发展方向。这对于难以治疗的精神障碍特别有帮助,如饮食障碍、酒精和物质滥用障碍。众多能从临床关注中获益的精神障碍都存在三类症状:愤怒、情绪紊乱和冲动。

再次说明,因为还没有发现某种治疗取向比其他方法更为有效,因此以一种固定理论取向为背景的临床治疗师若能从其他理论和干预策略中吸取精华,制订符合特定来访者需要的治疗计划,这是最有帮助的(Seligman & Reichenberg,2010),或者他们将两种互补的方法整合成一种新的疗法,如整合行为疗法和经验治疗法为接纳和承诺治疗方法(Eifert & Forsyth,2005)。

正如我们看到的那样,有这么多共同因素存在于治疗之中,这表明心理治疗没有那么多独立的方法,只是存在很多确定主题较少的变量。治疗方法间存在这么多的共性,随之就产生了一个有趣的问题:治疗方法之间是真的存在差异,还是这些治疗方法有不同的效果?不同治疗方法产生了明显不同的效果,如果排除具体治疗联盟的影响因素,那么不同效果的产生更多的是因为特定治疗师的原因吗?现在让我们转到成功治疗中一个强有力的影响因素——治疗同盟和治疗技术。

5.5.9　治疗同盟和治疗技术

1.治疗同盟

治疗同盟是来访者和治疗师之间协同发展起来的合作工作关系。虽然治疗同盟不是干预方法,但是治疗同盟明显地促进了治疗结果。事实上,如果没有治疗同盟,就没有积极的治疗结果。那么,在治疗过程中发展、维持和修复同盟关系,便成为治疗师关注的重要甚至关键的临床焦点。

近几年,治疗同盟已成为心理治疗中研究最多的变量之一。最近,美国心理学会的两个特别工作组合作查阅分析了20余项关于治疗同盟促进有效治疗结果的具体变量的元分析研究。感兴趣的读者可以参阅《心理治疗联盟起作用(第2版)》(Norcross,2011),书中有完整的结果。以下是一些支持性研究结论的摘要。(1)治疗同盟属于循证实践的一部分;(2)治疗同盟在所有治疗形式(如心理动力、人本主义、认知行为方法)和所有干预类型(个体治疗、团体治疗、伴侣治疗)中都是有效的;(3)同盟在创建有效治疗中起到连接各种变量(如治疗师和来访者的特征、干预方案的选择)的作用;(4)练习和治疗指南中应该包含治疗师能够促进治疗同盟的行为;(5)关系要适应来访者的需要,从而加强治疗效果。

2.共情

治疗师的共情和来访者的治疗成功之间存在显著相关。对于治疗师来说,良好的共情也能预测更好的结果。

真正的共情不只是刻板地重复来访者的话,而是要有怜悯之心,怀有极大的兴趣,就好像治疗师步入他人的心灵之旅一般。在《存在的方式》(A Way of Being)中,罗杰斯(1980)这样描述共情:"意味着进入他人的私人知觉世界……敏感地,一步步地,改变他人不断感受到的意义。"当来访者真正地感到被倾听时,他们会更轻松、更深入地探索感受。运用恰当的共情,治疗师就能选择符合来访者当下需求的干预方式。格林伯格、沃森、埃利奥特和博哈特(Greenberg,Watson,Elliott & Bohart,2001)确定了共情对治疗结果有贡献的四种方式:(1)情感理解提升来访者满意度,从而增加自我表露,听从治疗师的建议,感到安全。(2)共情能矫正情感体验。(3)共情促进探索,建构意义,促进情绪再处理。(4)共情能激发来访者自我治愈的能力。

一致性和真实性。治疗师要真实、可靠,不可以提供虚假的职业面具(Rogers,1957)。治疗师的思维、情绪和行为之间要有一致性,这背后的前提是治疗师已有非常好的自知力,能处理自己的事务,不会心怀愤怒或鄙视。真实和一致的治疗师可能会营造一种环境,来访者可以在其中探索情绪,并以治疗师为榜样。

热情和积极关注。治疗师对来访者的关注要始终如一地积极。这份关注是无条件的、非评判的,不以来访者可能的言行作为反应的基础,而是以对另一个人的理解和关爱做出反应。治疗师通过共情和理解来表达对来访者的关注。

合作和目标一致。一种积极和不断发展的过程,能增强来访者的幸福感。成功的治疗师尊重并征求来访者的反馈,不会以自己的行事议程来推进治疗,不会在治疗目标确定下来之前就开始解决问题。

治疗同盟究竟如何促进治疗的成功结果仍然有很多问题需要研究,如变量的定义、理论的定义和研究方法等。调查发现,同盟对治疗结果的影响占到10%～30%(Horvath & Laborsky,1993;Lambert & Barley,2001;Martin,Garske & Davis,2000)。Martin及其同事对79项关于治疗同盟的研究进行元分析,发现尽管同盟对结果只有中等效果的影响(0.22),但是其效果在大量研究结果中都是一致的,而且不与其他变量相联系。有理由验证此假设:"同盟关系本身是一种治疗。"

换句话说,如果在来访者和治疗师之间形成一个好的同盟关系,那么无论运用哪种治疗方法,来访者都会体验到治疗的关系。Krupnick及其同事(1996)发现即使当首要的干预是药物时,治疗同盟仍然对结果很重要。医学专家,尤其是医生和精神科护士,更加关注积极治疗同盟的重要性(Prochaska & Norcross,2010)。

3.建立治疗同盟

治疗师能通过以下方式促进可靠工作同盟的发展:(1)角色指引(role induction)能帮助来访者学着如何做一名来访者,如何很好地利用治疗会谈。(2)公开说明治疗师的背景和治疗程序。(3)治疗师和来访者对现实目标和任务达成协议。(4)治疗师要求来访者的反馈。

角色指引能帮助来访者促进态度的改变,能促进积极的结果。在角色指引中,来访者以治疗过程为方向,并且会得到一些清楚的资料,关于他们对治疗的期待是什么,治疗师能提供什么,以及治疗将是什么样的。来访者对治疗过程的参与是与积极治疗结果有关的一个变量。Duncan等(2010)强调治疗师作为一个人的品质的重要性,以及治疗师对治疗的积极影响。对治疗师有积极的认知、相信重点是他们自己的目标和期待以及对治疗节奏感到舒服的来访者更有可能成为成功的来访者。同等重要的还有来访者的能力,以及治疗师自己也参与到共同的努力中。

成功的治疗同盟为来访者接受治疗并忠实地进行治疗,并为缩小过程和结果之间的差距创造了可能。但是治疗不应该只限于关注这些状况,还应该关注来访者的偏好。Bordin(1979)提出治疗同盟的三个重要层面:(1)来访者和治疗之间的情感纽带。(2)来访者和治疗师关于治疗目标的一致性。(3)共同努力处理问题。50年来的研究一致表明,在所有治疗方法和形式中,治疗同盟对于达成良好结果都很重要。但是有效治疗十分复杂,包含许多有协同关系的变量,而不是简单地给人们匹配适合的治疗方法(Norcross,2011)。

修复破裂的同盟。如果来访者认为同盟是积极的,则该来访者更可能会积极治疗,达到积极的结果,并认为治疗是有益的,所以治疗师应该常规地倾听来访者对治疗的反应。这些倾听能在破裂出现时提供一个修复的机会,事实上,研究也发现这个过程能强化治疗同盟(Greenberg & Watson,2000;Safran,2011)。

治疗师要处理反移情。如果治疗有效果,那么反映给来访者的治疗师的反移情必须予以处理。治疗师能通过共情、觉察自己的情感和寻求治疗或督导来保护自己不受这些反移情情感影响(Hayes,Gelso & Hummel,2011)。

家庭同盟。与整个家庭工作时,治疗同盟的形成需要与个体治疗不同的技巧,通常包括在多代系统中建立多重同盟。贝克等提到,因为"治疗师与一名家庭成员的同盟跟治疗师与其他成员的同盟会互相影响",所以任何单一的同盟都不应该孤立起来考虑。关于治疗师和家庭之间同盟的多元研究发现,如果满足以下情况,一个强大的同盟就更可能建立:(1)家庭赞成治疗师制定的目标,深信治疗会带来积极的改变,跟治疗师有良好的情感联系。(2)治疗师促进融洽的关系和表现热情。(3)治疗师是积极的,并且有幽默感。(4)治疗师在会谈中积极主动(Beck,Friedlander & Escudero,2006)。

来访者对同盟的看法,而不是治疗师对同盟的看法,是对治疗结果最好的预测指标。然而,在 Quinn 及其同事对家庭调查的研究中,发现女性对同盟的看法比男性的看法对于预测结果更为重要。相反,当家庭成员不信任咨询过程或在目标上没达成一致时,家庭系统和治疗师之间的同盟关系就会较差(Quinn,Dotson & Jordan,1997)。Robbins 和 Alexander 等(2003)认为就像个体治疗那样,治疗同盟在家庭治疗中能在治疗早期(最开始的第 3 次或第 4 次会谈)就已建立,也能预测结果。

不干预

有时候最好的干预方式就是不干预。尽管已证明治疗有效,但大约5%～10%的接受心理治疗的人在治疗中情况恶化(Lambert & Ogles,2004)。尽管关于心理治疗有不良效果的研究几乎没有,但是对以下人群建议最好不做治疗。(1)对治疗有不良反应风险的人群(如患有严重自恋、边缘、强迫、自毁或对立人格模式的人群)。(2)有过治疗失败经历的人。(3)需要提供诉讼或残疾证明的人,他们可以从不治疗中获益。(4)没有反应风险的人群,如动机不良但有行为能力的人,诈病的人或有人为障碍的人,还有那些看似因为治疗过程而退行的人。

不治疗的建议是为了保护来访者免受伤害,防止来访者和治疗师浪费时间,延迟治疗直到来访者更愿意接受治疗,得到更重要的收获,给予人们信号——他们不治疗也能够恢复。尽管不治疗的选择也有理论意义,但是临床治疗师并不常用这个选择,至少部分原因是预测谁将不会从治疗中获益很困难,存在的风险还包括阻止有些人治疗,但这些人却是真正能从中获益的。然而,治疗师可能会更多考虑这个建议,尤其是对当前短期且有成效治疗的强调。

4.治疗技术

指导与唤起

指导性的方法被视为包含了认知和行为疗法,此类技术有系统脱敏、暴露疗法、积极强化(包括代币制、契约、消除不良行为)、策略性技术(如建议、矛盾法、隐喻)、幽默、家庭作业和阅读疗法。在所有这些方法中,治疗师都担当了一个权威的角色,清楚地定义目标,设计具体的改变外显和内隐症状的计划。

Malik 等研究检验了 8 种治疗方法,心理动力疗法是指导性最少的方式。尽管心理分析的特色是有一位非常权威的治疗师,但是心理分析技术,如自由联想,却是唤起式或体验式的方法。过程—体验疗法,如人本主义、格式塔或以人为中心的疗法,也是低指导性、高唤起式的方法,强调治疗师与来访者的相互作用,鼓励来访者自己选择主题或处理模型。此类方法强调宣泄和精神发泄,真诚、共情和情感反应、支持、赞扬、真实性和无条件的积极关注。治疗重点一般取决于来访者,因此需要不同程度的指导。

探索与支持

探索性与支持性方法在文献中很少提到,但具有理论意义,而且经常被看作治疗的重要方面之一(Rockland,2003;Wallerstein,1986)。探索与支持维度,就像指导与唤起维度一样,存在于一种连续谱上。强调探索的方法通常是探查、解释和分析,强调自知力、成长和对以往影响及行为模式理解的重要性。反之,强调支持的方法倾向于关注当下、强调症状,更多是行为导向的。心理分析和心理动力治疗强调探索,运用的技术有自由联想、移情分析、梦的分析、解释。该连续谱的另一端以行为模型为代表,强调当下,强调限定、可测量的改变,也强调积极应对机制的强化。以人为中心的咨询,尽管行动导向弱些,但也算是支持性方法,它强化了来访者的力量和自我指引的作用。

当然,连续谱每个末端的模型以及中间的模型,都不可避免地包括探索和支持两种方法。它们的差异以探索和支持之间的平衡来区分,而不是以其中一种缺失来区分。比如,Rockland(2003)概述了用心理动力方法来进行支持治疗,其间既有支持性干预,也有探索性干预。为了使支持水平恰当地适应来访者的需要,Rockland强调增强自我功能、现实检验和思维清晰,而不是试图解决无意识冲突。

Wallerstein(1986)关于治疗重点的案例研究显示,认为洞察对于改变未必是必需的。有45%发生的改变不仅限于获得了洞察,而其中只有7%的人洞察超过了发生的改变。在这些案例中,支持性治疗比预期的效果更好,而且并不比探索性治疗的效果差。尽管支持性治疗形式缺乏经验支持,但是Schnyder(2009)发现70%的治疗都是支持性治疗,不管有没有辅以药物治疗。

其他方面的重点

其他方面的重点包括治疗的平衡,强调过去、现在或未来;在发展治疗同盟关系的同时,还需要考虑如何使得一种治疗方法适用于某个具体的人。比如,临床治疗师给很多来访者使用CBT,但是对每个人的具体应用都有所差别。就制订治疗计划的重点而言,临床治疗师应该也要考虑所选择的理论导向中需要被强调的元素是什么,哪些治疗进展会被低估。比如,有的CBT治疗可能主要强调行为,而有的CBT则更关注其思想。

尽管多数治疗师可能会用直觉去判断他们的来访者是从高水平探索还是低水平探索中获益,以及是从高水平支持还是低水平支持中获益,并判断要强调哪些治疗方面,但是促进有效治疗计划的这些维度仍有待于进一步研究。

5.6 心理治疗与社会

从心理健康学术界内外都传出了批评之声,人们认为,心理治疗试图让个体适应这个"病态的"社会,而不是鼓励他们改善社会现状。因此,心理治疗常被视为社会现状的守护者。这一问题在其他文化背景下或许更容易看清。尽管几乎没有国家会承认在大多数工业化社会中,精神病学被用于控制政治批评,然而治疗师有可能在某种程度上变成社会价值观的"看门人"。当然,这样的控诉把我们带回在第一章中曾经提出的问题:我们所指的异常的标准是什么?这个问题只能根据我们的价值观来回答。

社会价值观与心理治疗

更广泛地说,价值观在科学界所扮演的角色是相当复杂的。心理治疗不是或者至少不应是一种道德规范体系,它是治疗师用来帮助来访者追求个人幸福的一组工具。因此,心理健康专业人员所面临的问题与一般的科学家所面临的问题相同。例如,一名物理学家在研发热核武器的时候是否要从道德上考虑这些武器将被如何使用?类似,一名心理学家或行为学家创立了能够影响或控制他人行为的有力技术时,是否也要考虑这些技术将被如何使用?

很多心理学家和其他科学家试图回避这一问题,他们坚持认为科学是没有价值观可言的——科学只需考虑如何收集事实,而不必考虑它们将被如何应用。然而,每当治疗师决定去除某种行为或用某种行为替代另一种行为时,他们所做的便是价值判断。例如,一位年轻妻子因酗酒的丈夫对其虐待而产生抑郁,治疗师是否会认为这是需要"治疗"的障碍?或者他们在面对异常的婚姻关系时,是否会不仅仅看到个体的病理症状?治疗发生在一个涉及治疗师、来访者及其所处社会的价值观的环境中,治疗师承受着来自来访者家庭、学校、法院和其他社会机构的重压,他们要帮助人们适应这个社会。与此同时,治疗师还要面对很多相反的压力,尤其是那些寻求支持的年轻人,这些年轻人希望(有时过度了)成为真正的独立的人而不是盲目的随波逐流者。

在治疗师所面临的两难处境的案例中可见一斑。例如,一名15岁的高二学生被送至治疗师处,父母发现她与男友发生了性关系。女孩告诉治疗师,她很享受这种关系,并不感到内疚或自责,即使父母强烈反对她这么做。此外,她说她已经充分意识到了怀孕的风险并仔细地做好了避孕措施。在这个案例中,治疗师该扮演什么角色?他是否应该鼓励这个女孩遵照父母的意愿,等年龄再大些、更成熟些以后再与别人发生性关系?或者他是否应该让女孩的父母适应女儿所选择的性行为模式?治疗师的目标应该是什么?个体的行为尽管不具有破坏性或并不失调,但却引起了家人的关注,家人希望治疗师"修正"这些行为,因而让这样的个体来接受心理治疗是常见的事。

心理治疗与文化多样性

来访者与治疗师之间能否建立与维持有效的心理治疗"工作联盟"在决定治疗成功与否方面起到了关键的、不可或缺的作用。当来访者与治疗师的生活背景完全不同时,这意味着什么?

目前几乎没有可靠的证据表明,心理治疗的效果会因为来访者与治疗师的种族差异而减小(Beutler,1994;Sue,1994)。然而,在心理治疗研究中,少数民族被试很少,这对于充分评估他们的需求及治疗结果造成了困难(Nagama Hall,2001)。此外,缺少受过训练的熟悉不同民族文化的治疗师是治疗行业的一大缺点,因为特定的问题往往与特定的人群联系在一起。同样,也缺少类似这样的调查研究,帮助理解文化与种族对人们接受生理与心理治疗的影响。还需要对这一领域进行更多的研究和关注与行动。

6 生命早期中出现的障碍

6.1 出现于婴儿期、儿童期或青少年期的障碍

6.1.1 概述

本书其他章所讨论的精神障碍主要是因为症状相似而联系在一起,而本章所讨论的障碍是因为它们都发生在生命的早期阶段,都主要存在于婴幼儿、儿童以及青少年中。本章同样也简述了其他章所论述的障碍在儿童时期的特征。虽然本章叙述的精神障碍主要出现在儿童期,但很多障碍也会持续到成年。Patel 等认为成人精神障碍患者中约 50% 始发于儿童青少年时期。大概 20% 患有慢性障碍的儿童,他们的问题会持续一生。

由于在生命早期神经系统进行了关键的生长发育,所以又被称为**神经发育时期**。但是,神经系统不仅仅是在个体生命早期生长发育,而且过了发展关键期仍然继续发展着。

20 世纪之前,儿童相关的适应不良模式没有得到任何关注,更没有对儿童精神病理学的独特性予以关注。20 世纪初,随着精神卫生运动的兴起和儿童指导机构的建立,对儿童与青少年适应不良行为模式的认识、评估和治疗才向前迈进。直到 1952 年,儿童心理障碍才正式出现在诊断分类体系 DSM-Ⅰ中,不过 DSM-Ⅰ中仅包含两种儿童心理障碍。虽然之后对于儿童心理障碍的重视日益提高,其研究、诊断分类以及治疗得到不断发展,然而直到今天,儿童精神病理学方面的进展依然远滞后于成人精神病理学。事实上,对儿童问题的描述最初只是作为成人诊断手册的最后附加部分。普遍的观点是将儿童看作"微型的成人",但是这种观点并没有认识到与儿童或青少年正常发展变化相关的那些特殊问题。直到最近,临床专家才意识到,如果不考虑这些发展过程,就无法完全理解儿童的障碍。同时,对于理解成人的障碍也是一个极其重要的视角,越来越多研究者认定,成人的外表下有着"内心的小孩"。如今,虽然对异常儿童进行研究和治疗的工作已经取得了很大进步,但是大多数患病儿童仍然没有得到应有的心理关注。

儿童青少年占总人口的 40%,据 2005 年 WHO 报告,在发达国家及少数发展中国家,儿

童青少年精神障碍的患病率为 12%～29%。WHO 明确指出儿童青少年时期的精神障碍是全球主要的疾病负担，占用了全部精神障碍 1/9 的医疗资源。美国（NIMH）2005 年的一项调查显示，约有一半以上的精神障碍开始于 14 岁以前，同时发现焦虑症概率最高（28.8%），其次是破坏性行为和注意力障碍，包括注意力缺陷多动障碍、品行障碍以及对立违抗性障碍（24.8%），然后是心境障碍（20.8%）和物质滥用障碍（14.6%）。这些障碍都有可能持续患者的一生（Kessler，Berglund et al.，2005）。费尔哈斯特（Verhulst，1995）根据在多个国家的 49 项研究显示，儿童心理疾病的平均患病率为 12.3%。不同研究使用了不同的评估患病率的方法，也采用了不同的样本。大多数研究发现，相比于女孩，男孩的适应不良更普遍。安德森及同事（Anderson et al.，1987）发现，11 岁儿童中有 17.6% 患有一项或多项障碍，男孩与女孩的检出比率为 1.7∶1。最为常见的障碍是注意缺陷/多动障碍和分离焦虑障碍。有研究者（Zill & Choenburn，1990）按照性别分别报告了儿童障碍的患病率，男孩在童年期及青春期患有情绪问题的比率更高。但是在饮食障碍等问题上，女孩的患病率高于男孩。

目前，中国尚未有全国范围内系统的关于儿童青少年精神障碍的流行病学调查资料。

6.1.2　发展精神病理学

儿童中的很多问题行为以及适应问题都发生在正常的成长过程中。大脑是逐步发育成熟的，即使在青春期后期（19 岁至 20 岁）仍在发育，而心理成熟与大脑的发育有关。考虑到处于成长与发展的不同阶段，在童年期、青春期与成年期有不同的人格发展方式，面临着不同的应激源，因此发现适应不良行为在这些阶段中的差异是一定的。发展心理学（developmental psychology）以及更为专业的发展精神病理学（developmental psychopathology）这两个领域以正常发展过程为背景，致力于研究个体适应不良的发生与发展。

有一些心理障碍，例如分离焦虑障碍，仅见于儿童群体。其他的如注意缺陷/多动障碍已经被明确界定为儿童期障碍，但病症可能会持续到成年之后。另外如抑郁症等障碍，可起病于童年，但在成人中也较常见。

在考察每个儿童的行为时，很重要的一点就是将其放到正常的儿童发展背景下去考虑。如果无法确定某种行为对儿童所处的年龄是否合适，就不能判断一个儿童的行为是否异常。例如，对 12 岁儿童来说，乱发脾气与吃一些不可食用的物体可被视为异常行为，但是对于 2 岁的儿童来说则不是。尽管在不同年龄阶段儿童心理障碍存在某些差异，但是童年期与青春期或者青春期与成年期的适应不良模式并不存在明显的界限。因此，在本章中，尽管我们关注的是儿童与青少年的行为问题，但还是不可避免地会涉及生命后期的一些行为障碍。

儿童期障碍常划分为两个领域：**外化障碍**和**内化障碍（externalization barriers & internalization barriers）**。**外化障碍**多表现为指向外部的行为，如攻击性、不合作、过度活跃、冲动等。该类别包括注意缺陷多动障碍和对立违抗性障碍。**内化障碍**多表现为专注内在的体验和行为，例如抑郁、社会退缩和焦虑，该类别包括儿童焦虑障碍和心境障碍。像儿童和青少年可能同时表现出这两个领域所包含的症状。有研究显示,外化障碍在男孩中更为普遍,而内化障碍在女孩中则较为普遍。

文化对内化和外化行为问题的影响,表现在文化的价值和习俗对儿童发育过程中形成某种行为模式起到一定的作用,也对我们是否将儿童的某种行为模式诊断为问题行为有所影响。一项来自泰国的研究发现,带有内化行为问题的儿童,例如恐惧症患者,是泰国最常见的临床病人。然而在美国,外化行为问题例如攻击行为、多动症等则更加常见。对儿童内化障碍和外化障碍的测量方法在两国间没有差异,但是这些领域内特定疾病的测量则有差异。两国的男孩中躯体主诉较为一致,害羞则不一致;而在两国的女孩中,害羞均较为常见,但是语言攻击行为的发生率则不一样(Weisz,Weiss,Suwanlert,et al.,1991;2003;2006)。

心理病理学领域具有跨文化研究的重要性。我们不能简单地认为在美国编制的心理病理学测量方法在不同文化中也能够同样适用。上文提到的这些研究者认为:父母的教养方式、信仰和价值观,甚至父母怎样描述他们孩子的行为问题,在不同文化中都可能是不同的。心理病理学的理论对病因的解释应该包括这些因素,这也成为心理病理学领域一个亟待完成的挑战。

6.1.3　多样化的临床表现

儿童期障碍的临床表现与其他生命阶段的障碍有所不同。与成年期的情绪失调相比,童年期的一些情绪失调可能相对短暂和广泛。然而,一些儿童期障碍却会严重影响日后的发展。Kuperman 等研究发现,曾经作为儿童精神病患者(5~17 岁)接受住院治疗的个体,在随后的 4 至 15 年跟踪研究中,呈现出过高的非自然死亡率(是正常人群的两倍);另外显示,自杀是这些人死亡的最主要原因,他们的自杀率显著高于普通人群。

多样化的临床表现还表现在儿童对心理问题有特殊易感性(Ingram & Price,2001,2009)。主要的解释理由:(1)儿童对自己和世界还没有形成复杂而现实的看法,自我理解能力较差,没有发展出稳定的同一性;而且他们对于应该做什么、可以利用哪些资源来解决问题,也没有清晰的认识。(2)儿童往往过分看重当下所感知到的威胁,因为他们不会考虑到过去或未来而加以调节。因此,在应对压力事件时,儿童会比成年人遇到更多的困难。例如,儿童在灾难过后容易罹患创伤后应激障碍,特别是那些家庭环境不好的儿童,因为在这样的家庭氛围中,除了自然灾难产生的问题之外,还存在其他应激。(3)儿童的视角有限,会使用不现实的想法来解释事件。例如,一个儿童自杀,可能只是想与过世的父母、兄弟姐妹或宠物重新联系在一起。对于年幼的儿童来说,他们也许会自杀或对别人使用暴力,但可能根本不理解死亡的真正后果。(4)儿童更依赖他人,这种依赖在某种程度上被视为应对危险的缓冲器,因为周围的成人可以"保护"儿童免遭环境的应激冲击。但是,如果成人由于自己的问题而忽略了儿童,这种依赖又会导致儿童容易遭受拒绝、失望和失败。(5)儿童缺乏应对逆境的经验,这使本来可以解决的问题也变得难以克服。而另一方面,尽管儿童经验不足、缺乏自我效能感,对于成人来说微不足道的问题就能使他们心烦意乱,但儿童从伤痛中恢复的速度却比较快。

事实上,理解儿童和青少年心理障碍要比理解成人心理障碍困难得多,困难主要来源于(Osenhan & Seligman,1995):(1)儿童和青少年处于不断的发展过程中,不同的人有着不同的发展速度和节奏。因此,观察到的问题究竟是属于发展性的滞后,即发展的速度比较慢,还是属于需要重视和干预的心理问题,需要更加仔细地辨识。举例来说,大多数儿童在3岁时完成如厕训练,但有些孩子仍然持续出现尿床的行为。那么这种尿床究竟是因为发展上略慢于大多数孩子,还是因为有着强烈的不安全感造成的,这是需要区分的。而在成人身上,不会出现这种问题。(2)儿童通常不能用语言把自己的问题表述出来,多以不适当的行为方式表达其痛苦。问题在于,家长和老师把某种行为理解为严重的心理障碍,但是这个行为可能是发展性的滞后,随着儿童长大可能就消失了,或者可能是一般性的行为,而家长或者老师却顽固地把这种行为理解为严重的心理问题;另一方面,对于已经显示为严重心理障碍的行为,家长和老师却可能完全忽视。

6.1.4　病因学

众多理论都对儿童精神障碍的病因作出阐述。生物学理论认为,精神障碍是神经系统发育或者基因遗传的原因导致的。心理动力学理论认为,这些障碍主要是由儿童早期的冲突、经历或者依恋问题而导致的心理固着或心理退行。行为学理论认为,精神障碍是经验学习的结果。生态社会学习理论认为,精神障碍是人类早期环境因素导致的。发展心理学理论依据的是与年龄相符的模式,如果偏离这些模式则会导致精神障碍。依恋理论认为,为了应对压力,儿童产生了某种行为,而这种行为反过来又激发了照顾者的行为回应,从理想化角度上讲,这种亲密行为应该能够为儿童提供一种安全感,这些行为通常是身体的亲密行为(鲍尔比,1969,1982;Ainsworth,Blehar,Waters & Wall,1978)。人类在婴儿期形成的依恋关系会影响以后人际关系的质量。研究表明,早期形成的不安全型依恋关系会影响儿童的认知和社会性发展,并且这种依恋关系会持续影响一生,甚者会影响他们抚养下一代(Zeanah & Boris,2000)。

所有的这些理论对全谱系儿童、青少年的精神障碍有一个比较中肯的理解。例如,智力发育障碍反映的是偏离正常年龄的认知发展,而一些普遍性的发展障碍则认为与语言和社会性发展的退行有关。其他的精神障碍,比如**雷特氏综合征(Rett syndrome)**,可能与神经系统、生物或基因有关。品行障碍一般与混乱型或者反社会型的家庭模式有关。

儿童精神障碍的病因理解与对儿童的治疗密切关联,互为照应。儿童的行为或症状影响日常生活或家庭时,他们一般会寻求心理治疗。在学校,如果儿童出现注意力问题、行为问题或者学业问题时,他们的老师或者学校的咨询师会建议他们进行治疗。儿童的学业问题一般会与社会性情绪问题同时存在。也就是说,当儿童出现学习问题时,一般也容易出现下面一些情绪问题,比如不安全型依恋、不良的同伴关系、攻击行为、社会退缩行为、低自尊以及动力缺乏。儿童患有精神障碍,他们的家庭成员自身也会经常感到很大的压力和焦虑,还有可能会面临自身的一些心理问题。因此,当治疗师在给某个儿童进行治疗时,一般也会去干预除儿童自身以外的一些因素,如学校、家庭或环境。因此,儿童治疗师必须了解儿童的社会、教育以及社区资源,并且还要了解儿童和他的家庭。同时,这些治疗师必须善于诊断,因为儿童的精神障碍经常以共病或者混乱的方式呈现,比如抑郁症经常会被愤怒或者双相障碍所掩盖,因为双相障碍患者有时看起来非常活跃,而使儿童看起来不像是患有抑郁症。

6.1.5　精神障碍的分类

克雷佩林(Kraepelin,1883)对于精神障碍的经典分类中并不包含儿童障碍。直到 1952 年第一套正式的精神病学系统命名法 DSM-Ⅰ问世,其中仅包括两组儿童情绪障碍:儿童精神分裂症与童年期适应反应。1966 年,精神病学进展前沿小组提供了相对详尽且易于理解的儿童精神障碍分类系统。1968 年的 DSM-Ⅱ又包括了几项其他类别。临床心理学家试图诊断和治疗儿童问题,研究者试图拓宽我们对儿童精神病理学的理解,然而仍然有一种越来越严重的担忧,过去对于儿童和青春期少年心理障碍的理解是不恰当也是不准确的。在之后的 DSM 版本中越来越多地增加儿童障碍的类别。本书讨论的儿童障碍以 DSM-5 为标准。

成人开发的分类系统被用于儿童问题,最大的问题是很多儿童障碍(如孤独症、学习障碍和学校恐惧症)在成年人精神病理学中并没有与之相对应的部分。早期的分类系统还忽视了这样一个事实——环境因素在儿童障碍症状表现上起重要作用,也就是说,家庭对于某种行为的接受或拒绝会在很大程度上影响症状。例如,对异常行为过分宽容(诸如认为孩子常常不肯去上学是“正常的”)或完全排斥和忽视,都会导致人们将儿童的极端行为视为正常。另外,这些分类系统在考虑儿童的症状时,没有将他们的发展水平考虑进去。有些问题行为对于某个年龄的儿童来说可能是恰当的;而随着儿童逐渐长大,某些问题行为可能最终就自然消失了。需要重提三点:首先,儿童的行为偏离了正常的发展或者社会文化所认为正常的行为标准;其次,这些行为是持续的、严重的;最后,异常的行为损害了儿童的功能或者破坏了他人的生活。

6.2　神经发育障碍

6.2.1　智力障碍和孤独症(自闭症)谱系

6.2.1.1　智力障碍

6.2.1.1.1　障碍描述

智力障碍(intellectual disability,ID)的原名为**精神发育迟滞(mental retardation)**。患者存在两方面的缺陷:智力功能缺陷和适应功能缺陷,其中前者是后者的原因。首先,患者的思考能力有基本缺陷。思考能力由抽象思维、判断、计划、解决问题、推理以及从指导和经验中学习的能力构成。患者的总体智力水平在单独进行的、标准化的智力测评中明显低于平均水平(得分不超过 70 分)。

大多数存在智力缺陷的患者在适应生活的某些重要方面有一定程度的受损。适应性功能分为 3 个领域:(1)概念领域,依赖于语言、数学、阅读、写作、推理和问题解决的相关记忆功能;(2)社交领域,包括共情能力、沟通能力、对他人体验的觉察能力、社交判断能力,以及自我调节能力;(3)实用领域,包括对行为的自我管理、对任务的组织、财务管理、自我照料和娱乐。患者的适应程度取决于很多方面,如其受到的教育和职业培训、动机、性格、重要的人的支持,当然还有智力水平。

在绝大多数情况下,智力障碍始于发展阶段初期——往往始于婴儿期,甚至在很多时候开始于出生前。如果类似症状在 18 岁或 18 岁之后才出现的话,则通常会被归为重度神经认知障碍(痴呆)。当然,患者也可能会同时患有痴呆和智力障碍。因为可能会有其他问题干扰评估的准确性,所以诊断评估的过程必须谨慎,特别是对于年幼的儿童来说。例如部分患者会有听觉或视觉上的障碍,一旦他们克服了这些障碍,就不会再表现出智力上的缺陷了。

许多行为问题往往也与智力障碍有关联,但它们并不构成诊断标准。这些行为问题包括攻击性、依赖性、冲动性、被动性、自我伤害、固执、自卑和较差的挫折耐受力。一部分患者却有很明显的身体特征,就连没受过专业训练的人都能看出他们身上的不同。这些身体特征包括身材矮小、癫痫、血管瘤,以及畸形的眼睛、耳朵和其他身体部位。当患者出现与智力障碍相关的身体异常特征时,可能会更早得到诊断(如唐氏综合征)。

智力障碍的发病率约为 1%。男性的发病率显著高于女性,大致比例为 3 : 2。

个体的智力障碍可能是由生物或社会的原因造成的,或由两者共同作用造成的。包括遗传性异常、化学效应、结构性脑损伤、先天性代谢缺陷以及儿童期疾病。下面列出了其中的一些病因,以及该病因对应的智力障碍患者人数占全部智力障碍患者总数的百分比。

遗传原因(约 5%):染色体异常,萨氏病,结节状硬化。

怀孕初期的病因(约 30%):21-三体综合征(唐氏综合征),孕产妇物质滥用,感染。

怀孕后期和围产期的病因(约 10%):早产,低氧缺血性脑损伤,分娩创伤,胎儿营养不良。

后天性的童年期物质环境(约 5%):铅中毒,感染,创伤。

环境影响和精神障碍(约 20%):文化剥夺,早发性精神分裂症。

没有可识别的原因(约 30%)。

6.2.1.1.2　治疗和预后

对智力障碍患者的干预越早,其效果越好。早期的特殊教育、居家护理、语言刺激以及社交技能训练对治疗结果都有着重要影响。使用发展性的治疗方法,往往需要考虑儿童的认知年龄而不是实际年龄,并且要根据儿童的个体能力和需求制定目标。

轻度以及中度智力障碍患者,如果经过足够多的训练,那么他们将有可能获得恰当的社会功能。父母训练、社区治疗以及个体心理治疗都有助于提高此类儿童的积极自我认识,促进其社会性及职业技能的提高。

智力发育障碍比较严重的儿童,通常需要大量的指导才能自己吃饭、如厕以及穿衣。如果治疗师要教给儿童一个特定的动作,通常要将这个动作分解为一个个更简单的目标行为。比如要教给儿童吃饭,就要把吃饭这个流程分成许多小步骤:拿起勺子、将盘子里的食物划到勺子里、把勺子送到嘴边、含住食物、咀嚼、最后吞下食物。接下来使用操作性条件反射的规则教给儿童这些步骤。

很长时间以来,智力障碍的治疗都会采用行为疗法的方式。社区治疗资源有利于促进智力障碍儿童的治疗,这些资源包括职业咨询、团体支持以及娱乐设施。多数重度和极重度智力障碍儿童最后会选择住在公共机构里。家庭咨询可以改善父母与儿童之间的沟通交流,同时也可帮助父母掌握一些可在社区使用的方法。智力障碍儿童的家庭能从支持性的治疗中受益。

一般来说,精神药理学对控制智力障碍的某些症状发挥着越来越重要的作用,比如控制攻击行为、过度兴奋、多动等症状。

智力障碍患者的个案管理,对治疗计划有着重要的作用,对于青春期儿童和年龄大些的青少年尤为如此。在学校、治疗机构、家庭以及就业机构进行知识的宣传,也是治疗计划中的重要部分,这样就可以更好地协调一个多元化的治疗团队。

智力障碍会影响患者一生。轻度症状的患者在成年后,通常能够独立生活,而且只需要较少的监管就能从事一份工作。中度症状的患者在成年后也可以独立生活,但需要居住在团体形式的家庭环境中,并且只能在受庇佑的工作场所工作。社交技能训练、职业咨询以及自我意识技能的发展都有利于促进这些患者生活上的独立。对重度和极重度智力障碍患者的治疗也能帮助他们获得很多积极的改变,比如通过行为技术就能有效减少自伤行为。不管是何种程度的患者,治疗都能给他们带来不同程度的改变。

6.2.1.2　孤独症(自闭症)谱系

6.2.1.2.1　谱系障碍描述

孤独症(自闭症)谱系障碍(autism spectrum disorders,ASDs)是一种由基因和环境因素共同作用所导致的异质性神经发育障碍,其严重程度和表现类型差异较大。**广泛性发育障碍(pervasive developmental disorder,PDD)**也被认为是孤独症(自闭症)谱系障碍(ASDs),两者在障碍的诊断和障碍的等级性质上存在潜在的相似性。这两个概念所描述的含义相似,可交换使用。

在DSM-Ⅳ-TR描述了谱系中的五种类型。这五种障碍严重地影响了患者的神经系统、情绪、语言以及身体的发展。同时,五种障碍在发病年龄、发病方式以及症状性质上都有所不同。(1)孤独症(自闭症);(2)其他未标明的广泛性发育障碍(PDD-NOS);(3)阿斯伯格综合征(Asperger syndrome,AS);(4)儿童期瓦解性障碍(childhood disintegrative disorder,CDD,又称 Heller 综合征);(5)雷特氏综合征。前三类障碍,也就是孤独症(自闭症)、PDD-NOS 以及阿斯伯格综合征被认为是同一种症状下的层次结构,一般被统称为**孤独症(自闭症)谱系障碍(ASDs)**。孤独症(自闭症)谱系障碍是非常复杂的,并且每种障碍在社会化、人际交流以及行为表现上存在缺陷。雷特氏综合征及儿童期瓦解性精神障碍(CDD),这两种障碍更为严重和少见。患有这两种障碍的儿童会出现经常性的退行现象,而患有孤独症(自闭症)谱系障碍的儿童则可能会得到改善。

孤独症(自闭症)谱系障碍症状包括以下3个广泛的类别问题障碍(DSM-5 将前 2 个放到一起):

(1)交流。孤独症(自闭症)谱系障碍的交流缺陷在广度和深度上差异很大,从阿斯伯格综合征(他们言语清楚,有正常甚至是超常的智力)到影响程度严重到几乎无法交流。患者尽管听力正常,但言语功能发展可能会延迟好几年。其他的可能会表现出不寻常的言语模式和特殊的短语使用方式。他们可能会说话太大声,或者缺少韵律感从而使话语失去了正常的节奏。他们可能也会难以使用身体语言或者其他非言语行为来交流,比如微笑或点头,这两种我们大多数人会用来表示同意的行为,他们却无法使用。他们可能不能理解幽默的基础(比如个体所使用的词语可以有多个或者抽象的含义)。儿童通常难以开始或者维持谈话;相反,他们可能会自说自话,或者将对话聚焦在他们感兴趣的物体而不是其他人身上。他们喜欢反复问同一个问题,即使已经得到重复的回答了。

(2)社会化。孤独症(自闭症)谱系障碍患者的社会化成熟过程会慢于正常儿童,而且发育阶段可能不以预期的顺序出现。父母通常会在孩子 6 个月到 1 岁时开始担心,因为他们发现孩子不能够做眼神交流,不能够回以微笑或者拥抱,反而会回避父母的拥抱,并盯向空白处。

学步期的儿童不能用手指物或者和其他孩子玩。他们可能不会伸出他们的手臂让他人抱起自己,或者不会在和父母分离时表现出正常的焦虑。可能是因为他们没有能力交流而感到沮丧,年纪较小的孤独症(自闭症)儿童会容易大发脾气或者表现出攻击性。由于对于亲近性的外显需求极少,年纪稍大的孤独症(自闭症)儿童的朋友很少,所以他们也似乎不能够和其他人分享自己的喜悦或者忧伤。在青少年或者更年长的孤独症(自闭症)患者身上,则可能会表现为几乎没有性需求。

(3)运动行为。孤独症(自闭症)谱系障碍儿童的运动发展并不滞后,但他们所选择的行为类型和普通孩子不一样,包括强迫性的或仪式性的行为(称为"刻板行为")——旋转、摇摆、拍手、撞头和保持奇怪的身体姿势。他们会吮吸玩具或者翻转玩具,而不是将它们作为想象游戏的符号象征。他们有限的兴趣使得他们对物体的某个部分十分关注。他们倾向于对变化表示阻抗,拘泥于一些日常习惯。他们可能会对疼痛或者极端的温度感觉麻木。他们可能会痴迷于闻嗅或者触摸一些物体。很多孤独症(自闭症)患者会因为撞击头部、挠皮肤或者其他重复性行为伤到自己。

孤独症(自闭症)谱系障碍通常和智力障碍相关,所以区分这两种障碍会有困难。90%的孤独症(自闭症)患者会有感觉异常:一些儿童讨厌亮光、嘈杂的声音,甚至是特定面料或其他有刺痛感的表面。很小部分的孤独症(自闭症)患者的认知能力有"特长"——在计算、音乐或者机械记忆上有特殊的能力,有时候会达到学者综合征的水平。

与孤独症(自闭症)谱系障碍有关的生理情况,包括苯丙酮尿症、脆性 X 染色体综合征、结节性硬化症、围产期不适以及慢性感染。一般人群中孤独症(自闭症)的总发病率为 0.6%以上。近年来,报告显示发病率越来越高,其原因至少一部分是大众对孤独症(自闭症)的认识增加了。孤独症(自闭症)对所有文化和社会经济地位的群体均有影响。

目前,孤独症(自闭症)潜在的病因还不明确。遗传基因的易感性与环境中的有害因素就可能在儿童发展关键期损伤大脑发育。研究认为,早期环境中的风险因素是非常多的。如儿童期接种的疫苗、其他疾病等。在寻找孤独症(自闭症)易感性基因的研究中,到目前为止已检测出100多种基因(Dawson & Faja,2008),各种基因的相互作用并会受环境的影响而更加恶化。

1. 孤独症(自闭症)

孤独症(自闭症)的特征是在社会化、沟通以及行为方面存在明显缺陷。社会性问题主要体现在很少主动进行社会互动或发起对话、对他人缺少兴趣、情绪功能失调、不善于表达情感、缺少同理心等方面。经常发现很多孤独症(自闭症)儿童的社会动机缺陷,而这种缺陷也限制了他们对社会以及环境信息的反应。

不同的孤独症(自闭症)患者在沟通技能的损伤程度上存在很大的差异。有些患者可能一句话也不会说,而有些患者可能最终发展出符合年龄的语言沟通技巧。但是,几乎所有的患者在使用叙述性语言以及对语言的理解方面都存在问题,并且他们口语方面也可能存在问题,而这些问题进一步妨碍了他们的社会性发展。孤独症(自闭症)儿童很少参与模仿他人行为的假扮游戏。他们常常表现出与无生命的物体进行重复、刻板的游戏,比如他们将物品排成一排,而不参与想象的游戏。随着他们年龄的增长,这种游戏行为会慢慢地发展成为一种强迫性着迷的兴趣爱好,比如喜欢机械化物体、喜欢时间安排表以及事实性的数据。多达30%的孤独症(自闭症)儿童会呈现一种刻板行为和刻板发音。他们会非常着迷于移动的事物(比如,风扇、电灯开关),着迷于攻击性和多动行为,在睡眠及饮食方面也存在异常,并沉迷于某些狭隘的兴趣中(如恐龙、火车、气象学)。

孤独症(自闭症)的另一个特征是它在儿童3岁之前就开始发作。患有孤独症(自闭症)的婴儿可以通过以下这些症状的缺陷与其他婴幼儿区分开来:与同龄人相比,他们有指物困难,不愿意注视他人,并很难说出他们的名称,并且这类婴儿还普遍伴随睡眠及饮食障碍。有些研究表明40%的孤独症(自闭症)个案在婴儿期的某个阶段,语言以及行为发展都很正常,但在接下来的15~19个月时出现倒退行为,然而DSM-5并未将这种症状纳入诊断标准中。最高的共病70%~80%的孤独症患者还伴随明显的精神发育迟滞障碍。大约有10%的儿童是突发性的孤独症(自闭症)谱系障碍,这种情况特别容易出现在以下儿童中:女孩、智商低下的儿童、缺乏语言及运动技能的儿童。突发性与非突发性的孤独症(自闭症)谱系障碍儿童在儿童孤独症(自闭症)评定量表(CARS)上并没有显著性差异(Hartley-McAndrew & Weinstock,2010)。孤独症(自闭症)患者还常常伴随结节性硬化(Kabot et al.,2003)。

孤独症(自闭症)患者的家族中,焦虑症最为常见;并且1/3的孤独症(自闭症)家庭成员患有双相障碍与单相抑郁症(DeLong,1994;Koegel,Vemon & Brookman-Frazee,2010)。

2. 其他未标明的广泛性发育障碍(PDD-NOS)

PDD-NOS最常用于诊断由于症状不足,而不符合其他任何分类的广泛性发育障碍,比如障碍发作的年龄不符合标准或者随着患者的发展,患者的症状不再符合孤独症(自闭症)诊断的标准。至少因为以下两种原因才会采用PDD-NOS的诊断方法。一是满足

PDD 模式标准中所描述的症状，但是症状的严重性并没有达到标准。二是只符合 PDD 诊断标准中的一个或两个核心领域。如果一个成年孤独症（自闭症）患者无法确定这种障碍是否在他 3 岁之前就出现，那么就符合 PDD-NOS 类型。同样，非典型孤独症（自闭症）也属于 PDD-NOS 类型。

3.阿斯伯格综合征

阿斯伯格综合征与孤独症（自闭症）一样，它的典型特征是社交技能不足、重复及刻板行为。但与孤独症（自闭症）不一样的是：阿斯伯格综合征在语言、口语交流以及认知功能上并没有明显的发育迟滞或受损。阿斯伯格综合征患者一般都能获得与年龄相适应的自助技能。尽管此类患者在社会互动方面有一定的局限，但是他们却能主动寻求社会交往。这一点也是阿斯伯格综合征区别于其他广泛性发育障碍的一个重要特征。

儿童中大约有 4/1000 患有阿斯伯格综合征（Smith-Myles & Simpson，2002），男孩患病率是女孩的 5 倍。阿斯伯格综合征发作的年龄要稍晚于孤独症（自闭症）。同时，家庭成员之间同患阿斯伯格综合征的概率较高。

4.其他广泛性发育障碍

雷特氏综合征以及儿童期瓦解性精神障碍是 PDDs 中比较罕见的形式。儿童患者在经历过相对正常的发展后开始出现发展退化现象，并最终导致极其严重的缺陷。

雷特氏综合征(Rett's syndrome)

在 1966 年，Andreas Rett 博士首先发现了雷特氏综合征。这种神经发育障碍的一个重要特征是在儿童出生的头 5～48 个月这一阶段发育正常，在这个阶段之后儿童会逐渐地失去原先获得的能力，在最后会出现严重或极其严重的发育迟滞。最近的研究开始探索雷特氏综合征的病因，研究发现，这种障碍主要由存在于 X 染色体中的 MeCP2 基因突变造成。这种障碍非常罕见，大概只有(1～4)/10000 的女性会患上此障碍，到目前为止还没有发现男性患者（Newsom & Hovanitz，2006）。

患有此障碍的儿童会出现以下症状：头部生长减缓、刻板的手部运动（如手绞扭或洗手）、缺乏社会参与兴趣、出现不协调的步伐或者躯干运动、精神发育迟滞、表达性及接受性语言发展严重受损。同时伴随的其他症状，如发作突然、身体发育延缓、脊柱侧弯，会因个体和年龄的差异而不同。40% 的患者不会使用清晰的非言语交流，而其他患者则可以用眼神和肢体语言进行交流。越来越多的研究都表明，雷特氏综合征的病因与生物因素有关，因此雷特氏综合征可能会从 DSM 中剔除，或者归类到医学状况中（Colvin，2003）。

儿童期瓦解性精神障碍

患有儿童期瓦解性精神障碍的儿童在两岁以前的发育都是正常的。但是，在 2～10 岁时，他们至少在以下中的两个方面出现明显的功能退化现象：（1）大小便控制；（2）游戏；（3）运动技能。

儿童期瓦解性精神障碍也非常罕见，患有此障碍的儿童会在社会性交往、沟通以及行为方面存在缺陷，这与孤独症（自闭症）谱系障碍相类似。同时精神发育迟滞障碍也会常常出

现在这类患者身上。此障碍更多出现在男性身上。儿童期瓦解性精神障碍的患病率非常低,每100000人中只有1.1~6.4人患有此症,并且目前还没有研究来详细描述这种障碍出现退化现象的时间和征兆。

6.2.1.2.2　治疗与预后

1.孤独症(自闭症)

对于孤独症(自闭症)最有效的干预措施有以下特点:结构化、基于儿童兴趣(吸引注意力)、以系列简单的步骤学习某项任务、对积极行为正强化和父母参与。

目前,治疗方法有针对儿童的语言和社交技能发展的"专项行为干预措施"、基于家庭模式的"早期集中行为干预"(EIBI)项目及基于家庭模式的行为疗法即"关键性技能训练"。其他有效可行的方法,如儿童达到入学年龄,最有效的干预措施是"个性化教育方案(IEP)"。这种方案不仅能够处理儿童的学业问题,同时也能处理儿童遇到的社交问题和情绪问题。

2.阿斯伯格综合征

对阿斯伯格综合征的儿童干预措施包括个体化行为治疗、团体治疗(可以跟同伴练习技能)、心理教育以及社交技能训练。阿斯伯格综合征儿童最好能够在正常儿童所在的班级学习。

对于阿斯伯格综合征儿童,青春期是一个很大的挑战,此期的社交技能训练包括脚本消退技术、社会性故事、新情境下的角色扮演等。这些方法有利于促进青少年交谈技能的发展、理解适宜的社会行为以及减少在社会情境中的焦虑。在学校中,对所有的学生而言,同伴模仿以及同伴朋友能够减少社交压力和改善同伴关系。阿斯伯格综合征儿童的父母要让老师理解他们的孩子在不同阶段的特殊需求,同时如果他们的孩子遇到同伴欺负以及攻击,父母也需要出面干涉。

预后

由于孤独症(自闭症)与广泛性发育障碍两种障碍存在巨大差异,因而预后的差异也很大。影响治疗效果最重要的因素是早期干预,但是目前并不能完全治愈这两种障碍。这类儿童以及儿童家庭的治疗师需要制定持续一生的发展方案。对阿斯伯格综合征的预后是比较乐观的,大多数患者能够独立生活,但对广泛性发育障碍的预后则不那么乐观。通常雷特氏综合征以及儿童期瓦解性精神障碍随着儿童的发展,病情会日趋严重,大多时候患者需要进行住院治疗。

6.2.2　注意缺陷/多动障碍

6.2.2.1　障碍描述

注意缺陷/多动障碍(attention-deficit/hyperactivity disorder,ADHD)自1902年被首次

定义以来,其称呼经历了许多更替。ADHD 是儿童期最常见的行为障碍之一,最近认识到其症状会持续到成年期。该障碍是一种神经生物学障碍。为了达到有效的治疗结果,早期诊断以及干预措施应该致力于症状管理以及对共病的诊断,并且治疗要持续到症状消失为止。

ADHD 划分为三种亚类型:(1)多动—冲动为主型;(2)注意力障碍为主型;(3)混合型。进一步以程度来细化这三种亚类型(比如轻度、中度以及重度)。使用亚型和程度两个方面有助于 ADHD 的诊断和治疗。

一般不在 9 岁之前诊断该障碍,但事实上患者通常在开始上学前就会出现相关的症状。患者父母的报告,患有 ADHD 会比其他的孩子更容易哭闹,也更容易急躁发怒,或者需要更少的睡眠。有些母亲甚至报告怀孕期间这些孩子更多地踢自己的肚子。

ADHD 患儿的发展里程碑可能会较早出现。比如,他们可能在会走路之前就想要跑。"受肌肉运动力的驱使",他们很难静坐。另一方面,他们也可能行动笨拙,有协调性上的问题。比较研究发现,相较于没有 ADHD 的儿童,他们在成长过程中会因为受伤或者其他的意外而接受更多的急救护理;他们往往不能专心于功课,因此,即使有正常的智力,他们依旧很难有好的学业表现;他们还常常因为冲动而说一些伤害别人感受的话,使得自己在学校里不受欢迎;他们甚至可能因为过得非常不开心,而满足了持续性抑郁障碍(心境恶劣)的诊断。

患者的这些行为通常会在青春期有所减少,许多患者能够逐渐安定下来,并且成为正常活跃和有能力的学生。但另一些患者可能会发展出物质滥用或其他形式的品行问题。成年以后,他们可能会持续存在人际关系问题、酒精或物质使用问题,或是人格障碍。成年患者可能还会抱怨自己难以集中注意力、组织性差、冲动、情绪容易波动、过度活跃、脾气暴躁、压力耐受性低等。

近期数据显示,有 6%～11% 的儿童患有 ADHD,男女比率达到了 2∶1 乃至更高。DSM-5 指出,在 17 岁及以上的成年人中,ADHD 的患病率为 2.5%,尽管该患病率在不同的研究结果中差异较大。成年患者的男女比例差异变小许多,而具体的原因仍不清楚。

ADHD 具有家族遗传性,患者的父母和兄弟姐妹有更大的概率患有这个障碍。这些患者的家庭背景中常常包含了酗酒、离婚等其他造成家庭破裂的因素。ADHD 可能在基因上与反社会型人格障碍和躯体症状障碍存在关联。此外,它也与学习障碍,尤其是阅读方面的问题存在紧密联系,在成年患者中,则与物质使用、心境与焦虑障碍有关。

ADHD 也会与其他障碍共病,包括对立违抗障碍和品行障碍。研究发现,一种新的障碍类型,紊乱型心境失调障碍与 ADHD 的关系可能更紧密。此外,还包括一些特定的学习障碍、强迫症和抽动障碍。成年患者则可能涉及反社会型人格障碍或物质使用问题。

6.2.2.2　治疗与预后

"多元化治疗策略"或整合性疗法是治疗 ADHD 最有效的方法,包括药物治疗(兴奋剂治疗)、父母训练与咨询和目标行为课堂干预。对儿童进行的家庭咨询、儿童个体咨询(主要强调社交技能训练或者其他具体的需求)以及父母参与的支持性团体都是有效的辅助性治疗方法,这些能够满足家庭个性化的需求。

大多数与 ADHD 儿童患者工作的治疗师主要靠行为疗法来减少儿童行为问题和情绪问题。用于 ADHD 患者的行为疗法的主要依据是操作性条件反射,通过正强化来塑造儿童的行为。ADHD 患者更多表现出来的是行为问题,而不是认知或者技能问题,因此,在治疗中最常采用的方法是让儿童展示自己的认知,从而来增强儿童的注意以及动机水平。为了使治疗更有效,这种干预措施必须应用到儿童所有的生活环境中,比如学校、家庭以及治疗室,并且要坚持数月甚至数年。这种治疗方式需要时间以及资源的支持,也需要对儿童进行教育、练习、鼓励、强化以及监控,同时还需要父母以及老师的配合。

研究表明,精神兴奋性药物作为多元模式治疗策略的一部分对于治疗是有益的(多元模式治疗策略包括父母及教师训练)。将来对于 ADHD 的研究需要致力于导致 ADHD 的生物、心理以及环境因素。早期干预方式强调预防、培养恢复能力以及父母与教师的培训,以此来减少儿童的冲动、对抗行为,让他们意识到环境中的社会性线索。研究表明在儿童症状没有改善的情况下,早期干预措施能够改变 ADHD 的发展过程,从而使更少的 ADHD 儿童朝向破坏性行为障碍发展。破坏性行为障碍也是我们接下来要阐述的内容。

6.2.3　抽动障碍

6.2.3.1　障碍描述

障碍初发于 18 岁以前,并非由药物或者来访者的医学状况引起(比如亨廷顿氏疾病),且会造成明显的痛苦或功能损伤,才能诊断为**抽动障碍(tic disorder,TD)**。Cohen 与 Towbin(1996)认为在以下五方面特征上,抽动障碍会有不同的表现。(1)频率(在指定时间内抽动出现的次数)。(2)复杂性(抽动本身的性质)。(3)强度(抽动的力度:有些抽动是轻微的,而有些几乎是爆发性或者暴力性的)。(4)位置(抽动影响的身体部位)。(5)持续性(每次抽动持续的时间)。根据以上五方面的特征来评估并确定抽动障碍的类型,明确导致障碍恶化的因素,选择适宜的治疗方法以及确定这种方法的效果。

抽动障碍的主要特征是"突发性、快速性、重复性、非节律性、刻板性运动或发声"。儿童在压力状态下,这些症状会更严重,而在睡眠或者处于专注活动状态下,这种症状则会不那么明显。

有简单的抽动障碍,也有复杂的抽动障碍,但都会影响来访者的运动及发音。单次抽动,指的是突然出现的反复、迅速、无节奏的言语或极为快速的身体运动,事实上,在眨眼之间就已经发生了。复杂抽动,则包含几次连续抽动,一般来说持续时间更长。抽动是很常见的,它可以单独出现,也可能作为抽动秽语综合征的症状出现。简单的运动性抽动,包括眨眼睛、脖子抽动、面部做怪相、耸肩、咳嗽等。简单的发音性抽动,包括清嗓子、咕哝、吸鼻子、尖叫等。复杂的运动性和发音性抽动,主要表现为来访者不由自主地、重复地以断续而快速的方式完成某个动作或某句话。复杂的运动性抽动,包括跳跃、梳头或闻某个物品。如果一个儿童患有复杂的发音性抽动,则会在没有任何语言的背景中重复说某句话或某个词。其他类型的复杂发音性抽动,包括言语重复(重复自己的发音或话语)和言语模仿(不断重复最后听到的发音、单词或词组)。

抽动会让儿童失去对自己身体和精神过程的控制感。不过随着年龄的增长,一些患者也会建立起一种"紧张和释放"的过程:先是累积起对抽搐的渴望,这种渴望又被抽搐本身所缓解。尽管抽动是不自主的,但患者有时可以抑制它们一段时间,抽动症状一般不会在睡眠时出现。尽管抽动障碍被认为是持续性的,但随着时间的推移,症状的严重程度会有所变化,有时甚至可以完全消失几周。而当一个人生病、疲倦或紧张时,抽动的频率就会增加。

大约10%的男孩和5%的女孩会出现儿童抽动,大部分都是运动抽动,随着孩子的成熟而逐渐消失。一般来说,它们不会引发过多关注而需要去接受评估。成人的抽动症状表现与儿童期相同,但严重程度会比童年期更轻。易导致成人患者预后较差的因素有:与其他精神疾病或慢性身体疾病共病,缺乏来自家庭的支持,以及精神兴奋类药物的使用。

抽动障碍包括以下几种类型。

1. 妥瑞氏障碍

妥瑞氏障碍(Tourette's disorder,TD)在1895年由法国神经学家乔治·吉勒斯·图雷特首次提出。它涉及许多影响身体各个部位的抽动。头部的运动抽动出现得较多(首先出现的症状往往是眨眼)。一些患者有复杂的运动抽动(如做深度膝盖弯曲)。TD患者动作抽动发生的身体部位和严重程度通常会随时间变化而发生改变。

TD的另一症状——发声抽动则使得这个障碍变得很特殊,从而引起专业人士(通常是精神健康专家而非神经科医生)的注意。发声抽动的内容,包括各种异常的大喊大叫、咳嗽、咕哝声和其他有意义的词语。但相当一部分的患者(约10%~30%)会出现秽语,即他们会说出污言秽语或其他连家人和熟人都不能容忍的言语。精神秽语(侵入性的肮脏想法)也有可能出现。

TD的诊断依据是来访者在一天内多次出现各种运动性抽动,并伴随着一种或多种发音性抽动。在诊断TD时,运动性抽动和发音性抽动不需要同时有序地发生。抽动的严重性和抽动的部位会随时变化,但在诊断时,需要确定抽动行为持续了一年,并且在此期间内,抽动间断的时间没有超过3个月以上。有1%的儿童患有此障碍,男孩的比例高于女孩,男女比率为(4~6):1。TD患者一般还会患有其他与此障碍相关的障碍(Adesjo & Gillberg,2000)。

TD常起始于一种间歇性的、简单的眨眼抽动。这种抽动最初也是一周出现几次或是持续性的。随着时间的推移,抽动行为成为一种持续性的抽动(频率更高并且持续时间更长),并出现在身体的很多部位。研究表明,这种无意识的抽动行为每分钟出现的频率超过了100次。

抽动行为往往会影响来访者的学业、工作以及社会关系。一般在青春期和成年期,通过自然缓解的方法能够减少50%的抽动行为,但是在成年期也会有TD导致残疾的案例。

TD并不罕见,患病率高达1%,其中男女比例为(2~3):1。TD有极强的家族遗传性,患者经常有抽动或强迫症（OCD）的家族史,因此有临床医生怀疑 TD 与早发性 OCD 之间存在着基因上的关联。

通常情况下,TD 始于 6 岁左右,大多数患者在 10～12 岁时症状的严重程度达到顶峰。此后,75% 左右的患者发生好转,而 25% 下的人会维持抽动症状,甚至恶化。尽管可能出现缓解期,但该障碍通常会持续一生。不过,随着患者的发育成熟,症状的严重程度会降低甚至完全消失。大多数患者会有共病,其中以强迫症和多动症居多。

抽动障碍常与 ADHD、学习障碍以及强迫症同时存在。其他与妥瑞氏障碍相关的行为问题,包括控制冲动能力弱与愤怒、焦虑、抑郁、睡眠问题、情绪失控以及自残行为。

2. 慢性抽动障碍

慢性抽动障碍与妥瑞氏障碍（TD）具有相似性,但有以下不同:慢性抽动障碍只包括运动性或发音性抽动中的任意一种,而不是同时包含两者;慢性抽动障碍症状发生的频率要低于 TD,并主要局限在眼睛、面部、头、脖子或者手和脚的末梢。慢性抽动障碍常与 ADHD 同时存在,并且症状会因为压力、兴奋、无聊、疲劳或身体发热而进一步恶化。慢性抽动障碍至少要持续 12 个月方能诊断。

3. 暂时性抽动障碍

除了抽动持续性方面,暂时性抽动障碍与慢性抽动障碍在其他方面具有相类似的特点。暂时性抽动持续 4 周以上,但没有一次超过 12 个月。紧张的情绪常常会导致简单的暂时性抽动障碍。目前,慢性抽动障碍及暂时性抽动障碍的患病率还无从知晓,因为很多患者从未接受过医学或心理健康相关的治疗。

暂时性抽动障碍的抽动是暂时的。通常,患者从 3～10 岁开始出现运动抽动,其症状是在几周到几个月的时间内抽动;症状中发声抽动出现的概率低于运动抽动。一旦患者被诊断为持续性运动或发声抽动障碍,那就再也不会被诊断为暂时性抽动障碍了。

在大多数儿童中,抽动障碍呈现出一种间歇性的特点,即在某个时间段症状发生的频率会增加,但过后又会经历几个相对缓和的阶段。焦虑、压力及疲劳都会进一步恶化抽动障碍。Cohen 等(1994)认为家庭成员因抽动行为而对儿童进行惩罚,会导致儿童产生压力,进而增加抽动行为的频率和严重性。严重的妥瑞氏障碍可能与家庭动力模式有关。抽动障碍常常会影响来访者的自我形象和功能。儿童来访者在与同伴互动过程中,如果同伴太过于关注或指责他们的抽动行为,则会导致他们的社会性退缩。

6.2.3.2 治疗与预后

目前,抽动障碍的治疗方法主要包括反转习惯训练、减压技术、对儿童与家庭成员进行障碍相关的心理教育以及与教育专业人员合作,并在必要时采用药物治疗。

治疗需要认真分析来访者的障碍类型以及分析可能导致症状恶化的压力源,需在众多干预措施中进行选择,并制订有效的治疗计划。治疗的初级目标不是完全消除所有的抽动症状,而是告知儿童及父母关于抽动障碍的性质、压力、焦虑、疲劳对症状的影响。同时,应该帮助儿童在一定程度上成功地控制抽动行为,并让他们尽可能正常地生活。

行为技术常用来消除相关抽动行为,比如"自我监控"就要求儿童能够记录抽动发生状况以及发生的频率。这种方法对面临多种发展问题的儿童而言是非常有帮助的,可用于来访者记录进步的程度。行为技术中的"放松训练",将教会儿童在抽动即将发生或正在发生时,采用渐进性方式来放松自身的肌肉群,并采用深呼吸和想象放松的技术。行为技术中的"反转习惯训练"是采用强化和其他行为技术帮助抽动障碍来访者识别抽动发生前的冲动,从而能够意识到抽动的存在,并能监督由压力引发的抽动行为。来访者从而可以采用放松技术及进行与抽动行为不能共存的行为来阻止抽动行为的发生。

来访者能够通过参加社交技能训练团体而受益。同时,治疗师也应考虑为来访者家庭采用"妥瑞氏综合征协会"(Tourette's Syndrome Association)的辅助治疗。这个协会能够提供各种各样的信息,同时也能提供家庭互联网的支持。

当行为与环境干预措施对某些儿童来访者没有效果时,一般会采用药物治疗。对于儿童患者,要避免服用多种药物。如果可能的话,应该消除药物因相互作用而产生的潜在危险性,并尽量去避免药物严重的副作用。在治疗抽动障碍来访者时,也应该将共病障碍考虑进去。共病 ADHD、强迫症、焦虑症以及心境障碍产生的相关行为,将会给治疗带来很大的挑战。如果可能的话,治疗师应该同时采用行为疗法的方法来处理这些问题行为。

6.2.4　运动障碍

运动障碍(dyskinesia)主要指自主运动的能力发生障碍,动作不连贯、不能完成,或完全不能随意运动。运动障碍指的是尽管有正常的力量和感觉,但却在执行有技巧的运动方面存在困难。

6.2.4.1　发育性协调障碍

发育性协调障碍(developmental coordination disorder,DCD)的另一个更广为人知的标签是带有贬义色彩的——"笨拙儿童综合征"。尽管与运动障碍是近义词,但 DCD 影响更大,协调的运动技能的获得和使用显著低于个体的生理年龄和技能的学习以及使用机会的预期水平。其困难的表现为动作笨拙(例如,跌倒或碰撞到物体)以及运动技能的缓慢和不精确(例如,抓一个物体、用剪刀或刀叉、写字、骑自行车或参加体育运动)。另外,运动技能缺陷显著地、持续地干扰了与生理年龄相应的日常生活的活动(例如自我照顾和自我保护),以及影响了学业成绩、活动、休闲、玩耍。

这些患儿难以让自己的身体按照自己意愿行动。年幼的患儿较晚才能达到发展里程碑,尤其是在爬行、走路、说话和穿衣服上。年龄较大的儿童通常尽量选择不参加团队运动,因为他们在抓、跑、跳、踢等动作技能上表现不好,这也可能会导致他们交友困难。有些孩子甚至无法掌握课堂所需技能,如涂色、打字、书写和使用剪刀。

10 岁儿童中约有 6% 的儿童可能受其影响,其中的 50% 症状严重。患病的男孩多于女孩,男女比例大概是 4∶1。虽然发育性协调障碍的症状是独立存在的,但仍有一半以上患者的症状更为广泛,包括注意缺陷或学习问题(例如阅读障碍)。孤独症谱系障碍也和发育性协调障碍有关。

虽然经过多年的研究,但发育性协调障碍的病因仍不清楚。针对每个个案,我们必须先排除各种身体原因,例如肌营养不良、先天性肌无力、脑瘫、中枢神经系统肿瘤、癫痫、弗里德赖希共济失调和埃勒斯-丹洛斯病。显然,在正常开始发育后出现的迟发性运动失调会给DCD带来不利影响。

运动技能缺陷会持续到青春期甚至是成人期,但是对于成人患者中DCD的病程,我们却知之甚少。

6.2.4.2 刻板运动障碍

刻板行为指的是个体没有任何明显的目的、反复执行的行为——似乎仅仅是为了做动作而做。这种行为在婴幼儿中是完全正常的,他们会摇晃自己,吮吸自己的大拇指,并把任何合适大小的东西都放到嘴里。但是如果刻板行为一直持续到儿童晚期及之后的话,就需要引起临床上的重视,这可能预示着**刻板运动障碍**(stereotypic movement disorder,SMD)的风险。

刻板运动障碍相关的具体行为,包括摇摆身体、上下拍打手臂或摇摆双手、摆弄手指、拉扯皮肤、旋转物体。由于患者可能会咬自己、撞头,或掰自己的手指、嘴部或身体其他部位,因此可能会造成严重的伤害。通常会在智力障碍患者或孤独症谱系障碍患者身上发现这些行为,有3%的可能会在患有ADHD、抽动障碍或强迫症的儿童身上发现。

成年人中刻板运动障碍的患病率并不清楚,但可以知道的是,除了智力障碍患者群体之外,刻板运动障碍是较为少见的。

滥用安非他明的患者也可能会沉迷于摆弄机械设备(例如,玩表或收音机)或拉扯自己的皮肤。有些人会沉醉于对小物体(例如珠宝,甚至是鹅卵石)进行分类或重新排列——"Punding"反应(这是在安非他明滥用者中非常流行的一个说法),这种反应可能与过量的多巴胺刺激有关。

与SMD行为相关的疾病有:失明(特别是先天性失明)、失聪、莱施-尼汉综合征(又称自毁容貌综合征)、颞叶癫痫、脑炎后综合征、严重的精神分裂症以及强迫症。在威尔逊氏病和脑干脑卒中的个别患者中也有相关记录,也有一些出现在遗传性疾病猫叫综合征(因为患者的声音具有婴儿声音的特点,从而被形容为像"猫的哭声")的患者中。在痴呆的老年患者中也可能会发现SMD行为。住在监管机构中的智力障碍人士中,约有10%具有自我伤害类的SMD。

6.2.5 交流障碍

交流障碍是儿童被转介至特殊评估最常见的原因之一。对于有些儿童来说,交流问题是更广泛的发展性问题的症状,比如孤独症谱系障碍和智力障碍。然而,另一些儿童单纯患有语音障碍和语言障碍。语音相关的障碍包括缺乏言语流利性(例如口吃),不正确地产生或不恰当地使用语音(如在语音障碍中),以及由运动控制和言语器官协调受损引起的发育性语言障碍。语言相关的障碍包括在形成单词(形态学)、句子(语法)、语言意义(语义)以及语境(语用学)方面的问题。以前的(DSM-Ⅳ)表达性和接受性语言障碍以及阅读和写作问题已归入后一类。这些障碍仍然没有得到很好的理解,也没有得到清晰的识别。它们之间有所区别,同时也存在高度共病性。

6.2.5.1　语音障碍

语音障碍(speech sound disorder, SSD),以前称为**音位学障碍**(phonological disorder)。患者会发生的错误,是将一个语音替换为另一个或完全省略某些语音。这种缺陷可能是由于对发音的了解不充分,或存在影响发音的肌肉运动问题。最常受到影响的是辅音,比如咬舌音。其他例子包括语音顺序的错误(如把"意大利面条"说成"大利意面条")。在以英语为第二语言的人中出现语音错误,这不能作为语音障碍的例子。当语音障碍程度较轻时,可能会显得奇特甚至可爱。但是症状严重的个体则会面临难以被理解,甚至有时不知所云的境况。

尽管语音障碍影响2%~3%的学龄前儿童(男孩更普遍),但会自行改善,这使得青少年晚期的患病比降低到约1.2%。该疾病具有家族遗传性,也可以与其他语言障碍、焦虑障碍(包括选择性缄默症)及ADHD同时存在。

6.2.5.2　言语流畅障碍

失去语言流畅性及韵律感,也称**口吃**(stuttering)。口吃是一种通常产生于儿童期的言语流畅性障碍,但口吃者对于言语深深的失控感却是难以为人所知的。仅仅是口吃带来的短暂性恐慌,就足以使这些人采取极端的手段来回避发比较困难的音或情境(即便是普通到像打电话这样的事情)。一般来说,患者会主诉焦虑或沮丧,甚至有躯体上的紧张。你会看到口吃的儿童尝试通过握紧拳头或者不断地眨眼来提高控制感,尤其是当他们有一定要成功的额外压力时(比如对一群人说话)。

口吃症状的发生常见于辅音发音、单词的第一个音节、句子的第一个词,以及有重音、多音节以及罕见的词语时。跟别人讲笑话、介绍自己的名字、和陌生人说话或者和权威人物说话都会诱发口吃。但是,在唱歌、咒骂或者进行有节奏的言语表达时,他们的表达通常是流利的。口吃症状发生的平均年龄是5岁,但可以早至2岁左右。由于幼儿的表达通常都是不流利的,所以早期的口吃常被人们所忽视。口吃症状出现得越突然,可能症状越严重。大约3%的儿童会口吃,患病率在有脑损伤或智力障碍的儿童中更高。在儿童中,男孩口吃者人数远高于女孩口吃者人数,该比例至少为10:3。关于成年人中口吃患病率的数据有多种说法,但整体而言,每一千人中约有一人有口吃症状,其中男性占80%。

口吃具有家族性,有证据表明与遗传相关。口吃在基因(以及部分症状表现)上与妥瑞氏综合征(一种与多巴胺相关的疾病)有联系,多巴胺抑制剂常被用来减轻口吃的症状。

6.2.5.3 语用交流障碍

语用(社交)交流障碍(social communication disorder,SCD)的患者表现为,尽管有着充分的词汇量以及遣词造句的能力,但在实际运用语言的时候依旧存在问题。在研究沟通的领域这被称为"语用学",包括以下几个方面:(1)使用语言完成不同的任务,比如对他人表示欢迎,基于事实进行交流,发出命令,做出承诺或者提出请求;(2)根据具体交流的场景或对象进行语言使用的调整,比如在与儿童和成人进行交流,或是在班级中和家中讲话有所不同;(3)遵循对话交流的常规,比如轮流发言,围绕同一个主题交流,同时使用言语和非言语(如眼神接触、面部表情等)信息,在交谈者之间留出充足的空间,或者对被误解的事情做出重新阐释。

SCD患者,无论是儿童还是成人,在理解和使用这些社会交流中的语用技巧时都存在困难,甚至有时他们的对话会被认为是不合时宜的,但同时他们不存在受限的兴趣和刻板行为,从而不能被诊断为孤独症。SCD可以单独诊断,也可能伴随其他诊断一起出现,比如其他交流障碍、特定学习障碍或者智力障碍。

6.2.5.4 语言障碍

语言障碍(language disorder,LD)是新增类别,旨在涵盖与语言相关的问题,包括口语和书面语言的理解和表达能力,虽然这些问题的表现程度有所不同。词汇和语法通常都会受到影响。相比正常儿童,语言障碍患者开始说话更晚,且语言量少,并最终影响学业进展。长大后,职业功能可能会受到损害。

诊断应基于病史、直接观察和标准化测验,虽然当前的诊断标准中还没有明确测验结果的使用。这种疾病往往会一直存在,因此患病的青少年和成年人可能会持续性地在表达上有困难。该障碍具有很强的遗传基础。语言损伤可以与其他发展性障碍共同存在,包括智力障碍、ADHD和孤独症谱系障碍。

6.2.6 学习障碍

1962年,柯克(Kirk)首次使用**学习障碍(learning disabilities)**这一术语,将其定义为:儿童在语言、言语、阅读、写作、计算或其他学校科目上存在一种或多种迟缓、障碍或发展迟滞,这些问题起因于可能的大脑功能失调、情绪或行为障碍引起的心理障碍,并不是智力落后、感觉剥夺或文化和教育因素所导致的结果。

依据DSM-Ⅳ-TR,儿童的功能水平显著低于预期值,如果在**成就测验**上分数显著低于儿童IQ值的两个标准差,那么该儿童便被确诊患有此类精神障碍。功能评估主要通过标准评估工具进行测量,比如Woodcock Johnson成就测验的第3版(Woodcock & Johnson,2001)或韦氏个体成就测验的第2版(Wechsler,2001)。在美国,大概有2%~10%的人患有学习障碍,大概有5%的公立学校儿童患有学习障碍。在公立学校接受特殊教育的儿童,有75%的有语言或学习障碍。同时,大概有4%~6%的儿童患有运动技能障碍。

在学习障碍诊断之前,需要将视力以及听力缺陷造成的障碍排除在外。"其他未明学习障碍"用于描述那些不符合任一具体学习障碍标准的类型。比如儿童虽然在测验时都没有达到学习障碍所要求的显著性水平(低于年龄及能力期望值的两个标准差),但表现出多个学习领域的学习问题,或者是在 DSM 中没有特别命名的学习障碍,那么便可以使用"其他未明学习障碍"这个诊断。

目前研究认为,学习、运动技能以及沟通障碍与遗传、大脑功能以及环境的有害因素有关。有学习障碍的家庭模式在很早以前就被发现了。大约有 35%～45% 的学习障碍儿童,其父母至少有一方具有类似的学习障碍。影响学习障碍的环境因素,包括社会经济地位低下、低自尊、抑郁以及感知缺陷(Silver,2006)。由于学习障碍经常伴随其他类型的障碍,因而对儿童的鉴别诊断也比较困难,所以对学习障碍的治疗要包括教育以及心理干预(Mash & Wolfe,2010)。

6.2.6.1　特定学习障碍

特定学习障碍(specific learning disorder,SLD)是信息学习方面的特殊问题。这个问题与儿童的年龄和先天智力不相符,而且也不能用文化因素或缺乏教育机会等外部因素来解释。SLD 涉及了一系列儿童理论上应具备的学习能力与实际学业成绩之间的差异,包括**阅读、数学、书面表达**,还有其他尚未明确界定的领域。

在给出诊断之前,首先必须对个体进行效度良好并且具有文化适应性的标准化个体测验,未获得个体具有明显缺陷的直接证据。和 DSM-5 中绝大多数障碍一样,只有当症状影响了个体的学业、工作或社会生活,才可以给出 SLD 的诊断。当然,孩子的智力水平也会影响到 SLD 的症状表现、预后和治疗。

除了"伴书写表达受损"的标注项外(通常会比其他症状晚一两年出现),SLD 通常在小学二年级时被发现。现在已经确认了两大类受 SLD 困扰的儿童群体。其中一大部分受影响的儿童在语言技能方面存在问题,包括**拼写和阅读**。这些问题源于处理语言声音和语言符号的基本障碍(换句话说,患儿有语音加工上的缺陷)。另外的少数儿童则是有问题解决的困难——视觉空间方面、运动方面,以及触知觉问题所致的计算障碍。

研究资料显示,美国有 5%～10% 的人会在一生中受到某种形式的特定学习障碍的影响,其中男性患者是女性患者的 2～4 倍。患者功能受损的程度越轻,现有的教育治疗和社会支持越好,其行为和社交结果就越好。然而总体而言,在正式被诊断为 SLD 的患者中约有 40% 的人在高中毕业前就会辍学,而美国平均辍学率只有 6%。这些疾病可能会持续到成年期,而成人的患病率约为儿童的一半。在各类特定学习障碍中,成人的功能最容易受到数学方面问题的影响。

患有 SLD 的儿童也更可能出现行为或情绪问题,特别是 ADHD(这会对预后不利)、孤独症谱系障碍、发育性协调障碍、交流障碍,以及焦虑和心境障碍。

6.2.6.2　阅读障碍(伴阅读受损的特定学习障碍)

特定学习障碍中被研究得最多的类型是伴阅读受损的类型,亦称**阅读障碍**,指的是儿童

（或成人，如果症状持续到成年期）不能进行与自身年龄和智力水平相符的阅读。它的表现形式有：个体在默读时会有理解或阅读速度上的困难；在朗读时有准确性上的困难；在个体拼写时则存在拼写困难。伴阅读障碍的特定学习障碍分布广泛（并且可能发生在各个智力水平的个体身上），影响着大约 4％的学龄儿童，男孩占大多数。

在寻找病因的过程中，研究者发现了一些值得注意的有趣现象。如果自己的母语在字形和发音之间具有良好的一一对应关系（即我们可以通过单词看上去的样子进行发音），那么这个语言环境下长大的儿童就较少出现阅读问题。从这个意义上说，英语就比较麻烦，而意大利语则很简单。

阅读障碍的形成原因可以归咎于环境（铅中毒、胎儿酒精综合征、社会经济地位低）和遗传（因遗传而导致的病例多达 30％）因素。社会经济地位较低的家庭里的孩子会面临特别高的风险，因为对于儿童发展来说很重要的早期刺激，他们接受的机会较少。医生做出诊断时必须排除视觉和听觉问题、行为障碍和 ADHD（常共病）。

阅读障碍的预后取决于一些因素，特别是每个个体的症状的严重程度，首先是阅读量，如果个体阅读量低于普通人群 2 个标准偏差，预示着他的预后可能会非常差。其他因素包括父母的受教育水平和孩子的整体智力水平。对阅读障碍的早期诊断可改善预后。一项研究显示，7 岁时接受治疗的儿童中有 40％的人在 14 岁时可以达到正常阅读。不过也有一些坏消息，可能有 4000 万成年美国人几乎没有读写能力。随着时间的推移，阅读的准确性会逐渐改善，但阅读的流畅性仍然会顽固地保持下来。成年患者可能会阅读得比较慢，对名字或不熟悉的单词可能容易产生混淆或发错音，也会出于尴尬而避免朗读，或通过想象来完成拼写（并选择易于拼写的单词）。通常情况下，阅读对他们来说是一件很累的事，所以一般不会选择将阅读当作消遣活动。

6.2.6.3 计算障碍（伴数字受损的特定学习障碍）

对特定学习障碍中的数学障碍了解很少。我们只知道患者在做数学运算上存在困难，例如在计数、理解数学概念和识别符号、学习乘法表、做简单的加法运算或解应用题时会很困难，但我们并不了解其确切原因。也许它是更广泛的非语言学习障碍的一部分，或者是在数字意义和数字符号之间建立联系上存在问题。

无论病因是什么，已知有大约 5％的小学生受到数学障碍的影响。当然，不会在很小的孩子身上发现数学障碍。虽然研究表明，婴儿也对数字有感觉，但是这个问题要到期待孩子表现出来数学能力的年龄才能显露出来，有时是上幼儿园时，但更多是在小学二年级以后。

6.2.6.4 书面表达障碍（伴书写表达受损的特定学习障碍）

患有伴书写表达受损的特殊学习障碍的人，在语法、标点符号、拼写和以书写形式表达自己的想法方面存在缺陷。儿童将口头/听觉形式的信息转换成视觉/书写形式时存在缺陷，他们写的内容可能太简单、太短，或者太难看懂。有些人无法产生新的想法。请注意，虽然有些孩子写的字可能让人看不懂，但如果这是他唯一的问题，就不能做出伴书写表达受损的特殊学习障碍的诊断。

这个问题通常在小学二年级或以后才会出现,比伴阅读受损的特定学习障碍出现得更晚一些。从三年级到六年级,写作的要求会逐步提高。这可能是由于工作记忆出现了问题(如儿童难以组织自己想要说的话)。如果患者协调性差,例如发育性协调障碍,则往往不适合做出伴书写表达受损的特定学习障碍的诊断。

6.2.6.5　治疗与预后

　　对学习障碍儿童的干预主要在学校中进行。干预的主要目的是矫正学习和技能缺陷。如果儿童在学业上显著低于正常水平(低于正常测量水平的两个标准差以上),那么此类儿童就比较适合参加特殊教育。就美国而言,1997 年的《障碍者教育法》(Individuals with Disability Education Act,IDEA)以及 2004 年重新审批的《障碍者教育法》清晰地规定了所有障碍儿童应享有的服务。这项法案最初是在 1975 年公共法律的第 94～142 条中执行。《残疾儿童教育法》在 1990 年重新命名为《障碍者教育法》,法案规定了个别教育计划(由学校根据儿童的需要来执行)以及应为所有学习障碍儿童提供没有任何限制的教育环境。2004 年的障碍儿童教学法案提出应履行为早期发现的学习障碍儿童提供干预措施的职责,同时这种干预措施应该是系统并经过研究证明的方法。中国的情况,1989 年,《国务院办公厅转发国家教委等部门关于发展特殊教育若干意见的通知》中提到:"各地要继续创造条件,积极吸收肢体残疾和有学习障碍、语言障碍、情绪障碍等少年儿童入学,并努力改进教学方法,探索教学规律,使他们受到适当的特殊教育。"通知的转发标志着学习障碍作为一个特殊教育的类别和研究实践领域在我国确定了下来。

　　学习障碍儿童常常会因社交技能问题而寻求咨询。同样,他们在感知上的问题不仅会妨碍他们的学业,还会干扰他们对社交信息的理解,从而导致他们不适当的社会行为(Silver,2006)。行为认知模式认为,社交技能培训项目能够培养儿童的行为,这些行为与制定个体化的方法、参加活动的技能、社交技能以及理解社会互动和个人空间都有关(Lyon et al.,2006)。这类培训项目主要是教导性的,但通常运用在小组中来促进儿童的技能练习和反馈。

　　其他障碍常常伴随着学习障碍,因此治疗师在处理儿童学习障碍的同时,很可能还需处理儿童的其他共存障碍。治疗计划不仅应考虑共存的精神障碍,同样也要考虑儿童的学业、人际关系、家庭以及自尊问题,因为这些问题通常都会与儿童的学习障碍有关。

　　虽然有些早期的学习障碍与儿童的发展迟缓有关,而且会随着儿童的发展而改善,但是许多这一类的障碍所造成的功能不良的消极影响会持续到青少年和成人期。学习障碍以及相关障碍如果没有得到诊断及治疗,就会给儿童造成极大的挫折感,使得儿童在成年期丧失自尊、受教育不充分、失业甚至患上更严重的障碍。

6.2.7　冲动控制、破坏性及品行障碍

6.2.7.1　障碍概述

　　在所有的精神障碍中都会涉及情绪和/或行为调节的问题,但本节中的障碍是独特的,

因为这些问题涉及侵犯他人的权利(如攻击、损坏财物)和/或使个体与社会规范和权威人物产生剧烈冲突。因此本节讨论的障碍在其他领域可能会引发"坏行为"的价值判断。在本节各种障碍和那些给定诊断类别的个体中,情绪和行为的自我控制所涉及的病因存在较大变异。幸运的是,我们可以不去评判它们;取而代之的是,可以站在理解它们产生的原因以及学习如何减少它们的角度去研究它们。

本节包括**间歇性暴怒障碍、对立违抗障碍、品行障碍、反社会型人格障碍**(在"人格障碍"一章中讨论)、**纵火狂、偷窃狂**等冲动控制、破坏性及品行障碍。尽管所有障碍都涉及情绪和行为调节的问题,然而这些障碍之间差别源于这两类自我控制问题的侧重点不同。例如,**间歇性暴怒障碍**的诊断标准聚焦于不良的情绪控制,对于人际的或其他的挑衅,或与其他社会心理应激源不成比例的愤怒暴发。**品行障碍**的诊断标准主要聚焦于那些侵犯他人权利或违背主要社会规范的行为。许多行为问题(如攻击)是不良情绪控制(如愤怒)的结果。介于这两种障碍之间的是**对立违抗障碍**,其诊断标准平均地分布在情绪(愤怒和易激惹)与行为(好辩论和挑战)之间。这些障碍包括行为和情绪调节的问题。这些问题行为可能是一时冲动的,也可能是计划好的;有些行为伴随着自身对它们的抵抗。这些行为本身通常是违法的,会给违法者本身或他人造成伤害。每种障碍都以特定的方式使患者与我们所认定的社会规范产生冲突。

每种障碍的统计人数中,男性均占大多数;大多始于儿童期或青春期。有时候会存在障碍间的进阶——例如,从**间歇性暴怒障碍**(intermittent explosive disorder,IED)到**对立违抗障碍**(oppositional defiant disorder,ODD)到**品行障碍**(conduct disorder,CD)再到**反社会型人格障碍**(antisocial personality disorder,ASPD)。然而,我们一定不能下错误的结论,认为一只脚踏上了这条路就意味着一定会走到终点。实际上,大部分 ODD 患者都没有继续发展成 CD,正如大部分 CD 患者也没有发展成 ASPD。尽管如此,在少量且严重的患者中,确实存在上述发展的趋势。对处于在典型发育过程中的个体,行为中出现这些障碍的症状,非常关键的是考虑相对于个体的年龄、性别、文化差异,在不同情况下的频率、持续性和广泛性,以及与所描述的行为有关的损害中,哪些是正常的。

6.2.7.2　间歇性暴怒障碍

间歇性暴怒障碍(intermittent explosive disorder)的患病率约为 2.7%。在间歇性暴怒障碍中,冲动性的(或基于愤怒的)攻击性暴发通常迅速起病,很少或没有前驱期。暴发时间持续通常少于 30 分钟,并且多是作为对亲密伴侣或同伴的微小挑衅的反应而出现。间歇性暴怒障碍的个体通常有不严重的语言和/或非损害性的、非破坏性的或非躯体损伤性的攻击,也有更严重的破坏性攻击性发作,在不严重和严重之间有连续的暴怒性谱系行为。反复的、有问题的、冲动性的攻击行为的起病在儿童晚期或青春期最常见,40 岁后首次起病很罕见。间歇性暴怒障碍的核心特征通常是持续性的,并能够持续多年。

社会的(如失去朋友、亲戚,婚姻不稳定)、职业的(如降级、失业)、经济的(如物品破坏导致的价值损失)和法律的(如由对人身或财物攻击行为而造成的民事诉讼;对攻击行为的刑事指控)问题经常作为间歇性暴怒障碍的结果而出现。

DSM-5 间歇性暴怒障碍诊断标准	F63.81

A. 一种无法控制攻击性冲动的反复的行为暴发,表现为下列两项之一:

  1. 言语攻击(例如,发脾气、长篇的批评性发言、口头争吵或打架)或对财产、动物或他人的躯体性攻击,平均每周出现 2 次,持续 3 个月。躯体性攻击没有导致财产的损坏或破坏,也没有导致动物或他人的躯体受伤。

  2. 在 12 个月内有 3 次行为暴发,涉及财产的损坏或损毁,和/或导致动物或他人躯体受伤的攻击。

B. 反复暴发过程中所表达出的攻击性程度明显与被挑衅或任何诱发的心理社会应激源不成比例。

C. 反复的攻击性暴发是非预谋的(即它们是冲动的和/或基于愤怒的),而不是为了实现某些切实的目标(例如,金钱、权力、恐吓)。

D. 反复的攻击性暴发引起了个体显著的痛苦,或导致职业或人际关系的损害,或是与财务或法律的结果有关。

E. 实际年龄至少为 6 岁(或相当的发育水平)。

F. 反复的攻击性暴发不能用其他精神障碍(例如,重性抑郁障碍、双相障碍、破坏性心境失调障碍、精神病性障碍、反社会型人格障碍、边缘型人格障碍)来更好地解释,也不能归因于其他躯体疾病(例如,头部外伤、阿尔茨末氏病)或某种物质(例如,滥用的毒品、药物)的生理效应。6~18 岁的儿童,其攻击性行为作为适应障碍的一部分出现时,不应考虑此诊断。

注:在诊断注意缺陷/多动障碍、品行障碍、对立违抗障碍,或孤独症(自闭症)谱系障碍时,当反复的冲动的攻击性暴发超出这些障碍通常所见的程度且需要独立的临床关注时,需做出此诊断。

来源:American Psychiatric Association(2013). Diagnostic and statistical manual of mental disorders(5th ed). Washington,DC.

6.2.7.3 对立违抗障碍

对于本节涉及一系列行为连续谱(从意料中的抵抗行为到令人憎恶的恶劣行为)的 3 种障碍来说,对立违抗障碍(ODD)是其中的开端。ODD 本身可以相对轻微,因为违拗和违逆行为似乎源自儿童正常的争取独立的诉求。一方面,它们与正常的对立行为的差别在于严重程度和持续时间;另一方面,它们与问题更为严重的 CD 的差别在于患有 ODD 的儿童不会侵犯他人的权利或违反其他与年龄相符的社会规范。

ODD 的症状最早在 3 或 4 岁时就会出现,通常在几年后才能给予诊断。较为年幼的儿童几乎每天都会表现出对立行为,而年长儿童的频率则会下降。在家时的程度最为严重,不过师生关系和同伴关系也会受到影响。

年龄越小,发病时症状越严重,预后越差。另外,需要考虑可能存在的调整因素,如发展年龄、文化和性别;它标注了症状必须出现在除了兄弟姐妹以外的其他人中。尽管 ODD 有家族倾向,但是它与基因的关系目前尚未获得定论。有些专家将 ODD 归因为过分严苛和不一致的教养方式,其他则将其归因为对父母行为的模仿。低社会经济地位可能是生活在贫困线上下的压力所致。

与 CD 一起,ODD 也是最常见的寻求心理健康专业人士帮助的原因之一。它会影响到大约 3% 的儿童(男生占大多数),其范围在不同研究中存在很大跨度(1%~16%)。当它出现在女孩中时,它的表现形式可能更多是言语层面的,也更不易被觉察;并且根据诊断做出的预测的可靠性也低于对男孩的预测。

　　超过一半的最初符合 ODD 诊断标准的个体在几年后都不会继续符合该诊断。然而,大约三分之一符合 ODD 诊断的个体会继续发展成 CD,尤其是那些 ODD 起病较早且伴随注意缺陷/多动障碍的个体。大约 10% 的患者最终会被诊断为 ASPD。ODD 的易怒症状可以预测后续的焦虑和抑郁,违逆症状可以指向 CD。ODD 可以在成人中进行诊断,有时也确实会在成人中诊断:它出现在 12%～50% 的成人 ADHD 患者中。然而,在成人中,ODD 的症状可能被其他障碍所掩盖或看起来似乎构成了一种人格障碍。

DSM-5 对立违抗障碍诊断标准	F91.3

A. 一种愤怒/易激惹的心境,争辩/对抗的行为,或报复的模式,持续至少 6 个月,以下列任意类别中至少 4 项症状为证据,并表现在与至少 1 个非同胞个体的互动中。

愤怒的/易激惹的心境

1. 经常发脾气。

2. 经常是敏感的或易被惹恼的。

3. 经常是愤怒和怨恨的。

争辩的/对抗的行为

4. 经常与权威人士辩论,或儿童和青少年与成年人争辩。

5. 经常主动地对抗或拒绝遵守权威人士或规则的要求。

6. 经常故意惹恼他人。

7. 自己有错误或不当行为却经常指责他人。

报复

8. 在过去 6 个月内至少有 2 次是怀恨的或报复性的。

注:这些行为的持续性和频率应被用来区分那些在正常范围内的行为与有问题的行为。对于年龄小于 5 岁的儿童,此行为应出现在至少 6 个月内的大多数日子里,除非另有说明(诊断标准 A8)。对于 5 岁或年龄更大的个体,此行为应每周至少出现 1 次,且持续至少 6 个月,除非另有说明(诊断标准 A8)。这些频率的诊断标准提供了定义症状的最低频率的指南,其他因素也应被考虑,如此行为的频率和强度是否超出了个体的发育水平、性别和文化的正常范围。

B. 该行为障碍与个体或他人在他或她目前的社会背景下(例如,家人、同伴、同事)的痛苦有关,或对社交、教育、职业或其他重要功能方面产生了负面影响。

C. 此行为不仅仅出现在精神病性、物质使用、抑郁或双相障碍的病程中,并且,也不符合破坏性心境失调障碍的诊断标准。

标注目前的严重程度:

轻度:症状仅限于一种场合(例如,在家里、在学校、在工作中、与同伴一起)。

中度:症状出现在至少 2 种场合。

重度:症状出现在 3 种或更多场合。

来源:American Psychiatric Association(2013). Diagnostic and statistical manual of mental disorders(5th ed). Washington,DC.

6.2.7.4　品行障碍

早在 2 岁时,男孩就比女孩表现出更多攻击性行为。然而,除此之外,有少数儿童频繁表现出具有攻击性的、破坏规则的行为。对于部分患者来说,CD 的症状可能仅仅反映了他们在用一种极端的方式来表达想要将自己与父母区分开的正常努力。大部分 CD 症状,不论出现在青少年期还是之后,都是相当严重的,会导致被逮捕或其他法律后果。

CD 部分是根据该儿童的家庭、社交或学业生活因其行为所致的受损程度来进行定义的。可以早在五六岁时就出现。DSM-5 列出的 15 项行为可以分为 4 大类:(1)攻击行为;(2)破坏行为;(3)撒谎和偷窃;(4)违反规则。15 个症状中只需出现 3 个就可以确诊(这些症状不能过于分散在多个类别中)。按照这样的标准,6%～16% 的男孩会获得阳性的 CD 检测结果,女孩的患病率可能是男孩的一半。

大约 80% 被诊断为 CD 的儿童曾经有过 ODO(实际上有人质疑 ODD 和 CD 到底是两种障碍还是同一种)。研究显示,在七八岁时攻击性就很强的儿童,具有较高的风险会过上一种严重且持续的反社会/攻击性的生活。他们在成年之后犯案的概率是其他儿童的 3 倍。发病较早的儿童(大部分为男孩更有可能变得有攻击性,他们中的半数会发展成为 ASPD)。较晚的发病会预测不那么令人忧虑的后果。相比男孩,较早表现出 CD 的女孩相对不容易发展成 ASPD;取而代之的是,她们可能会发展出躯体症状障碍、自杀行为、社交和职业问题,或其他情绪障碍。

CD 在成年人群中的情况是怎么样的呢? 跟 ODD 一样,至少在理论上这个诊断在成人中是存在的,但成人可能会存在其他障碍从而掩盖了 CD 症状。

DSM-5 品行障碍诊断标准	F91.3

A. 一种侵犯他人的基本权利或违反与年龄匹配的主要社会规范或规则的反复的、持续的行为模式,在过去的 12 个月内,表现为下列任意类别的 15 项标准中的至少 3 项,且在过去的 6 个月内存在下列标准中的至少 1 项:

攻击人和动物

1. 经常欺负、威胁或恐吓他人。
2. 经常挑起打架。
3. 曾对他人使用可能引起严重躯体伤害的武器(例如,棍棒、砖块、破碎的瓶子、刀、枪)。
4. 曾残忍地伤害他人。
5. 曾残忍地伤害动物。
6. 曾当着受害者的面夺取(例如,抢劫、抢包、敲诈、持械抢劫)。
7. 曾强迫他人与自己发生性行为。

破坏财产

8. 曾故意纵火企图造成严重的损失。
9. 曾蓄意破坏他人财产(不包括纵火)。

欺诈或盗窃

10. 曾破门闯入他人的房屋、建筑或汽车。

续表

11. 经常说谎以获得物品或好处或规避责任(即"哄骗"他人)。

12. 曾盗窃值钱的物品,但没有当着受害者的面(例如,入店行窃,但没有破门而入;伪造)。

严重违反规则

13. 尽管父母禁止,仍经常夜不归宿,在 13 岁之前开始。

14. 生活在父母或父母的代理人家里时,曾至少 2 次离开家在外过夜,或曾 1 次长时间不回家。

15. 在 13 岁之前开始经常逃学。

B. 此行为障碍在社交、学业或职业功能方面引起有临床意义的损害。

C. 如果个体的年龄为 18 岁或以上,则需不符合反社会型人格障碍的诊断标准。

标注是不是:

F91.1 儿童期起病型:在 10 岁以前,个体至少表现出品行障碍的 1 种特征性症状。

F91.2 青少年期起病型:在 10 岁以前,个体没有表现出品行障碍的特征性症状。

F91.9 未特定起病型:符合品行障碍的诊断标准,但是没有足够的可获得的信息来确定首次症状起病于 10 岁之前还是之后。

标注如果是:

伴有限的亲社会情感:为符合此标注,个体必须表现出下列特征的至少 2 项。且在多种关系和场合中持续至少 12 个月。这些特征反映了此期间个体典型的人际关系和情感功能的模式,而不只是偶尔出现在某些情况下。因此,为衡量此标注的诊断标准,需要多个信息来源。除了个体的自我报告,还有必要考虑对个体有长期了解的他人的报告(例如,父母、老师、同事、大家庭成员、同伴)。

缺乏悔意或内疚:当做错事时没有不好的感觉或内疚(不包括被捕获和/或面临惩罚时表示的悔意)。个体表现出普遍性地缺乏对他或她的行为可能造成的负性结果的考虑。例如,个体不后悔伤害他人或不在意违反规则的结果。

冷酷-缺乏共情:不顾及和不考虑他人的感受。个体被描述为冷血的和漠不关心的。个体似乎更关心他或她的行为对自己的影响,而不是对他人的影响,即使他/她对他人造成了显著的伤害。

不关心表现:不关心在学校、在工作中或在其他重要活动中的不良/有问题的表现。个体不付出必要的努力以表现得更好,即使有明确的期待,且通常把自己的不良表现归咎于他人。

情感表浅或缺乏:不表达感受或向他人展示情感,除了那些看起来表浅的、不真诚的或表面的方式(例如,行为与表现出的情感相矛盾;能够快速地"打开"或"关闭"情感)或情感的表达是为了获取(例如,表现情感以操纵或恐吓他人)。

标注目前的严重程度:

轻度:对诊断所需的行为问题超出较少,和行为问题对他人造成较轻的伤害(例如,说谎、逃学、未经许可天黑后在外逗留,其他违规)。

中度:行为问题的数量和对他人的影响处在特定的"轻度"和"重度"之间(例如,没有面对受害者的偷窃,破坏)。

重度:存在许多超出诊断所需的行为问题,或行为问题对他人造成相当大的伤害(例如,强迫的性行为、躯体虐待、使用武器,强取豪夺,破门而入)。

来源:American Psychiatric Association(2013). Diagnostic and statistical manual of mental disorders(5th ed). Washington,DC.

品行障碍(伴有限的亲社会情感型标注项)

伴有限的亲社会情感型标注项的品行障碍,关注攻击性的、破坏规则的行为的情绪基础或对该行为的情绪反应。CD行为可以是两种形式中的一种。一种是患者在调节强烈的、愤怒的、敌意的情绪上存在困难。这些儿童通常来自失功能的、容易发生躯体虐待的家庭。他们容易遭到同伴拒绝,这导致了攻击行为、逃学以及结交少年犯。另一种少部分CD患者具有诸如愤怒和敌意等情绪,缺乏共情和内疚。这些儿童通常会利用他人来牟取自身利益。他们有较低的焦虑水平而且容易感到无聊,因而更喜好新奇的、刺激的,甚至是危险的活动。因此,一般情况下他们会报告有限亲社会情感的标注项中提及的4个症状。然而,诚实并不是这些年轻人所擅长的,他们厌恶表现出个人情感(以及对于行为的情感体验)。因此,在这里寻找间接信息来源比以往都更为重要。

该障碍有时被称为CD的冷酷无情型,该标注项被重新命名是因为原有标签听起来带有贬义(近年来CD的诊断有所下降,部分原因是它带有污名化倾向)。不管你如何去命名它,这种CD的亚型可以预测青少年会出现更为严重且持续的品行问题。

6.2.7.5 *纵火狂*

纵火狂(pyromania)的基本特征是多次故意地、有目的地纵火。有该障碍的个体在纵火之前经历了紧张和情感唤起。对于火和相关场景(例如,工具、工具的使用、结果)感到迷恋、感兴趣、好奇或有吸引力。有该障碍的个体通常是他们小区火情的"观察者",可能发布假的火情警报,而且从与火相关的机构、工具、人员身上获得快乐。他们可能在当地的消防部门花费时间,纵火是为了与消防部门建立联系,甚至成为消防员。当纵火并目睹其效果或参与善后时,有该障碍的个体感到愉快、满足或解脱。纵火不是为了金钱收益,不是为了表达社会政治观点、隐瞒犯罪活动、宣泄愤怒或复仇、改善自己的生活状况,也不是对妄想或幻觉的反应。纵火不是由于判断力受损(如存在重性神经认知障碍或智力障碍)。如果纵火可以更好地用品行障碍、躁狂发作或反社会型人格障碍来解释,则不能诊断为纵火狂。

有纵火狂的个体在纵火前会进行周密的准备。他们可能对纵火导致的生命、财产后果漠不关心,或许他们从财产破坏中能够获得满足。这些行为可能导致财产损坏、法律后果、纵火者自身或他人受伤乃至丧命。有冲动性纵火的个体(可能未诊断为纵火狂)通常有当前或过去的酒精使用障碍的病史。

纵火狂的人群患病率尚不清楚。纵火只是纵火狂的一部分,仅凭这一点不足以进行诊断,在群体抽样中,纵火的终生患病率为1.13%。最常见与反社会型人格障碍、物质使用障碍、双相障碍和病理性赌博共病。相比之下,纵火狂作为主要诊断很罕见。在反复纵火、达到犯罪程度的人群样本中,只有3.3%有符合纵火狂全部诊断标准的症状。

尚没有充足信息来确定纵火狂的典型起病年龄。儿童期纵火和成人期纵火之间是否存在关系,尚没有记录。在有纵火狂的个体中,纵火事件是阵发性的,频率上有起伏变化。尽管纵火是儿童和青少年中的主要问题,然而儿童期的纵火很罕见。青少年纵火通常与品行障碍、注意缺陷/多动障碍或适应障碍有关。

DSM-5 纵火狂诊断标准	F63.1

A. 不止一次故意并有目的地纵火。

B. 行动前感到紧张或情感唤起。

C. 对火及其具体场景(例如,工具、工具的使用、结果)感到迷恋、感兴趣、好奇或有吸引力。

D. 纵火或目击燃烧或参与善后时感到愉快、满足或解脱。

E. 纵火不是为了金钱收益,不是为了表达社会政治观点、隐瞒犯罪活动、宣泄愤怒或复仇、改善自己的生活状况,也不是对妄想或幻觉的反应,或判断力受损(如,重度神经认知障碍、智力障碍(智力发育障碍)、物质中毒)的结果。

F. 纵火不能用品行障碍、躁狂发作或反社会型人格障碍来更好地解释。

来源:American Psychiatric Association(2013). Diagnostic and statistical manual of mental disorders(5th ed). Washington,DC.

6.2.7.6 偷窃狂

偷窃狂(kleptomania)的基本特征是反复的无法抵制偷窃物品的冲动,尽管物品并非为了个人使用或金钱价值。偷窃前,个体体验了增加的主观紧张感,在实施偷窃时感到愉快、满足或解脱。偷窃不是为了宣泄愤怒或复仇,也不是对妄想或幻觉的反应,也不能更好地用品行障碍、躁狂发作或反社会型人格障碍来解释。尽管物品通常对于个体来说并不值钱,个体完全能够支付,而且通常将它们送人或丢弃,但个体还是要偷窃这些物品。偶尔个体可能囤积偷窃来的物品或偷偷归还。尽管在可能被立即逮捕时(例如,在警察的视线之内),有该障碍的个体会避免偷窃,但他们通常不会事先策划偷窃或充分考虑到被捕的概率。这种偷窃没有助手或搭档。有偷窃狂的个体通常企图抗拒偷窃冲动,他们意识到这个行为是错误的和没有意义的。个体总是害怕被抓捕,经常感到抑郁或偷窃带来的内疚。

那些与行为成瘾有关的神经递质传导通路,包括与五羟色胺、多巴胺和阿片类物质系统有关的,似乎也在偷窃狂中起到了作用。在被捕的商店行窃者中,约 4%～24% 有偷窃狂。普通人群中的患病率非常低,约为 0.3%～0.6%。女性多于男性,比例为 3：1。偷窃狂起病的年龄不同,通常从青春期起始。然而,该障碍也可能从儿童期、青春期或成人期起始,很少从成年晚期开始。关于偷窃狂的病程,几乎没有系统的信息,但是有三个典型的病程已被描述:散发、伴短暂发作、长期缓解,阵发、伴长期偷窃和一段时期的缓解,以及慢性、伴一定程度的波动。该障碍可能持续多年,尽管多次被定罪为商店行窃。

遗传与生理的:尚无有对照的偷窃狂的家族史研究。然而,与普通人群相比,有偷窃狂的个体的一级亲属可能有更高的强迫症的风险。与普通人群相比,有偷窃狂的个体的亲属也有更高的物质使用障碍的风险,包括酒精使用障碍的风险。该障碍可能造成法律、家庭、职业和个人的困境。

偷窃狂可能与强迫性购物有关,同样也可能与抑郁和其他特定的双相障碍(特别是重性抑郁障碍)、焦虑障碍、进食障碍(特别是神经性贪食)、人格障碍、物质使用障碍(特别是酒精使用障碍)和其他破坏性、冲动控制及品行障碍有关。

偷窃狂需要与其他障碍做出鉴别。

一般偷窃：一般偷窃(无论是事先策划的还是冲动性的)是故意的,被物品的有用性或金钱价值所驱动。一些个体,特别是青少年,可能也会大胆偷窃,作为一种叛逆行为,或是一种仪式。除非偷窃狂的其他特征也存在,否则不能给予该诊断。偷窃狂非常罕见,反之,商店行窃相对常见。

诈病：在诈病中,个体可能模仿偷窃狂的症状,以避免刑事检控。

反社会型人格障碍与品行障碍：通过判断反社会行为模式,可以将反社会型人格障碍和品行障碍与偷窃狂相鉴别。

躁狂发作、精神病性发作和重度神经认知障碍：偷窃狂应与躁狂发作期间的,作为对妄想或幻觉的反应(例如,在精神分裂症中)的,或是重度神经认知障碍结果的,有意或无意的偷窃相鉴别。

DSM-5 偷窃狂诊断标准	F63.2

A.反复的无法抵制偷窃物品的冲动,所偷物品并非为了个人使用或金钱价值。

B.偷窃前紧张感增加。

C.偷窃时感到愉快、满足或解脱。

D.偷窃不是为了宣泄愤怒或复仇,也不是对妄想或幻觉的反应。

E.偷窃不能用品行障碍、躁狂发作或反社会型人格障碍来更好地解释。

来源：American Psychiatric Association(2013). Diagnostic and statistical manual of mental disorders(5th ed). Washington,DC.

6.2.8　儿童青少年的焦虑障碍和抑郁障碍

6.2.8.1　选择性缄默症

选择性缄默症(selective mutism,SM),指儿童独处或者与其他少数亲密的人相处时才会说话,其他时候都保持沉默。这个障碍一般在学龄前开始产生(2~4岁),在儿童发展了正常言语功能之后。这样的孩子,在家里跟家人能自如交谈,却在陌生人面前保持相对沉默,其问题可能在开始接受正式学校教育之前都不会受到重视。尽管这些儿童很害羞,但是他们大部分都有正常的智力和听力。当他们说话时,他们的发音、句子结构和词汇运用都是正常的。这种情况一般会在数周或数月内自然改善,不过没有人知道如何鉴别这些患者,从而可以尽早改善其状况。

选择性缄默症并不普遍,它的发病率低于千分之一;男孩和女孩的发病率接近。家庭史对社交焦虑障碍和选择性缄默症相关的障碍起了一定作用。共病情况包括其他类型的焦虑障碍(尤其是分离焦虑障碍和社交焦虑障碍)。患者不容易有外化行为障碍,如对立违抗障碍或品行障碍。

6.2.8.2 分离焦虑障碍

多年来,**分离焦虑障碍**(separation anxiety disorder,SepAD;SAD)都只被认为存在于儿童期。然而,最近有证据表明这种障碍也会影响成人。它可以通过两种途径作用于成人。可能有三分之一患有分离焦虑障碍的儿童在长大成人之后继续存在 SepAD 的症状。但是,有些患者是在他们青春期晚期甚至更晚的时候才出现症状,有时甚至在老年期才出现。SepAD 的终生患病率在儿童中约为 4%,在成人中约为 6%。女性发病率高于男性。

在儿童中,SepAD 可能伴随着一些突如其来的事件而产生,比如搬入新家或者去新学校、医疗过程或严重的躯体疾病、丧失了重要的朋友或宠物(或父母)等。症状通常表现为拒绝上学,而更年幼的儿童可能表现为不愿意跟临时照料者待在一起或去日托所。儿童可能会使用想象出来的躯体不适来作为可以待在家里跟父母一起的正当理由。类似地,成人可能会担心重要依恋对象(可能是配偶,甚至可能是孩子)遭遇可怕的事情。因此,他们不愿意离家(或者其他任何安全的地方),可能会害怕独自入睡;会做关于分离的噩梦。当与主要依恋对象分离之后,可能需要通过打电话或其他方式来跟依恋对象一天联系好几次。有些患者可能会为了确保自身安全而制定能够使其跟随重要他人的日程安排。

出现在儿童早期时,比较可能得到缓解;如果出现较晚,那么它比较可能延续到成年期并且引发其他更严重的功能不适(虽然强度可能会有所变化)。患有 SepAD 的儿童比较容易转换成亚临床或非临床状态。大部分成人和儿童还有其他障碍(尤其是心境障碍、焦虑障碍和物质使用障碍),不过 SepAD 是持续时间最久的。

患有 SepAD 的儿童的父母通常也有同样的障碍,而且同其他焦虑障碍具有共性,研究显示有很强的基因基础。

6.2.8.3 儿童抑郁障碍

儿童抑郁症(childhood depression)的症状包括行为失调、情绪失调、躯体不适、缺少精力和兴趣、孤立或者拒绝上学。儿童一般不能说出自己痛苦的具体原因,但却会以行为的方式把这种痛苦表现出来:经常会出现身体不适,比如头痛、胃痛以及身体疲惫;很容易被激怒。患有分离焦虑障碍的年幼儿童也会出现抑郁特点,比如哭泣、闷闷不乐、容易被激怒、表情悲伤等。因此,临床治疗师在诊断分离焦虑障碍时,一定要将其与抑郁障碍区别开。

青少年抑郁症的症状与成年人相类似,比如经常感到悲伤,社会退缩,并且 10% 的人还会产生心境一致性幻觉。青少年比年幼儿童更少出现身体不适和哭泣的症状,但却会跟年幼儿童一样有容易被激怒的特征,并且还会伴有人际关系、学业受损及物质滥用等问题。

早发型儿童抑郁症或心境恶劣会影响来访者一生,并会导致严重的后果。因此,有必要及早地认识、评估和干预这些障碍,通过干预措施可学习如何控制自己的情绪,形成应对技能,从而减少某些与抑郁相关的危险因素。对儿童心境障碍的全面评估应该详细了解来访者的医学状况、发展情况以及患病期间的社交情况,同时还需要评估障碍的系列症状、严重程度以及精神病症状是否伴有心境障碍等,这都有利于进行正确的诊断和治疗。儿童抑郁症量表(the Child Depression Inventory)(Kovacs,1983)是 7～17 岁儿童、青少年使用最广泛的抑郁评估工具。其他评估工具还包括儿童评估量表(CAS),儿童会谈量表(ISC),儿童、青少年诊断性会谈量表(DICA),儿童诊断性会谈量表(DISC)以及修订版的儿童抑郁等级评定量表(CDRS-R)。

有多种原因造成儿童抑郁症,包括环境、基因、社会经济地位等。母亲有抑郁症往往是儿童患上抑郁症的重要影响因素,因此对母亲抑郁症的及早确定和治疗也是一个重要的问题,尽管如此,研究表明仅仅减缓母亲的抑郁症状还是不够的。

研究发现,抑郁症儿童来访者即使是完全治愈了,但复发率达50%左右,并且可能持续到成年期才复发。儿童抑郁的共病障碍包括ADHD、品行障碍、人格障碍以及物质相关的障碍等,这些都会使儿童及青少年心境障碍的治疗进一步复杂化。

6.2.8.4　反应性依恋障碍

要讨论**反应性依恋障碍**(reactive attachment disorder, RAD)首先应了解**依恋理论**(attachment theory)。鲍尔比(Bowlby,1969)与安斯沃斯(Ainsworth,1978)的研究证明依恋对儿童的社会化及生理发育有着关键的作用。鲍尔比认为,"依恋"是个体想与某一特定个体建立强烈情感纽带的倾向。通过定义依恋,并用依恋解释人类的各种现象来建立依恋理论。依恋可以解释各种形式的情感困扰和人格障碍,比如焦虑、抑郁、情感抽离(会导致患者不愿意分离和失去)等。

依恋是婴儿与照顾者之间的情感纽带。生理成熟与早期依恋关系密切相关。情绪唤起的自我舒缓调整能力的发展依据人们与主要照顾者之间是否存在"安全基地"(secure-based strategies)或存在一种安全依恋关系。安全及非安全依恋模式的发展方向与依恋模式对个体的影响,现已成为众多研究关注的焦点。这些研究也提供了关于"安全依恋"与人一生中安全感的发展、亲密关系以及自我形象之间关系的可信证据。安斯沃斯通过对"陌生情境"的研究进一步推进了依恋理论的发展。鲍尔比和安斯沃斯认为依恋是一个终生性的概念。

6.2.8.4.1　障碍的描述

反应性依恋障碍是一种不常见的障碍,初发于5岁前。该障碍的出现是由于儿童与主要照顾者的依恋关系遭到破坏而导致社交关系出现严重紊乱,这种障碍会影响儿童今后社会关系的建立。具体的表现是由于照顾者对他们照顾极其不周,包括长期忽视他们的基本情感和身体需求,从而破坏了与主要照顾者的关系。正是这种致病性的照顾不周导致了儿童社交功能的紊乱。

反应性依恋障碍划分为两种亚类型:**抑制型**和**去抑制型**。抑制型的儿童,主要表现为异常的退缩、感受迟钝、高度警觉。去抑制型儿童,是对照顾者没有任何偏好,表现出过分社会化,并在寻找安慰时没有选择性,这类儿童甚至会跟随陌生人,并会向陌生人寻求安慰。生活在社会公共机构,并遭遇过不良待遇或者受过虐待的儿童常会出现去抑制型反应性依恋障碍。对被机构收养的儿童的研究表明,这些儿童最持久的社交反常现象是无分辨性地热爱交际,即使儿童在以后的发展中产生了新的依恋照顾者,但这种现象仍然会持续好几年。抑制型反应性依恋障碍的主要特征是不能采用与年龄适宜的方式发起社会交往或回应。

在5岁前遭遇过严重创伤的儿童且被收容和社会慈善机构收养的儿童很容易患上反应性依恋障碍。但是,并不是所有非安全依恋的儿童都符合反应性依恋障碍的诊断标准。

Wilson(2001)将这种障碍置于症状会日益严重的依恋问题的连续统一体中,且这种依恋问题主要存在于非安全依恋儿童中。

目前,许多研究探讨了学龄前儿童早期依恋经验与行为之间的关系。在很多案例中,具有敌意和攻击性行为的儿童也会表现出与母亲之间存在障碍性的依恋行为。因此,反应性依恋障碍可能是对立违抗性障碍和品行障碍的根源,对 RAD 的早期诊断和干预可阻止对立违抗性障碍和品行障碍的产生(Speltz,McClcllan,DeKlyen & Jones,1999)。

患有情绪依恋障碍的儿童在一岁前就会表现出某些症状,比如分离行为、无反应行为、难以安抚、生长缓慢或根本就不生长。目前这种障碍的研究仍然主要集中于高危人群。

患者的很多症状都给反应性依恋障碍的诊断带来了困难,比如身体疾病、破坏性行为、社交关系不良等。RAD 的很多症状都与破坏性行为障碍和广泛性发育障碍相类似,也常常与双相障碍、焦虑症、创伤后应激障碍及分离性障碍相混淆。因此,需要将同时患有广泛性发育障碍和 ADHD 的儿童从 RAD 中剔除。研究发现,婴儿期的紊乱型依恋障碍与今后的精神病有着密切关联。

反应性依恋障碍儿童很有可能会出现语言和身体发育迟缓,并且也很可能会产生情绪控制困难,这些症状都会被误认为是 ADHD,特别是在学校情境更容易产生这种误解。Hall 和 Geher(2003)发现以下这些症状能将儿童的 RAD 与 ADHD 区分开,比如无选择性地亲近陌生人、强迫性撒谎、偷窃及性行为等。当反应性依恋障碍儿童处在一个良好的环境中时,他们的症状会逐渐得到改善。尽管 RAD 与其相关障碍具有很多类似的症状,但是对这方面的研究却很少。

6.2.8.4.2 评估

目前,还没有可靠的综合性测验来诊断反应性依恋障碍。对 RAD 的评估主要依据半结构访谈、整体评估量表、具体的依恋量表及行为观察。最常用的量表是阿肯巴赫儿童行为量表(Achenbach,1991)、儿童行为评估系统(BASC;Reynolds & Kamphaus,2002)以及 Eyberg 儿童行为量表(SESBI-R;Eyberg& Pinkus,1999)。目前,"反应性依恋障碍问卷"与"Randolph 依恋障碍问卷"两种量表直接与 RAD 相关,具有一定的诊断性,但是却不能单独使用。"反应性依恋障碍问卷"仅在欧洲比较规范,而"Randolph 依恋障碍问卷"并不能测量非安全依恋各亚类型(Sheperis et al.,2003)。随着对测量儿童和成年人依恋关系兴趣的日益增长,George、Kaplan 和 Main(1984)创立了"成人依恋访谈"(adult attachment interview,AAI),AAI 通过 60~90 分钟的访谈,评估成年人的依恋关系,并且提供关于依恋经验如何影响个体发展为成人和父母的相关信息。

6.2.8.4.3 治疗和预后

治疗**反应性依恋障碍**的主要目标是改善儿童与主要照顾者的关系。照顾者与儿童之间的关系不仅是症状评估的基础,也是 RAD 治疗的联结点。目前有三种治疗方式有利于帮助患者与其照顾者形成有效、积极的互动:与儿童的照顾者工作、与两者一起工作(儿童和照顾者)或单独与儿童工作。治疗 RAD 最为重要的是让患者拥有一个情绪发展良好、敏感以及负责任的照顾者,同时患者要能与这个照顾者建立依恋关系;然后再处理影响儿童建立适宜和安全依恋的问题行为。

必须仔细监督 RAD 儿童的家庭情况。在某些案例中,如果儿童保育质量没有得到任何进步或改善,或者儿童攻击性行为太强以致父母在家中无法进行监管,那么可批准对儿童采取保护性的搬迁。可将儿童安置在收容所或临时看护处,也可以让儿童与某个亲戚一起居住。建立一个持续安全的环境能够为儿童提供积极的看护和养育,这对儿童安全感的建立和症状的减缓都是至关重要的。

研究表明,非安全依恋与儿童行为的发展、冲动控制问题、低自尊、不良的同伴关系、精神病综合征、犯罪行为以及物质滥用都有着密切的联系。很明显,早期、有效的干预措施也适用于 RAD。基于依恋理论的干预措施是目前比较先进的疗法,但关于这些干预措施有效评估的数据却很有限。可以预期的是,RAD 的治疗对未来的研究提供了多种可能性,同时也给儿童今后行为障碍的预防提供了希望。

6.2.9　喂食和进食障碍、排泄障碍

6.2.9.1　喂食和进食障碍

只要人们还要吃东西,吃得太少或吃得太多都可能会造成麻烦。几乎每个人都曾在某些时候做过其中一种行为。但是,跟许多其他行为一样,如果陷入极端,就会变得危险,有时甚至会致命。虽然每种疾病的诊断标准十分清晰,但患者会在不同的疾病和亚临床表现之间来回变动。

DSM-5 中喂食和进食障碍这一章的内容大量扩增。现今这一章不仅包含了成人的诊断,还囊括了适用于儿童和婴儿的诊断。涉及的疾病数量已经翻倍,甚至还要多一点。

6.2.9.1.1　喂食和进食障碍的主要类型

神经性厌食:这些患者虽然体重过轻,却将自己视为肥胖人群。

神经性贪食:这些患者在暴饮暴食后,又通过自我诱发的呕吐、排泄和运动行为来防止体重增加。尽管外表是影响其自我评价的重要因素,但此类患者没有像神经性厌食患者一样出现体像扭曲的特征。

暴食障碍:这些患者会暴饮暴食,但不会试图采取自我催吐、锻炼或使用泻药来补偿。

异食症:患者吃非食用性物质。

反刍障碍:患者持续反刍并重新咀嚼已经吃下去的食物。

回避性/限制性摄食障碍:患者因未能摄入足够的食物而导致体重减轻或体重无法增加。

其他特定的或未特定的喂食或进食障碍:属于喂食或进食障碍,但无法满足上述任何一类障碍的诊断标准时,使用这些类别中的一种。

食欲和体重异常的其他原因

心境障碍:重性抑郁发作(或恶劣心境)的患者可能会出现厌食导致的体重减轻,或食欲上升带来的体重增加。

精神分裂症和其他精神病性障碍:在精神病患者中偶尔会出现奇怪的饮食习惯。

躯体症状障碍:此类患者中可能出现显著的体重波动和食欲紊乱的主诉。

简单的肥胖:促进肥胖发展或维持的情绪问题可以被编码为影响其他躯体疾病的心理因素。另外,现在还有一个超重或肥胖的单独的医学代码。

6.2.9.1.2　异食症

异食,或食用非营养物质,经常出现在幼儿和孕妇中。涉及的物质清单很长,而且种类有时令人惊讶。例如灰尘、粉笔、石膏、肥皂、纸、铁钉和玻璃珠,甚至粪便(虽然很少出现)。从广义上讲**异食癖(pica disease)**也包含有恶癖。患有此症的人持续性地咬一些非营养的物质,如泥土、纸片、污物等。过去人们一直以为,异食癖主要是因体内缺乏锌、铁等微量元素引起的。目前越来越多的医生们认为,异食癖主要是由心理因素引起的。当然,各种并发症也会随之而来,其中包括铅中毒和摄入生活在土壤里和其他不能食用物质中的各种寄生虫。异食行为有时只有在患者接受肠梗阻手术时才会被发现。但是对于其真正成因和治疗方法却没有任何实质性进展。

之前提及的孤独症谱系障碍和智力障碍的患者特别容易患有异食症,其风险会随着疾病的严重程度而增加。受影响的儿童可能来自社会经济地位较低的成长环境以及被忽视的教养环境。这种行为通常始于 2 岁,止于青春期,或在缺铁(或其他矿物质)的情况得到改善时停止。请注意,如果异食症发生在另一种精神障碍或躯体疾病的情况下,一般不需要额外的临床护理,除非症状足够严重。

然而,文献中也有大量的案例是在长大成人后才开始了不正常的饮食摄入。异食症通常会有家族遗传。

医学专家倾向于认为异食症是罕见的,但如果抽样的人群恰当的话,你会发现很多异食症患者。例如,大多数因胃肠失血而导致缺铁性贫血的患者都会被诊断出异食症。在精神分裂症、智力障碍和孤独症谱系障碍的情况下,在做出诊断之前,必须明确:患者确实需要因异食症获得额外的临床关注。

也许可以一提,喜鹊(英文学名:pica)是一种黑白相间的鸟类,其科学属名称在英语中和异食症是一样的。这一术语从至少 400 年前开始,就被用于描述一种不正常的进食行为。也许是因为有人在现实中看到喜鹊收集泥土筑巢,以为它们是在吃土。

6.2.9.1.3　反刍障碍

反刍,指的是从胃里吐出一团食物,然后再咀嚼。这是由逆行蠕动机制引起的,是牛、鹿和长颈鹿消化过程中正常的一步,毕竟它们是反刍性动物。但在人类中反刍则是不正常的,并且有潜在的问题。它被称为**反刍障碍(rumination disorder,RD)**。不常见,通常始于婴儿开始食用固体食物之后。而且男孩比女孩更容易受到影响。

大多数人都会把反刍出来的这些食物再吃下去。然而,有些人(尤其是婴儿和智力残疾者)会把食物吐出来,冒着营养不良、不能茁壮成长(在婴儿身上)和容易生病的风险。据报道,反刍障碍患者的死亡率高达 25%。反刍障碍可以维持数年而不被诊断出来,可能是因为我们没有想到要问这件事。

反刍障碍的病因并不清晰,但已经有一些普遍被怀疑的影响因素。可能的病因包括器质性(可能是胃食管倒流的症状)、心理(可能反映了混乱的母婴关系)和行为层面(可能被其引发获得的关注所强化）。

　　生活在收容机构的智力障碍患者中，有 6%～10% 的人有时会受到反刍障碍影响；报告中偶尔也会出现没有智力障碍的成年人。反刍障碍也与神经性贪食有关。不过上述这两种障碍的患者都不太可能再吃吐出来的食物。

　　在大多数情况下行为会自发地消退，但也有可能会持续一生。像异食症一样，发生在另一种精神障碍或身体障碍背景下的反刍障碍必须非常严重才需要额外的临床关注。

　　反刍障碍和异食症是 DSM-5 中相对较少出现的、不需要临床显著性标准的两种状况。也就是说，除非它们发生在另一种精神障碍的情况下，否则不需要进一步对患者或其他人的伤害、痛苦、其他调查信息或功能受损进行陈述。因此，症状与正常行为之间没有任何明显的界限。

　　现在，异食症和反刍障碍又和神经性厌食以及贪食症列在一起了，一开始在 DSM-Ⅲ 中就是这样的。DSM-Ⅳ 则将异食症和反刍障碍和其他通常在儿童时期开始的障碍放在了一起。

6.2.9.1.4　回避性/限制性摄食障碍

　　将近 50% 的儿童在进食方面有一定程度的困难，但大部分在长大后就不会了。那些没有消退的人可能会演变成某种形式的**回避性/限制性摄食障碍**（avoidant/restrictive food intake disorder，ARFID），以前被称为**婴幼儿期喂食障碍**。新的名字反映了一个事实：我们不知道为什么有些患者吃得这么少从而无法保持健康，但这种情况确实发生了，而且不一定是发生在儿童时期。

　　患有 ARFID 的儿童可分为 3 大类：第一，基本上不在乎饮食的；第二，由于感官问题而限制饮食的（他们对某些食物是没有食欲的）；第三，因为不愉快的经历而不吃东西的（可能曾经噎到过）。其中任何一种情况下，行为的结果都远远超出了普通挑食者的范围。

　　这种行为可能开始于关于食物的亲子矛盾背景。忽视、虐待和父母的精神病理状态（如抑郁、焦虑状态或人格障碍）也被视为导致该种障碍的原因。然而，绝大部分的原因可能是某种躯体疾病，包括对咀嚼和吞咽行为的生理障碍，以及对食物的某些方面（如质地、味道和外观）过度敏感。

　　大多数患有回避性/限制性摄食障碍的儿童年龄都在 6 岁以下，但成年人可以被诊断为这种障碍吗？DSM-5 的标准中并没有年龄限制，但是实际上你也不会看到很多成年的回避性/限制性摄食障碍患者。

6.2.9.2　排泄障碍

　　遗粪症：年龄在 4 岁或 4 岁以上，患者反复在不恰当的地方排粪。

　　遗尿症：年龄在 5 岁或 5 岁以上，患者反复在床上或衣服上排尿，可以是自主性的或不自主的。在大多数情况下，遗粪症和遗尿症单独发生，但有时它们会一起出现，尤其是在遭受严重忽视或情感剥夺的孩子群体中。你可以诊断为原发性的（症状贯穿于儿童的整个发育过程），或者继发性的（如厕训练起初是成功的）。人们常怀疑患者泌尿生殖系统或胃肠道异常，但这些情况其实很少被发现，因此详细的病史调查通常就足以帮做出正确的诊断。

6.2.9.2.1　遗尿症

遗尿症（enuresis），俗称尿床。通常指小儿在熟睡时不自主地排尿。一般至 4 岁时仅20%有遗尿，10 岁时 5%有遗尿，有少数患者遗尿症状持续到成年期。没有明显尿路或神经系统器质性病变者称为**原发性遗尿**，占 70%～80%。继发于下尿路梗阻、膀胱炎、神经源性膀胱（神经病变引起的排尿功能障碍）等疾患者称为**继发性遗尿**。患儿除夜间尿床外，日间常有尿频、尿急或排尿困难、尿流细等症状。原发性遗尿症（孩子从未学会控制）比继发性遗尿症更为常见，比例约为 4∶1。它仅限于尿床，白天时的膀胱控制不受影响。被转诊来看精神卫生专家的患者父母通常都已经试过常见的解决办法，如在睡前限制孩子的液体摄入，半夜让孩子上厕所，但都没有成功。由于孩子一般一周会尿床多次，所以他们会不好意思与朋友一起睡。

在一些儿童中，遗尿与非快速眼动睡眠有关，一般在睡眠的头 3 个小时内出现。对于另一些儿童而言，诸如住院治疗或与父母分离等创伤可促发继发性遗尿症，这种遗尿症可能会每晚出现超过 1 次，或在睡眠时间内的任一时间出现。虽然有些遗尿症儿童患有尿路感染或身体异常（这意味着我们不会诊断为遗尿症），但大多数遗尿症患者的病因仍然未知。尽管正式的诊断标准表明尿床可以是有目的的，但对于绝大多数儿童来说，这是偶然且令人尴尬的。该障碍具有强遗传性：约四分之三的患病儿童会有一个有遗尿症史的一级亲属。父母双方均患有遗尿症的情况能够高度预测孩子也会受到该疾病的影响。

6 岁之前，男孩和女孩患病比例相当，总体而言，5%～10%的幼儿患遗尿症。在年长的儿童中，遗尿症更常见于男孩。患病率随着发育成熟而下降，因此它仅影响约 1%的青少年。尿床的成年人可能会终生持续此状态。

6.2.9.2.2　遗粪症

遗粪症（encopresis）患者会在不恰当的地方排粪，例如在他们的衣服或地板上。遗粪症有两种类型：一种与慢性便秘有关，这会导致肛门周围的肛裂。因此，排便会导致疼痛，而孩子企图通过扣留大便来阻止疼痛。然后大便变硬（使肛裂恶化），且液体粪便从肛门直肠溢出至衣服和床上用品中。另一个更少见的类型，不涉及便秘，通常与秘密和否认有关。儿童把他们正常的粪便隐藏在不寻常的地方，如马桶后面、办公桌抽屉里，然后声称不知道是怎么到那里的。无便秘的遗粪症通常与压力以及其他家庭病理状态有关。其中一些儿童可能受到过身体或性方面的虐待。遗粪症影响约 1%的小学学龄儿童；其中，男孩相对女孩以 6∶1 的比例占主导地位。

遗粪症是一种慢性行为问题，病因复杂，如家庭教育训练方法不当，而未能获得正常控制大便的能力；神经系统成熟延迟，妨碍了正常排便习惯的养成。此类患儿常伴有语言、学习功能障碍，注意力不集中或多动，有人认为与遗传因素有关；精神创伤、惊恐和紧张等精神因素的存在有时可作为一种对父母不适当管教的"反抗"而存在；部分患儿遗粪与生理性便秘有关。目前尚无统一和公认的诊断标准。流行病学调查显示其患病率大大超过其就诊率，治疗也需要长期坚持。

7　情境所致的精神障碍

7.1　情境所致的精神障碍概述

有一系列不同的障碍，都是个体在经历了一些应激生活事件（常常是一个非常应激或创伤性的生活事件）之后发展起来的；DSM-5 将这些障碍整合到了一起，这类障碍主要包括儿童期养育体验匮乏或有受虐经历所引起的**依恋障碍**、以应激生活事件所引起的持续焦虑和抑郁为特征的**适应障碍**以及对创伤的反应，如**急性应激障碍**和**创伤后应激障碍**等。研究发现，这类障碍与以往属于焦虑障碍的其他障碍并不类似。这是因为创伤和应激相关障碍都是由最近的应激事件引起的，并伴随着强烈的情绪反应；同时，除了恐惧和焦虑之外，还可能伴随更广泛的情绪，如狂怒、厌恶、内疚和羞耻等，对于创伤后应激障碍来说尤其如此（Friedman，2013；Keane，Marx，Sloan & DePrince，2011）。

很多障碍诊断都会包含"什么是成因或者不是成因"的陈述，本章是 DSM-5 中唯一会推测病因的部分，并将病因扎根于病理性发育过程。DSM 将这些致病因素（患者成长史中的一些创伤性或应激事件）整合起来，这些事件看起来至少部分导致了症状的产生。现在有部分的趋势是将所有年龄的患者都集中到一起，只要他们有相应的症状组合，而不是按照发育阶段来区分患者。在 DSM-5 中，适应障碍、急性应激障碍和创伤后应激障碍被归入创伤及应激相关障碍一类。

日常的生活事件，例如失业、严重的身体状况诊断、离婚或爱人的离世都会引发压力情绪，这些压力情绪会打乱一个人的正常生活。适应障碍和可能成为临床焦点的其他状况（本章称为状况），通常有可辨别的**情境（precipitant）**或起因，适应障碍等通常相对比较轻微和短暂，尤其是当个体不患有其他精神障碍时。

7.2　适应障碍

个体对诸如结婚、离婚、生子或是失去工作等普通应激源，出现适应不良，并且在应激之后三个月之内出现,被称作**适应障碍(adjustment disorder,AD)**。如果个体不能发挥往常的正常功能或者对特定应激源反应过度,该个体的反应才被认为是适应不良。在适应障碍中,当下列情况出现时,个人的不良适应会减轻或消失:(1)应激源减弱;(2)个人学会了适应应激源。如果症状持续到 6 个月之上,DSM 才建议可改为其他某种精神障碍的诊断。事实上适应障碍并不一定总是遵循这样一个严格的时间表。

显然,并不是所有对应激源的反应都是适应障碍。我们无法在短期内解决标准的确定性问题;但更重要的是要认识到,适应障碍至少是治疗师可能给病人的最轻度的诊断,同时也是最轻的污名化的标签。

患有适应障碍的人可能是源于对一个或多个应激的反应。应激源可能单次或重复出现。如果应激源一直出现,它甚至会变成慢性的,比如一个孩子与一直打架的父母住在一起。然而,几乎所有相对普遍的事件都可以成为某个人的应激源。对于成年人来说,最常见的此类事件是结婚、离婚、搬家、财务问题等;对于青少年来说,这些事件就会是在学校会发生的各种问题。不管应激源是什么,患者都会感到被环境中某些应激的需求所淹没。

7.2.1 病症和状况的描述

通常,临床工作是帮助人们设法解决突如其来的情况,觉察它对于日常生活的影响,并帮助人们适应。任何由突如其来的情况所引起的情感失调和行为紊乱都会受到次级注意。在应对和治疗这些状况的时候,通常帮助患者完成以下三件事情之一:(1)消除引发焦虑的突如其来的状况;(2)适应和维持已经发生的改变;(3)现实地看待突如其来的状况并重新建构他们对状况的认知,伴随压力生活变化所产生的任何功能紊乱的症状,即使不能被消除,也会相应地缓解。

有时候,难以判断患者究竟是正遭遇某种状况还是患有适应性障碍。从定义看,适应障碍要远超对压力的预期应激反应,要有明显的损伤或功能失调,或有显著的痛苦。有些状况与烦躁不安或功能失调有关,也可能与共病的精神障碍有关;但是如果状况是正常的,个体对生活事件可预期的反应,就不该视作精神障碍。

适应障碍和状况都倾向于持续相对短暂的时间。但是,如果个体生活中有一个长期的影响因素或突发的情境(例如虐待、长期并恶化的身体疾病,或者精神药物的治疗),那么适应障碍或状况也许会持续下去。

以下是一个很有帮助的五级分类结构(Strain,Klipstein & Newcorn,2011),它能澄清这两个类型(适应或严重障碍)严重程度的相对水平。

- 正常状态
- 问题水平(适应不良状况)
- 适应障碍
- 轻微障碍或者非其他特定的诊断
- 重度障碍

所谓状况，就是比那些普遍认为的正常状态表现出更多的功能失调，但是仍不足诊断为精神障碍。曾经在 DSM-Ⅳ-TR 中，适应障碍被列为温和型精神障碍。

　　AD 会产生各种情绪症状，比如情绪低落、哭啼、抱怨、觉得紧张或受惊，以及其他抑郁性或焦虑的症状——但是这些必须未满足任何心境或焦虑障碍的标准。一些患者可能主要有行为症状——特别是那些我们认为是品行障碍的行为，比如危险驾驶、打架或者不承担责任。

　　在应激源或其结果发生后，症状的持续时间必须短于 6 个月（一些研究报告，小部分患者的症状会持续出现超过 6 个月的时间限制）。如果应激源是一个一直存在的东西，比如慢性疾病，那么患者可能就需要花很长的时间来适应。

　　在普通人群中 AD 的患病率约为 3％；在接受初级医疗服务的人群中有 10％ 或更多的人患有 AD；这些患者中的大多数都被不恰当地以治疗精神疾病的药物进行治疗，而仅有两成案例被诊断为 AD。

　　AD 在所有文化和年龄群体中都有，包括儿童。在成人中，AD 是一种长期稳定存在的障碍类别。另外，人格障碍或认知障碍可能会使得个体在面对应激时更加脆弱，从而导致 AD。

　　适应障碍需要与其他障碍作出区别。对于反应性依恋障碍和脱抑制性社会参与障碍这两个诊断，必须有致病性照料模式的证据；对于创伤后应激障碍（PTSD）及相关障碍，必须有发生过极坏的事件的证据；事实上，区分之间的混淆并不容易。

　　然而，在我们很开心地以为自己已经确定了一个因果关系的时候，我们必须敲响警钟，告诉自己故事还没完。不然，为什么有些人会发展出症状，而另一些人暴露在（几乎就我们所知）完全一样的刺激下，却可以不受制约地一路往前走呢？此外，已经有研究表明，或早或晚，明显的应激源都会拜访我们大多数人。难道我们得出的结论不应该是，所考虑的刺激对于所观察到的结果来说是必要的但不是充分的条件？！

7.2.2　评估与诊断

　　适应障碍的基本特征是针对可确定的应激源出现的情绪或行为上的症状（A）。该应激源可以是单一事件（如，一段浪漫关系的结束），或多个应激源（如，显著的商业上的困难以及婚姻问题）。应激源可以是反复的（如，与季节性商业危机有关，不能令人满足的性关系）或持续的（如，致残性的持续疼痛疾病；居住在高犯罪率社区）。应激源可以影响个体、整个家庭或更大的群体或社区（如，自然灾难）。有些应激源可能伴随着特定的发育性事件（如，上学、离开父母家、重回父母家、结婚、生子、无法达到职业目标、退休）。当所爱的人死亡，参考文化、宗教或与年龄匹配的常模，如果悲痛反应的强度、性质或持续时间超过了正常预期，就可以诊断为适应障碍。更特定的一组诊断是与丧痛相关的症状，被指定为持续的、复杂的丧痛障碍。

DSM-5 适应障碍诊断标准	F43.1

A. 在可确定的应激源出现的 3 个月内,对应激源出现情绪的反应或行为的变化。

B. 这些症状或行为具有显著的临床意义,具有以下 1 项或 2 项情况:

  1. 即使考虑到可能影响症状严重度和表现的外在环境和文化因素,个体显著的痛苦与应激源的严重程度或强度也是不成比例的。

  2. 社交、职业或其他重要功能方面的明显损害。

C. 这种与应激相关的症状不符合其他精神障碍的诊断标准,且不仅是先前存在的某种精神障碍的加重。

D. 此症状并不代表正常的丧痛。

E. 一旦应激源或其结果终止,这些症状不会持续超过随后的 6 个月。

标注是不是:

  F43.21 伴抑郁心境:主要表现为心境低落、流泪或无望感。

  F43.22 伴焦虑:主要表现为紧张、担心、神经过敏或分离焦虑。

  F43.23 伴混合性焦虑和抑郁心境:主要表现为抑郁和焦虑的混合。

  F43.24 伴行为紊乱:主要表现为行为紊乱。

  F43.25 伴混合性情绪和行为紊乱:主要表现为情绪症状(例如,抑郁、焦虑)和行为紊乱。

  F43.20 未特定的:不能分类为任何一种适应障碍特定亚型的适应不良反应。

来源:American Psychiatric Association(2013). Diagnostic and statistical manual of mental disorders(5th ed). Washington,DC.

7.2.3 治疗与预后

适应障碍的治疗原则大多适合采用短程治疗,但当应激源是慢性的或者重复发生时要考虑较长时程的治疗。大多数适应障碍在应激源消失、衰减或是化解之后,没有经过治疗就自发缓解了,但是治疗能够易化恢复过程。治疗能够加快好转的进程,提供应对技巧和适应机制,从而化解将来的危机,并将那些导致有害结果的不良选择和自伤行为降到最低。必要时,治疗可以缓解长期存在的适应不良的思维过程、情绪体验以及行为模式。

危机干预是最适合治疗适应障碍的疗法。这种治疗模型既注重缓解患者正在经历的急性症状,也注重提升患者对应激源的适应性和处理能力。短期危机干预的五个典型步骤(Butcher et al.,2006):(1)澄清问题,并促进对问题的理解;(2)明确并增强患者的优势、应对技巧,如果有必要的话,可以指导患者新的应对技巧;(3)和患者合作制订一个能够激励患者的行动计划;(4)为患者提供信息,并且促进患者情感、认知、行为的发展;(5)终止治疗,适当地转介和随访。

目前对适应障碍也提出了广泛而多样化的干预措施。具体干预措施的应用取决于适应障碍的特定症状与应激源的性质,还有患者的优势和面临的挑战,以及治疗师的理论取向。

尽管在某些案例中,药物可以帮助人们控制焦虑或抑郁,但在适应障碍的治疗中药物通常没有必要。任何药物的使用都应该有时间限制、以症状为重点,治疗应该是促进应对技巧的发展、预防将来情绪障碍的发生,药物应作为辅助治疗方式。

治疗通常鼓励适应障碍患者恢复他们以前的生活方式,期待在一段相对较短的时间内恢复正常的功能,并尽可能快地处理应激源。通常情况下,一个人回避压力情境的时间越久,那么对他而言有效处理该情境的困难就越大。因此,时间是治疗的重要变量。对适应障碍而言,早发现和早治疗可能会提高患者的预后,但不幸的是,许多患有此类相对温和障碍的人并不会因他们的症状而寻求医治。

在所有的精神障碍中,适应障碍治疗的预后是最积极的之一,并且成年人的预后特别好。这些成人能够尽量避免生活角色的破坏、调节情绪压力,继续积极参与对他们有意义和重要的活动,因此他们的预后通常会很好。虽然适应障碍的整体预后非常好,但是男性群体和有行为症状或共病障碍的患者的预后效果却不是很理想。

适应障碍患者往往会寻求后续的心理治疗。这种模式要考虑适应障碍的恢复不完全,继发的适应障碍,或另一种障碍发作,或更多只是个体寻求更多成长的愿望等。

适应障碍治疗中的预防部分,从文献来看仍是不明确的,但它确实非常重要。

7.3　急性应激障碍

基于对一些人会在创伤性应激后马上发展出症状的观察,几十年前就有人提出了**急性应激障碍(acute stress disorder,ASD)**。类似的概念早在 1865 年,美国内战后就有人提出了。多年来,它都被称作"炮弹休克"。与 PTSD 一样,ASD 也会出现在普通老百姓身上。ASD 的总体发生率大概集中在 20%,这取决于创伤的性质和个人的特征。

与 PTSD 相比,ASD 症状的数量和分布不同,但其标准包含了与 PTSD 相同的元素:

- 暴露在会威胁到身体完整性的事件下
- 重新体验事件
- 回避与事件相关的次数和等级
- 心境和想法的消极变化
- 唤起程度和反应性的增加
- 痛苦或损伤

症状通常会在患者暴露在事件(或者获知它)后马上出现,但是患者必须在压力性事件发生后持续体验到这些症状超过 3 天,才满足持续性这一标准。这使得我们除了关注压力性事件本身发生的那一段时间外,也需要额外关注造成直接后果的一段时间;如果症状持续时间超过 1 个月,那就不再是急性的或者不再符合 ASD 的诊断标准了。多达 80% ASD 患者将会转成 PTSD 的诊断,这就是急性应激障碍的命运。但是相反,PTSD 患者通常不会走进 ASD 这扇门,因为大多数患者都是在长达一个月后才会被识别为患有 PTSD。

一些真的很糟糕的事情发生了——严重的伤害、性虐待,或者可能是其他人的创伤性死亡或受伤(也可以来自获悉另一个人经历了暴力或受伤,或者像紧急救护人员的则会源于重复暴露)。因此,在一个月的时间内,患者体验到许多症状,如侵入性记忆或糟糕的梦;分离性体验如闪回或感觉不真实;不能体验快乐或其他人的爱;对部分事件失忆;尝试回避与事件有关的提醒线索(拒绝看与事件有关的电影、电视或阅读相关的信息);将想法或记忆排除在意识之外。患者可能还会体验到高度唤起的症状:易怒、高度警觉、难以集中注意力、失眠或强烈的惊跳反应。

直接经历的创伤性事件包括(但不限于):作为战士或平民接触战争,被威胁或实际对个体的暴力攻击(例如,性暴力、躯体攻击、积极作战、抢劫、儿童躯体和/或性暴力、绑架、作为人质、恐怖袭击、酷刑),自然或人为灾难(例如,地震、周风、飞机失事),以及严重的事故(例如,严重的交通、工业事故)。对于儿童,性暴力事件可能包括那些没有躯体暴力或损伤的、与发育不匹配的性经历。威胁生命的疾病或致残的躯体疾病有时被考虑为创伤性事件。可以作为创伤性事件的医疗事故包括突发的灾难性事件(例如,在手术过程中醒来、过敏性休克)。不包含在诊断标准 A 中的那些应激事件所包括的严重和创伤性成分可能导致适应障碍而非急性应激障碍。

　　急性应激障碍的临床表现有个体差异,但通常涉及**焦虑反应**。在一些个体中,可能占主导的是**分离症状(dissociative symptom)**。在另一些个体中,可能有强烈的、以易激惹或可能的攻击反应为特征的**愤怒反应(angry reaction)**。

　　目睹到的事件包括(但不限于)由于暴力攻击、严重家庭暴力、严重事故、战争和灾难所致的发生在他人身上的伤害威胁或严重的伤害、非自然死亡、躯体或性暴力;也可能包括目睹涉及自己孩子的医疗灾难(例如,危及生命的大出血)。获悉的非直接体验的事件必须限于亲密的家庭成员或亲密的朋友。这样的事件必须是暴力的或事故性的——不包括自然死亡,包括个体的暴力攻击、自杀、严重事故或伤害。当压力是人际暴力和刻意的时候(例如,酷刑、强奸),该障碍可能会特别严重。压力的强度越高、离应激源越近,发生该障碍的可能性越大。

　　创伤性事件可以通过不同的方式被重新经历。个体通常会有反复的、非自主的、对事件的侵入性记忆(诊断标准 B)。这些记忆可以是自发的,也可以被对创伤经历提示物的刺激源的反应所激发(例如,汽车爆胎声激发了对枪声的记忆)。这些侵入性记忆通常包括感觉的(例如,感觉到在房屋起火中体验到的热力)、情感的(例如,体验到将要被刺的害怕)或生理性的(例如,体验到差点溺死时的呼吸急促)。

　　痛苦的梦境可能包含了创伤性事件或与创伤性事件中的重要威胁有关的主题(例如,一个交通事故幸存者的痛苦的梦通常可能包括撞车;在作战士兵中,痛苦的梦可能包括在非战斗中受伤)。

　　分离状态可能持续数秒到数小时,甚至数天,在这个过程中,部分事件被重现,个体的行为好像在当时重新经历事件一样。虽然在创伤性事件中分离反应很常见,但只有在接触创伤事件后分离反应持续超过 3 天,才考虑急性应激障碍的诊断。对于幼童,创伤相关事件的重演可能在游戏中表现出来,可以包括分离性的瞬间(例如,交通事故中幸存下来的儿童,可能在游戏中会专注而痛苦地反复让玩具车相撞)。这样的发作,常被称为**闪回(flashback)**,通常短暂但有创伤性事件正在当下发生的感觉,而非对过去的记忆,并且与显著的痛苦有关。

　　一些有该障碍的个体没有对事件本身的侵入性记忆,但是当接触类似或象征创伤性事件某一方面的激发事件时(例如,经历过台风的儿童在大风天里;在电梯里被强奸的女性进入电梯时,看到某个长得像施虐者的人),会体验到强烈的心理痛苦或生理反应。激发性的线索可以是躯体感觉(例如,烧伤受害者的热感,脑损伤幸存者的晕眩)。患者可以持续地不能感受到正性情绪(例如,幸福、快乐、满足,或与亲密、温柔以及性有关的情绪),但能体验像害怕、忧伤、愤怒、内疚或羞愧等负性情绪。

意识上的改变可以包括：人格解体，脱离自身的感觉（例如，从房间的另一边看到自己）或现实解体，对身的环境的扭曲看法（例如，感受到东西在慢速移动，看东西恍惚，对通常能够理解的事件没有觉知）。一些个体也会报告无法想起原本已经理解的创伤性事件的重要方面。这些症状归因于分离性遗忘，而非归因于脑损伤、酒精或毒品。

持续回避与创伤有关的刺激。个体可能拒绝讨论创伤性体验或可能采取回避策略以减少对情绪反应的意识（例如，当该经历被提醒时，过度饮酒）。这种行为上的回避可能包括回避有关创伤性经历的新闻报道，拒绝回到创伤发生的工作场所或回避与那些分享同样创伤经历的人互动。

有急性应激障碍的个体经常体验到入睡和维持睡眠的问题，可能与噩梦或那些泛化的干扰睡眠的增高的觉醒水平有关。有急性应激障碍的个体可能快速发怒，在很少挑衅的情况下，表现出攻击性言语和/或躯体行为。急性应激障碍通常以对潜在威胁的高度敏感为特征，包括那些与创伤性经历有关的（例如，在机动车事故后，对轿车或卡车可能带来的潜在威胁敏感）和那些与创伤性事件无关的（例如，害怕心脏病发作）。注意困难，包括难以记住日常事件（例如，忘记自己的电话号码）或难以参与需要集中注意力的任务（例如，持续一段时间的对话），这些都是经常被报告的症状。有急性应激障碍的个体对未预期的刺激反应强烈，对巨大的声响或未预期的举动表现出强烈的惊跳反应或神经过敏（例如，对电话铃声的惊跳反应）。

重现的形式在不同的发育阶段可以有所差异。与成年人或青少年不同，幼童所报告的令人惧怕的梦境可能并没有清晰地反映出创伤的内容（例如，在创伤后从惊恐中醒来，但是无法把梦境的内容与创伤性事件联系起来）。与年龄稍大的儿童相比，六岁及以下儿童更有可能通过直接或象征性地涉及创伤的玩耍来表达重现的症状。例如，一个非常年幼的从火灾中幸存下来的儿童可能会画火焰的图像。在接触甚至重现时，幼童可能不表现出害怕的反应。父母通常报告在经历创伤的幼童中出现愤怒、羞愧或退缩等情感表达，甚至有过于欢快、积极的情感反应。尽管儿童可能会回避创伤提示物，但他们有时也会专注于这些提示物（例如，被狗咬过的幼童可能会不断地谈论狗，但是由于怕与狗接触而回避外出）。

DSM-5 急性应激障碍诊断标准	F43.0

A. 以下述1种（或多种）方式接触了实际的或被威胁的死亡、严重的创伤或性暴力：

1. 直接经历创伤性事件。

2. 亲眼看见发生在他人身上的创伤性事件。

3. 获悉亲密的家庭成员或亲密的朋友身上发生了创伤性事件。注：在实际的或被威胁死亡的案例中，创伤性事件必须是暴力的或事故。

4. 反复经历或极端接触于创伤性事件的令人作呕的细节中（例如，急救员收集人体遗骸；警察反复接触虐待儿童的细节）。注：此标准不适用于通过电子媒体、电视、电影或图片的接触，除非这种接触与工作相关。

续表

B. 在属于侵入性、负性心境、分离、回避和唤起这5个类别的任一类别中,有下列9个(或更多)症状,在创伤性事件发生后开始或加重:

侵入性症状

1. 对于创伤性事件反复的非自愿的和侵入性的痛苦记忆。注:对儿童来说,重复性游戏可能会出现在表达创作性主题的场合。

2. 反复做内容和/或情感与创伤性事件相关的痛苦的梦。注:儿童可能做可怕但不能识别内容的梦。

3. 分离性反应(例如,闪回),个体的感觉或举动好像创伤性事件重复出现(这种反应可能连续地出现,最极端的表现是对目前的环境完全丧失意识)。注:儿童可能在游戏中重演特定的创伤。

4. 对象征或类似创伤性事件某方面的内在或外在线索,产生强烈或长期的心理痛苦或显著的生理反应。

负性心境

5. 持续地不能体验到正性的情绪(例如,不能体验到快乐、满足或爱的感觉)。

分离症状

6. 个体的环境或自身的真实感的改变(例如,从旁观者的角度来观察自己,处于恍惚之中、时间过得非常慢)。

7. 不能想起创伤性事件的某个重要方面(通常由于分离性遗忘症,而不是由于脑损伤、酒精、毒品等其他因素)。

回避症状

8. 尽量回避关于创伤性事件或与其高度有关的痛苦记忆、思想或感觉。

9. 尽量回避能够唤起创伤性事件或与其高度有关的痛苦记忆、思想或感觉的外部提示(人、地点、对话、活动、物体、情景)。

唤起症状

10. 睡眠障碍(例如,难以入睡或难以保持睡眠或休息不充分的睡眠)。

11. 激惹的行为和愤怒的爆发(在很少或没有挑衅的情况下),典型表现为对人或物体的言语或身体攻击。

12. 过度警觉。

13. 注意力有问题。

14. 过分的惊跳反应。

C. 这种障碍的持续时间(诊断标准B的症状)为创伤后的3天至1个月。

注:症状通常于创伤后立即出现,但符合障碍的诊断标准需持续至少3天至1个月。

D. 这种障碍引起临床上明显的痛苦,或导致社交、职业或其他重要功能方面的损害。

E. 这种障碍不能归因于某种物质(例如,药物或酒精)的生理效应或其他躯体疾病(例如,轻度的创伤性脑损伤),且不能更好地用"短暂精神病性障碍"来解释。

来源:American Psychiatric Association(2013). Diagnostic and statistical manual of mental disorders(5ᵗʰ ed). Washington,DC.

7.4　创伤后应激障碍：对灾难事件的反应

7.4.1　病症和状况的描述

创伤后应激障碍（post-traumatic stress disorder，**PTSD**）和**急性应激障碍**（acute stress disorder，ASD）都包括对极度创伤压力源的反应，这一创伤可能会导致死亡或重伤。极度压力源，包括性侵害、武装战争、车祸、暴力或受到暴力威胁、自然灾害和其他。人们接触压力源的方式包括亲身经历、看到（看到交火或事故），或间接经历（如当朋友、家庭成员或与之有亲密关系的人与压力事件有关时）。简单来说，PTSD是对极度压力情境的不合理应对，会导致长期的焦虑情绪。

创伤后应激障碍和急性应激障碍的共同的标准如下：

· 对创伤性事件感到极度恐惧和无助。
· 持续地重新体验事件（如通过梦、闯入性回忆或暴露于创伤性事件的回忆来感受强烈的痛苦）。
· 对一般事物反应麻木，用至少3种方式避免回忆创伤性事件（如，有脱离他人感、认为人生短暂、隔离或不能回忆创伤的重要方面）。
· 至少有两项警觉性和焦虑持续增高的状况（如，睡眠受到影响、愤怒或易激惹、对危险过于敏感、过度的惊吓反应和难以集中注意），具体出现哪些情况取决于压力源的性质，同时如果这些状况特别严重，将导致非常明显的痛苦或损伤。

一般症状还包括感到羞耻、为了自己还活着而感到愧疚或自责、对一般活动缺乏兴趣（尤其在性关系方面）、述情障碍（不能识别或表达情感）、对他人不信任、亲密关系疏离、不能自我开解、有失控感或快要发疯感和心理躯体症状。睡眠受到干扰和做噩梦也是创伤事件后的常见反应。人们通常感觉到以往他们用以应对和感知世界的方式不再存在了，只剩下困惑和缺乏指导的感觉。创伤相关障碍包括所有系统的焦虑（身体、情感、认知和行为），但它们总是能够反映此类疾病的3种主要特质：重历、回避和麻木以及警觉性提高。

创伤后应激障碍和急性应激障碍的主要区别在于发病时间和病程长度。急性应激障碍在创伤性事件发生后4周内起病，至少持续2天，但是不会超过4周，有时也会发展为创伤后应激障碍。创伤后应激障碍与之区别的症状在于持续时间超过一个月。接近80%的幸存急性应激障碍患者在6个月后会发展成为创伤后应激障碍，并且其中70%在两年后仍然被诊断为创伤后应激障碍。如果症状持续不超过3个月，创伤后应激障碍则被称为急性的，如果持续时间更长则被称为长期的。如果发病时间在创伤性事件发生6个月以后，则被称为迟发创伤后应激障碍。

据估计，正常人中创伤后应激障碍的终生患病率接近5%～14%，这反映出社会中涉及生命危险事件的高发频率。并非每个经历创伤性事件的人都会发展成创伤后应激障碍，通常认为，20%～30%的人在暴露于创伤性经历之后会发展为此障碍。超过1/3被强奸或性侵害的人、16%的灾难幸存者、17%的犯罪受害者以及多达75%的集中营幸存者患有创伤后应激障碍。

PTSD患者创伤后最常见的3种症状是重历创伤事件、避免创伤回忆和警觉性提高。

重历创伤事件,包括反刍思维、多梦、闪回或非联想性发作,指人们感到好像他们真的要再次经历恐怖场景一样(例如,车祸、枪击、自然灾害)。有时会出现幻听,如听到受害者的求助声或者出现生动的视觉图像,就像它们真实地再次发生了一样。这些在创伤事件中幸存的人试图去忘记,但是夜复一夜多梦通常是这类患者的共同问题。有些人可能会被惊吓醒,或醒来时惊恐发作。

第二类症状主要与人们试图回避或逃离那些感觉有关。患者回避可能促使回忆起创伤事件的人、地点或社会环境。隔离或情感麻木可能剥夺了他们的幽默感、生活兴趣和对未来的希望。单调或有限的情感反应削弱了他们的生活乐趣,只剩下一种感觉,觉得自己不是以前的那个人了。

第三类症状是对危险的过度唤醒,可能导致人们很容易被噪声或他人惊吓、错误解读社会线索或呈现一种高度的警觉状态,这些都会让人们不能放松或镇静,还可能导致失眠。

如果创伤是由人为引起的,其影响似乎特别严重,持续时间也特别长,例如,强奸造成的影响远比龙卷风大。如果创伤事件中有人遭遇不幸,幸存者除了具有PTSD的其他症状外,通常会对此感到愧疚。PTSD患者还会伴有自杀意念、抑郁、躯体化、冲动性增强、物质相关障碍以及其他焦虑障碍。未来的压力使人非常困扰,并且有时人们会感到永久受损,几乎无法控制自己的生活。

虽然经历创伤的人们最初看上去好像恢复过来了,但是他们通常都会有残余的或潜在的症状(例如,不信任感、回避亲密关系以及精神麻木),这些症状可以持续很多年,可能通过使用药物或酒精、否认和回避保持在一个较低的水平上。创伤事件的回忆、压力或消极的生活事件都可能促进重历创伤,并且数月之后,甚至最初的创伤事件已经过去很多年之后,残余的症状都可能发展为PTSD而全面爆发。

环境和创伤经历的严重程度在此病的发展过程中也能起到一定的作用。儿童时期具有暴露于创伤事件的历史,似乎与多种不同障碍的发展有关,其中也包括PTSD。

大多数PTSD患者共病其他障碍,如焦虑障碍、物质使用障碍和抑郁症。自杀和**准自杀(parasuicide)**行为、社会支持少、家庭和婚姻问题、性功能失调、躯体疾病和较差的沟通能力也是比较常见的。生活中遭遇了多重创伤会增加发展为PTSD的风险,患者可能表现出较差的自我保护能力、难以调节情感和认知扭曲。通过治疗应该发展患者的有效应对技能,从而能够帮助患者度过创伤并防止PTSD症状。

7.4.2 评估与诊断

在对PTSD开始治疗之前,首先需要确保患者处在安全的生活环境中,具有最基本的生存来源,而不是正在被虐待或依然还是被害者。那些正处于危险中的患者、试图自杀或想要杀人的患者以及具有明显抑郁症状的患者,对于这些人来说,建议他们首先进行住院治疗或到**案件管理中心(case management)** 去,先解决前面提到的那些问题,而后再进行PTSD的门诊治疗。

对患有PTSD的人进行评估的过程可以说是非常痛苦的。治疗师应该对患者的身体症状具有一定的敏感性,因为对方身体症状是谈论创伤体验的结果:过度警觉、愤怒爆发或自我伤害行为都是来访者的行为反应。治疗师应该在头脑中保持安全意识,询问近期的创伤、患者对创伤的行为和反应、他认为该创伤带来的威胁程度以及在何种情况下有行为增加的倾向。

有时,治疗师要确保在开始治疗 PTSD 之前,患者的物质滥用、自杀意念或者极度愤怒的问题已经得到了解决。在一些严重的个案中,以创伤为关注点的治疗中,应该加入对危险行为的监测,并提升安全指数。

PTSD 的评估目标并不仅仅是对 PTSD 的症状进行诊断和测量,同时还要了解患者现有的功能水平,评估患者的支持系统、应对技能、认知风格、长处和适应性。临床使用 **PTSD 量表(the Clinician-Administered PTSD Scale,CAPS)和 PTSD 测量问卷(PTSD Checklist)**。近 20 年来 PTSD 测量工具蓬勃发展中的几个例子,症状核对表、等级量表、诊断访谈和心理生理评估也包括其中。

对于儿童的评估可以了解创伤症状、分离、抑郁和行为问题。父母是儿童主要的照顾者,因此需要对他们之间的相互影响进行观察了解。对父母进行评估还可以了解压力、教养方式以及因为孩子的创伤而导致的父母自己的 PTSD 症状。

当然,探索患者的创伤史、共病障碍、任何关于安全的具体创伤观念、自责、信任、随机性、控制和仁慈都是评估过程中的重要部分,尤其在治疗中将会使用到认知行为疗法时。例如创伤后认知调查问卷(the Post-traumatic Cognitions Inventory,PTCI)与个人观念和反应量表(the Personal Beliefs and Reactions Scale,PBRS)是可以获得上述信息的众多量表中的两个,对评估工具更加翔实的描述已经超出了本书的范畴。

DSM-5 创伤后应激障碍诊断标准(适用于成年人、青少年和 6 岁以上儿童)	F43.10

A. 以下述 1 种(或多种)方式接触了实际的或被威胁的死亡、严重的创伤或性暴力:

1. 直接经历创伤性事件。

2. 亲眼看见发生在他人身上的创伤性事件。

3. 获悉亲密的家庭成员或亲密的朋友身上发生了创伤性事件。在实际的或被威胁死亡的案例中,创伤性事件必须是暴力的或事故的。

4. 反复经历或极端接触于创伤性事件的令人作呕的细节中(例如,急救员收集人体遗骸;警察反复接触虐待儿童的细节)。

注:诊断标准 A4 不适用于通过电子媒体、电视、电影或图片的接触,除非这种接触与工作相关。

B. 在创伤性事件发生后,存在以下一个(或多个)与创伤性事件有关的侵入性症状:

1. 创伤性事件反复的、非自愿的和侵入性的痛苦记忆。

注:6 岁以上儿童,可能通过反复玩与创伤性事件有关的主题或某一方面来表达。

2. 反复做内容和/或情感与创伤性事件相关的痛苦的梦。

注:儿童可能做可怕但不能识别内容的梦。

3. 分离性反应(例如,闪回),个体的感觉或举动好像创伤性事件重复出现,(这种反应可能连续出现,最极端的表现是对目前的环境完全丧失意识)。

注:儿童可能在游戏中重演特定的创伤。

4. 接触于象征或类似创伤性事件某方面的内在或外在线索时,产生强烈或持久的心理痛苦。

5. 对象征或类似创伤性事件某方面的内在或外在线索,产生显著的生理反应。

续表

C. 创伤性事件后,开始持续地回避与创伤性事件有关的刺激,具有以下 1 项或 2 项情况:

  1. 回避或尽量回避关于创伤性事件或与其高度有关的痛苦记忆、思想或感觉。

  2. 回避或尽量回避能够唤起关于创伤性事件或与其高度有关的痛苦记忆、思想或感觉的外部提示(人、地点、对话、活动、物体、情景)。

D. 与创伤性事件有关的认知和心境方面的负性改变,在创伤性事件发生后开始或加重,具有以下 2 项(或更多)情况:

  1. 无法记住创伤性事件的某个重要方面(通常是由于分离性遗忘症,而不是诸如脑损伤、酒精、毒品等其他因素所致)。

  2. 对自己、他人或世界持续性放大的负性信念和预期(例如,"我很坏","没有人可以信任","世界是绝对危险的","我的整个神经系统永久性地毁坏了")。

  3. 对创伤性事件的原因或结果持续性的认知歪曲,导致个体责备自己或他人。

  4. 持续性的负性情绪状态(例如,害怕、恐惧、愤怒、内疚、羞愧)。

  5. 显著地减少对重要活动的兴趣或参与。

  6. 与他人脱离或疏远的感觉。

  7. 持续地不能体验到正性情绪(例如,不能体验快乐、满足或爱的感觉)。

E. 与创伤性事件有关的警觉或反应性有显著的改变,在创伤性事件发生后开始或加重,具有以下 2 项(或更多)情况:

  1. 激惹的行为和愤怒的爆发(在很少或没有挑衅的情况下),典型表现为对人或物体的言语或身体攻击。

  2. 不计后果或自我毁灭的行为。

  3. 过度警觉。

  4. 过分的惊跳反应。

  5. 注意力有问题。

  6. 睡眠障碍(例如,难以入睡或难以保持睡眠或休息不充分的睡眠)。

F. 这种障碍的持续时间(诊断标准 B、C、D、E)超过 1 个月。

G. 这种障碍引起临床上明显的痛苦,或导致社交、职业或其他重要功能方面的损害。

H. 这种障碍不能归因于某种物质(如,药物、酒精)的生理效应或其他躯体疾病。

标注是不是:

伴分离症状:个体的症状符合创伤后应激障碍的诊断标准。此外,作为对应激源的反应,个体经历了持续性或反复的下列症状之一:

  1. 人格解体:持续地或反复地体验到自己的精神过程或躯体脱离感,似乎自己是一个旁观者(例如,感觉自己在梦中;感觉自我或身体的非现实感或感觉时间过得非常慢);

  2. 现实解体:持续地或反复地体验到环境的不真实感(例如,个体感觉周围的世界是虚幻的、梦幻般的、遥远的或扭曲的)。

注:使用这一亚型,其分离症状不能归因于某种物质的生理效应(例如,一过性黑矇,酒精中毒的行为)或其他躯体疾病(例如,复杂部分性癫痫)。

标注如果是:

伴延迟性表达:如果直到事件后至少 6 个月才符合全部诊断标准(尽管有一些症状的发生和表达可能是立即的)。

来源:American Psychiatric Association(2013). Diagnostic and statistical manual of mental disorders(5th ed). Washington,DC.

DSM-5 创伤后应激障碍诊断标准(适用于 6 岁及以下儿童的创伤后应激障碍)	F43.10

A. 6 岁及以下儿童,以下述一种(或多种)方式接触了实际的或被威胁的死亡、严重的创伤或性暴力:

1. 直接经历创伤性事件。

2. 亲眼看见发生在他人身上的创伤性事件,特别是主要的照料者。

注:这些目睹的事件不适用于通过电子媒体、电视、电影或图片的接触。

3. 知道创伤性事件发生在父母或照料者的身上。

B. 在创伤性事件发生后,存在以下一个(或多个)与创伤性事件有关的侵入性症状:

1. 创伤性事件反复的、非自愿的和侵入性的痛苦记忆。

注:自发的和侵入性的记忆看起来不一定很痛苦,也可以在游戏中重演。

2. 反复做内容和/或情感与创伤性事件相关的痛苦的梦。

注:很可能无法确定可怕的内容与创伤性事件相关。

3. 分离性反应(例如,闪回),儿童的感觉或举动好像创伤性事件重复出现(这种反应可能连续出现,最极端的表现是对目前的环境完全丧失意识),此类特定的创伤性事件可能在游戏中重演。

4. 接触象征或类似创伤性事件某方面的内在或外在线索时,会产生强烈或持久的心理痛苦。

5. 对创伤性事件的线索产生显著的生理反应。

C. 至少存在一个(或更多)代表持续地回避与创伤性事件有关的刺激或与创伤性事件有关的认知和心境方面的负性改变的下列症状,且在创伤性事件发生后开始或加重:

持续地回避刺激

1. 回避或尽量回避能够唤起创伤性事件回忆的活动、地点或具体的提示物。

2. 回避或尽量回避能够唤起创伤性事件回忆的人、对话或人际关系的情况。

认知上的负性改变

3. 负性情绪状态的频率(例如,恐惧、内疚、悲痛、羞愧、困惑)显著增加。

4. 显著地减少对重要活动的兴趣和参与,包括减少玩耍。

5. 社交退缩行为。

6. 持续地减少正性情绪的表达。

D. 与创伤性事件有关的警觉和反应性的改变,在创伤性事件发生后开始或加重,具有以下 2 项(或更多)情况:

1. 激惹的行为和愤怒的爆发(在很少或没有挑衅的情况下),典型表现为对人或物体的言语或身体攻击(包括大发雷霆)。

2. 过度警觉。

3. 过分的惊跳反应。

4. 注意力有问题。

5. 睡眠障碍(例如,难以入睡或难以保持睡眠或休息不充分的睡眠)。

E. 这种障碍的持续时间超过 1 个月。

F. 这种障碍引起临床上明显的痛苦,或导致与父母、同胞、同伴或其他照料者的关系或学校行为方面的损害。

G. 这种障碍不能归因于某种物质(例如,药物、酒精)的生理效应或其他躯体疾病。

来源:American Psychological Association(2013). Diagnostic and statistical manual of mental disorders(5th ed). Washington,DC.

7.4.3 治疗与预后

急性应激障碍和 PTSD 的治疗应该在创伤后即刻开始,并且建议在症状未出现之前就进行预防性治疗。通常来说,创伤相关障碍的有效治疗是为了促进创伤的发作和处理,促进感受的表达,增强个人对记忆中情境的控制感(这些是为了平复痛苦),减少认知扭曲和自责,以及恢复自我概念和以往的功能水平。

具体方法有暴露疗法、认知加工治疗(cognitive processing therapy,CPT)、焦虑管理训练(anxiety management training,AMT)、眼动脱敏与再加工(eye movement desensitization and reprocessing,EMDR)、团体和家庭治疗、压力—免疫训练和药物治疗、压力免疫训练(stress inoculation training,SIT)等。

2/3 有严重创伤经历的人没有发展为 PTSD;还有一些人有症状,但是能够快速地自行缓解;创伤前功能水平很高的人、创伤后很快出现症状的患者、症状持续少于 6 个月的个体、有很强社会支持的人以及治疗及时的患者,他们的 PTSD 在经过治疗后能够取得更好的治疗效果(Keane & Barlow,2002)。虽然人们关于创伤经历的生动记忆不能通过治疗抹除,但是大多数人通过治疗能够得到恢复,甚至改善病前的功能水平。迟发性 PTSD 的治疗预后不是很好,因为这种类型的 PTSD 总是共病其他障碍(Roth & Fonagy,2005)。复发并不少见,尤其是在压力之下,但是他们可以通过长期的后续治疗来避免复发。美国治疗创伤后应激障碍委员会(2008)建议,今后的研究应该调查是否早期干预可能会降低疾病的长期性特点,团体治疗是否有效,是否对于不同的人群疗效不同以及心理治疗和药物管理的最佳治疗时程。表 7.1 是学龄前儿童 PTSD、成人 PTSD 和急性应激障碍的比较。

表 7.1 学龄前儿童 PTSD、成人 PTSD、急性应激障碍的比较

儿童 PTSD	成人 PTSD	急性应激障碍
直接经历 亲眼看见(不是通过电视) 熟悉	直接经历 亲眼看见 熟悉 重复暴露(不是通过电视)	直接经历 亲眼看见 熟悉 重复暴露(不是通过电视)
侵入性症状(1/5)	侵入性症状(1/5)	所有症状(9/14)
1)记忆 2)梦 3)分离性反应 4)心理痛苦 5)生理反应	1)记忆 2)梦 3)分离性反应 4)心理痛苦 5)生理反应	1)记忆 2)梦 3)分离性反应 4)心理痛苦或生理反应

续表

儿童 PTSD	成人 PTSD	急性应激障碍
回避/消极情绪(1/6) 1)回避记忆 2)回避外部提醒线索 3)消极情绪状态 4)兴趣下降 5)社会退缩 6)积极情绪降低	回避(1/2) 1)回避记忆 2)回避外部提醒线索 消极情绪(2/7) 1)失忆 2)消极信念 3)歪曲—自我苛责 4)消极情绪状态 5)兴趣下降 6)与他人隔离 7)没有积极情绪	5)回避记忆 6)回避外部提醒线索 7)对自己和外部环境的现实感有变 8)失忆 9)没有积极情绪
生理的(2/5) 1)易激惹,生气 2)高度警觉 3)惊跳 4)注意力难以集中 5)睡眠障碍	生理的(2/6) 1)易激惹,生气 2)鲁莽的和自我毁灭的 3)高度警觉 4)惊跳 5)注意力难以集中 6)睡眠障碍	10)易激惹,生气 11)高度警觉 12)惊跳 13)注意力难以集中 14)睡眠障碍
持续时间:>1个月	持续时间:>1个月	持续时间:3天到1个月

注:分数指所需的症状占所有症状的比值。

7.5 可能成为临床关注焦点的其他状况

DSM-5 还列出了可能影响精神障碍诊断和治疗的其他情况,虽然这些情况不是精神障碍,但是如果它们是造成当前状况的原因,或它们有助于解释检查或治疗的需要,或者它们影响来访者的关注点,那么这些因素将会处在编码范围内。

下面列出了 ICD-9(V 编码)和 ICD-10(Z 编码)中的这类情况,查阅 DSM-5 第 705 页可找到全部相关内容。

- 与家庭相关的问题(如,同胞问题、非父母抚养问题、父母关系的不良影响)
- 主要支持性群体的问题[如与配偶关系造成的痛苦,由分居或离婚造成的家庭破裂,在家庭内部的高水平情绪表达(high expressed emotion level within family)]
- 单纯的沮丧痛苦(如,所爱之人逝去后正常的悲伤反应)
- 可能的或确切的儿童期不良对待或忽视(身体虐待、性虐待、忽视、心理虐待等)
- 成人期不良对待或忽视问题(配偶暴力、性暴力、心理虐待或忽视)
- 教育、职业、居住或法律问题
- 经济问题(缺少食物、低收入、严重贫困、收入不足)

- 生命阶段问题
- 法律问题
- 居住相关问题
- 文化适应困难
- 宗教问题
- 与意外怀孕相关的问题
- 遭遇被拷问或恐怖主义的受害者
- 经历自然灾害或战争
- 军中服役的历史
- 生活方式相关问题（卫生状况不良、不合理饮食、高风险性行为）
- 对于医学治疗的不配合
- 诈病
- 与生理障碍相关的精神错乱
- 边缘性智力功能

虽然它们本身不属于精神障碍，但对这些情况提供了背景资料，有助于临床医生和心理治疗师理解来访者可能正在面对的境况，而这些情况有可能影响来访者当下的治疗以及未来的生活。

可以使用本章中的编码来报告某种特定的、可能会影响患者的诊断或处理的那些环境或其他躯体或心理上的事件或情况。在标注它们的时候要尽可能具体。DSM-5 要求我们使用 ICD-10（或 ICD-11）的编码来标明我们所识别的问题。不过请记住，这些行为、情况或者关系并不是心理障碍。强调这一点是为了减少我们以人类存在的常态描述病理状态的倾向。

8 焦虑障碍

8.1 焦虑障碍概述

焦虑是一种日常生活中正常且有用的内在情感反应,它往往充当适应性角色,提醒人们潜在的危险和具有风险的选择,为有效的行为提供刺激或信号。例如,对癌症诊断最初的反应是较高程度的痛苦。当焦虑以高强度或者长时性为特征,并且导致明显的痛苦和功能损伤时,焦虑就成了一种障碍。总体上,虽然这些障碍的病程时长、成因、次要症状以及影响作用形式不同,但是它们都是以焦虑为主要特征的,所以归类在焦虑障碍。

焦虑障碍包括一组共享过度害怕和焦虑,有相关行为紊乱特征的障碍。害怕是对真实或假想的、即将到来的威胁的情绪反应;而焦虑是对未来威胁的期待。显然,这两种状态有所重叠,但也有不同,害怕经常与"战斗或逃跑"的自主神经的警醒、立即的危险、逃跑的行为有关;而焦虑则更经常地与为未来危险做准备的肌肉紧张和警觉、谨慎或回避行为有关。有时害怕或焦虑的水平通过广泛的回避行为来降低。惊恐发作在焦虑障碍中具有鲜明特征,是恐惧反应的一种特殊类型。惊恐发作不局限于焦虑障碍,也出现在其他精神障碍中。

各种焦虑障碍中,导致害怕、焦虑或回避行为以及伴随的认知观念的物体或情境类型有所不同,可彼此区分开。焦虑障碍倾向于彼此高度地共病,可以通过仔细地检查害怕或回避的情境类型和有关想法或信念的内容来加以区别。

另外,与发育正常的害怕或焦虑不同,焦虑障碍表现为过度的或持续超出发育上恰当的时期。不同于通常由压力导致的一过性的害怕或焦虑,焦虑障碍更为持久(通常持续 6 个月或以上),然而持续时间的标准只是作为一般性指导原则,具备一定的弹性,有时在儿童身上持续时间更短(如,在分离焦虑障碍和选择性缄默症中)。因为有焦虑障碍的个体往往高估他们害怕或回避的情境,有关的害怕或焦虑是否过度或与实际不符,应由临床工作者给予判断,需将文化性的背景因素考虑在内。许多儿童期发展出的焦虑障碍,如果得不到治疗,就会倾向于延续下去。流行病学调查,焦虑障碍更频繁地出现在女性身上,比男性多(比例大约为 2∶1),只有当症状不能归因于物质/药物所致的生理影响或其他躯体疾病时,或不能被其他精神障碍更好地解释时,每一种焦虑障碍才能被诊断。

8.1.1 焦虑障碍的复杂性

你是否体验过焦虑？你是否停下来思考过焦虑的性质？焦虑是什么？又是什么引起了焦虑？正如弗洛伊德在许多年前意识到的那样，焦虑是复杂且令人费解的。从某种程度上来说，我们对焦虑的了解越多，它就越显得变幻莫测。焦虑是一种特殊的障碍类型，但又不仅限于此。它也是一种情绪，几乎与整个心理病理学范畴都有关系，因此，我们的讨论会涉及其生物和心理两方面的一般性质。接下来，还要讨论恐惧，这是一种与焦虑略有区别但又有明显关联的情绪。与恐惧有关的是惊恐发作，也即在没有什么可恐惧的事物出现时（不恰当的时机）发生的恐惧。在头脑中形成这些清晰的概念之后，我们再来关注特定焦虑及相关障碍。

8.1.2 焦虑、恐惧和惊恐的定义

焦虑（anxiety）是一种负性情绪状态，其特征是躯体紧张症状以及对未来的忧虑。在人类身上，它可能是一种主观的不安感、一组行为（看起来忧虑紧张或坐立不宁）或一种生理反应，发端于大脑并反映为心率升高和肌肉紧张。因为很难针对人类被试进行焦虑实验研究，所以很多研究是在动物身上进行的。例如，我们可能教会实验室大鼠，灯光预示着即将发生电击。毫无疑问，当灯光亮起时，大鼠看起来很焦虑，在行为表现上也是如此。它们可能坐立不安、颤抖，还可能畏缩在角落里。我们可以给它们一种降低焦虑的药物，并注意到它们对灯光反应的焦虑下降。但是在大鼠身上进行的焦虑实验是否与人类相同？尽管看上去大体相似，但我们并不能确定。因此，焦虑仍然是一个谜团，我们只是刚刚开始探索之旅。同时，焦虑还与抑郁密切相关，抑郁同样也是一类复杂的问题，我们之后将会讨论。

焦虑令人不快，那么为何人类好像被设计成了这个样子——为何几乎在每次做重要的事情时我们都会体验到焦虑呢？令人惊讶的是，焦虑对我们有好处，至少在适量时情况如此。心理学家知道这一点已经有一个多世纪了：人们在轻微焦虑时表现更好（Yerkes & Dodson，1908）。如果你一点都不焦虑的话，你就不会在测验中取得好的成绩；在周末约会中，你会因为有点焦虑而变得更有魅力；还有，如果你有点焦虑的话，你会为即将到来的工作面试做更多准备。简言之，社会、生理和智力的表现都会被焦虑所驱动和提升。如果没有焦虑，极少有人能做到那个程度。Howard Liddell（1949）首先提出这一观点，他称焦虑为"智力的影子"。他曾说："人类为未来做详细计划的能力与这种折磨人的感受有关；事情可能会变糟糕，而我们最好为此做准备。"因此，焦虑是一个未来导向的情绪状态。如果你将其转化为语言，你可能会说"有些情况可能要变糟糕，我不确定我是否能应对，但我准备好了去试一下。也许我最好复习得更努力点儿"。

但是，如果你焦虑过头了会怎样？你可能会考砸，因为你没法把注意力集中在解答问题上。当你过度焦虑时，你能想到的全都是如果你考砸了会有多么恐怖。你也可能因为同样的原因在面试中也受挫。当与一位新朋友约会时，你还可能整晚冒汗，胃不舒服，甚至一个有趣的话题也想不出。好东西过量了也会变得有害；不过，感觉麻木比严重到失控的焦虑危害性更大。

本章中所讨论的所有障碍都以过度焦虑为特征,表现为多种形式。**恐惧(fear)** 是对危险的一种即时警觉反应。和焦虑一样,恐惧也使我们获益。它通过激活自主神经系统的剧烈反应(如,增加心率和血压)来保护我们,这一过程伴随着主观恐惧感受,激发我们回避(逃跑)或在有可能的情况下进攻(战斗)。因此,这一紧急情况下的反应,常常称为**逃跑—战斗反应**。

　　有很多证据显示,恐惧和焦虑反应在心理和生理方面均有不同。如前所述,焦虑是一种未来指向的心境状态,以忧虑为特征,因为我们不能预测或控制即将到来的事件。而恐惧则是一种对当前危险的即时情绪反应,其特征是强烈的逃避倾向,并且常常伴有自主神经系统中交感神经分支的反应激增(Kelley,Kramer,1994;2019)。

　　突发的剧烈反应就被称为**惊恐(panic)**,源自希腊神话中**潘神(Pan)** 用令人毛骨悚然的尖叫声惊吓旅人。心理学将**惊恐发作(panic attack)** 定义为一种闯入性的强烈恐惧体验,或急性的不适感,伴随有躯体症状,常常包括心悸、胸痛、气短,还可能伴有头晕。

　　惊恐发作发生在感到强烈恐惧或不适的一段时间,通常开始于心脏症状和呼吸困难。完整的惊恐发作至少有四种生理症状,包括出汗、恶心、心跳加快并颤抖、胸口疼痛、呼吸困难。惊恐发作通常在10分钟以内,有时甚至可能只存在两分钟,一般很少超过30分钟。

DSM-5 惊恐发作 标注

注:症状的呈现是为了确认一次惊恐发作,然而,惊恐发作不是精神障碍,也不能被编码。惊恐发作可出现于任意一种焦虑障碍的背景下,也可出现于其他精神障碍(例如,抑郁障碍、创伤后应激障碍、物质使用障碍)中以及某些躯体疾病(例如,心脏的、呼吸系统的、前庭的、胃肠道的疾病)之中。当惊恐发作被确认后,应该被记录为标注(例如,"创伤后应激障碍伴惊恐发作")。对于惊恐障碍而言,惊恐发作包含在该疾病的诊断标准中,故惊恐发作不需要再用作标注。

这种突然发生的强烈的害怕或强烈的不适感,在几分钟内达到高峰,在此期间出现下列4项及以上症状:

注:这种突然发生的惊恐可以出现在平静状态或焦虑状态。

1.心悸、心慌或心率增快

2.出汗

3.震颤或发抖

4.气短或窒息感

5.哽噎感

6.胸痛或胸部不适

7.恶心或腹部难受

8.感到头昏、站不稳、头重脚轻或晕倒

9.发冷或发热的感觉

10.感觉异常(麻木或刺痛感)

11.环境解体(非现实感)或人格解体(感到并非自己)

12.害怕失去控制或将要"发疯"

13.害怕即将死亡或濒死感

来源:American Psychiatric Association(2013). Diagnostic and statistical manual of mental disorders(5th ed). Washington,DC.

惊恐发作的有两种基本类型:可预料的和不可预料的。如果你知道自己害怕高处或害怕在悬崖路上驾驶,预料自己可能在这些情境下惊恐发作,但在其他情境则不会,这就是可预料的(有线索的)惊恐发作(expected/cued panic attacks)。相反,如果你对于下次在何时或何处可能发生惊恐发作没有任何线索,你可能经历不可预料的(无线索的)惊恐发作(unexpected/uncued panic attacks)。之所以提到这些惊恐发作类型,是因为它们在几种焦虑障碍中都起到了非常重要的作用。不可预料的发作对于惊恐障碍的确定非常重要,可预料的发作在特定恐怖症或社交恐怖症中更为常见。

大量证据表明了恐惧体验和惊恐体验报告的相似性、逃跑行为倾向的相似性,以及潜在神经生物加工过程的相似性。

8.1.3 焦虑障碍的成因

焦虑障碍是最流行的精神障碍,超过总人口 18% 的人患焦虑症。焦虑障碍患者更多地看内科医生,而不是找心理治疗师。事实上,因应激焦虑看内科医生的人比因感冒或支气管炎看内科医生的人还多。

对于焦虑障碍的不同病因解释各有适用的焦虑类型和人群。从生物学角度看,焦虑障碍源于遗传的弱点,这个弱点容易被应激性生活事件攻击。之后,人的应对能力就会受到消极的或扭曲认知模式的消极影响。

心理学理论以不同的概念解释成因。例如,精神分析理论认为,焦虑是由具有内在冲动的经历导致的,尤其是受到惩罚和压抑的经历,当这些冲动进行表达时,会唤起进一步被惩罚的危险信号。认知行为学派认为,压力会产生认知威胁,之后受到威胁的认知就会导致功能失调性情感反应(焦虑症状)。我们共同回顾某一引起我们恐惧的刺激,不论是我们自己的亲身经历(适应),还是他人的经历(社会学习),这样的危险性刺激都会唤醒我们的恐惧和回避性行为。存在主义理论认为,自由浮动性焦虑(free-floating)或者广泛性焦虑反映了内在生活的无意义感。

焦虑可以在任何年龄阶段成为障碍,但是有接近 3/4 的人在 20 岁的时候首次发作。焦虑障碍也有许多表现形式,但是焦虑通常不会明显地逐渐减弱,也不会伴随与现实脱节。焦虑可能是自由浮动的,并且没有明显原因的,或者它可以被称为**信号焦虑**,由引发恐惧的刺激导致(如回忆与蛇有关的事故或图片)。焦虑程度从轻微到严重。很多焦虑障碍患者试图管理或者掩盖自己的症状,继续生活,然而通常这种回避反应状况加重了他们的焦虑程度。回避焦虑往往造成循环效应,经常导致更加严重的恐惧感。

焦虑障碍在情感和身体两方面都会存在症状。害怕和担忧通常是最初表现的症状,但往往会伴随一些其他的表现,包括混乱、注意力不集中、选择性在意和回避,并且儿童及青少年往往还会伴随行为问题。焦虑相关症状往往导致产生自杀意念和行为,在这一点上与抑郁症状是相似的(Barlow,2002)。焦虑障碍主要的生理症状包括头晕、心悸、肠和膀胱功能变化、出汗、肌肉紧张、烦躁不安、失眠多梦、头痛和恶心。有焦虑经历的儿童和青少年会表现出"危险注意偏向"(Evans et al. ,2005),成人也是如此。换句话说,就是对他人潜在的危险信号过于敏感。他们也很可能存在焦虑性身体症状,并且在以后的生活中容易抑郁。

一些焦虑症状,如心悸、气短本身是可怕的,会让人们认为心脏病发作了或可能患有其他身体疾病,因此焦虑往往孕育更进一步的焦虑。因为很多药物可能会引发类似焦虑症状,所以任何不明原因伴随焦虑的生理症状都建议进行医疗评估。

　　焦虑障碍患者感到自己缺乏能量,认为世界是充满危险和伤害的。他们几乎没有支持性系统,并通常不具有应对压力的成功经验。他们的特点是存在素质性高水平的潜在压力(称为**特质焦虑**)、悲观、需要过度保护和管理以及即使是很小的干扰也会产生较大的压力(称为**状态焦虑**)。压力的产生与扭曲的自我评价方式有关,他们不具备调控负面思维的能力,总是关注批评,并且对威胁或危险过于敏感。与抑郁症相似,通过遗传易感性、神经化学过程和环境因素三者的联合,焦虑障碍在家庭成员中传播。

　　在寻求治疗方面,女性多于男性。负面生活事件、外控型和归因方式都可能导致女性焦虑障碍患者增加。有人提出,男性焦虑障碍患者更可能投入酒精的怀抱,而不是寻求治疗。

　　焦虑障碍常常伴有次要症状和其他障碍。当抑郁同时出现时,结果可能成为激越性抑郁。几乎一半的焦虑障碍患者具有人格障碍,尤其是依赖型人格障碍或者回避型人格障碍。物质滥用和依赖他人也经常会在他们身上发现,而且可能会通过努力控制症状进行自我药物治疗和过度依赖支持系统的形式表现。不幸的是,这些行为并不能改善症状,反而使情况变得更糟糕。

8.1.4　焦虑障碍的治疗与预后

　　最为广泛的焦虑障碍治疗方法是认知行为疗法。一般治疗方法中通常包括以下八个方面的内容:(1)建立良好的治疗联盟。(2)评估焦虑症状。(3)转介医疗评估。(4)教授放松技术。(5)分析失调认知。(6)暴露疗法。(7)家庭作业。(8)提高应对能力、巩固疗效。

　　在东方传统中,接纳是一种积极的、希望获得的态度,能够帮助人们减轻痛苦。当加入行为疗法或者认知行为疗法时,接纳就可以成为促进改变的工具。

　　团体治疗往往作为个体治疗的辅助或替代疗法。有相似焦虑症状、共同经历的患者(例如,人际交往社会焦虑),能够为彼此提供鼓励、榜样示范和巩固作用。高度焦虑和压抑的人可能受到家庭生活的强烈影响,家庭治疗也是有用的辅助治疗。

　　在对焦虑障碍的治疗中,与内科医生的合作是非常重要的,因为如前所述,很多焦虑症状可以由许多医疗条件引发,如心肺疾病、内分泌障碍、神经系统疾病、炎症性疾病、物质所致生化变化。治疗师和医生必须确定是否有由身体症状而造成心理症状,或由心理症状而造成身体症状。有时药物治疗能够加速焦虑障碍的治疗进程。

　　具体的焦虑障碍治疗预后情况要视具体情况而定。研究表明,60%到接近95%的焦虑障碍患者在经过治疗之后都有明显的改善。一些焦虑障碍,如恐惧症,通常治疗效果非常好;其他的如强迫症,有时预后不理想。焦虑障碍的复发情况也是比较普遍的。

8.2　广泛性焦虑障碍

　　传统上,归入焦虑障碍一类的障碍包括广泛性焦虑障碍、惊恐障碍和广场恐怖症、特定恐怖症以及社交焦虑障碍,现在,还有两种新的障碍,即分离焦虑障碍和选择性缄默症。这些具体的焦虑障碍伴随惊恐发作或以焦虑为核心的其他特征;但是在广泛性焦虑障碍中,焦点被泛化到日常生活事件中。

广泛性焦虑障碍(generalized anxiety disorder, GAD),从很多方面来说,其基本症状群也是本章所涉及的每种焦虑和相关障碍的特征。至少有 6 个月的时间,在绝大多数日子里有过度焦虑和担心(焦虑性期待);进而,转移或控制焦虑过程必须很困难。这就是**病理性担忧**与人们在为即将到来的事件或挑战做准备时偶尔体验到的正常担忧之间的区别所在。绝大多数人都会担忧一阵子,但是能放下问题,并继续另一个任务;甚至在即将到来的挑战很大时,只要事情过去了,担忧也就停止了。而对广泛性焦虑障碍患者说,担忧从不停止。在当前的危机结束后,会立即转向下一个危机。

与广泛性焦虑障碍有关的躯体症状,在某种程度上与惊恐发作和惊恐障碍(稍后详述)有关的躯体症状不同。惊恐与自主的唤起有关,很可能是交感神经系统激增的结果(如,心率加快、心悸、出汗和颤抖),而广泛性焦虑障碍的特征是肌肉紧张、心理躁动不安、对疲劳敏感(很可能是长期肌肉过度紧张的结果)、有些易激惹,还存在睡眠困难。广泛性焦虑障碍患者集中注意很困难,因为其思绪快速地在危机之间转换。对于儿童来说,要诊断为广泛性焦虑障碍只需一个躯体症状。绝大多数患有广泛性焦虑障碍的人都对日常琐事感到担忧,这是区别广泛性焦虑障碍与其他焦虑障碍的一个特征。当被询问到"你是否对琐事过度担忧"时,100％的广泛性焦虑障碍患者都会回答"是的";而其他焦虑障碍的患者中仅有 50％会作出肯定回答。

重大的事件也会迅速变成焦虑和担忧的焦点。患有广泛性焦虑障碍的成人通常会担心孩子、家人健康、工作责任方面会遇到不幸,以及一些诸如家务活或是在约会中守时等小事会出现问题。罹患广泛性焦虑障碍的儿童通常担忧自己在学校的成绩、运动或社交表现,还有家庭问题。年长的患者则倾向于关注健康,还有睡眠困难,这似乎使焦虑变得更糟糕。

DSM-5 广泛性焦虑障碍的诊断标准	F41.1

A. 在至少 6 个月的多数日子里,对于诸多事件或活动(例如工作或学校表现),表现出过分的焦虑和担心(焦虑性期待)。

B. 个体难以控制这种担心。

C. 这种焦虑和担心与下列 6 种症状(在过去 6 个月中,至少一些症状在多数日子里存在)中至少 3 种相伴随(儿童只需 1 项):

  1. 坐立不安或感到激动或紧张

  2. 容易疲倦

  3. 注意力难以集中或头脑一片空白

  4. 易激惹

  5. 肌肉紧张

  6. 睡眠障碍(难以入睡或保持睡眠状态,或休息不充分、睡眠质量不满意)。

D. 这种焦虑、担心或躯体症状引起有临床意义的痛苦,或导致社交、职业或其他重要功能方面的损害。

E. 这种情形不能归因于某种物质(例如,滥用的毒品、药物)的生理效应,也不能归因于其他躯体疾病(例如,甲状腺功能亢进)。

F. 这种情形用其他精神障碍无法更好地解释(例如,惊恐障碍中的焦虑或担心发生惊恐发作,社交焦虑障碍中的负性评价,等等)。

来源:American Psychiatric Association(2013). Diagnostic and statistical manual of mental disorders(5th ed). Washington,DC.

广泛性焦虑障碍非常普遍,并且可以获得有效的药物治疗或心理治疗。苯二氮卓类药物是针对广泛性焦虑的最常见处方。从短期来看,心理治疗对广泛性焦虑障碍的收效似乎与药物治疗相似,但从长期来看心理治疗更为有效。广泛性焦虑障碍患者似乎在回避焦虑的"感觉",同时也回避与威胁性图像相联系的负性情感,因此,帮助广泛性焦虑障碍患者敢于面对情绪层面并加工处理威胁性信息,从而使其感受(而不是回避)焦虑。这些治疗中也包含其他成分,例如教给患者如何深度放松以减轻紧张。

20 世纪 90 年代早期,研究者提出了一套针对广泛性焦虑障碍的认知行为治疗方法。治疗师在治疗过程中引发患者的担忧心理过程,并帮助其直面激起焦虑的图像和想法。患者学习使用认知治疗技术和其他应对技术来抵消和控制担忧加工。这种疗法成功地降低了患者的焦虑水平,改善了其生活质量。研究表明,这类短程心理治疗矫正了某些与广泛性焦虑障碍相联系的无意识认知偏差(Mathews, Kentish & Eysenck,1995;Bradley, Millar,1995)。

8.3　惊恐障碍

惊恐障碍(panic disorder)的表现:至少两次难以预料的惊恐发作,这种惊恐发作并非由某种物质或治疗药品所致,至少一个月持续担心再次发作,担心发作会产生其他后果,伴有与发作有关的行为显著改变(通常旨在避免再次发作)。**惊恐发作**(panic attacks)与惊恐障碍的区分:惊恐发作是突然汹涌而来的强烈的害怕或不适,在几分钟内达到顶峰,而在此期间,躯体和认知方面的症状在诊断标准 13 种中的 4 种或以上。而**惊恐障碍**是指反复发作的意外的惊恐发作,发作两次或以上。然而,请记住,惊恐发作不是精神障碍,呈现的症状是为了确认一次惊恐发作,以前曾称**急性焦虑发作**。惊恐发作可出现于任何一种焦虑障碍的背景下,也可以出现于其他精神障碍(例如抑郁障碍、创伤后应激障碍、物质使用障碍等),可出现在各种精神障碍的症状标注中。

惊恐障碍与恐惧回避之间具有相关关系,为此将惊恐障碍定义出两个亚型:伴随广场恐怖的惊恐障碍和不伴随广场恐怖的惊恐障碍。几乎近半的惊恐障碍患者属于这两个亚型。

伴随广场恐怖的惊恐障碍患者对惊恐发作的担忧通常与之曾经经历惊恐发作的场合有关,并且为了避免再次发作而努力回避该场合,他们很可能曲解心脏病发作前兆或者其他灾难事件。由于在越来越多的地方发病,患者往往限制他们的活动,直到在严重的情况下,他们拒绝离开家,不幸的是,这种寻求安全的行为倾向于维持这些人的认知偏差。广场恐惧通常会在首次惊恐发作之后一年中出现。

不伴随广场恐惧的惊恐障碍患者具有相似的身体感受,包括头晕、脉搏过快、害怕失去控制或感到快要发疯了,但是他们通常不会认为这些感受与某一特定情境有关。然而,他们担忧再次发作,并经常担心可能具有某种严重的疾病。他们经常寻求治疗,用以减轻对自己可能患有绝症的担忧。

惊恐发作是普遍的,接近 50% 的成人一生中有过惊恐发作的经验,但只有 10% 的人重复发作并发展成为惊恐障碍。一个人很少惊恐发作,受影响就不大;但如果每周都有几次惊恐发作,就会导致严重的压力和功能损伤。

惊恐发作有时令人心烦意乱,扰乱程度取决于人们对症状的解释、潜在的恐惧、对焦虑的预期程度。人们经常认为,症状是心脏病发作的前兆,有失控感或者感到快要发疯了。他们通常具有强烈的回避愿望。

对首次惊恐发作的生理解释是,杏仁核和自主神经系统对应激性生活事件的过度反应,因此,面对压力时生物易感性会放大身体感受和焦虑经历,作为面对压力源的一种回应。从某种意义上说,惊恐障碍可以被看作是一种身体恐怖症。惊恐是由害怕和压力而导致的,但是这些身体感受被人们曲解了,结果就增强了恐惧感,加大了再次惊恐发作的可能性,从而形成了一个自我的恶性循环。

据估计,起码一半的惊恐障碍患者共病其他障碍。如,物质相关障碍、心境障碍、人格障碍。其他类型的焦虑障碍也比较常见。

惊恐障碍可能演变为慢性病,并且逐渐使人感到不断虚弱,它被列为五大精神障碍之一,导致大量失业和生活质量下降。夜间惊恐,一种从睡梦中惊醒的状态,是这种疾病的一个共同特点,发现这种情况的概率高达70%。

DSM-5 惊恐障碍诊断标准	F41.0

A.反复出现不可预期的惊恐发作。一次惊恐发作是突然发生的强烈的害怕或强烈的不适感,并在几分钟内达到高峰,发作期间出现下列 4 项及以上症状。注:这种突然发生的惊恐可以出现在平静状态或焦虑状态。

　1.心悸、心慌或心率加速。

　2.出汗。

　3.震颤或发抖。

　4.气短或窒息感。

　5.哽噎感。

　6.胸痛或胸部不适。

　7.恶心或腹部不适。

　8.感到头昏、脚步不稳、头重脚轻或昏厥。

　9.发冷或发热感。

　10.感觉异常(麻木或针刺感)。

　11.现实解体(感觉不真实)或人格解体(感觉脱离了自己)。

　12.害怕失去控制或"发疯"。

　13.濒死感。

注:可能观察到与特定文化有关的症状(例如,耳鸣、颈部酸痛、头疼、无法控制地尖叫或哭喊),此类症状不可作为诊断所需的 4 个症状之一。

B.至少在 1 次发作之后,出现下列症状中的 1～2 种,且持续 1 个月(或更长)时间:

　1.持续地担忧或担心再次的惊恐发作或其结果(例如,失去控制、心脏病发作、"发疯")。

　2.在与惊恐发作相关的行为方面出现显著的不良变化(例如,设计某些行为以回避惊恐发作,如回避锻炼或回避不熟悉的情况)。

C.这种障碍不能归因于某种物质(例如,滥用的毒品、药物)的生理效应,或其他躯体疾病(例如,甲状腺功能亢进、心肺疾病)。

续表

D. 这种障碍不能用其他精神障碍来更好地解释（例如，像未特定的焦虑障碍中，惊恐发作不仅仅出现于对害怕的社交情况的反应；像特定恐怖症中，惊恐发作不仅仅出现于对有限的恐惧对象或情况的反应；像强迫症中，惊恐发作不仅仅出现于对强迫思维的反应；像创伤后应激障碍中，惊恐发作不仅仅出现于对创伤事件的提示物的反应；或像分离焦虑障碍中，惊恐发作不仅仅出现于对与依恋对象分离的反应）。

来源：American Psychiatric Association（2013）. Diagnostic and statistical manual of mental disorders（5ᵗʰ ed）. Washington，DC.

8.4 恐惧症

恐惧症（phobias）分为三大类别：**广场恐惧症、特定对象恐惧症**以及**社交恐惧症**。特定对象恐惧症和社交恐惧症是最为普遍的。

恐惧症患者所经历的最强烈的症状是：心跳过速、肌肉紧张、有逃跑冲动、呼吸快、有一种即将到来的厄运感、烦躁不安、呼吸急促、手脚冰凉、浑身发抖和胸腔有冲击感。在各类恐惧症中，这些症状程度上或大或小，并没有顺序规律。血液或注射恐惧症患者还可能经历晕厥，而其他类型的恐惧症则不会。大多数人都将恐惧症的发作情况描述为伴随唤醒症状的一阵恐惧。对身体反应的敏感程度，在焦虑障碍的发展中起着关键作用。

恐惧症的特征包括两部分：对实际的或预期的环境刺激（如某种动物或虫子、高度、独处、封闭空间）具有一种执着的、莫须有的恐惧，并以失调的方式应对这种恐惧，导致社会和职业功能损伤（如拒绝离开家）。当面临或想到会遇到害怕对象时，恐惧症患者通常会经历有限的症状或完全的惊恐发作。与惊恐障碍中的惊恐发作不同，与恐惧症有关的惊恐发作通常是可被识别的触发因素引发。预期性焦虑往往伴随着某种既定的恐惧症，可伴有长期的潜在焦虑和回避行为。在面对这些夸张的、令人感到无能为力的恐惧时，人们会进行本能的自我保护行为反应（吵闹、逃跑、惊呆或晕厥）。

患有恐惧症的人通常能够意识到自己的恐惧是不合理的，但又缺乏改变的能力。伴随或不伴随惊恐障碍的广场恐惧症患者的患病率为3.5％。广场恐惧症更常见于女性，女性患者患病概率是男性患者的两倍。

很多恐惧症一般都有一个渐进式的发展过程，具有家族性，但是这种现象是源于学习的作用还是基因遗传，目前还不清楚。恐惧症患者经常通过回避令其恐惧的刺激来缓解自身的焦虑，但这种惊恐式回避同时又增加了他们的恐惧感，因此超过一年的恐惧症是不太可能自行缓解的。

恐惧症受到遗传学和生物学方面的影响。Antony和Barlow（2002）的结论是，遗传继承"危险反应的低反应阈限或血管迷走神经反应与环境相互作用为恐惧症搭建了成长的温床"，因此，焦虑敏感性和期待焦虑相互作用导致了试图减轻焦虑的回避行为。更为复杂的情况是，特定对象恐惧症患者对感到恐惧的情况或事物抱有扭曲的看法。在想到恐惧情况或事物时，或接受新经验时，恐惧症患者可能比较不安和犹豫，担忧失败或暴露。他们经常感到脆弱，缺乏社交和应对技能。恐惧症的特质可能限制了他们社会和职业领域的机会，并导致人际冲突。

8.4.1　广场恐惧症

广场恐惧症(agoraphobe),尤其是伴随惊恐发作的广场恐惧症,是恐惧症中寻求治疗最普遍的一种。DSM-5 将广场恐惧症定义为:"对一些场合或情境感到焦虑,在这些情境或场合之中难以逃离(或困窘),或在事件之中难以得到帮助,或预期在某种情况下可能惊恐发作,或出现类似惊恐症状。"这种疾病名称的意思是"广场恐惧"。广场恐怖症原意是指患者怕到公共场所或到人多拥挤的地方。现在广场的含义,可以特指在公共场合或者开阔的地方,如公共交通工具(如汽车、公共汽车、火车、轮船或飞机)、开放的空间(如停车场集市或桥梁);也可以处于密闭的空间(如商店、剧院或电影院等);也可以处于排队或处于拥挤人群中;甚至独自离家状态。所以广场的含义更多是指社交的场合或情境。

恐惧导致个体控制出行,可能拒绝在无人陪伴的情况下进入某些特定场合。当其暴露于恐惧的场合中时往往会引发强烈的情感和身体焦虑,包括头昏、头晕、四肢无力、气短、耳鸣等症状。广场恐惧症患者会远离感觉到危险的地方,寻求让他们感觉安全的场合。症状可能导致生活方式受到从轻度至严重程度的限制。严重时,患者会定义一个"安全区域"(通常是他们的家),并且不会离开这个区域。广场恐惧症高发于 20 多岁或 30 多岁,晚于其他形式的恐惧症。

广场恐惧症患者焦虑、忧惧、低自尊、社会适应能力差、警惕、关注健康问题并偶发强迫。抑郁、预期焦虑和消极也通常是该类疾患患者的特点,这些症状不仅会加剧疾病,同时也反映了患者承受着受限制的生活。White 和 Barlow 将这种情况定义为"感受性回避"。广场恐惧症患者还可能会发展出物质使用问题,因为他们试图借此降低焦虑水平。广场恐惧症具有很多共病障碍,如回避型人格障碍、依恋型人格障碍和表演型人格障碍及广泛性焦虑障碍、分离性焦虑,广场恐惧症具有家族史。

DSM-5 广场恐惧症诊断标准	F40.00

A. 对于以下两个或多个情境有明显的恐惧或焦虑:

　　公共交通工具、露天场所、封闭的场所、排队或在人群中、独自离家外出。

B. 个体害怕或回避这些情境,因为其认为在出现类似惊恐的症状或其他失能或尴尬的症状时(例如,老年人害怕跌倒、害怕大小便失禁等),自己可能很难逃脱或获得帮助。

C. 广场恐怖性情境几乎总是激起恐惧或焦虑。

D. 主动回避广场恐怖性情境,或要求人陪同,或是忍受强烈的恐惧或焦虑。

E. 恐惧或焦虑的程度超出了广场恐怖性情境或社会文化情境所引发的真实危险。

F. 恐惧、焦虑或回避持续存在,通常持续 6 个月或以上。

G. 恐惧、焦虑或回避引起了临床上显著的痛苦,或导致个体在社交、职业或其他重要功能领域受损害。

H. 如果出现另一种身体疾病(例如,炎症性肠病、帕金森病),个体的恐惧、焦虑和回避明显是过度的。

I. 恐惧、焦虑或回避用其他精神障碍无法更好地解释。例如,症状并不局限于特定的悲怖情境类型;不仅仅包含社交情境(像在社交焦虑障碍中那样),也不仅仅与强迫(像在强迫—冲动性障碍中那样)、感觉外貌存在瑕疵(像躯体变形障碍中那样)、有创伤性事件的提示物存在(像创伤后应激障碍中那样)或恐惧分离(像分离焦虑障碍中那样)有关。

来源:American Psychiatric Association(2013). Diagnostic and statistical manual of mental disorders(5th ed). Washington,DC.

8.4.2 特定对象恐惧症

特定对象恐惧症(specific phobia)是对于特定事物或情境的一种特定恐惧,严重干扰了个人的功能。在 DSM 的早期版本中,这一类障碍被称为"简单"恐惧症,以区别于较复杂的广场恐怖问题,但现在我们意识到这种障碍并不简单。很多人可能害怕某件其实并不危险的事物,例如看牙医,或是对某些只有些许危险的事物存有夸大的恐惧,例如开车或坐飞机。恐惧甚至是严重的恐惧普遍存在,常常导致人们轻视特定对象恐惧症,而这其实是一种需要严肃对待的心理障碍。这种恐惧症可以使人在极大程度上丧失能力。

DSM 将特定对象恐惧症定义为:"由于存在或预期会出现某种特殊事物或情境,而出现过度或不合理的、显著且持久的恐惧。"

根据恐惧的事物或情境其可以分为五类:

- 动物型
- 自然环境型(例如高度、雷雨)
- 血液-注射-外伤型
- 情境型(例如飞行、电梯、桥、公开演讲)
- 其他型(例如,害怕窒息或染病)

情境型多发于 25 岁左右,最常见于成人;动物型和流血-注射-外伤型最常见于儿童。女性更容易患特定对象恐惧症,尤其是动物型。同时包括男性和女性的研究表明,最常见的恐惧事物或情境(顺序为降序)是高度、蛇、封闭空间、蜘蛛、外伤、飞行、黑暗和牙医。

患特定对象恐惧症的成人通常能够意识到自身行为反应的不合理性和过度性,但仍然可能影响行为、关系,并可能造成相当大的困扰。当恐惧刺激出现时,会导致高焦虑;或者只是与情境相关或预示可能出现惊恐发作,也可能会导致高焦虑情绪。儿童在恐惧情境下可能会发脾气或执拗。如果患者年龄小于 18 岁,至少要有 6 个月病程才能进行特定对象恐惧症诊断。

儿童恐惧症常见恐惧对象多为自然危险源,如蛇、黑暗、高处和血。大多数儿童恐惧症可以自行缓解,然而如果持续到成年时期,则不经过治疗自行缓解的可能性比较小。恐惧症可能源于儿童时期就已经存在,但没有严重发展的恐惧,而且这种恐惧感已经因为回避行为而变得根深蒂固,或者于成年时期发病。很难总结特定对象恐惧症患者的人格特征,可能因为此类疾病过于普遍和多样,而且往往与个人经历有关,而不是人格特质。基因遗传和环境都对特定对象恐惧症患病有所影响,但是具体的影响程度、如何影响、有何区别,还有待进一步研究。有些人同时患有多重恐惧症,但是这些恐惧症背后往往都指向某一共同的恐惧,这才是治疗的重点。

特定对象恐惧症很常见,终身患病率为 7%~11%。接近 50% 的人一生中,对这类或那类事物恐惧(见表 8.1)。然而,只有很小比例的人发展到影响日常生活,因为恐惧症而寻求治疗的人就更少了。人们应对恐惧症的方式多为调整生活方式,或改变住所来避免焦虑发作。

表 8.1　以字母"A"开头的恐惧症

英语术语	恐惧的内容
Acarophobia	昆虫、螨虫
Achluophobia	黑暗、夜晚
Acousticophobia	声音
Acrophobia	高处
Aerophobia	气流、过堂风、风
Agoraphobia	开放的场所
Agyiophobia	过马路
Aichmophobia	尖锐的、有尖头的物品、刀、被他人用手指指着
Ailurophobia	猫
Algophobia	疼痛
Amathophobia	灰尘
Amychophobia	撕裂伤、被爪子撕或挠
Androphobia	男人（与男人性交）
Anginophobia	心绞痛（短暂的胸部疼痛发作）
Anthropophobia	人类社会
Antlophobia	水流
Apeirophobia	无限性
Aphephobia	身体接触、被触碰
Apiphobia	蜜蜂、被蜜蜂蛰
Astraphobia	雷雨、闪电
Ataxiophobia	无秩序
Atephobia	废墟
Auroaphobia	北极光
Autophobia	独自一人、独处、自己、自我的

来源：Reprinted，with permission，from Maser，J. D.（1985）. List of phobias. In A. H. Tuma & J. D. Maser（Eds），Anxiety and the anxiety disorders（p. 805）Mahwah，NJ：Erlbaum，©1985 Lawrence Erlbaum Associates.

A. 由于存在或预期中存在某种特定事物或情境(例如,飞行、高处、动物、在注射时看到流血)而出现的显著的恐惧或焦虑。

B. 恐惧的事物或情境几乎毫不例外地能立即引发恐惧或焦虑。注意:如是儿童,焦虑表现为哭闹、发脾气、惊呆或紧紧拖住他人。

C. 主动回避恐怖的事物或情境,或是带着强烈的恐惧或焦虑容忍之。

D. 恐惧或焦虑超出了该特定事物或情境能带来的真实危险,对于社会文化情境来说也是如此。

E. 恐惧、焦虑或回避持续存在,通常持续 6 个月或以上。

F. 恐惧、焦虑或回避引起了临床上显著的痛苦,或导致社交、职业或其他重要功能领域受损。

G. 上述紊乱用其他精神障碍无法更好地解释,例如对下列情境的恐惧、焦虑或回避:与类似惊恐症状或其他使人丧失活动能力的症状(广场恐怖症)有关的情境;仅与强迫有关的物品或情境(强迫—冲动性障碍);有创伤性事件的提示物(创伤后应激障碍);离开家或是依恋对象(分离焦虑障碍);或是社交情境(社交焦虑障碍)。

特定类型:

1. 动物型

2. 自然环境型(例如,高处、雷雨、水)

3. 血液/注射/外伤型

4. 情境型(例如,飞机、电梯、封闭空间)

5. 其他型(例如,惊恐地躲避会导致窒息、呕吐或感染疾病的场合)

来源:American Psychiatric Association(2013). Diagnostic and statistical manual of mental disorders(5th ed). Washington,DC.

8.4.3 社交恐惧症

社交恐惧症(social phobia) 定义为:"由一种或多种社交或表演情境(此情境可能是不熟悉的或可能被他人仔细端详的),而引发的显著且持久的恐惧感。"社交恐惧症患者所担忧的是,自己可能会说或做一些丢脸或令人感到窘迫的事情。社交恐惧症也称为**社交焦虑障碍**,是比较普遍的。调查显示,社交恐惧症终身患病率为 12%。

社交恐惧症往往关注一个或几个特定的社交场合,如公开演讲、在公共场合进食、考试、参加聚会、与权威人物互动和面试。对男人来说,在公共厕所小便,可能会造成焦虑。

情况包括有可能会受到威胁的评论。实际的或暴露在威胁情境下时,都会即刻引发焦虑反应,包括可观察到的躯体症状,如脸红、出汗、声音嘶哑和颤抖。这些让个体窘迫感加强的症状会加重疾病初发时的恐惧感,尤其是社交恐惧症患者回避引发焦虑的社交或职业情境。持续的、与社交恐惧有关的回避行为经常导致社会隔离。如果个体对大多数社交情境都感到恐惧,可以称为**广泛性社会焦虑障碍**。

社交恐惧症会造成相当大的损伤。总是待在自己的"安全区域",通过回避行为减少焦虑,这两种方式都会减少他们个人和职业领域的机会。与特定对象恐惧症相似,青少年和成人能够意识到自身恐惧的过度性。然而,社交恐惧症不经治疗很难自行缓解。患此疾病的儿童多数具有选择性缄默、拒绝上学、分离性焦虑以及过分羞涩的症状。如果患者年龄小于18岁,则诊断至少应该具有6个月的病程。

遗传和社会因素都是社交恐惧症的致病因素。

社交恐惧症的寻求治疗人数在性别方面没有差异,但是患病率却有所区别,女性更容易患病,比例为3∶2。然而,无论男性和女性发病都从儿童和青少年时期开始,很少在25岁以后发病,如果不进行治疗,通常会是一个漫长的过程。社交恐惧症患者70%～80%的时间会共病其他障碍。大多数情况下,社交恐惧症会先于其他障碍发病。50%的社交恐惧症患者患有抑郁症,1/3的人存在酒精滥用,酒精滥用与社交恐惧症结合是非常危险的,可能提高自杀风险。其他的焦虑障碍、回避型人格障碍和物质相关障碍也经常是社交恐惧症的共病障碍。教育、婚姻、职业、财政和人际关系困难也可能在社交恐惧症患者身上发现。

社交恐惧症患者担心自己对新环境的情绪反应。在社会交往中,他们的自我评估消极,习惯于展现"令人愉悦的社会行为",如微笑、认同、道歉和找借口,而且通常存在顺从和回避性行为。他们认为自己永远不能适应社会环境,因而对任何反应都保持高度警觉状态,这种警惕性增强了他们的消极期待。过分关注自己的行为反应将他们的注意力从手头工作转移了,并导致在考试中、社交互动中和人际关系技巧方面的表现下降。结果就是更加强烈的焦虑情绪、回避恐惧情境和功能受损的恶性循环。

除了表现出低自尊外,社交恐惧症患者还可能比较脆弱且容易受到伤害,对愤怒、批评或其他方式的社会非议敏感,并且缺乏社交技巧。这些缺陷可能有很多表现形式,例如,一些社交恐惧症患者用攻击他人来掩盖自己的障碍;另外一些人可能是看起来害羞和不安;还有一些人参与一些回避性行为,如在社会事件前喝酒、限制自己在社交场合中的时间或目光接触回避。

DSM-5 社交焦虑障碍(社交恐惧症)的诊断标准	F40.10

A.处于一种或多种可能被别人仔细观察的社交场合时,产生显著的恐惧或焦虑。这些场合包括社交互动(例如,进行交谈、见不熟悉的人),被观察(例如吃饭或喝水),或是当众表演(例如演讲)。注意:如为儿童,必须有证据表明焦虑不仅发生在与成年人交往的过程中,在与同年龄的伙伴交往时也会出现。

B.个体害怕自己可能会做出一些行为或是显示出焦虑症状,让人有负面评价(例如,会被羞辱、遭遇尴尬、被拒绝或冒犯别人)。

C.该社交场合几乎总能引起恐惧或焦虑。注意:如为儿童,恐惧或焦虑可能表现为在社交场合下哭闹、发脾气、冷淡、惊呆、依恋他人、畏缩、不敢在社交情况下讲话。

D.患者总是回避这些社交场合,或是带着强烈的恐惧或焦虑忍受这些场合。

E.恐惧或焦虑超出了该社交场合和社会文化背景下真实威胁的程度。

F.恐惧、焦虑或回避持续存在,通常持续6个月或以上。

G.恐惧、焦虑或回避引起了临床上显著的痛苦,或严重影响了社交、工作或其他重要的功能领域。

H.这种恐惧或者回避的症状不是由某种物质(如滥用毒品或药物)或者其他身体问题所造成的。

I.这种恐惧、焦虑或回避用其他精神障碍无法更好地解释。例如惊恐障碍(对出现惊恐发作的焦虑)或分离焦虑、障碍(害怕离开家或离开一个亲近的人)。

续表

| J. 如患有某种生理性疾病(例如,口吃、帕金森病、肥胖症或因烧伤或外伤而毁容),恐惧、焦虑或回避显然与这些疾病无关或是过度的。 |
| 特定类型: |
| 　表演恐惧型:恐惧仅限于当众讲话或表演时。 |

来源:American Psychiatric Association(2013). Diagnostic and statistical manual of mental disorders(5th ed). Washington,DC.

社交恐惧症患者很可能将自己人际交往中的不适带进治疗室中,担心会遭到治疗师的拒绝和非难,因此,治疗师扮演的重要角色就是帮助患者成功管理最初的焦虑感,以保证他们在进程真正开始前不会逃离治疗。具有强烈社交恐惧和共病回避型人格障碍的人就是如此。社交恐惧症患者可能对暴露疗法不太感兴趣,可能由于对批评过于敏感而不能完成家庭作业。治疗师在与这样的患者进行工作时,要注意避免拒绝、愤怒或批评。治疗师需要检验自己关于变化过程的理解,认识到有必要放慢进程,并赞美进步过程中的各种尝试,而不是寻求立竿见影的效果或完美倾向。

8.5　强迫症

8.5.1　强迫症

过去30年中,对**强迫症(obsessive-compulsive disorder,OCD)**的了解和治疗取得了非常大的进展。强迫症患者具有强迫思维(重复侵入性思想、想象或冲动)或强迫行为(减轻焦虑或预防某些可怕的场景而进行的,重复的、有目的的驱动行为或内心活动),或两者兼有。这种强迫思维和强迫行为是令人感到痛苦的,并影响了日常活动以及社会和职业功能。强迫症患者通常能够意识到强迫思维和强迫行为是过分的或不合理的,但却无法摆脱。青少年或成人如果无法认识到自身思维或行为的过分或不合理性,此种情况被称为"自知力不良"。强迫症往往是慢性疾病,如果不经治疗,病情会持续甚至恶化。

强迫思维中通常包含一些患者无法接受的内容(它们通常是不道德的、非法的、令人恶心或令人尴尬的),这导致患者会产生相当大的焦虑。强迫症患者也可能会陷入**奇异思维(magical thinking)**中,相信具有某种思想与根据这个想法去行动没有差异,或担忧自己的想法可能给自己或他人带来危害。

强迫行为通常是仪式化的,是为了避免焦虑、不适或不希望出现的想法或事件而不得不进行的行为。强迫症患者往往同时具有强迫思维和强迫行为,并且它们在某些方面是共轭的(these are yoked in some way)。

强迫症具有四种常见形式,下面按照患病率降序排列。

(1)强迫思维关注污染物,伴随过度洗涤和回避被视为携带细菌与疾病的物体。这些人常具有焦虑、羞愧以及过度仪式化的特征。

(2)强迫型怀疑导致耗费很多时间,有时进行仪式化计数、重复和检查(如电器、门锁和窗锁)。这些人通常具有内疚和担心忘记重要事情的特征。

(3)有时也会存在没有强迫行为的强迫思维(通常有关于宗教性质,或者令人震惊的性行为或暴力行为的想法)。

(4)对整齐或精密的强烈需求,导致个体即使日常活动(如吃饭和穿衣)也极度缓慢。

除上面所列出的那些以外,常见的强迫行为还包括计数、囤积、组织、寻求安慰、仪式化触摸等。很多强迫症患者的多重症状经常是相互重叠的,例如强迫检查与污染相关的症状。强迫症受到生活压力的影响,随着时间的推移症状盛衰循环。

强迫症患者的人格特质通常做事死板,具有强烈的愧疚和自责感。他们通常感受到驱力和压力,沉思过多、自我怀疑、关注控制,经常需要安慰,总是犹豫不决并具有完美主义倾向。情感和记忆方面都是强迫症的核心因素。通常,强迫症患者寻求治疗前就已经有很多年的病史了,这是因为他们对自身的症状感到羞愧和自责,因而会掩盖这些症状。有时,他们呈现出一种挑衅的、回避亲密感受的状态。30%的强迫症患者表现出强迫囤积的症状。

共病障碍是常见的,共病重度抑郁障碍或心境恶劣障碍、焦虑障碍、人格障碍、饮食障碍。与其他任何焦虑障碍相比,酒精使用和药物使用发生率都要高,因为他们期望通过物质使用来减轻焦虑。

强迫症患者的病情通常会持续地严重。患者需要浪费大量的时间在强迫行为上,通常都会导致人际关系和职业雇佣关系存在困难。强迫症患者往往不能意识到自身行为的过度性。幻想、分离和分裂过程也会加重强迫症症状。

DSM-5 强迫症诊断标准	F42

A.具有强迫思维、强迫行为,或两者皆有。强迫思维被定义为以下 1 和 2:

  1.在该障碍的某些时间段内,感受到反复的、持续性的、侵入性的和不必要的想法、冲动或表象,大多数个体会引起显著的焦虑或痛苦。

  2.个体试图忽略或压抑此类想法、冲动或表象,或用其他一些想法或行为来中和它们(例如,通过某种强迫行为)。

强迫行为被定义为以下 1 和 2:

  1.重复行为(例如,洗手、排序、核对)或精神活动(例如,祈祷、计数、反复默诵字词)。个体感到重复行为或精神活动是作为应对强迫思维或根据必须严格执行的规则而被迫执行的。

  2.重复行为或精神活动的目的是防止或减少焦虑或痛苦,或防止某些可怕的事件或情况;然而,这些重复行为或精神活动与所设计的中和或预防的事件或情况缺乏现实的连接,或者明显是过度的。

  注:幼儿可能不能明确地表达这些重复行为或精神活动的目的。

B.强迫思维或强迫行为是耗时的(例如,每天消耗 1 小时以上)或这些症状引起具有临床意义的痛苦,或导致社交、职业或其他重要功能方面的损害。

C.此强迫症状不能归因于某种物质(例如,滥用的毒品、药物)的生理效应或其他躯体疾病。

续表

D. 该障碍不能用其他精神障碍的症状来更好地解释(例如,广泛性焦虑障碍中的过度担心,躯体变形障碍中的外貌先占观念,囤积障碍中的难以丢弃或放弃物品,拔毛癖(拔毛障碍)中的拔毛发,抓痕(皮肤搔抓)障碍中的皮肤搔抓,刻板运动障碍中的刻板行为,进食障碍中的仪式化进食行为,物质相关及成瘾障碍中物质或赌博的先占观念,疾病焦虑障碍中患有某种疾病的先占观念,性欲倒错障碍中的性冲动或性幻想,破坏性、冲动控制及品行障碍中的冲动,重性抑郁障碍中的内疚性思维反刍,精神分裂症谱系及其他精神病性障碍中的思维插入或妄想性的先占观念,或孤独症(自闭症)谱系障碍中的重复性行为模式)。

标注如果是:

伴良好或一般的自知力:个体意识到强迫症的信念肯定或很可能不是真的,或者它们可以是或可以不是真的。

伴差的自知力:个体意识到强迫症的信念可能是真的。

缺乏自知力/妄想信念:个体完全确信强迫症的信念是真的。

标注如果是:

与抽动症相关:个体目前有或过去有抽动障碍史。

来源:American Psychiatric Association(2013). Diagnostic and statistical manual of mental disorders(5th ed). Washington,DC.

治疗师应该为强迫症患者设置现实的治疗目标。虽然大部分经过治疗的人都能够获得明显的改善,但是大多数不能完全康复。然而,即使只有50%的改善,也会给人们的生活带来相当大的差异。与积极预后有关的因素包括强迫行为、低焦虑和抑郁、治疗前病程较短、患者能够意识到自身思维和行为的不合理性、患者积极地适应社会和环境以及首发病因是可被发现的。强迫行为和强迫检查症状的治疗效果特别好。起病早、低社会功能、过度沉思、症状持续多年而未诊断、伴随囤积行为或分裂型人格障碍的患者,其预后较差(Steketee & Barlow,2002)。

8.5.2 其他强迫相关障碍

8.5.2.1 躯体变形障碍

躯体变形障碍(body dysmorphic disorder,BDD)的患者担心身体某部分的形状或者外表有一些问题——通常是乳房、生殖器、头发、鼻子或脸上的其他部分。这些患者对他们身体的想法不是妄想性的;就像疾病焦虑障碍中的一样,它们是**超价观念(overvalued ideas)**。曾被称为**恐畸形症(dysmorphophobia)**。

在一般人群中,BDD的患病率大概是2%。由于对外貌的担忧,几乎所有有躯体变形障碍的个体都经历了心理社交功能的损害。损害程度可以从轻度状况(例如,回避一些社交情境)到极端和失能的状态(例如,完全困在家中而不能外出)。一般而言,心理社交功能和生活质量都非常糟糕。更严重的躯体变形障碍的症状与恶化的功能和更糟糕的生活质量有关。社交功能(例如,社会活动、人际关系、亲密关系)方面损害,包括回避行为都很常见。个体也许由于他们的躯体变形障碍而困在家中,有时长达数年。许多成年人和青少年接受过精神科的住院治疗。

这种障碍是破坏性的。尽管患者通常需要医疗程序（比如磨皮术）或者美容手术来矫正他们想象中的缺陷，患者通常对结果不满意。因为这个原因，对于这些患者来说，手术通常是禁忌。他们可能也会寻求肯定（只能短暂缓解），努力去隐藏他们知觉到的衣服、体毛上的畸形，或是回避社交情境，有些甚至会变得居家不出。先占观念会带来其他临床上严重的痛苦——比如抑郁心境，甚至会有自杀意念和尝试。

　　躯体变形障碍是国际性的。该障碍在不同种族和文化之间，似乎相同点多于不同点，但是文化的价值和倾向可能在一定程度上影响症状的内容。传统的日本诊断系统中有一种**对人恐怖症（taijin kyofusho）**，其中一个亚型类似于躯体变形障碍：**畸形躯体恐怖症（shubo-kyofu）**。

DSM-5 躯体变形障碍诊断标准	F45.22

A. 具有一个或多个感知到的或他人看起来微小或观察不到的外貌方面的缺陷或瑕疵的先占观念。

B. 在此障碍病程的某些时间段内，作为对关注外貌的反应，个体表现出重复行为（例如，照镜子、过度修饰、皮肤搔抓、寻求肯定）或精神活动（例如，对比自己和他人的外貌）。

C. 这种先占观念引起具有临床意义的痛苦，或导致社交、职业或其他重要功能方面的损害。

D. 外貌先占观念不能用符合进食障碍诊断标准的个体对身体脂肪和体重的关注的症状来更好地解释。

标注如果是：

　　伴肌肉变形：个体具有认为自己的体格太小或肌肉不够发达的先占观念。即使个体也有对身体其他部位的先占观念，而这种情况经常有，此标注也应被使用。

标注如果是：

表明关于躯体变形障碍的信念的自知力的程度（例如，"我看起来很丑陋"或"我看起来是畸形的"）。

　　伴良好或一般的自知力：个体意识到躯体变形障碍的信念肯定或很可能不是真的，或者它们可以是或可以不是真的。

　　伴差的自知力：个体意识到躯体变形障碍的信念可能是真的。

　　缺乏自知力/妄想信念：个体完全确信躯体变形障碍的信念是真的。

来源：American Psychiatric Association（2013）. Diagnostic and statistical manual of mental disorders（5th ed）. Washington, DC.

8.5.2.2　囤积障碍

　　囤积指的是将大量有价值的东西（特别是钱或者其他宝物）留到未来使用。如今，我们将这定义变成保存无价值的、没有任何实际用途的东西。从儿童到成人，都或多或少会表现出收集或储藏物品的行为。儿童会收藏糖纸、玩具、橡皮等，成年人（特别是老年人）可能会收集各种物品，甚至是生活垃圾。正常的收集或储藏物品具有一定的社会适应性，但是过度的、病态的收集或储藏物品会严重影响到个体的日常生活和人际社交。

　　囤积行为背后的动机有很多。不管原因是什么，囤积者的生活空间会变得很拥挤，所囤积的东西可能会填满所有的空间。囤积带来的后果是，只能够自己尝试着应对恶劣的卫生条件、有碍观瞻的房间和不安全感。

　　囤积障碍（hoarding disorder, HD）是 DSM-5 中新增的障碍，一般人群的 2%～5% 有此障碍。它曾被认为可能是 OCD 的变式，但是实际上只有不到 20% 的囤积者满足 OCD 的诊断标准——部分是因为他们没有考虑到他们的症状是侵入性的、不愉快的或者痛苦的。有囤积障碍的个体主要表现出长期难以舍弃物品或与所有物分离,他们认为这些物品有用,或是具有美学价值,或是对所有物存在强烈的情感依附。确实,他们通常仅会在被迫扔掉他们费力拿回家的东西时才会感到痛苦。

囤积障碍包括几种特殊的类型:囤书、动物或者过期很久的食物。

虽然有囤积障碍的个体会收集任何物品,但是比较常见的物品是报纸、杂志、书籍、信件、旧衣物、袋子等。许多个体也会收藏一些有价值的物品,却常常会将有价值的物品与无价值的物品混放在一起。除了囤积物品外,大约有 1/3 的个体还会囤积动物,即饲养大量动物,却无法给动物提供最低标准的营养、卫生和照顾,这当中女性多于男性。动物囤积者可能也会囤其他东西,但可能至少卫生条件会更好。这一障碍始于青年,会随时间恶化,所以囤积障碍更常发生在老年人身上。囤积障碍的遗传性很高。

大约 75% 的囤积障碍患者具有心境障碍或焦虑障碍,常常与重性抑郁障碍、社交焦虑障碍和广泛性焦虑障碍共病。囤积障碍也具有跨文化的一致性,但是一些文化因素也会影响到个体的囤积症状。例如,在中国,"物尽其用"和"节俭、不浪费"可能会导致个体出现相应的囤积症状。

DSM-5 囤积障碍诊断标准	F42

A. 持续地难以丢弃或放弃物品,不管它们的实际价值如何。

B. 这种困难是由于感觉到积攒物品的需要及与丢弃它们有关的痛苦。

C. 难以丢弃物品导致了物品的堆积,导致使用中的生活区域的拥挤和杂乱,且显著地影响了其用途。如果生活区域不杂乱,则只是因为第三方的干预(例如,家庭成员、清洁工、权威人士)。

D. 这种囤积引起具有临床意义的痛苦,或导致社交、职业或其他重要功能方面的损害(包括为自己和他人保持一个安全的环境)。

E. 这种囤积不能归因于其他躯体疾病(例如,脑损伤、脑血管疾病、肌张力减退、智力减退、性腺功能减退与肥胖综合征(Prader-Willi))。

F. 这种囤积症状不能用其他精神障碍(例如,强迫症中的强迫思维,重性抑郁障碍中的能量减少,精神分裂症或其他精神病性障碍中的妄想,重度神经认知障碍中的认知缺陷,孤独症(自闭症)谱系障碍中的兴趣受限)来更好地解释。

标注如果是:

伴过度收集:如果难以丢弃物品伴随在没有可用空间的情况下过度收集不需要的物品。

标注如果是:

伴良好或一般的自知力:个体意识到与囤积相关的信念和行为(与难以丢弃物品、杂物或过度收集有关)是有问题的。

伴差的自知力:尽管存在相反的证据,个体仍几乎确信与囤积相关的信念和行为(与难以丢弃物品、杂乱物或过度收集有关)没有问题。

缺乏自知力/妄想信念:尽管存在相反的证据,个体仍完全确信与囤积有关的信念和行为(与难以丢弃物品、杂乱物或过度收集有关)没有问题。

来源:American Psychiatric Association(2013). Diagnostic and statistical manual of mental disorders(5th ed). Washington,DC.

8.5.2.3 抓痕障碍

抓痕(皮肤搔抓)障碍(excoriation(skin picking)disorder,SPD),既往也称病理性皮肤搔抓症、神经质抓痕症或心因性抓痕症,国内也有译为抠皮症、揭痂症等,患者以反复、强迫地皮肤搔抓导致组织损伤为特征。SPD 在 DSM-5 中被归类为强迫及相关障碍,同时,SPD 也被考虑纳入 ICD-11 中。抓痕(皮肤搔抓)障碍通常始于青少年时期,尽管有时候会更晚。这些患者会花很多时间(可能每天几个小时)搔抓他们的皮肤。大多数患者会关注头部或脸部,他们通常会选择指甲作为搔抓的工具,尽管有一些患者会使用镊子。和其他冲动性的障碍如纵火狂一样,这些患者在实施行为前会伴随紧张感。然后搔抓的行为会给他们带来满足感,而紧接着产生的尴尬或羞耻感会使得他们延迟进行伤口处理。因此,感染是普遍的,有时候甚至会溃烂。患者可能会使用化妆来隐藏伤痕,有些人也会因此回避社交情境。

其他的后果可以是极其严重的。一位患者一直搔抓脖子和头皮,以致抓到自己的头盖骨患上硬膜外血肿。由此导致的四肢瘫痪只能解决他的部分问题:在被固定在轮椅上之后,他最终又开始搔抓。当然,这是极端的情况,但是伤痕和没那么严重的感染是非常普遍的。许多患者每天会花一个小时或更多的时间进行搔抓行为或处理其后果。

现在,三分之一有抓痕障碍的患者会伴随其他的心理障碍,最值得注意的是拔毛癖、心境障碍或 OCD,还有一些会咬指甲。近一半有躯体变形障碍的患者也会搔抓他们自己。我们也可以在患有发育障碍的个体中发现抓痕,特别是那些患有普拉德-威利综合征的个体。

对于一种"新"的障碍(尽管它最早在 1889 年被提出,但它是第一次被作为一种官方的心理障碍出现在 DSM-5 中),抓痕障碍惊人的普遍,其患病率大概是 2% 甚至更多。它倾向始于青少年时期,并会经历一个慢性的过程。大部分患者为女性,而许多患者有类似受该病折磨的亲属。

DSM-5 抓痕(皮肤搔抓)障碍诊断标准	L98.1

A. 反复搔抓皮肤而导致皮肤病变。

B. 重复性地试图减少或停止搔抓皮肤。

C. 搔抓皮肤引起具有临床意义的痛苦,或导致社交、职业或其他重要功能方面的损害。

D. 搔抓皮肤不能归因于某种物质(例如,可卡因)的生理效应或其他躯体疾病(例如,挤疮)。

E. 搔抓皮肤不能用其他精神障碍的症状来更好地解释(例如,像精神病性障碍中的妄想或触幻觉,像躯体变形障碍中的试图改进外貌方面感受到的缺陷或瑕疵,像刻板运动障碍中的刻板行为,或像非自杀性自伤中的自我伤害意图)。

来源:American Psychiatric Association(2013). Diagnostic and statistical manual of mental disorders(5th ed). Washington,DC.

关于 SPD 的病因,目前尚无定论。已知的研究证据表明,SPD 存在家族遗传性。SPD 动物模型中动物反复的病理行为和躯体症状表明其动机抑制控制过程存在潜在障碍,这可能与磷锌促皮质素—皮质下环路的失调有关。在不考虑共病的情况下,SPD 患者的脑白质束自顶向下运动生成和抑制出现异常,这提示脑白质损伤可能是该病的神经生物学机制之一。心理易感因素方面,SPD 的易感因素可谓多种多样,但大多数是常见因素,如焦虑、压力、厌烦、疲惫或愤怒等。搔抓行为同样也可以被个体的触觉(肿块或粗糙不平)和视觉(缺陷或变色)所触发,所以原本就存在皮肤病变的个体更容易患 SPD。

8.5.2.4 拔毛障碍

拔毛癖(trichotillomania(hair-pulling disorder),HPD)这一词来自希腊词,意为"对拔毛的热情"。正如有纵火狂和偷窃狂的患者,很多有拔毛癖的患者(但不是所有)都会感受到不断加剧的紧张感,直到他们屈服于自己的冲动。然后,当他们拔毛后,他们会体验到放松。通常从儿童期开始,拔毛者就会重复地拔自己的头发、胡子、眉毛或睫毛。比较少的情况是,他们会拔腋下、裸露的或其他躯体部位的毛发。他们通常不会报告有伴随拔毛的痛苦,尽管他们可能注意到一点刺痛感。

一些患者会将毛发放到嘴里,大概30%的个体会吞下毛发。如果毛发很长,会囤积在胃里或肠道里,变成肠胃结石(毛团),可能会需要做手术移除。患者可能会因为被皮肤科专家注意到散落的毛发缺损,而由皮肤科专家转介到心理健康专家手中。

拔毛癖通常始于儿童期或青少年时期(如果始于成年期,可能会和精神病有关)。疾病可能会加重或减轻,但通常是慢性的。拔毛癖对患者来说是尴尬的,他们倾向于隐秘进行,所以并不清楚拔毛癖有多普遍。一些拔毛行为可以在多于3%的成人群体中发现,特别是女性群体,其中少于1%会满足该障碍的所有诊断标准。拔毛癖在有智力障碍的个体中会特别常见。拔毛者也会倾向于敲打自己的关节、咬指甲或搔抓自己的皮肤。拔毛前所体验到的紧张感,和拔毛后所体验到的放松或压力的释放,是很多患者的特征(尽管这不再是诊断的要求之一)。相比于没有报告这一特征的患者,有拔毛的"紧张和放松"的患者的患病症状可能会更严重。

DSM-5 拔毛癖(拔毛障碍)诊断标准	F63.3

A. 反复拔自己的毛发而导致毛发减少。

B. 重复性地试图减少或停止拔毛发。

C. 拔毛发引起具有临床意义的痛苦,或导致社交、职业或其他重要功能方面的损害。

D. 拔毛发或脱发不能归因于其他躯体疾病(例如,皮肤病)。

E. 拔毛发不能用其他精神障碍的症状来更好地解释(例如,像躯体变形障碍中的试图改进感受到的外貌缺陷或瑕疵)。

来源:American Psychiatric Association(2013). Diagnostic and statistical manual of mental disorders(5th ed). Washington,DC.

9 心境障碍

9.1 心境和心境障碍概述

"心境"指的是一种影响我们如何看待生活的持续性情绪。大约有30％成年人（男女比例约1∶2）都会在他们人生的某个时间有过这样的体验——意识到心境出现了问题。心境障碍被称为情感障碍，"情感"这个词不仅仅包含患者对自身情绪的表述，还包括患者看起来感觉如何，后者会通过身体线索，如面部表情、姿势、眼神接触，以及流泪表现出来。强调患者实际的心境体验，而不是时而模糊的概念"情感"，才决定了现在"心境"这个术语的使用。

心境障碍可以发生在任何种族或社会经济地位的人身上，但是它们在单身或没有"重要他人"的个体身上更加常见。个体的亲属具有类似的问题时，其更可能患上心境障碍。

在DSM-5中，心境障碍包含许多诊断、标注以及严重程度。虽然它们看起来很复杂，但也可以简化为几个主要原则。DSM-5诊断与心境相关的心理问题使用了三组标准：(1)心境发作；(2)心境障碍；(3)描述最近一次发作及反复发作进程的标注项。同时DSM-5指出，从遗传学和症状角度考虑，双相障碍被定位为心境障碍与精神分裂症之间的桥梁。这就是为什么DSM-5将紧密相连的内容分为双相障碍和抑郁障碍两章。然而，为了尽可能清晰、简明地解释心境障碍，这里把它们重新合并。

9.1.1 心境障碍的分类

9.1.1.1 心境发作

心境发作（mood episodes），指的是任何一段使患者感到异常快乐或悲伤的时期。心境发作是许多可编码的心境障碍的基石。大多数心境障碍患者（虽然不是大多数心境障碍类型）具有这三个阶段中的一个或多个：重性抑郁发作、躁狂发作和轻躁狂发作。在没有其他信息的情况下，这些心境发作均不是可编码的诊断。

重性抑郁发作（major depressive episode）：在至少2周内，患者不能享受生活（感到抑郁），在饮食、睡眠上存在问题，有内疚感，精神不振，注意力不能集中，出现死亡的想法。

躁狂发作（manic episode）：在至少1周内，患者感到心境高涨，有时易激惹，可能夸大、健谈、高度活跃且容易分心。不良判断力导致显著的社交或职业功能的损害。患者通常需要住院。

轻躁狂发作（hypomanic episode）：与躁狂发作非常相似，但是它时间更短，严重程度更低。患者不需要住院。

9.1.1.2 心境障碍

心境障碍（mood disorder），是一种异常心境引起的疾病模式。几乎所有心境障碍患者都在某段时间体验过抑郁，但有些患者也会体验心境高涨。许多心境障碍（但不是全部）的诊断编码均基于心境发作。大多数情绪障碍患者符合以下所列可编码类别中的一种。

9.1.1.2.1 抑郁障碍

重性抑郁障碍（major depressive disorder）：这些患者从未出现躁狂发作或轻躁狂发作，但是至少经历一次重性抑郁发作。重性抑郁障碍可以是反复发作或是单次发作。

持续性心境障碍（恶劣心境）（persistent mood disorder，(dysthymia)）：从未出现心境高涨阶段，且其比典型的重性抑郁障碍持续时间更长。这类抑郁症状通常不足以严重至被称为重性抑郁发作（慢性重性抑郁障碍不在此列）。

破坏性心境失调障碍（disruptive mood dysregulation disorder，DMDD）：儿童的心境持续障碍，同时具有频繁且严重的脾气爆发。

经期前烦躁障碍（premenstrual dysphoric disorder，PMDD）：在月经前几天，女性出现抑郁和焦虑症状。

其他躯体疾病引起的抑郁障碍：许多躯体疾病和神经疾病都会引起抑郁症状，这些不需要符合以上任何一种疾病标准。

物质/药物所致的抑郁障碍：酒精或其他物质（中毒或戒断）可以产生抑郁症状，这些不需要符合以上任何一种疾病标准。

其他特定的或未特定的抑郁障碍：当患者出现抑郁症状，但其症状不符合上述抑郁障碍或其他任何一个以抑郁为特征的诊断标准时，使用其中一种类型。

9.1.1.2.2 双相及相关障碍

大约25%的心境障碍患者有过躁狂或轻躁狂发作。几乎所有此类患者都会经历抑郁发作。高涨期和低落期的严重性和持续时间决定了特定的双相障碍类型。

双相Ⅰ型障碍（Bipolar Ⅰ disorder）：存在至少一次躁狂发作，许多双相Ⅰ型患者也曾出现重性抑郁发作。

双相Ⅱ型障碍（bipolar Ⅱ disorder）：该诊断需要至少一次轻躁狂发作，以及至少一次重性抑郁发作。

环性心境障碍（cyclic mood disorders）：出现重复性心境波动，但从未达到重性抑郁发作或躁狂发作的严重程度。

物质/药物所致的双相障碍:酒精或其他物质(中毒或戒断)可引发躁狂或轻躁狂症状,这些症状不需要符合以上任何一种疾病标准。

由其他躯体疾病所致的双相障碍:许多躯体疾病或神经疾病可引发躁狂或轻躁狂症状,这些症状不需要符合以上任何一种疾病标准。

其他特定或未特定的双相障碍:当患者具备双相障碍的症状,但这些症状不符合以上的双相障碍诊断标准时,使用其中一种类型。

9.1.1.2.3　抑郁躁狂症状的其他病因标注

分裂情感性障碍(schizoaffective disorder):提示着与重性抑郁发作或躁狂发作共存的精神分裂症。

伴行为异常的重度或轻度神经认知障碍:标注项伴行为异常可以被用于编码重度或轻度神经认知障碍的诊断。此类障碍,心境症状听起来其实没有那么行为化。

人格障碍:烦躁心境为边缘型人格障碍诊断中明确提及的其中一个标准,但**抑郁心境**通常出现于回避型人格障碍、依赖型人格障碍及表演型人格障碍中。

非复杂性丧失:对亲人或朋友的离世感到悲伤是普遍的体验。非复杂性丧失是应对特定类型应激源的正常反应。

其他障碍:抑郁可以在许多其他精神疾病中出现,包括精神分裂症、进食障碍、躯体症状障碍、性功能失调以及性别烦躁。心境症状也可能出现在焦虑障碍(尤其是惊恐障碍和恐怖症)、强迫症及创伤后应激障碍患者身上。

9.2　心境发作

9.2.1　重性抑郁发作

重性抑郁发作(major depressive episode)是心境障碍的基石之一,但它并不是一个可编码的诊断。它是患者寻求帮助最常见的问题之一。重性抑郁发作必须符合5大要求:(1)抑郁心境的特征(丧失兴趣或愉悦感);(2)最低限度的时间;(3)伴有所需数量的症状;(4)导致痛苦或功能受损;(5)不违反任何一条排除诊断。

9.2.1.1　基本特征

他们感到痛苦,大多数人感到伤心、失落、抑郁,或其他消极情绪。然而,少数人会坚持认为,自己仅仅是对几乎所有曾经感兴趣的活动失去兴趣。所有患者都会承认不同数量的其他症状——比如疲劳,不能集中精神,感到无价值或负罪感,以及存在死亡愿望或自杀想法。此外,三个症状区可能表现为比正常情况增加或减少:睡眠,食欲/体重,以及精神活动。例如,对于每一个症状区,经典画面均比正常情况减少,比如食欲,不过有些"非典型"患者会报告食欲的增加。

9.2.1.2 心境特征

抑郁通常是一种比平常更低落的心境体验,患者可能会将其描述为"不开心""沮丧""郁闷""忧郁"或许多其他表达悲伤的词语。有多种原因可能干扰抑郁的识别:(1)不是所有的患者都能够识别或者准确描述他们的感受;(2)来自不同文化背景的临床医生和患者可能难以在"这个问题是抑郁……"这一点上达成一致;(3)不同患者抑郁的症状表现可以差别极大。例如,这一位患者可能是行动迟缓和哭泣,另一位患者会微笑并否认不舒服。有些患者睡得过多,吃得过多,其他患者抱怨失眠和厌食;而一些患者并不真的感到抑郁,相反,他们体验到的抑郁是对于平常的活动失去乐趣或者减少兴趣,包括性行为。

诊断的关键是,发作必须呈现出与患者正常的功能水平相比显著的变化。如果患者并未觉察(一些患者因为病得太重而无法注意到或没兴趣在意),熟悉的家人或朋友可以报告是否存在变化。

9.2.1.3 持续时间

患者必须几乎每一天的大部分时间都感到不舒服,持续至少2周。此条件是为了确保重性抑郁发作与我们大多数人有时体验到的暂时"闷闷不乐"区分开。

9.2.1.4 症状描述

在刚刚提到的2周内,患者必须出现至少5条症状。

症状必须包含**心境抑郁或丧失兴趣**,而且症状必须整体表明个体以低于先前的水平运转。心境抑郁不言自明,丧失兴趣在抑郁患者中几乎普遍存在。如果患者自己报告这些症状,或他人观察到患者的这些症状,那么可以将这些症状计数。

许多患者**食欲缺乏,体重减轻**。超过四分之三的患者报告睡眠困难。他们通常远早于该起的时间醒来。然而,有些患者则比平常吃得更多,睡得更多,大部分此类患者都符合非典型特征标注项。

抑郁患者常抱怨**疲劳**,他们可能称之为**困倦或精力不足**。他们的言语或者身体行动变得迟缓,有时在回答问题或者发起行动前出现显著的停顿,这称为**精神运动迟滞**。患者的声音可能较轻,有时根本听不见。有些患者除了回答直接的问题外完全不说话,极端的情况可能出现完全缄默。

在另一个极端,有些抑郁患者非常焦虑以至于变得**激越**。激越可能表现为扭绞双手、踱步或不能静坐。抑郁症患者客观评价自我的能力大幅下降,这表现为**低自尊或内疚感**。有些患者难以集中注意力(真实或感知到的),严重到有时被误诊为痴呆症。

关于死亡的思考,死亡想法以及自杀观念是所有症状中最严重的抑郁症状,因为存在真实的风险,患者会成功付诸行动。

以上的行为必须几乎每天都出现,才能计为 DSM-5 中的重性抑郁发作症状。然而,关于死亡或者自杀的想法仅需要"重复发生"。单次自杀企图或制订详细的自杀计划也符合条件。

总的来说,患者越接近该轮廓,重性抑郁发作的诊断就越可信;然而,我们应该注意抑郁患者也可以出现许多 DSM-5 标准中未包含的症状。这些症状包括一段时间的哭泣、恐惧、强迫观念和强迫行为。患者承认的感到绝望、无助或无价值、焦虑症状(惊恐发作)的行为非常突出,以至于蒙蔽临床医生的双眼,使其看不见潜在的抑郁。

许多患者在抑郁时会摄入更多(偶尔更少)食物,这造成鉴别诊断的困难:应该先治疗哪一个,抑郁障碍还是酗酒?(提示:通常是两者同时)少数患者失去现实感并出现妄想或幻觉。这些精神病性特征可以是心境协调的(比如,一个抑郁的男子感到非常抑郁,以至于他幻想自己曾经犯下一些可怕的罪行),或者是心境不协调的(抑郁个体幻想自己被 FBI 迫害),但这些不是抑郁常见的主题。

9.2.1.5 诊断

DSM-5 重性抑郁发作的诊断标准

A.连续两星期出现至少 5 项下述症状,并且功能水平发生变化。其中,抑郁心境和丧失兴趣或快感两者应至少出现其一。

注意:不包括明显可归因于一般医学情形的症状,或者情绪失调所致的幻觉或妄想。

1.几乎每天的大部分时间里个体都处于抑郁状态下,此情形可由个体主观报告(例如:感到悲伤或者空虚),也可由他人观察发现(例如:含泪或悲伤的样子)。注意:如为儿童或者青少年,可表现为易激惹的状态。

2.几乎每天,对所有或几乎所有活动的兴趣或愉悦感明显降低(可由个体主观报告或他人观察发现)。

3.在没有节食的情况下体重明显降低。或者体重明显增加(在一个月内体重变化超过 5%),或者几乎每天的食量都会减少或增加。注意:如为儿童,可能表现为体重未达到正常发育进程的预期增量。

4.几乎每天都会失眠或者睡眠过度。

5.几乎每天都表现出心理运动性激越或迟滞(应由他人观察所见,不应仅依靠个体报告激越或迟滞的主观感觉)。

6.几乎每天都感到疲劳或丧失精力。

7.几乎每天都有价值虚无感,或者有过度或不恰当的愧疚感(可能是妄想,并且不仅仅是由于生病而带来的自我谴责和愧疚感)。

8.几乎每天都会有思考能力降低、集中注意力的能力降低或者优柔寡断的情况(可由个体主观报告或他人观察发现)。

9.反复想到死亡(不仅仅是对死亡的恐惧),反复出现自杀念头但还没有具体的计划,或者已有自杀的企图,或者已有实施自杀的具体计划。

B.此类症状及缺陷导致了临床上显著的痛苦,或对个体的社交、工作或其他重要领域的功能造成损害。

C.此类症状不属于某种物质(如滥用的药物或医生开具的药物)或一般医学情形(例如:甲状腺功能减退)直接造成的生理影响。

来源:American Psychiatric Association(2013). Diagnostic and statistical manual of mental disorders(5th ed). Washington,DC.

9.2.2 躁狂发作

心境障碍的第二个"基石"——**躁狂发作**（manic episode）。躁狂症状的经典三联征包括：膨胀的自尊、增加的运动活动以及强制性言语。这些症状明显且通常离谱，所以躁狂发作通常不会被过度诊断。然而，躁狂发作中有时会出现思维的精神病性症状，进而使临床医生将其诊断为精神分裂症。自1980年以来，DSM-Ⅲ的诊断标准增加了临床医生对双相障碍的认识，这种误诊倾向也有所降低。

诊断躁狂发作必须具备的特征与重性抑郁发作的特征相同：(1)心境特征；(2)存在超过最低限度的时间；(3)伴有所需数量的症状；(4)导致痛苦或功能受损；(5)不违反任何一条排除诊断。

躁狂发作比重性抑郁发作少见得多，大约有1%的成年人受其影响。男性和女性患躁狂发作的比例大致相当。

9.2.2.1　心境特征

一些症状较轻的患者只是感觉愉快，这种自大的幽默相当有传染性，使其他人想要和他一起笑。但是，随着躁狂的恶化，这种幽默变得不那么令人愉快，因为它所呈现的"强迫性"和无趣的特征使得患者感到不适。少数患者只存在易激惹的心境，欣快和易激惹有时会同时出现。

9.2.2.2　持续时间

患者必须出现这些症状至少1周。该时间要求有助于区分躁狂发作和转躁狂发作。

9.2.2.3　症状

除了心境的改变之外（**欣快或易激惹**），患者必须在1周内精力或活动水平有所增加。伴随这些改变，在同一时间段内，必须至少出现3种以下。如果患者的异常心境仅仅是易激惹，也就是说无任何欣快的成分，那么除了活动水平增加外，还需要具备4种症状。

大多数患者会出现**自尊膨胀**，夸大到妄想的程度。除了完成较为平凡的工作，比如进行心理治疗和操作目前正在诊疗他们的医疗设备外，患者还相信自己可以为总统提供建议，解决世界饥饿问题。因为这类妄想符合欣快的情绪，所以它们被称为**心境一致**。

躁狂患者通常报告**睡得很少**同时**精力充沛**。花在睡眠上的时间显得浪费，他们更喜欢继续进行他们的众多项目。在轻度的类型中，这种活动增加可能具有目标导向且有用的；中度的患者可以在一天用20小时完成很多工作。但是，当他们变得越来越活跃，接着变得激越，他们可能会开始许多从未完成的项目。此时他们对什么是合理和可实现的情况失去判断力。他们可能卷入高风险的商业投资、不切实际的性关系以及可疑的宗教或政治活动中。

躁狂患者有**想要告诉别人**他们的想法、计划和工作的强烈愿望，而且他们说话大声且难以打断。躁狂发作时的言语往往是快速且强制性的，仿佛有超级多的言语想要通过一个极小的喷嘴逃出来,因此产生的言语会表现出所谓的**思维奔逸**,即其中一个想法触发另一个想法,尽管二者之间仅有轻微的逻辑联系。因此,患者可能会飘到离对话开始的点很远的地方。躁狂患者也可能容易被一些其他人会忽视的无关声音或动作分散注意力,一些躁狂患者仍具有内省力并寻求治疗,但许多患者否认自己出现了问题。他们认为没有人感觉这么好或如此有效率是生病状态,所以,躁狂行为可能一直持续到其自发结束,或至该患者住院或入狱。躁狂发作是紧急事件,并且多数临床医生不会否认这一点。

有些症状在DSM-5标准中未特别提及,但也值得注意。(1)即使在急性躁狂发作期间,许多患者也存在短暂的抑郁期。(2)患者可能会使用物质(尤其是酒精),试图缓解严重躁狂发作带来的不适感和强迫感。虽然较为少见,但物质使用有时会暂时掩盖心境发作的症状。当临床医生对物质使用和躁狂哪个先发生感到困惑时,这个问题通常可以在知情者的帮助下得到解决。(3)在躁狂发作期间患者偶尔会出现紧张症的症状,有时会引起类似精神分裂症的发作。但是,急性发作以及已康复的既往发作病史(来自知情人)有助于明确诊断,然后可以标明伴紧张症特征的标注项损害。

躁狂发作通常会严重影响患者及其身边人的生活。虽然增加的精力和努力起初可能会提高工作或学习的效率,随着躁狂的恶化,患者变得越来越难以集中注意力,也因为争吵变得紧张。性纠葛会引起疾病、离婚和意外怀孕。即使发作已经消退,内疚感和指责依然会持续存在。

9.2.2.5　排除标准

躁狂发作的鉴别诊断与重性抑郁发作相同。普通的躯体疾病(比如甲状腺功能亢进等)也会产生过度活跃的行为,滥用某些精神活性物质(尤其是安非他明)的患者会出现过度兴奋并感到强大、力量感和欣快。

9.2.2.6　躁狂发作的诊断标准

DSM-5 躁狂发作的诊断标准	

A. 出现明显异常和持续的高涨、膨胀或易激惹的心境状态,以及持续增长的目标导向活动或居高不下的精力水平。此类症状几乎出现在每一天的大部分时间里,持续时间至少一周(如果必须住院则无此时间限制)。

B. 在心境紊乱以及精力和活动性高涨发作期间,出现至少3项下述症状(如果,心境状态仅仅是易激惹则需要4项或以上),达到显著的程度,并且相比平时的行为有明确的变化:

1. 膨胀的自尊或是夸张的想法。
2. 睡眠需求降低(例如:只睡3个小时就感到休息得很充分了)。
3. 比往常更加健谈或者感到必须不停地说话。
4. 思维奔逸或者主观上感到思想在奔驰。
5. 可观察到或者主观报告存在注意力涣散的情况(例如:非常容易将注意力转向不重要的或是无关系的外部刺激)。

续表

6. 对于目标导向活动表现亢进(可以是社会性的,如工作或学习,也可以是性欲方面的),或表现出精神运动性激越。

7. 对于很可能招致苦果的活动过分投入(例如:无节制的疯狂消费,放纵的性生活,或愚蠢的商业投资)。

C. 此类心境紊乱的情形显著损害了患者的社交和工作能力,或必须住院以免伤害自己和他人,或伴有精神病的症状。

D. 此类症状无法归因于某种物质(如滥用的药物或医生开具的药物)或一般医学情形(例如:甲状腺功能减退)造成的生理影响。

注意:在抗抑郁治疗(例如:药物治疗,电痉挛治疗)出现的躁狂发作,如果其症状已经超越治疗所能引起的生理效应,持续达到充分的水平,则应诊断为双相Ⅰ型障碍。

来源:American Psychiatric Association(2013). Diagnostic and statistical manual of mental disorders(5th ed). Washington,DC.

9.2.3 轻躁狂发作

轻躁狂发作(hypomanic episode)是心境障碍最后一个基石,它包含躁狂发作的大部分症状,是"躁狂发作"的缩影版,如果不接受治疗,一些轻躁狂发作的患者稍后可能发展为躁狂。但是,许多患者,特别是那些双相Ⅱ型障碍的患者会反复经历轻躁狂发作。轻躁狂发作不能作为诊断,构成了双相Ⅱ型障碍的基础,并且在患者已经历真正的躁狂发作之后,它也可以出现在双相Ⅰ型障碍中。轻躁狂发作需要:(1)心境特征;(2)存在超过最低限度的时间;(3)伴有所需数量的症状;(4)导致痛苦或功能受损;(5)不违反任何一条排除诊断特征。

9.2.3.1 心境特征

轻躁狂发作的心境特征会有欣快感,但是没有躁狂发作中的紧迫特征,不过有时心境也可以是易激惹。虽然这么说,但这与患者平常的非抑郁情绪明显不同。

9.2.3.2 持续时间

患者必须至少4天出现这些症状——比躁狂发作略短的时间要求。症状与躁狂发作一样,除了心境变化(欣快或易激惹)之外,患者还必须在能量或活动水平上有所增加,但同样只需要4天。此外,患者必须在这4内至少出现3种与躁狂列表相同的症状,且有重大影响(表现出可察觉的变化)。如果患者的异常心境为易激惹且没有高涨,则需要出现4种症状。请注意,治疗引起的轻躁狂发作可作为双相Ⅱ型障碍的证据。

9.2.3.3 损伤

在未符合躁狂发作的情况下,损伤会有多严重? 这在某种程度上是从业者的主观判断。判断力损伤,比如疯狂消费和性轻率行为,轻躁狂发作中出现。不过,从定义上来说,只有真正躁狂的患者才会严重受损。如果行为变得非常极端,以至于患者需要住院治疗,或者精神病性症状非常明显,那么不能再将该患者视为轻躁狂,必须改变诊断标签。

9.2.3.4 排除标准

排除标准与躁狂发作相同。一般躯体疾病如甲亢会产生多动症状,滥用某些物质(尤其是安非他明)的患者会过度兴奋并可能感觉强大、力量感和欣快。

表9.1对躁狂和轻躁狂发作进行了比较。

表 9.1 对比躁狂和轻躁狂发作

项目	躁狂	轻躁狂
持续时间	1周或更多	4天或更多
心境	异常且持续性地高涨,易激惹,或膨胀	
活动/精力	持续性地增加	
与平常行为相比出现变化的症状	3个或以上[a]:自大,睡眠需求下降,健谈上升;思想跳跃或思路敏捷,注意力不集中(自我报告或他人报告),激越或目标导向行为上升,不良判断力	
严重程度	导致精神病性特征,住院,或工作、社交或个人功能的损伤	与平时的功能相比有明显的变化,且他人觉察到该变化,无精神病,无住院,无损害
其他	排除物质/药物所致症状 在适当的情况下伴混合特征[b]	

注:a.如果唯一一个心境异常为易激惹,则需要出现4个或更多症状;b.躁狂发作与轻躁狂发作都可以标注"伴混合特征"。

9.3 基于心境发作的心境障碍

这是以心境发作作为"基石"的心境障碍——重性抑郁障碍、双相Ⅰ型障碍和双相Ⅱ型障碍。

9.3.1 重性抑郁障碍

经历一次或多次重性抑郁发作,并且未出现躁狂或轻躁狂症状的患者被认为患有**重性**

抑郁障碍（mood depressive disorder，MDD）。这是一种常见的疾病，大约影响 7% 的普通人口，女性相比男性患病人数更多，比率大约为 2∶1。重性抑郁障碍通常始于 20 岁中后期，但也可以在人生任何时刻出现，从儿童到老年均有可能。该障碍的起病可能是突然的，也可能是渐进式的。尽管发作期平均持续时间为 6～9 个月，但发作时间的范围极大，从几周到多年不等。康复通常在起病后几个月内开始，但个体间也存在很大差异。对于患有人格障碍或症状更严重的人（特别是精神病性症状）来说，完全康复不太可能。重性抑郁障碍具有很强的遗传性，一级亲属的风险是普通人群的几倍。

有些患者在一生中仅出现一次发作，然后他们被诊断为（毫无意外）**重性抑郁障碍（注：单次发作）**。然而，大约一半经历过一次重度抑郁发作的患者会再次发作。当他们第 2 次发作时（要被纳入发作次数计算，它必须与第 1 次发作相隔至少 2 个月），我们必须将诊断改为**重性抑郁障碍（注：反复发作）**。

对于任何患者，每次发作时的抑郁症状几乎相同。这些患者大约每 4 年发作一次，有证据表明发作的频率随着年龄增加而增加；多次抑郁发作大大增加了自杀企图和成功实施自杀的可能性。反复发作的患者也比单次发作的患者更容易自杀；其症状而受损伤中最严重的后果为自杀，这是大约 4% 的重性抑郁障碍患者的命运。大约 25% 的重性抑郁障碍患者最终将经历躁狂或轻躁狂发作，因此需要再一次改变诊断——这次是**双相Ⅰ型障碍**。

DSM-5 重性抑郁障碍的诊断标准

A. 至少出现一次重性抑郁发作（见前文中重性抑郁发作的诊断标准）。

B. 用分裂情感性障碍、精神分裂症、精神分裂样障碍、妄想性障碍、其他已分类或未分类的精神分裂谱系障碍及其他精神病性障碍无法更好地解释这种重性抑郁发作。

C. 从未出现过躁狂发作或轻躁狂发作。注意：如果所有的躁狂样发作或轻躁狂发作都因某种物质所致，或属于其他医学情形直接导致的生理效应，则这一标准不适用。

注明最近一次发作的临床状态和特点：

　　单次或反复发作

　　轻度、中度、重度

　　伴有焦虑苦恼

　　伴有混合特征

　　伴有忧郁特征

　　伴有非典型特征

　　伴有与心境一致的精神病性特征

　　伴有与心境不一致的精神病性特征

　　伴有紧张性特征

　　围产期发病

　　具有季节性模式（反复发作时适用）

　　部分缓解或完全缓解

来源：American Psychiatric Association（2013）．Diagnostic and statistical manual of mental disorders（5ᵗʰ ed）．Washington，DC．

9.3.2　双相Ⅰ型障碍

双相Ⅰ型障碍(bipolar Ⅰ disorder)是任何包含至少一次躁狂发作的周期性心境障碍的简写。尽管这个术语在过去几十年中才被采用，但双相Ⅰ型障碍已被发现一个多世纪。以前，它被称为**躁狂抑郁症**(manic-depressive illness)。患病人数占总体成人群体约1%。双相Ⅰ型障碍具有极强的遗传性。

在评估双相Ⅰ型障碍发作时需要考虑2个技术点。首先，如果要将一次发作计为一次新发作，那么它必须呈现极性的变化（例如，从重性抑郁到躁狂或轻躁狂发作），或者它必须距离上一次发作至少有持续两个月的正常心境。

其次，躁狂或轻躁狂发作偶尔是由针对抑郁的治疗所诱发的。抗抑郁药物、电休克疗法或强光（用于治疗季节性抑郁障碍），可能导致患者迅速从抑郁转变为全面的躁狂发作。双相Ⅰ型障碍的定义是自发性地发生抑郁、躁狂和轻躁狂，因此，任何治疗所致的躁狂或轻躁狂发作，仅在症状持续溢出治疗的生理学效应时才可用于诊断双相Ⅰ型障碍（或者双相Ⅱ型障碍）。

即使如此，DSM-5也敦促需谨慎，需要足够的躁狂或轻躁狂症状数量，而不仅仅是一些患者在治疗抑郁症后所经历的急躁或激越。

此外，请注意这条警告：心境发作不能叠加在精神病性障碍之上——尤其是精神分裂症、精神分裂症样障碍、妄想障碍或未特定精神病性障碍。因为双相Ⅰ型障碍的长期病程与精神病性障碍明显不同，所以应该很少会造成诊断问题。通常情况下，患者会在正经历躁狂发作时被送往医院。

大多数患者先前至少会出现一次躁狂、重性抑郁或轻躁狂发作。然而，单次躁狂发作并不罕见，尤其在双相Ⅰ型障碍的早期。当然，这类患者绝大多数会有尾随而来的重性抑郁发作，以及其他躁狂发作。男性的首次发作比女性更可能被诊断为躁狂发作。

9.3.3　双相Ⅱ型障碍

双相Ⅱ型障碍(bipolar Ⅱ disorder)和**双相Ⅰ型障碍**(bipolar Ⅰ disorder)的症状存在重要相似之处。然而，主要区别在于高涨阶段造成的功能受损水平及不适的程度，双相Ⅱ型障碍从未出现精神病并且无须住院。双相Ⅱ型障碍包括反复的重性抑郁发作，以及穿插其中的轻躁狂发作。

与双相Ⅰ型障碍一样，双相Ⅱ型障碍可能基于自发产生或由抗抑郁药、电休克疗法或光疗法引发的心境发作——如果治疗诱发的症状在之后持续时间超过生理治疗效果的预期。（须询问病人和其他知情者是否存在其他不是由治疗引起的轻躁狂发作，许多患者会出现这种情况。）双相Ⅱ型障碍也与极高比例的快速循环型障碍有关，这会大大增加困难型病程的风险。

女性可能比男性更易患双相Ⅱ型障碍（男女在双相Ⅰ型障碍中的比例大致相同），少于

1%的总体成年人口会受其影响,青少年群体中的患病率可能会更高。围产期特别可能引发轻躁狂发作。

共病是双相Ⅱ型障碍患者的生活方式。他们大多患有焦虑、物质使用障碍、进食障碍。研究表明,与双相Ⅰ型障碍患者相比,双相Ⅱ型患者具有更长的病情及更长的抑郁期。他们也可能极易实施冲动性自杀。并且,不少患者(10%的范围内)最终将经历一场全面爆发的躁狂发作。

DSM-5 双相Ⅱ型障碍的诊断标准	

A. 至少有一次符合轻躁狂发作的诊断标准,并且至少有一次符合重性抑郁发作的诊断标准。轻躁狂发作诊断标准与躁狂发作诊断标准中的相应内容一致,但有如下几项区别:①至少持续 4 天;②尽管发作时一定会出现功能改变,但这种改变还不至于显著损害个体的社交和工作能力,或不至于需要住院治疗;③没有精神病性特征。

B. 从未出现过躁狂发作。

C. 出现的轻躁狂发作和重性抑郁发作,用分裂情感性障碍、精神分裂症、精神分裂样障碍、妄想性障碍、其他已分类或未分类的精神分裂谱系障碍及其他精神病性障碍无法更好地解释。

D. 抑郁症状和由频繁的抑郁轻躁狂交替发作带来的不可预测性,导致了临床上显著的痛苦,或社交、工作以及其他重要方面的功能损害。

注明(对于当前的或最近的发作):

　　轻躁狂:如果当前(或最近)处于轻躁狂发作状态

　　抑郁:如果当前(或最近)处于重性抑郁发作状态

特定类型:

　　伴有焦虑苦恼

　　伴有混合性特征

　　伴有快速循环特征

　　伴有与心境一致的精神病性特征

　　伴有与心境不一致的精神病性特征

　　伴有紧张性特征

　　围产期发病

　　具有季节性模式

注明病程(如果当前并不完全符合心境发作的标准):

　　完全缓解,部分缓解

注明严重程度(如果当前完全符合心境发作约标准):

　　轻度、中度、重度

来源:American Psychiatric Association(2013).Diagnostic and statistical manual of mental disorders(5th ed).Washington,DC.

9.3.4 其他心境障碍

正如我们目前为止讨论的,精神健康实践中所见的许多心境障碍可以通过涉及躁狂、轻躁狂和重性抑郁发作来进行诊断。任何心境症状患者都必须考虑这三种心境发作。但是仍然有一些不基于这三类发作的其他心境障碍。

9.3.4.1 持续性抑郁障碍(恶劣心境)

该疾病曾有过几个名称——恶劣心境障碍、**恶劣心境(dysthymia)**、慢性抑郁以及现在的**持续性抑郁障碍(persistent mood disorder)**。不管你怎么称呼它,这些患者就是长期处于抑郁状态。多年来,他们出现与重性抑郁发作诸多相同症状,包括情绪低落、疲劳、无望、注意力不集中以及食欲和睡眠问题。

但是,须注意此症状列表(以及标准)中不存在的部分是:不恰当的内疚感,以及死亡想法或自杀念头。总而言之,这类患者中的大多数患有持续时间更长但也相对更温和的疾病。

大约6%的成年人在其一生中患过恶劣心境,其中女性患病率为男性的2倍。虽然该障碍可以在任何年龄起病,但晚发型并不常见,典型的情况是疾病早早且静悄悄地开始,以至于一些患者认为他们的习惯性的心境低落属于正常情况。在遥远的过去,医生还曾认为这些患者具有抑郁人格或抑郁性神经症。

恶劣心境患者安静地忍受着痛苦,他们的功能受损情况可能难以觉察,他们倾向于将大部分精力投入工作,而将很少留给社交方面的生活。因为他们未出现严重的功能受损,所以这类患者可能会等到他们的症状恶化为更容易诊断的重性抑郁发作时才会接受治疗。这是许多恶劣心境患者的命运。1993年,这个现象在《纽约时报》畅销书排行榜里一本名为《倾听百忧解》的书里得到了阐述。然而,书中提到的惊人药物反应并不仅限于一种药物。

DSM-Ⅳ区分了恶劣心境障碍和慢性重性抑郁障碍,但研究并未证实这一区分。因此,目前DSM-5所称的持续性抑郁障碍是两种不同的DSM-Ⅳ疾病的组合。另一个特征源于恶劣心境和慢性重性抑郁的结合。因为有些重性抑郁症状未在恶劣心境的标准中出现,所以(如DSM-5注释)少部分慢性重性抑郁障碍患者可能不符合恶劣心境的标准。以下症状的组合能够符合该情况:心理运动迟滞、自杀意念和心境低落、精力不足、兴趣缺乏(这些症状中,只有精力不足在心境障碍的B标准中出现)。这给我们的建议是,如果这些患者的症状在目前发作期间符合重性抑郁障碍的标准,则应给予这些患者重性抑郁障碍的诊断;如果不是,我们将不得不撤退到其他特定的(或未特定)抑郁障碍。

DSM-5 持续性抑郁障碍(恶劣心境)的诊断标准	

A. 一天中绝大部分时间处于抑郁心境中,出现此类症状的天数多于无症状的天数,可由主观叙述和他人观察所见,这种情况持续至少 2 年。注意:如为儿童和青少年,可能表现为易激惹心境,持续时间至少为 1 年。

B. 出现抑郁症状的同时,符合以下至少两点:

　　1. 食欲不佳或者过量饮食

　　2. 失眠或者嗜睡

　　3. 活力不足或者感到疲劳

　　4. 自尊心下降

　　5. 难以集中注意力或者很难作出决定

　　6. 有无望的感觉

C. 在此类症状持续的 2 年(对于儿童和青少年是 1 年)中,每次 A 和 B 中的症状消失的时间不超过两个月。

D. 达到重性抑郁发作标准的情形可能持续两年。

E. 从未出现过躁狂发作或轻躁狂发作,也不符合环性心境障碍的诊断标准。

F. 用持久性的分裂情感性障碍、精神分裂症、妄想障碍、其他已分类或未分类的精神分裂谱系障碍及其他精神病性障碍无法更好地解释这种紊乱情形。

G. 这些症状不是某种物质(例如:滥用的药物,治疗用的药物)以及其他医学情形(例如:甲状腺功能低下)所导致的直接生理效应。

H. 此类症状及缺陷导致了临床上显著的痛苦,或对个体的社交、工作或其他重要领域的功能造成损害。

特定类型:

　　轻度、中度、重度

　　伴有焦虑苦恼

　　伴有混合特征

　　伴有忧郁(melancholic)特征

　　伴有非典型特征

　　伴有与心境一致的精神病性特征

　　伴有与心境不一致的精神病性特征

　　围产期发病

　　发病早(21 岁以前发病)

　　发病晚(21 岁或以后发病)

注明(对于最近 2 年内发作的心境恶劣障碍):

单纯性,心境恶劣综合征:如果重性抑郁的全部标准未出现至少 2 年。

伴随持续性重性抑郁发作:近 2 年内一直符合重性抑郁的全部标准。

间歇性重性抑郁发作,当前发作:当前符合重性抑郁发作的全部标准,但两年期间至少有 8 周时间,症状达不到重性抑郁发作的标准。

间歇性重性抑郁发作,无当前发作:当前不符合重性抑郁发作的标准,但是近两年内有一次或多次重性抑郁发作。

完全缓解或部分缓解。

来源:American Psychiatric Association(2013). Diagnostic and statistical manual of mental disorders(5th ed). Washington,DC.

9.3.4.2　环性心境障碍

环性心境障碍(cyclothymic disorder, CO)患者长期处于兴奋或抑郁状态,但在开头几年,他们并不符合躁狂、轻躁狂或重性抑郁发作的诊断标准。

环性心境障碍一度被看作是人格障碍,一部分是因为它的发生过程是渐进性的,且持续相当长时间。仍有文献使用**环性情感气质**(cyclothymic temperament)的说法,认为可能是双相障碍的前驱症状。环性心境障碍的临床表现非常多样化。有些患者几乎总是烦躁不安,有时会转为轻躁狂,并持续一天左右。其他患者可以在一天内多次转换,他们通常表现为混合症状。

环性心境障碍通常在青春期或成年时逐渐起病,患病率占总人口的1%。然而,医生会比你想象的更少给出该障碍的诊断。性别分布大致相间,尽管女性更可能接受治疗。毫不奇怪的是,患者通常只有在抑郁时才会寻求帮助。

DSM-5 环性心境障碍的诊断标准

A. 出现若干具有轻躁狂症状但未达到轻躁狂发作标准的时期,并且出现若干具有抑郁症状但未达到重性抑郁发作标准的时期;此种情形持续至少 2 年(对于儿童和青少年则至少 1 年)。

B. 在上述这 2 年中(对于儿童和青少年为 1 年),具有轻躁狂和抑郁症状的时期占据至少一半的时间而且症状完全消失的情形从未持续超过 2 月。

C. 个体从来符合重性抑郁发作、躁狂发作或轻躁狂发作的诊断标准。

D. 标准 A 中的症状用分裂情感性障碍、精神分裂症、精神分裂样障碍、妄想性障碍、其他已分类或未分类的精神分裂谱系障碍及其他精神病性障碍无法更好地解释。

E. 症状不属于特定物质(例如滥用的药物、治疗用的药物)或其他医学情形造成的生理效应(例如甲状腺功能亢进)。

F. 这些症状造成了临床上显著的痛苦或社交、工作以及其他重要方面的功能损害。

特定类型:

伴有焦虑苦恼

来源:American Psychiatric Association(2013). Diagnostic and statistical manual of mental disorders(5th ed). Washington, DC.

9.3.4.3　经期前烦躁障碍

关于经期前烦躁是否真实存在的争论由来已久,导致它一直只出现在先前 DSM 版本的附录里。经期前的症状在一定程度上影响了大约 20% 的育龄女性,**经期前烦躁障碍**(premenstrual dysphoric disorder, PMDD),有时称为**经前心情恶劣障碍**,通常在青少年时期开始出现,影响多达 7% 的女性、整个生育期内,这些症状在每个月经周期可能持续。用这些女性抱怨不同程度的烦躁情绪、疲劳和躯体症状,包括乳房敏感、体重增加和腹胀与重性抑郁发作和恶劣心境障碍来鉴别区分。

过去,经期前烦躁障碍包含超过 100 种可能的症状,并且无最小数量和特定症状要求,全是举例说明。以下仅仅是一小部分:液体阻滞(最常报告的症状),特别是在乳房和腹部;渴望甜食或咸食;肌肉酸痛/疼痛,疲劳,易激惹,紧张,长痤疮,焦虑,便秘或腹泻,以及失眠;性欲改变;感到悲伤,喜怒无常或失控。大多数女性偶尔会在经期出现这些症状中的一到两个——这些症状非常常见,因此它们可能会分别被认为是生理性而不是病理性的。尽管所有的女性都会经历相同的过程,关键的鉴别点还是在于 PMDD 中的心境症状的表现。

DSM-5 经期前烦躁障碍的诊断标准	

A. 在多数月经周期中,在经期前一周出现至少 5 个症状,经期开始后儿天内开始缓解,经期结束后一周内症状消失。

B. 必须出现如下一个(或多个)症状:

　1. 明显的情感不稳定(例如心境波动,突然悲伤或流泪,对拒绝的敏感度增加)。

　2. 明显的易激惹、愤怒或人际冲突增加。

　3. 明显的抑郁心境、绝望或有自我轻蔑的想法。

　4. 明显的焦虑、紧张感觉快要崩溃。

C. 如下所列的附加症状中,必须出现一个(或多个)症状,以与 B 标准中的症状相加达到 5 个。

　1. 对常见的活动(如:工作、学习、社交、爱好等)兴趣减弱。

　2. 难以集中注意力。

　3. 困倦、易疲劳或明显缺乏活力。

　4. 明显的食欲变化;暴饮暴食;极其渴望特定的食物。

　5. 嗜睡或失眠。

　6. 感到被压垮或失去控制。

　7. 躯体症状,如乳房压痛或肿胀、关节或肌肉疼痛、感到胀气或体重增加。

注意:近一年内大多数生理周期都需满足 A 到 C 的诊断标准。

D. 这些症状导致临床上显著的工作、学习、正常社交活动或人际关系的窘迫或困扰(例如回避社会交往,在工作、学习和家庭生活中的效率下降)。

E. 这种紊乱并非其他障碍的加重情形,如重性抑郁障碍、惊恐障碍、持久性抑郁障碍(心境恶劣)或人格障碍(但是其可以与任何一种障碍发生共病)。

F. 诊断标准 A 应该在至少两个生理周期中通过每日记录来进行评估确认。

注意:在完成确认之前可以先临时作出这种诊断。

G. 这些症状都不是来源于物质(例如选用的药物、治疗用的药物)或其他医学情形(如:甲状腺功能减退)对生理的影响。

来源:American Psychiatric Association(2013). Diagnostic and statistical manual of mental disorders(5th ed). Washington,DC.

9.3.4.4　破坏性心境失调障碍

破坏性心境失调障碍(disruptive mood dysregulation disorder,DMDD)为 DSM-5 中的新障碍,展示了童年期的极端情况。许多儿童彼此争吵,但是 DMDD 扩展争吵的范围和强烈程度。小型挑衅(如三明治没有足够的奶酪,或一件最喜欢的衬衫被拿去洗了)可引发这些儿童的完全失控,脾气爆发时,他们可能威胁或欺凌兄弟姐妹(以及父母)。可能拒绝做家务、写作业,甚至是基本的个人卫生。这种爆发平均每 2 天出现一次,而在爆发之间的日子里,儿童的心境是持续性消极的——抑郁、生气或易激惹。这些行为使孩子处于巨大的社交、教育及情绪的不利情况下。大约多达 80％ 的 DMDD 儿童也符合对立违抗障碍的标准。这种障碍的诊断男孩多于女孩,这与其他大多数心境障碍不一致,但是与其他大多数儿童期障碍一致。

DSM-5 破坏性心境失调障碍的诊断标准	

A. 严重的复发型脾气爆发,表现为语言(如:口出恶语)和／或行为方面(如:对他人或财物进行物理攻击);此种爆发在强度和持续时间上与个体面对的情境或挑衅严重不成比例。

B. 脾气爆发的水平与个体发展水平不一致。

C. 脾气爆发平均每周三次或更多。

D. 在脾气爆发的间隔期,个体几乎在每天的大部分时间里都保持着易激惹或愤怒的状态,而且这种状态周围人(例如父母、老师、同伴)能够观察发现。

E. 标准 A 到 D 中的症状已持续至少 12 个月。并且在此期间,A 到 D 中的症状没有任何一次完全消失超过 3 个月。

F. 标准 A 和标准 D 中的症状在家庭、学校、同伴三种情境中的至少两种中出现,且在其中至少一种情况下表现严重。

G. 首次诊断时,儿童的年龄必须在 6 到 18 岁之间,未满 6 或超过 18 岁后皆不可做出此种诊断。

H. 通过历史记录或观察,符合 A 到 E 标准的症状发病时间应在 10 岁之前。

I. 任何一次所有症状(除了持续时间)都符合躁狂或躁狂发作诊断标准的情形都没有存在超过一天。

注意:与发展阶段相适应的心境高涨(如:经历了某个非常积极的事件),不应该被认为是躁狂或轻躁狂的症状。

J. 此类行为并不仅仅在重性抑郁发作才出现,并且用其他精神障碍(例如孤独症谱系障碍、创伤后应激障碍、分离焦虑障碍、持久性抑郁障碍)无法更好地解释。

K. 这些症状不属于特定物质或其他医学情形及神经状况造成的生理效应。

来源:American Psychiatric Association(2013). Diagnostic and statistical manual of mental disorders(5th ed). Washington,DC.

9.3.4.5 物质／药物所致的心境障碍

物质使用,是心境障碍的一个特别常见的原因。如苯丙胺中毒均可能引起躁狂症状,或巴比妥类药物的戒断也可能导致抑郁,该障碍的发展过程需与物质中毒或戒断阶段接近而物质中毒或戒断阶段必然导致心境障碍症状。如,抑郁可能会在酒精和街头毒品不恰巧使用的情况下出现,40％ 左右的酒精使用障碍患者出现抑郁发作;有时,即使是医疗保健专业人员也可能没有识别出因药物所致的情绪障碍。

9.3.4.6 由其他躯体障碍所致的心境障碍

许多躯体障碍会导致抑郁或双相症状,所以在评估心境障碍时,始终考虑躯体性病因是至关重要的。这并不仅仅是因为多数心境障碍都是高度可能与躯体疾病同时的,而且以当今的治疗技术,它们是可治疗的;更是因为部分一般躯体障碍如果长时间未得到恰当的治疗,这些疾病本身会产生严重的后果,包括死亡,并且有不少躯体障碍会导致躁狂症状。该类障碍要求:躯体障碍必须为双相或抑郁症状的直接生理病因。

9.4 心境障碍的治疗与预后

心境障碍是一类慢性疾病,具有复发率较高、致残率高、自杀率高、疾病负担重等特点。需要树立长期治疗的理念,应定期随访,随时观察和判断病情的变化,及时调整治疗方案。对于心境障碍我们应该加深了解,早期识别、早期治疗,才能尽早减轻患者痛苦、缓解症状、控制发作,减少对患者及其家庭造成的危害。同时需要患者和家属共同参与治疗,需要家庭对患者给予支持和帮助。

治疗多采取长期综合治疗,包括心理社会干预和危机干预、药物治疗、物理治疗,物理治疗又包括改良电休克(MECT)治疗以及重复经颅磁刺激(rTMS)治疗。

10 心理与生理因素共同导致障碍

10.1 障碍概论

10.1.1 导言

几个世纪以来,临床医生早已认识到患者身上的躯体症状和对健康的相关担忧可能会有情绪性的根源。DSM-Ⅲ及其后续版本已经收集与整理了一些相关的诊断,并将它们纳入了一个大的分类下。现在,这些诊断被统称为**躯体症状及相关障碍(somatic symptoms and related disorders)**,因为其主要表现都包含躯体(身体)疾病的症状。和本书内其他被归到一起的障碍一样,它们被归为一类并不是因为有着相同的病因、家族史、治疗或其他因素。本章也再一次例证了这种"方便原则"——在本章内提及的各种疾病主要都与躯体症状相关。

患者身体上的一些问题提示其患有躯体症状障碍。包括:(1)过度的或慢性的疼痛;(2)转换症状;(3)慢性的、复杂的症状,且缺乏恰当的解释;(5)尽管治疗对大多数患者有帮助,但无法帮助改善这些患者的其他相关主诉;(6)过度关注健康或外表。

通常来说,患有躯体症状及相关障碍的人会接受针对躯体疾病的评估(可能是多次或频繁)。这些评估常常会需要患者去接受一些费用昂贵、耗时长久、效果甚微、有时甚至具有危险的测试和治疗。此类测试和治疗可能反过来强化了患者对某些莫须有的疾病的恐惧信念。最终,在某一时刻,医疗行业的相关人士会意识到患者问题的心因性,并推荐这些患者去做精神健康相关的评估。

非常重要并且需要强调的一点是,除非是**做作性障碍**患者,通常此类患者所表现出来的症状并不是装出来的。相反,他们是真的相信自己患有严重的疾病,并因为自己的这些信念体验到了巨大的焦虑感。虽然不是故意的,但他们也确实给自己和身边的人造成了巨大的痛苦。

另一方面,不能仅仅因为患者患有躯体症状障碍,就排除其接下来会真的患上躯体疾病的可能性。同样的,这些患者也可能患有其他形式的精神疾病。

10.1.2　障碍的描述

患有身心障碍的人通常是因为担心躯体上的和医学上的病症而寻求治疗。有时,他们由内科医生转介到心理医生或精神科,因为这些医生没有发现他们身体上有什么问题,或者医生认为心理治疗更能解决他们的情绪问题。这些患者可能意识到了疾病的发展变化,也可能没有。对身体问题的高度关注,成为一种目的。疼痛的感觉转化成了躯体的症状,而不是感觉到疼痛与某种特定的情绪有关联。人们通常没有意识到情绪如何转化成躯体体验,以及为什么会转化成躯体体验。然而,焦虑和其他负面情绪在我们的意识知觉之外,而直接影响到我们的身体状况。此外,人们还可能会从别人对他躯体症状的关注和同情中获益。由于患者主要关注的是身体状况,所以当得知心理治疗可以对自己有益的时候,他们会对此表示讶异和抗拒。

患有身心疾病的人通常在直接表达情绪方面有困难,因此他们很有可能将对情绪的注意力转移到生理领域。生理和心理的混淆问题通常始于他们的童年,并一直持续到成年。在躯体症状障碍患者的家庭成员中,其他人也有躯体症状障碍的现象很常见。躯体形式障碍的确切原因目前仍然没有定论,但是生理、心理和环境因素的交互作用似乎是这些障碍的主要原因。

患有本章中所讨论的障碍之一的人通常不会有效处理环境压力,而且洞察力较差,对心理所知甚少。有时,这些人有很强的依赖需求,希望别人能够照顾他们。他们在人际关系和职业方面均明显受损,而且经常不愿意和他人讨论他们的心理障碍。

患有躯体症状障碍、躯体形式障碍的人会出现知觉和情感表达紊乱,这些人对于普通的身体感觉反应会更加强烈,并将感觉放大,然后将其误解为身体疾病的征兆。于是,他们将注意力集中在身体上,而不去察觉心情、压力和自己的情感。躯体形式障碍患者还倾向于夸大他们的痛苦,对躯体症状的容忍度极低。

躯体症状障碍患者通常有创伤和家庭功能不良的历史背景,包括身体和性虐待、情感忽视、早年丧亲和重大创伤;家中有慢性病患者成员的童年经验也很常见。依恋关系可能是躯体形式障碍形成的基础,不安全的依恋类型与高水平的抑郁、小题大做、身体疾病、疼痛以及更频繁的看医生就诊相关。

许多因素可能促成躯体症状及相关障碍,包括遗传和生物易患性(例如,对疼痛增加的敏感度)、早期创伤经历(例如,暴力、虐待、剥夺)和习得性(例如,通过疾病获取关注,缺少对痛苦的非躯体表达的强化),以及与躯体痛苦相比,一些贬低和污蔑心理痛苦的文化/社会规范。跨文化的医疗保健的不同影响了躯体症状的表现、识别和治疗。症状表现的变化可能是在那些影响个体如何确定和分类躯体感受、觉察疾病及寻求医疗关注的文化背景下,多种因素互动的结果。因此,躯体症状可以被看作在文化和社会背景下,个体痛苦的表现。

10.1.3 评估

这些障碍的有效治疗依赖于准确和综合的心理与医学评估。需要给予特别关注的因素:转介的原因;当事人确认的症状和关注点;治疗师重视这些症状的能力;逐渐制订一个聚焦症状减少而不是完全消除的有效治疗计划;医生的有效协调以排除器质性原因,治疗其他同时存在的障碍。

一个综合评估还应该包括了解完整的家庭史,评估症状的一致性和了解病程,询问创伤和压力源,记录患者的恢复能力、社会支持和应对技能;同时还应该评估自杀意向和危险,特别是对于那些有疼痛障碍、躯体形式障碍和人为性精神障碍的人。

对临床治疗师来说,区分躯体形式障碍、人为性精神障碍和诈病是一个挑战。在这三种情况中,患者可能都会出现同样的症状,关键的变量是患者的行为意向性。建议治疗师把患者的行为看作是基于无意识所产生的症状(躯体形式障碍),还是在可能的无意识动机下有意识地产生的症状(人为性精神障碍),或是为继发性获益而有意伪装的症状(诈病)。最常见的伪装症状是产生幻觉、分离一致性障碍和创伤后应激障碍。

10.1.4 治疗与预后

对本章所涉及的身心障碍治疗的研究,缺乏控制组对照研究。然而,在个案研究和理论著作中,可以很好地找到治疗身心障碍的有效方法。

治疗身心障碍患者的第一步是获得医疗咨询(或者与患者之前的医生协商)以推断患者是否存在躯体疾病。一份早期精神状态和认知功能的评估同样非常重要。如果存在身体状况,治疗师必须熟悉患者身体状况带来的影响,如果有需要,必须确保提供合适的医学治疗。患者必须清楚自己的身体情况,只要情况允许,就参与到治疗决策中。患者如果感觉到身体症状被忽视,那么他们可能会出现更多的躯体症状。

长期的、有帮助的治疗联盟建立在信任、合作、不使用医学评估、测验和症状测评的基础上,这样的治疗联盟可能是最好的治疗途径。治疗通常是综合、全面的,聚焦情感、认知和行为领域以增强患者的应对技能;减少伴随的抑郁和焦虑,改变产生无助感和依赖感的负面认知,帮助患者更有效地满足自己的需要。

大多数躯体形式障碍、焦虑障碍或心境障碍同时发生,因此行为疗法、认知行为疗法、压力管理和催眠疗法在帮助患者整合躯体和情感障碍、最大限度地发挥自己的优势方面是很有用的。

在很大程度上,身心障碍治疗的预后根据具体的疾患、患者的性格、气质的动态发展、治疗师和患者之间关系的强度和其他共存障碍治疗的不同而不同。如果患者认为他们的情绪问题能够在治疗中有所缓解,那么他们就能从治疗中获益良多。

治疗不只是能减少患者对感知到的身体症状的关注,而且能提高他们的信心、自尊和生活质量。然而,认知受损或身体疾病的出现,以及患者对身体而非心理的持续的关注,这些都会限制治疗的进程。

10.2　躯体症状及相关障碍

当患者主要因为一些躯体(身体)症状而接受临床评估时,他们通常会被诊断为下列障碍(或分类)中的一种。躯体症状相关障碍有以下主要类型。

躯体症状障碍:该障碍在以前被称为**躯体化障碍**,该慢性疾病的特征是不明原因的躯体症状。

躯体症状障碍,主要表现为疼痛:患者体验到了没有明显的生理或躯体基础的疼痛,或就患者实际的躯体疾病而言,患者体验到了过高程度的疼痛。

转换障碍(功能性神经症状障碍):患者抱怨自己身上出现了不可被躯体原因所解释的独立症状。

疾病焦虑障碍:以前被称为**疑病症**,该障碍的患者往往会在自身身体健康的前提下,对于一些严重的、危及生命的疾病抱有毫无根据的恐惧。这些疾病包括了癌症或心脏病——然而患者很少出现相关的躯体症状。

影响其他躯体疾病的心理因素:患者的精神或情绪问题影响了其躯体疾病的病程或治疗。

对自身的做作性障碍:因想要为自己设立一个患者的角色(也许是因为他们享受由住院带来的那种被关注的感觉),患者有意识地制造症状以引起医护人员的注意。

对他人的做作性障碍:个体诱发别人(通常是儿童)身上的症状,以引起医护人员的注意。

其他特定的,或未特定的躯体症状及相关障碍:当患者的躯体症状不满足其他更为确定的疾病时,可将其归至此类。

其他导致躯体主诉的病因:

实际的躯体疾病:只有在排除患者患有实际存在的躯体障碍后,才能够去考虑患者躯体症状的心因性。

心境障碍:一些重性抑郁障碍患者处在抑郁期;双相Ⅰ型障碍患者会在没有明显躯体原因的情况下报告疼痛。

物质使用:一些使用物质的患者可能会抱怨疼痛或其他躯体症状。这些症状可能是由物质中毒或物质戒断造成的。

适应障碍:一些正在适应新环境的患者会抱怨疼痛或其他躯体症状。

诈病:这些患者会故意假装他们的躯体(或心理)症状,他们这么做的动机是为了获取某种形式的物质收益,比如逃避惩罚、工作、金钱或毒品。

10.2.1　躯体症状障碍

DSM-5 中**躯体症状障碍**(**somatic symptom disorder,SSD**)的诊断标准只要求一项躯体症状,但该症状必须导致患者痛苦与显著的功能损伤。尽管如此,典型患者通常拥有多种躯体疾病和情感症状,这些病症会给他们身体的很多(通常是大部分)不同区域造成影响,包括疼痛症状、呼吸或心跳问题、腹部疾病，或者还有月经紊乱。当然，转换症状（不可被解剖学或生理原因解释的身体功能失调，如瘫痪或失明）也可能出现。用一般能够帮助到真正躯体疾病所导致的症状的治疗方式来治疗这些患者，通常从长远来讲都是无效的。

SSD发病较早，通常在十几岁或二十岁出头的时候，且症状可以持续很长时间，甚至是患者的一生。这一疾病虽然通常被医护人员所忽视，但影响了大约1%的女性，并且在男性身上较少发生；然而，由于SSD的定义较新，我们还不知道患者的实际比率。精神健康门诊患者中有7%～8%可能患有SSD，在住院精神疾病患者中也有相近的比例。这种疾病有很强的家族传递性。遗传因素或环境因素都可能为这种传递性做出贡献，SSD在社会经济地位较低和受教育水平较低的人群中更为常见。

有一半以上的SSD患者伴随有焦虑和心境症状。在诊断时常常会存在的一个风险是：临床医生做出的诊断为焦虑障碍或心境障碍，而忽略了潜在的SSD。然后，最常导致的结果就是患者接受了针对心境或焦虑障碍的治疗，而没有得到针对SSD的治疗。

DSM-5 躯体症状障碍诊断标准	F45.1

A.1个或多个的躯体症状，使个体感到痛苦或导致其日常生活受到显著破坏。

B.与躯体症状相关的过度的想法、感觉或行为，或与健康相关的过度担心，表现为下列至少一项：

1.与个体症状严重性不相称的和持续的想法。

2.有关健康或症状的持续高水平的焦虑。

3.投入过多的时间和精力到这些症状或健康的担心上。

C.虽然任何一个躯体症状可能不会持续存在，但有症状的状态是持续存在的（通常超过6个月）。

标注如果是：

主要表现为疼痛（先前的疼痛障碍）：此标注适用于那些躯体症状主要为疼痛的个体。

标注如果是：

持续性：以严重的症状、显著的损害和病期长为特征的持续病程（超过6个月）。

标注目前的严重程度：

轻度：只有1项符合诊断标准B的症状。

中度：2项或更多符合诊断标准B的症状。

重度：2项或更多符合诊断标准B的症状，加上有多种躯体主诉（或一个非常严重的躯体症状）。

来源：American Psychiatric Association(2013). Diagnostic and statistical manual of mental disorders(5th ed). Washington,DC.

10.2.2 主要表现为疼痛的躯体症状障碍

一些SSD患者主要体验到的是疼痛，需要给予主要表现为疼痛的标注项。DSM-IV中，该疾病被称为**疼痛障碍**，简称为**SSD疼痛**。不管称呼是什么，需要牢记的事实是：(1)疼痛是主观的——不同人对它的体验不同；(2)患者没有显而易见的解剖性异常；(3)测量疼痛是困难的。

因此，很难知道一个主诉为慢性或极度疼痛，同时缺乏客观身体异常的患者，是否患有任何精神障碍。在 DSM-5 中,即使患者有实际意义上的疼痛,但只要表现出对疼痛的过度关注,都可将其诊断为 **SSD 疼痛**。

这种疼痛通常是慢性且严重的。它可以表现为多种形式,但常出现在腰背部、头部、骨盆或额下颌关节。通常情况下,SSD 疼痛不会随着时间的推移或者是注意力的转移而消失,止痛药对它的作用也很有限。

慢性疼痛会对个体的认知功能产生干扰,导致人们在记忆力、注意力和完成任务方面遇到困难。它通常与抑郁、焦虑和低自尊有关,患者的睡眠也可能受到干扰。这样的患者可能对刺激反应较慢,对疼痛恶化的恐惧可能会导致他们减少身体活动。当然,工作也会受到不良影响。对于超过半数的病例,临床医生并没有对慢性疼痛进行足够的管控。

SSD 疼痛通常起病于三四十岁,常见于一些意外事故或是其他躯体疾病之后。女性比男性更常被确诊此病。随着持续时间的延长,它常常会损害患者的工作和社会生活,有时甚至会导致伤残。

躯体形式疼痛障碍是一种即使对其完成创伤性诊断和治疗,也难以对其进行解释的慢性疼痛。与一般人相比,患有疼痛障碍的人会更早体验到疼痛。儿童对疼痛的回应反映了他们父母的应对方式,他们更容易受到父母的影响而不是疾病本身的影响。成年人对疼痛的体验经常与引发消极情绪的有威胁性的丧失和无法化解的矛盾相联系,这些之后会通过躯体化的形式表现出来。疼痛障碍经常表现为显著的抑郁。患有躯体化障碍的家庭成员的慢性疼痛发病率更高,更容易出现酒精滥用和抑郁症状(Bond,2006)。

10.2.3　疾病焦虑障碍

患有疾病焦虑(illness anxiety disorder,IAD)的人极为担心自己可能患有某种严重的疾病。尽管有相反的医学证据和来自医护人员的保证,他们的焦虑依然存在。常见的例子包括患者对心脏病或是癌症的恐惧。

这些患者并不是精神病性的:他们可能会暂时地同意自己的症状可能有情绪性源头,但是很快又会恢复到那种极度恐慌的状态中去。然后他们会拒绝任何关于他们没有身体疾病的说法,甚至可能会因此而感到愤怒并拒绝接受任何心理咨询。

许多这样的患者身上都会有躯体症状,这些症状会让他们被诊断为上面提到过的躯体症状障碍。然而,大约有四分之一的此类患者都担心自己生病,而并没有太多关注于躯体症状。较少的患者确实有器质性疾病,但他们的疑病症状与实际躯体症状的严重性不成比例。为了更清楚地描述这类患者,这种疾病被重新命名(**疑病症**被认为是带有贬义的),并给予了新的诊断标准。

虽然 IAD 已经出现了几个世纪,但它还没有被仔细研究过。例如,至今为止我们甚至都还不知道它是否会在家族内部传递。但无论如何,这种疾病是相当常见的(发病率大概占总人口的 5%),尤其常见于非精神健康专业工作者的诊室中。这种疾病常起病于二三十岁,而患病率的高峰在三四十岁。男性与女性的患病率相当。尽管 IAD 患者当下没有更高的躯体疾病患病率,但他们会报告更高的童年期疾病比例。

DSM-5 疾病焦虑障碍诊断标准	F45.21

A. 患有或获得某种严重疾病的先占观念。

B. 不存在躯体症状,如果存在,其强度是轻微的。如果存在其他躯体疾病或有发展为某种躯体疾病的高度风险(例如,存在明确的家族史),其先占观念显然是过度的或不成比例的。

C. 对健康状况有明显的焦虑,个体容易对个人健康状况感到警觉。

D. 个体有过度的与健康相关的行为(例如,反复检查他或她的躯体疾病的体征)或表现出适应不良的回避(例如,回避与医生的预约和医院)。

E. 疾病的先占观念已经存在至少6个月,但所害怕的特定疾病在此段时间内可以变化。

F. 与疾病相关的先占观念不能用其他精神障碍来更好地解释,例如,躯体症状障碍、惊恐障碍、广泛性焦虑障碍、躯体变形障碍、强迫症或妄想障碍躯体型。

标注是不是:

寻求服务型:经常使用医疗服务,包括就医或接受检查和医疗操作。

回避服务型:很少使用医疗服务。

来源:American Psychiatric Association(2013). Diagnostic and statistical manual of mental disorders(5th ed). Washington,DC.

10.2.4　转换障碍(功能性神经症状障碍)

转换障碍(dissociative disorders)最早是在弗洛伊德时代为人所知的。每十万人中的发病人数在11～500,女性与男性相比,大约从2∶1到10∶1不等。转换障碍患者主要在运动和感觉功能上有受损和变化,如失明、刺痛、麻木或肢体瘫痪、平衡感不足、不会说话、癫痫发作和假性癫痫发作的症状。躯体症状通常没有器质性原因,但与人意识之外的冲突、应激源或者心理困境相关,或是它们的一个表征。例如,一个亲眼看见自己丈夫和儿子被害的女性,之后逐渐变成一个失明的转换障碍患者。情感压力、父母和其他亲密关系的丧失以及离婚通常会导致转换障碍的发生。

转换障碍患者通常很愿意讨论他们的症状,并且愿意很具体地谈论细节。这与那些故意假装症状的人形成鲜明对比,当指出行为中症状的不一致时,他们更倾向于防卫、逃避、怀疑。疼痛在转换障碍患者中并不是很常见。转换障碍经常与重度抑郁症有关,其他常见的共病障碍,包括躯体化障碍、焦虑障碍、酒精滥用障碍、分离性障碍和人格障碍。

转换障碍的症状定义为:(1)身体功能的变化;(2)针对该变化,没有发现因果性的躯体或生理功能异常。这些症状通常被称为是"假性神经性的",它们同时包括了感觉和运动症状——无论是否伴随意识受损。转换障碍的症状通常不符合我们对于有明确躯体病因疾病的解剖模式的预期。其中一个例子就是长袜式麻痹,这种疾病的患者主诉足部麻木,且这种麻木会突然止于小腿上的一条环线。实际上,控制足部不同位置的神经模式是完全不同的,因此不会出现这种由一条整齐的线来圈定麻木区域的情况。其他关于感觉转换症状,包括失明、失聪、叠影双视和幻觉。表现为运动缺陷的转换性症状,包括平衡受损或步态蹒跚(一度被称为立行不能)、虚弱或瘫痪的肌肉、哽咽或吞咽困难、失音以及尿潴留。

转换性症状广泛出现于各类医疗人群中,高达三分之一的成年人在一生中至少出现过一次这样的症状。然而,转换障碍很少在精神病患者中被诊断出来(约 1/10000)。它通常发生在年轻人身上,且在女性中更为常见。在一定程度上,它更常见于没有受过良好教育和医学阅历较浅的患者人群,以及居住于医疗服务和诊断水平相对较弱地区的人群。也就是说,那些去普通医院就诊的患者或许更容易得到这一诊断。

　　注意,该诊断标准不要求患者进行化验或是影像学检查。所要求的只是在经过仔细的躯体和神经评估后,患者的症状无法被某种已知的躯体或神经疾病来解释。

　　表现出一项转换性症状可能无法让我们对患者未来的病程做出有意义的预测。追踪研究发现,许多有转换性症状的患者并没有精神障碍。多年后,这些人安然无恙,没有任何躯体或精神障碍;而有些人则被诊断出患有躯体化(或躯体症状)障碍或是其他的心理障碍;少数人会有实际的躯体(有时是神经性的)疾病,包括大脑或脊髓肿瘤、多发性硬化症,或各种其他的躯体和神经性疾病。尽管医生已经提高了他们鉴别转化性症状和"真正的疾病"的能力(这一点毋庸置疑),但他们仍然很容易在这里犯错误。

DSM-5 转换障碍(功能性神经症状障碍)诊断标准

A. 1 个或多个自主运动或感觉功能改变的症状。

B. 临床检查结果提供了其症状与公认的神经疾病或躯体疾病之间不一致的证据。

C. 其症状或缺陷不能用其他躯体疾病或精神障碍来更好地解释。

D. 其症状或缺陷引起有临床意义的痛苦,或导致社交、职业或其他重要功能方面的损害或需要医学评估。

编码备注:转换障碍,不分症状类型。ICD-10-CM 的编码基于症状类型(如下)。

标注症状类型:

　F44.1 伴无力或麻痹。

　F44.2 伴不正常运动(例如,震颤、肌张力障碍、运动肌阵挛、步态障碍)。

　F44.3 伴吞咽症状。

　F44.4 伴言语症状(例如,发声障碍、言语含糊不清)。

　F44.5 伴癫痫样发作或惊厥。

　F44.6 伴麻痹或感觉丧失。

　F44.6 伴特殊的感觉症状(例如,视觉、嗅觉或听力异常)。

　F44.7 伴混合性症状。

标注如果是:

　急性发作:症状出现少于 6 个月。

　持续性:症状出现超过 6 个月或更长。

标注如果是:

　伴心理应激源(标注应激源)。

　无心理应激源。

来源:American Psychiatric Association(2013). Diagnostic and statistical manual of mental disorders(5th ed). Washington,DC.

10.2.5　影响其他躯体疾病的心理因素

心理健康专家在处理影响患者躯体疾病病程和治疗的各种问题时,会用到影响其他躯体疾病的心理因素这一诊断。虽然这一诊断被编码为精神障碍,但它实际上并不构成一个精神障碍。

DSM-5 影响其他躯体疾病的心理因素诊断标准	F54

A. 存在一种躯体症状或疾病(而不是精神障碍)。

B. 心理或行为因素通过下列方式之一负性地影响躯体疾病:

  1. 心理因素影响了躯体疾病的病程,表现为心理因素和躯体疾病的发展、加重或延迟康复之间,在时间上高度有关。

  2. 这些因素干扰了躯体疾病的治疗(例如,依从性差)。

  3. 这些因素对个体构成了额外的明确的健康风险。

  4. 这些因素影响了潜在的病理生理,促发或加重症状或需要医疗关注。

C. 诊断标准 B 中的心理和行为因素不能用其他精神障碍来更好地解释(例如,惊恐障碍、重性抑郁障碍、创伤后应激障碍)。

标注目前的严重程度:

  轻度:增加医疗风险(例如,对降压治疗的不持续的依从性)。

  中度:加重潜在的躯体疾病(例如,焦虑加重哮喘)。

  重度:导致住院或急诊。

  极重度:导致严重的危及生命的风险(例如,忽略心肌梗死症状)。

来源:American Psychiatric Association(2013). Diagnostic and statistical manual of mental disorders(5th ed). Washington,DC.

10.2.6　做作性障碍

做作意味着人为。在精神健康患者的情境下,这意味着某种疾病看起来像是真正的疾病,但其实并不是。这些患者通过模拟症状(例如,抱怨疼痛)或体征(例如,在咖啡中加热一个温度计,或者提交一份掺杂了沙子的尿液标本)来达到上述目的。有时他们的主诉也会涉及心理症状,包括抑郁、幻觉、妄想、焦虑、自杀意念和紊乱的行为。由于精神症状的主观性,其是不是人为制造出来的很难被检测出来。

人为性精神障碍指"患者有意制造或伪装其躯体上和心理上的症状,以假装自己是个患者"。患有躯体形式障碍的人是真的体验并相信他们身体上的痛楚,而患有人为性精神障碍的人与此不同,他们有意模仿疾病症状以得到患者那样的待遇。他们伪装疾病症状的最初目的并不是要逃避工作或责任,而是扮演患者的角色接受照顾、关怀和关注。

做作性障碍包含了 2 种亚型:在一种亚型中,行为影响到的是做作者本身;在另一种亚型中,行为影响到的是另一个个体。

DSM-5 做作性障碍诊断标准	F68.10

对自身的做作性障碍

A. 假装心理上或躯体上的体征或症状，或自我诱导损伤或疾病，与确定的欺骗有关。

B. 个体在他人面前表现出自己是有病的、受损害的或者受伤害的。

C. 即使没有明显的外部犒赏，欺骗行为也是显而易见的。

D. 该行为不能用其他精神障碍来更好地解释，如妄想障碍或其他精神病性障碍。

标注：

　　单次发作。

　　反复发作（2 次或更多次的假装疾病和/或自我诱导损伤）。

对他人的做作性障碍

（先前的代理做作性障碍）。

A. 使他人假装心理上或躯体上的体征或症状，或者诱导产生损伤或疾病，与确定的欺骗有关。

B. 个体使另一人（受害者）在他人面前表现出有病的、受损害的或者受伤害的。

C. 即使没有明显的外部犒赏，欺骗行为也是显而易见的。

D. 该行为不能用其他精神障碍来更好地解释，如妄想障碍或其他精神病性障碍。

注：是施虐者，而不是受害者接受这个诊断。

标注：

　　单次发作。

　　反复发作（2 次或更多次使他人假装疾病和/或诱导损伤）。

来源：American Psychiatric Association(2013). Diagnostic and statistical manual of mental disorders(5th ed). Washington,DC.

10.2.7　其他特定的躯体症状及相关障碍

这里提出的任何诊断都还没有得到足够的研究以被正式囊括入 DSM-5 中，并且应该被认为是临时的。请记住，在有了更多的信息后，这类患者可能会获得一个在其他章出现过的诊断或者是在本章中出现过的其他诊断。

假孕

"虚假的怀孕"，指的是患者错误地认为自己怀孕了。她们出现了怀孕的迹象，如腹部突出、恶心、闭经、乳房充血，甚至还有像对胎儿运动的感觉和分娩痛之类的症状。

短暂疾病焦虑障碍。 持续时间少于 6 个月。

短暂躯体症状障碍。 持续时间少于 6 个月。

未特定的躯体症状及相关障碍

对未满足本章内所讨论的任何障碍的全部诊断标准，且不希望去指定一个原因或一种可能呈现方式的案例可使用这一分类。

一般性医学状况造成的精神障碍

一般性医学状况造成的精神障碍以精神症状的出现为特征，精神症状是医学状况导致的直接生理后果。换句话说,这些障碍是由医学状况导致的,它们并不反映人们对医学状况诊断的不安,而是由医学状况的生理影响造成的。

非精神病性的躯体状况是多种精神障碍的直接原因或生理原因,包括精神病性障碍、心境障碍、焦虑障碍、性功能障碍和睡眠障碍。这部分的特定诊断包括一般躯体状况造成的紧张性精神障碍(例如神经和代谢异常)、人格改变(内分泌和自身免疫情况)和一般医学状况造成的未标明的精神障碍。这些障碍的诊断通常是由精神科医生和神经科医生共同联合做出的。心理治疗师在治疗这些障碍时可以相互合作,可以在治疗中与各方成员合作,但是以医学状况为目标的治疗正逐渐成为主要的干预策略。

11 行为与冲动控制障碍

11.1 行为与冲动控制障碍概述

11.1.1 行为与冲动控制障碍的类别

行为是指人们一切有目的的活动,它是由一系列简单动作构成的,在日常生活中所表现出来的一切动作的统称。可以是指一次行为、一个举动(action);也可以指某些具体行为,或可以指某情况下的一系列行为(behavior);也涉及按照道德规范来说的,常常指违反规定的行为,也可以指高尚的举止(conduct)。影响人类行为的因素是多种多样的,概括起来可以分为两个方面,即外在因素和内在因素。外在因素主要是指客观存在的社会环境和自然环境的影响,内在因素主要是指人的各种心理因素和生理因素的影响,在这里主要是指各种心理因素,诸如人们的认识、情感、兴趣、愿望、需要、动机、理想、信念和价值观等。对人类行为具有直接支配意义的,则是人的需要和动机。因此,人的行为不仅与个体的身心状态有关,而且与个体所处的周围环境有着密切的联系。

冲动行为(compulsion),是指一种发生较急、历时短暂的精神运动性兴奋,同时有情绪激动和口头或躯体攻击行为,这种情感和行为可起源于内部感受或外部影响,此时自控力降低。严重者可有情感爆发(愤怒、激越),甚至导致自伤或伤人的暴力行为。在一些精神活性物质使用时,指对所偏好的物质有强烈渴求,这种渴求来自内部感受而非外部影响。如果是物质使用者可能已意识到这种渴求对健康有害,也愿意加以控制。在这种意愿支配下采取的行动也称为冲动行为。

本章讨论行为与冲动控制障碍涉及如下五种类别:

(1)物质有关的障碍。

(2)进食障碍(神经性厌食症、神经性贪食症、暴食障碍和未加标明的进食障碍)。

(3)觉醒睡眠障碍。

(4)性与性别认同障碍(性功能失调、性欲倒错和性别身份障碍)。

(5)未列入其他分类的冲动控制障碍(病理性赌博、间歇爆发性障碍、纵火癖、偷窃癖和拔毛癖)。

(有多个障碍在其他相应章节讨论)。

11.1.2　障碍的描述

行为与冲动控制障碍(**behavioral and impulse control disorders**)的基本特征:行为方面的问题、过度的行为(如酒精依赖、神经性贪食症和病理性赌博)、过少的行为(如神经性厌食症)、不合适的行为(如纵火癖和偷窃癖)、没有回报的行为(如性功能障碍)和睡眠障碍(其中包括睡眠过量、睡眠不足或者没有回报的睡眠模式)。所有这些障碍都能引起社交和职业功能受损,很多会威胁生命。

这些行为障碍的患病率差异很大。大部分治疗师很少碰到其中一些障碍(如纵火癖),其他的障碍,如酒精使用障碍,则很常见。由于许多这类障碍一般起病于青少年期,如果不接受治疗就会继续发展,常常会导致恶化,患者一般还会有严重的学业、职业、社交和其他发展不足。有行为障碍的人非但不能从青少年期和成年早期常规的发展经历中受益,有时反而将生命耗费在失调的行为上。当他们最终通过寻求帮助来改变行为时,由于无法发展出符合年龄的成熟状态、没有自信和生活技能,治疗的过程也会变得复杂,最终这些问题又会变成治疗中重要的次级焦点。

有一些障碍,比如酒精使用障碍,受基因或家族的影响很大;其他障碍,如神经性厌食症,通常与独特的家庭互动和期待模式有关,这种模式又让人容易发展出一系列特定的症状。许多患有行为与冲动控制障碍的人来自这样的家庭,既没有形成积极的关系,也没有什么培养问题解决技能。

大部分冲动控制障碍始于生理和复杂环境的交互作用。基因的易感性、许多症状(依赖性)的神经基础以及包含复发的慢性过程,都强调了其中的生物学基础。研究表明许多行为会带给大脑中枢的生理反应。这些中枢的激活与下列行为有关:愉悦的行为、渴求毒品和酒精、忍受力、失控和受损的行为。像使用可卡因或海洛因、性、赌博和进食这类行为,对大脑的系统产生的冲击最大。通过使用物质或者沉溺在这些愉悦的活动中,这些人的一些特征,比如临床性的抑郁、低自尊、焦虑或者恐怖,一开始会有所缓减,但长期使用下去会导致更多的症状。对于毒品或者行为如何影响个人,以及依赖的风险如何,一个人新陈代谢和神经反应中的基因变化等都会产生重要的影响。最终,像家族物质使用史、朋辈压力、物质易得性和生活在容易引起欲望的环境中,这些环境因素的作用对于治疗后的复发产生了重要的影响。

当判定有效的治疗和预防复发计划时,三种致病因素(冲动行为、行为者的生理以及环境因素)都必须被考虑到。治疗师也应该考虑使用症状的连续谱,一端是偶尔使用,对功能影响很少或没有影响,相反的另一端是严重依赖,导致社交、职业和其他功能严重受损。超过一半患有一种行为障碍的个体都有一种共病障碍。最常见的共病是另一种冲动控制障碍或物质使用障碍,但是也有其他经常共同发生的障碍,包括人格障碍(特别是反社会型人格障碍)、心境障碍、焦虑或者惊恐障碍、社交恐惧症和精神病性障碍。但是还有近一半的行为障碍者不存在其他潜在的人格障碍或其他情绪障碍。一些人可能有病发前的状况,导致了行为障碍的发生；还有一些人患有从属于行为问题的情绪障碍，正如睡眠障碍和抑郁的双向作用关系，但是许多人并没有进行其他诊断。这一点特别表现在被诊断为性功能障碍、性别身份障碍或睡眠障碍的人身上。特定的人格模式让人会产生各种冲动控制障碍，有关这方面的内容在人格障碍章节中会有所涉及。

11.1.3　治疗与预后

始于有效的评估筛选，续之治疗计划，干预有行为问题的人应该注意选择持续性的诊疗。当与有物质滥用问题或严重进食障碍的人工作时，选择与状况相应的服务特别重要。选择时应该考虑这些因素，如障碍类型、严重性、心理和情绪困扰、相关的生理—心理—社会问题、共病情况、患者的年龄和治疗动机。将评估整合到干预中，确保患者获得个性化的关注，照顾到他们的特殊需要。治疗应该因人而异，而不是因循千篇一律的套路。

对许多有行为障碍的人而言，动机会是个问题。**动机访谈（motivational interviewing，MI）**帮助人们解决他们的矛盾心理，认识并启发他们内在的改变动机。通过使用开放性问题、反应性倾听与行为改变的肯定和概述，治疗师巧妙地激发"改变性谈话"，这种谈话可以帮助人们对自己改变的愿望负责（Levensky, Kersh, Cavasos & Brooks, 2008; Rollnick, Miller & Butler, 2008）。使用动机访谈增加了治疗依从率，增强了开始改变行为的动机。动机访谈可以成为行为与冲动控制障碍治疗的重要组成部分，特别针对不情愿的、对治疗有阻挠的和防御很好的患者。

早期的评估和治疗应该集中在减少高风险行为上，比如醉酒驾车、静脉注射毒品、多重物质依赖、暴力和自杀行为以及无保护措施的性行为。干预是为了减少对自己和他人造成风险性行为，其优先程度应高于其他目标，即使是当即的戒断目标。减少伤害的哲学可以被应用在任何高风险的行为上。与将戒断作为唯一方法的计划相反，减少伤害的方法珍视任何行为改变，因为这会减少伤害或伤害的风险。

行为与冲动控制障碍的治疗强调行为干预，其中包括：行为计数、日志和清单；目标设定；学习、练习和掌握新的行为；减少或者消除功能不良的行为；强化、动机增强和后果；两次治疗间的任务。锻炼、放松、冥想、脱敏、角色扮演和其他技术也可以被纳入治疗计划当中。信息和教育通常也是治疗的一部分，教育他们了解这样的行为会给生活质量带来负面影响，同时让他们学习新的和更有效的行为来取代旧的行为。

对行为与冲动障碍而言，家庭治疗也是治疗中效果较为显著的一种方法。行为问题常常会给家庭关系带来不利的影响，因此家庭便需要一些帮助。通过让家庭成员了解有关这种障碍的性质，以及如何给他们所爱的人最好的帮助，以使他们能够保持被期待的行为改变，家庭通常也会从中获益。然而，家庭成员自身（例如，酗酒的丈夫通常配有一个能干的妻子，或者不知所措的母亲不知道如何应对女儿的进食障碍）经常卷入一种模式，从而导致行为障碍持续下去。当家庭成员得到了帮助，改变了维持、增强和获得附加利益的模式时，改善的可能性就增加了，家庭的获益也就更多了。多成员家庭治疗团体以及个别家庭或者单个家庭成员的治疗都可能是适合的。

有进食障碍、物质使用障碍和病理性赌博的人与有相同困难的人一起接受治疗，常常会受益。自助朋辈团体，如理性修复、酗酒者匿名团体、适量饮酒团体、戒烟者匿名团体和赌博者匿名团体,是治疗中另外一种重要的组成部分。

药物通常不是行为障碍治疗的基本模式,但是它有时会有助于治疗的推进。

预后,因特定障碍的性质以及患者的动机和生活方式不同而有差异,或许治疗最大的障碍在于许多障碍固有的、使人沉溺的性质。例如,尽管进食障碍和物质有关的障碍经常引起患者身体、社交和可能的职业困难,但是像瘦和喝醉这样的回报也是非常大的,很难在治疗中抵消。复发很常见。治疗的基本过程可能比较简明,但是为了巩固疗效、阻止复发、便于调适以及如果复发可以帮助有效应对,延伸的疾病治疗后调养和跟进就变得重要了(如通过自助团体、不定期的心理治疗会面、毒品检测、医学检查、布置家庭作业和家庭或个体治疗)。通过合适的治疗和跟进,以及患者自身的治疗动机(不以大多数行为障碍的完全消除为准),则预后将会有明显改善。

11.2　物质使用障碍

物质所致的障碍包括:**物质使用障碍(substance use disorders)**,物质中毒、物质戒断等障碍。在 DSM-Ⅳ-R 中曾用名,即**物质滥用(substance abuse)**和**物质依赖(substance dependence)**。物质使用障碍的基本特征是一组认知、行为和生理症状,明显提示存在显著的物质使用问题,个体仍然继续使用物质。涉及控制损害、社会功能损害、使用风险失控、相应的药理学症状。控制损害指个体物质使用的意图、用量、渴求、使用环境和条件的方面的问题和障碍(正是此点归入行为与冲动控制障碍);社会功能损害指履行在工作、学校、家庭中主要角色的责任和义务的损害和丧失;使用风险失控指对躯体有害的情况下,反复继续使用物质,继而造成更为严重的问题;相应的药理学症状指物质中毒、药物耐受性、戒断症状等。严重程度的等级通常依据存在症状的 2～3 个、4～5 个、6 个或以上区分轻度、中度和重度。

11.2.1　障碍的描述

物质使用障碍,指使用药物和酒精的适应不良行为模式。物质引起的障碍有如下症状:沉溺、心境转变与使用药物和酒精的适应不良模式带来的与睡眠有关的问题。因此,物质相关障碍常常伴随着一种或多种物质引发的障碍。

11.2.1.1　物质滥用

DSM-Ⅳ修订版对物质滥用的诊断标准包括反复发作和对药物或酒精自我毁灭式的使用,这样做会导致严重的损害和痛苦。这种障碍的特征至少包含如下四种物质有关症状中的一种:(1)基本角色能力的损害(例如职员、父母、夫妇、学生);(2)在危险情况(如驾车或操作机器时)下,反复使用药物或酒精;(3)反复发生的与物质有关的法律问题(如因为醉酒驾车被拘捕);(4)尽管知道使用该物质有负面影响,但仍然继续使用。

物质滥用常常以不定时地使用物质为特征(例如,周末而不是白天使用),比物质依赖的生理影响更小、药物酒精消耗量更少。然而,物质滥用会对一个人的生活方式带来深刻的影响,经常是物质依赖的前兆。

11.2.1.2 物质依赖

DSM-Ⅳ修订版将物质依赖定义为"一种导致有临床意义损害或痛苦的、适应不良的物质使用模式"。依据 DSM 所述,至少表现下述中的 3 项,并且是发生于相同 12 个月周期内的任何时间:

(1)耐受状况,为了达到同样的效果,需要大大增加物质的用量。

(2)如果继续使用原来剂量,效果则显著减弱。

(3)物质使用的剂量往往超过原来的计划用量。

(4)较长时期内反复表现减少或控制使用该物质的愿望和努力,但从未成功。

(5)花大量时间设法获取该物质、使用该物质或从物质的效应中恢复原状。

(6)由于使用该物质而放弃或减少了职业和社交活动。

(7)尽管意识到该物质会带来负面影响,但仍然继续使用。

物质依赖可以使用如下标注:具有生理依赖或不具有生理依赖;在管制的环境中(如医院、监狱);接受激动剂治疗(如美沙酮);早期(头 12 个月)或持续(12 个月或更长时间)缓解;部分(符合依赖标准的一项或多项但未达到诊断标准)或完全(不符合依赖的诊断标准)缓解。产生耐受性和停用该物质时出现生理或心理的戒断症状,可能表现出物质依赖。

以下是 DSM-Ⅳ-TR 中明确提出的以适应不良方式使用的、产生心理症状的物质:(1)酒精;(2)苯丙胺和类苯丙胺物质;(3)咖啡因;(4)大麻;(5)可卡因;(6)致幻剂;(7)吸入剂;(8)尼古丁;(9)阿片类;(10)苯环己哌啶(PCP)(一种致幻剂);(11)镇静药、催眠药或抗焦虑药。

DSM-Ⅳ-TR 中还收录了其他障碍或未标明物质使用障碍(如促蛋白合成类固醇、未列入以上类别中的处方药和非处方药、戊硝酸盐或丁硝酸盐、一氧化二氮)和多种药物依赖。**多种物质依赖**是指在 12 个月内反复使用至少三类物质(不包括咖啡因或尼古丁),其间没有任何一种物质占主导。诊断物质使用障碍时,强调物质,而不论症状是否符合滥用或依赖的条目。

物质使用障碍不一定带来长期而广泛的损害,实际上,大部分滥用药物或酒精的人都有正常的工作和家庭。然而,物质使用障碍一般会给使用者以及与他们亲近的人带来很大的负面影响。物质引起的障碍因物质的不同而不同,因具体药物的影响而表现各异。这个类别包括如下障碍:

- 物质中毒
- 物质戒断
- 物质引起的谵妄
- 物质引起的持久痴呆
- 物质引起的持久遗忘障碍
- 物质引起的精神病性障碍
- 物质引起的心境障碍
- 物质引起的焦虑障碍

· 物质引起的性功能障碍

· 物质引起的睡眠障碍

· 致幻剂持久知觉障碍(闪回)

本章接下来将探讨酒精和药物有关的障碍,对一些具体的物质使用障碍的性质和治疗进行概括讨论。

11.2.2　酒精有关的障碍

11.2.2.1　障碍的描述

在寻求精神卫生和医疗帮助的人当中,25%存在患上酒精使用障碍的倾向。**酒精有关的障碍(alcohol-related disorders)**代表了一个巨大且花费昂贵的健康问题:世界卫生组织(WHO)发布的《2018 年全球酒精与健康状况报告》提到,2016 年,全球有大约 300 万人因有害使用酒精而死亡,占全球死亡总数的 5.3%。其中大部分为男性。总体而言,有害使用酒精导致全球疾病负担的 5%以上。2016 年中国酒精使用障碍(包括酒精依赖及酒精有害使用)的 12 个月患病率为 4.4%,其中男性为 8.4%,女性为 0.2%;酒精依赖的 12 个月患病率为 2.3%,其中男性为 4.4%,女性为 0.1%。该报告特别关注了中国酒精性肝病(ALD)的上升趋势。154 万人患有单一的酒精使用障碍,另外还有 33 万人同时患有药物和酒精有关障碍。除了直接因使用酒精而死亡,其中包括 25%的自杀者和 50%的他杀者,以及很大比例因机动车和其他类型的事故而死亡的人。一份积极的数据显示,在过去的 25 年中,大部分年轻群体的酒精使用已经有所下降或者保持稳定。

酒精是青少年期使用最为广泛的物质。那些在 14 岁之前开始饮酒的人在成年之后发展成酒精依赖的风险增大。在滥用酒精的青少年中,30%～50%有 ADHD 或品行障碍的共病诊断(Flory,Milich,Lynam,Leukefeld & Clayton,2003)。研究者指出,潜藏在这些障碍之后的共同特质可能包括缺少冲动控制、共同的基因和类似的环境因素。这些因素不仅仅是添加剂,它们协同作用会引发更为有害的结果以及成年后的功能损害。研究已经指出,第一次使用酒精的年纪越早,越有可能发生如下问题:更为严重的物质有关的滥用、社交问题、共病障碍、犯罪活动和发展成为精神病。20～35 岁的人最有可能发生酒精滥用。45 岁之后开始饮酒的人极少,而且那些 45 岁之前开始饮酒的人有时会在中年后戒掉。男性与女性通常会有不同的酒精使用模式。过度使用酒精的女性更有可能独自饮酒,感觉羞愧并企图掩饰她们的饮酒行为;同时使用酒精与其他药物,患有抑郁、焦虑和失眠。与男性相比,女性的酒精问题开始得较晚但发展得更快,与有压力的生活环境密切相关(Sullivan,Fama,2002)。

一些种族群体比其他种族有更高的酒精问题发生率。例如,来自西班牙、美同印地安和因纽特文化的人,在有酒精问题的人中占据的比例超出其人口比例。高加索青少年的酒精使用率明显高出非裔美国人或者亚裔美国青年。在一些情况下,酒精消费超量可能是生物因素导致的结果。例如,作为亚洲裔后代,可能会保护自己以免发展成为酒精使用障碍者。中国人、韩国人和日本人的后代中,多于 25%的人拥有乙醛脱氢酶 ALDH2 等位基因(已知人类的乙醛脱氢酶由三个基因所编码：ALDH1A1、ALDH2 及最近发现的 ALDH1B1(亦称 ALDH5))。不论在任何时候使用酒精,都会产生不愉快的生理症状,比如恶心、脸红和心跳加速。带有 ALDH2 * 2 等位基因的人酒精依赖的可能性下降了 1/5;带有两个 ALDH2 等位基因的人下降了 1/9。他们使用其他物质或者吸烟的可能性也会降低(Eng,Luczak & Wall,2007)。乙醛脱氢酶基因位于 12 号染色体(12q24.2),它的主要多态性是 rs671,即位于外显子 12 的 G1510A。正常的等位基因记为 ALDH2 * 1,单碱基突变的等位基因记为 ALDH2 * 2。突变基因翻译出的酶中,残基 487 的谷氨酸变为赖氨酸,造成催化活性基本丧失。有 ALDH2 * 2 突变表达出的亚基的酶无法正常代谢乙醇的氧化产物乙醛,血液乙醛浓度增高,造成一系列饮酒后的不良反应,如脸红、头晕、心跳加快等。而纯合子 AA 的 ALDH2 活性近乎为零,最好是滴酒不沾。有 ALDH2 * 2 者更易产生饮酒的不良反应,酗酒的可能性也较小。由于 ALDH2 * 2 携带者对乙醛代谢较差,有人认为乙醛对肝的损伤是酒精肝在亚洲人群中常见的原因。

ALDH2 * 2 在人类各族群中的分布是不同的,它基本全部出现在亚洲人上。

DSM-5 酒精使用障碍的诊断标准

A. 酒精使用的模式导致了临床上显著的损害或痛苦;在最近 12 个月内满足下列症状中至少 2 项:

1. 比预期中摄入更多的酒精或饮酒时间更长。

2. 在戒酒或控制酒精使用期间,对酒精感到持续的渴望,或未能成功。

3. 在获取酒精、饮酒、从醉酒状态中恢复等行为上花费大量时间。

4. 对饮酒存在强烈渴望或迫切需求。

5. 反复出现饮酒导致不能履行工作、学业或家庭主要职责的情况。

6. 尽管饮酒引起持续的或反复发生的社交或人际关系问题,或使这些问题加重,但仍继续饮用。

7. 由于饮酒而放弃或减少了重要的社交、职业或娱乐活动。

8. 反复出现饮酒可能危害身体的情况。

9. 尽管已经意识到酒精对身体和心理造成持续的或反复出现的问题,或使这些问题加重,但仍继续饮用。

10. 出现耐受性,符合下列一项或两项症状:

    a. 要达到醉酒或渴望的效果,需要饮用的酒精剂量明显增加。

    b. 持续摄入相同剂量的酒精,但效果明显减弱。

11. 出现戒断反应,符合下列中的任一项症状:

    a. 典型的酒精戒断综合征(参考酒精戒断标准 A 和 B)。

    b. 饮酒(或使用相近的物质,如苯二氮卓)以减轻或避免戒断症状。

注明:

轻度:符合 2、3 个症状

中度:符合 4、5 个症状

重度:符合 6 个或以上症状

来源:American Psychiatric Association(2013). Diagnostic and statistical manual of mental disorders(5th ed). Washington,DC.

11.2.2.2 典型的患者特征

滥用酒精的人前来寻求治疗常常并不是因为酒精的问题,而是诸如人际、工作和法律方面的困难,还有认知损害和健康问题。许多人同时存在人格障碍或者使他们更易滥用酒精的、潜在的人格特质。例如,滥用酒精的人在明尼苏达多相人格测验的下列因素上得分较高:强迫、抑郁和反社会。他们在加利福尼亚心理测验的想象、智力、外向、被动、不稳定性、焦虑和人际孤立上得分也会较高。

患有酒精有关障碍的人经常有潜在的焦虑和抑郁。当他们使用其他物质时,有时会使用酒精来降低他们的焦虑水平,以便在社交情境中感到舒服一些。酒精也被用来缓解焦躁或抑郁,但这么做会事与愿违,因为酒精是一种镇静剂,常常导致抑郁症状的恶化。类似地,患有双相障碍的人经常会使用酒精降低躁狂或精神病性阶段的严重性。

有高达50%的男性同时患有反社会型人格障碍;25%～30%的女性在发展成酒精使用障碍之前患有抑郁障碍。在青少年群体中,酒精使用和虐待常常与同伴群体行为相关。大多数前来接受治疗的青少年不相信他们有问题。在治疗中,80%的青少年通过青少年司法公正系统接受过法庭的传唤,其余的在父母或校方迫使下接受治疗。青少年对治疗的概念十分模糊,因为他们总有很多理由来继续他们的行为,不像有酒精问题的成年人,他们还没有体验到许多身体和经济上的行为后果。要想使治疗对这群人有成效,必须提早特别关注缺乏治疗动机这一点(Godley,Smith,Meyers & Godley,2017)。

与成年人类似,治疗中70%的青少年同时存在其他障碍,最常见的有品行障碍、注意力缺陷多动障碍、抑郁、焦虑和创伤后应激障碍。这个群体中约有1/4的人考虑过或尝试过自杀。在开始治疗之前,许多青少年都必须首先被转介,接受精神病评估或者为潜藏的创伤提供治疗。

11.2.2.3 评估

滥用酒精的人通常不只表现出酒精方面的问题,所以应该给予多维评估,以决定酒精问题是不是核心困难,是不是在其他问题得到改善之前必须被关注的问题。在治疗酒精滥用障碍时,首先要考虑的是评估问题的程度和严重性、当事人的改变动机和维持当前使用模式的社会和其他因素。

选择的测量方式应该是简明的、便于管理的,应该精确反映有没有酒精滥用的情况。四种口头自陈式检测表符合这些要求,可以被用作检查酒精问题,它们分别是酒精问题快速筛查问卷(RAPS4)、密歇根嗜酒检测表(MAST)、CAGE酒精滥用检测表和酒精依赖疾患识别测验(AUDIT)。AUDIT的网络版本被发现拥有良好的整体信度,但是在酒精依赖分量表上的信度较低。

动机也应当被评估,因为它是行为改变的一项重要因素。普若卡斯卡(Prochaska)及其同事(2010)开发出了一个五阶段模型,其中每个阶段代表一种不同的动机准备程度,这五个阶段分别为:(1)不考虑改变阶段;(2)犹豫不决阶段;(3)准备阶段;(4)行动阶段;(5)维持阶段。将准备改变的阶段考虑在内,可以协助治疗师将治疗计划与患者的动机水平进行匹配,决定是否将动机强化作为治疗进程中必要的步骤。将动机强化方法纳入治疗进程已经带来了更为积极的效果。对于青少年和那些并非自愿寻求治疗的人，在他们可以主动参与治疗、将治疗作为激发自我兴趣的一部分之前，可能需要在价值观澄清、目标设定和选择理论方面给予额外的推进。

11.2.2.4　干预与治疗

治疗酒精使用障碍要求多重因素共同作用来激发人们改变的动机、处理酒精成瘾、减缓共病问题、修复家庭和社会的破裂状况、就复发对人们进行充分的教育。有对照组实验中已一致证实有显著效果的治疗方法，是提供了足够灵活性以便使治疗因人而异的治疗方法（Donohue，Allen & LaPota，2009）。

DSM-Ⅳ-TR 对酒精滥用和酒精依赖进行了区分。大多数以有害或者甚至危险的方式饮酒的人不符合酒精依赖的判断标准，因此必须进行仔细评估，以便在二者之间做出区分。

滥用酒精，但是还没有达到依赖程度的人，通过信念、集中的干预而非基于戒断或者长期治疗，便可获得帮助。节制或控制饮酒，而非完全戒断，对有轻度或中度酒精问题的人而言，似乎是一个合理的首要目标。DiClemente（2003）指出，最好将实现戒断作为已经对酒精有所依赖的个体的长期目标。King 和 Tucker（2000）所做的一项研究，针对符合酒精依赖标准，但又不参与治疗、自发解决自己饮酒问题的人群，发现那些停止饮酒，而后适度饮酒的人，在发生变化时，平均尝试的次数达到 5 次；然而那些最终戒断的人，在适度饮酒上平均尝试的次数达到 41 次。很明显，适度饮酒并不一定对每个人都有效。Sanchez-Craig 及其同事（1995）报告，大部分人最终都选择适度饮酒，因为人们发现控制饮酒的观念比戒断更容易接受。

决定戒断还是保持自我规范，确定治疗目标是很重要的一步。在英国进行的一项随机对照试验，筛选阶段的研究发现，对目标偏好最有预测力的因子为性别、饮酒模式、近期戒酒情况和饮酒的社会支持程度。其中，54%的参与者表现出偏好戒断，45.7%的人将不戒断作为他们偏好的治疗目标。那些更倾向于偏好戒断的人群包括：女性、失业者、有更严重的医学或心理学疾病问题的人、报告有严重饮酒问题的人、报告在饮酒方面有更少社会支持的人、对自己戒酒能力有更大自信的人以及对他们自己的未来有更多担忧的人。在一项随机对照试验中，研究者对于治疗结果的差异进行了重点强调，患者表达的意图和治疗目标（戒断 VS 非问题饮酒）对于治疗结果具有预测性（Adamson，Heather，Morton & Raistrick，2010）。换句话说，将戒断设定为治疗目标的研究参与者更有可能达到那个目标，并在后续 3 个月的跟踪研究中保持下去，在后续 12 个月的跟踪研究中也几乎没有发生饮酒现象。将非问题饮酒设定为治疗目标的人实现戒断的可能性较小。作为次要考虑的方面，患者的意图对于治疗结果也是一个重要的预测因素，在治疗目标的设定过程中应该考虑到。笔者还建议，目标意图应该成为评估过程中的一部分，应该成为患者和治疗师之间合作关系的基础。

如果戒断成为目标，在确立目标以及感觉需要药物或酒精时，在具体化人们可以采取的步骤方面，协议会比较有用。动机、愿意改变的程度、自我效能感（人们在控制自身物质使用能力方面的信念）和对冲动和欲望的控制是关键因素，应该在治疗计划中有所强调（Marlatt，2007；Tucker，2002）。为患有酒精使用障碍的人们进行治疗，一般遵循 8 个阶段：（1）确认问题；（2）获取详细的病史；（3）决定治疗场所；（4）帮助人们激发改变的动机；（5）设置目标；(6)对发展应对机制提供教育和干预；(7)提供并行的家庭治疗和自助团体治疗；(8)通过后续跟踪和复发干预保持改变的效果。

酒精依赖的干预已经从密集的家庭护理和康复计划转变为简洁、多方面干预或者在更长一段时期内延伸的低密度治疗(Finney，Wibourne & Moos，2007)。由于缺乏支持家庭治疗计划有效性的证据，因此这么做可能实际上对无效的担忧会越来越多。然而，较为密集的计划有时候反而适用于长久滥用酒精的患者，特别是有过治疗失败史的患者。

如果酒精使用量很高的话，戒断反应会很危险，住院可能是治疗中需要首先采取的步骤。即使没有显示需要住院，由于酒精损伤性的影响，医学检查也几乎总是需要的。

11.2.2.5 预后

治疗酒精使用障碍的长期效果基本上与个人的动机、戒断或控制目标、应对技能、社会支持和压力水平相关。这些因素显得比所提供的治疗形式(住院或门诊、个体或团体、自助或专业)还重要。其他与积极结果相关的因素包括增加治疗时长、发现酒精的替代物(如愉悦的活动、工作、新的关系或是参加自助团体)以及增加参加自助团体的频率。

即使如此，治疗师也应当注意，成功治疗冲动控制障碍是一个过程。治疗之后复发的可能性很大。在接受酒精使用治疗的人群当中，70%～90%的复发发生在治疗后的第一年，因此，复发预防是治疗中的关键部分。治疗师不应传递这样的信息：治疗失败是必然的。然而，治疗师和患者又必须认识到，许多人在首次治疗之后无法保持长期的戒断，可能除了长期跟踪之外，还需要额外的治疗，特别是在第一年期间，对于患双重疾病的人尤其如此。因此，酒精使用障碍有所改善的预后良好，但是完全戒断的状况并不多，尽管约有20%的人确实实现了长期的节制，一些人甚至无须治疗(Schuckit，2010)。

11.2.3 药物有关的障碍

除了酒精，DSM-Ⅳ-TR还列出了10种物质，它们会对精神产生作用，并且被适应不良的方式所使用：(1)苯丙胺；(2)咖啡因；(3)大麻；(4)可卡因；(5)致幻剂；(6)吸入剂；(7)尼古丁；(8)阿片类；(9)苯环己哌啶或类苯环己哌啶物质；(10)镇静药、催眠药或抗焦虑药。

DSM-Ⅳ-TR中还包括其他或未知的物质使用障碍(比如，促蛋白合成类固醇、未列入上面几类的处方药和非处方药、亚硝酸戊醋或亚硝酸丁醋和一氧化二氮)和多种物质依赖，包括使用三种或更多种类物质(不包括咖啡因和尼古丁)，且12个月内没有任何一种物质占主导。现在让我们进一步详细了解一下每一种障碍。

11.2.3.1 障碍的描述

尽管大部分滥用药物的人会有选择地使用药物，但是研究显示，滥用不止一种药物的人有逐渐增多的趋势。滥用药物的人和滥用酒精的人之间重要的差异在于许多药物的非法性。滥用酒精的人也可能有法律上的麻烦，一般是由于他们酒后滋事，但是滥用其他物质的人常常参与重罪，花费大量的时间和精力去获取购买药物所需的资金。许多有药物使用问题的人(一些人也有酒精使用问题)并非自愿接受治疗，一般是由法庭要求前来治疗的，他们可能是怀疑的、警备的和愤恨的。对于这些患者,治疗师需要处理犯罪和愤怒的问题,以及物质使用问题。

与患有酒精使用障碍的人类似,滥用药物的人也有一系列广泛的身体和情绪症状,经常呈现社交和职业功能受损。许多滥用药物的人在如下方面有困难:冲动控制、处理负面情绪、低自尊和压力。压力和负面情绪的确常常成为治疗无效和复发的原因。

药物滥用最常开始于青少年时期,成年早期达到高峰,然后随着年龄的增长而下降。物质滥用常作为青少年问题行为综合征的一部分而开始(例如,风险性行为、逃学、偷窃、撒谎、危险驾驶),这些行为既适应不良,又有一定的适应性。它们满足了青少年从父母那里独立出来的需要,与同龄人联系在一起,应对挫败、烦恼、社会拒斥和低自尊,但也会阻止青少年发展出健康的社交、学业和调适技能。以适应不良的方式使用药物的成年人可能已经学会了以不诚实、操纵、安抚或虐待他人的方式来应对,这些模式可能会被带到他们的治疗中来。

有超过 50% 滥用药物的人符合另一种精神障碍的诊断标准,药物使用与注意力缺陷多动障碍、品行障碍和反社会型人格障碍的关系密切。

药物滥用和依赖也是家族遗传性疾病,药物滥用者的家人有更严重的冲动控制问题和更高的人际冲突发生率。反社会性行为、酒精使用和其他物质使用障碍,通常会在这些家庭中出现,同时伴随高离婚率、不遵守纪律、情绪障碍和对儿童缺乏监管的情况。在混乱的家庭环境中长大的孩子,可能会发展出学业表现差、品行障碍和未来的非法药物使用。

接下来的部分讨论 DSM 中描述物质使用障碍时所提及的药物种类。其中也包含了对这些药物使用障碍进行治疗的信息,以便将这些信息与药物种类相对接。

1. 苯丙胺

全世界有超过 3400 万的人滥用苯丙胺和甲基苯丙胺,其滥用率仅次于大麻。苯丙胺的效果几乎是即刻的——吸入后 5 分钟或是吞咽后 2 分钟滥用者就会感觉到能量增加、表现良好、性欲增强、自信提升、欣快,以及食欲下降。副作用包括腹部痉挛、激越和易激惹、错乱、失眠、多疑、暴力行为和幻觉(Rawson,Sodano & Hillhouse,2007)。越来越多因 ADHD 接受治疗的年轻人服用甲基苯丙胺(Ritalin)、苯丙胺混合盐(Adderall)和匹莫林(Cylert),因此也增加了类苯丙胺药物在大学生群体中的可得性和滥用率。预示未来(The Mornitoring the Future)调查(2009)发现,10~12 年级的学生,苯丙胺使用率 5 年来呈下降趋势,但是大学生却比其他没有上大学的同龄人有更高的使用率。预计有超过 700 万人滥用兴奋剂类药物来治疗 ADHD。药物的使用日常化,以便保持觉醒、提升学业表现和减肥。然而,有 7.5 万人表现出依赖的迹象。这些兴奋剂的滥用几乎没有性别差异,许多人报告同时使用兴奋剂和酒精或其他物质。苯丙胺可吞服、粉碎或吸入。兴奋剂引起脑中多巴胺激增,从而改善心境和增加精力。长期使用会引发不规则的心率、失眠、体重减轻、心境紊乱以及焦虑和偏执。并且过一段时间,就需要增加药量以获得同样的效果,药物的戒断会引起严重的类似抑郁的症状,包括疲乏、失眠和对日常活动的兴趣减退。心境的起伏会持续几个月。苯丙胺是众多药物中最有可能产生类似精神病性症状的药物,比如惊恐发作、强迫状态和临床抑郁。持续使用会导致偏执妄想、幻觉、自杀意念和暴力(Okert,Baier & Coons,2004)。治疗应该强调行为和认知方式以及复发预防的个体咨询。

2.咖啡因

咖啡因可以提升精力、增强注意力,并且令适度使用的人产生幸福感。尽管咖啡因使用障碍未被列入 DSM,但咖啡因引发的障碍已经被列入,一般出现的症状特征有焦虑、坐立不安和睡眠障碍。可能出现这样的循环,一个人晚上因为咖啡因无法安心睡眠,但是白天又得使用咖啡因来保持清醒,长此以往让这种问题持续下去。约有 96% 的成人使用过咖啡因类饮料。平均每日的摄入量为 200~400mg(大约相当于 3~4 杯 8 盎司容量的冲泡咖啡)。在依赖其他药物和有精神障碍史的人那里,咖啡因的使用量更高。近期公布的案例报告显示,咖啡因类咖啡的过度使用,在易感个体身上会引起焦虑、敌意和精神病性症状(Winston,Hardrick & Laberi,2005)。咖啡因中毒的症状包括神经过敏、心跳过速、焦虑、肌肉抽搐、失眠、有时不知疲倦和致命。咖啡因的摄取量和苯二氮及其他抗焦虑药物的使用也有关系。

一般而言,咖啡因的使用开始于童年饮用含有咖啡因的碳酸饮料。使用冲泡饮品(包括咖啡和茶),一般开始于早年或青少年晚期。咖啡因的使用量在 20~30 多岁达到高峰,此后使用状况稳定,接着就下降了。饮用含有咖啡因的能量饮料时,这些人并非无须担心。能量饮品被当作膳食补充,因此咖啡因的水平没有受到 FDA 的规范。大量饮用这些饮品的儿童及其他人群有发展出心跳加速、心脏收缩压增加和咖啡因中毒的风险(Hedges,Woon & Hoopes,2009)。

约有 40% 使用咖啡因的人由于一些健康原因而尝试停止使用咖啡因,如焦虑、失眠、肠胃问题、心律不齐和纤维囊性乳腺病。由于咖啡因的成瘾性,突然停用会产生如下结果:头疼、晕厥、易激惹、中度抑郁、中度焦虑、注意力集中困难、恶心和肌肉疼痛。戒断症状从中度到重度不等,有约 13% 的人存在干扰工作或日常活动的症状。在 7~14 天的时间内,对大量使用咖啡因的人逐渐减少咖啡因用量是比较值得推荐的做法。

3.大麻

使用大麻的人(包括大麻烟和印度大麻麻醉剂)一般看重放松感、增加感官知觉、改善心境。然而,当长时期大量使用时,大麻烟能导致严重的焦虑、偏执思维和类似于幻觉引发的知觉扭曲。有潜在的精神分裂症、抑郁或其他心境障碍的人特别易受这些不利因素影响。大麻经常与其他物质一起被使用,特别是尼古丁、酒精和可卡因。大麻或许是最为常见的违禁药物,它的使用在成年早期的男性中特别普遍。

最近几年,大麻烟的影响力有所增加,这是由于育苗以及种植技术的提升。尽管在 20世纪 60 年代,常见的大麻香烟每支四氢大麻酚(THC,大麻烟中影响精神的成分)的含量为10mg,而如今 THC 的含量为 150~200mg。更高剂量 THC 的生物效应尚未可知,大部分对于大麻烟的研究都是许多年前进行的、基于较低剂量的研究。

当前的研究调查了一生中使用大麻烟的毒副作用,包括免疫系统损害与心脏血管和肺部问题。大麻烟含有比烟草多 50%~70% 的致癌物。因为那些吸大麻的人在吸烟时习惯屏住呼吸,所以大麻烟比香烟对肺部的损害更大。

长期使用大麻会引起神经性损伤,包括记忆力和学习能力减损,这种影响在药力消退后还可以持续几周。结果,慢性使用者就会产生工作能力减退,增加旷工率和事故,比吸烟者因为肺部问题而生病的天数更多。吸大麻妇女的生育问题、性功能障碍和婴儿低出生体重也有所报告。

在青少年期开始使用大麻烟会产生严重的后果,包括类似上瘾的使用模式。从青少年到成人,对大麻使用者的纵向研究显示,青少年时每周使用的情况对成年时物质依赖风险的提高有预测作用。早年使用者转向其他违禁药物、自杀意念、自杀企图、暴力和发展为精神病的风险也会提高(Moore et al.,2007)。

严重的大麻戒断症状已被证实,包括坐立不安和易激惹、发冷、恶心、食欲减退和头痛。大部分症状在一两天内便会消失,但是伴随戒断的睡眠和心境紊乱会持续几周。缓解这些戒断症状的欲望会导致继续使用大麻和不断复发。

如今,尚未有药物可以减少大麻的使用。与其他物质滥用的治疗相类似,一项研究发现,针对大麻使用者的14次认知行为团体治疗项目与两次个体治疗项目的有效性相当,其中个体治疗包括动机访谈和建议减少大麻使用方法(Stephens,Roffman & Curtain,2000)。两种治疗都对患者进行触发因素的教育,帮助他们发展出避开策略。研究发现30%的参与者在一年之后戒断了。

4.可卡因

可卡因首先可以提高自尊和乐观度、增加心理和身体能力、传递力量感。只要脑部可卡因的水平在提高,这些症状就会维持下去;几分钟时间内,水平下降就会催生欲望、寻求可卡因的行为、抑郁和易激惹状态。由于这些药物的高成瘾性,用量会很快上升到滥用的程度,接着在很短的一段时期内形成依赖。长期使用可卡因会导致许多负面症状,包括焦虑、抑郁、自杀意念、体重下降、攻击性、性功能障碍、睡眠问题、偏执妄想和幻想。

与滥用酒精的人相比,可卡因使用者倾向于年纪更轻,结婚或工作的个体可能性不大。长期使用可卡因会导致认知缺损,可能会对动机和能力的改变带来负面影响,同时还影响整体的执行功能。为了提高治疗的有效性,医生应该在长期可卡因使用者的治疗方案和过程中整合认知评估(Severtson,Hedden & Latimer,2010)。可卡因使用的死亡率高于其他任何药物,因为可卡因增加了因心律不齐、抽搐和呼吸衰竭而带来的死亡风险,事故、自杀和伤害他人的风险也会增加(Smith & Capps,2005)。有超过80%的可卡因使用者同时使用酒精和可卡因,造成肝部的柯卡乙碱水平有潜在的致死可能。这样合用提升了可卡因的欣快效果,但是也增加了突然死亡的风险。

在做评估时,对于可卡因导致的精神病和持续几周的妄想和幻觉,应该对二者进行谨慎区分,前者在几天到一周的时间内会减轻,后者会成为潜在精神病状态(精神分裂症谱系障碍或双相障碍)。多重物质依赖还会包含苯二氮、抗抑郁药和其他物质,这些情况以及一些轴Ⅰ和轴Ⅱ共病障碍也应该考虑到。

如果滥用情况重复发生且很严重,治疗就应该转介到门诊药物治疗项目中。如果进行个体治疗,认知行为疗法加上复发干预成分一直以来都是最有效的。应急管理,也称作动机会谈,在帮助人们保持治疗方面显得较有希望。动机会谈使用一种奖励机制,类似于代币制,人们可以通过戒除药物使用来赢得积分,然后用积分换得一些活动,如看电影或去健身房。现在尚且没有经FDA批准的治疗可卡因依赖的药物。12步计划和基于社区的项目可以成为复发防御中的重要部分。附加服务,诸如职业咨询、婚姻咨询或住房支持,因人们的治疗需要而异,可能也是必要的。

对于同时使用可卡因和其他物质的人而言,预后特别差。在对酒精和物质使用障碍患者住院治疗进行的 6 个月的跟踪研究中,可卡因多重药物使用者的物质使用量,在治疗后减少的程度最低。

5. 致幻剂

致幻剂,诸如麦角二乙酰胺(LSD)和亚甲二氧基甲基苯丙胺(MDMA 或者摇头丸),它可以改变认知和促进洞察、内省和欣快感,但是致幻剂的负面效果包括精神病、心境改变、错觉和认知损害。滥用致幻剂的人经常伴有人际、学业和职业方面的问题。在这些物质停止使用之后,抑郁、焦虑和情绪波动的症状会持续几周或几个月。副作用会是长期的。25% 被诊断出因药物引起精神病的人,之后会发展出一种与药物无关的精神病(Canton et al.,2007)。持续的幻觉(如闪回)等认知障碍,这一状况会连续几年间歇性地发生,是一种特别痛苦的使用致幻剂后果。致幻剂向来是年轻人和聚会或俱乐部场所常见的,但是后来 MDMA 的使用扩展到其他环境。近些年,LSD 的使用量有所下降,其原因最有可能是 LSD 难以获得,同时摇头丸或其他"俱乐部药物"的使用量在增加。MDMA 使用量的增加与如下因素有关:多重物质使用、负面的健康后果和有时永久性的脑部损害或死亡。

6. 吸入剂

目前,有 200 万青少年报告曾闻过或吸入物质,如标记笔、修正液、胶水、洗甲水、汽油、喷漆、打火机油和麻醉气体(Wu,Pilosky & Schlenger,2004)。与其他物质不同,吸入剂滥用一般很早就开始了,通常是在 7～12 岁,随着年龄增大而减少(Johnston et al.,2011)。这些物质在大部分家庭中都比较容易得到,它们会产生欣快感和脱体感。它们也有许多短期和长期的副作用,从头疼和恶心到不可逆转的脑部损害和死亡。吸入剂使用与一些青少年行为紧密相关,包括反社会行为、使用其他药物和情绪困扰。吸入剂的使用常常与家庭、社会和学校有关的困难相关,同时还与抑郁、焦虑、敌意、自杀企图以及神经、器官和肌肉等生理损害有关。吸入剂滥用特别常见于青少年和青少年前期、农村地区和本土美国人或多种族血统的人群中。Smith 和 Capps(2005)指出,17% 的青少年在他们的生活中至少使用过一次吸入剂——女孩和男孩相当,这一点发现在药物使用统计中较为少见(Wu et al.,2004)。人们转向其他物质之前,青少年期间一般仅仅只是使用吸入剂。

7. 尼古丁

尼古丁会提高学习能力和注意力、改善情绪以及促进放松。它也是高成瘾性的,与美国 25% 的死亡者有关。戒烟带来的益处众所周知,每年有 2000 万美国人试图停止吸烟。不幸的是,他们当中只有 6% 的人会取得长久的成功。在美国,接近 24% 的男性和 17.9% 的女性吸食烟草。终生尼古丁依赖的人口比例为 20%。增加有关吸烟危害的教育已经带来了青少年吸烟人数的下降。青少年和女性更易依赖尼古丁。在有精神障碍的人群中,尼古丁的使用率是普通人群中的 2 倍,经常与酒精依赖、精神分裂症、心境障碍和焦虑障碍共存。

最有效的戒烟治疗师将尼古丁替换治疗(NRT)与心理社会计划结合起来。常见的戒断症状包括易激惹、不耐烦、抑郁情绪、坐立不安、食欲增加和体重增加(Evanset al.,2005)。有五种 NRT 得到了 FDA 的批准(尼古丁口香糖、贴片、鼻用喷雾剂、吸入剂和含片),用以帮助缓解一些尼古丁戒断症状。当将皮肤贴片与行为疗法联合使用时,达到了约60%的戒断率(Syad,2003)。

FDA也批准将安非他酮(Zyban)和伐仑克林酒石酸盐(Chantix)用于治疗尼古丁依赖。伐仑克林酒石酸盐通过干扰脑中尼古丁受体而起作用。这些药物会减少吸烟带来的愉悦感,同时也减少了尼古丁戒断带来的不适症状。与NRT类似,这些药物与心理治疗相结合最为有效。

公布的案例报告,幻觉、躁狂、焦躁、愤怒、易激惹、自杀想法和死亡出现的概率极小,但却是使用伐仑克林酒石酸盐潜在的副作用(Radoo & Kutscher,2009)。安非他酮和伐仑克林酒石酸盐都带有FDA的黑匣子警告标签,即机构的最强安全警告,可能带来有害的神经精神病副作用。考虑到患有精神障碍的人患上尼古丁依赖的概率是普通人群的两倍,医生在给同时患有精神障碍的人开出这些药物时,应当特别留心副作用。特别是有关这些药物在青少年和孕妇中使用的情况,还需要进一步研究。

戒烟是困难的,复发很常见。美国癌症协会(2006)报告,有25%～30%的人使用药物或NRT戒烟,大约5%～16%的人依靠自己、无须治疗而戒烟。正如之前提到的,将NRT和心理社会治疗结合起来更加会提高治疗的成功率。

烟草使用和依赖治疗的临床实践指导,已经由美国卫生总局开发并传播。在对当前有效治疗研究进行了解的基础上,这些指导纲要推荐将咨询和药物结合,作为更具活力的治疗方法。就咨询的次数和在长期艰难的戒瘾进程中提供支持,指导纲要传达了二者之间的积极关系。三种类型的治疗看似对戒烟最有帮助:问题解决、技能训练和保障外在的社会支持来鼓励和维持治疗的效果。动机访谈技术也被推荐用于对戒烟有矛盾心情的人们(Fiore et al.,2008)。参考指南中列出了这些有关烟草使用和依赖的治疗推荐内容,从美国公共健康服务网(www.ahrq.gov/clinic/tabacco/tbaqrg.htm)上可以获得这些参考资料。

由37位国际专家组成的德尔菲调查小组,创建了一种戒烟药物疗法,它将治疗分为几个不同的阶段,在推荐药或者基于患者的具体需要而结合药物进行治疗方面,给临床治疗师提供了帮助(Bader,McDonald & Selby,2009)。德尔菲算法仅限于药物疗法。然而,大多数专家一致认为,成功进行治疗和预防复发,咨询是其重要且必要的组成部分。感兴趣的读者可以去参考由Hughes(2008)、LefoJl和George(2007)以及Selby(2007)创建的咨询算法。

克服尼古丁成瘾的预后在男性和女性之间以及白人、黑人和西班牙人之间几乎是相当的。对有严重精神障碍的人(精神分裂症谱系障碍、双相障碍)和一般的人而言,治疗的成效基本相同(Banham & Gilbody,2010)。最近的研究显示,实际上能够戒烟的人,可能比无法成功戒除的人具有基因上的优势。一种所谓的"轻易放弃的懒人"基因(quitter gene)让戒烟变得更加容易。将来的研究需要确定什么类型的治疗对每个人特定的基因组合最为有效。这些新发现对依赖其他物质的人也会有启示,包括甲基苯丙胺、大麻和可卡因(Drgon et al.,2009)。

8.阿片类

阿片类,包括海洛因、吗啡和处方药中与阿片作用类似的止痛药。使用阿片通常是在使用其他药物之后。22%的首次使用者会变得依赖。阿片药物的耐受性发展很快,这种物质的使用经常会导致偷窃、卖淫和其他非法行为,以此来支付购买药物的费用。使用阿片类药物会导致一系列广泛的负面症状,包括精神病、睡眠和性障碍、抑郁、躁狂以及诸如肝炎、皮肤感染、心脏和肺部损坏这类药物反应。

阿片类药物的使用者是一个混合群体。20 年前,滥用阿片的人有可能来自社会经济状况较差的城市环境,但是市郊甚至乡村地区更易获得海洛因已经导致在所有年龄群体中使用量的增加(Evans et al.,2005)。

大部分依赖海洛因的人改变的动机很低。否认是阿片依赖固有的部分,如果要想治疗有效,必须强调"否认"这一点。滥用阿片的人会在日常活动中迷失方向(O'Brien & McKay,2007)。

2009 年报告一生中至少曾经用过一次海洛因、处于成年早期(17~28 岁)的人口比例是 1.6%。这与上一年相比下降了 0.3%(Jonhston et al.,2010)。全世界范围内,据估计有 1590 万人是静脉注射药物使用者。其中,大约 300 万人的免疫力缺陷病毒血清呈阳性(Mathers et al.,2008)。由于共用针头和不安全性行为,他们患 B 型和 C 型肝炎的风险也会提高。大部分依赖阿片类药物的人们至少会有一种共存的精神障碍,最为常见的是抑郁障碍、酒精使用障碍、反社会型人格障碍和焦虑障碍(特别是创伤后应激障碍)。共病障碍应该以合适的药物和心理治疗进行诊治。

戒毒和戒断症状的治疗是长期治疗阿片依赖方法中的第一步。美沙酮被用来治疗海洛因依赖已经有超过 30 年的历史,在一些治疗中心,使用其治疗的成功率达 60%~70%。

处方去痛药的滥用最近几年也有明显增长。目前,大约有 120 万青少年滥用阿片有关的止痛药和其他镇痛剂,如可卡因、芬太奴(芬太尼制剂)、氢可酮(凡可汀、氢可酮和对乙酰氨基酚片剂)、美沙酮(多芬)、吗啡(硫酸吗啡缓释胶囊剂、阿万择缓释胶囊)、羟考酮(盐酸羟考酮控释片剂、盐酸羟考酮和乙酰氨基酚片剂、复方羟考酮)以及其他。较新的药物反胺苯环醇(盐酸曲马多片剂)有许多阿片类疼痛控制性能,但是依赖风险较低。

其他发现对治疗阿片类依赖有效的药物包括左旋阿尔法(LAAM,1-乙酰基-α·美沙醇)、丁丙诺啡(Subutex)和盐酸钠曲酮。LAAM 具有类似美沙酮的安眠作用,但是持续时间更长,只要每 72 小时服用一次。丁丙诺啡会产生与海洛因类似的效果,但是有所限制,所以更高的剂量不会产生更大的效果,过量是不可能的。盐酸钠曲酮通过将阿片受体锁定在脑中而产生作用,只有当一个人已经有了解毒效果之后才会再次起作用。这三类治疗药物已经显示出其治疗效果。O'Brien 和 McKay(2007)对这些处方药之间的治疗效果和治疗时长进行了对比研究,但是,还需要其他研究来确定是否有一种最为有效的治疗过程。

治疗型团体是另外一种治疗方法,特别是对于那些长期使用阿片类药物的人。治疗团体发生在无毒品的住院环境中,用等级模式分阶段治疗,随着治疗的进行,会逐渐增加其自由度和负责度。他们鼓励责任、恪守诚实和自我反省,使用朋辈咨询员、药物和团体进程来促进改变。治疗型团体需要更长的住院时间(多于两个月)来实现成功改善。

短期内,使用阿片类药物的男性和女性复原的预后效果很差,治疗后的头 6 个月有接近 90% 的复发率;长期治疗的预后较好,有超过 1/3 的戒断率。提高预后的特点,包括三年甚至更长时间的戒断期、稳定的职业、已婚、不参与反社会活动、较少或不依赖其他物质、在犯罪公平体系中问题更少。与可卡因相似,使用海洛因的致死率很高,每年几乎 2% 的使用者死于自杀、他杀、事故和这类疾病,如艾滋病、结核病和其他感染(Schuchit,2010)。

9.苯环己哌啶

苯环己哌啶,又称"天使粉",一种麻醉药和致幻剂。使用苯环己哌啶、克他命(氯胺酮,一种麻醉剂)和有关的物质会产生欣快感和超然或解离的感觉。这些药物也会导致许多严重的心理问题,包括狂怒、抑制解除、惊恐、躁狂、不可预测感、精神病和闪回,以及一些生理问题,如抽搐、困惑、错乱、昏迷甚至死于呼吸骤停。使用 PCP 特别有可能产生攻击性行为和缺少判断。克他命无色无味,有时候被下入酒中,在性骚扰和约会强奸中使用,它会产生健忘和在一段时间内损害觉知。克他命在大龄青少年、成年早期人群中的使用率在上升,特别是在城市地区和夜总会及通宵狂欢会上。

10.镇定药、催眠药和抗焦虑药

镇定药、催眠药和抗焦虑药,包括巴比妥酸盐、苯二氮(诸如阿提凡、氯硝西泮制剂、阿普唑仑和安定)和其他处方类睡眠和抗焦虑药物,都属于最经常开具的影响精神类药物。美国人两年的使用量接近 13%,2%的人在特定的时候会服用处方镇定药。6%的人报告非法使用。与 21 岁之后开始使用的人相比,在 13 岁之前开始非医学使用处方药的人更有可能发展为处方药滥用和依赖。DSM-Ⅳ-TR 指出镇静药的使用经常与对其他物质的依赖有关,可能是被用来减轻使用其他物质的不良后果的,如酒精、大麻、可卡因、海洛因、美沙酮和安非他明。这些物质经常被开具给最终滥用它们的人,这些药物提供的舒适和放松感,吸引人们持续使用它们。这些物质中的许多都是高成瘾性的脑部镇静剂,它们会引发一系列症状,包括错乱、精神病和健忘。这些物质有潜在的致命性,特别是与酒精一起使用时。

11.多重物质依赖

据美国社区药物滥用流行病学工作组(GEWG,2003)统计,伴随着"持续增加的非法和合法物质"扩散,多重物质依赖正在快速增长,从而导致了健康问题和死亡人数的增加。多重物质依赖的定义为,在 12 个月内,反复使用至少三种类型的物质(不包括尼古丁和咖啡因),其间符合一组物质而非任何特定物质的依赖标准。大部分药物有关的死亡涉及不止一种药物,其中包括可卡因(83%)、海洛因(89%)和甲基苯丙胺(92%)。近期对羟考酮有关死亡进行的一项研究显示,97%的死亡者同时使用其他药物,如苯二氮、酒精、可卡因、其他阿片类药物、大麻和抗抑郁药。滥用 MDMA 的人有更高的多重物质使用风险,包括酒精、大麻、处方类阿片药、可卡因和吸入剂。健康有关的问题包括可能产生药物交互作用,以及多重物质持续使用一段时间带来的潜在脑部功能缺陷和结构改变。在使用者需要不同药物的更高剂量时,或者使用大麻或酒精来平复刺激物的反应时,会引起交叉耐药性。

12.其他(未标明)物质有关障碍

不包含在之前提到的 11 种具体的药物种类中。其他(未标明)物质有关障碍指前面未列出的处方药和非处方药、促蛋白合成类固醇滥用以及物质不明的情况。大部分误用促蛋白合成类固醇的人是男性,他们想要增强运动中的表现,或者通过增加肌肉量来改善身体外形。类固醇可以注射或口服。类固醇的即时反应是一种舒适感和不可征服感。戊酯及丁酯的亚硝酸盐会引发轻微的欣快感,会让时间知觉慢下来,还会让血管膨胀。最常见的副作用是恶心、眩晕和焦虑。

DSM-5 镇静、安眠或抗焦虑类药物相关障碍的诊断标准	

A.镇静、安眠或抗焦虑类药物的使用模式导致了临床上显著的损害或痛苦;在最近 12 个月内满足下列症状中至少 2 项:

1.比预期中摄入更多或更长时间使用镇静、安眠或抗焦虑类药物。

2.在戒除或控制使用期间对这些药物有持续的渴望,或未能成功。

3.在获取或使用这些药物,或从药物影响中恢复等行为上花费了大量时间。

4.对使用镇静、安眠或抗焦虑类药物存在强烈渴望或迫切需求。

5.反复出现因使用镇静、安眠或抗焦虑类药物导致不能履行工作、学业或家庭中主要职责的情形(比如反复旷工,或反复出现与使用这些药物有关的不良工作表现;反复出现与这些药物有关的旷课、休学或被学校开除;忽视孩子或家务)。

6.尽管使用镇静、安眠或抗焦虑类药物引起了持续的或反复发生的社交或人际关系问题,或使这些问题加重(比如因药物中毒的后果与配偶争吵或打架),但仍继续使用。

7.由于使用镇静、安眠或抗焦虑类药物而放弃或减少了重要的社交、职业或娱乐活动。

8.反复多次在有人身危险的情况下(比如在使用镇静、安眠或抗焦虑类药物后开车或操作机器)使用这些药物。

9.尽管已经意识到镇静、安眠或抗焦虑类药物对身体和心理造成了持续的或反复出现的问题,或使这些问题加剧,但仍继续使用。

10.出现耐受性,符合下列任一项症状:

    a.要达到中毒的程度或渴望的效果,需要的药物剂量明显增加。

    b.持续摄入相同剂量的镇静、安眠或抗焦虑类药物,但效果明显减弱。

注意:该标准并不适用于个体在医师指导下服用镇静、安眠或抗焦虑类药物。

11.出现戒断反应,符合下列中的任一项:

    a.典型的镇静、安眠或抗焦虑类药物戒断综合征(参考镇静、安眠或抗焦虑类药物戒断标准 A 和 B)。

    b.使用镇静、安眠或抗焦虑类药物(或十分相似的物质,如酒精)以减轻或避免戒断症状。

注意:该标准并不适用于个体在医师指导下服用镇静、安眠或抗焦虑类药物。

注明:

  轻度:符合 2、3 个症状;

  中度:符合 4、5 个症状;

  重度:符合 6 个或以上症状。

来源:American Psychiatric Association(2013). Diagnostic and statistical manual of mental disorders(5th ed). Washington,DC.

DSM-5 兴奋剂使用障碍的诊断标准

A. 安非他明类物质、可卡因或其他兴奋剂的使用模式导致了临床上显著的损害或痛苦;在最近 12 个月内满足下列症状中至少 2 项:

1. 比预期中摄入更多或更长时间使用兴奋剂。

2. 在戒除或控制使用期间对兴奋剂有持续的渴望,或未能成功。

3. 在获取或使用兴奋剂,或从兴奋剂影响中恢复等行为上花费了大量时间。

4. 对使用兴奋剂存在强烈渴望或迫切需求。

5. 反复使用兴奋剂导致不能履行工作、学业或家庭中的主要职责。

6. 尽管使用兴奋剂引起持续的或反复发生的社交或人际关系问题,或使这些问题加重,但仍继续使用。

7. 由于使用兴奋剂而放弃或减少重要的社交、职业或娱乐活动。

8. 反复多次在有人身危险的情况下使用兴奋剂。

9. 尽管已经意识到兴奋剂对身体和心理造成持续的或反复出现的问题,或使这些问题加重,但仍然持续使用。

10. 出现耐受性,符合下列任一项症状:

    a. 要达到中毒的程度或渴望的效果,需要的药物剂量明显增加。

    b. 持续摄入相同剂量兴奋剂,效果明显减弱。

    注意:该标准并不适用于个体在医师指导下服用兴奋剂的情况。

11. 出现戒断反应,符合下列中的任一项:

    a. 典型的兴奋剂戒断综合征(参考兴奋剂戒断标准 A 和 B)。

    b. 使用兴奋剂(或相关物质)以减轻或避免戒断症状。

注意:该标准并不适用于个体在医师指导下服用兴奋剂的情况。

注明:

轻度:符合 2、3 个症状;

中度:符合 4、5 个症状;

重度:符合 6 个或以上症状。

来源:American Psychiatric Association(2013). Diagnostic and statistical manual of mental disorders(5th ed). Washington,DC.

DSM-5 烟草使用障碍的诊断标准	

A. 烟草的使用模式导致了临床上显著的损害或痛苦；在最近 12 个月内满足下列症状中至少 2 项：

1. 比预期中使用更多或更长时间使用烟草。

2. 在戒除或控制使用烟草期间，对烟草有持续的渴望，或未能成功。

3. 在获取或使用烟草上花费大量时间。

4. 对使用烟草存在强烈渴望或迫切需求。

5. 反复使用烟草导致不能履行工作、学业或家庭中的主要职责（例如妨碍工作）。

6. 尽管使用烟草引起持续的或反复发生的社交或人际关系问题（例如因吸烟与人吵架），或使这些问题加重，但仍继续使用。

7. 由于使用烟草而放弃或减少重要的社交、职业或娱乐活动。

8. 反复多次在有人身危险的情况下使用烟草（例如在床上吸烟）。

9. 尽管已经意识到烟草对身体和心理造成持续的或反复出现的问题，或使这些问题加剧，但仍然继续使用。

10. 出现耐受性，符合下列任一项症状：

　　a. 要达到渴望的效果，需要的烟草剂量明显增加。

　　b. 持续使用相同剂量的烟草，效果明显减弱。

11. 出现戒断反应，符合下列中的任一项：

　　a. 典型的烟草戒断综合征（参考烟草戒断标准 A 和 B）。

　　b. 使用烟草（或相关物质，比如尼古丁）用于减轻或避免戒断症状。

注明：

　轻度：符合 2、3 个症状；

　中度：符合 4、5 个症状；

　重度：符合 6 个或以上症状。

来源：American Psychiatric Association(2013). Diagnostic and statistical manual of mental disorders(5th ed). Washington, DC.

DSM-5 咖啡因中毒的诊断标准	

A. 最近摄入了咖啡因(通常高剂量是指超过 25 mg)。

B. 在使用咖啡因过程中或使用后短时间内,出现 5 个或更多下列症状:

   1. 坐立不安;

   2. 神经质;

   3. 兴奋;

   4. 失眠;

   5. 面色发红;

   6. 多尿;

   7. 胃肠紊乱;

   8. 肌肉痉挛;

   9. 思维或言语散漫;

   10. 心跳过速或心律失常;

   11. 阶段性的不知疲倦;

   12. 精神运动性激越。

C. 标准 B 中的表现或症状导致了临床上明显的痛苦,或损害了社会、工作或其他重要领域的功能。

D. 上述表现或症状用其他药物的效果或其他精神障碍(包括其他物质中毒)无法更好地解释。

来源:American Psychiatric Association(2013). Diagnostic and statistical manual of mental disorders(5th ed). Washington,DC.

DSM-5 阿片剂使用障碍的诊断标准	

A. 阿片剂的使用模式导致了临床上显著的损害或痛苦;在最近 12 个月内满足下列症状中至少 2 项:

1. 比预期中摄入更多或更长时间使用阿片剂。

2. 在戒除或控制使用期间对阿片剂有持续的渴望,或未能成功。

3. 在获取或使用阿片剂,或从阿片剂影响中恢复等行为上花费了大量时间。

4. 对使用阿片剂存在强烈渴望或迫切需求。

5. 反复使用阿片剂导致不能履行工作、学业或家庭中的主要职责。

6. 尽管使用阿片剂引起持续的或反复发生的社交或人际关系问题,或使这些问题加重,但仍继续使用。

7. 由于使用阿片剂而放弃或减少重要的社交、职业或娱乐活动。

8. 反复多次在有人身危险的情况下使用阿片剂。

9. 尽管已经意识到阿片剂对身体和心理造成持续的或反复出现的问题,或使这些问题加重,但仍然持续使用。

10. 出现耐受性,符合下列任一项症状:

    a. 要达到中毒的程度或渴望的效果,需要的药物剂量明显增加。

    b. 持续摄入相同剂量阿片剂,效果明显减弱。

注意:该标准并不适用于个体在医师指导下使用阿片剂的情况。

11. 出现戒断反应,符合下列中的任一项:

    a. 典型的阿片剂戒断综合征(参考阿片剂戒断标准 A 和 B)。

    b. 使用阿片剂(或相关物质)以减轻或避免戒断症状。

注意:该标准并不适用于个体在医师指导下使用阿片剂的情况。

注明:

  轻度:符合 2、3 个症状;

  中度:符合 4、5 个症状;

  重度:符合 6 个或以上症状。

来源:American Psychiatric Association(2013). Diagnostic and statistical manual of mental disorders(5th ed). Washington,DC.

DSM-5 大麻使用障碍的诊断标准	

A.大麻的使用模式导致了临床上显著的损害或痛苦;在最近12个月内满足下列症状中至少2项:

　1.比预期中摄入更多或更长时间使用大麻。

　2.在戒除或控制使用期间对大麻有持续的渴望,或未能成功。

　3.在获取或使用大麻,或从大麻影响中恢复等行为上花费了大量时间。

　4.对使用大麻存在强烈渴望或迫切需求。

　5.反复使用大麻导致不能履行工作、学业或家庭中的主要职责。

　6.尽管使用大麻引起持续的或反复发生的社交或人际关系问题,或使这些问题加重,但仍继续使用。

　7.由于使用大麻而放弃或减少重要的社交、职业或娱乐活动。

　8.反复多次在有人身危险的情况下使用大麻。

　9.尽管已经意识到大麻对身体和心理造成持续的或反复出现的问题,或使这些问题加重,但仍然持续使用。

　10.出现耐受性,符合下列任一项症状:

　　a.要达到中毒的程度或渴望的效果,需要的药物剂量明显增加。

　　b.持续摄入相同剂量大麻,效果明显减弱。

　11.出现戒断反应,符合下列中的任一项:

　　a.典型的大麻戒断综合征(参考大麻戒断标准A和B)。

　　b.使用大麻(或相关物质)以减轻或避免戒断症状。

注明:

轻度:符合2、3个症状;

中度:符合4、5个症状;

重度:符合6个或以上症状。

来源:American Psychiatric Association(2013). Diagnostic and statistical manual of mental disorders(5th ed). Washington,DC.

DSM-5 致幻剂使用障碍的诊断标准	

A. 致幻剂（除苯环己哌啶以外）的使用模式导致了临床上显著的损害或痛苦；在最近 12 个月内满足下列症状中至少 2 项：

1. 比预期中摄入更多或更长时间使用致幻剂。

2. 在戒除或控制使用期间对致幻剂有持续的渴望，或未能成功。

3. 在获取或使用致幻剂，或从致幻剂影响中恢复等行为上花费了大量时间。

4. 对使用致幻剂存在强烈渴望或迫切需求。

5. 反复使用致幻剂导致不能履行工作、学业或家庭中的主要职责。

6. 尽管使用致幻剂引起持续的或反复发生的社交或人际关系问题，或使这些问题加重，但仍继续使用。

7. 由于使用致幻剂而放弃或减少重要的社交、职业或娱乐活动。

8. 反复多次在有人身危险的情况下使用致幻剂。

9. 尽管已经意识到致幻剂对身体和心理造成持续的或反复出现的问题，或使这些问题加重，但仍然持续使用。

10. 出现耐受性，符合下列任一项症状：

    a. 要达到中毒的程度或渴望的效果，需要的药物剂量明显增加。

    b. 持续摄入相同剂量致幻剂，效果明显减弱。

11. 出现戒断反应，符合下列中的任一项：

    a. 典型的致幻剂戒断综合征（参考致幻剂戒断标准 A 和 B）。

    b. 使用致幻剂（或相关物质）以减轻或避免戒断症状。

注明：

  轻度：符合 2、3 个症状；

  中度：符合 4、5 个症状；

  重度：符合 6 个或以上症状。

来源：American Psychiatric Association(2013). Diagnostic and statistical manual of mental disorders(5th ed). Washington, DC.

DSM-5 吸入剂使用障碍的诊断标准	

A.烃类吸入剂的使用模式导致了临床上显著的损害或痛苦；在最近 12 个月内满足下列症状中至少 2 项：

1.比预期中摄入更多或更长时间使用吸入剂。

2.在戒除或控制使用期间对吸入剂有持续的渴望，或未能成功。

3.在获取或使用吸入剂，或从吸入剂影响中恢复等行为上花费了大量时间。

4.对使用吸入剂存在强烈渴望或迫切需求。

5.反复使用吸入剂导致不能履行工作、学业或家庭中的主要职责。

6.尽管使用吸入剂引起持续的或反复发生的社交或人际关系问题，或使这些问题加重，但仍继续使用。

7.由于使用吸入剂而放弃或减少重要的社交、职业或娱乐活动。

8.反复多次在有人身危险的情况下使用吸入剂。

9.尽管已经意识到吸入剂对身体和心理造成持续的或反复出现的问题，或使这些问题加重，但仍然持续使用。

10.出现耐受性，符合下列任一项症状：

　　a.要达到中毒的程度或渴望的效果，需要的药物剂量明显增加。

　　b.持续摄入相同剂量吸入剂，效果明显减弱。

11.出现戒断反应，符合下列中的任一项：

　　a.典型的吸入剂戒断综合征（参考吸入剂戒断标准 A 和 B）。

　　b.使用吸入剂（或相关物质）以减轻或避免戒断症状。

　　注明：

　　轻度：符合 2、3 个症状；

　　中度：符合 4、5 个症状；

　　重度：符合 6 个或以上症状。

来源：American Psychiatric Association(2013). Diagnostic and statistical manual of mental disorders(5th ed). Washington,DC.

11.2.3.2　评估

所有物质障碍的治疗都应该包括药物和心理评估。因为依赖、动机和使用史有助于决定治疗的层次，所以在进行综合评估之后才能制订治疗计划。

对物质使用障碍而言，评估是诊断和治疗计划中的重要方面。临床治疗师不仅会评估物质使用、滥用和依赖，而且会评估既往史、应对技能和导致发展成为物质使用障碍的生理、心理和社会因素的多样性。

由于在药物使用障碍者中双重诊断普遍存在，因此很有必要在安排治疗之前进行仔细的评估和诊断。DSM-Ⅳ-TR 警示，反对基于物质戒断症状而诊断为精神障碍。即便已经产生了药物使用带来的严重症状（如错乱、痴呆和幻觉），在物质停用之后的几天到 4～6 周的时间内，通常也会减退。在物质依赖与物质引起的症状和障碍之间进行区分，需要仔细采集病史，包括症状、持续时间、开始的年龄、物质使用期间的关系、药物戒断期间的行为以及密切观察以便确定持续的戒断是否令症状减少。

成瘾严重程度指数量表（the Addiction Severity Index，ASI）（Mclellan et al.，1992）是使用最为广泛的标准化物质使用障碍评估测试。它易于管理，适用于各种人群、各种治疗环境，可以评估多种物质。ASI 还可以被用于在治疗过程中测量进程。药物测试，包括尿样检验和其他实验室分析检验，通过药物检查和 EEG 来了解整体的脑功能，这些都可以在患者物质使用状况和药物的生理影响方面提供更多的信息。

这些筛选程序可以帮助决定是否需要戒毒，住院治疗、部分住院或门诊治疗是否足够。对物质有中度反应的人有错乱或不明原因的幻觉，有危害自身或他人的危险，为了保护和安全还可能需要住院。那些对物质有生理依赖的人在开始物质使用的门诊治疗之前，也可能需要住院治疗来戒毒。

一些人在戒毒之后情况恶化了，出现了记忆问题和其他中度的认知缺损，他们会发展出焦虑和失控感。如果不通过教育和治疗对这些症状进行处理，它们会让使用者因为害怕而复发。患者在恢复的早期阶段是很脆弱的，需要密切的监控和支持。

11.2.3.3　治疗与预后

滥用药物者的治疗目标，包括戒断或者适度管理、提升幸福感（身体、情绪、社交和工作方面）以及必要时改善家庭和整体的功能。对滥用药物的人与酒精使用障碍的人治疗是类似的，通常包括如下组成部分：戒毒和必要时对戒断症状进行治疗；用动机增强疗法来评估和改善改变的动机；药物教育；个体和团体行为治疗，必要时进行动机会谈；强调应对技能的心理治疗；一些共病障碍；与创伤、悲伤和丧失有关的问题；辅助服务包括家庭治疗、自助团体和 12 步计划；培训关系处理和工作问题的生活技能；需要的话还可以进行药物治疗。治疗应该是个人化的，满足特定个体的需要，将复发预防作为重要内容纳入其中。

对于进行物质使用障碍治疗的人而言，复发是比较常见的。

认知行为应对技能疗法（CBCST）是高度结构化的物质滥用治疗计划，它采用认知重构和应对技能训练来帮助人们克服酒精和药物依赖，CBCST 不仅关注物质滥用的治疗，而且强调与当事人物质使用或复发有关的生活问题（Parrish，2009）。家庭行为治疗（FBT）是已被发现的最为有效的治疗计划之一,适用于有药物滥用和依赖障碍的成人和青少年(Springer,2009)。除了减少大麻的使用,家庭行为治疗对"难对付"的物质,如可卡因、海洛因相PCP都有效果。支持性的治疗(促进冲动控制和环境改变)和辩证行为疗法(聚焦于正念)与行为疗法相结合也已经得到了成功的应用。

药物治疗可以在两个方面提升物质使用障碍的治疗效果。第一,它有助于缓解共病障碍的症状,如精神分裂或双相障碍,这些疾病会导致人们紊乱地使用物质(例如,他们会使用这些物质作为自助药),还会误导人们的判断。第二,药物治疗有时被用来帮助人们直接改变物质的使用。

教育是大多数药物和酒精治疗计划中的另一个重要组成部分。

对许多人而言,物质使用是被同伴团体强化而产生的,而团体咨询以及自助计划能够抵消这类影响。自助团体,像匿名戒毒会、理性恢复团体、女性节制团体和麻醉药物匿名者团体几乎总是物质使用问题治疗计划中的组成部分,已变成大部分后期护理计划中的核心成分。自助计划中也有家庭成员团体。

滥用药物的人看起来对生命危机反应强烈,特别是那些牵涉争执和丧失的危机。负面情绪常常可以预测复发,所以治疗应该帮助滥用药物的人发现有效的负性事件应对方法。扩展的后期护理,以及监控和构建人们的应对机制,在预防复发方面都会起作用。定期检测血液和尿液也有助于激发人们保持用药的动机,保证治疗师知晓复发。环境的改变是另一种改善复发预防的干预,特别是对于那些家庭和同辈团体鼓励吸毒的人。完好的恢复需要进行几年时间的戒断,这意味着需要相当长时期的后期护理、跟踪和参与自助团体的会面。

滥用物质的人当中,有不到25%的人寻求治疗计划。那些中等程度的物质使用障碍者依靠自己做出积极的改变,包括减少物质使用、转向低成瘾性的物质、戒断和更改使用习惯。

药物使用问题拥有很高的复发率,一般高于50%。预后最好的人是那些有稳定的家庭背景、完整的婚姻、工作、轻度或无犯罪活动、不合用药物和酒精、没有同时存在严重情绪困扰的人(Schuckit,2010)。积极的预后也与如下情况有关联:遵从治疗规则;可以看到戒断药物和酒精的积极后果;自我效能感、改变动机和应对技能较高。

与心境障碍共病的人,预后较不乐观;事实上,共病的诊断越严重,预后越差。许多药物的使用,比如阿片类,无论是否给予治疗,随着年纪的增长都会下降。

11.3　进食障碍

进食障碍是指以进食行为异常、对食物及体重和体型的过分关注为主要临床特征的一组疾病。进食障碍的类别包括:**神经性厌食症(anorexia nervosa, AN)、神经性贪食症(bulimia nervosa, BN)、暴食症(binge eating disorder, BED)**,特异性喂养和进食障碍(OSFED)和非特异性喂养和进食障碍(UFED)。神经性厌食的主要特征是患者用节食等各种方法有意地造成体重过低,拒绝保持最低的标准体重;而神经性贪食的主要特征是反复出现的暴食以及暴食后不恰当的抵消行为,如诱吐、滥用利尿剂或泻药、节食或过度运动等。

这部分集中讨论在青少年和成人中最有可能出现的进食障碍。其他是基本出现在儿童身上的喂食或进食障碍。

11.3.1　障碍的描述

进食障碍(eating disorder,ED)是女人和女孩子当中出现率最高的精神障碍之一。据美国统计,神经性厌食症整体患病率为0.5%～3.7%;神经性贪食症为1%～4.2%;暴食症的发生率在0.7%～4%。据中国(2012—2013)调查,加权终生患病率进食障碍达0.1%,神经性厌食的终生患病率高于神经性贪食。

这些障碍通常是慢性的,包括明显的功能损害和压力,涉及自杀意念的增加,会发生重复的、多重的复发,会导致严重的医学问题甚至死亡。大约10%患有厌食症的人由于这种障碍而死亡,这种障碍属于致死率最高的精神障碍,其中包括以抑郁为主的障碍。

暴食症在男性和女性中的发生率是相当的,但是男性可能不符合暴饮暴食阶段之后的压力诊断标准,男性也更有可能使用过度运动作为代偿行为。患有进食障碍的男性倾向于拥有与女性不同的模式,他们不倾向于寻找治疗,更有可能排除或忽视症状。这些男性的朋友和家人也可能将症状归因于其他原因(例如使用药物或者为了获得有型的肌肉而过度运动),而非认定其为一种进食障碍。

所有类型的进食问题,包括障碍性进食、饮食限制、清除行为和体重的反复起伏,其出现的概率不断增加,可能与青少年的消极情绪和抑郁症状有关联。其他进食障碍的早期预测包括童年的异食癖(预测神经性贪食症)、挑剔进食和进餐时的进食冲突(预测神经性厌食症)、性虐待或者身体忽视、低社会支持、低自尊和应对压力事件的回避风格。许多患有进食障碍的人都有焦虑、抑郁的经历和适应不良的人格特质。

Jacobi的研究表明,神经性厌食症与以下因素有关:强迫性神经症、完美主义和消极的自我评价。这项研究还发现,神经性贪食症的出现与如下因素有关:儿童期肥胖、父母的问题(包括酗酒和肥胖)、家庭对体重和身体形象持批评态度以及消极的自我评估。家族遗传和模式化的行为是进食障碍发展中的重要因素。患有进食障碍的母亲倾向于以不健康的方式处理孩子的饮食问题,如发展出奇特的喂食规律、使用食物作为奖励和惩罚的工具、利用食物来给予安抚、过度关注女儿的体重。一些父母是控制性的且严格限制孩子的食物摄取,研究显示这些孩子更有可能在他们不饿的时候进食,找出被禁止的食物,当他们长大后会发展为完全的进食障碍。始于童年的进食障碍特别难治疗。

11.3.1.1　神经性厌食症

据DSM描述,神经性厌食症患者拒绝保持常规体重。结果,体重达到或少于与其年龄身高相称的最低正常体重的85%。这种障碍的其他症状,包括对于变胖的极大恐惧(即便重量不足)、扭曲的身体意象(即便体重不足但仍认为自己太重)、担忧失控以及女性中发生的闭经现象(至少三个连续的正常月经周期停经)。神经性厌食症一般会在患有进食障碍的家庭中出现。双胞胎研究提出了一种厌食症的遗传成分,大概为56%。母亲或姐妹当中有患有神经性厌食症的人,患病的可能性为其他人的12倍,患神经性贪食症的可能性为常人的4倍。最近的研究表明,这类特质有遗传倾向,如焦虑、完美主义、强迫思维和行为的特质。具有这些潜在遗传倾向的人也更易于患神经性厌食症。神经学的研究显示,患有神经性厌食症的女性脑部多巴胺受体过度活跃,这种受体是调节愉悦感的。

除了瘦弱,神经性厌食症的常见生理症状还包括不耐冷、皮肤干燥、汗毛增加、低血压和浮肿。这种疾病还会导致新陈代谢的改变、钾流失和心脏功能损害,可能会致命。常见的与食物有关的类似强迫症的冲动,包括围绕暴食贪食的仪式化行为。患有 AN 的人也可能由于害怕被评价而担忧和回避在公共场所进食。

已经确认了两种类型的神经性厌食症。这种障碍限制类型的人(更为常见的类型)不会进行暴食或者清除,但是确实通过严格地限制进食量来保持低体重。暴食或清除类型的人习惯性地进行暴食和代偿行为(诸如自我引吐或者滥用泻药、利尿剂或灌肠),尽管他们暴食,但仍然符合厌食症的低体重标准。

共病障碍一般包括抑郁和焦虑。非自杀的自我伤害行为也常见于患有神经性厌食症的人身上。

11.3.1.2　神经性贪食症

尽管神经性厌食症的发生率似乎保持平稳,但在过去的 20 年中,神经性贪食症一直有上升的趋势。患有神经性贪食症的人会有类似于神经性厌食症暴食或清除类型患者的行为,但是不完全符合那种障碍的所有标准,因为通常他们的体重会超过正常体重的85%。神经性贪食症患者会有每周平均至少两次的暴食行为,通常伴有代偿行为(如自我引吐、禁食、使用泻药或过度运动),持续至少 3 个月,其间还有无法控制感。暴食会在任何地方进行,从几分钟到几小时不等,其间这个人会平均消耗大约 1500 卡路里。人们对自己的暴食有很多理由,包括紧张和焦虑、对食物的欲望、不开心、无法控制食欲、饥饿和失眠。进食障碍经常被认为是人们用来调节消极情绪的机制。

暴食的人拥有许多控制体重的方法,包括清除。清除行为一般是从朋友那里学来的,似乎在青少年女孩子中作为可接受的体重控制方式会得到一些支持。实际上,节食常常是发展出贪食症的先兆。自我引吐看似增加了自我控制感,减少了焦虑感,这些次级的获益一般会难以让这种行为消失。除了清除,患有神经性贪食症的人还使用许多其他代偿行为,包括禁食、过度运动、吐出食物与使用利尿剂、泻药和节食药物或者合用这些物质。

伴随自我引吐的生理标志,一般与暴食有关。这些标志包括腮腺肿大,这一点会使人产生像花栗鼠一样的外貌;手背上的伤疤(来自引吐时手与牙齿的接触);慢性嘶哑;嘴唇干燥。清除的生理反应包括牙齿凹陷及釉质丧失、电解质不平衡、心脏和肾脏问题以及食道破裂。不断暴食和清除的长期结果包括闭经、贫血、脱水和急性心律节律紊乱。营养缺失还会增加骨质疏松症的风险、生殖问题、糖尿病和高胆固醇。

11.3.1.3　暴食症

暴食症的模式为每周平均两天的无节制进食期,持续至少 6 个月,没有诊断贪食症所需的持续使用代偿行为。患有 BED 的人会在短期内消耗大量的食物,一直吃到他们撑得感觉不舒服,吃的时候感觉失控,对他们吃的食物感到愧疚和尴尬,经常独自进食,即使他们没有生理饥饿也会进食。BED 可能是最常见的进食障碍,它会导致肥胖和与体重过重有关的健康风险。研究显示,过量进食的影响变量既有遗传因素,又有环境因素,遗传的影响占到

45％。在进食上失去控制是 BED 的基本特征,但是过度进食而不报告、在进食上失去控制感的人就不符合 BED 的标准。

研究显示,大部分暴食行为一般开始于心境的改变。人们报告暴食发生前有焦虑或紧张感,在放纵进食期间焦虑感得到缓解,最后焦虑感消失。很多研究者认为这样的情感调节异常有双相特质。放纵进食发生于常规进食的连续谱上,最不严重的形式为"被动过度进食",中等程度的放纵进食以冲动或强迫过度进食为主,周期性的放纵进食是最为严重的。

11.3.1.4　未加标明的进食障碍

进食障碍多数在当前的 DSM 中被列入未加标明的进食障碍,这个诊断被用于除了厌食症和贪食症之外的每一种进食障碍。例如,清除障碍(没有代偿的贪食或其他行为)和夜间进食综合征都属于 DSM-5 中考虑纳入的,当前已经被列入 EDNOS;男性进食障碍、暴食症、厌食症和贪食症临床症状不明显案例也都被归类到 EDNOS;有超过 50％因进食障碍而寻求治疗的人被列入 EDNOS。

11.3.2　评估

神经性厌食症、神经性贪食症和暴食症都有生理损害,且有潜在的致死性。因此,治疗的第一步便是通过采集详细的病史和转介到内科医生那里进行检查,来评估患者的进食行为和任何生理损害。Craighead(2002)建议,治疗师可以询问如下问题,作为对进食障碍者进行初始评估的组成部分:(1)患者此时接受治疗的动机处于什么水平?(2)患者愿意自我监控吗?(3)对于仅仅暴食的患者他愿意在强调降低体重之前先减少暴食行为吗?(4)患者对非节食的干预感兴趣吗?(5)患者有没有其他有可能影响治疗选择或治疗时限的心理健康问题?(6)暴食、清除或进食限制的功能是什么?

诸如进食和体重模式问卷(Questionnaire of Eating and Weight Patterns,QEWP)、进食障碍诊断量表(Eating Disorder Diagnosis Scale,EDDS)、暴食量表(Binge Eating Scale,BES)以及进食障碍检查问卷(Eating Disorder Examination Questionnaire,EDE-Q),此类量表在对障碍的严重性进行准确评估方面非常有用。这些筛查具体进食障碍的自我陈述,为有问题的进食和节食行为与态度的频率提供了有用的信息,在确认可能患有进食障碍或问题的人时,是有效的工具。在确定症状的出现以及建立生活压力事件和症状之间的关系时,生活事件问卷会有所帮助。建议其中包括的内容有患者全部生命历程中的重要生活事件、心境和自尊、人际关系和体重变化的回忆年表(包括一些代偿行为),既往史也应该囊括其中。按照时间顺序来记录进食问题,有助于指出这种障碍的模式,并识别其一贯的、长久而起伏变化的过程。

在评估进食障碍时,其他有用的工具包括自我陈述进食行为、评估认知进程、自我效能感量表和身体意象评估。由于进食和人格障碍共病的发生率高,应该对相关的人格特质和人格障碍进行仔细评估。

11.3.3　治疗与预后

只有不到1/3患有进食障碍的人曾接受治疗。接受治疗的人当中，症状减轻的发生率为所有案例的40%～60%。对进食障碍的有效干预应当聚焦于发展有效的治疗联盟、减少负面影响、改变进食行为、辨识激发行为的情境以及持续的改变动机。复发干预是任何障碍性进食计划的重要组成部分，应该被纳入治疗当中。

多学科合作的途径效果最佳。治疗团队中包括内科医生、营养学家、精神卫生专家和心理治疗师，这样能够监控障碍对患者健康的影响。认知行为疗法（CBT）治疗进食障碍已经被证实是有效的。Grilo和Mitchell（2009）提出了一种CBT治疗进食障碍的模型，其中包含三个阶段。第一个阶段：进行进食障碍和治疗期待方面的心理教育，包括家庭作业、自我监控和逐渐正常化进食的途径。第二个阶段：包括使用认知重构来识别挑战和改变适应不良的思维。最后一个阶段：包括复发预防和问题解决技巧，帮助患者应对压力和将他们新发现的技巧应用到生活的其他方面。过去十几年，适用于每种进食障碍的指南化治疗已经激增。指南覆盖了治疗选择的所有范围：住院治疗、自助治疗、基于家庭的治疗、个体治疗、青少年身体意象扭曲等。人际心理治疗（IPT）在治疗进食障碍方面也显示出其有效性，但是不如认知行为疗法有效，特别是在神经性贪食症和暴食症的治疗方面。团体治疗为这些患者提供了很多益处，包括共同的支持、降低羞耻感、权力斗争的扩散、多重反馈来源、角色模型和实践人际技能的机会。进食障碍者有时候需要住院治疗。住院治疗的基本目标是对严重体重低下者实施再喂养，并增加体重。对于诊断为暴食症或贪食症的患者，也有必要通过住院对过度暴食和清除行为进行控制。当有自杀企图、意念或威胁的案例发生，或是严重的焦虑或抑郁症状干扰了这个人正常的生活功能时，住院对于确保当事人的安全可能也很必要。使用互联网来交流的进食障碍治疗干预仍处于起步阶段，几乎没有证实其效果的研究。

当前，没有专门针对进食障碍治疗的药物，各种药物对于症状的效果仍然需要研究。可以考虑将药物治疗作为对进食障碍进行更为全面治疗时的一个组成部分。

进食障碍的改善一般体现在暴食清除行为的减少和停止所有障碍性的进食模式上。遵循推荐指南的治疗，在进食模式方面可能会产生相当大的影响，一般暴食和清除行为的下降率至少达到75%。预后几乎不能完全消除某种进食障碍。正如大部分其他冲动控制障碍一样，进食障碍的复发较为常见，一般被压力生活事件所激活。应当进行延伸治疗，通过跟进或支持性团体来阻止和处理挫折。

11.4　觉醒睡眠障碍

睡眠是人类的基本行为。关于人类正常睡眠的观点有：（1）正常范围广泛。这包括睡眠的总量，需要多长时间才能入睡和清醒，以及两者间发生了什么。（2）睡眠异常时，会对健康产生深远的影响。（3）个体的睡眠在整个生命周期中都会发生变化。每个人都知道婴儿大部分时间都在睡觉。随着年龄的增长，人们需要的睡眠量会变少，且在夜晚觉醒的次数更为频繁。（4）睡眠是不均匀的，它在整个夜间的深度和质量都有所不同。睡眠的两个主要阶段是快速眼动(REM)睡眠——大多数梦在此期间发生,以及非快速眼动(NREM)睡眠。不同的障碍可能与这些睡眠阶段有关。(5)许多以为自己睡得不够沉或是睡得太短的人其实并没有真正的睡眠障碍。(6)即使在今天,睡眠障碍的标准也主要基于临床结果。脑电图和其他睡眠检查结果可以验证准确性,但在这里描述的疾病中,仅少数几种情况的诊断需要它们。

睡眠障碍分为**睡眠异常**(**dyssomnias**)和**睡眠异态**(**parasomnias**)。一个睡眠异常的患者睡得太少、太多,或者时间错误,但睡眠本身是相当正常的。在睡眠异态中,睡眠的质量、数量和时间基本上正常,但在睡眠本身或在患者入睡或觉醒的时候会发生异常情况;运动、认知或自主神经系统过程在睡眠期间或在睡眠和觉醒之间的转换期间变得活跃,并引起大混乱。例如,细想一下睡眠呼吸暂停(睡眠异常)与梦魇(睡眠异态)。两者都发生在睡眠期间,后者通常的问题是由梦魇本身的可怕导致的,而不是因为它干扰了人入睡或影响了第二天的觉醒;而睡眠呼吸暂停常常引发此类后果。

11.4.1　睡得过多或过少

11.4.1.1　失眠障碍

我们大多数人对失眠的理解是:睡眠太过短暂或不稳定。一些失眠的人可能不会意识到自己有多紧张。换句话说,失眠可以是一个习得的行为。的确,许多躯体疾病都可能导致失眠障碍的症状。例如,一些失眠患者可能用他们的床进行睡眠或者性行为以外的活动,如进食和看电视。这些关联使他们在床上时觉醒,这是临床医生称之为不良睡眠卫生的一部分。这些患者在周末、节假日或度假时睡眠得到改善,这时可能会发现问题的根源,因为他们避开了平常的习惯和生活环境。

无论什么原因,如果未得到有效解决,失眠可能永远持续下去。**失眠障碍**(**insomnia disorder,ID**)患者主诉睡眠无法恢复活力(或无法恢复精神),或很难完全清醒,而他们的床伴则发誓他们整夜都是睡着的。因此,失眠是"睡得太少"的这一说法仍不太正确;更准确地说,失眠是"睡得过少的主诉"。不过,这些人确实具有不应被忽视的问题。给予他们时间以陈述他们内心的想法,对于发现导致他们困境的病因来说很重要。

失眠障碍的定义要求患者因主诉失眠而经历临床意义的痛苦或功能受损。尽管痛苦可能在夜间就被体验到,但由此引发的功能的损害更可能在日间体验到,如工作效率降低、人际冲突、日间疲劳和瞌睡等。任何抱怨难以入睡但没有痛苦或功能损失的人,都不应该得到失眠障碍的诊断。

DSM-5 规定,对于任何满足诊断标准的患者,无论是否存在共存的精神、躯体或其他睡眠-觉醒障碍,只要患者的失眠障碍严重到需要独立的临床关注,就可使用失眠障碍的诊断。

11.4.1.2　失眠障碍、伴非睡眠障碍的精神共病

当失眠是其他某种精神障碍的症状时,它通常直接与其他诊断的严重程度成正比。而且,从逻辑上讲,睡眠问题通常会随着根本性疾病的解决而得到改善。同时,患者有时会滥

用催眠药和其他药物。与失眠相关的其他精神障碍有以下多种：

重性抑郁发作。失眠最可能是心境障碍的一个症状。事实上，睡眠紊乱可能是抑郁症最早的症状之一。失眠尤其可能影响老年抑郁患者。在严重的抑郁中，终端失眠（清晨早醒且无法回到睡眠状态）是典型的——且是一种真的痛苦的经历。

创伤及应激相关障碍。急性应激障碍和创伤后应激障碍的标准都特别提到将睡眠障碍作为一种症状。

惊恐障碍。惊恐发作可能发生在睡眠期间。

适应障碍。因特定应激源而出现焦虑或抑郁的患者可能会因担心某一特定应激源或当天的事件而处于清醒状态。

躯体症状障碍。许多躯体化障碍患者会抱怨睡眠问题，尤其是初期失眠和间隔失眠。

认知障碍。大多数痴呆患者都具有一定程度的睡眠紊乱。通常情况下，这包含间隔觉醒：他们会在夜间漫游，且因白天清醒程度降低而痛苦。

躁狂和轻躁狂发作。在 24 小时内，躁狂和轻躁狂的患者通常睡得比他们心境平稳时少。但是，他们并不会主诉失眠。他们感到精力充沛并准备好进行更多的活动；反而是他们的家人和朋友会担忧（和疲劳）。

精神分裂症。当他们逐步起病时，妄想、幻觉或焦虑可能使精神分裂症患者的注意力持续至深夜。总睡眠时间可能会保持不变，但是他们起床会越来越晚，直到他们的大部分睡眠都发生在白天。DSM-5 没有提供与精神障碍相关的昼夜节律睡眠-觉醒障碍的编码方式。

强迫型人格障碍。此种人格障碍通常被认为与失眠有关。

11.4.1.3　原发性失眠障碍

原发性失眠障碍（primary insomnia disorder）是一种失眠障碍类型，即个体的失眠无其他情况可归因，这实际上是最常出现的诊断。尽管如此，这个诊断只有在排除其他可能性（包括因使用物质引起的失眠）之后才使用它。

我们无法辨别失眠的原因，这并不代表没有原因；只是我们无法确定原因究竟是什么。有时可能会因为噪声或其他抑制睡眠的刺激开始失眠。另一个影响因素是，在睡觉前保持活跃。剧烈的锻炼和争吵就是可促成失眠的两类活动；人们需要一段安静的时间才能进入入睡所需的轻松心境。一旦失眠，清醒地躺着时的肌肉紧张和持续的消极想法（"我睡得不好"）会使问题持续下去。其结果是晚上几个小时的沮丧，再加上第二天的疲劳和烦躁不安。这种曾经被称为原发性失眠的类型有多常见呢？没有人真的知道。虽然大约四分之一的成年人对其睡眠不满意，但真正符合失眠障碍的比例可能是要把小数点整个往前挪一位，尤其常见于老年人和女性中。随着时间的推移，它可能会有所不同，但通常是一个缓慢的过程。

DSM-5 失眠障碍诊断标准	F51.01

A. 主诉对睡眠数量或质量的不满,伴有下列 1 个(或更多)相关症状:

  1. 入睡困难(儿童可以表现为在没有照料者的干预下入睡困难)。

  2. 维持睡眠困难,其特征表现为频繁地觉醒或醒后再入睡困难(儿童可表现为在没有照料者的干预下再入睡困难)。

  3. 早醒,且不能再入睡。

B. 睡眠紊乱引起有临床意义的痛苦,或导致社交、职业、教育、学业、行为或其他重要功能的损害。

C. 每周至少出现 3 晚睡眠困难。

D. 至少 3 个月存在睡眠困难。

E. 尽管有充足的睡眠机会,仍出现睡眠困难。

F. 失眠不能更好地用另一种睡眠觉醒障碍来解释,也不仅仅出现在另一种睡眠觉醒障碍的病程中(如发作性睡病、与呼吸相关的睡眠障碍、昼夜节律睡眠觉醒障碍、睡眠异态)。

G. 失眠不能归因于某种物质的生理效应(例如,滥用的毒品、药物)。

H. 共存的精神障碍和躯体状况不能充分解释失眠的主诉。

标注是不是:

  伴非睡眠障碍的精神共病:包括物质使用障碍。

  伴其他医学共病。

  伴其他睡眠障碍。

编码备注:编码 F51.01 适用于所有 3 个标注。在失眠障碍的编码之后,也应给相关的精神障碍、躯体状况或其他睡眠障碍编码,以表明其相关性。

标注如果是:

  间歇性:症状持续至少 1 个月但少于 3 个月。

  持续性:症状持续 3 个月或更长。

  复发性:1 年内发作 2 次(或更多)。

注:急性和短期失眠(即症状持续少于 3 个月,但符合关于频率、强度、痛苦和/或损害的全部诊断标准)应被编码为其他特定的失眠障碍。

注:给予失眠障碍的诊断时应考虑它是一个独立的疾病,还是与其他精神障碍(例如,重性抑郁障碍)、躯体疾病(例如,疼痛)或其他睡眠障碍(例如,与呼吸相关的睡眠障碍)共病。例如,失眠的发展过程可伴有焦虑和抑郁的特征,但这些症状并不足以符合任一种精神障碍的诊断标准。失眠也可以表现为一种更突出的精神障碍的临床特征。持续的失眠可以是抑郁障碍的风险因素,也是其治疗后常见的残留症状。当失眠和精神障碍同时出现时,治疗上也可能需要针对这两种疾病。考虑到这些不同的病程,通常不可能确立这些临床疾病之间关系的精确本质,并且这种关系可能会随时间而改变。因此,当存在失眠障碍和共病的障碍时,没有必要在两种状况之间作出因果归属,而是应该在同时存在临床上共病的情况下,给予失眠障碍的诊断。只有当失眠症状严重到需要独立的临床关注时,才需给予同时出现的失眠障碍的诊断,否则不需要额外的诊断。

来源:American Psychiatric Association(2013). Diagnostic and statistical manual of mental disorders(5th ed). Washington,DC.

11.4.1.4　嗜睡障碍

睡眠专家采用"嗜睡"(hypersomnolence)这个词来代替大众熟悉的"睡眠过度"(hypersomnia)，因为这个新词更好地描述了这样一个事实，即这些情况可能导致睡眠过多或觉醒质量不够理想。后者包括觉醒或保持完全清醒的困难，有时被称为睡眠惰性，即当我们需要充分警醒时无法完全唤醒（保持清醒）的感觉。**嗜睡障碍（hypersomnia disorder，HD）**包括伴躯体、精神或其他睡眠障碍发生的嗜睡情况，以及某些明显独立的症状。

患有嗜睡障碍的个体较为容易且快速地入睡（通常在 5 分钟或更短时间内），且他们可能睡到第二天较晚时间。虽然 24 小时内的总睡眠时长可能是 9 小时或更长时间，但他们可能仍会感到慢性疲倦和困乏，以至于在正常的夜间睡眠之后他们还需要日间小睡。这种睡眠往往时间长却无法让患者恢复活力；也不会对其他方面带来改善。这类人往往早上觉醒困难，他们可能会昏昏沉沉，且具有定向障碍、记忆力和警觉性方面的特殊问题。在他们警觉性降低的状态下，他们可能会表现出或多或少的、无法回忆的自动化行为。

虽然我们没有太多关于嗜睡障碍的信息，但在男性和女性中，它可能以同等概率出现，且始于他们相对年轻的时期，通常在青少年或 20 岁阶段。它可能会影响总人口的 1%。

虽然嗜睡障碍的原因并不总是明显，但已经知道了许多相关的因素。在嗜睡障碍病例中，下丘脑分泌素不足的发生率低于猝倒发作性睡病患者，尽管其平均水平低于总人群。同样常见的是等位基因(HLA-DQB1-0602)，但还没有人能够肯定地说嗜睡障碍完全是一种遗传现象。一些嗜睡障碍患者可能正在经历应对压力的困难，其他人可能会试图弥补他们生活中缺乏某些事物的感觉。无论如何，结果是睡眠总时间远超常态，导致这些人有时需要服用药物。中枢神经系统兴奋剂可以帮助减少日间瞌睡；然而，镇静剂可能会使事情变得更糟。嗜睡障碍可伴或不伴躯体疾病或其他精神障碍，但如果仅与另一种睡眠-觉醒障碍一起发生，我们不应做出嗜睡障碍的诊断。

DSM-5 嗜睡障碍诊断标准	F51.11

A. 尽管主要睡眠周期持续至少 7 小时，自我报告的过度困倦（嗜睡）至少有下列 1 项症状：

　　1. 在同一天内反复睡眠或陷入睡眠之中。

　　2. 延长的主要的睡眠周期每天超过 9 小时，且为非恢复性的（即非精神焕发的）。

　　3. 突然觉醒后难以完全清醒。

B. 嗜睡每周至少出现 3 次，持续至少 3 个月。

C. 嗜睡伴有显著的痛苦，或导致认知、社交、职业或其他重要功能的损害。

D. 嗜睡不能更好地用另一种睡眠障碍来解释，也不仅仅出现在另一种睡眠障碍的病程中（例如，发作性睡病、与呼吸相关的睡眠障碍、昼夜节律睡眠-觉醒障碍或睡眠异态）。

E. 嗜睡不能归因于某种物质的生理效应（例如，滥用的毒品、药物）。

F. 共存的精神障碍和躯体状况不能充分解释嗜睡的主诉。

标注如果是：

　　伴精神障碍（包括物质使用障碍）。

　　伴躯体状况。

续表

伴另一种睡眠障碍。

编码备注:编码 F51.11 适用于所有 3 个标注。在嗜睡障碍的编码之后,也应给相关的精神障碍、躯体状况或其他睡眠障碍编码,以表明其相关性。

标注如果是:

急性:病程少于 1 个月。

亚急性:病程 1~3 个月。

持续性:病程超过 3 个月。

标注目前的严重程度:

标注严重程度基于维持日间清醒困难的程度,表现为在任何一天内,出现多次不可抗拒的睡眠发作,例如,当久坐,驾驶,拜访朋友或工作时。

轻度:1~2 天/周,难以维持日间清醒。

中度:3~4 天/周,难以维持日间清醒。

重度:5~7 天/周,难以维持日间清醒。

来源:American Psychiatric Association(2013). Diagnostic and statistical manual of mental disorders(5th ed). Washington,DC.

11.4.1.5 克莱恩-莱文综合征

克莱恩-莱文综合征(Kleine-Levin syndrome,KLS),又称睡美人综合征、周期性嗜睡与病理性饥饿综合征。全世界报告的患者人数少于 1000 人,KLS 可能是 DSM-5 中提到的最罕见的病症,通常见于男性少年,呈周期性发作(间隔数周或数月),每次持续 3~10 天,表现为嗜睡、贪食和行为异常。80％的 KLS 案例始于青少年时期。男女患者的比例为 2∶1 或 3∶1,所有患者都严重嗜睡——每天睡 12~24 小时(平均为 18 小时)。

此外,几乎每个人都经历过认知的改变:现实感丧失、困惑、可能出现注意力丧失、记忆力问题(一些患者对某些事件完全失忆)。患者变得粗暴或好争吵及易激惹,尤其在他被禁止睡觉时。多数案例患者出现饮食行为的改变,具体表现是贪婪地暴饮暴食(超过饱腹感的程度),然而,未出现神经性贪食患者典型的清除行为。

三分之二的案例中,言语也是异常的:患者变得沉默或缺乏自发的言语;或他们只用单音节说话;或语速缓慢、含糊不清或不连贯。近一半人也会性欲亢进——有些患者公开暴露自己或手淫,或对他人进行不恰当的性行为。与此同时,将近一半的患者报告有抑郁心境,这种心境通常会在每次发作结束时得到缓解。实际上,在两次发作之间,几乎所有患者看起来都完全正常。

导致 KLS 的原因尚不明确。有些研究人员怀疑是自体免疫、大脑下视丘功能障碍,同大脑内控制睡眠和食欲的区域功能异常有关。引起 KLS 的原因,也被认为是由下丘脑后部肿瘤、炎症或外伤等疾病所致。有时它始于感染,也许像感冒一样温和;有些案例是由脑卒中、肿瘤或其他神经系统疾病如多发性硬化所引起的。发作持续 1~3 周,通常每年复发几次。这种模式可能持续大概 8~12 年。然后,没有明显原因,就像它的开始一样,它就那么毫无缘由地消失了。那些继续发作的患者也会发现程度大幅度缓和。

11.4.1.6　发作性睡病

发作性睡病（narcolepsy）是一种过度瞌睡的综合征，该病在 1880 年左右就已被识别出来。典型的表现包括 4 种症状：睡眠发作、猝倒、幻觉和睡眠麻痹。大多数患者不会出现所有的症状，不过临床表现可能显得很奇怪，以至于患者有时被误诊为患有非睡眠相关的精神障碍。

发作性睡病患者的 REM 阶段在入睡后的几分钟内就开始，而不是通常的一个半小时（在老年患者中，睡眠潜伏期往往会增加）。它们甚至经常侵入正常的清醒状态，导致不可抗拒的睡眠冲动。这些睡眠发作一般为短期，持续时间为几分钟至一个多小时。与嗜睡障碍患者常常经历的昏昏欲睡相反，这种睡眠能够恢复活力（除了儿童，他们可能在觉醒后感觉疲倦）。接着是一个小时或更长的不应期，在此期间患者将保持完全清醒。睡眠发作可以由应激或情绪体验（通常是"积极的"，如笑话和大笑）触发。由此引起的日间困倦通常是发作性睡病患者最早期的主诉。

最戏剧性的症状是猝倒——一种突然的、短暂的瘫痪发作，其可以影响几乎所有的随意肌；虽然有时只是特定的肌肉群，如下巴或膝盖。当所有肌肉都受到影响时，患者可能会整个人倒下。如果涉及的肌肉群较少或者发作为短暂的，那么猝倒可能几乎不会引起注意。猝倒发作可能发生于睡眠发作中，但是也可以是分开的，不伴随意识的丧失。他们常常被强烈的情绪所诱发，如大笑、哭泣或愤怒，甚至是高潮。猝倒通常发生于嗜睡起始的几个月内。（肿瘤、感染或损伤等脑部病变可能会导致一些个体在未出现发作性睡病症状的情况下出现猝倒。）

幼儿，特别是那些曾经只是短时间生过病的孩子，可能不会有典型的猝倒；相反，他们会出现的是即使没有情绪触发的迹象，也会有下顿移动、做鬼脸或伸出舌头的发作。这些发作逐渐演变成更典型的猝倒。

幻觉，主要是视幻觉，可能是发作性睡病的第一个症状。它们提示 REM 睡眠会突然侵入清醒状态，因为当患者进入睡眠或觉醒时会出现幻觉。

睡眠麻痹可能令人恐惧：患者具有清醒意识但不能动和说话，甚至不能充分地呼吸。睡眠瘫痪伴随着焦虑和死亡恐惧；它通常持续不到 10 分钟，且可能伴有视觉或听觉的幻觉。

需要提醒的，REM 是一个相对浅的睡眠时相。首字母缩略词 REM 代表快速眼动——在闭合的眼睑下，做着梦的我们眼睛来回转动——这个阶段也是我们能够回想起的大部分梦发生的时间。在正常的 REM 睡眠期间，我们的骨骼肌会瘫痪，我们通常不会注意到，因为我们安稳地睡着了。REM 睡眠整晚都会发生，通常在我们睡着约 90 分钟后开始，它占总睡眠时间的 20%～25%。在 REM 睡眠期间，心率和呼吸是不规律的；梦会很强烈且容易被记住；也会出现阴茎或阴蒂的勃起。

包括 4 种经典症状（如上所述）中的至少 3 种的典型病史是发作性睡病的良好推定证据。但由于它是一种难以控制且意味着终身治疗的慢性障碍，所以诊断应通过恰当的化验来确定。在这方面，最近表明神经肽下丘脑分泌素（有时被称为阿立新）与其有联系。它产于下丘脑外侧，能够促进觉醒。发作性睡病患者的下丘脑分泌素通常比正常人少得多，可能是因为产生它的一些神经元已被自身免疫过程破坏。这些发现非常稳健,使得它们已经悄悄进入这种疾病的诊断标准。

发作性睡病具有强遗传性,对男性和女性的影响大致相当。虽然该障碍不常见,但也不罕见,患病率大约为 1/2000。患者通常在儿童或青少年时期起病,但所有患者差不多都在30 岁之前会起病。一旦开始,这种病就会缓慢而稳定地发展。它可能导致抑郁、阳痿、难以工作,甚至在街上或工作中发生意外。并发症包括体重增加和滥用维持日间清醒的物质。有时该障碍会共病心境障碍和广泛性焦虑障碍。

11.4.2　与呼吸相关的睡眠障碍

11.4.2.1　阻塞性睡眠呼吸暂停低通气和中枢性睡眠呼吸暂停

呼吸暂停很容易理解:意味着没有呼吸。低通气(浅或不频繁的呼吸),现在指的是至少在 10 秒的时间内空气流量减少 30% 或更多,或血液的氧饱和度至少减少 4%。存在一种混合形式,它始于中枢性呼吸暂停,终于阻塞性呼吸暂停。

这是两种可致死的睡眠-觉醒障碍。在睡眠期间持续 10 秒至 1 分钟或更长时间,通过这些患者的上呼吸道的气流完全暂停。气体交换逐渐消失,这种情况在每次上床睡觉时都会给患者带来一点窒息的感觉。

在更常见的阻塞型中,当睡眠者试图吸气时胸部起伏,但口腔和咽部的组织阻止空气的正常流动。这场斗争可能会持续长达 2 分钟,最终患者发出异常响亮的鼾声。患者自己可能没有意识到这些症状,但同床的伴侣对此通常非常清楚。大多数患者每晚的发作次数远超 30 次。

无论何种类型,睡眠呼吸暂停患者的血液都会出现氧气耗竭,直到呼吸再次开始。尽管有些人可能部分或完全醒来,但患者通常完全不知道这些过程。除打鼾和日间困倦外,患者常常有高血压和心律失常的问题;患者也可能主诉早晨头痛和阳痿。在夜间,一些人变得明显不安,踢床单(或同床的伴侣),站立起来,或甚至行走。其他后遗症包括易激惹和认知损伤,如注意力分散、感知或记忆问题,或意识不清。患者在准备睡觉、说梦话或夜惊时也可能大量出汗及出现幻觉。夜尿(夜间起床小便)通常与睡眠呼吸暂停相关,但没人知道原因。

阻塞性睡眠呼吸暂停低通气影响大约总人群的 5%;随着年龄的增长,其影响程度也增高,在 65 岁的人群中约 20% 的人受到影响。

因为睡眠呼吸暂停可能是致命的,所以在嗜睡障碍或失眠障碍的鉴别诊断中总要考虑它。快速检测与管理有可能挽救生命。虽然一个善于观察的床伴可以提供几乎明确的睡眠呼吸暂停的证据,但现在仍需确诊性的多导睡眠图以进行诊断。这两种类型的症状相似,区别取决于具体的多导睡眠图结果。

DSM-5 阻塞性睡眠呼吸暂停低通气诊断标准	G47.33

A. 下列 1 或 2：

1. 由多导睡眠图提供每小时睡眠至少有 5 次阻塞性呼吸暂停或低通气的证据，以及下列睡眠症状之一：

   a. 夜间呼吸紊乱：打鼾、打鼾/喘息或在睡眠时呼吸暂停。

   b. 日间困倦、疲劳或尽管有充足的睡眠机会，但睡眠仍不能让人精神焕发，且不能更好地用另一种精神障碍来解释（包括睡眠障碍），也并非另一种躯体状况所致。

2. 由多导睡眠图提供每小时睡眠有 15 次或更多的阻塞性呼吸暂停和/或低通气的证据，无论伴随症状如何。

标注目前的严重程度：

   轻度：呼吸暂停低通气指数小于 15。

   中度：呼吸暂停低通气指数为 15～30。

   重度：呼吸暂停低通气指数大于 30。

来源：American Psychiatric Association(2013). Diagnostic and statistical manual of mental disorders(5th ed). Washington,DC.

DSM-5 中枢性睡眠呼吸暂停诊断标准	

A. 由多导睡眠图提供每小时睡眠有 5 次或更多的中枢性呼吸暂停的证据。

B. 此障碍不能更好地用另一种目前的睡眠障碍来解释。

标注是不是：

G47.31 特发性中枢性睡眠呼吸暂停：其特征为睡眠中反复发作的由呼吸努力变异引起的呼吸暂停和低通气，但无呼吸道阻塞的证据。

R06.3 潮式呼吸：一种周期性的潮气量渐强渐弱的变异模式，导致中枢性呼吸暂停和低通气每小时至少出现 5 次的频率，伴随着频繁觉醒。

G47.37 中枢性睡眠呼吸暂停共病阿片类物质使用：这种亚型的发病机制既是由于阿片类药物对延髓呼吸节律产生了影响，又是对低氧和高碳酸血症的呼吸驱动的差别效应。

编码备注（仅编码 G47.37）：如果存在阿片类物质使用障碍，首先编码阿片类物质使用障碍：F11.10 轻度阿片类物质使用障碍，或者 F11.20 中度或重度阿片类物质使用障碍；然后编码 G47.37 中枢性睡眠呼吸暂停伴阿片类使用。如果不存在阿片类物质使用障碍（例如，一次高剂量的物质使用后），仅编码 G47.37 中枢性睡眠呼吸暂停伴阿片类使用。

注：

标注目前的严重程度：

   中枢性睡眠呼吸暂停的严重程度是根据呼吸紊乱的频率、低氧饱和度以及睡眠片段化作为反复呼吸紊乱的结果来分级。

来源：American Psychiatric Association(2013). Diagnostic and statistical manual of mental disorders(5th ed). Washington,DC.

11.4.2.2　睡眠相关的通气不足

健康和舒适需要我们的血液气体的稳定调节：氧气（O_2）浓度高，即含量在95%或更高；二氧化碳（CO_2）浓度适中，在每升23～29毫当量的范围内。我们的身体通过一个简单的反馈回路实现这一目标：氧气浓度不足或二氧化碳浓度过高则给大脑的呼吸中枢传送"我们的肺需要更加努力"的信号。然而，在患有睡眠相关的通气不足的人群中，化学感受器和髓质（脑干）神经网络无法发出正确的信号，因此呼吸仍然很浅。当个体清醒时，这些人可以有意识地进行更快或更深的呼吸进行补偿；但在睡眠期间，该策略无法实现且呼吸变得更浅。睡眠期间症状通常更严重，且当呼吸完全暂停时通常会出现窒息期。

这种情况尤其容易发生在严重超重或患有肌肉萎缩症、脊髓灰质炎、肌萎缩侧索硬化症和脊髓或中枢神经系统肿瘤或其他病变的人群中。大多数成年患者（通常是20～50岁的男性）不会主诉呼吸问题，但他们确实会报告日间困倦、疲劳、早晨头痛、频繁的夜间觉醒，以及睡眠无法使人恢复精神，而且这些情况会不知不觉地得到发展。他们也可能有肺部水肿和蓝色肤色，而这表明缺乏氧气。即使是小剂量的镇静剂或麻醉剂也会使呼吸不足更加严重。可悲的是，这种障碍也会影响儿童。

尽管有许多线索，如日间困倦、疲劳和早晨头痛，但DSM-5标准完全取决于多导睡眠图的结果。

DSM-5 睡眠相关的通气不足诊断标准

A. 多导睡眠图证明间歇性的与 CO_2 浓度水平升高相关联的呼吸减少。

（注：在缺乏客观的 CO_2 测量的情况下，持续的低水平的血红蛋白氧饱和度不伴有呼吸暂停/低通气，可表示为低通气。）

B. 此障碍不能更好地用另一种目前的睡眠障碍来解释。

标注是不是：

G47.34 特发性通气不足：这种亚型并非由任何易发现的状况所致。

G47.35 先天性中枢性肺泡通气不足：这种亚型是一种罕见的先天性障碍，个体典型地表现为围产期浅呼吸，或睡眠中发绀和呼吸暂停。

G47.36 共病的睡眠相关的通气不足：这种亚型的出现是一种躯体状况的结果，例如，肺部障碍（例如，间质性肺疾病、慢性阻塞性肺疾病）或神经肌肉或胸壁障碍（例如，肌营养不良、脊髓灰质炎后综合征、颈椎脊髓损伤、脊柱侧凸）或药物（例如，苯二氮卓类药物、阿片类药物）。它也出现在肥胖症中（肥胖低通气障碍），反映了一种由于减少胸壁顺应性，低通气灌注不匹配和减少通气驱动而增加呼吸做功的组合。这类个体通常的特点为身体质量指数大于30，以及清醒状态下的高碳酸血症（p_{CO_2} 大于45），且无其他低通气的证据。

标注目前的严重程度：

严重程度根据睡眠中低氧和高碳酸血症存在的程度，以及由这些异常所致的靶器官损害的证据来分级（例如，右心衰竭）。在清醒时存在血气异常是一个更为严重的标志。

来源：American Psychiatric Association（2013）. Diagnostic and statistical manual of mental disorders（5th ed）. Washington, DC.

11.4.3　昼夜节律睡眠-觉醒障碍

昼夜节律(circadian) 这个词来自拉丁语,其含义为"大约1天"。它指的是身体的睡眠、温度变化和激素生成的周期,这个周期产生于下丘脑视交叉上核。当无外部时间线索(自然日光,或人工提醒如时钟)时,自由运行的人体周期实际上是大约24小时9分钟——这与自然周期的差异太小,不足以给大多数人带来困扰。但有时我们的自然身体节律与我们的工作或社交生活的需求之间的错位会导致不必要的失眠或困倦,或两者兼有。

通常在整个生命中,昼夜睡眠-觉醒周期是会发生变化的。它在青春期延长,这就是为什么青少年容易晚睡和睡过头的原因之一。它在老年期再次缩短,使得老年人在晚上阅读或看电视时入睡,并使他们难以胜任那些需要倒班的工作或适应时差反应。

DSM-5 昼夜节律睡眠-觉醒障碍诊断标准

A. 一种持续的或反复发作的睡眠中断模式,主要是由于昼夜节律系统的改变,或在内源性昼夜节律与个体的躯体环境或社交或职业时间表所要求的睡眠觉醒周期之间的错位。

B. 睡眠中断导致过度有睡意或失眠,或两者兼有。

C. 睡眠紊乱引起有临床意义的痛苦,或导致社交、职业和其他重要功能的损害。

编码备注:ICD-10-CM 的编码基于亚型。

标注是不是:

G47.21 睡眠时相延迟型:一种延迟的睡眠起始和觉醒时间的模式,不能在期望的或常规可接受的较早时间入睡和觉醒。

标注如果是:

家族型:存在睡眠时相延迟的家族史。

标注如果是:

与非 24 小时睡眠-觉醒重叠型:睡眠时相延迟型可能与另一种昼夜节律睡眠-觉醒障碍,即非24小时睡眠-觉醒型重叠。

G47.22 睡眠时相提前型:一种提前的睡眠起始和觉醒时间的模式,且不能保持觉醒或睡眠到期望的或常规可接受的较晚的睡眠或觉醒时间。

标注如果是:

家族型:存在睡眠时相提前的家族史。

G47.23 睡眠-觉醒不规则型:一种暂时的混乱的睡眠觉醒模式,以致睡眠和觉醒周期的时间在24小时内是变化的。

G47.24 非 24 小时睡眠-觉醒型:一种睡眠-觉醒周期与24小时的环境不同步的模式,伴持续的每日睡眠起始和觉醒时间的漂移(通常为越来越晚)。

G47.26 倒班工作型:与倒班工作时间表(即需要非常规的工作时间)相关的在主要睡眠周期中失眠和/或在主要觉醒周期中过度有睡意(包括无意的睡眠)。

G47.20 未特定型

标注如果是:

间歇性:症状持续至少1个月但少于3个月。

持续性:症状持续3个月或更长。

复发性:1年内发作2次(或更多)。

来源:American Psychiatric Association(2013). Diagnostic and statistical manual of mental disorders(5ᵗʰ ed). Washington,DC.

11.4.3.1 延迟睡眠时相型

因为睡眠时相延迟的人(不同的称呼有"猫头鹰")在深夜感到警醒和活跃,所以他们会晚睡(有时每晚逐渐晚一些),并在上午晚些时候或下午醒来。任由他们按照自己的时间设置来生活时,他们感觉挺舒服的。但是,如果他们必须早起上课或上班(或吃午饭),他们就会感到昏昏欲睡,甚至可能出现"睡醉"。不规律的睡眠习惯和咖啡因或其他兴奋剂的使用只会加剧他们的困扰。

在主诉为慢性失眠的睡眠门诊部患者中,睡眠时相延迟的人的比例可能高达10%。延迟睡眠时相型是迄今为止最常见的类型,这在青少年和年轻人中尤为常见。据估计(电话调查),延迟睡眠时相型甚至会出现在约3%的年长(40~64岁)普通群体中。家族史成分可高达40%。

延迟睡眠时相型患者须与那些单纯喜欢晚睡晚起生活方式的人区别开。后者可能会对他们的古怪时间表感到相当舒服,且他们也不会费力去改变这些。真正患有障碍的个体主诉嗜睡,并希望改变。

11.4.3.2 提前睡眠时相型

提前睡眠时相型患者与刚刚描述的患者恰好相反,我们可以称之为"早睡早起"障碍。他们想要睡觉的时间会更早而非推迟,所以他们在早上感觉很好,但在下午晚些时候或晚上早些时候就会感到困倦。有时这类人被称为"百灵鸟"。提前睡眠时相型似乎比延迟睡眠时相型更少,尽管部分原因可能是它导致的不适感和社会问题更少。据报道,这种情况在年长人群中更为常见,并且具有家族性。

11.4.3.3 非24小时睡眠-觉醒型

非24小时类型也称为自由运转类型,它主要发生在完全失明的人身上,这类人群没有光线提示来训练他们的生物钟。从完全失明的年龄开始,高达50%的盲人可能会受影响;大多数具有最低光感知能力的人,甚至是只能感知到相当于一支蜡烛强度,也能得到正常的生物钟训练。受影响的具有视力的个体主要常见于年轻个体(十几岁或者二十几岁的青少年)和男性,他们常具有其他精神障碍。潜艇生活的18小时日程表也可导致生物节奏自由运转。大多数具有视力的个体在接受无视觉时间线索的研究计划后,最终将发展为非24小时的睡眠-觉醒型。

11.4.3.4 不规则的睡眠-觉醒型

这里的模式是——没有模式。患者的总睡眠持续时间可能是正常的,但是他们在一天中不同且不可预测的时间点感到困倦或失眠。他们可能会小睡,因此排除不良的睡眠卫生很重要。不规则型可能会在各种神经系统疾病中见到,包括痴呆、智力障碍和创伤性脑损伤。该病的流行性未知,但可能很少见。据我们所知的,这种情况在两性中的比例相当。年龄是一个风险因素,主要是由于晚年可能会患阿尔茨海默病等躯体疾病。

11.4.3.5　倒班工作型

当工人必须从一个班次换到另一个班次时,特别是当他们在先前的睡眠时间内必须保持清醒时,睡意就会降临,且工作表现降低。而在新的睡眠时间内睡眠常被打断且过于短暂。这些症状可能会影响近三分之一的轮班工作人员,尽管人们所需的调整新作息的时间差异很大,但这些症状在转换至夜班后最为严重。其他因素包括年龄、通勤距离,以及个体在自然情况下是"百灵鸟"还是"猫头鹰"。症状可能持续 3 周或更长,尤其在工人试图在周末或假日恢复正常的睡眠时间表的情况下。

11.4.4　睡眠异态

睡眠异态(parasomnias)是在睡眠期间发生异常行为的障碍,尽管睡眠本身的结构可能是正常的。其特征性的表现为一种与特定的睡眠、睡眠阶段或睡眠觉醒过渡有关的异常的行为、体验或生理事件的障碍。最常见的睡眠异态——非快速眼动睡眠觉醒障碍和快速眼动睡眠行为障碍,分别代表了觉醒和非快速眼动睡眠以及觉醒和快速眼动睡眠的混合。这些疾病提示睡眠和觉醒并不是相互排斥的,以及睡眠并不必然是一个整体的全脑现象。

DSM-5 非快速眼动睡眠唤醒障碍诊断标准

A. 反复发作的从睡眠中不完全觉醒,通常出现在主要睡眠周期的前三分之一,伴有下列任一项症状:

　　1. 睡行:反复发作的睡觉时从床上起来和走动。睡行时,个体面无表情、目不转睛;对于他人与他或她沟通的努力相对无反应;唤醒个体存在巨大的困难。

　　2. 睡惊:反复发作的从睡眠中突然惊醒,通常始于恐慌的尖叫。每次发作时有强烈的恐惧感和自主神经唤起的体征,如瞳孔散大、心动过速、呼吸急促、出汗。发作时,个体对于他人安慰的努力相对无反应。

B. 没有或很少(例如,只有一个视觉场景)有梦境能被回忆起来。

C. 存在对发作的遗忘。

D. 此发作引起有临床意义的痛苦,或导致社交、职业或其他重要功能方面的损害。

E. 该障碍不能归因于某种物质(例如,滥用的毒品、药物)的生理效应。

F. 共存的精神和躯体障碍不能解释睡行或睡惊的发作。

编码备注:ICD-10-CM 的编码基于亚型。

标注是不是:

　　F51.3 睡行型。

标注如果是:

　　伴与睡眠相关的进食。

　　伴与睡眠相关的性行为(睡眠性交症)。

　　F51.4 睡惊型。

来源:American Psychiatric Association(2013). Diagnostic and statistical manual of mental disorders(5th ed). Washington,DC.

11.4.4.1 非快速眼动睡眠唤醒障碍

虽然在夜深人静的时候被一通电话吵醒可能是一场挣扎,但大多数情况下从睡眠到完全清醒是相当直接的。好吧,我们不喜欢它,感觉不舒服,诅咒打电话的人,然后翻过身来关掉铃声。但我们醒了,好吧,而且我们知道自己已经醒了。然而,出于很大程度上仍不清楚的原因,这个过程并不总是这样。对于某些人来说,在睡眠和觉醒之间有一个中途站,且这个中途站会引发各种反应,从困惑到直接惊恐。

这一切都源于身体与精神之间的 3 种可能状态。当清醒时,两者都在工作;在 NREM (深度)睡眠中,两者或多或少都是空转的。然而,在 REM (做梦)睡眠期间,精神在工作,但身体在休息;事实上,我们的随意肌是瘫痪的,以至于我们无法动弹。在 NREM 睡眠唤醒障碍中,患者同时经历睡眠和觉醒的 EEG 模式,而症状随之而来。在 NREM 睡眠期突然出现的部分觉醒通常发生在睡眠的第 1 个或第 2 个小时,此时慢波睡眠最为普遍。虽然行为之间有时会重叠,但存在 3 种最为主要的异常唤醒类型。按严重程度递增的顺序将它们列出:混乱唤醒<睡行<睡惊。

在每一个类型中,事件都往往很难被回忆起。每一种类型均在儿童中更为常见,而这通常被认为是无害的,可能是由还未发展成熟的神经系统引起的。其中,混乱唤醒还没有进入DSM-5 手册。

有些发作自发发生,但另一些则有明显的前因事件,包括压力、不规则睡眠、药物及睡眠剥夺。虽然家族史通常为阳性,但遗传的因果关系尚未被确定。

11.4.4.2 非快速眼动睡眠唤醒障碍(睡行型)

睡行行为一般遵循相当固定的模式:它通常发生于夜间的前三分之一,那时非快速眼动睡眠更为普遍。睡行者首先坐起来,然后做出某种反复运动(如拔床上用品的线)。然后可能出现更有目的性的行为,可能是穿衣服、吃东西或上洗手间。个体常面无表情且目不转睛。如果这些人说话,那么话语通常是混乱的,说话成句是很少见的。他们的动作常不协调,有时会造成相当大的危险。常见的是无法回忆自己睡行发作。

单个发作可持续从几秒到 30 分钟内的任意时长;在此期间,人们通常难以被唤醒,但可能会出现自发性觉醒——通常导致短暂的方向迷失。有些个体会在未觉醒的情况下回到床上。偶尔,个体会对自己在某个地方睡着但却在其他地方醒来表示惊讶。

睡行有两种亚型:伴睡眠相关的进食,以及伴睡眠相关的性行为(DSM-5 称睡眠性交症)。前者主要发生在女性身上,而且它与夜间进食综合征不同,后者患者是清醒的并能在第二天记起该事。第二种亚型涉及手淫,且有时包括与他人的性行为,这在男性中更常见,且可能产生法律后果。

睡行在夜间发生,但频率通常较低。与梦魇和睡惊一样,除非发作是反复的并导致损伤或痛苦,否则不要诊断为睡行型。而且,与许多其他睡眠障碍一样,当个体疲倦或一直处于应激之中时,睡行发生的可能性更大。在成人中,该疾病似乎具有家族性和遗传成分。

大约 6% 的儿童出现睡行;而在他们中,睡行不被认为是病态的。它通常始于 6 到 12 岁且持续数年,其中大部分在 15 岁后就消失了。其中,大约 20% 的个体在他们的成年生活中持续睡行；睡行影响多达 4% 的成年男性和女性，其典型的发病年龄为 10～15 岁。之后它逐渐变为慢性，直到个体 40 岁的时候。虽然有的睡行型的成年人可能患有人格障碍。

11.4.4.3　非快速眼动睡眠唤醒障碍（睡惊型）

睡惊（也称夜惊）常见于儿童，典型的发病年龄为 4～12 岁。成年人发病通常会在 20 多岁或 30 多岁时，几乎不会在 40 岁之后。和梦魇与梦魇障碍的关系一样，仅反复发生且产生痛苦或功能损伤的睡惊才可获得睡惊型 NREM 睡眠唤醒障碍的诊断。

睡惊发作始于患者上床后不久的 NREM 睡眠期间出现的大声哭泣或尖叫。个体会坐起来，看起来很害怕，似乎很清醒，但不会对安抚的尝试做出回应。此时个体会出现交感神经系统兴奋的迹象，如心跳加快、出汗和毛发直立（毛发在皮肤上竖起）。随着深呼吸和瞳孔放大，该个体似乎已经做好了逃跑或战斗的准备，此时该个体是激活的但不是清醒的。单次发作通常持续 5～15 分钟，且在返回睡眠时自发终止。大多数患者在第二天早晨没有关于该事件的记忆，不过有些成年人可能有一些零碎的记忆。

虽然应激和疲劳可能会增加发生的频率，但是睡惊发作之间通常会有数天到数周的间隔。在成人中，该障碍在男性和女性中同样普遍。

儿童的患病率约为 3%，且在 6 岁时达到高峰——低于成人患病率，但该比率不应被认为是罕见的。在儿童中，睡惊不被认为是病理性的。它们几乎在随后的生活中不同程度地消失且不会出现任何躯体或心理病理症状。

成人起病类型可能与某些其他精神障碍有关，如焦虑障碍或人格障碍。

11.4.4.4　不安腿综合征

不安腿综合征（restless legs syndrome, RLS）是一个讨厌的主诉，临床医生有时会忽视它，因为它不会严重威胁到任何人；然而它会对患者造成异常的折磨。个体通常不会感到疼痛，而是感到一种几乎难以形容的小腿深处的不适，该不适只能通过运动来缓解，使得个体每隔几秒就产生一种不可抗拒的冲动力来更换腿的摆放位置。患者会说这种感觉就像瘙痒、刺痛、蠕动或爬行一样，但这些描述均未能够完全概括出这种疾病那种无法想象的痛苦，在没有受到折磨的人眼中看似无关紧要。

这类常见的障碍具有在睡前开始的倾向，并且会推迟睡眠的开始；有时它会在夜间唤醒患者。它与紊乱的睡眠和睡眠时间缩短有关。这种障碍的缓解可以有多种形式——步行、踱步、伸展、摩擦，甚至骑固定自行车。

麻烦的是每一个策略都会增加清醒感。除了导致个体第二天感到疲倦之外，RLS 还会导致抑郁和焦虑。它往往会随着夜深逐渐减少，使得个体在接近早晨时能有更多恢复性的睡眠。总体而言，尽管它可能在几周内起起落落，但总体它会随着时间的推移而恶化。它与重性抑郁障碍、广泛性焦虑障碍、创伤后应激障碍和惊恐障碍有关。

没有人真的确定 RLS 发生的原因，不过它可能与神经递质多巴胺有关。它还见于神经病变和多发性硬化等神经系统疾病，以及铁缺乏症和肾功能衰竭。RLS 可能因药物而恶化，药物包括抗组胺药、止咳药、米氮平以及一些其他的抗抑郁药。

轻度阻塞性睡眠呼吸暂停的影响有时看起来像是周期性肢体运动。如果被问及，总人群中约 2% 的个体会主诉 RLS 导致功能受损(大多是紊乱的睡眠);甚至约 1% 的学龄儿童报告过该疾病。该障碍在欧洲裔美国人中更为常见,在亚裔人群中则较少;女性的患病率可能高于男性。它往往在生命的早期起病(十几岁或二十几岁的青少年)。有时你会发现 RLS 阳性的家族病史,其基因标记已被识别。一个简单的访谈通常足以做出诊断。

DSM-5 不安腿综合征诊断标准	G25.81

A.移动双腿的冲动,通常伴有对双腿不舒服和不愉快的感觉反应,表现为下列所有特征:

    1.移动双腿的冲动,在休息或不活动时开始或加重。

    2.移动双腿的冲动,通过运动可以部分或完全缓解。

    3.移动双腿的冲动,在傍晚或夜间比日间更严重,或只出现在傍晚或夜间。

B.诊断标准 A 的症状每周至少出现 3 次,持续至少 3 个月。

C.诊断标准 A 的症状引起显著的痛苦,或导致社交、职业、教育、学业、行为或其他重要功能方面的损害。

D.诊断标准 A 的症状不能归因于其他精神障碍或躯体疾病(例如,关节炎、下肢水肿、外周缺血、下肢痉挛),也不能用行为状况来更好地解释(例如,体位性不适、习惯性顿足)。

E.此症状不能归因于滥用的毒品、药物的生理效应(例如,静坐不能)。

来源:American Psychiatric Association(2013). Diagnostic and statistical manual of mental disorders(5th ed). Washington,DC.

11.4.4.5 梦魇障碍

因为大多数梦魇会很快使我们完全清醒,所以往往能够鲜活地记住它们。它们通常是涉及威胁我们的安全或自尊的事物。当某人反复出现那种长期恐怖的梦境,或者出现白天嗜睡、易激惹或注意力不集中时,**梦魇障碍(nightmare disorder)**的诊断可能是合理的。

梦魇出现在 REM 睡眠期间,大部分集中于夜晚结束时(在睡眠早期的发作值得注意,需要给予标注)。梦魇可以因 REM 抑制物的戒断而增加,包括抗抑郁药、巴比妥酸盐和酒精。尽管一定程度的心跳加速是常见的,但与睡惊型非快速眼动睡眠唤醒障碍的患者相比,发生梦魇的个体交感神经系统唤醒症状更少(出汗、心跳加快、血压升高)。

童年期的梦魇,特别是那些发生在幼儿身上的梦魇,不具有病理学的显著意义。大约一半的成年人报告在某个时间出现过梦魇。梦魇的数量多到足以被认为是病理性的人数不详,但约 5% 的成年人声称经常出现梦魇。相比于男性,梦魇更常见于女性。在某种程度上,梦魇的倾向可能是遗传性的。

虽然频繁出现梦魇的成年人可能有精神病理倾向,但睡眠专家对这种精神病理学的状况还没有达成共识。(当它被分类时,结果可能是病理学更多地关注主诉的个体,而非实际的梦魇体验。)生动的梦魇有时会在精神病发作之前出现。然而,大多数梦魇可能是对应激的可预期反应(因而也是正常的);一些临床医生认为这些梦魇帮助人们处理创伤经历。

至少有一半的人曾一度有过梦魇。那么,是否可以说他们都患有睡眠-觉醒障碍?与许多其他疾病一样,做出该诊断取决于数量(梦魇发作的数量)及患者对发作的反应。这些因素必须通过临床医生的判断加以鉴别。

DSM-5 梦魇障碍诊断标准	F51.5

A. 反复出现的延长的极端烦躁和能够详细记忆的梦，通常涉及努力避免对生存、安全或躯体完整性的威胁，且一般发生在主要睡眠期的后半程。

B. 从烦躁的梦中觉醒，个体能够迅速恢复定向和警觉。

C. 该睡眠障碍引起有临床意义的痛苦，或导致社交、职业或其他重要功能方面的损害。

D. 梦魇症状不能归因于某种物质（例如，滥用的毒品、药物）的生理效应。

E. 共存的精神和躯体障碍不能充分地解释烦躁梦境的主诉。

标注如果是：

在睡眠开始时。

标注如果是：

伴有关的非睡眠障碍，包括物质使用障碍。

伴有关的其他躯体疾病。

伴有关的其他睡眠障碍。

编码备注：编码 F51.5 适用于所有 3 个标注。在梦魇障碍的编码之后，也应给有关的精神障碍、躯体疾病或其他睡眠障碍编码，以表明其关联性。

标注如果是：

急性：梦魇病程为 1 个月或更短。

亚急性：梦魇病程长于 1 个月、短于 6 个月。

持续性：梦魇病程为 6 个月或更长。

标注目前的严重程度：

严重程度是根据梦魇发生的频率来分级：

轻度：平均每周发作少于 1 次。

中度：每周发作 1 次或更多，但并非每晚发作。

重度：每晚发作。

来源：American Psychiatric Association(2013). Diagnostic and statistical manual of mental disorders(5th ed). Washington,DC.

11.4.4.6 快速眼动睡眠行为障碍

在正常的快速眼动睡眠中，我们的骨骼肌瘫痪，这保护我们在无意识状态下免受伤害。但对于患有 REM 睡眠行为障碍(rapid eye movement sleep behavior disorder,RBD)的人来说，这种机制有时会失效。然后，梦境就会以活动呈现，导致伤害。尽管所讨论的运动行为可能只包括轻微的抽搐，但它们也可以升级为突然的、有时甚至是剧烈的运动——拳打脚踢甚至是咬，人们有时会严重伤害自己或床伴。除了剧烈的运动行为，患者有时会低声耳语、说话、叫喊、咒骂、大笑或哭泣。总体上，对自己或他人的伤害超过 90%。这些患者通常闭着眼睛，另一个与睡行的区别是，他们也很少起床。一旦醒来，很多 RBD 患者就报告生动的梦境，梦境常为被动物或人威胁或攻击。外在的行为可以很好地反映他们梦境的内容，有时也被称为"演出他们的梦境"。有时候，一个有趣的梦会让人微笑或大笑。严重时，这些行为每周都会发生，甚至更频繁。

RBD患者绝大多数为男性。通常的发病年龄在50岁以后,所以典型患者为中年或老年男性。然而,即使是儿童也会受到影响。多达三分之一的患者未意识到自己的症状,约一半的患者不记得做过不愉快的梦。总的来说,这种障碍仅影响不到成年人总体的1%。初步诊断可以根据床伴的观察进行推测,确诊(除了一个例外)需要多导睡眠图。这里的例外是:患者具有显示RBD和一种突触核蛋白疾病(如帕金森病和其他一些疾病)的症状。

在睡眠诊所的RBD患者中,约一半的患者会患上或发展出这些疾病的其中一种:路易体痴呆、帕金森病或多系统萎缩。这些统称为突触核蛋白病,因为它们的根本原因是突触核蛋白的细胞内质量异常。这可能是唯一一个可以预测某种医学疾病的精神健康障碍,而那种医学疾病的真正发作可能远在将来。

DSM-5 快速眼动睡眠行为障碍诊断标准	G47.52

A.睡眠中反复发作的与发声和/或复杂的运动行为有关的唤醒。

B.在快速眼功睡眠期出现这些行为,因此通常出现在睡眠开始超过90分钟后,且在睡眠周期的后期更频繁,在白天打盹时不常出现。

C.一旦从这些发作中觉醒,个体会完全清醒、警觉,而不是意识模糊或失去定向。

D.下列任一项表现:

    1.在多导睡眠图记录中,快速眼动睡眠期无张力缺乏。(可能包括伤害自己或同床的伴侣)。

    2.病史提示有快速眼动睡眠行为障碍和已明确的突触核蛋白病的诊断(例如,帕金森病、多系统萎缩)。

F.该障碍不能归因于某种物质(例如,滥用的毒品、药物)的生理效应或其他躯体疾病。

G.共存的精神和躯体障碍不能解释此发作。

E.此行为引起有临床意义的痛苦,或导致社交、职业或其他重要功能方面的损害。

来源:American Psychiatric Association(2013). Diagnostic and statistical manual of mental disorders(5th ed). Washington,DC.

11.4.5 其他睡眠-觉醒障碍

物质/药物所致的睡眠障碍

滥用物质会导致各种各样的睡眠障碍,其中大部分是失眠或嗜睡。睡眠的特定问题可以发生在中毒或戒断期间。物质/药物所致的睡眠障碍的基本特征是显著的睡眠紊乱,它严重到需要独立的临床关注,以及被认为主要与物质的药理效应有关(例如,滥用的毒品、药物、接触毒素)。基于所涉及的物质,四个类型的睡眠障碍中的至少一种可被报告。

在物质/药物使用、中毒或戒断期间,个体频繁主诉烦躁的心境,包括抑郁和焦虑、易激惹、认知障碍、注意力不集中和疲劳。显著的和严重的睡眠紊乱可能与下列类别的物质的中毒有关:酒精,咖啡因,大麻,阿片类物质,镇静剂、催眠药或抗焦虑药,兴奋剂(包括可卡因),以及其他(或未知)物质。显著的和严重的睡眠紊乱可能也与下列类别的物质的戒断有关:酒精,咖啡因,大麻,阿片类物质,镇静剂、催眠药或抗焦虑药,兴奋剂(包括可卡因),烟草以及其他(或未知)物质。一些药物可能诱发睡眠紊乱,包括肾上腺素激动剂和拮抗剂、多巴胺激动剂和拮抗剂、乙酰胆碱激动剂和拮抗剂、五羟色胺激动剂和拮抗剂、抗组胺药、皮质类固醇。

酒精。过量饮酒(中毒)会导致无法恢复精力的睡眠,强烈地抑制快速眼动睡眠以及减少总睡眠时间。患者可能会经历末端失眠,有时会嗜睡,且他们的睡眠问题可能会持续数年。酒精戒断显著增加了入睡潜伏期,并伴随着频繁的觉醒而产生的不安睡眠。患者可能经历伴随震颤的谵妄和(尤其是视觉上的)幻觉,这在以前被称为震颤谵妄。

镇静剂、催眠药和抗焦虑药。这些药物包括巴比妥酸盐、非处方类抗组胺药和短效苯二氮类药物,以及高剂量的长效苯二氮类药物。这些物质中的任何一种都可以用于治疗另一个诱因的失眠。它们可以导致个体在中毒或戒断期间的睡眠紊乱。

中枢神经系统兴奋剂。安非他明和其他兴奋剂通常会导致入睡潜伏期的增加,快速眼动睡眠的减少,以及更多的觉醒。一旦停止用药,伴随有不安的嗜睡和 REM 反弹性做梦可能会随之而来。

咖啡因。这种受欢迎的药物会在中毒时引发失眠,在戒断时会产生嗜睡。

其他药物。这些药物包括三环类抗抑郁药、神经松弛剂、ACTH、抗惊厥药、甲状腺药物、大麻、可卡因、LSD、阿片类药物、PCP 和甲基多巴胺。

11.5 其他行为与冲动控制障碍

本书中所描述的很多冲动控制障碍都源于不可抗拒的冲动,最终往往会对患者本人造成伤害。通常,人们体验到不断增加的张力后会采取行动,有时还会对冲动行为产生快感预期。举例来说,恋童癖(对儿童产生性渴望)等性欲倒错、进食障碍以及本章所讨论的物质相关障碍,都始于具有破坏性但又难以抵抗的欲望或诱惑。

DSM-5 中还包含了另外三种冲动控制障碍:间歇性爆发障碍、盗窃癖和纵火癖。在

DSM-Ⅳ-TR 中，赌博障碍被归入冲动控制障碍中，但是在 DSM-5 中，它被归于成瘾障碍。而拔毛发癖（拔毛障碍）也从本类别中移出，归入强迫症及相关障碍。

11.5.1　赌博障碍

　　赌博拥有悠久的历史，例如，在古埃及的坟墓里就发现了色子（Greenberg，2005）。赌博在世界各地也很流行，在不少地方都是合法的娱乐方式。赌博障碍（gambling disorder）影响了越来越多的人或许就是这种情况导致的。根据美国调查统计，成年人中赌博障碍的终身患病率接近 1.9%。研究发现，在病态赌博者中，14% 的人经历过至少一次失业，19% 的人破产，32% 的人被拘捕过，21% 的人被监禁。在 DSM-5 中，赌博障碍的诊断标准指出了与这一成瘾障碍有关的特征行为，这些行为包括与我们在其他物质相关障碍中发现的相同的渴求模式。与物质依赖极为相似的是，赌博金额会随时间增加，还有当试图停止赌博时会出现坐立不安和易激惹等戒断症状。基于这些与物质相关障碍相同的症状，DSM-5 中将赌博障碍归于"成瘾障碍"的非物质相关障碍一类。

　　关于赌博障碍的性质和治疗的相关研究不断发展。例如，探索病态赌博者对于赌博渴求的生物基础。一项研究让赌博者观看其他人赌博的录像，同时用脑成像技术（FMRI，功能性磁共振成像）观察他们的脑功能活动。与对照组相比，赌博者大脑中冲动控制区域的活跃程度较低，显示出与赌博有关的环境线索与大脑响应间存在交互作用（抵制赌博线索的能力可能被削弱）。在针对病态赌博者的研究中还发现了多巴胺系统（负责赌博的快感结果）和血清素系统（与冲动行为有关）的异常。

　　治疗赌博问题非常困难。赌博障碍患者呈现出一些性格特征，包括否认问题、易冲动和持续乐观（总会赢场大的来弥补损失），这些性格特征会影响治疗的有效性。病态赌博者还会经历与物质依赖相似的渴求体验（Wulfert，Franco，Williams，et al. ，2008；Wulfert，Maxson & Jardin，2009）。治疗赌博障碍的方法也与物质依赖相类似，比如匿名戒赌自助会和我们之前讨论过的 12 步法则。然而，关于有效性的评估显示，除非患者在接受干预之前就有强烈的戒赌意愿，否则 70%～90% 的人会中途退出（Ashley & Boehlke，2012）。认知行为治疗的效果也得到了研究，其中包含了很多不同成分——设定金额限制、规划替代活动、预防复发、脱敏想象等。这一预备性研究为我们呈现出了乐观的前景（Dowling，Smith & Thomas，2007）。

　　除了将赌博障碍归入"成瘾障碍"外，DSM-5 中还列出了其他潜在的成瘾行为，如"网络游戏障碍"（internet gaming disorder），以便进一步研究。有些人会极其专注地投入在线游戏（有时跟其他玩家组成团队），他们也有相似的耐受和戒断模型（Petry & O'Brien，2013）。这种新型的成瘾行为还需要更多关于其性质和治疗方法的研究。

DSM-5 赌博障碍诊断	F63.0

A. 持续的和反复的有问题的赌博行为,引起有临床意义的损害和痛苦,个体在 12 个月内出现下列 4 项(或更多)症状:

1. 需要加大赌注去赌博以实现期待的兴奋。

2. 当试图减少或停止赌博时,出现坐立不安或易激惹。

3. 反复的失败的控制、减少或停止赌博的努力。

4. 沉溺于赌博(如,持续的重温过去的赌博经历,预测赌博结果或计划下一次赌博,想尽办法获得金钱去赌博)。

5. 感到痛苦(例如,无助、内疚、焦虑、抑郁)时经常赌博。

6. 赌博输钱后,经常在另一天返回去想赢回来("追回"损失)。

7. 对参与赌博的程度撒谎。

8. 因为赌博已经损害或失去个人重要的关系、工作和教育或事业机会。

9. 依靠他人提供金钱来缓解赌博造成的严重财务状况。

B. 赌博行为不能用躁狂发作来更好地解释。

标注如果是:

阵发性:符合诊断标准超过 1 次,在赌博障碍发作之间,其症状至少有几个月的时间是减轻的。

持续性:经历持续的症状,且符合诊断标准年数。

标注如果是:

早期缓解:先前符合赌博障碍的诊断标准,但不符合赌博障碍的任何一条诊断标准至少 3 个月,不超过 12 个月。

持续缓解:先前符合赌博障碍的诊断标准,在 12 个月或更长时间内不符合赌博障碍的任何一条诊断标准。

标注目前的严重程度:

轻度:符合 4～5 项标准。

中度:符合 6～7 项标准。

重度:符合 8～9 项标准。

来源:American Psychiatric Association(2013). Diagnostic and statistical manual of mental disorders(5th ed). Washington,DC.

11.5.2　间歇性暴怒障碍

这个诊断是很有争议的,在整个 DSM 系统的发展过程中引发了多次辩论。人们担心,如果确立一个覆盖了攻击行为的诊断类别,那么精神失常可能会被当作所有暴力犯罪的法律辩护理由:**间歇性暴怒障碍(intermittent explosive disorder)**患者在其攻击性冲动发作期间,会出现严重的攻击行为并导致财产损失。

不幸的是,在一般人群中经常能观察到的攻击性爆发现象,但在排除了其他障碍(例如反社会型人格障碍、边缘型人格障碍、精神病性障碍和阿尔茨海默病)或物质使用影响后,很少有人被诊断为患有这种障碍。

更多内容见之前章节讨论。

11.5.3　盗窃癖

更多内容见之前章节讨论。

11.5.4　纵火癖

众所周知,偷东西的人不一定是盗窃癖患者,同样,纵火者也不一定都是**纵火癖(pyromania)**患者。纵火癖是一种控制不住放火渴望的冲动控制障碍。它的模式与盗窃癖非常相似,在放火之前个体会感到紧张唤起,点火之后会感到愉悦或放松。这些人还特别关注火或相关设备,比如点火或灭火装置等。这种障碍同样很罕见,纵火犯中只有 3% 被诊断为纵火癖,因为纵火犯中为钱财或报仇而放火的,要远远多于那些只是为了满足生理或心理渴望的人。因为被诊断出这种障碍的人很少,所以有关的病理学和治疗研究也很有限。目前,已经开展了针对纵火犯(其中只有很小的比例是纵火癖)的研究,考察了纵火犯的家族史以及与其他冲动障碍(反社会型人格障碍和酗酒)的共病情况。治疗以认知行为疗法为主,帮助患者鉴别出最初的渴望信号,并教会他们抵抗纵火冲动的应对策略。

更多内容见之前章节的讨论。

12 性障碍

12.1 性概述

性是每个人都有的富有独特偏好和幻想的个人化的一个领域。通常每个人的性行为反映了其欲望满足、幻想偏好、个性特征和所处社会文化的影响。在本章中,我们讨论 DSM-5 诊断标准中被列为性别烦躁、性功能障碍、性欲倒错障碍的临床障碍描述、典型特征和干预策略。其中性别烦躁涉及发生在儿童、青少年和成年人中的区别,也可以并到婴幼儿、儿童及青少年的精神障碍的章节讨论。与大多数其他诊断一样,患者可能会在多个领域存在问题,而这些问题又会与其他的精神障碍诊断并存。除了物质所致的性功能失调外,性功能失调是具有性别特异性的。DSM-5 将这些障碍依照字母顺序来组织排序,而我们则按照性别和它们在性活动中的阶段来进行排序介绍。

12.1.1 何为正常的性行为

目前在流行杂志或网络媒体中有关性行为总是显示着某些夺人眼球的信息,但是,如果你真的想仔细了解其中的具体内容,就会感到失望,因为其中内容含混不清,来源不明,更多的是缺乏可信的证据。首先,虽然大多数人都很重视性问题,但很多人难以公开讨论这些。我们对性偏离、性虐待和性功能障碍的了解远远少于本书中讨论的其他障碍。研究性的学者也远远少于研究诸如焦虑和抑郁的学者。其次,很多关于性的问题(诸如同性恋现象、未成年人性行为、堕胎和童年期性虐待)极具争议,更不用说,性研究本身就已经很有争议了(Udry,2007)。再者,性研究者往往本身在性问题上有偏见或成见,诸如在研究过程中赞成婚前性行为和同性恋,这就可能会使调查研究存在偏见(Laumann et al.,2009,2006,2005,1999)。虽然障碍重重,我们依然了解一些关于性异常和性功能障碍的重要信息。

何谓正常的性行为? 一种更好的理解方式是:在何种情况下以及何种程度上,性行为会偏离正常的范围而变成一种障碍? 这取决于多种因素。目前变态心理学或精神病理学对各种不同的性表达持有相当容忍的态度,即便它们是不同寻常的,除非这种行为是与显著的功能损害有关,或者极度痛苦,或者涉及儿童等无法做出有效知情同意的个体等。三种类型的性行为符合这一标准。一种是**性别焦虑障碍(gender dysphoria,GD)**。在性别焦虑障碍中,个体对于自己在出生时被认定的性别(男孩或女孩)存在一种不和谐的状态以及心理上的痛苦和不满。这一障碍和性行为无关,而是个体在作为男性或女性的感受上出现了紊乱。二种是患有**性功能障碍(sexual dysfunction,SD)**。这类个体发现自己在性交的时候难以顺利圆满地行使功能。例如,他们可能无法出现性唤起,或者无法达到高潮。三种是**性欲倒错障碍(paraphilic disorders,PD)**。在这类障碍中,性唤起主要发生在面对不恰当的物体或个体的时候。在英语中,"philia"指的是强烈的吸引或喜爱,而"para"则表明这种吸引是不正常的。性欲倒错障碍患者的性唤起往往局限于相当狭隘的对象,而且很少包括双方都有意愿的成年伴侣(即使存在这种渴望)。实际上,性欲倒错障碍和性功能障碍除了都包含性行为以外,彼此没有什么关系。

12.1.2　性别差异

尽管男性和女性都倾向于表现出单配偶式(单一性伙伴)的性关系模式,但性行为中的性别差异的确存在,而且其中的某些不同还相当突出。Petersen 和 Hyde(2010)进行的一个精细的调查报告了性态度和性行为中的性别差异结果。男性报告自慰(自我刺激直到达到高潮)的比例要显著高于女性(Oliver ＆ Hyde,1993;Pelau,2003;Petersen ＆ Hyde,2010)。Pinkerton 等人(2003)调查发现了这一差异(98％的男性报告自己曾经自慰,而女性的比例仅有64％)。在那些报告会自慰的人群中,男性的自慰频率是女性的2.5倍。一项更早的调查表明,自慰和之后的性功能并无任何关系;也就是说,无论这个人是否在青春期自慰,这与他们是否会有性交经历、性交频率、伴侣数量,或者其他反映性适应程度的变量都没有关联(Leitenberg et al.,1993)。

另一个持续存在的性别差异反映在随意性行为(casual sex)的比例、对待随意的婚前性行为的态度以及色情制品的使用上,男性对于上述行为和态度表现出的许可程度更高。对于随意性行为而言,Owen 等(2010)研究大学生中随意性行为中的"钓人"行为发现:酒精常常会催生这种行为,而且女性相比男性较少将其视为一种积极体验。("钓人","hooking up",本意是留住、联结的意思,具体指在一段彼此承诺的关系之外出现的各类身体上的亲密行为。)Owen ＆ Fincham(2011)发现,更高的酒精摄入量会导致更多地发生"炮友"关系("钓人"的一种具体类型,指一种持续存在的非恋爱的性关系),而且这一点特别适用于女性。Townsend ＆ Wasserman(2011)调查研究发现,即使女性有意进行随意性行为,但性伙伴数量越多与女性报告更多的担忧及脆弱感有关;而在男性中则正好相反。因此我们很容易理解,尽管"钓人"的发生率很高——在一项研究中,40％的美国女大学生在她们大学生涯的第一年中会出现这一行为——但对于女性而言,在一段恋爱关系中发生性行为的比例仍然是"钓人"行为的两倍(Fielder,Carey ＆ Carey,2013,2017)。

与之相反的是,来自众多研究的结果表明,在有关同性恋的态度(总体上可以接受)、性满意度的体验(对双方都重要)或是对于自慰的态度上(总体上可以接受)目前都没有显著的性别差异。

Barbara Andersen 和她的同事们关于性别差异研究最为令人赞叹。他们研究了个体在其自我中的性方面所具有的基本或核心的信念是否存在性别差异。这些有关性的核心信念被称为"性的自我图式"(sexual self-schema)。具体来说,在一系列的研究中,Andersen 等发现,女性倾向于报告体验到激情和浪漫的感受乃是她们性欲中必不可少的一部分,同时还报告了对于性体验的开放性。不过,有相当高比例的女性也持有一种尴尬、保守或羞怯的性图式,这在有些时候会和她们所具有的积极的性态度产生矛盾。另一方面,男性除了有激情的、充满爱意的和对体验保持开放的态度之外,在他们的性欲中明显表现出了充满力量的、独立的和攻击性的感受。而且,男性总体上并不具有羞怯、尴尬或感觉到行为抑制等消极的核心信念。Peplau (2003,2009)总结了目前在人类的性领域的性别差异研究结果,得出:(1)男性相比女性会表现出更多的性渴望和唤起;(2)女性比男性更强调彼此承诺的关系是性的前提;(3)男性的性自我概念和女性不同,其一部分特征是力量、独立和攻击性;(4)女性的性观念更灵活,即她们更容易受到文化、社会和情境因素的塑造。例如,女性更有可能随着时间的推移而改变性取向(Diamond,2007;Diamond et al.,2011)或者在性行为的频率上表现得更多变,会在高频阶段和低频阶段(如果她们的性伙伴离开她们的话)间变动。

12.1.3　文化差异

在不同文化之间和文化内部都存在一定的多样性和差异。在西方文化中正常的东西并不一定在世界其他地方也被认为是正常的(McGoldrick,Loonan & Wohlsifer,2007)。巴布亚新几内亚地区的萨姆比亚人(Sambia)相信,精液是部落中的男孩成长和发展所必需的物质。他们也相信,精液并不是自然产生的;也就是说,身体是无法自发制造出精液;因此,部落中的所有男孩,从他们大约 7 岁的时候开始,需要通过和十几岁的男性青少年从事同性口交的活动来接受精液。只有口交是被允许的,自慰是被禁止的,而且也不会出现自慰行为。到了青春期早期,男孩们就会转换角色,成为给年幼的男孩提供精液的人。异性恋的关系,甚至是和异性的接触在男孩进入青春期之前都是被禁止的。到了青春期晚期,男性青少年会被期待结婚并从此开始只进行异性恋活动;而他们的确会这样做,无一例外(Herdt,1987,1989)。与之相反的是,印度东北部的蒙达人(Munda)中,青少年和儿童住在一起,并且男孩和女孩混居;而性活动完全是异性之间的行为,大部分由爱抚和相互手淫组成(Bancroft,2008,2011)。

在对全世界超过 100 个社会所做的调查中,有将近一半的社会文化接受和鼓励婚前性行为,而另一半则正相反(Zucker,2014)。Schwartz (1993)比较美国和瑞典女大学生对于第一次婚前性交的态度,结果显示,在瑞典,人们对性行为的接纳程度相对更高一些;对于男性和女性而言,可以接受的性行为发生年龄都显著比美国更年轻。但是,其他的差异则很少,除了一个令人惊讶的例外:73.7%的瑞典女性在她们第一次性交时会采取某种避孕手段,而这个数字在美国女性中仅为 56.7%。Herlitz 和 Forsberg(2010)以及 Weinberg 和 Shaver(1995)之后的调查结果也没有发生多少变化。对中年的性行为来说,无论是在婚姻还是非婚姻的背景下,甚至仅仅就美国人而言,在性态度和性实践中也存在很大不同。Cain 等(2003)对美国各种族中年女性的大型调查显示,华裔和日本裔的女性相比其他种族女性而言,更加不会报告性是非常重要的事情,而非裔女性则更有可能认为性非常重要。对于那些在近 6 个月中有过性行为的人而言,拉美裔的女性相比其他种族的女性,更少报告自己从事性行为的原因是"为了获得乐趣"。因此,在一个文化中正常的性行为在另一个文化中并不一定也是正常的,哪怕在同一个国家的不同文化中也是如此。因此,在诊断是否存在障碍的时候必须考虑到性表达的范围。

12.1.4　性取向的发展

比起文化差异,性取向发展的相关研究的矛盾和争论更为突出。

Bailey 等(1993)报告显示,同性恋具有家族遗传性,而且在同卵双胞胎中,同性恋的共同发生率要比异卵双胞胎或一般的兄弟姐妹之间更高。甚至有双生子研究显示,同卵双胞胎同时具有同性恋取向的比例接近50%;在异卵双胞胎当中,这一比例为16%~22%;在并非双胞胎的兄弟或姐妹中,都是同性恋的比例与异卵双胞胎相当或略低一些(Diamond,1993)。针对同性性行为的基因研究发现,在男性中,基因可以解释34%~39%的变异,而在女性中,基因可以解释18%~19%的变异;其余的因素则受到环境的影响(Langstrom,2011)。请记住重要的事实,环境的影响因素可能会包括独特的生物学经历,例如,在子宫中(出生前)的激素暴露水平不同。其他的报告表明,同性恋以及在儿童期出现的**非典型性别行为(gender atypical behavior)**和激素暴露水平的差异有关,尤其是子宫内的非典型雄性激素水平(Auyeng et al. ,2009)。也有研究表明,同性恋的个体与具有异性恋唤起模式的脑结构也有可能有所不同(Allen,1992;Byne,2001)。

多年以来如此多的生物学取向研究,形成一种性取向具有某种生物学上的原因认识。最初,同性恋权益活动家们对于这些发现到底有没有价值截然分为两派。一方面对于生物学解释十分满意,因为主流人群再也无法像以前那样,认为同性恋者这种"偏离常态的"唤起模式乃是一种"道德堕落的"选择。但是,另一派注意到主流人群中的某些人非常迅速地就这一发现的潜在意义大做文章:因为具有同性恋唤起模式的人在生物学方面存在某种异常,那么某一天这种异常可能会在胎儿期时被发现并得到预防,这或许可以通过基因工程来完成。事实上对异常心理行为的一些研究,它们都曾尝试将复杂的行为和特定的基因联系在一起。然而,这些研究结果无法复制,因此研究者们转投向另一个理论模型——遗传对于行为特质和心理障碍的贡献来自多个基因,而每一个基因就某种易感性而言所具有的影响都是相对有限的。这种综合的生物易感性会以一种复杂的方式和各种环境条件、人格特质及其他决定行为模式的因素发生交互作用,也就是说,某种学习经历和环境事件可能会影响到大脑的结构和功能以及基因的表达,即发生遗传和环境的互动。

现如今,大多数的理论模型会概括地描述性取向背后存在复杂的交互作用。在性取向的发展这一点上,可能存在许多的路径,而且没有一种单一因素(生物学的或心理学的)可以预测结果(Bancroft,1994;Byne,2001)。Bailey 及其同事(1999)的一项双生子研究发现,在具有完全相同的基因结构和相同成长环境(在同一个家庭中长大)的同卵双胞胎中,约有50%性取向并不相同。类似的发现,一项对于302名男同性恋者的研究中,那些仅仅和兄长一起长大的人较有可能成为同性恋,而有姐姐或弟弟妹妹的情况和之后具有的性取向则并无相关。这个研究还发现,每多有一个兄长,个体成为男同性恋者的概率就会增加三分之一。这一发现已经被重复验证了好几次,它被称为"兄弟出生顺序假设"(fraternal birth order hypothesis)。这一发现表明了环境影响的重要性,尽管其背后的机制目前尚未鉴别出来(Blanchard,1996;1998;2002;2008)。

也许也有其他的可能性。或许将来研究者会发现同性恋(可能也包括异性恋)中存在着不同的类型,其背后的成因有所不同;甚至还有可能的是,性取向是可以被塑造的,或者可以随着时间而发生变化,至少对于一部分人而言是如此(Mock & Eibach,2012)。Diamond博士(2007,2011,2012)对女性进行了持续纵向研究后发现,人际和情境因素对于女性的性行为模式和性身份认同都会造成相当大的影响,而对于男性影响不明显。一些最初认为自己是异性恋、同性恋、双性恋或"无法标定"的女性中,约有2/3已数次改变了她们的性身份标签。当女性改变她们的性身份认同时,她们一般都会扩大而非缩小她们所能感受到的吸引力和可以建立的关系的范围。虽然还不能解释其中原因,但是这类富有创造力的纵向研究已经在性取向的起源方面给我们带来了不少的启发。

无论如何,一种过于简化的单一维度的观点,即认为同性恋是由某种基因造成的,或者异性恋是因为健康的早期发展而形成的,在一般大众中仍然有其影响力。然而,这两种解释都不太可能得到充分的证据支持。几乎可以肯定,生物学因素会设立某种限制,而在这种限制内,心理学和社会因素会对发展造成影响。科学家最终会找出性取向背后的关键生物学因素,无论是在同性恋还是异性恋中,而他们也会发现,环境和经历能够有力地影响这些潜在的性唤起模式的发展路径(Diamond,1995;2011;2018;Langstrom,2010)。

12.2　性别焦虑障碍

性与性别的领域具有高度争议性,已经衍生出许多术语,其含义随着时间在专业内和专业之间变化。另一个混淆来源是英文"SEX"一词既包括男性/女性的性别,也包括性。不同领域的学者广泛使用的一些概念和术语,在变态心理学和精神病学领域内有特定的含义。比如,"性"与"性的",是指男性与女性的生物学特征,诸如性染色体、性激素、性腺以及明确的内外生殖器。性发育障碍是指先天性躯体生殖器发育异常。术语性别(general),是用于表示男孩或女孩、男性或女性的一种公众身份(通常也被法律承认),但是对于性别的形成和发展,生物学因素被认为与社会和心理因素交互作用。性别分配是指作为男性或女性的最初指定。这通常发生在出生时,称为"出生性别"。非典型性别是指与给定的社会和历史时期中相同性别的个体比较,躯体特征或行为不典型(通常具有统计学差异)。性别再分配是指正式的(通常是合法的)性别改变。性别身份属于社会身份的一类,是指个体认为自己的身份是男性或女性,或出现男性或女性以外的类别。性别烦躁作为一个一般的描述性术语,指个体的情感/认知与被分配的性别之间不一致;而作为一种诊断类别时,则有特定的定义。跨性别是指短暂或持续地认为与出生性别不同的个体。变性是指个体寻求或已经实施了从男性变成女性或从女性变成男性的社会性转变,在许多情况下,包含了通过跨性别激素治疗和生殖器外科手术,进行了躯体上的转变。

性别烦躁(gender dysphoria,GD),也称为**性别焦虑障碍**。在DSM-Ⅳ-TR中被命名为性别认同障碍,性别认同障碍(GID)的诊断是一个有争议的诊断,同时有人认为这一名称歧视那些认同了与生理性别相反的个体。DSM-5对这一障碍的诊断标准进行了重要的改动,并将其重新命名为**"性别烦躁"**。

与所有其他障碍一样,一种障碍是否出现的一个关键因素在于临床上是否表现出与这个情况相关的明显痛苦。换言之,怀疑自己的性别或者性别认同不一致,不能算作精神障碍。所以要诊断为性别烦躁,个体必须表现出临床上明显的痛苦,或在社会、职业或者其他重要方面功能的受损(APA,2013A)。在性别烦躁的诊断上,DSM-5 针对儿童、青少年以及成年人设立了不同的诊断标准,并且将这一现象重新定义为性别烦躁,而不是对出生性别的不认同。

性别烦躁具体的诊断标准包括:

- 个体表现出的性别特征与个体的期望性别特征有明显的不同;
- 这种感受的出现持续时间在 6 个月及以上;
- 对于儿童来说,要表现出成为另一性别的渴望,并通过语言表达出来;
- 临床表现出明显的痛苦或者在社会、职业或者其他领域功能的损伤;
- 要确认个体在之前是否接受过可能导致其性别认同矛盾的药物治疗。

应该认识到,性别身份的认同是一种不固定的概念,包含了对身体的感受、社会角色、性别认同以及性征等内容。

性别烦躁治疗是复杂的,尤其是对于接受了变性手术的来访者来说。治疗师如果对变性的来访者感到不舒服,或者缺少与变性来访者工作的经验,那么应该把来访者转介绍给有性别烦躁方面工作经验的治疗师。需要重视的是治疗师的宜人性水平和态度可能对来访者对性话题的开放度产生影响。

12.2.1　儿童性别烦躁

在普通人群中,有 1%～2% 的男孩和更少一部分的女孩想要变成另一性别。从很小的时候起,这些孩子就知道自己是与众不同的。男孩喜欢玩洋娃娃,在游戏中扮演女性角色,易装,特别是会和一群同龄女孩交往。患有性别烦躁的女孩则在家庭游戏中扮演男性角色并且强烈排斥女性活动,如玩洋娃娃。当然,所有这些孩子,尤其是男孩,都有遭受被取笑、被欺负和其他形式同伴排斥的风险。尽管跨性别行为通常从 3 岁开始,但是典型的儿童通常要在数年后才会被父母关注到,相比于假小子样的女儿,男孩更多被父母注意是因为担心儿子的柔弱。

当然,性别烦躁并不是对于这些"与众不同"的行为唯一的可能解释:有些男孩就是不喜欢运动或粗暴的游戏;而有些女孩知晓了男性在社会上的优势,更偏好男装。而且,在青少年晚期,他们中的大多数将变得混合或中性化,不再有资格得到正式的诊断。平均而言,那些仍受影响的患者(有时被称为持续性患者)在童年期性别烦躁的程度较高。相比男孩,女孩更有可能维持这种烦躁。

对于患有性别烦躁的男孩来说,长大后更有可能成为同性恋而不是性别烦躁,小部分的人会变成常见的异性恋,也有一些人可能会患上成人性别烦躁(这个百分比差异很大)。先天女性性别中的持续性患者比例较高,但仍远低于 50%。针对儿童或青少年的最终诊断可能需要长期的评估。

12.2.2　青少年和成人的性别烦躁

患有性别烦躁的成年个体对自己的天生性别(也称先天性别)感到非常不舒服。有些人甚至厌恶自己的生殖器。他们希望以另一性别的身份生活,而且他们中的多数会采取异性的服装和举止。跨性别着装(虽然不是为了性刺激)通常是迈向完全性别改变的第一步。接下来,他们可能会服用激素来停止月经、增大乳房、抑制男性特征,或者改变身体的外观或机能。

一些性别烦躁患者对他们被定性的性别感到强烈的不舒服,以至于他们要求使用激素治疗或做变性手术。尽管很多做过这种手术的患者报告对自己的新性别感到满意并且生活得很满足,另一些患者最终会要求把性别变回来。一些基因上是男性的患者会保留他们的生殖器,但通过化学或外科手术的方式来隆胸。

成人的性别烦躁是 DSM-5 新改名的障碍之一,之前通常被称为易性癖,尽管并非所有性别烦躁患者都希望重置性别。直到 20 世纪 50 年代,临床医生甚至都还没有意识到性别烦躁的存在。直至 1952 年,克莉丝汀·乔根森在丹麦接受变性手术成为一名女性之后,才有了广泛的宣传,这种疾病才为人们所认识。调查研究显示,天生性别男性中大概有 1‰,女性则大概占这个比例的三分之一可能患有性别烦躁。它始于儿童早期(通常是学龄前儿童)且似乎是长期的。发病原因还不清楚。然而,有证据支持基因至少起了微弱的作用。

许多患有性别烦躁的先天男性性欲较低;如果他们真的有过性行为,绝大多数也偏好男性。几乎所有患病的女性都受女性的性吸引。一些性别烦躁患者成年后完成变性,变性后这一标注项指的是患者现在仅以自己所期望的性别生活,并且已经进行(或正在进行)一项或多项变性医疗程序。它们包括了常规的激素治疗和变性手术等方案。变性手术包括睾丸切除术、阴茎切除术、针对遗传男性的阴道成形术,以及针对遗传女性的乳房切除术和阴茎成形术。

DSM-5 性别焦虑症的诊断标准

在儿童中

A. 个体自己体验到/表现出的性别和被认定的性别之间存在显著的不一致;此种情形持续至少 6 个月,并表现出下列症状中至少 6 种(其中必须包括第 1 条):

1. 强烈渴望成为异性,或者坚持认为自己是异性(或和自己所被认定的性别不同的其他某种性别)。

2. 男性(被认定的性别)个体存在强烈的异装偏好,或者模仿少女的打扮;女性(被认定的性别)个体存在只穿着典型的男性化服装的强烈偏好,或者强烈抗拒穿着女性服装。

3. 在假装游戏或幻想游戏中强烈偏好异性的角色。

4. 强烈偏好异性所使用的或所从事的那些具有典型性别刻板印象的玩具、游戏或活动。

5. 强烈偏好异性的玩伴。

6. 男性(被认定的性别)个体强烈拒绝典型的男性化玩具、游戏或活动,并且强烈地回避粗野的游戏;女性(被认定的性别)个体强烈拒绝典型的女性化玩具、游戏或活动。

7. 非常不喜欢自己的性解剖结构。

8. 强烈渴望具有和自己所体验到的性别相匹配的第一性征以及/或者第二性征。

续表

B. 上述情况导致了个体在临床上显著的痛苦,或者损害了其在社交、学业及其他重要领域的功能。

在青少年和成年人中

A. 个体自己体验到/表现出的性别和被认定的性别之间存在显著的不一致;此种情形持续至少 6 个月,并表现出下列症状中至少 2 种:

1. 在自己体验到/表现出的性别和第 性征以及/或者第二性征(对于青少年,是即将或正在出现的第二性征)之间存在显著的不一致。

2. 强烈渴望能够摆脱自己的第一性征以及/或者第二性征(对于青少年,是渴望避免发展出即将出现的第二性征),因为其与自己所体验到/表现出的性别存在显著的不一致。

3. 强烈渴望异性所具有的第一性征以及/或者第二性征。

4. 强烈渴望能够成为异性(或和自己所被认定的性别不同的其他某种性别)。

5. 强烈渴望能够被作为异性(或和自己所被认定的性别不同的其他某种性别)来对待。

6. 极为深信自己具有异性(或和自己所被认定的性别不同的其他某种性别)的典型感受和反应。

B. 上述情况导致了个体在临床上显著的痛苦,或者损害了其在社交、学业及其他重要领域的功能。

来源:American Psychiatric Association(2013). Diagnostic and statistical manual of mental disorders(5th ed). Washington,DC.

12.2.3 性别烦躁干预与治疗

对患有儿童性别烦躁进行治疗,仍有争议。一些人建议早期干预,希望改变儿童性别烦躁的行为。然而,另外一些人认为,性别认同 2～3 岁时已经确定,有潜在的生理因素,所以比起关注性别问题,治疗师更应当关注治疗抑郁、焦虑、自尊受损和社交不适的症状,这些常常来自社会排斥和不适宜的朋辈关系。比较审慎的做法是注重缓解儿童当前的压力,而不是他们成年后可能遇到的问题。让儿童参与不那么具有强烈性别色彩的游戏,比如宽泛的游戏,能够给他们提供新的不会引来嘲笑的有益的社会支持。游戏治疗对于引导儿童参与活动和进行角色塑造,是一种有效果的方式。

对自身性别不适感的程度因人而异,许多在儿童期表现出性别烦躁症状的人,随着年龄的增长,症状会得到缓解。然而,对于其他人而言,第二性征的出现,例如青春期胸部或面部毛发的变化,是身体又在提醒他们对自己性别的不适感,会导致症状恶化。

儿童性别烦躁多大程度上会持续到青春期和成年,尚不明确。Green(1987)对 66 个儿童性别烦躁接受治疗的男孩进行了纵向研究,只有一个男孩在成年后仍然表现出同样的感受,而 75% 的男孩出现了明显的同性恋倾向,这使得研究者认为早期的变换性别行为和同性恋之间可能存在关联。

如果儿童性别烦躁持续到青春期乃至成年,改变与性别有关的态度和认同的可能性就很小了。因此,治疗目标应该集中在选择提高适应度和生活满意度的方式上。设置现实的目标对于有效治疗很重要。提高适应能力或者帮助人们决定是否进行生理治疗通常是更为可行的目标,而非缓解性别烦躁的症状。在做选择方面,人们应当被鼓励不仅反映他们自己的偏好,而且还要考虑家人、同事、朋友和社会大多数的反应,以及来访者自己对这些反应的回应。

改变生活方式和关系,包括来访者以他们偏爱的性别角色来生活,这是一种提高适应度和满意度的渠道。其他渠道包括荷尔蒙治疗和变性手术。在荷尔蒙治疗中,生理男性者服用雌性激素,生理女性者服用雄性激素。这些荷尔蒙不仅仅产生生理变化,其对于一些患有性别烦躁的人已经满足了,而且还提升他们的幸福感。

改变性别仍存在争议,这一复杂且多元的进程,包括荷尔蒙治疗、尝试相反性别的生活和最终的手术。只有很小部分患有性别烦躁的人选择了这种治疗。亨利·本杰明国际性别焦虑症学会(HBIGDA,2001)开发了关怀指导的标准指南,指南对从业者、心理健康专家和医学专家有指导意义,并且概述了对性别烦躁进行评估和治疗的流程(Carroll,2007)。

对性别烦躁治疗进行的对照研究几乎还没有。并非变换性别的青少年都患有性别烦躁或者寻求易性。已有的对患有性别烦躁的青少年女孩子进行的纵向研究中,发现大约50%的人发展出同性恋取向,35%~40%的人变为相反性别的欲望仍在继续,还不知道到底有多少人最终做了变性手术(Butcher & Mineka,2006)。一些结果研究关注变性手术的结果。许多人表示对变性手术结果满意,抑郁和焦虑度会降低,以新性别生活不存在问题(Oltmanns & Emery,2007)。然而,一些人仍然存在明显的适应问题,2%进行了这种手术的人自杀。对于同时患有心理障碍的人而言,如严重的抑郁或人格障碍,治疗结果消极的可能性最大。这个领域还需要更多的研究,包括纵向研究。

12.3　性功能障碍

性功能障碍(sexual dysfunction),这类问题是在**性互动**(sexual interactions)的背景下出现的,虽然性功能障碍在同性恋关系中和在异性恋关系中同样普遍,但是本书中我们大多在异性恋关系的背景下来探讨它们。

依据DSM-5中的性功能障碍分类,男性和女性可能发生的障碍类型大多同等,但这些障碍由于男女解剖结构的差异和其他性别各异的特征而有着特定的模式(表12.1)。具体的性功能障碍与人类具有的性别特异性性反应周期的各个阶段相关联。人类性反应周期包含渴望、唤起、高潮、平复四个阶段。渴望阶段是对于性线索或性幻想出现性的冲动。唤起阶段是一种主观的性愉悦感以及出现性唤起的生理迹象:在男性表现为阴茎充血(进入阴茎的血流增加),阴茎勃起;在女性表现为血管充血(血流向盆腔区域),导致阴道分泌润滑液和乳房充血(乳头勃起)。高潮阶段是男性表现为感觉到无法抑制的射精冲动,随后出现射精;在女性表现为阴道壁发生节律性收缩。平复阶段是在高潮之后出现唤起降低或不应期,直至下次唤醒。

表 12.1　男性与女性的性功能障碍分类

障碍类型	男性	女性
渴望	男性性欲低下障碍	女性性兴趣/性唤起障碍
唤起	勃起障碍	女性性兴趣/性唤起障碍
高潮	延迟射精 早泄	女性性高潮障碍
疼痛	—	生殖器-盆腔痛/插入障碍

来源：American Psychiatric Association(2013). Diagnostic and statistical manual of mental disorders (5th ed). Washington,DC.

　　性功能障碍既可以是终身性的,也可以是获得性的。终身性指的是一种慢性的情形,它在个体整个性生活历史中都存在,意味着从性功能开始活跃以来这种失调就一直存在;而获得性指的是在这种障碍发生之前,个体的性活动曾经相对正常,意味着患者曾在一些时间内可以没有特定功能失调地发生性行为。进一步而言,大多数性功能障碍可能是广泛性或者是情境性的(即局限于特定情况),例如一名男性可能仅在和某些伴侣在一起时或者仅在某些情况下发生,但是不会在另外一些伴侣身上或者另外一些情况下发生。此外,此类障碍可以是泛化的,即在个体每次尝试性活动的时候都会发生。终身性的功能障碍极大程度上更具有抗治疗性。

　　如同物质有关障碍和进食障碍一样,大多数性功能障碍包括功能不良或自我损害或破坏的行为模式。它们常常与人们对关系的满意度紧密联系在一起,这些障碍可能既反映了关系的缺陷,同时又给关系带来损害。性功能障碍在持续时间、严重性和影响方面也有差异。这里将分别进行讨论,因为它们之间有重要差异。

　　只要有性经历机会的时候都有可能发生。它们中的大多数是比较常见的。性功能障碍通常开始于成年早期,一些可能直到生命晚期才会出现。它们中的任何一项都可以由心理因素或生理因素或者二者的组合导致。通常,如果行为只是在其他精神障碍的发病期出现,我们不会使用任何一种上述诊断。

　　DSM-5 已经加强了关于需要多大程度的功能丧失才能做出此类障碍诊断的建议。患者必须在 6 个月内的大多数性活动中都出现症状(在诊断标准中,它被描述为"几乎全部或全部")——这些语句已经明确但又令人困惑地被定义为75%或更多。另外,诊断标准还规定它们必须引起"临床意义上显著的痛苦",这为基于问题的持续时间和问题对患者及其伴侣产生影响的程度而做出临床判断留下了一些空间。当然,判断会受到特定性行为周边环境的影响,比如性刺激的程度,性行为的数量和对象。例如,若女性只在很少或没有前戏的性交尝试中出现障碍,那么就不应予以女性性兴趣/唤起障碍的诊断。

　　还有一些参考因素在障碍辨别中可以考虑。伴侣因素,如伴侣的性问题或健康状况;关系因素,如沟通不畅、关系不和谐、性欲不一致;个体易感性因素,如虐待史或不良身体形象;文化/宗教因素,如与禁止性活动有关的禁忌;与预后、疗程或治疗相关的医疗因素,如慢性疾病。

尽管性功能障碍很常见,但常常会被临床医生所忽略;太多时候,我们只是没有去问。一个警觉的临床医生可能在来咨询不相关精神健康问题的患者身上做出一种或多种上述诊断。

12.3.1 男性性兴趣/唤起障碍

12.3.1.1 男性性欲低下障碍

男性性欲低下障碍(male hypoactive sexual desire disorder,MHSDD)是性反应周期中渴望阶段的障碍。相比于女性,人们对于男性的性兴趣和性欲低下知之甚少。尽管大约三分之二的夫妇到 70 岁中段的时候才会停止性生活,但男性性欲低下障碍几乎可以开始于人生的任何阶段。在任何年龄段,当它发生在异性恋夫妇身上时,绝大多数(90%)时候是从男性这方开始的。性兴趣或性渴望的问题在过去会被认为是婚姻问题而非性方面的困难。自从 20 世纪 80 年代,研究者认识到性欲低下是一种特定的障碍之后,有越来越多寻求性治疗的伴侣出现了其中一人报告这一问题的情况(Kleinplatz & Moser,2013;Leiblum,2010),这在一定程度上是由于人们没有根据地假设这一现象是不常见的。1994 年的一项针对 1400 多名男性的调查显示,16% 的人认为自己曾有过在几个月的时间内对性不感兴趣的经历(相比女性的这一比例为 33%)。这些男性往往年龄较大,从来没有结过婚,受教育程度不高以及较为贫穷。与其他男性相比,他们更可能在青春期之前受到过不恰当的"触摸",在生命中的某个时刻有过同性恋的经历,以及每天使用酒精。甚至有一定百分比的年轻男性(20 多岁)也会承认相对地缺乏性欲,尽管他们很少会上升到男性性欲低下障碍的水平。Schreiner-Engel 和 Schiavi(1986)注意到,患有这一障碍的人很少有性幻想,很少自慰(35% 的女性患者和 52% 的男性患者从来都没有自慰过,而在剩余的样本中,患者自慰的频率不超过每个月 1 次),而且尝试性交的次数仅为每月一次或更少。

男性性欲低下障碍可以是终身性的或是获得性的。终身性类型被发现与某些类型的性秘密有关,比如对于性取向的羞耻感,过去的性创伤,也许是对手淫的偏好多过与伴侣的性行为。此类男性的性欲低下可能被一段新的恋情所掩盖;而这种热情通常只能延续几个月,此后挫败和心痛(以及更多的隐秘)就会出现,对于患者和其伴侣是一样的。

获得性的男性性欲低下障碍是一种常见的模式。它通常是勃起或射精功能障碍(过早或延迟)的后果,而这些可能源于多种病因:糖尿病、高血压、物质使用、心境或焦虑障碍,有时是缺少与伴侣的亲密感。不管起因是什么,男性对于自己完成或保持勃起(或满足伴侣)的能力的信心不足导致了一种预期焦虑和失败的模式。他很难承认自己的性关系并不完美这一事实,所以他放弃了争辩,可以说,他被击败并变得沉默寡言了。

DSM-5 男性性欲低下障碍的诊断标准	

A.持续或反复出现缺乏(或没有)性/色欲的想法或幻想以及对性活动的渴望的现象。需由临床工作者
做出上述判断,并需考虑到影响性功能的因素,例如个体的年龄以及所属的社会文化背景。

B.诊断标准 A 中的症状最少已经持续了 6 个月。

C.诊断标准 A 中的症状导致个体出现临床上显著的痛苦。

D.这种性功能紊乱用性无关的心理障碍、严重的关系问题或其他严重的应激无法更好地解释,而且也
无法归因于某种物质/药物或其他医学情形的影响。

特定类型:

   终身型

   获得型

   泛化型

   情境型

来源:American Psychiatric Association(2013). Diagnostic and statistical manual of mental disorders(5th ed). Washington,DC.

12.3.1.2 勃起障碍

勃起障碍(erectile disorder,ED),也被称为**阳痿**,是一种唤起障碍,可以是部分的或是完全的。患者的问题并不是没有欲望,许多患上勃起障碍的男性有频繁的性冲动和性幻想,以及对性交的强烈渴望。他们的困扰在于如何出现躯体上的唤起。而对于女性而言,在唤起方面存在的缺陷则表现为无法达到或维持足够的润滑。无论是哪种情况,都意味着其勃起程度对于满意的性生活而言是不足够的。在男性中,完全不能勃起的病例是很罕见的。更为常见的是在自慰的时候或许可以完全勃起,在性交的时候则只能部分勃起,导致其硬度不足,无法插入。

勃起障碍的患病率高得吓人,而且会随着年龄增加而增长。Laumann(1999)的调查显示,在 18~59 岁的男性中,有 5% 的男性完全符合勃起障碍的一系列严格标准,但这依然是低估的数字,因为勃起障碍在 60 岁以上的男性中会显著增多。Rosen 等(2005)总结了来自世界各地的数据后发现,60 岁及以上的男性中,有高达 60% 会受到勃起障碍的困扰。总之,研究数据清晰表明,随着年龄的增长,发病率会急剧上升。

阳痿也可以是情境性的,这类患者只有在某些情况下才能完成勃起(例如,与妓女)。在所有的性功能障碍中,这是最可能起病于生命后期的障碍。多种情绪在勃起障碍的发展和维持中扮演着重要的角色。这些情绪包括了恐惧、焦虑、愤怒、内疚和对性伴侣的不信任。这些感受中的任何一种都足以吸引男性的注意力,致使他们无法将注意力充分地集中在体验性快感上。即使是一次的失败也可能导致预期性焦虑,然后激发另一轮的失败。著名的性研究者马斯特斯和约翰逊也提到被他们称为"旁观者效应的因素",患者会不断地对自己的表现进行评估以至于无法将精力集中到对性爱的享受中去。这样的患者可能能够在前戏时勃起,但在插入时即失去这种勃起。如果生物因素是主要或唯一的病因,那么就不应给出勃起障碍的诊断。如果能够在手淫,或与其他伴侣在一起时自然勃起,那么生物性病因就不

太可能。

现在,有一些权威人士估计一半或更多主诉为阳痿的患者有生物性的病因,比如治疗性前列腺切除术。然而,如果可以判断出来心理因素在致病因素中占据一定位置(而且往往也确实如此),那么就可以给出诊断。与其他性功能障碍一样,勃起障碍可以是终身性的或者是获得性的。

12.3.1.3 早泄

早泄(premature(early)ejaculation,PE),指射精远远早于当事人及其伴侣所期望的时间。有时男性在自己的意愿实现之前就达到了高潮,有时甚至只是在他刚刚插入的时候。尽管 DSM-5 具体界定的持续时间是约 1 分钟以下,但如何界定"过早"仍然不容易。在射精之前的时间多长才算"足够长"是因人而异的。不同的研究对于多少分钟可以真正被称为早泄有不同的定义标准。Patrick 及其同事(2005)发现,有早泄主诉的男性在插入后射精的平均时长是 1.8 分钟,相比之下,没有这一主诉的男性的平均时长是 7.3 分钟。7 分钟? 还是1 分钟? 这 2 个标准都曾被提出。不过,更重要的心理因素是知觉到自己无法控制高潮(Wincze,2008)。偶尔的早泄是正常的。

早泄的患病率相当高,是最为常见的男性性功能障碍,有 21% 的男性符合早泄的标准,持续的早泄似乎主要发生在没有经验且所接受的性教育更少的男性身上(Laumann,1999,2005,2007),在因性相关障碍而寻求治疗的男性中占到了 60% 之多(Polonsky,2000),16%的男性患者把早泄列为自己主要的困扰(Hawton,1995)。它在受教育程度较高的男性中尤其常见,原因大概是这一社会群体的男性在伴侣满意度问题上尤为敏感。而焦虑往往是致病因素之一,躯体疾病或异常则很少引发这个问题。

DSM-5 早泄的诊断标准

A. 在有伴侣的性活动中出现一种持续的或反复出现的射精模式,即在阴道插入约 1 分钟之内且早于个体期望之前射精。注意:尽管早泄的诊断可以被应用在从事非阴道性交的性活动的个体,但对于这类活动还未确立具体的时长标准。

B. 诊断标准 A 中的症状最少已经持续了 6 个月,且必须在性活动中的绝大部分或全部(大约 75%~100%)性接触(在可以鉴别出的情境背景,或,若为泛化型,则在所有背景下)中都体验到了症状。

C. 诊断标准 A 中的症状导致个体出现临床上显著的痛苦。

D. 这种性功能紊乱用和性无关的心理障碍、严重的关系问题或其他严重的应激无法更好地解释,而且也无法归因于某种物质/药物或其他医学情形的影响。

特定类型:

终身型

获得型

泛化型

情境型

来源:American Psychiatric Association(2013). Diagnostic and statistical manual of mental disorders(5th ed). Washington,DC.

12.3.1.4 延迟射精

患有延迟射精(delayed ejaculation, DE)的男性在获得勃起方面毫无困难,但在达到高潮方面有困难。有些患者只是需要很长的时间,而有些则是根本无法射精。长时间的摩擦则可能导致这些患者的伴侣抱怨疼痛。对性交表现的焦虑可能导致患者本身出现继发性阳痿。延迟射精患者通常可以通过手淫实现射精(单独的或在性伴侣的帮助下)。Laumann(1999)研究显示,终身性延迟射精患者的人格被描述为僵硬的和清教徒式的,有些人似乎把性等同于罪恶。该障碍也可能是出于人际关系困难,对怀孕的恐惧,或者是伴侣缺乏性吸引力。延迟射精患者一定程度上在焦虑障碍患者中更为常见。

延迟射精患者确实可能比较少见。当男性确实出现延迟(或没有)高潮的问题时,通常都是有躯体性病因的,如高血糖、前列腺切除术、腹部手术、帕金森病和脊髓肿瘤。一些男性还有别的生理异常,性高潮会导致他们的精液被排入膀胱中(逆行射精)。一些药物和酒精使用会导致延迟射精发生,如果这些因素中的任何一个是唯一的原因,它就不能被当作延迟射精。

12.3.2 女性性兴趣/唤起障碍

女性性兴趣/性唤起障碍(female sexual interest/arousal disorder, FSIAD)涉及两个阶段的融合:性欲低下障碍和女性性唤起障碍。DSM-5 将它们融合在一起的理由:性欲和唤起有很高的重叠性,尤其是对于女性而言;一些权威人士认为性欲只是性唤起的认知成分。此外,一个阶段并不总是先于另一个阶段出现,它们的先后关系实际上取决于个人,而且有时个体的低性欲也能够提高她们的唤起。

性欲取决于许多因素,包括患者的内在动力和自尊、之前的性满意度、一名伴侣以及在性以外领域与伴侣的良好关系。性欲可能因长时间的禁欲而被抑制。它可能表现为性活动频率过低,或是知觉伴侣没有性吸引力。有些患者实际上对性感到厌恶,对于接触生殖器或者生殖器间的性接触都感到厌恶。

女性性兴趣/性唤起障碍的患病率则有些难以估计,因为许多女性并不认为缺乏唤起是一个问题,更不要说是一种障碍了。Laumann(1999)研究调查称,女性体验到某种唤起障碍的患病率为 14%;但是,因为渴望、唤起和高潮障碍常常有所重叠,因此难以准确地估算在前往性诊所求助的女性中,到底有多少女性患有性兴趣/性唤起障碍。

性兴趣的缺失是来接受治疗的女性中最常见的主诉。在 18~59 岁的女性中,大约 30%的人承认自己至少有几个月的时间是缺少性欲的。因此,可能有一半的人感到痛苦,这可能影响到个体或是她们的关系。绝经后(自然或术后)的女性性欲更低。也可能是患者有过一段疼痛的性交史,感到内疚,或者有过发生在儿童期或早期性生活中的强奸或其他性创伤。

如果只在其他精神疾病的情境下出现,那么就不应予以性兴趣/性唤起障碍的诊断,如重性抑郁症或抗组胺药、抗胆碱能药可以起到降低性欲的作用。还要注意的是绝经后的女性可能需要更多的前戏来达到她们年轻时的润滑程度。然而,女性性兴趣/性唤起障碍经常与其他性功能障碍共存,如女性高潮障碍。若女性无法表达对性的兴趣,但对性行为有兴奋反应,这就不符合性兴趣/性唤起障碍的诊断。那些认知上认定自己一辈子都是"无性的"的个体也不符合该诊断。

DSM-5 女性性兴趣/性唤起障碍的诊断标准

A. 缺乏性兴趣/性唤起或性兴趣/性唤起显著降低,表现为符合以下至少三种情况:

　　1.对于性活动缺乏兴趣或兴趣降低;

　　2.性/色欲的想法或幻想缺乏或减少;

　　3.不主动提出性活动或主动性降低,并且往往对于伴侣尝试发起性行为没有反应;

　　4.对于性活动中的绝大部分或全部(大约75%～100%)性接触(在可以鉴别出的情境背景下,或,若为泛化型,则在所有背景下)都缺乏兴奋/愉悦,或兴奋/愉悦减弱;

　　5.对于任何内部或外部的性/色欲线索(例如,书面的、语言的、视觉的)都缺乏性兴趣/性唤起,或性兴趣/性唤起减弱;

　　6.对于性活动中的绝大部分或全部(大约75%～100%)性接触(在可以鉴别出的情境背景下,或,若为泛化型,则在所有背景下)缺乏生殖器或非生殖器区域的感受,或感受减弱。

B. 诊断标准 A 中的症状最少已经持续了 6 个月。

C. 诊断标准 A 中的症状导致个体出现临床上显著的痛苦。

D. 这种性功能紊乱用与性无关的心理障碍、严重的关系问题或其他严重的应激无法更好地解释,而且也无法归因于某种物质/药物或其他医学情形的影响。

特定类型:

　　终身型

　　获得型

　　泛化型

　　情境型

来源:American Psychiatric Association(2013). Diagnostic and statistical manual of mental disorders(5ᵗʰ ed). Washington,DC.

12.3.2.1 女性性高潮障碍

在性反应周期中的高潮阶段可能出现多种损害。其结果是,要么高潮在不恰当的时机发生,要么完全不发生。女性一旦学会达到性高潮的能力就会持续下去,而且通常会随年龄增大而有所提高。但女性并不会像男性那样抱怨自己过早到达性高潮。它通常不构成一个问题。许多女性能够在不频繁经历性高潮的情况下享受性爱。尽管有充分的性渴望和性唤起但无法达到高潮的情况多见于女性,在男性中并不常见。**女性性高潮障碍(female orgasmic disorder,FOD)**是很多女性到达高潮的一个问题,尽管研究一直对这到底有什么意义有不一样的定义。大约30%的女性报告了显著的困难,10%的人则永远都不会有高潮。女性性高潮障碍常常与其他性相关障碍共病,尤其是女性性兴趣/唤起障碍。

在不同年龄群体中的患病率相当,未婚女性患有高潮障碍的可能性为已婚女性的 1.5 倍,诊断这一问题时,有必要确定当事人"从未或几乎从未"达到过高潮(Wincze & Carey,2001)。这一标准之所以重要,是因为仅有约20%的女性在性交中能够比较稳定地经常体验到高潮(Graham,2010)。也就是说,约有80％的女性不会在每次性交中都体验到高潮,这与大多数男性截然不同。因此,在诊断性高潮障碍时,询问有关"从未或几乎从未"的问题非常重要,此外还需要确定女性对此感到困扰的程度。

一些躯体疾病,包括甲状腺功能减退、糖尿病和阴道结构损伤,都可能导致这种情况;如果这些躯体疾病被认为是唯一的病因,那么就排除了女性性高潮障碍的诊断。抗高血压药、中枢神经系统兴奋剂、三环抗抑郁药和单胺氧化酶抑制剂等药物也会对高潮产生抑制。心理因素,包括害怕怀孕、对伴侣的敌意、对性的愧疚、先前的性经历和前戏的充分性也必须被考虑在内。

DSM-5 女性性高潮障碍的诊断标准

A. 存在以下的症状中的一条,并且在性活动中的绝大部分或全部(大约75％ ～ 100％)性接触(在可以鉴别出的情境背景下,或,若为泛化型,则在所有背景下)中都体验到了该症状:

　　1. 达到高潮的时间显著延迟,或很少甚至无法达到高潮;

　　2. 高潮体验的强度显著减弱。

B. 诊断标准 A 中的症状最少已经持续了6个月。

C. 诊断标准 A 中的症状导致个体出现临床上显著的痛苦。

D. 这种性功能紊乱用和性无关的心理障碍、严重的关系问题或其他严重的应激无法更好地解释,而且也无法归因于某种物质/药物或其他医学情形的影响。

特定类型:

　　终身型

　　获得型

　　泛化型

　　情境型

注明:

　　在任何情境下都从未达到过高潮。

来源:American Psychiatric Association(2013). Diagnostic and statistical manual of mental disorders(5th ed). Washington,DC.

12.3.3　生殖器-盆腔痛/插入障碍

生殖器-盆腔痛/插入障碍(genito-pelvic pain/penetration disorder,GPD),它是在 DSM-5 中新出现的,在 DSM-Ⅳ中,它被包含在性交困难和阴道痉挛的类别下,由于它们并不能被有效地进行区分,因此 DSM-5 将其合二为一。旧的术语在描述特定类型的不适方面可能还在被使用。

一些女性在尝试性交时会感到明显的不适。这种由阴道肌肉抽筋性收缩(阴道痉挛)带来的痛觉,可以被描述为疼痛、刺痛或剧痛。焦虑会使盆骨底部产生紧张,从而产生强烈到足够阻止伴侣同房的疼痛(有时持续数年)。很快焦虑就会取代对于性的享受。有些患者甚至不能使用卫生棉条,需要在麻醉下才能接受阴道检查。

对于有些女性而言,她们具有性渴望,而且也容易唤起并达到高潮,但是在尝试性交过程中发生的疼痛如此严重以至于阻断了性行为。在另一些情况下,如果患者预期性交中会出现疼痛,则很可能经历严重的焦虑甚至是惊恐发作。

满足生殖器-盆腔痛/插入障碍诊断标准的女性的比例仍然是未知数。目前最可信的估计是它会影响到 6% 的女性(Bradford & Meston,2011)。根据 Richardson 和 Goldmeir(2006)的报告,因某种性功能障碍而感到困扰的女性中,有 25% 会体验到阴道痉挛,性交中的阴道痉挛和疼痛体验在女性中有很大的重叠。

几乎有三分之一做过妇科手术的女性会在性交时经历一定程度的疼痛。也有报道称,感染、疤痕和盆腔炎症可能是病因。当疼痛仅仅是由患者的其他躯体疾病症状或是物质滥用所导致的时候,不要将其诊断为生殖器-盆腔痛/插入障碍。

DSM-5 女性生殖器-骨盆疼痛/插入障碍的诊断标准

A. 持续或反复出现以下一种(或更多)困难情形:
　1. 在性交的插入阴道过程中;
　2. 在尝试插入时或性交过程中,出现明显的外阴阴道或骨盆处的疼痛;
　3. 在预期有阴道插入时,或插入过程中,或插入之后,对于可能发生外阴阴道或骨盆处的疼痛体验到明显的恐惧或焦虑;
　4. 在尝试阴道插入时,骨盆壁肌肉出现明显的紧张或收缩。
B. 诊断标准 A 中的症状最少已经持续了 6 个月。
C. 诊断标准 A 中的症状导致个体出现临床上显著的痛苦。
D. 这种性功能紊乱用和性无关的心理障碍、严重的关系问题或其他严重的应激无法更好地解释,而且也无法归因于某种物质/药物或其他医学情形的影响。
特定类型:
　终身型
　获得型

来源:American Psychiatric Association(2013). Diagnostic and statistical manual of mental disorders(5th ed). Washington,DC.

12.3.4　物质/药物所致的性功能失调

和躯体疾病一样,各种作用于精神的物质也会影响男性和女性的性功能。注意,只有当患者在该领域的问题超出了对常见物质中毒病程的预期时,才能够用物质/药物所致的性功能障碍诊断来替代具体的物质中毒诊断。

许多物质,包括酒精、阿片类药物、抗焦虑药和一些高血压药物都能引起性功能障碍。大部分抗抑郁药,除了丁氨苯丙酮(安非他酮)和米氮平(瑞美隆),都会引起性功能障碍。研究发现,苯二氮会延迟性高潮,一些抗精神病药物会减少性欲,引起勃起困难。

平均而言,可能有一半服用抗精神病药物和抗抑郁药物的患者会报告药物在性方面的副作用,尽管这些副作用不会总是达到临床显著的水平。使用街头毒品的人通常也会出现性方面的副作用,但是他们很少抱怨,因为他们把对毒品的选择看得比性更重要。

12.3.5　性功能障碍的评估

要想使性功能失调的诊断有效,必须确认症状是一再出现、持久的,必须引起相当大的苦恼和人际困难。另外,还要区分这种障碍起因于心理因素还是综合因素(生理和心理)。大部分性功能失调从成年早期开始,一般开始得较晚,特别是男性勃起障碍。在 20 多岁或 30 岁出头,人们一般不会寻求性功能失调的治疗。

对性行为评估是诊断治疗的重要一环,要考虑三个主要的方面(Wiegel,Wincze & Barlow,2002):(1)访谈。通常需要使用多种问卷加以辅助,因为相比口头的访谈,患者可以在纸上提供更详尽的信息。(2)一次彻底的医学检查,以排除各种可能导致性问题的医学状况。(3)一次心理生理评估,直接评估性唤起的生理方面。

测试性态度量表和问卷都比较有用。DeRogatis 性功能问卷(DISF)(DeRogatis,1997),它在五个方面提供了一个半结构化的访谈:性幻想和认知、性行为和体验、高潮、性欲望和性兴奋。女性性兴趣和欲望问卷(SIDI-F)是一种简明的、包括 17 个项目的等级量表,用于评估性欲障碍(Sills et al.,2005)。因为人们发现对性的态度与男女两性的性功能失调都有关联,所以测试有可能不利于治疗的具体态度会有帮助。性观念调查(SOS)(White,Fisher,1977)测量人们对性刺激的反应,范围从消极的一端到积极的一端。调查包括 21 个项目,属于李克特式六分态度量表。其他评估表由 Wiegel 及其同事(2002)进行了详细的回顾,比如性功能失调量表(McCabe,1998)、女性性功能指数(Rosen,2000)、性欲问卷(Spector,et al.,1996)和勃起功能国际指数(IIEF)(Rosen,et al.,2002);都对性功能失调进行了有效的测量。早年性经历清单(ESEC)(Miller,Johnson & Johnson,1991)是一种快速的、包括 9 个项目的问卷,用来探测 16 岁之前发生的意外性经历。其中一部分用来对最有压力的事件进行详细的询问,探索时间、持续时长、频次、体验到的压力程度以及强迫程度等内容。ESEC 为来访者提供了两个报告童年性虐待的机会,而不必在面对面的访谈中进行(Wiegel et al.,2002)。

所有针对性问题实施访谈的临床工作者都应该重视几个前提条件(Wiegel et al.,2002;Wincze,2009)。例如,他们必须通过自己的行动和访谈的风格向患者展示,他们可以自在地谈论这些议题。因为许多患者并不知道专业人员用来描述性反应周期和性行为中各个方面的诸多临床术语,因此临床工作者必须持续准备好使用患者的口头语,并且要意识到这些语言因人而异。谨慎地询问这些问题,询问的方式要能使患者感到放松。在其中会涵盖和性无关的躯体健康和关系议题,并且筛查是否存在其他心理障碍。在条件允许时,伴侣会同时进行访谈。患者可能会主动写下一些他们没有准备好讲述的信息,因此通常都会给他们填写各类问题,从而帮助他们展露出性的活动和关于性的态度。

医学检测、例行询问可能影响到性功能的各种医学情形。各类药物(包括治疗高血压、焦虑和抑郁的常见药物)往往会破坏性唤起和性功能。必须对近期的手术或当前存在的医学状况进行评估,从而确定它们对于性功能的影响。外科医生或者主治医生也许不会介绍可能出现的副作用,或者患者可能并没有向医生反馈某个医疗程序或药物影响了自己的性功能。有些患有特定性功能障碍(例如勃起障碍)的男性在来性诊所之前,已经去看过泌尿科医生(治疗生殖器、膀胱和相关结构的医生),而许多女性则已经看过妇科医生了,这些专家可能已经检查了与性功能有关的激素水平,而在男性中,可能已经评估了勃起反应所必需的血管功能水平。

通过使用心理生理的评估手段来衡量个体体验性唤起的能力,患者在这些测量中可以处于清醒状态,也可以处于睡眠状态。对于男性患者,需要直接测量阴茎勃起的程度,比方说使用阴茎张力计(penile strain gauge)(Barlow,Becker,1970)。对女性患者而言,类似的测量装置叫作阴道光电容积描记器(vaginal photoplethysmograph)。有需要时,求诊者接受生理评估时需要观看2~5分钟情色影片,或者偶尔会听情色录音,患者在此期间的性反应情况会通过张力计或光电容积描记器来记录。患者也会就自己所体验到的性唤起程度进行主观报告。这一评估使得临床工作者可以仔细地观察患者会在何种条件下出现唤起。例如,许多患有基于心理因素的性功能障碍的人可以在实验室里达到高度的唤起,但是和性伙伴在一起时却无法做到这一点(Bancroft,1997;Bradford & Meston,2011)。

12.3.6　性功能障碍的干预治疗

尽管大部分性功能障碍是源于心理的,但许多确实有生理基础,比如处方药以及其他药物和酒精便是常见的生理诱因。无论原因是什么,都可以提供心理治疗,但是药物治疗可能也需要列入治疗计划。

干预应当关注来访者对性和所处关系的态度,以及对性行为中表现的焦虑(McCabe,2005)。通常,人们在治疗之前体验到性困难已经有几年了。来访者前来寻求帮助的时候,由于多次令人失望的性体验、对性接触的回避和长期的自责,病情可能已经加重了,所有这些情况都会让治疗的情况复杂化。Maters(1970)、Kaplan(1995)、Leiblum(2007)、Wincze和Carey(2001)、Mamach和Casey(2008)以及其他人,已经开发出了治疗这些障碍的技术清单。这些障碍的治疗基本上都倾向于行为方面,然而,认知和心理动力干预也有助于调整自我损害的想法,解决像虐待、家庭功能失调和不信任这类长期的问题。

12.3.6.1　心理教育

性功能失调常常是由对性兴奋和正常的性功能缺乏足够且正确的了解所致。例如,认为年纪大的人不适宜进行性活动,或者女性性高潮的类型各有不同这样的错误观念,都会妨碍性功能的发挥,导致人们对健康的感觉和行为感到不舒服。在性欲和性功能方面对人们进行教育,有助于驱散他们的一些自责,调整不切实际的期待。

12.3.6.2　伴侣治疗

如果患有性功能失调的人有一位稳定的性伴侣,那么这位伴侣几乎总是会被卷入治疗。性功能失调来自关系,影响着关系,所以问题的解决也应该在关系背景中考虑。应当收集伴侣间互动和性关系的资料,来确定他们互动中的一些困难是否与性功能失调有关。收集数据应该在双方一起在场的时候,因为他们对自己的性关系通常会有不一致的认识。在大多数案例中,一些伴侣治疗会有帮助,重点在于沟通(言语和非言语层面)、期待、肯定、性欲望和性行为上。

许多人性功能失调的产生或加重,是由于 Masters 和 Jonhson 称为"监视自己"的状态——在性关系中,注视着、监控着自己性行为中表现和伴侣反应的过程。一般而言,与自我监控有关的紧张和焦虑会阻碍性行为中的放松和舒适度,加重性功能失调,并且导致恶性循环。性功能失调促进了自我监视,反过来自我监视又让性功能失调的严重程度增加。

12.3.6.3　行为疗法

治疗性功能失调的第一步便是减少自我监视及其伴随的焦虑。为了实现这一步,治疗师会教授放松技术(如渐进式放松或无性按摩),要求他们限制过度的性活动。增加对愉悦的关注,有助于人们逐渐恢复更有益的性关系;运用治疗中学到的具体技术能够改善性功能。尽管一些研究显示,关注像感觉聚焦这样的特定技术,会提高操作焦虑,与想要的效果相反,但是感觉聚焦是常见的技术,很早就应用于治疗之中。设计感觉聚焦是用来帮助夫妻享受无性交下的亲近和亲密,以便降低压力和要求。在治疗性功能失调时,其他可能有用的具体技术包括:系统脱敏、为抑制高潮的女性自慰、连接(从自慰或手动刺激到性交逐渐过渡)、挤压技术(教早泄的男人进行控制)以及用想象和幻想来提高性兴奋。

Wiegel 及其同事(2002)提出帮助来访者树立一个更广泛的目标:与伴侣创造愉悦的性体验,而不只是恢复功能。药物也会被用来提升以愉悦为主的治疗效果,但是不应该仅仅用药物治疗。有效治疗性功能失调的方法应该包括如下内容。

- 感觉聚焦:体验或感知觉察训练。
- 刺激物控制和安排。
- 认知重建,增加态度的灵活度,促进改变的承诺。
- 沟通技能训练,强调人际问题以及推动健康性行为教育。

改善治疗效果的五种因素:夫妻关系的质量、治疗动机(特别是男性)、是否有严重的精神障碍、伴侣间的生理吸引以及布置的作业早期完成度。

尽管性创伤史、躯体情况和药物情况可能需要长期治疗,但性功能失调的治疗还是相对较为简短的。Masters 和 Jonhson 实施治疗时经常安排每天密集进行,但是每周一次的治疗也已经显示出同样的疗效。阴道痉挛是由焦虑和害怕导致的回避行为,可以采用暴露治疗,并且个案研究证明似乎是有效的。暴露治疗包括心理教育、放松训练、逐级暴露、认知训练,一般集中于改变对性适应不良的观念,有时候是针对插入的观念以及感觉聚焦训练和身体治疗。对于性高潮障碍,药物有助于创造和延迟高潮,但是无法解决关系中的问题。夫妻或个体治疗也是必要的。

12.3.6.4　团体治疗

提供支持和教育、角色模范,减少愧疚和焦虑而设计的团体治疗,也可能让一些性功能失调者受益。团体治疗节省成本、增强动机、将问题正常化和在讨论隐私的性问题方面提供朋辈的支持和安慰(Segraves & Althof,2002)。针对性功能失调的团体治疗,其不足之处在于无法在具体问题上给予个体大量的关注。团体治疗已经被用于性高潮障碍的女性和勃起障碍的男性。夫妻团体治疗也有了成功的运用。研究发现,团体和个体治疗之间的治疗效果没有太大差别(Segraves & Althof,2002)。

12.3.6.5 药物

在男性勃起障碍的治疗中,一般首先考虑药物治疗,但是药物在改善女性性功能失调方面没有发现其效果(Ashton,2007)。FDA 在 1998 年批准了万艾可(伟哥)的使用,在男性勃起障碍的治疗上引起了革命性的改变。类似的药物,他达拉非(西力士)和伐地那非(乐威壮)于 2003 年获得 FDA 的批准。这三种药物已经被证实可有效应用于治疗勃起功能失调。对于由于健康原因,无法服用西地那非、他达拉非或伐地那非解决勃起功能失调问题的男性,阴茎植入假体、经尿道治疗或真空治疗和阴茎内注射治疗是可选的其他药物疗法。

自 2002 年起,大量的临床试验揭示出荷尔蒙替代疗法对于女性的健康风险。长期的荷尔蒙治疗已经不再作为绝经症状的常规推荐疗法,但是一些女性使用它作为短期内的安慰。雌激素疗法也可以用阴道环、阴道霜或阴道片的形式使用。睾酮缺乏可能导致性欲减退障碍,特别是对于经历过术后绝经的女性。一项研究显示,用睾酮比安慰剂会给女性带来更大的性满足,但还需要其他的安全实验来证实(Kingsbers,2008)。男性和女性都可以接受睾酮替换治疗,尽管女性的睾酮补充治疗还没有得到 FDA 的批准。一项研究显示,安非他酮(威严纯)在提高男性性欲方面有效。大部分患有性功能失调的人会被转介进行医学检查,在那些药物可能使治疗增效的案例中,转诊的可能性会被提高。其他的治疗,如瑜伽、草药进补和放松技术有助于改善女性的性功能,冥想和针灸也有效。这些方式中,只有瑜伽得到了循证检验,发现用在早泄的男性身上有效(Brotto & Jacobson,2008)。

治疗师还需要意识到影响来访者性功能的共病。例如,患有暴食症的人也报告性功能减退,这与他们对体型的担心有关(Castellini et al.,2010)。治疗师在治疗既有性功能失调又有其他精神障碍或情绪困扰的人时,需要确定最佳的干预模式。

12.3.7 预后

阴道痉挛的治疗预后特别好,但是性欲障碍的治疗预后一般,甚至很差。约有一半的性欲失调在治疗之后有所改善,但是这些改善一般维持得不那么好。50%~70%患有性欲障碍的男性和女性在接受心理治疗之后,会得到中等程度的改善。3 年的跟进发现,那些改善没有维持下去,然而接受了治疗的人报告,尽管他们缺乏欲望,但是对关系的满意度提升了。

所有的长期跟踪研究都显示出高复发率。较好的治疗效果与伴侣间关系质量的改善有关。与患有性功能失调的人一起工作的治疗师应该与其交流现实些的期待(改善而非痊愈、有挫败的可能性),应当安排后续随访和复发干预。最近这些年,新的女性性功能失调流行病学研究有所增加。这些障碍的病因学、评估和治疗仍然需要更多的资料。与性功能有关的问题是生物、社会、关系和心理事件的复杂综合体。以年龄、性别和人口学群体来区分失调的模式,会让其更加清晰,但还需要进一步的研究。有效的干预还需要对这些影响的复杂性有所了解(Segraves & Althof,2002)。

12.4　性欲倒错障碍

性兴趣指向另一个在生理上成熟的成年人(或处于青春期后期的人),这些人都能够自由地给予或收回他们的许可;但是如果并非被另一位成年人所吸引,而是被某样物品或某个不是成年人的个体所吸引,例如未成年儿童、一台吸尘器(这是真事!)或一种动物(尤其是马或狗)(Williams & Weinberg,2003),而且,这些会造成个体的痛苦或功能损害,或者会伤害到当事人及其他人,那么这种障碍就被称为**性欲倒错障碍(paraphilic disorders,PD)**。DSM-5 中关于性欲倒错障碍的一项富有争议的改变,即存在不同寻常的性吸引力模式并不足以符合障碍的诊断标准。

多年以来对许多存在性欲倒错问题和患有性欲倒错障碍的人进行了评估和治疗,其中既包括程度轻微的怪人,也包括某些在任何地方都可能遇到的最为危险的杀人犯或强奸犯。不少人身上存在一些无伤大雅的"非常"模式,例如某些恋物癖的唤起模式。这类性唤起模式不会伤害任何人,也不令当事人感到痛苦或损害其功能,因此不符合障碍的诊断标准。像性功能障碍一样,个体很少只有一种性欲倒错的唤起模式(Bradford & Meston,2016)。许多患者都有两种、三种甚至更多模式,不过一般而言其中有一种是主要的。此外,患有性欲倒错障碍的个体同时也患有心境障碍、焦虑障碍和物质滥用障碍的情况也不罕见。性欲倒错障碍的患病率总体来说并不高,而且也难以估算。

DSM-5 将性欲倒错障碍的核心特征描述为:反复发生的、强烈的性兴奋幻想、性冲动或行为,一般对象包括:(1)无生命物品;(2)自己或伴侣遭受痛苦或羞辱;(3)儿童或其他非自愿的人。这些冲动或行为持续至少 6 个月,一般导致社交、性关系和其他重要功能的损害,还会导致极大的苦恼。广泛的内容包括了如下性欲倒错障碍。

- 摩擦癖(触摸或摩擦未经同意者的身体)。
- 恋物癖(性活动集中于物品)。
- 窥阴癖(窥视裸露或进行性活动的人)。
- 露阴癖(在毫无戒备的陌生人面前露出自己的生殖器)。
- 异装癖(男扮女装,女扮男装)。
- 恋童癖(发生在儿童身上的性活动)。
- 性受虐癖(性活动中感到羞辱或痛苦)。
- 性施虐癖(通过引起他人痛苦获得愉悦)。
- 未标明的性欲倒错障碍,包括这样一些行为,如猥亵电话癖(打猥亵电话)、恋尸癖(对尸体的性兴趣)、性偏好癖(关注身体的某个部分,比如脚)、恋兽癖(与动物有关的性行为)、恋粪癖(与粪便有关的性行为)、灌肠癖(与灌肠有关的性行为)和恋尿癖(与尿有关的性行为)。对这些条目的讨论超出了本书的范围。在此,将把性欲倒错障碍当作一种整体的障碍类别。

12.4.1 性欲倒错障碍的描述

人们普遍认为性欲倒错的发生率要比统计显示的更高，很大一部分原因在于仅有一小部分患有这种障碍的人前来寻求帮助。总的来说，患有性欲倒错的人不会认为自己有障碍，也不会主动寻求治疗；而是在朋友和家人的要求下前来治疗（通常是配偶或伴侣），或是因为与性欲倒错相关的行为令他们被捕。

患有性欲倒错的人一般会有大量性欲倒错的行为，在被识别出来之前，可能已经进行了成百上千次的性侵犯，导致许多人受害（Seligman & Hardenburg，2000）。这些模式导致在评估这些障碍的发生率时产生了困难。

性欲倒错者中有大约一半的人是已婚的，但是大部分人的亲密关系能力有一些缺陷。他们的性行为一般都是程式化的且非自发的。大部分人会体验到一些跟他们的障碍有关的压力和焦虑，以及人际困难和社交拒绝。Kafka 和 Hennen（2002）发现，门诊治疗性欲倒错的典型就诊者多为 37 岁、中产阶级、男性、接受过大学教育并且拥有一份工作的人。这些男性中，许多都曾在儿童期遭受虐待（30%），在学业上有过问题（41%），或曾在精神病院待过（25%）。有时候，性欲倒错可以被直接归因于童年期性方面或身体上的虐待。

患有性欲倒错的人来自所有种族和社会经济背景。他们的性取向可能是异性恋、同性恋或者双性恋。

性欲倒错的严重程度差异很大。许多性欲过度性质的障碍处于诊断界限之外，不能被归入真正的性欲倒错。这类被 Kafka 称为"性欲倒错相关的障碍"（2006）可能包括强迫性手淫、电话性行为、色情作品依赖、网络性爱和长期滥交等。这样的行为可能与其他障碍，特别是物质滥用、焦虑或心境障碍以及冲动控制障碍共同发生。性欲倒错相关的障碍应当被准确地识别、评估和诊断，因为它们可能会导致伴侣关系问题和其他性有关的障碍共同发生，因此会混淆和延长治疗（Kafka，2007）。

性欲倒错的中度表现可能包括只有烦乱的幻想，或者伴随手淫（Seligman，2000）。一个人控制想法、冲动和行为的能力，以及性唤起的发生是否需要相关活动和幻想，是决定严重程度的两个方面。性欲倒错的严重案例可能会使用威胁或暴力，对他人造成伤害乃至谋杀他人。

例如，一位 32 岁的成功的律师，与女性有正常的亲密关系，但总是幻想给女性带来痛苦的很多事情。他购买有虐待主题的色情杂志，喜欢女性被伤害、强奸或杀害的影片。他从来没有伤害过一个女性，但是他前来寻求治疗，因为他害怕会失去对幻想的控制，会伤害到谁。这个来访者有中等程度的性欲倒错。相反，另一位会计，有严重的性欲倒错：恋童癖。他唯一的性体验是跟年幼的男孩子。他已经被逮捕三次了，在监狱中接受治疗。尽管他与其他个案类似，也有专属的职业，但是他因为被监禁而失去了工作，他害怕他的监禁记录会妨碍将来在自己所属领域中找工作。

性欲倒错障碍冲动的表达常常伴随在其他冲动控制障碍中，之间有常见的循环。紧张在体内积累，直到性欲倒错行为发生才得以缓解；紧接着愧疚和遗憾产生，当事人常常会许诺要改变行为。然而，紧张在某个时候又再次积累，于是再一次通过不被期待的行为得到释放。患有性欲倒错的人会发展出一种对自身行为的耐受度，需要提高频率和密度来满足他们的欲求。

Kafka 等（2007）认为，性欲倒错可能有生理原因。性欲倒错一般起病于青少年和成年早期，在 20～30 岁时达到高峰，然后在成年晚期缓解或消失。大部分常见的性欲倒错有恋童癖、露阴癖和窥阴癖。性欲倒错一般在女性中较为少见，例如，据估计，性受虐和性施虐在男女两性中出现的比例为 20∶1。在一个人身上诊断出两种或两种以上性欲倒错的情况并不少见。

恋童癖是心理治疗师接诊的最为常见的性欲倒错之一，常见的方式是乱伦。被年幼的女孩子吸引的男性一般有婚姻上的困难，焦虑且不成熟，冲动控制方面有问题。骚扰年幼男孩子的男性倾向于避免任何成人间的性体验，仅仅受到儿童的吸引。他们的性欲倒错很有可能是长期形成的。

在性欲倒错者的共病障碍中，最为常见的是抑郁障碍、物质使用障碍、注意力缺陷多动障碍、社交恐惧和其他焦虑障碍。其他冲动控制障碍、OCD，在患有性欲倒错的人那里比普通人群中发生的频率也更高。

12.4.2　性欲倒错障碍的诊断

DSM-5 摩擦癖的诊断标准

A. 反复多次通过触摸或摩擦一个无意欲的人来获得强烈的性唤起；这种情况可表现为性幻想、冲动或行为，并持续至少 6 个月。

B. 个体曾对一位无意欲的人实施过上述性冲动，或者该性冲动或幻想导致了个体临床上显著的痛苦，或显著损害了个体在社交、职业或其他重要领域的功能。

来源：American Psychiatric Association（2013）. Diagnostic and statistical manual of mental disorders（5th ed）. Washington, DC.

DSM-5 恋物癖的诊断标准

A. 反复多次通过使用没有生命的物体或聚焦于非生殖器区域的特定身体部位来获得强烈的性唤起；这种情况可表现为性幻想、冲动或行为，并持续至少 6 个月。

B. 上述性冲动或幻想导致了个体临床上显著的痛苦，或显著损害了个体在社交、职业或其他重要领域的功能。

C. 恋物癖的对象并不限于在异装行为（即在异装癖中那样）中所使用的衣物，也不限于那些为了在触觉上刺激生殖器而设计的特定器材（例如，振动棒）。

来源：American Psychiatric Association（2013）. Diagnostic and statistical manual of mental disorders（5th ed）. Washington, DC.

DSM-5 窥阴癖和暴露癖的诊断标准

窥阴癖

A. 反复多次通过观察不知情者的裸体、脱衣行为或性活动来获得强烈的性唤起；这种情况可表现为性幻想、冲动或行为，并持续至少 6 个月。

B. 个体曾对一位无意欲的人实施过上述性冲动，或者该性冲动或幻想导致了个体临床上显著的痛苦，或显著损害了个体在社交、职业或其他重要领域的功能。

C. 体验到该类唤起，并且/或者实施了性冲动的个体必须年满 18 岁。

暴露癖

A. 反复多次通过将自己的生殖器暴露在一位不知情者面前来获得强烈的性唤起；这种情况可表现为性幻想、冲动或行为，并持续至少 6 个月。

B. 个体曾对一位无意欲的人实施过上述性冲动，或者该性冲动或幻想导致了个体临床上显著的痛苦，或显著损害了个体在社交、职业或其他重要领域的功能。

来源：American Psychiatric Association(2013). Diagnostic and statistical manual of mental disorders(5th ed). Washington,DC.

DSM-5 异装癖的诊断标准

A. 反复多次通过穿着异性的服装来获得强烈的性唤起；这种情况可表现为性幻想、冲动或行为，并持续至少 6 个月。

B. 上述性冲动、幻想或行为导致了个体临床上显著的痛苦，或显著损害了个体在社交、职业或其他重要领域的功能。

注明：

伴有恋物癖；

伴有变性幻想癖。

来源：American Psychiatric Association(2013). Diagnostic and statistical manual of mental disorders(5th ed). Washington,DC.

DSM-5 性施虐癖和性受虐癖的诊断标准

性施虐癖

A. 反复多次通过其他人在心理上或躯体上遭受的痛苦来获得强烈的性唤起；这种情况可表现为性幻想、冲动或行为，并持续至少 6 个月。

B. 个体曾对一位无意欲的人实施过上述性冲动，或者该冲动或幻想导致了个体临床上显著的痛苦，或显著损害了个体在社交、职业或其他重要领域的功能。

性受虐癖

A. 反复多次通过从被羞辱、被殴打、被束缚或其他遭受痛苦的行为来获得强烈的性唤起；这种情况可表现为性幻想、冲动或行为，并持续至少 6 个月。

B. 上述性幻想、冲动或行为导致了个体临床上显著的痛苦，或显著损害了个体在社交、职业或其他重要领域的功能。

来源：American Psychiatric Association(2013). Diagnostic and statistical manual of mental disorders(5th ed). Washington,DC.

DSM-5 恋童癖的诊断标准	

A. 反复多次通过涉及和一位青春期前期的青少年（一般不满 14 岁）或儿童进行性活动的行为未获得强烈的性唤起；这种情况可表现为性幻想、冲动或行为，并持续至少 6 个月。

B. 个体已经实施了这些冲动，或者这些性冲动或幻想已经造成了显著的痛苦或人际困难。

C. 个体至少年满 16 岁，或者至少比诊断标准 A 中的青少年或儿童人 5 岁。

请注意：不包括处于青春期晚期的青少年和一位 12 岁或 13 岁的青少年之间的性关系。

特定类型：

　排他型（仅被青少年或儿童所吸引）；

　非排他型。

注明：

　被男性所吸引；

　被女性所吸引；

　同时被男性和女性所吸引。

注明：

　仅限于乱伦。

来源：American Psychiatric Association(2013). Diagnostic and statistical manual of mental disorders(5th ed). Washington,DC.

DSM-5 其他特定的性欲倒错障碍的诊断标准	

这一诊断适用于某些特殊情形，在此类情形中，个体表现出某些性欲倒错障碍的特征症状，并且导致了临床上显著的痛苦或显著损害了社交、职业或其他重要领域功能，但其症状又并不完全符合前述任何一种性欲倒错障碍的诊断标准。此类障碍的例子包括但不限于：电话猥亵（打淫秽电话）、奸尸癖（尸体）、兽交癖（动物）、食粪癖（粪便）、灌肠癖（灌肠）以及恋尿癖（尿液）。

来源：American Psychiatric Association(2013). Diagnostic and statistical manual of mental disorders(5th ed). Washington,DC.

12.4.3　性欲倒错障碍的评估

　　鉴于性欲倒错障碍的症状表现的多样性和隐蔽性，治疗师应当进行仔细的评估，来确定障碍的性质、严重性以及其他方面的问题。考虑性欲倒错者的社会优势也很重要，它与症状的性质、变化、持续时间、发生频率和病程都有关联。根据逮捕、判决前报告或来自假释官的详细信息概述，许多患有性欲倒错的人都曾有过被捕的记录(Seligman & Hardenburg,2000)。

　　在安排有效的治疗计划之前，应当评估共病障碍，特别是物质有关的障碍、其他冲动控制障碍、人格障碍、注意力缺陷多动障碍、心境与焦虑障碍(Kafka,2007)。

12.4.4　性欲倒错障碍的干预与治疗

　　心理动力或领悟取向的治疗在治疗性欲倒错方面显示无效。认知行为疗法对于这种阻抗治疗的障碍效果有限。尽管在某种程度,针对具体的性欲倒错的方法各异,但是用来调整性欲反应以及相关行为的治疗原则和策略,对于所有的性欲倒错障碍总体上是相似的,内容一般包括:

- 辨识备选反应和行为的触发因素和替代物。
- 压力缓解。
- 厌恶治疗,与性欲倒错的冲动和幻想相匹配的负面体验,比如不期待的画面、电击或者恶臭。
- 默想性内隐致敏法,使用负面的图像(例如监狱或羞辱)来阻止性欲倒错的行为。
- 内隐削弱法,想象性欲倒错的行为,但是没有预期的强化或积极的感受。
- 高潮重整。
- 思维停止。
- 认知重构。
- 鼓励对受害者的共情。
- 应对技能和生活方式的整体提升。

一些患有性欲倒错的人,与儿童、动物或物体发生性活动,是因为如果他们寻求与成人的性关系,会害怕被拒绝。改善社交和提升自信技巧,进行性教育,可以鼓励人们参与同龄人的性活动。让一个人更加意识到自己的行为给受害者带来的影响。

通过角色扮演和了解受害者的体验,促使其共情受害者,可以有效地推动更健康的人际行为和反应方式(Allen & Hollander,2006;Maletzky,1997)。

抗雄性激素药物,例如安宫黄体酮,它可以降低睾丸激素,已经被用于治疗,特别是治疗对儿童有性欲和性欲过度的人。这种药物通过降低睾丸激素的水平来减少性冲动和行为。至今,还没有大量有关这类药物的对照研究,但是个案报告显示,抗雄性激素药物在减少性幻想、想法和行为方面有效,并且可以减少性侵犯的复发(Allen & Hollander,2006)。手术干预,包括脑部手术和睾丸切除,也被使用过,但是这些方法仍然是实验性的,也具有争议性。当然,这些干预只有经过性欲倒错者的同意才能进行。

选择性血清素也可能被用于性欲倒错。选择性血清素显示出其有效性,很大程度上是由于它们在想法和行为方面抗强迫的效果(Laws & O'Donohue,2008)。假如伴随性欲倒错经常发生抑郁和焦虑,选择性血清素可以有效增强性欲倒错和共病障碍两方面的疗效。

团体治疗在团体中强化个体化地关注每个人的具体问题,对于治疗性欲倒错也是一种适合的方式。个体咨询应该与团体工作并行,需要考虑导致每个人行为的生理、社会和历史原因的独特性(LaSasso,2008)。性欲倒错者可以相互帮助改变行为、学习和练习更好的人际关系技能以及阻止复发。与其他冲动控制障碍一样,有诸如性成瘾匿名者团体、性冲动匿名者团体和性与爱成瘾团体。家庭治疗也会比较有效,特别是性欲倒错行为已经损害到当前的家庭关系或是在原生家庭中发生了性虐待的情况下。

在团体治疗的任何治疗计划中,一个重要的成分就是复发预防技术。个体认知行为治疗强调减少伤害,关注以较为健康和合法的行为来替代犯罪性行为,可能最为适用(Marshall,Femandez & Serran,2006)。

12.4.5 预后

性欲倒错患者倾向于阻抗治疗，当这个人处于压力状态时，行为会增加。复发也是常见的，所以短期的改善并不能确保持续的改变（Allen，2006；Maletzky，2002）。这些患者需要长期的治疗和督导。具备良好自我功能和灵活性、本来就有治疗动机以及有正常的成人性体验的人，预后会好一些。同时患有精神障碍、症状出现时间早、行为发生频率高、物质滥用以及对自己的行为缺少悔恨的人，预后较差（Seligman & Hardenburg，2000）。

13 人格障碍

13.1 人格障碍总述

13.1.1 概述

所有人(和许多其他的物种)都有人格特质。人格特质是指个体体验身边发生的每件事,与其互动并思考它们的一种根深蒂固的方式。**人格障碍(personality disorders,PDS)**是一系列变得僵化、不利于患者的人格特质的集合,已到达损坏个体功能或导致痛苦的程度。这些行为和思维模式自成年早期出现,且在很长一段时间内在患者身上都是可识别的。人格障碍患者一般缺乏适应能力,尤其是在有压力的状况下,他们在遇到变化时显得呆板,也会恶性循环地重复一些自暴自弃的行为。大多数人格障碍患者不愿为他们的问题承担责任,经常怨天尤人,但是有时又自责太深。他们的应对机制和人际交往技能也较差。因为他们的障碍存在时间太长,已经根深蒂固,并且他们一般缺乏自制力、容易将问题外化,所以他们的障碍很难治愈。

人格,以及人格障碍,或许更应认为是维度性的,而不是类别性的。这意味着它们的成分(特质)在正常人身上也会出现,只是在那些患有障碍的人身上更严重。但是出于各种好的和坏的原因,DSM-5 保留了 DSM-Ⅳ 列出的 10 种类型人格障碍,其中很多类别(偏执型、分裂型、分裂样、反社会型、边缘型、自恋型、表演型、回避型、强迫型和依赖型)已被相当详尽地研究了,且得到很多研究支持。

DSM-Ⅳ 列出的人格障碍主要分为以下三大类。(1)A 类(防卫性和异常性):偏执型人格障碍、精神分裂和分裂型人格障碍。(2)B 类(戏剧化、情绪化、不可预测):反社会型人格障碍、边缘型人格障碍、表演型人格障碍和自恋型人格障碍。(3)C 类(焦虑和恐惧):回避型人格障碍、依赖型人格障碍和强迫型人格障碍。DSM-Ⅳ 还包括了一些未标明的人格障碍。这个类别包括:混合型人格障碍,不完全符合任何人格障碍的标准,但是会兼有两种以上人格障碍诊断标准中的症状。未标明的人格障碍还包括那些诊断标准尚未成熟的人格障碍类型（比如抑郁型人格障碍或者被动-攻击型人格障碍）。见表 13.1。

就分类本身而言，相应的科学依据可能较少，但由于它们的临床应用性，在传统性的分类和诊断上保留一席之位。提到传统，自 1980 年 DSM-Ⅲ 出版以来，人格障碍就被分成 3 族（cluster）。这 3 族的分类由于缺乏科学效度而饱受批评，但它作为一种方法，在帮助我们对人格障碍的全貌理解可能是最有用的。

在 DSM-5 中用了很长的篇幅探讨其他可能的诊断结构。但是，专家们首先需要获得对于使用哪些维度的一致意见，然后是对其进行测量和分类的最好方式是什么，接着是如何解释结果。在这个过程中，我们先和以前一样，得过且过着。

表 13.1　人格障碍

人格障碍	描述
A 类——古怪或奇特	
偏执型	对他人普遍存在不信任和怀疑，例如会认为他人行为的动机是恶意的
分裂样	具有与社会关系相脱离以及在人际情境中情绪表达范围狭窄的普遍模式。
分裂型	具有存在社会和人际关系缺陷的普遍模式，其标志是处理亲密关系的能力有限并因此感到严重的不适，同时伴有认知或感觉扭曲及古怪行为
B 类——戏剧化、情绪化或反复无常	
反社会型	具有不顾及他人权利和侵犯他人权利的普遍模式
边缘型	具有在人际关系、自我意象、情感以及冲动控制方面不稳定的普遍模式
表演型	具有情绪反应过度和过分寻求关注的普遍模式
自恋型	具有夸大（在幻想或行为上）、需要被赞赏和缺乏共情的普遍模式
C 类——焦虑或害怕	
回避型	具有社交抑制、无能感以及对于负面评价过于敏感的普遍模式
依赖型	具有过分需要被照顾的普遍模式，导致本人表现出服从和黏附行为，并害怕分离
强迫型	具有以牺牲灵活性、开放性和效率为代价，过度执着于秩序、完美主义以及心理控制和人际控制的普遍模式

来源：American Psychiatric Association(2013). Diagnostic and statistical manual of mental disorders(5th ed). Washington,DC.

13.1.2　一般人格障碍的描述

人格障碍是贯穿一生的性格障碍,具有态度和行为适应不良的特征,至少包括下面内容中的两项的不良表现:1)对自身与所处环境的觉察和理解;2)情绪的表达、性质、等级和适宜性;3)人际交往能力和人际关系;4)冲动控制。人格障碍个体的态度和行为通常比较僵化和死板,这会对他们生活中的重要领域产生压力或损害。

人格障碍患者大多有抑郁和焦虑症状,通常意识不到他们潜在机能失调的人格模式。对于人格障碍患者来说,他们已经习惯了这种人格模式,已经自我协调并且变得可以接受了,他们很少能了解到他们自己的人格对其他人所产生的影响。即使是那些自我不协调或者自我形象冲突的人格障碍患者,他们也难以改变,因为一般来说他们并不会表现出健康的人格模式,而且没有良好的应对和调整技能。

过去,人们几乎都是从心理动力学角度来解释人格障碍,但是现在人们多从生理和社会心理因素的角度来解释人格障碍。尽管遗传因素可以使人具有气质方面的某些特征,但是环境因素同样也可对这些特征造成有利或者不利的影响。一些社会心理因素,比如家庭功能不良、儿童遭受的身体和性虐待、没有促进成长的环境、灾难、依恋问题、早期学习问题以及社会文化影响,都会加重人格障碍的生物预先倾向。童年的焦虑和抑郁常常是成年期人格障碍发展的前兆。

人格障碍通常在青春期或成年早期出现,而且将会延续终生。对于18岁以下的人,只有在症状持续1年以上的时候,才能考虑是否有可能是人格障碍。唯一例外的是反社会型人格障碍,根据定义,在18岁之前不能做出诊断(美国精神病学会,2000)。

从损伤的程度来说,各种人格障碍大不相同。研究者认为,边缘型人格障碍、偏执型人格障碍和分裂型人格障碍的功能失调最大。这些人格障碍均以社会技能差、敌意和脆弱性为特征。强迫型人格障碍、依赖型人格障碍、表演型人格障碍、自恋型人格障碍以及回避型人格障碍的功能失调最小。这类患者可以找到一种相对一致的方式与他人相处,可以通过有意义的方式来适应和控制他们的生活环境。虽然所有的人格障碍症状严重程度会随着生活环境和压力变化而变化,但是有些人格障碍(比如,强迫型人格障碍、表演型人格障碍、自恋型人格障碍以及分裂型人格障碍)随着年龄的增长会越来越严重,而一些人格障碍(比如边缘型人格障碍和反社会型人格障碍)的情况会随着年龄增长有所改善。

人格障碍非常普遍,但是在临床上却经常被忽视。2002年度美国全国流行病学调查(National Epidemiologic Survey)数据显示,14.8%名成年人至少符合七项人格障碍诊断标准中的一项。该研究中并不包括边缘型人格障碍、自恋型人格障碍和分裂型人格障碍。超过4.3万人参加了研究[美国国家卫生研究所和国家酒精滥用与酗酒研究所(NIH&NIAAA),2004]。

人格障碍患者的性别分布大相径庭。女性更容易被诊断为边缘型人格障碍(70%的女性),男性更容易被诊断为反社会型人格障碍(80%的男性)。这些性别差异在某种程度上是不是诊断或者性别分布的真实变量,我们还不得而知。

关于文化和人格障碍关系的大量研究显示,亚洲人比较害羞、崇尚集体主义,而北美和欧洲人就比较自信、崇尚个人主义。因此,这些文化差异在人格障碍患者分布上有所体现。其他因素,比如社会经济地位较低的印第安人或非裔美国人、年轻人或者未婚人士身上都存在导致人格障碍的危险因素。显然,在诊断人格障碍时,应该将文化、种族和社会背景考虑在内。

13.1.3　人格障碍的分类

对于问题的程度和问题的类别,我们常常会用维度(dimensions)和种类(categories)这两个术语分别加以描述。在人格障碍领域中,一直争论不休的一个议题是人格障碍到底是正常的人格变化(维度)的极端形式,还是说这些行为方式和心理健康的行为(种类)有显著不同。比如说,我们通常把性别当成不同的类别来看。社会总会把个体归入性别分类的其中一种,要么是女性,要么就是男性。尽管如此,我们也可以根据维度来看待性别。比如说,我们知道"男性化"和"女性化"部分是由激素所决定的。我们可以根据睾酮、雌激素或者同时根据这两个维度来鉴别个体,并且在男性化—女性化这个连续体上给他们评分。同理,我们可以按照类别标记人们的身高,例如高、中等或矮。但是,我们也可以用维度的视角去看待身高,即以米或厘米的方式去衡量和表述。

许多人格障碍领域的研究者都倾向于把人格障碍视为一个或多个人格维度上的极端情况。但是,临床工作者在使用 DSM 对个体进行诊断时,人格障碍像大多数其他的障碍一样,仍然被视为一种类别。

行为的分类模型有便利性的优势。但是,仅仅使用分类会导致临床工作者将这些类别作为实体来对待,将障碍的标签看成本质,就好像某种真实存在的细菌感染,或是骨折的胳膊一样。有些人认为,人格障碍并不是"真实存在"的东西,而是社会将某种和世界打交道的特定方式判定为一个问题。因此,人格障碍的重要议题一次又一次出现:人格障碍究竟只是正常人格的极端变异形式,还是说其与正常人格泾渭分明呢?DSM-5 中的人格障碍用分维模型取代分类模型,或者至少加入分维模型对其进行补充。在这一模型下,诊断不仅仅给个体指明某个类型,而且也根据一系列人格维度对其进行评分。Widiger(1991,2005)相信,复合系统相比纯粹分类系统至少有三个优势:(1)它能够从每个个体身上获得更多的信息;(2)它更为灵活,因为它允许在个体身上同时根据类型和维度进行区分;(3)它可以避免在做出分类诊断决策时常常出现的任意性。在 DSM-5 的"发展中的测量和模型"章节中纳入了一个有关人格障碍的替代模型以供进一步的研究(American Psychiatric Association, 2013)。这个模型着眼于"自我"失调(即你如何看待你自己以及你行使自己的能力)和人际功能(即你对他人共情以及与他人建立亲密关系的能力)的连续体。我们将拭目以待这一替代模型在未来的应用。

尽管在"最基本的人格维度是什么"这个问题上并没有达成一般的共识,但是人们仍然取得了部分一致。目前广泛接受的维度之一是所谓的**五因素模型(five-factor model)**,也叫"大五模型",该模型源于正常人格的研究(Hopwood & Thomas,2012;McCrae & Costa, 2008)。该模型根据五个维度的组合就可以比较充分地描述为什么人与人之间如此不同。

五个因素是：（1）**外向性（extroversion）**（多言、果断、活跃，与之对比的是沉默、被动、保守）；（2）**宜人性（agreeableness）**（友善、信任他人、热心，与之对比的是敌意、不信任他人、自私）；（3）**尽责性（conscientiousness）**（有条理、有始有终、可靠，与之对比的是粗心大意、不严谨、不可靠）；（4）**神经质（neuroticism）**（情绪稳定，与之对比的是紧张、情绪化、喜怒无常）；（5）**对经验的开放性（openness to experience）**（富有想象力、好奇心、创造性，与之对比的是浅薄、缺乏感受性）。可以在每一个维度上将个体评定为高、低或居中。尽管在不同文化之间存在个体差异，跨文化研究确认五因素模型具有普遍性。

13.1.4 人格障碍的诊断

人格障碍的诊断有各种各样的问题。一方面，它们通常会被忽视；但是另一方面，它们有时候又会被过度诊断，如边缘型人格障碍、反社会型人格障碍（预后很糟糕）。大多数人格障碍很难治疗。它们相对较差的诊断效度表明，当有另一种精神障碍可以解释构成临床表征的各种迹象和症状时，人格障碍不可以作为单一的诊断。由于所有这些原因，需要对人格障碍的诊断流程有个框架：

（1）确定症状持续的时间。确保患者的症状至少从成年早期开始呈现（如反社会型人格障碍需早于 15 岁）。访谈信息提供者（家人、朋友和同事）可能可以提供最可靠的材料。

（2）确定症状影响到了患者生活的多个方面。特别是，患者的工作（或学校生活）、家庭生活、个人生活和社交生活是否受到影响？这一步可以呈现出真正的问题，因为患者自己通常不会认为是他们的行为导致了问题。（"是这个世界错了。"）

（3）检查患者是否完全满足正在考虑的特定诊断的标准。这意味着要检查所有的特征，并与 10 组诊断标准进行比对。有时候你不得不凭判断力下决定。尽可能地客观。正如其他精神障碍一样，如果动机足够强，你其实能够做到将患者放到各种各样的诊断中去。

（4）如果患者低于 18 岁，确保症状至少在过去 12 个月里存在。（而且要确定它们不是由一些其他的心理或躯体疾病导致的。）

（5）排除其他更急性的、潜在伤害力更大的心理病理性情况。另一方面，其他心理障碍对治疗的反应性很可能比 PDS 高。

（6）回顾任何其他可能会忽略的诊断要求的特点的好时机。注意每一位患者都必须有 2 种或更多类型（认知的、情感的、人际的和冲动性的）的行为、想法或情绪的持续性问题。（这有助于确定患者的问题真的会影响到他生活的多个方面。）

（7）搜索其他 PDS。评估完整的既往史，以了解是否有出现其他的 PD。许多患者有多于一种 PD。在这种情况下，要对所有 PD 做出诊断。然而具有更大可性的情况是：你发现的症状过少，还不足以给出任何确定的诊断。这时你可以在你的笔记上加上：分裂样和偏执型人格特质之类的。

（8）记录所有的人格和非人格的精神诊断。关于如何做，应学习和熟悉每一种 PD 的基础知识及标准的教材。

DSM-5 一般人格障碍诊断标准	

A. 明显偏离了个体文化背景预期的内心体验和行为的持久模式,表现为下列 2 项(或更多)症状:

  1. 认知(即对自我、他人和事件的感知和解释方式)。

  2. 情感(即情绪反应的范围、强度、不稳定性和适宜性)。

  3. 人际关系功能。

  4. 冲动控制。

B. 这种持久的心理行为模式是缺乏弹性和泛化的,涉及个人和社交场合的诸多方面。

C. 这种持久的心理行为模式引起有临床意义的痛苦,或导致社交、职业或其他重要功能方面的损害。

D. 这种心理行为模式在长时间内是稳定不变的,发生可以追溯到青少年期或成年早期。

E. 这种持久的心理行为模式不能用其他精神障碍的表现或结果来更好地解释。

F. 这种持久的心理行为模式不能归因于某种物质(例如,滥用的毒品、药物)的生理效应或其他躯体疾病(例如,头部外伤)。

来源:American Psychiatric Association(2013). Diagnostic and statistical manual of mental disorders(5ᵗʰ ed). Washington,DC.

13.1.5 人格障碍的病程和统计数据

    人格障碍被认为始于童年期,而且会持续至成年。更精细的分析提示,人格障碍会随着时间的推移而有所好转;但它们也许只是被其他人格障碍取代了。换言之,一个人或许在某一时刻被诊断为一种人格障碍,几年之后,这个人的情况已经不符合最初的诊断了,而是表现出另一种(甚至第三种)人格障碍的特征。研究表明,对于这些人格障碍的重要属性及它们的发展进程,我们相对而言缺乏信息,对于大约一半的人格障碍,我们对其病程的了解严重不足。缺乏这类研究的一个原因是,许多个体并不会在障碍的早期发展阶段来寻求治疗,唯有在痛苦多年之后才会来寻求治疗。这使得我们很难从一开始就对人格障碍患者进行研究,尽管也有一些研究能帮助我们理解其中几种障碍是如何发展的。见表 13.2。

表 13.2 人格障碍的统计数据与发展

人格障碍	患病率	性别差异	病程
偏执型人格障碍	临床人群:6.3%～9.6% 一般人群:1.5%～1.8%	男性和女性基本相当	信息不足
分裂样人格障碍	临床人群:1.4%～1.9% 一般人群:0.9%～1.2%	男性略高	信息不足
分裂型人格障碍	临床人群:6.4%～7.5% 一般人群:0.7%～1.1%	男性略高	慢性:有些人会继而发展成为精神分裂症

续表

人格障碍	患病率	性别差异	病程
反社会型人格障碍	临床人群:3.9%~5.9% 一般人群:1.0%~1.8%	男性更为常见	在40岁之后有所缓解
边缘型人格障碍	临床人群:25%~28.5% 一般人群:1.4%~1.6%	男性和女性基本相当	如果在30岁的时候仍然存活的话,那么症状可能会逐渐改善,约6%死于自杀
表演型人格障碍	临床人群:8.0%~9.7% 一般人群:1.2%~1.3%	女性略高	慢性
自恋型人格障碍	临床人群:5.1%~10.1% 一般人群:0.1%~0.8%	男性略高	随着时间推移可能有所改善
回避型人格障碍	临床人群:21.5%~24.6% 一般人群:1.4%~2.5%	女性略高	信息不足
依赖型人格障碍	临床人群:13.05~16.0% 一般人群:0.9%~1.0%	女性更为常见	信息不足
强迫型人格障碍	临床人群:6.1%~10.5% 一般人群:1.9%~2.1%	男性略高	信息不足

Population data and gender data reported in Torgersen, S. (2012). Epidemiology. In T. A. Widiger (Ed.). The Oxford handbook of personality disorders (pp. 1862205). New York:Oxford University Press.

13.1.6　人格障碍的病因

　　人格障碍患者一般来自破裂的家庭或家中父亲或母亲甚至双亲都有精神病史的家庭。这样的家庭通常不能为孩子塑造健康的人际交往和应对技能,所以在潜移默化中,孩子认同了家庭成员的行为模式,形成了一种具有功能损伤的模式。根据基于家庭的有关父母的信息,人格障碍患者的行为模式就有迹可循。

　　在那些具有童年期创伤、情感虐待和被忽视经历的人群中,人格障碍的发病率相当高。这些受虐经历也同后来的自我伤害行为有关。人格障碍患者中也有很多人报告遭受过性虐待。调查显示,大约有70%的边缘型人格障碍患者有童年期性虐待的历史,而与之相比,其他人格障碍患者则只有53%的人遭受过童年期性虐待。性虐待经历也与自恋型人格障碍、表演型人格障碍、分裂型人格障碍和反社会人格障碍有关联。

　　每种人格障碍似乎都与某一个特定防御机制有很大关联。例如,边缘型人格障碍与分裂(认为人要么是十全十美的,要么就是十恶不赦的)有关,而偏执型人格障碍与投射有关。理解他们的防御机制对于理解这些患者来说非常重要,在成功的治疗中,通常需要帮助他们管理和改善防御机制。

人格障碍患者通常也存在功能失调和歪曲的图式或观念系统,以及适应不良的应对策略(Beck,2004),所以他们在应对压力和生活问题时常常遇到巨大困难。因此,这些患者一般会有长期失望的经历,认为世界就是一个很有敌意的大环境。如果没有得到帮助,他们很难去调整认知,发展出可以使他们掌控异常情感和成功应对生活实践的能力。

回避是人格障碍患者身上常见的行为,而自我接纳则不多见。Livesley(2003,2012)指出,这些患者在努力否认或不承认自己行为中的责任时,"似乎与自己格格不入"。像智力一样,人格在一段时间内是稳定的。从将近 30 岁开始,人们可能"随着年龄一点点变得更成熟、更加可靠",但是此时人格基本已经成型。

13.1.7 人格障碍的共病

人格障碍领域的一个重要问题是,人们容易被诊断出不止两种人格障碍。共病(comorbidity)一词原本用于描述一个人身患多种疾病的状况。研究者对于这个词到底应否在心理障碍领域使用还有相当大的分歧,因为各种心理障碍之间常常会有重叠。有研究呈现了个体患有特定的人格障碍时也符合其他障碍诊断的概率(见表 13.3)。而且,被诊断为边缘型人格障碍的人也很可能获得偏执型、分裂型、反社会型、自恋型、回避型或依赖型的人格障碍诊断。

人们真的容易同时患上多种人格障碍吗?是否因为我们界定这些障碍的方式不够准确,需要修改定义以避免它们彼此重合?或者说,我们对障碍进行区分的方式是错误的,我们需要重新思考分类的问题?诊断随着时间推移而发生变化的现象让这个议题变得更为复杂。而这些有关共病的困惑只不过是人格障碍研究领域内许多重要议题中的一部分而已。

表 13.3 人格障碍的诊断重叠

	个体符合其他人格障碍诊断的比值比									
诊断	偏执型	分裂样	分裂型	反社会型	边缘型	表演型	自恋型	回避型	依赖型	强迫型
偏执型		2.1	37.3*	2.6	12.3*	0.9	8.7*	4.0*	0.9	5.2*
分裂样	2.1		19.2	1.1	2.0	3.9	1.7	12.3*	2.9	5.5
分裂型	37.3*	19.2		2.7	16.2*	9.4	11.0	3.9*	7.0	5.5*
反社会型	2.6	1.1	2.7		9.5*	8.1*	14.0*	0.9	5.6	0.2
边缘型	12.3*	2.0	16.2*	9.5*		2.8	7.1*	2.5*	7.3*	2.0
表演型	0.9	3.9	16.2*	8.1*	2.8		13.2*	0.3	9.5	1.3
自恋型	8.7*	1.7	9.4	14.0*	7.1*	13.2*		0.3	4.0	3.7*
回避型	4.0*	12.3*	3.9*	0.9	2.5*	0.3	0.3		2.0	2.7
依赖型	0.9	2.9	7.0	5.6	7.3*	9.5	4.0	2.0		0.9

续表

| | 个体符合其他人格障碍诊断的比值比 | | | | | | | | | |
诊断	偏执型	分裂样	分裂型	反社会型	边缘型	表演型	自恋型	回避型	依赖型	强迫型
强迫型	5.2*	5.2*	5.5*	0.2	2.0	1.3	3.7*	2.7	0.9	

A. 比值比(ODDSRATIO)显示的是一个人同时具有两种诊断的可能性。带 * 的比值是在统计上,人们更有可能被诊断为同时患有相应的两种障碍——数值越大,意味着人们越容易患有相应的两种障碍。有些高数值在统计上并未达到显著,这是因为在这个研究中患有这类人格障碍的人数较少。

B. 来源:Reprinted,with permission,from Zimmerman,M.,Rothsehild,L.,& Chelminski,I.(2005). Theprevalence of DSM-Ⅳ personality disorders in psychiatric outpatients. American Journal of Psychiatry.162,1911-1918.2005,American Psychiatric Association.

13.1.8　人格障碍的干预与治疗

　　尽管人格障碍在正常人群和临床人群中发病率并不低,但是关于人格障碍治疗的实验研究却很少。直到 20 世纪 80 年代中期,人格障碍才引起研究者的关注。Millon 开发了人格问卷,并在 1989 年创办和修订了《人格障碍期刊》(Journal of Personality Disorders),这大大激发了研究者们对人格障碍的研究热情。但是,近来多数研究只关注边缘型人格障碍、反社会型人格障碍和分裂型人格障碍。在过去的 35 年里,几乎没有发表关于依赖型人格障碍、偏执型人格障碍或者分裂样人格障碍的相关研究。

　　20 世纪七八十年代,心理动力学治疗(psychodynamic therapy)是治疗的首选方法。20 世纪末,研究者越来越关注认知的方法,以及认知行为疗法(cognitive behavioral therapy,CBT),比如辩证行为治疗(dialectical behavior therapy,DBT)和图式治疗(schema therapy,ST)。近年来,出现了大量关于心理动力学治疗有效性的研究,改变了其主流治疗方法的地位,使其降低到中等程度。鉴于认知行为疗法和心理动力学的方法都有实验依据支持,因此有一系列治疗方法可供治疗师自由选择,包括更新的心智化焦点治疗(mentalized focus therapy)和基于正念的方法(mindfulness-based approaches)。

　　所有成功的针对人格障碍的治疗的关键因素在于,治疗师可以根据患者在会谈过程中的表现来调整自己的干预策略,以便适应患者的特点。人们期待未来关于人格障碍的研究,可以采用多元模型和处理多重诊断,比如多重人格障碍中常见的情绪调节、冲动和回避行为。

　　一般来说,人格障碍患者的治疗应该是多元化的,通过心理动力学和认知基础,处理患者的核心问题。要选择具体的干预手段来处理患者的防御机制和个人关系问题。人格障碍长期性的本质、家庭动力关系和他们的早期经历,都要求治疗方法不仅要减轻症状,还要能对患者整体心理功能和个人世界观、自我观念带来变化。

　　贝克及其同事(2004)报告,他们通过认知疗法,在人格障碍的治疗中取得了成功。治疗一开始,他们使用标准的认知疗法引发并改善那些引起焦虑和抑郁的机能失调性自动化思维;一旦产生有效的变化,治疗师就逐渐将重心从当前的关注点转换到深藏人格障碍之下的功能失调性核心图式。研究发现,引导性能够帮助患者看清这些核心图式在他们日常生活中的影响。一些技术,比如故意夸大、标识歪曲的认知、减少糟糕至极的想法以及对行为责任和结果再归因,可以慢慢地帮助人格障碍患者识别和改善他们的图式。同时,要注意帮助人们学会应对、交流、抉择和其他重要的生活技能。行为策略能够起到强化治疗的作用,比如放松、角色扮演、共同探索童年经历中已经根深蒂固的模式。这类整合性的治疗方式,具有明确的治疗目标和治疗策略,最有可能使人格障碍产生积极的变化。基于 Beck 的认知疗法,Young(1999)发展出图式疗法,帮助患者评估、识别和改变他们内在的图式。通过对抗移情和有限的修复,治疗联盟可以提供一个安全的港湾,患者可以在这里审视和改变自己不恰当的行为。

临床治疗师很好地使用了控制导向的认知策略,这样患者可以更加警觉。例如,Linehan 的辩证行为治疗成功地降低了边缘型人格障碍患者的自杀意念和自残行为。Greenberg(2002)整合了格式塔技术、心理剧,发展出了情绪聚焦疗法(emotion focused therapy),并且,在治疗中扮演提反面意见的人,帮助患者识别、管理并有效地处理他们自己的情绪。

在治疗人格障碍时,尤其是在治疗的初期,行为疗法也被成功地加以运用。对于那些不愿意参与长期治疗或者那些有严重功能失调和自我毁灭行为模式且需要迅速改善的人们,行为疗法特别有帮助和吸引力。通过行为疗法,他们可以学到新的社会和职业技能,以及应对压力和处理压力的实用方法。一般来说,行为疗法用于治疗症状轴障碍(比如物质相关障碍或心境障碍),并能迅速地使主要症状得到改善,这样一来,就可以提高患者在治疗中的动力和信心,鼓励他们继续进行关注潜在人格模式的治疗。即便患者过早地结束了治疗,但至少他们离开时能带走对治疗的积极感觉和最初的收获。所以,当症状反复的时候,他们可能还会回来寻求帮助。

研究表明,在严重人格障碍治疗中,有两种干预策略最为有效。研究证实,辩证行为疗法(Linehan,1993)与心理化基础疗法(MBT)(Bateman & Fonagy,2004,2007)可以减少自杀意图和自伤行为。移情焦点心理治疗(transference-focused psychotherapy)(Yeomans & Levy,2002)同样也给治疗带来了希望。目前,临床试验正在研究图式聚焦干预策略、移情焦点治疗和其他干预方式对治疗严重人格障碍患者的效果(Van Luyn,Akhbar & Livesley,2007)。

最近一项关于长期心理动力治疗有效性的元分析发现,治疗持续时间越长,改善就会越显著。Leichsenring 等(2008)发现,接受一年(50 次)心理动力治疗的患者,要比那些接受短期治疗的患者有更显著的整体治疗效果。Paris(1999)发现,如果想减少人格障碍 50% 的症状,患者就需要接受 1.3 年或者 192 次的治疗。经过 216 次治疗之后,症状可减少 75%。他总结道,这两种时间长度的治疗都对治疗人格障碍有效。

人格障碍患者在生活中的许多领域都会遇到困难。因此,一些辅助治疗比如职业咨询、12 步方案(12-step programs)、家庭或者夫妻咨询都是治疗方案中的重要部分。一旦人格障碍症状变得严重或出现恶化的情况,就需要日间治疗、短暂住院治疗或环境治疗了,尤其是对于边缘型人格障碍患者或分裂型人格障碍患者。

抗抑郁药物、情绪稳定剂、非典型抗精神病药、抗焦虑药往往能减轻症状,但是,药物无法治愈人格障碍,只能减轻伴随症状、降低冲动,或者可能帮助患者更好地参与心理治疗。此外,许多人格障碍患者也会滥用药物,因此,在治疗中我们必须谨慎地推荐药物。人格障碍精神药理学方面的实验数据几乎全都把关注点放在了边缘型人格障碍。实际上,一项研究发现,边缘型人格障碍患者平均要使用四种或五种类型的药物,但是这种多药疗法并未显示出其有效性或有益性。

家庭疗法可以作为人格障碍患者个体治疗的辅助治疗方式。虽然家庭成员可能自身也存在一些问题，但他们也会对治疗师理解患者人格障碍有所帮助；同时家庭成员会有助益性地回应患者人格障碍，从而缓解障碍的再次恶化。患者社会化和职业功能失调或许已经破坏了家庭关系，家庭治疗可以为患者提供一个改善家庭关系、发展联系家庭成员的新方法。治疗师应该十分小心，不要与家庭成员形成独立联盟，这样的话，会让患者对治疗过程产生信任危机，而且这样会被视为一种拒绝。

团体治疗是人格障碍患者个体疗法的另一种有用的辅助治疗方式。实验数据表明，个体治疗结合团体治疗会有良好效果。不过，团体治疗一般应该与个体治疗或者个体治疗取得一些进展之后共同使用。由于患者伴有较差的社交技能、强烈的不信任感以及依赖需求，因此过早地使用团体治疗可能会成为患者另一次失望的人际交往经历。一旦患者做好参加团体治疗的准备，团体成员提供的反馈和支出就可以鼓励他们做出积极的转变，同时，团体也是一个安全空间，患者学习同龄人和权威人士打交道的新方法后，可以在团体中进行练习。

13.1.9 预后

由于人格障碍根深蒂固和普遍性的本质，对于影响人格障碍的重大变化进行预后是十分合理的。然而，如果能说服患者继续配合治疗，减轻症状与改善社交和职业技能的预后就会十分理想。不幸的是，很多人格障碍患者没有去改变自己的动机，他们的治疗常常戛然而止或者过早结束。功能水平较高、心智正常和有远见的患者有最好的预后，但即便是较严重的人格障碍患者或者难以治疗的患者，如果循序渐进，慢慢变化，一样可以有积极的预后。

人格障碍的治疗过程包括：发展合作性的工作联盟；使用适合患者每个阶段变化的治疗方法；设定从减少自伤行为到改善适应不良关系模式的目标。治疗联盟越好，患者越有可能愿意接受治疗，与治疗师共同工作，实现上述目标。

接下来，我们将逐一讨论每种人格障碍。

13.2 A族人格障碍

A族人格障碍有偏执型、分裂样、分裂型三种人格障碍，患者的行为一般都会被描述为退缩的、冷漠的、多疑的或易激惹的；所共有的特征是，他们都具有一些在精神分裂症中所能看到的精神病性症状。

13.2.1 偏执型人格障碍

13.2.1.1 障碍描述

尽管对于他人及其动机抱有一定的警惕或许是具有适应意义的，但是过于缺乏信任则会干扰交友、与人共事以及以一种总体上运转良好的方式来完成日常的人际互动。患有**偏执型人格障碍**(paranoid personality disorder, Paranoid PD, PPD)的人在没有任何证据的情况下,过于不信任并且怀疑他人。他们总是假设其他人会伤害或者欺骗他们,因此,他们倾向于不对他人表露自己。

这些人通常是僵化和好争论的,有特别紧迫的自立需要。对于别人,他们表现得冷酷、精于算计、戒备和防卫,同时回避谴责和亲密。他们可能会表现得很紧张,很难放松。这一障碍特别容易产生职业困难:PPD患者太关注等级和权力,以至于他们经常很难处理与上司和同事之间的关系。

偏执型人格障碍患者的行为动力学包括投射和投射性认同的成分。他们认为别人不喜欢他们,会对他们不好,结果导致他们在人际关系中采取了防御的态度,频繁地使用对他人不好的方式保护自己不受伤害。当别人表示出不赞同和拒绝时,便印证了他们心中的想法,这让偏执型人格患者感觉到恐惧和不受欢迎。

偏执型人格障碍至少会表现出以下几种症状:
- 不合理地怀疑他人伤害或者利用他们。
- 不断地质疑别人的信任。
- 很少透露自己的信息,因为他们认为有朝一日这些信息可能被别人利用来对付自己。
- 将善意的评论或者行为视为蓄意伤害。
- 不能原谅别人,长期抱怨。
- 经常毫无缘由地认为自己受到了攻击。
- 很容易生气或者攻击。
- 经常质疑伴侣的忠诚。

偏执型人格障碍患者常常将别人的行为误认为是侮辱性的和蓄意的,还倾向于把这些经历个人化。正是他们这种感觉被利用、批评或者感到很无力的想法,导致他们时时防备。他们没有款款柔情或幽默感,会比较苛刻、喜欢说教、表现浮夸、没有安全感、脾气暴躁、多疑、自我防卫、嫉妒心强。他们很少与别人分享,而且比较严格和克制。他们对事物的兴趣大于对人或观念的兴趣,对别人缺乏理解和同情。这些患者有强烈的等级观念,而且通常表现得非常确信。他们渴望权力,嫉妒那些比自己更有影响力和成功的人。有时候,他们通过成为非宗教或政治性团体的领导来获得一种权威感。

一般来说,他们没有幻觉和妄想,但是在经历巨大的压力时,他们可能会有短暂的精神病发作。偏执型人格障碍患者往往还有共病性障碍。最常见的就是共病其他人格障碍(包括自恋型人格障碍、回避型人格障碍或强迫型人格障碍)和焦虑或心境障碍(Millon et al.,2004)。这些患者的亲属中有较高的精神分裂谱系障碍的发病率,因此,偏执型人格障碍的症状可能是另一种障碍的发病前阶段。Beck及其同事(2004)的研究表明,偏执型人格障碍的发展可能还有一个潜在的基因成分。

大约5%的人格障碍患者患有偏执型人格障碍,而总人口中的0.5%~2.5%被诊断出患有偏执型人格障碍,而且在男性中更常见。

尽管PPD的发病率一般为1%,但是PPD很少获得临床关注。当它获得临床关注时,通常是在男性身上得到的诊断。它和精神分裂症的发展关系还不清楚,但是有时在精神分裂症发病前出现。

13.2.1.2 诊断

DSM-5 偏执型人格障碍诊断标准	F60.0

A. 对他人的普遍的不信任和猜疑以至于把他人的动机解释为恶意,起始不晚于成年早期,存在于各种背景下,表现为下列 4 项(或更多)症状:

　1. 没有足够依据地猜疑他人在剥削、伤害或欺骗他或她。

　2. 有不公正地怀疑朋友或同事对他的忠诚和信任的先占观念。

　3. 对信任他人很犹豫,因为毫无根据地害怕一些信息会被恶意地用来对付自己。

　4. 善意的谈论或事件会被当作隐含有贬低或威胁性的意义。

　5. 持久地心怀怨恨(例如,不能原谅他人的侮辱、伤害或轻视)。

　6. 感到自己的人格或名誉受到打击,但在他人看来并不明显,且迅速做出愤恶的反应或做出反击。

　7. 对配偶或性伴侣的忠贞反复地表示猜疑,尽管没有证据。

B. 并非仅仅出现于精神分裂症、伴精神病性特征的双相或抑郁障碍或其他精神病性障碍的病程之中,也不能归因于其他躯体疾病的生理效应。

注:如在精神分裂症起病之前已符合此诊断标准,可加上"病前",即"偏执型人格障碍(病前)"。

来源:American Psychiatric Association(2013). Diagnostic and statistical manual of mental disorders(5th ed). Washington,DC.

13.2.1.3 干预治疗

　　因为偏执型人格障碍患者不信任任何人,因此他们不太可能会在自己需要的时候去寻求专业帮助,而且也难以发展出成功的治疗所必需的信任关系。因此,在患者和治疗师之间建立起有意义的治疗同盟成为重要的第一步。这些个体最终去寻求治疗的原因常常是他们生活中的一次危机(例如,威胁要去伤害其他人),或者是焦虑或抑郁等其他问题,而不一定是他们的人格障碍。

　　对于偏执型人格障碍患者,个体治疗是最好的选择。治疗不要强调情感的理解或反应,两者都有可能具有威胁性。相反,采用行为疗法,突出患者而不是治疗的控制权,关注问题解决、压力应对、自信培养和其他人际交往技能,这些最能激发患者参与到治疗当中,产生积极的变化。偏执型人格障碍患者通常欣赏有逻辑、有组织的行为疗法。相对于关注内在动力和情感的治疗师,他们更信任那些关注行动和体验的治疗师。强化、塑造和教育可以帮助这些患者发展出更有效的应对机制和社会技能,提升自我效能感;反过来,这些也有助于他们参与下一阶段的治疗。

　　当已经建立了合作性治疗联盟,促成了一些行为转变后,治疗就可以引入认知疗法了。认知疗法是一种需要理清逻辑和清晰思路的方法。因为偏执型人格障碍患者容易以偏概全、放大负面信息和非此即彼的思维,所以治疗可以帮助这些患者考虑其他的解释。这样可以改变他们的防卫态度,鼓励他们多为自己给他人带来的影响负责任,还可以减少他们的愤怒和敌意。在这个阶段的治疗中,患者通常还会表现出抑郁,认知疗法也可以用来减少抑郁症状。

到目前为止,关于偏执型人格障碍患者治疗有效性的实验研究依然寥寥无几(Carroll, 2009)。有些临床治疗师汇报过成功的案例,他们在治疗偏执型人格障碍患者中使用了强调理解的心理动力或人际关系疗法。Beck 及其同事(2004)也报告了认知疗法产生的良好效果,认知疗法帮助患者提高了自我效能,降低了警惕性和自我防卫,提高了他们应对人际问题及应对压力的整体能力。一般来说,现实检验有助于这些患者的治疗。如果让患者审视其行为带来的法律、职业或人际关系后果,就有可能会帮助他们意识到,为了阻止消极的结果,改变自己的行为和态度是多么重要。

一般不为偏执型人格障碍患者推荐团体治疗。除非他们在团体中处于领导地位,否则他们会在团体中感到非常不舒服,尤其是团体氛围很亲密或者很冲突时,他们就会捣乱或者逃离团体治疗。

尽管偏执型人格障碍患者的家庭问题很常见,但是在个体治疗取得重大进展之前,我们也不推荐家庭治疗。只有当患者意识到他们的行为和态度对他人所产生的影响时,他们才算是准备好开始谈论家庭问题以及与家庭成员有效互动的问题了。

有时候,这些患者也会出现短暂的精神病性症状和重度焦虑,抗焦虑药和非典型抗精神病药物可以改善这些症状。研究发现,匹莫齐特(哌迷清,Opiram,Orap)和氟西汀(百忧解)可以减轻偏执观念(Speerry,2003)。但是,为了不让患者感觉被羞辱、操纵或控制,治疗中药物推荐需谨慎。

13.2.1.4　预后

偏执型人格障碍患者的治疗是一个漫长、缓慢的过程,但是如果他们能投入治疗当中,还是会发生真正的改变。最好的整合性治疗要包括心理动力疗法和认知行为疗法。认知重构和行为改变策略可以成功地帮助患者更好地应对问题。治疗结束后就完全终止任何后续治疗,患者有时候可能会复发,所以有时偶尔再进行几次后续治疗,可以防止症状复发。但是,偏执型人格障碍患者经常不愿进行治疗,而且还常常过早结束治疗。即使他们真的在治疗中很配合,而且发生了一些积极改变,治疗也很难对他们长久形成的普遍关系模式产生重大改变。因此,在治疗一开始,治疗师和患者就应该设定切合实际的、有可能达到的有限目标,这样,即使治疗不能完全治愈患者,双方也能体验到一种完成任务的感觉。如果初步目标实现后还要继续治疗,那么双方就需要重新设定目标了。

13.2.2　分裂样人格障碍

13.2.2.1　障碍描述

生活中"独来独往的人",宁愿每天独自去散步,也不会接受一次去参加聚会的邀请;会独自来上课,不和同学坐在一起,然后又独自离开。现在,把这些与人隔离的偏好放大许多许多倍,那么你就能够感受到一点**分裂样人格障碍(schizoid personality disorder,SzPD)**的影响了(Hopwood,2018)。

患有这种人格障碍的个体表现出与社会关系相脱离以及在人际情境中情绪表达范围狭

窄的普遍模式。他们是疏远的、冷淡的,对他人漠不关心。"分裂样"(schizoid)一词相对而言有些古老,曾被布洛伊尔(1924)用来描述那些具有转向内心世界并且远离外在世界的倾向的人。这些人缺乏情绪表达,并且会追求一些含糊不清的利益。患有分裂样人格障碍的个体对社会中的其他人漠不关心,有时候是完全不关心。通常,他们一生都是孤独的,并且表现出受限的情绪表达。他们看起来不善社交、冷漠与世隔绝。

SzPD患者可能在单干的、他人会觉得难以忍受的工作上取得成就。他们可能会过分地做白日梦,变得依恋动物,并且通常不会结婚,甚至不会形成长期的恋爱关系。他们和现实确实仍保持接触,除非他们发展出精神分裂症。但是,他们的亲属患该疾病的风险会上升。尽管SzPD的诊断并不常见,但它其实相对而言算常见,可能影响着一般人群中一小部分人。男性比女性的患病风险更高。

分裂样人格障碍的主要特点是"与社会关系普遍脱离,在人际关系情境中表现出情感表达有限的模式"。这种模式在成年早期开始显现,几乎在所有的情境中,都是鉴别分裂样人格障碍行为和态度的特征。他们喜欢独自行动,回避家庭活动和社交活动,人们通常觉得他们冷漠、缺乏热情。分裂样人格障碍患者缺乏快感,几乎没什么东西能给他们带来快乐。对性或者亲密关系的兴趣简直可以忽略或者不存在。分裂样人格障碍患者很难表达自己的情感,可能否认拥有强烈的情感,而且看起来冷漠、缺乏热情。当与他人在一起的时候,他们有可能显得谨慎且不得体,也不怎么做出情感反应。尽管有些患者承认毫无回报的社交和被视为社交怪人会令他们感到痛苦,但是大多数患者不会因为别人的反应而受影响。尽管他们的现实生活通常没有受到破坏,但是分裂样人格障碍患者经常很容易走神或者被无关事物分散精力。

一些量表可以帮助诊断和理解分裂样人格障碍,比如米隆临床多相量表、明尼苏达多相人格量表。对这些患者来说,书面回答可能更舒服,而且能比口头回答带给治疗师更多信息,尤其是治疗初期的幻想。幻想是了解一个人内在需求和欲望的窗口。Millon及其同事(2004)指出,一个人的幻想生活可以为治疗提供丰富的信息。Millon认为:"分裂样人格障碍是一种缺乏鲜明性格的人格障碍。"确实如此,从童年开始,分裂样人格障碍患者就几乎没有人际交往经历,他们认为人际关系会令人受挫、令人失望。早期的经历常常充满欺负、拒绝和虐待。为了让自己远离那些他们所认为的负面经历,他们回避社会化,过着私密、孤立的生活。男性患者一般不会约会或结婚,他们也不会"有意去亲密接触"。女性患者可能参与较多的社会和家庭活动,但是她们常常是被动的角色,让别人替她们做社会决策。不管是男性患者还是女性患者,他们的社交技能都比较差,而且没有什么亲密朋友。他们的同情和内省能力似乎十分有限,而且他们通常认为自己非常古怪、格格不入、一无是处。分裂样人格障碍患者的职业功能受损严重,如果他们的工作涉及人际交往,情况就更糟。有些人不愿去工作,依然跟父母生活在一起。另一些人找到了可以满足他们独处需求的稳定安全的职业角色。一般来说,如果没有外界压力的侵袭,分裂样人格障碍患者可以保持相对稳定的生活方式。例如,一位分裂样人格障碍患者将他全部的精力放在养斗牛犬和收集毒蛇上。他没有社交生活,只有在买卖的时候才与人打交道。他被转介来做咨询,是因为邻居觉得他的活动危害到了自己,所以向警方投诉。患者却说他对自己的生活很满意,唯一的担忧就是他的邻居。因此,对分裂样人格障碍患者也应该评估社交及社交焦虑。

分裂样人格障碍患者的幻想包罗万象,但是大多数人不会与现实脱节。他们的情绪反应平平淡淡,行为也无精打采。虽然有些人相当理智,也不愿意对他们和别人的生活做出解释,但是他们一般对自己的生活相对满意。

临床上,分裂样人格障碍并不多见,这类障碍更多发生在男性身上。但是,分裂样人格障碍女性患者共病酒精和物质使用的共病比例要高于男性患者。分裂样人格障碍患者一般成长于这样的家庭:家人满足他们身体和教育上的需求,但是缺乏情感交流、温暖或社交技能。这样的孩子长大后模仿了父母离群、孤僻的性格,也喜欢幻想或者远离社交活动。Millon 及其同事(2004)发现,在那些被动和缺乏快乐的婴儿身上可以看到一种生物性倾向。分裂样人格障碍一般没有其他突出的共病障碍,但是有些患者表现出抑郁、焦虑、人格解体、强迫思维、躯体症状或短暂性躁狂症状。正如偏执型人格障碍和分裂型人格障碍,分裂样人格障碍可能也是精神分裂障碍的前兆。共病人格障碍也可能出现,尤其是分裂型、反社会型和回避型人格障碍。

13.2.2.2 诊断

DSM-5 分裂样人格障碍 诊断标准	F60.1

A. 一种脱离社交关系,在人际交往时情感表达受限的普遍模式,起始不晚于成年早期,存在于各种背景下,表现为下列 4 项(或更多)症状:

1. 既不渴望也不享受亲近的人际关系,包括成为家庭的一部分。

2. 几乎总是选择独自活动。

3. 对与他人发生性行为兴趣很少或不感兴趣。

4. 很少或几乎没有活动能够令其感到有乐趣。

5. 除了一级亲属外,缺少亲密的朋友或知己。

6. 对他人的赞扬或批评都显得无所谓。

7. 表现为情绪冷淡、疏离或情感平淡。

B. 并非仅仅出现于精神分裂症、伴精神病性特征的双相或抑郁障碍或其他精神病性障碍或孤独症(自闭症)谱系障碍的病程之中,也不能归因于其他躯体疾病的生理效应。

注:如在精神分裂症发生之前已符合此诊断标准,可加上"病前",即"分裂样人格障碍(病前)"。

来源:American Psychiatric Association(2013). Diagnostic and statistical manual of mental disorders(5th ed). Washington,DC.

来源:American Psychiatric Association(2013). Diagnostic and statistical manual of mental disorders(5th ed). Washington,DC.

13.2.2.3 干预治疗

有关分裂样人格障碍患者的研究不多,但是我们可以给大家提供一些谨慎的概括信息。

因为分裂样人格障碍患者经常对治疗感到矛盾,所以如果能建立一种支持性的治疗联盟,被另一个人接纳,可能会让他们意识到人际关系的价值。治疗师必须首先帮助患者看到治疗的益处,列出治疗的利弊。Beck 及其同事(2004)建议,治疗师和患者应该使用苏格拉底式对话来共同协商出一个问题清单,制定一系列不同等级的目标。

治疗师的观点必须保持中立,因为他们的一些话可能会被这些极度敏感的人误解为批评,这样就强化了他们关于人际关系的核心信念或适应不良的图式——人际交往是"残酷、没有成就感、不受欢迎的"。那些越想尝试治疗的人,越有可能提早结束治疗。

Young(1999)创立的图式治疗进一步补充了认知疗法,通过使用想象练习、共情、有限定的重新体验抚育互动和布置家庭作业处理患者潜在的假设和功能失调的观念,来改变这些适应不良的图式。分裂样人格障碍患者使用的图式通常包括生活索然无味、毫无成就感和人际关系不值得费心的观念。另外,在认知疗法中,患者的幻想和对依赖的理解是可以有效探讨的。贝克功能失调思维记录表(Beck's Dysfunctional Thought Record)之类的量表有助于识别和改善这类想法,也可以指导探索,提升他们在有趣活动中的参与性。建立在已有兴趣上的活动,有助于患者参加其他的活动。

行为技术可以帮助分裂样人格障碍患者提高社会交往和沟通技能,提升他们的共情能力。但是,治疗师应当时刻谨记,考虑到分裂样人格障碍患者对人际交往缺乏反应,他们认为人际关系不重要,因此分裂样人格障碍患者通常对能够强化行为的反应感觉平平。他们有可能还会讨厌一些行为技术的某些方面过于侵犯私人空间,有被操纵的感觉;使用教学的方法来改变行为,比如教给患者如何增强自信、自我表达的能力和社交技能,这样更有可能成功。有些患者对提供一种可以有限自我袒露的环境反应良好,他们可以在这样的自然实验室中练习学习的新技能。

为分裂样人格障碍患者制订治疗计划时,各个步骤的顺序必须是严格安排的。不能用多方面的治疗策略让患者不知所措,也不能在他们准备好之前就推着他们参加团体治疗和家庭治疗。必须在个体治疗阶段先建立一个稳定的治疗联盟;只有当患者准备好了,才能进一步介绍团体治疗、家庭治疗、自信训练、职业咨询或其他更活跃,但是有可能给患者造成威胁的干预方式。

团体治疗对这些患者是有帮助的,但是治疗师必须给他们营造一个保护性的氛围,尤其是在刚开始他们想要脱离团体的时候,应该避免先入为主的解释和强迫性的接触。团体中的其他成员也应悉心挑选,以防这些患者感到压力或者攻击。Sperry(2003)建议,团体应该在整体功能上一致,但在人格类型上同质异构。如果患者接受了团体治疗,那么团体治疗就可以为他们提供一个教育性和肯定性的社交经历,能够给予他们温和的反馈。

在治疗分裂样人格障碍的药物疗法方面,严格控制的研究还很少。但是,在有些案例中,减轻严重的焦虑和抑郁症状的药物对治疗也有所帮助。对于那些有精神病性症状的患者,非典型抗精神病药物如奥氮平或齐拉西酮(Geodon)是有帮助的。

13.2.2.4 预后

通过综合性治疗手段和缓慢的治疗进程,可以有效治疗分裂样人格障碍。但是,过早结束治疗、治疗未能取得效果或保持治疗效果也是很常见的(Millon et al.,2004)。大多数患者已经建立一种相对稳定的生活方式,因此他们不愿参与治疗。当他们的工作中老板明确要求时,他们可能在某种程度上提高社交技能,但是整体的改变是一个缓慢的过程。症状复发比较常见。如果没人帮他们识别复发的信号,没有后续的间歇性治疗,分裂样人格障碍患者很有可能又回到他们以前离群索居的行为模式中。

13.2.3 分裂型人格障碍

13.2.3.1 障碍描述

"奇怪的、古怪的、迷信的"是经常用来描述**分裂型人格障碍（schizotypal personality disorder, StPD,SPD)**患者的形容词。奇幻思维是这种障碍的标志性症状。从早年开始,分裂型人格障碍患者就有持续性的人际关系缺陷,会严重降低他们与他人亲近的能力。他们也有歪曲的或怪异的思维、知觉和行为,这使得他们看起来很古怪。当他们和陌生人在一起的时候,他们通常会感到焦虑。而且他们几乎没有亲密的朋友。他们可能是多疑的和迷信的;他们思想上的怪异之处包括心理感应的魔幻思维和信念,或其他不寻常的交流模式。这样的患者可能会说感受到一种"力量"或"存在",言语特征为模糊、离题、过度抽象、词汇贫乏或以不同寻常的方式使用词语。

与偏执型和分裂样人格障碍患者一样,分裂型人格障碍患者在人际关系和社会技能上存在大量问题。这类患者往往十分谨慎、多疑和敏感。除了亲近的亲属,他们几乎没有好朋友,在社交场合中他们会感到不舒服和尴尬,他们表达情感平淡且不合时宜。此外,这类障碍的特点还有"认知或知觉扭曲和怪癖行为",包括牵连观念(ideas of reference)、奇幻思维(magical thinking)、不寻常的信仰或知觉经验(unusual beliefs or perceptual experiences)、显著的迷信(prominent superstitions)、古怪的行为或装饰(eccentric actions or grooming)、怪异的语言模式(idiosyncratic speech patterns)。SPD 患者一般会比偏执型或分裂样人格障碍患者更不正常、不寻常。

SPD 在总人口中的发病率大约为 3%。虽然近来的研究表明,男性患者比女性患者功能失调更严重,比如更多物质和酒精使用、更少的朋友、更多由奇怪的思维和信仰导致的障碍(Dickey,2011),但是 SPD 的性别分布仍不明朗。男性患者更容易与偏执型和自恋型人格障碍共病。在总体人口中,年龄和性别似乎与分裂型的发展有关(Bora & Arabaci,2009)。

SPD 患者几乎都存在明显的社交和职业功能损害,其中将近 40% 的患者有一段时间不能工作的经历。他们通常不结婚或者不生孩子,喜欢独居或者与他们的原生家庭住在一起。有时候他们会参与异教团体或是具有奇异信仰的其他团体。根据 Dicky 及其同事(2005)的研究,超过 78% 的 SPD 患者最常见的症状包括幻想、不同寻常的感知经历、多疑、偏执观念和奇幻思维。周围的人对他们古怪的行为和观念感受颇深,这也促成了他们的社交隔离。人们通常会认为 SPD 患者古怪、异常。SPD 患者喜欢离群索居的倾向使得他们身上普遍持续出现认知和社交偏移,患者似乎比其他的人格障碍患者经历更多向下的发展趋势,而他们智力的平均水平通常要比预期的要高。

SPD 可能与基因和环境因素都有关系。SPD 患者一级亲属患有精神分裂和心境障碍的概率要高于一般人(APA,2000;Dickey,2005)。研究表明,正如在精神分裂症中所看到的,至少有一些 SPD 患者的主要症状可能是前额叶的神经功能损伤所导致的结果。SPD 患者所接受的教养模式一般是比较一致的,但是缺乏情感温暖。Sperry 指出,至少有一项研究表明分裂型具有遗传易感性,加上孩童时期升高的被动性,这些可能会导致父母变得冷漠和疏离。SPD患者普遍都有被羞辱、被辱骂、被欺负和被拒绝的经历，这些是他们社会参与活动的挫折经历（Sperry，2003）。

年龄和性别似乎在分裂型特质的发展中起着一定的作用。一些分裂型特质，主要是精神错乱和奇幻思维，在青春期达到顶峰之后随着年龄逐渐消退，这种现象在女性患者身上尤为常见。从青春期开始到老年，错乱（disorganization）也会随着年龄减弱。由于生活经历的影响较大，青春期的过程或许可能会引发分裂型人格障碍，或者使其更好地适应社会。在一些具体的分裂型特质的发展中，性别也有一定的影响。男性更容易经历错乱，女性的主要问题在于社交焦虑、奇幻思维和偏执观念。

Dicky和同事们（2005）发现，超过半数的SPD患者与抑郁症共病，25％的患者有焦虑或心境障碍。短暂的、与应激相关的精神病性症状往往也伴随着SPD。SPD患者有可能出现躯体化症状或者模糊不清的身体不适。SPD患者经常有自杀意念和行为。尤其是当患者与心境障碍或精神病性症状共病时。他们也可能与其他人格障碍共病，比如偏执型、回避型、强迫型和边缘型人格障碍。与精神分裂谱系障碍一样，SPD患者具有很重的疑心、偏执观念和反复思考过程，这些让他们难以建立和维持社交关系。

SPD患者最终可能会发展出精神分裂症。在首次得到临床关注的时候，他们中的许多人都是抑郁的。他们古怪的想法和思维方式也使得他们将自己置于卷入异端邪教的风险位置。他们和其他人相处不好，在有压力的情况下，他们可能会变得有一点精神病性。尽管他们行为古怪，但很多人都会结婚和工作。这一障碍出现的概率和分裂样人格障碍一样。

有些人认为，分裂型人格障碍和精神分裂症（下一章中我们要讨论的严重障碍）处于同一连续体上（即在同一谱系上），只是不具备某些更为严重的症状（例如幻觉和妄想）。因为这一密切的联系，DSM-5将这一障碍同时置于人格障碍以及精神分裂症谱系两大类名下（American Psychiatric Association，2013）。

13.2.3.2　诊断

DSM-5 分裂型人格障碍 诊断标准	F21

A. 一种社交和人际关系缺陷的普遍模式，表现为对亲密关系感到强烈的不舒服和建立亲密关系的能力下降，且有认知或知觉的扭曲和古怪行为，起始不晚于成年早期，存在于各种背景下，表现为下列 5 项（或更多）症状：

　1. 牵连观念（不包括关系妄想）。

　2. 影响行为的古怪信念或魔幻思维，及与亚文化常模不一致（例如，迷信、相信千里眼、心灵感应或"第六感"；儿童或青少年可表现为怪异的幻想或先占观念）。

　3. 不寻常的知觉体验，包括躯体错觉。

　4. 古怪的思维和言语（例如，含糊的、赘述的、隐喻的、过分渲染的或刻板的）。

　5. 猜疑或偏执观念。

　6. 不恰当的或受限制的情感。

　7. 古怪的、反常的或特别的行为或外表。

续表

8.除了一级亲属外,缺少亲密的朋友或知己。
9.过度的社交焦虑,并不随着熟悉程度而减弱,且与偏执性的恐惧有关,而不是对自己的负性判断。

B.并非仅仅出现于精神分裂症、伴精神病性特征的双相或抑郁障碍或其他精神病性障碍或孤独症(自闭症)谱系障碍的病程之中。

注:如在精神分裂症发生之前已符合此诊断标准,可加上"病前",即"分裂型人格障碍(病前)"。

来源:American Psychiatric Association(2013). Diagnostic and statistical manual of mental disorders(5th ed). Washington,DC.

A 类人格障碍的分组图式

A 类人格障碍	类精神病性的症状	
	阳性(例如,牵连观念、奇幻思维以及知觉歪曲)	阴性(例如,社会隔离、糟糕的人际关系和情感受限)
偏执型	是	是
分裂样	否	是
分裂型	是	否

来源:Adapted from Siever,L. J. (1992). Schizophrenia spectrum personality disorders. In A. Tasman & M. B. Riba (Eds.),Review of psychiatry (Vol. 11, pp. 25-42). Washington,DC: American Psychiatric Press.

13.2.3.3 干预治疗

治疗 SPD 通常与分裂样人格障碍相似,需要额外的药物治疗。SPD 患者很少主动接受治疗,大部分患者似乎很接纳他们自己的生活方式。

对 SPD 患者的治疗通常是支持性的、长期的、慢节奏的;开始的时候需要支持性干预和药物,接着需要好好利用认知和行为策略提高自我意识、自信、现实检验和更加被社会接纳的行为。针对这类患者的治疗目标都很基础,即处理个人卫生和日常活动、防止隔离和完全功能失调、培养生活中的独立性和乐趣。

对于 SPD 患者来说,认知疗法很有帮助,它关注 Beck 及其同事(2004)列出来的四种思维:多疑或偏执思维、牵连观念、迷信和奇幻思维以及幻觉。治疗师可以鼓励患者判断其信念是否有证据可循。认知疗法还可以帮助他们更有效地应对 SPD 患者常见的特点,比如所谓的批评和歪曲的情感推理。行为疗法可以改善表达方式、个人卫生以及社交技能。团体治疗可能对轻度 SPD 患者有帮助,但是团体成员必须都是精挑细选出来的,而且这些患者必须认真准备,这样的话,团体治疗才不会太有危险性。

越来越多的研究表明,在治疗 SPD 过程中,结合药物治疗会十分有效。在多项对照的药理试验中,非典型抗精神病药物,如利培酮(维思通)对治疗精神病性症状有益。可以降低认知障碍、现实感丧失、牵连观念、焦虑、抑郁、社会功能失调和消极的自我形象。抗焦虑药可以有效减少 SPD 伴随的焦虑情绪。然而,虽然药物可以降低 SPD 患者的功能损害程度,但是不能改变基本的人格模式。

个案管理(case management) 往往是治疗这类患者的一个重要部分。他们有时在治疗项目上被视为长期慢性的精神障碍,需要长期监督他们的功能。这类患者通常会得到当地庇护所(locating housing)的帮助,在提供支持和监督而且没有情感压力的地方工作,定期获得需要的药物。对他们来说,当遇到危机的时候,他们能有一个可以寻求帮助的地方,这是非常有益的。

与分裂样人格障碍和偏执型人格障碍患者一样,SPD 患者也不愿接受治疗。建立信任是参与治疗过程中最具挑战但也是最重要的因素。有效、可靠、鼓励、温暖、共情、积极和不干扰的态度有助于治疗师与这些患者进行有效互动。

由于 SPD 患者交流过程中很容易信马由缰,很难有效地使用治疗机会,因此治疗师必须使治疗结构化、集中化,要教给患者如何进行心理治疗。频繁的治疗或者治疗间隔中保持通话可以使患者与治疗师保持联系的状态,使其参与治疗之中。允许患者掌握亲密的程度也可以增加他们控制治疗的感觉,增强治疗的舒适感,让患者有一种矫正情感体验。

根据 McGlashan 与其他人(2005)的一项为期两年的研究,一些 SPD 症状,包括偏执观念和不同寻常的体验有可能是治疗的阻抗,而怪异行为和情感受限(constricted affect)是最有可能改变的症状。治疗师有时有必要为患者提供基本的信息和照顾自己、应对生活的建议。虽然有些治疗师可能对这样的角色并不苟同,但是这确实能帮助患者看到治疗的价值。

SPD 患者很难表达他们的情感,也很难恰如其分地处理人际交往,因此,治疗师需要准备好应对患者这方面的反应和行为。对于患者冒犯性的言谈举止以及缺乏治疗动机的状况,治疗师需要处理自己的不适感。在进行一些现实检测和教育时,治疗师应该表达接纳和支持,还要时刻牢记 54 分是 SPD 患者功能等级评估的全球平均分。

积极的一面是,这些患者一般都很乐意谈论他们自己和他们的经历,不会去掌控治疗。如果治疗是被保护且谨慎的,他们通常很真诚。

13.2.3.4 预后

对 SPD 治疗的预后,最好十分谨慎。作为一种精神分裂症谱系障碍,SPD 存在基因易感性和精神分裂症的临床表现。事实上,轻度精神分裂症患者身上存在的严重认知和功能障碍、精神病性症状,社会隔离和向下发展的症状,都可以在 SPD 患者身上看到。Dicky 和她的同事们(2005)指出,我们最好把 SPD 称作精神分裂症Ⅱ型,类似双相障碍Ⅱ型,与双相障碍Ⅰ型的症状相似但是不会那么极端。尽管对显著的积极改变的预后应当谨慎,但是大多数患者的症状并没有恶化成精神分裂症,他们依然保持了一种稳定、边缘化的生活方式。将治疗的现实目标设定为提高适应性功能、享受生活的乐趣,而不是人格重构,这样的话,可以帮助治疗师和患者体验治疗的成果。

13.3　B族人格障碍

被诊断为患有反社会型、边缘型、表演型、自恋型等B族人格障碍的个体都具有戏剧化、情绪化、寻求注意和反复无常的行为，其心境易变且通常是表浅的。他们通常有强烈的人际冲突。

13.3.1　反社会型人格障碍

反社会型人格障碍(antisocial personality disorder, Antisocial PD, ASPD, APD)是唯一不能在18岁之前进行诊断的人格障碍。这类患者通常表现出一种长期的、不负责任的行为模式，违反社会规则以及漠视他人的权利和感受。

反社会型人格障碍曾经有过好几个不同的名称。皮内尔(1801/1962)使用"不伴随谵妄的躁狂"(manie sans delire)来描述这些有着异常情绪反应和冲动性的暴怒，但在推理能力上没有缺陷的人(Charland,2010)。其他的标签还包括道德精神失常、病态的自我中心、社会病态和精神病态等。最为著名的两个标签是精神病态以及DSM-5中的反社会型人格障碍。目前，关于这两个标签是否代表了不同的障碍，仍未有定论(Hare,2012;Lynam & Vachon,2012)。

13.3.1.1　障碍描述

被诊断为APD的患者，18岁以后就持续存在品行障碍的症状。这种行为模式的特点是用冲动和攻击行为来回应社会规则和制度。常见的行为包括偷窃、撒谎、操纵、缺乏同理心、对待人和动物残忍、蓄意破坏公物、打架。在成年初期，症状达到最严重的程度，中年期症状开始自发减少。

APD患者一般难以维持工作和一夫一妻制的关系，可能过着"寄生虫般的生活"(Millon,2004)。他们自我中心、冲动、鲁莽、易怒、烦躁、欺诈、好争斗。他们不能遵守社会准则和法律规定，经常遇到经济危机，是不负责任的员工和父母，缺乏同理心，很少或不会为自己的行为感到内疚和懊悔。相反，他们认为自己的行为是正当的，认为自己高人一等，将他们的问题投射到他们轻视的人身上。APD患者很容易觉得无聊，他们特别需要娱乐、刺激和新奇的体验。虽然他们不愿意承担自己行为的后果，但他们一般都很享受生活。尽管APD患者声称要独立，但是他们想给人们留下深刻印象，而且很难拒绝和延迟满足。他们只相信自己，由于害怕被攻击，他们往往先发制人。他们经常是别人的精明法官，可以使用自己的语言和交往技能来操纵别人。同时，他们很少反思，几乎没有自我意识。

APD患者轻视被大众普遍接受的价值和行为，尽管他们在现实中并不会都有犯罪行为。很多APD患者在商业、政坛或者其他关注自身利益和财富积累的环境中找到了一席之地。

大约有3%的男性和少于1%的女性被诊断为APD。据不完全统计，监狱中有80%的人患有 APD。在低社会经济地位的人群中，APD 更常见，且有家族遗传的倾向性。它可能既有基因的基础，也有环境的基础。男性亲属有 APD 和物质相关障碍，女性亲属有躯体症状障碍和物质相关障碍。儿童时期的注意力缺陷多动障碍是常见的先兆，而儿童时期的品行障碍是必要条件。

反社会型人格障碍的患者长期不尊重并且破坏他人的权利。他们不能也不会遵从社会规范。也就是说，个体可以有多种方式表现出 APD。一些是诈骗分子，另一些，直白地说，是无礼的暴徒。

患有该障碍的女性（和一些男性）可能会卖淫。还有其他一些人，其典型的反社会人格那面会被大量服用的合法或非法药物所掩盖。

尽管这些患者中的一些表面上看相当有魅力，但是多数是具有攻击性且易怒的。他们不负责任的行为几乎会影响到生活的各个领域。除了物质使用外，可能会有很多打斗、撒谎和犯罪行为，包含各种可以想到的类型：偷窃、暴力、行骗以及虐待儿童和配偶。他们可能声称有内疚感，但是似乎不会真的为他们的行为感到懊悔。尽管他们可能抱怨有多种躯体问题，并偶尔尝试自杀，但他们操纵性地与他人互动使得我们很难判断他们的抱怨是不是真的。

DSM-5 中 APD 的标准明确规定，患者必须有能支持品行障碍诊断的既往史，且发病早于 15 岁。作为成人，这一行为必须是持久的，并延伸出至少 4 种 APD 症状（见诊断表）。

尽管治疗似乎对 APD 患者没有什么用，但是有证据表明随着年龄增长，当这些人变得更平静，成为"仅仅只是"物质使用者时，障碍会缓解。

一般来说，如果反社会行为仅在物质滥用的情境下出现，就没有理由做出 APD 诊断。滥用物质的个体有时候会参与犯罪行为，但是只是为了获得药物。了解可能有 APD 的患者在没有使用物质时是否会参与非法行动是非常重要的。尽管这些患者的童年通常以难以纠正的行为、违法以及逃课等学校问题为特征，但是少于一半有此背景的儿童最终会发展成完整的成人综合征。因此，我们不应该在 18 岁前做这一诊断。

最后，APD 是一种严重的障碍，还没有有效的干预方式。因此，诊断是最后的手段。在做出诊断前，要加倍努力排除其他主要的心理障碍和人格障碍。

APD 往往与家庭因素有关，人们认为 APD 是基因易感性、气质、压力和生活经历交互作用的结果。在一项元分析的研究中，Ferguson（2010）发现，变异数中多达 50% 归因于基因，独特经历占 31%，共同经历只占 11%。研究认为大脑的边缘系统是与 APD 发展关联最密切的部分。一般来说，眶额皮层控制着冲动、情感和社会决策，APD 患者这一部分似乎不发达。由于儿童无法识别社会线索，不能读懂他们父母和别人言语信息蕴含的情感，所以似乎不能从个人经历中学习。这些神经系统的脆弱性，结合社会化不良或不合理的教养方式，创造了这场精神的"完美风暴"（Dishion，2008）。

APD 患者一般成长于规则不一致、不稳定的家庭中，有时过于苛刻，有时过于放纵。这些混乱的家庭里，通常会有一个表现反社会行为的成员。APD 患者的父亲一般都有反社会和酗酒行为，而且经常离开家庭或者根本就不在家。母亲典型的特征就是负担重。在这些家庭中，不支持性和防御性的交流模式很常见，而且很多后来被诊断为 APD 的人根本没有温情关怀的童年期榜样。相反，他们学会了必须自己照顾自己，还发现可以用暴力和攻击作为优势来吓唬人。他们总是会被惩罚，他们早期会表现出行为问题，后来会从事具有挑战性和危险性的活动。

APD患者通常具有潜在的抑郁和焦虑,相比其他人格障碍,他们更容易患物质相关障碍和具有暴力问题。超过11%的APD患者尝试过自杀,约5%的人自杀成功。APD有时还会与其他人格障碍共病,尤其是自恋型、偏执型和表演型人格障碍,以及否定性和虐待狂的人格模式。APD患者几乎都存在职业和人际功能障碍。他们很难维持温暖、亲密的关系,总是经常更换伴侣和工作。在大五人格模型的基础上,APD的特质包括升高的愤怒和敌意、冲动和寻求刺激。APD与严谨性、宜人性和温情呈负相关。

13.3.1.2　诊断

DSM-5 反社会型人格障碍诊断标准	F60.2

A.一种漠视或侵犯他人权利的普遍模式,始于15岁,表现为下列3项(或更多)症状:

1.不能遵守与合法行为有关的社会规范,表现为多次做出可遭拘捕的行动。

2.欺诈,表现为了个人利益或乐趣而多次说谎,使用假名或诈骗他人。

3.冲动性或事先不制订计划。

4.易激惹和攻击性,表现为重复性地斗殴或攻击。

5.鲁莽且不顾他人或自身的安全。

6.一贯不负责任,表现为重复性地不坚持工作或不履行经济义务。

7.缺乏懊悔之心,表现为做出伤害、虐待或偷窃他人的行为后显得不在乎或合理化。

B.个体至少18岁。

C.有证据表明品行障碍出现于15岁之前。

D.反社会行为并非仅仅出现于精神分裂症或双相障碍的病程之中。

来源:American Psychiatric Association(2013). Diagnostic and statistical manual of mental disorders(5th ed). Washington,DC.

13.3.1.3　干预治疗

如果找不到有效治疗APD的方法,绝对不是因为缺乏这方面的研究,因为APD是被研究最充分的人格障碍之一。相反,研究中不尽如人意的结果体现了对APD治疗的预后过于谨慎。

拒绝、低成就感、独裁主义的偏见等成长史,常常会让APD患者对治疗阻抗,而不是去主动寻求治疗。通常他们的愤怒和攻击行为,结合一个暴力或犯罪背景,会导致刑事司法的结果,而不是去接受精神卫生治疗。当APD患者真的来接受治疗,我们就需要使用结构化和积极的治疗方法。尽管还没有研究表明哪种治疗方法最有效,但是一些方法在治疗APD患者中确实取得了一定的进展。一种具体的、以现实为基础的方法,以及处理愤怒管理、物质使用障碍的方法,再结合辅助治疗看来是最好的治疗方式。尽管**动机访谈(motivational interview)**可能会比社会技能训练或愤怒管理更有效,但是社会技能管理在规范行为方面还是很有帮助的。动机访谈的关注点在于选择,帮助他们考虑哪种选择对他们适用。治疗师采取一种非权威的态度,帮助患者意识到他们在掌握他们的未来,要对他们的行为负责。社会环境与居住方式,以及结构化的团体治疗,在加强APD患者人际交往技能和亲社会行为方面取得了一些成果。治疗性社区(团体)、使用代币制的公共机构设置以及包括同伴榜样、期望、鼓励和明确的后果的荒野方案(非主要的方案)有时都能成功地打破阻抗,引起患者的改变。对于那些被关押的人,提早或中途结束治疗的人,也可以帮助他们过渡到一个社会可以接受的生活方式。

对于那些触犯法律的人来说,治疗方案的关注点在于提高他们的责任感,对自己和别人的信任,以及提升掌控感,逐渐灌输给他们对自身行为后果的认识。居住治疗方案的一个重要益处就是,他们将原先环境里强化他们反社会行为的同龄人排除在外。发展新的支持系统和通过就业或自助性团体(如戒毒互助会)产生归属感,也可以达到类似的效果。

个体治疗是治疗APD的必备因素。个体治疗的第一步包括建立合作性的治疗联盟,设定清晰且双方都同意的目标。一旦完成上面的步骤,治疗师就应该制定一个积极的计划,并保持乐观的态度。

行为疗法、现实疗法和认知疗法也有帮助。现实疗法可以让患者看到他们行为自我毁灭的本质,认识到他们的行为并不能满足自己的需求,最终治疗师和患者达成改变的一致意见。通过问题解决和做决策技能、愤怒管理和冲动控制,行为疗法可以促进患者的积极变化。Beck及其同事(2004)推荐那些认知干预,可以促进道德发展、抽象思维、尊重他人权利和感受,以及分析和修正功能失调的想法。Millon及其同事(2004)建议,帮助人们与APD患者建立一个明确的自我利益体系,他们就能够认识到自己的行为可能产生的后果,并确定某个特定的行动符合自己的最佳利益的行为。心理教育可以提供一个团体框架,可以有效地教授患者自我控制和延迟满足。

对APD治疗,心智化基础疗法(mentalized basic therapy,MBT)是有效的,可将其适用于APD。心智化基础疗法旨在提供一个安全的治疗环境,其中人们可以关注引发焦虑的心理状态。对于APD患者,当他们的自尊受到威胁时,引发焦虑的心理状态就会出现。心智化基础疗法包括每周的个体治疗和团体治疗。多数心智化干预措施帮助患者感受到治疗师在尝试了解他们的内部思维过程是如何发展的,试图思量患者在做出糟糕选择的时候是如何感觉合乎情理的,并努力发展更好的、符合他们自身利益的选择,而不是迫使他们遵从社会的价值观。显然,关于该方法有效性的额外的操作化和研究是必要的,但是早期的结果看来是很有希望的。

图式治疗整合了认知疗法、意象、共情对峙、家庭作业和有限的自我重塑(limited reparenting)。在APD患者身上,通常都会发现适应不良的图式,包括不信任(害怕别人欺骗或虐待他们)、渴望权力、缺乏自我控制以及相信他们是有缺陷的且定会被别人抛弃。尽管一般来说治疗关注的是当下的行为,但是在谈论过去的时候,APD患者很少设防,这样的话,可能为我们理解他们当下的行为提供一条有用的途径。尽管谈话会关注过去的经历,但是心理动力和领悟疗法并不适用于这类患者。

治疗有进展的初期征兆是潜在抑郁症状的出现(Sperry,2003)。患者对这种情况可能感到沮丧,而且可能重现原来的行为模式。当抑郁症状出现时,为了鼓励患者继续治疗,治疗师可能需要提高支持性和共情。如果抑郁或焦虑症状缓解得太快,患者就可能失去改变的动机。

治疗 APD 患者,有时也会结合药物治疗。在帮助人们控制愤怒和冲动方面,锂、氟西汀(百忧解)、舍曲林(左洛复)和受体阻滞剂如心得安都显示出一定的成效。然而,在随机对照试验的系统综述里,Duggan 及其同事在使用药物干预的 APD 治疗中没有发现令人信服的证据(Duggan,2009;Duggan,Huband,Smailagic,Ferriter & Adams,2008)。如果要开处方,一定要谨慎,因为患者有物质滥用的倾向,而且他们可能会依赖外力而不用内在的方法去解决问题。

治疗 APD 最有效的方式应该是预防。当孩子在幼儿园和小学第一次诊断为 ODD 或行为障碍时,早期干预可以产生深远的积极影响。研究表明,这种早期的干预措施可以减少儿童品行障碍转化成 APD 的概率高达 40%～70%(Duggan,2009)。当患者年龄小的时候,家庭治疗是一种非常有用的干预手段,可以防止家庭模式在患者身上延续。家庭治疗也可以帮助家庭成员看到界限,做到不反复无常,不将情绪转嫁给孩子,独自处理自己的内疚和愤怒。针对共病物质相关障碍的治疗也可以帮助 APD 患者,并能降低其从事反社会行为的动机。一项研究发现,要降低 APD 患者出院后逮捕率,完成药物治疗是最重要的因素(Messina,2002)。即使如此,很多 APD 患者还是抗拒治疗、抗拒药物管理或抗拒参与物质治疗计划。

APD 患者的治疗中常见的问题就是治疗和惩罚的关系,很多患者寻求治疗只是因为这是他们触犯法律后的结果。Millon 及其同事(2004)建议,将治疗和惩罚分开,提高患者建设性地使用治疗的概率,不要操控或者欺骗治疗师。同时,惩罚的威胁可以有一个强大的强制效果,并可以促进治疗的初始介入。因为这个问题还未明确解决,所以与 APD 患者工作的治疗师一定要考虑到这一点。

13.3.1.4　预后

APD 的预后并不乐观,主要是因为患者缺乏改变的动机、共病抑郁症、非法使用毒品、酗酒、赌博或愤怒和暴力的历史,使预后更差。一些 40 岁以上的人,他们表现出对自己行为的懊悔,曾有过依恋经历,不嗜血成性、不暴力,智力中等,不会为治疗师带来威胁,这类患者成功治疗的可能性较高(Sperry,2003)。根据 Sperry 所述,时间是最好的治愈者。随着年龄增长,他们不再那么冲动,反社会行为也趋于消失。图式治疗也为 APD 患者的治疗带来一些希望。

与其他人格障碍的治疗一样,现实和外在目标(比如亲社会行为的增加)似乎更有可能产生较好的效果。治疗社区和结构化方案中的特定治疗似乎也有所帮助。在许多案例中,治疗过程很漫长。持续治疗的目的在于教授社交能力、自我控制、延迟满足,这些方式可以帮助预防复发,提高生活质量。

13.3.1.5　反社会型人格障碍和犯罪

赫维·克莱克利(Hervey Cleckley,1941/1982)是一位将职业生涯的大部分时间都用于研究精神病态(psychopathy)的精神病学家,他鉴别出了一套包括 16 个主要特征的构型,其中大多数是人格特质,这套构型有时被称为"克莱克利标准"。Hare 及其同事在克莱克利所做的描述性工作的基础上进一步研究了精神病态的本质(Hare,1970;Hakstian,1989),并且发展出了一份含有 20 个条目的量表作为评估工具。以下是 6 个选摘自这套《修订版精神病态检测表》(Revised Psychopathy Checklist,PCL-R) 的条目:(1)口齿伶俐/ 表面上富有魅力;(2)夸大的自我价值感;(3)病理性的说谎;(4)欺诈/操纵他人;(5)缺乏悔意或内疚;(6)冷酷无情/ 缺乏共情(Hare et al.,2012)。

在接受过有关培训后,临床工作者可以通过访谈当事人来收集信息,同时从重要他人那里或机构档案中(例如,监狱档案)取得资料,然后使用这一工具对当事人进行评分,获得高分则意味着精神病态(Hare & Neumann,2006)。

克莱克利和 Hare 的标准主要把重点放在人格特质上(例如,自我中心或操纵他人),而早前的 DSM 版本中反社会型人格障碍的有关标准则集中在可以观察到的行为上(例如,“冲动地和反复地改变职业、居所或性伴侣”)。早前 DSM 诊断标准的制定者认为,尝试评估一个人的人格特质要比判断这个人是否从事了某些行为困难得多。不过,DSM 才向基于特质的标准有所靠拢,并且采用了一部分 Hare 在 PCL-R 中所用的措辞(例如,冷酷无情、操纵他人等)。不幸的是,有关鉴别反社会型人格障碍患者的研究显示,这一新的定义削弱了诊断的信度(Regier,2013)。因此,在体现这类患者的核心特质的同时,还需要努力改善这一诊断的信度。

尽管克莱克利并没有否认许多精神病态者具有发展出犯罪和反社会行为的风险,但是他的确强调了其中有些人很少甚至没有遇到法律或人际方面的困难。换而言之,有些精神病态者并非罪犯,而且有一些人没有表现出 DSM-Ⅳ-TR 中反社会人格障碍诊断标准列出的外显的攻击性。在这个群体中,将那些在法律上惹上麻烦和没惹上麻烦的人区分开来的因素可能是他们的智力商数(IQ)。在一项经典的前瞻性纵向研究中,White 等(1989)对将近1000 名儿童从 5 岁起进行跟踪,以考察哪些因素能够预测个体 15 岁时的反社会行为。他们发现,在 5 岁时被判定为未来具有发生犯罪行为的高风险的儿童中,有 16% 的确在 15 岁的时候惹上了官司,而其余 84% 则没有出现这类问题。这两组被试有何不同呢? 总体而言,惹上麻烦的那些高风险儿童 IQ 分数较低。这提示我们,IQ 较高可能有助于防止某些人出现更为严重的问题,或者至少可以让他们避免被抓住。

有些精神病态者在社会的某些领域(例如,政治、商业和演艺界)会表现得相当成功。因为难以鉴别,所以这类“成功的”或“亚临床的”(符合精神病态的部分标准)精神病态者并没有成为研究的热点。例外的是,在一项非常聪明的研究中,Widom(1977)通过在地铁报纸上发布广告来招募亚临床的精神病态者;这样的广告对于那些具有许多精神病态的主要人格特征的个体很有吸引力。比方说,其中一份广告全文如下:

通缉

富有魅力、攻击性强和随心所欲的人。此人时常冲动而不负责任,但是善于玩弄他人于股掌之间。

Widom 发现,她的样本和那些监狱中的精神病态者具有许多相同的特点。例如,有很高比例的被试在测量共情和社会化的量表上得分很低,而且他们的父母中有心理病理问题(包括酗酒)的比例则更高。但是,这些被试中有许多人有稳定的工作,而且能够成功地远离监狱。尽管 Widom 的研究缺乏对照组,但是它表明至少一部分有着精神病态人格特质的个体会主动避免反复与司法系统打交道,甚至还能在社会上活得很成功。

在罪犯中鉴别精神病态者对于预测他们未来的犯罪行为而言有重要的意义。正如人们所预料的,诸如缺乏悔意和冲动等人格特征导致这些人很难不一再惹上法律的麻烦。一般而言,在精神病态测量工具中得分高的人,比那些得分低的人有更高的犯罪率,而且前者累犯(重复犯罪)和实施更为暴力的犯罪的风险也更高(Widiger,2006)。

在我们审视有关反社会型人格障碍的文献时,请注意,包含在研究中的被试可能只属于三个相关群体(反社会型人格障碍患者、精神病态者和罪犯)中的一个。例如,基因方面的研究通常是在罪犯群体中开展的,因为相比其他两个群体而言,更容易鉴别和接触到罪犯本人及其家人。但正如我们已经知道的,罪犯群体中也包括了那些不具有反社会型人格障碍或精神病态特征的个体。在阅读有关著作的时候,我们应牢记这一点。

13.3.2　边缘型人格障碍

在整个成年生活中,**边缘型人格障碍(borderline personality disorder,Borderline PD,BPD)**的患者看起来都是不稳定的。他们经常会在情绪、行为或人际关系上处于危急状态。许多患者会感到空虚和无聊。他们将自己紧紧地依附在他人身上,然后当他们想象自己被所依靠的人忽视或者虐待时,他们会变得极其愤怒或有敌意。他们可能会冲动地想要伤害或毁坏自己。这些行为是愤怒的表达,希望获得帮助或尝试让自己对情绪上的痛苦麻木。尽管BPD患者可能会体验到短暂的精神病性症状,但很快会缓解,以至于从来不会和如精神分裂症那样的精神病相混淆。强烈的和快速的情绪波动、易冲动和不稳定的人际关系使得这些患者很难在社交、工作或学校生活中充分发挥潜能。

BPD有家族遗传的倾向性。这些人真的很痛苦,以至于高达10%的个体会自杀。

BPD这一概念于20世纪中叶被提出。这些患者最初(即使在现在仍然会)被认为是徘徊在神经症和精神病之间——一个"边缘",许多临床医生对其是否存在有异议。随着这一概念演化为一种人格障碍,它受到了很多的关注,可能是因为太多患者可以被塞到这一宽泛的定义中了。

BPD是最常被过度诊断的疾病之一。许多BPD患者有其他更容易被治疗的障碍,包括重性抑郁障碍、躯体症状障碍和物质相关障碍。但是可能被应用于更大比例的寻求心理健康护理的患者中。

13.3.2.1　障碍描述

边缘型人格障碍(BPD)患者最基本的特征是人际关系、自我意识和情绪的不稳定,以及显著的冲动性。这种不稳定几乎影响了他们全部的生活。这类障碍的名字恰恰反映了这类患者的不稳定性。这个名字最初的目的是表明他们处在精神病和神经症之间(Crowell,Beauchaine & Lenzenweger,2008)。根据定义,BPD至少会表现以下症状中的5项症状。

- 强烈但不稳定的人际关系。
- 自伤和冲动行为(比如,物质滥用、暴饮暴食、过度消费、滥交)。
- 不稳定的情绪。
- 自残(通常是切割或燃烧)或自杀威胁和行为。

- 缺乏一个稳定的、内在的自我意识。
- 持续的空虚和无聊感。
- 疯狂地努力以避免孤独感或被抛弃。
- 不适当的愤怒。
- 短暂的与应激有关的偏执观念或严重的分离性症状。

在18岁或者18岁以上的群体中，BPD的发病率大约为1.6%。据统计，门诊中8%~11%的患者、多达50%接受住院心理治疗的患者都被诊断为BPD。75%的BPD患者是女性。

边缘型人格障碍患者可分为高功能和低功能，这取决于几个变量，包括职业和社会损伤的程度、共病障碍以及自知力的水平。重度抑郁障碍是最常见的共病障碍。此外，常见的共病障碍还有广场恐惧症、创伤后应激障碍、躯体障碍、分离性障碍、物质相关的障碍、分裂情感性障碍和其他人格障碍。睡眠、饮食和仪容整洁的习惯往往是不稳定的，这类患者几乎都会存在职业和社会性损伤。

与其他人格障碍患者相比，乱伦、虐待、早期丧失、被忽视和其他创伤的经历，在BPD患者身上更为常见。他们大多数在6~12岁之间经历过性、身体和精神虐待。这些早期的虐待，似乎可以解释BPD患者混乱的依恋模式和对他人的负面看法，以及创伤后应激障碍发病率的增加。Beck及其同事（2004）指出，并不是创伤导致了BPD，而是儿童处理创伤的方式。其他因素包括年龄、气质和环境的其他特点，这些也会导致BPD的发生。在人格特质上，遗传因素导致的差异占到了30%~60%。

Masterson与Lieberman（2004）指出，这些患者从童年到成年，都存在分离和个性化的问题。BPD患者通常对他们自己和外部控制点的意识很差。他们为避免个性化，与别人达成一种共生关系，通常是与爱人或治疗师。对他们来说，表达感情有相当大的难度，因为他们往往不确定他们的感受是什么，或者他们被期望如何去感受，而且他们害怕一旦犯了错误，就会招致愤怒和拒绝。他们似乎有一种虚假的自我，总在努力讨好别人。

BPD患者似乎有巨大的潜在愤怒和复仇冲动。为了避免他们的情绪表达导致抛弃，有些时候，这种感觉被否认、压抑；也有时候他们用自残的方式来表达这种情绪，通常自残的行为会让他人很生气。这种情绪的混乱使得BPD患者一直处于一种危机状态，通常他们会把危机的原因归咎于别人的行为。

必须区分BPD患者的两种常见行为：自杀意向和不具有自杀意图的自伤行为。超过75%的BPD患者进行过自伤行为，比如：割伤、烧伤、酗酒、冒险性行为以及自杀行为。令人费解的是，BPD患者进行自伤行为恰恰是为了让自己感觉好一些。这些自伤行为一般没有自杀的意图。可以预料，这些行为有时会导致死亡或需要紧急医疗护理，但这些结果通常是意想不到的。BPD患者是各种人格障碍患者中自杀死亡率最高的。据估计，进行自伤或类自杀行为会增加50%的自杀死亡率。

一般来说，冲动型攻击和情感失调是与BPD患者自杀和自伤行为有关的两种行为，而且两者似乎都有遗传因素。共病是常见的，重度抑郁障碍、物质滥用和双相障碍都与绝望和自杀意图的增加呈正相关。

最近关于情绪调节神经机制的研究发现，大脑中有关冲动型攻击的神经回路存在功能失调。虽然关于具体细节的介绍超出了本书的范围，但是各种研究已发现，5-羟色胺与减少

BPD中常见的冲动和抑郁症状有关。人们还发现大脑化学物质和情感不稳定、分离症状以及共病的心境障碍之间存在关系。

在青春期后期和成年早期,情绪失调和自我认同是最大的变动,这时 BPD 症状也最为严重。11~21 岁符合 BPD 标准的女性人数很不符合常理,这说明难以区分正常青少年情绪不稳和边缘性人格障碍的症状。

这类青少年表现出多种问题、多项自伤行为,他们的家庭通常不关注他们的情绪或者存在其他的情感功能障碍。有一项研究表明,77％的青少年因企图自杀被送进急诊室,他们都不会参加或者完成门诊治疗。BPD 症状会随着年龄而逐渐改善,患者也会在人际关系和职业中获得更大稳定性。但是要记住,情感的不稳定、强烈的情绪和人际关系的紧张可能伴随终身。

13.3.2.2 诊断

DSM-5 边缘型人格障碍诊断标准	F60.3

一种人际关系、自我形象和情感不稳定以及显著冲动的普遍模式;起始不晚于成年早期,存在于各种背景下,表现为下列中 5 项(或更多)症状:

1. 极力避免真正的或想象出来的被遗弃(注:不包括诊断标准第 5 项中的自杀或自残行为)。
2. 一种不稳定的、紧张的人际关系模式,以极端理想化和极端贬低之间的交替变动为特征。
3. 身份紊乱:显著的持续而不稳定的自我形象或自我感觉。
4. 至少在两个方面有潜在的自我损伤的冲动性(例如,消费、性行为、物质滥用、鲁莽驾驶、暴食)。(注:不包括诊断标准第 5 项中的自杀或自残行为)。
5. 反复发生自杀行为、自杀姿态或威胁,或自残行为。
6. 由显著的心境反应所致的情感不稳定(例如,强烈的发作性的烦躁、易激惹或是焦虑,通常持续几个小时,很少超过几天)。
7. 慢性的空虚感。
8. 不恰当的强烈愤怒或难以控制发怒(例如,经常发脾气,持续发怒,重复性斗殴)。
9. 短暂的与应激有关的偏执观念或严重的分离症状。

来源:American Psychiatric Association(2013). Diagnostic and statistical manual of mental disorders(5th ed). Washington,DC.

13.3.2.3 干预治疗

在过去的 10 年中,大量研究证实了在治疗 BPD 方面,一些传统心理疗法与一些新的治疗途径都有一定的效果。通过随机对照试验研究证实,有效的治疗方法包括辩证行为疗法(DBT)、心智化基础疗法(MBT)、移情焦点治疗、图式聚焦认知行为疗法、支持性心理治疗、STEPP 团体治疗(Gabbard & Horowitz,2009)。

辩证行为疗法和心智化基础疗法这两种方式,对于难以治疗的 BPD 也呈现出一定的效果。一些个案会有严重的愤怒和敌意,经常会直接冲着治疗师发泄,这样会阻碍治疗的基础——治疗联盟的形成。患者不能与治疗师合作通常会导致治疗过早结束、频繁更换治疗师以及自伤行为的增加。事实上,一项研究发现,97% 的 BPD 患者之前都接受过其他治疗,包括平均 6.1 个治疗师和 72% 的住院历史。人们发现,DBT 和 MBT 可以为成功建立治疗联盟提供框架和支持,以及在这些难治案例的治疗中取得进展。现在我们将一一介绍 BPD 的治疗方法。

1.辩证行为疗法

辩证行为疗法(DBT)由 Linehan 及其同事(Linehan,1993)创立,它不仅在成功治疗 BPD 患者上取得了可靠的实验论证,同时也减少了自杀和自伤行为。手册式的 DBT 版本已经用于治疗那些有长期自杀行为和严重功能失调的 BPD 患者。一般来说,DBT 治疗时间跨度要超过 12 个月。研究表明,DBT 可能与 6 个月的治疗方案有效性相同。

在 DBT 治疗中,治疗师应该保持一种辩证的态度,既要接纳和同情患者的情感伤痛,也要帮助患者发展出应对技能。DBT 的目标分为四个关键阶段:(1)做出对治疗的承诺;(2)建立稳定性、连结和安全;(3)暴露过去的情感经历;(4)合成(提升自尊,达到个人目标)。DBT 采用了整体、生物—心理—社会的视角,强调通过使用有说服力的谈话来促进新认识和变化的产生,强调结合多种策略来帮助患者提高情感容忍力和建立规则(包括技能训练、使用隐喻和唱反调的方式)。患者必须做出承诺,至少完成 6~12 个月的个体与团体的综合治疗。研究发现,DBT 在减少自杀意念和自伤行为上特别有用。改进工作和社会适应能力,以及减少焦虑和愤怒也有报道。DBT 也被用来治疗与 BPD 共病的饮食障碍、反社会型人格障碍、物质使用障碍。

2.图式聚焦认知行为疗法

认知行为疗法是一种由来已久的治疗 BPD 患者的疗法,因为这些患者通常会持有许多强烈且适应不良的核心信念,比如"我一辈子都会孤苦伶仃","我是个坏人,我罪有应得","我必须压抑自己的需求来迁就他人的需要,要不然他们就会抛弃我或者攻击我"等。认知疗法的策略可以改进这些功能失调的想法。一些随机对照试验显示,在减少自杀行为、降低辍学率和改善 BPD 的整体情况方面,图式聚焦疗法(schema therapy)显示出其有效性(Farrell,Shaw & Webber,2009)。

BPD 患者某些病理情绪状态可以被看作是对童年相似状态的回归。Young(1999,2003)确定了一些图式模型,它们是由行为、认知和情感所构建的模式,反映了童年期的状态。Young 总结了四种环境或家庭因素促使儿童发展出这些适应不良的图式,之后他们发展成 BPD:(1)不稳定或不安全的家庭环境;(2)过度惩罚的父母;(3)情绪否定或剥夺;(4)孩子的需求被父母需求压制的环境。

边缘型人格障碍患者使用各种各样的策略来监控和调节消极情感,包括吸毒酗酒、暴食或过度睡眠、伤害和其他自伤行为,有时甚至尝试自杀。标准的认知疗法需要适应这些患者,首先要注意的就是所要处理问题的发展层级。治疗师必须先关注生或死,接着才是合作性治疗联盟关系的发展;接下来需要关注的是其他自伤行为、修正图式、减少极端的非此即彼思维、教授表达情感的恰当方式、促进自我意识。

3. 心理动力学疗法

很多年来，在治疗 BPD 患者方面，人们一直认为心理动力或修正的心理分析疗法是最有效的。近 10 年的研究结果也支持这个长期以来的理念。移情焦点和支持性治疗都与减少 BPD 患者的冲动和愤怒有关。心智化基础疗法是一种新的方法，但是也被证实是有效的（Bateman & Fonagy，2010）。

尽管所有治疗 BPD 患者的方法都会注意过去的经历，但是治疗最主要关注的还是当下，因为对于大多数患者来说，现在正是过去的再现。治疗联盟一般是帮助患者处理分离和个性化以及童年期早期丧失的工具。现实检验、愤怒中和、移情关系的处理，这些都是患者心理动力治疗中的重要成分。

4. 移情焦点治疗

移情焦点治疗（transference focus therapy）认为未整合的愤怒是边缘型人格障碍病理学的核心，并使用移情阐释来帮助患者将愤怒整合成一种完整的客体关系，而不是分裂成不切实际的积极或消极的客体。因为移情阐释可以对治疗联盟产生深远的影响（既有积极影响也有消极影响），所以当与 BPD 患者工作时，移情阐释需要及时修正。治疗师必须保持敏锐的洞察力。与被患者认为有伤害和令人困惑的移情相比，时机和词语选择对于促成有力的移情干预是有所帮助的。

5. 心智化基础疗法

心智化基础疗法（mentalization-based treatment，MBT）是一种在认知行为背景上植根于依恋理论的心理动力疗法。MBT 是一种有规范程序的治疗方法，一般要每周进行个人和团体治疗，为期 8 个月。MBT 关注内在心理过程，旨在帮助患者理解自己和他人的心理状态，处理那些引发被抛弃恐惧的人际关系错误认知，以及减少冲动、自伤和自杀行为。有研究发现，在一项为期 36 个月的住院治疗计划中，MBT 比 BPD 患者的其他常规治疗效果要好。治疗结束 5 年后，治疗的效果依然保持得很好。MBT 是一种灵活的治疗方式，可以与其他治疗方式一同使用。

6. 支持性心理治疗

支持性心理治疗（supportive psychotherapy）可能最适合功能失调的 BPD 患者。强调的重点在于能够带来改变的治疗联盟。实际上，研究已经发现几年的支持性治疗可以为 BPD 患者带来根本的人格改变。

7. 团体治疗

除了个体治疗，治疗 BPD 患者最常见的综合治疗方式就是团体治疗。具有共同治疗师的同质团体，似乎是最有效的方法。这些团体可以削弱移情反应、减少分裂、提供支持和友谊、鼓励操作性和不恰当行为的改变，以及塑造应对技能。一项治疗 BPD 患者的辅助性团体治疗，即情绪预测和问题解决的系统训练（systems training for emotional predictability and problem solving，STEPPS)，在随机对照试验中证明了其临床有效性。STEPPS综合了认知行为技术、技能训练以及为期20周的系统门诊团体治疗方案。研究已证明，STEPPS可以减少冲动和负面情感、减轻抑郁、全面提高患者的生活能力。在治疗自杀尝试或自伤行为方面，STEPPS并不比常规治疗有效，但是STEPPS参与者在治疗期间和治疗结束后有较少的急诊经历。

图式聚焦疗法也可以用作团体治疗。对于BPD来说，团体治疗要比个体治疗更有效，具体原因如下：团体参与更像原生家庭的动力系统；团体治疗中参与者较多，可以实行角色扮演和治疗重现；而且尊重、情绪的验证和良好的交流可以帮助治愈被抛弃儿童的图式。患者更加能接受来自团体中个体的评论和看法，而不是来自治疗师的看法。图式聚焦团体治疗一直是那些随机对照试验的焦点。在一项RCT中，Farrell及其同事(2009)发现，在治疗结束时，94%的参与图式焦点团体治疗的被试不再符合BPD的标准了。

8.药物治疗

针对症状的精神药理学治疗与心理治疗相结合仍存在争议。一项有关BPD药物的元分析发现，在治疗伴随着重度抑郁发作的BPD时，只用抗抑郁药物是有帮助的。然而，研究证明使用心境稳定剂和抗精神病药物治疗确实能成功治疗BPD的继发症状，如冲动性攻击和情感失调；纳曲酮有助于减少自伤行为。虽然苯二氮䓬类药物已被用于帮助患者平息消极情感，也被用来减少压抑，但是它有可能导致产生冲动行为的副作用，因此，抗焦虑药应该避免在治疗BPD中使用。当然，药物不能改变基本的人格障碍。考虑到这些患者的高自杀率，他们频繁的违约治疗以及他们对改变可能导致抛弃的恐惧，任何药物的使用都必须严加控制。

9.其他治疗选择

住院可能意味着那时患者正经历着精神病性症状或有自杀意念。一般来说，住院治疗是整体治疗中短暂而频繁出现的部分，可以为BPD患者提供安全的空间，用于对BPD患者进行危机干预。

另外研究文献指出，对于许多患者来说，家庭治疗是一个有用的治疗成分，尤其是**与辩证行为疗法(DBT)**结合使用的时候。一般来说，家庭在情感失调的发展中起到了至关重要的作用，同时还让患者经历了功能失调的沟通模式。夫妻或家庭治疗可以提高家庭动力系统，还会对其他有问题的家庭成员带来积极影响。

13.3.2.4 预后

BPD的改善似乎有一段缓慢的过程，其中还会有许多挫折。即使治疗有了进展，BPD的主要问题——愤怒和情感的不稳定性，依然对治疗的反应较慢。这类患者经常出现轴Ⅰ共病，所以预后需要更加谨慎。那些难以治疗的患者，以及那些不愿或不会控制自杀和自伤行为的患者，有更高的受伤风险或意外死亡率。在治疗这类长期障碍中，使用行为、认知和情感调节，以及减轻症状的药物管理的综合性治疗似乎更为有效。BPD的症状会随着年龄增长而减轻。

13.3.3　表演型人格障碍

患有表演型人格障碍(histrionic personality disorder,histrionic PD,HPD)的个体往往是过于戏剧化的,常看上去几乎总是在表演。这就是为什么会使用"表演"(histrionic)一词,它的原意是具有演戏一般的举止。

表演型人格障碍患者有一种长期过度追求他人关注以及过度情绪化的模式。这些患者主要通过两种方式站到舞台中心以满足他们的需求:(1)他们谈话的兴趣和主题聚焦于自己的愿望和活动;(2)他们持续性地通过自己的行为(包括言谈)来吸引注意力。他们过于关注外表吸引力(他们自己的和别人的,好像与他们有关一样),而且他们会以过于夸张的方式来表达自己,几乎到了一种情绪化的拙劣表演的地步。他们获得肯定的需求使得他们变得有诱惑力,通常是以不恰当的方式(甚至是花里胡哨的)。许多患者会过着正常的性生活,但有一些是滥交的,还有一些患者可能对性不感兴趣。

这些患者通常非常没有安全感,以至于他们总是寻求他人的肯定;持续依赖于他人的喜爱,这一点使得他们的情绪表浅或容易对周边环境过度反应;对沮丧的低容忍性使得他们容易发脾气;他们喜欢和心理健康专家谈话(这是另一个成为注意焦点的机会),但是因为他们的言谈多是模糊且夸张的内容,所以访谈通常是令人挫败的。

HPD患者很快能建立新的友谊,但是他们也很快会变得苛求。因为他们轻易信任他人,且很容易受影响,所以他们的行为可能会看起来很不稳定。他们不太会分析性地思考,所以很难完成需要逻辑思考的任务,比如心算。但是,他们可能会在强调创造力和想象力的工作上获得成功。他们对新奇的渴求会使得他们追求感觉或刺激,有时候会带来法律问题。一些患者有明显的会遗忘情绪超负荷的倾向。

HPD还未被很好地研究,但是据报道挺常见。它可能有家族遗传的倾向性。患者通常是女性,尽管也可以在男性身上出现。

13.3.3.1　障碍的描述

该障碍具有"过分情绪表达和吸引他人注意的普遍模式,始于成年早期,过程多种多样"的特点。这些模式的特征包括:

- 不断要求赞美和安慰;
- 不合适的性诱惑;
- 成为关注焦点的需要;
- 过分强调身体吸引力;
- 夸张、肤浅和不稳定的情绪表现;
- 自我中心;
- 冲动控制性差;
- 戏剧化的自我表现;
- 受暗示性强;
- 语言风格模糊,缺乏具体细节,不连贯。

这类障碍患者容易变得不耐烦、嫉妒、具有控制欲、情绪反复无常。压抑和否认是其常用的防御机制。这类患者容易受骗，会轻易相信别人，而且会夸大交往关系中的亲密程度。他们通常矫揉造作、轻浮，但是他们看起来活泼好动、想象力丰富、充满吸引力。尤其在交往的初期，他们表现得很迷人、有趣、精力充沛。表演型人格障碍患者倾向于他人导向，他们的心境以及对于自己的情感都源自他人的反应。他们往往逃避责任，感到很无奈，"积极寻求办法以说服别人照顾他们"。一般来说他们的亲密关系和友谊都存在问题。尽管自杀是表演型障碍夸张情感表现中的常见情况，但是很少会致命；尽管如此，我们也要慎重对待这类自杀情况，如果失算，患者或许就无法如预期般获救。

总人口中大约 2%～3% 的人，临床环境中 10%～15% 的人符合这类障碍的诊断标准。流行病调查发现此类障碍中，女性的患病率是男性患病率的两倍。DSM 指出，尽管在临床上女性患者比男性患者更为普遍，但是在一般人群中，实际的性别分布可能没有很大的不同。

表演型人格障碍通常与其他障碍共病。研究者发现，表演型人格障碍与躯体化、抑郁、分离性焦虑、物质相关的障碍以及其他人格障碍之间存在显著相关。还会共病双相障碍和环性心境障碍。表演型人格障碍与偏执型人格障碍有一些共同特点。在极端压力情况下，表演型人格障碍患者特别容易发展出偏执性特质。

表演型人格障碍患者通常成长于富有戏剧性、混乱，但并不危险的家庭中（与 BPD 患者的家庭环境不同）。他们的家人通常会有反社会行为、其他人格障碍以及酒精相关的障碍的历史。他们通常只有在孩子生病的时候才会照料孩子，而且只有觉得孩子富有才华、充满魅力的时候才会给予支持和鼓励。那么，作为孩子，这类患者注重的是外在表现，而不是他们的内在自我（Sperry，2015）。

我们可以根据依恋理论来解释表演型人格障碍。在与母亲的早期互动中，这类患者通常体验到的是不足、冲突和反对，于是他们开始寻求父亲的关注。因此，当他们长大成人后，这类女性会过分强调异性关系的重要性，所以，他们夸张的情感表达以及各种症状可以视为一种获得和保持关注的方式（Woo & Keatinge，2008）。表演型人格障碍男性患者也与母亲关系疏离，他们可能成为独身主义者或者会强迫性诱惑女性。

一般来说，表演型人格障碍患者在性活动和社交活动上比较活跃，但是他们出现性方面问题的概率比一般人更高（Paris，2003）。通常情况下，他们很容易厌倦，当他们达到之前所寻求的目标时，他们就会更换伙伴以寻求理想的伴侣。在表演型人格障碍患者选择伴侣的时候，偏向冷漠、缺乏感情的人，无法给予他们所渴望的强烈反应，此时频繁更换伴侣的模式就会更加突出。他们侵入性的和苛刻的人际交往风格，导致他们一生都会存在人际交往困难的问题，随着年龄的增长，更会带来特殊的挑战。年轻时候爱卖弄风情的人，当他们老去时，就需要寻找别的方式来成为关注的焦点（Paris，2003）。

此类患者喜欢寻找新挑战和新刺激，这种倾向也会干扰他们的工作和社会适应，所以他们的工作可能并不稳定。他们不注意细节和不合逻辑的思维也会导致职业适应性差。但是，如果他们找到了恰好适合他们不稳定性情的职业领域，就可能会相当成功，因为在工作中他们会发奋图强、精力充沛。

13.3.3.2 诊断

DSM-5 表演型人格障碍诊断标准	F60.4

　　一种过度情绪化的和追求他人注意的普遍模式;起始不晚于成年早期,存在于各种背景下,表现为下列中 5 项(或更多)症状:

1. 在自己不能成为他人注意的中心时,感到不舒服;
2. 与他人交往时的特点往往带有不恰当的性诱惑或挑逗行为;
3. 情绪表达变换迅速而表浅;
4. 总是利用身体外表来吸引他人对自己的注意;
5. 言语风格是印象深刻及缺乏细节的;
6. 表现为自我戏剧化、舞台化或夸张的情绪表达;
7. 易受暗示(即容易被他人或环境所影响);
8. 认为与他人的关系比实际上的更为亲密。

来源:American Psychiatric Association(2013). Diagnostic and statistical manual of mental disorders(5th ed). Washington,DC.

13.3.3.3 干预治疗

　　与大多数其他人格障碍一样,关于治疗表演型人格障碍的系统性研究还不多。尽管如此,文献中还是指出,长期的个人心理动力疗法或认知行为疗法是治疗此类障碍的核心方法。人们需要在以下几个方面对表演型人格障碍患者进行帮助,包括更系统全面地思考问题、减少情感反应、提高现实检验性、提高自立性和自信心、促进其情感表达的恰当性以及帮助他们提高自己行为对他人影响的意识。Barlow 和 Durand(2008)建议,治疗师帮助患者认识到自己的当前行为,虽然在短期内得到了回报,但实际上会阻碍他们在人际关系中获得长期的成功。治疗必须系统化且目标明确,提供一个外在的框架,来帮助患者建立他们的认同感。治疗师在治疗初期就应设定专业界限,确立治疗联盟的界限,因为这类患者具有"戏剧化、冲动、性诱惑和操控以及潜在自杀企图"的倾向。如果治疗师对色情性移情处理不当,那么就很容易出现治疗失败的情况。根据 Sperry 的观点,在治疗中使用反投射技术(counter-projection techniques)似乎是有帮助的,这样可以提醒患者,让他们意识到治疗师并不是他们童年经历的投射对象。

　　Beck 及其同事(2004)发现,尽管认知疗法还需要进一步修正,但是表演型人格障碍患者对此种疗法反应良好。在这类患者对认知探索(cognitive exploration)感到自然舒服之前,必须建立良好的治疗联盟、有意义的目标和明确的限制,因为认知探索与他们一贯的风格是对立的。根据 Beck 及其同事的发现,那些在治疗中担任主动性角色,充分使用合作和指导性发现的治疗师最有可能成功。鼓励合作的一种方法就是将结构化工具(比如功能失调性思维记录表)和创造性活动结合起来。当治疗进展顺利的时候,治疗师应该鼓励患者去触动那些具有挑战性的基本假设,比如"我自己的不足"或者"我必须依赖别人才能生存"的认知挑战。训练患者的自信心和问题解决能力，提高他们对他人感受的意识，促进自我意识，都对降低冲动性有所帮助。帮助患者找到新的、安全的刺激来源也是有益的。

我们还需要关注表演型人格障碍的共病障碍。除非抑郁、焦虑、躯体症状得到缓解，否则这些患者可能无法或不愿意修改其普遍的功能失调模式。

在对表演型人格障碍的治疗中，团体治疗非常有效。团体治疗的体验可以为患者提供有益的反馈，让他们看到他们无法给自己带来所期望的支持和喜爱，而且为他们提供机会和新途径，尝试建立日常关系和亲密关系。团体治疗可以淡化移情反应，同时可以在关注和支持的情况下提供反馈，但是在参加团体治疗之前要仔细筛选患者，以保证整个团体不会落入他们的掌控之中。

伴侣治疗（couples therapy）和家庭治疗也是研究者经常推荐的治疗方法，因为在这类情境下，我们可以更有效地处理压抑和否认的防御方式。表演型人格障碍患者的伴侣通常具有情绪困扰，女性患者的伴侣中，最常见的情绪困扰就是强迫性模式。家庭治疗可以改善患者与其伴侣的情绪困扰，还可以促进他们的交流，稳定他们的关系。

在治疗表演型人格障碍患者症状的过程中，有时候也需要药物治疗，尤其是针对抑郁症状的抗抑郁药，包括单胺氧化酶抑制剂，可以帮助患者减少排斥反应的敏感性、需求行为（demanding behavior）、躯体症状。对于那些具有自伤行为的患者来说，纳曲酮也是有帮助的。如果使用药物治疗，一定要谨慎行事，因为这类患者很容易发生自杀行为或存在自杀意图。

13.3.3.4 预后

如果能够说服表演型人格障碍患者坚持治疗，那么他们会从治疗中受益（但是通常来说，说服他们坚持治疗就是一项艰难的任务）。表演型人格障碍患者愿意做出改变，而且他们较好的人际交往技能可以使他轻松参与治疗。综合团体治疗和个体治疗的方式是特别有效的。

13.3.4 自恋型人格障碍

我们都认识一些对自己评价很高的人（或许夸大了他们真实的能力）。他们认为自己在某种程度上是和其他人不同的，理应获得特殊待遇。在**自恋型人格障碍**（**narcissistic personality disorder，narcissistic PD，NPD**）中，这种倾向达到了极致。

在希腊神话中，纳西索斯（Narcissus）是非常俊美的少年，山中仙女伊可（Echo）倾慕他，但是他却只沉醉于自己的美貌——他整日都把时间花在欣赏池塘中他自己的倒影上。因此，精神分析师，包括弗洛伊德在内，用"纳西索斯式"（narcissistic）一词来描述那些看上去感到自己格外重要并且执着于获得关注的人。尽管自恋型人格障碍患者总有伪装的优越感，但是他们还是十分脆弱。他们冷酷的外表之下，有一个极其自卑而且时时需要被保护的自我。即便是最轻微的批评，有些患者也可能暴跳如雷、出现暴力行为或者抑郁情绪。

自恋型人格障碍患者长期有夸大（行为或幻想）、渴望赞美和缺乏共情的模式。这些态度渗透到了他们生活的大部分领域。他们将自己看作是非常特殊的、具有自我重要性的人，常常夸大他们的成就。（但是，从一开始，我们就需要注意这些特质仅构成成人的人格障碍。儿童和青少年本来就是以自我为中心的。对于孩子而言，自恋特质并不足以表明其最终会发展出人格障碍。）

　　尽管 NPD 患者有夸大的态度，但是他们的自尊很脆弱，而且经常感受到无价值感。即使是在获得巨大个人成就的情况下，他们都可能觉得自己是骗来的或者不值得拥有的。他们一直对他人如何看待自己过分敏感，而且会不得不去追求别人的夸奖。当被批评的时候，他们会通过表面上漠不关心来掩盖自己的痛苦。虽然他们对自己的感受很敏感，但是他们很少能明显地理解其他人的感受和需求，而且可能会假装同理他人，正如他们会通过撒谎来掩盖他们的错误。

　　NPD 患者通常会幻想获得巨大的成功，并妒忌那些已经实现的人。他们可能会选择能帮助自己获得想要东西的人做朋友。工作表现可能变差（由于人际问题），也可能变好（由于他们追求成功的外部驱动力）。因为他们通常会关注打扮，并珍视他们年轻的外表，所以随着年龄增长，他们可能会变得越来越抑郁。

　　NPD 的研究较少。似乎普通人群中少于 1％ 会出现 NPD。据报道，大多数患者是男性。在帮助我们理解这些人格特质的家族史、环境经验或其他背景材料方面，仍没有太多的信息。

13.3.4.1　障碍描述

　　根据 DSM-Ⅳ-TR 所述，自恋型人格障碍存在"夸大的普遍模式（在幻想或行为中）、需要被赞美、缺乏同理心、成年早期开始显现、过程多种多样"的特点。这类障碍的特点包括：

- 对批评有强烈负面反应；
- 利用他人以达到自己的目标；
- 夸大的自我重要感；
- 权利意识；
- 持续追求注意和赞扬；
- 很难理解他人的情感；
- 嫉妒，而且相信自己会激发起别人的嫉妒；
- 在个人和专业方面，总幻想自己有很高的成就和特殊天赋；
- 认为只有特别的人才能理解自己；
- 傲慢、贬低他人和他们的成就；
- 肤浅、情绪不稳定。

　　在此类患者身上，合理化、否认和投射都很常见（Kernberg，2000）。大多数自恋型人格障碍患者不愿正视自己的自卑感，认为他们痛苦的原因都来自外界，而看不到自身反应和行为模式所带来的影响。尽管自恋型人格障碍患者有伪装的优越感，但是他们都感觉自己很脆弱，对于轻微的批评也会呈现抑郁、暴力或暴怒的反应。

　　研究表明，自恋与敌对性攻击和欺凌行为之间有一定关系。Beck 等研究者的研究表明，暴力罪犯在自恋方面得分较高。自恋型人格障碍患者认为，他们必须表现出强大、掌控和过人之处，隐瞒真实的自我，以免别人发现他们的欺骗行为和失败之处。经常困扰他们的是一种内在的空虚感。

　　自恋型人格障碍可能在男性中更为常见。尽管自恋特质的发生率在总人数中呈上升趋势，但是只有总人口中少于 1％ 的概率，临床患者中 2％～16％ 的人是自恋型人格障碍患者。

Millon 及其同事(2004)发现,在集体主义社会(collectivistic society)中,好像自恋不那么常见。

自恋型人格障碍经常与其他障碍共病,包括心境障碍,尤其是轻躁狂和心境恶劣障碍、神经性厌食障碍和物质相关障碍。临床治疗师需要评估妄想性障碍是否存在,如被爱妄想和夸大妄想的类型,同时也要评估患者是否因为严重的自恋损伤而代谢失调,产生偏执型妄想。

Millon 及其同事(2004)指出,自恋型人格障碍产生的原因有两种:儿童时期父母忽视和父母评价过高(overvaluation)。在被忽视的案例中,自恋的发展被视为对低自我价值感的过度代偿。他们缺乏同理心,渴望权利感,幻想常常就被当作现实的替代品。对于一些独生子女,当一个孩子无须做任何事情,父母就评价甚高时,一种膨胀的自我价值感就产生了。因此,自恋型人格障碍患者也透露出一种信息,即他们高人一等,需要特殊待遇,但同时,如果他们不再如此特殊,就会被拒绝。当自恋型人格障碍患者面对现实时,他们就会产生羞耻和屈辱感。

如果没有享受到他们应该享受的待遇,自恋型人格障碍患者可能就会争吵,举止傲慢,要求苛刻。他们营造亲密关系的能力并不成熟,而且常常较为肤浅,只关注外在的特质,希望能控制和操纵别人。因此,他们的人际关系一般都是功能不良的。他们追求完美伴侣以确定他们自身完美的特点,这也是极具损害性的。寻找满意的伴侣往往是促使这些患者寻求治疗的动机。

一些自恋型人格障碍患者也存在职业功能损失。害怕被拒绝或被羞辱、较差的人际交往技能、无法容忍他人的成功、漠视规则或领导的要求,都会阻碍他们事业上的成功。然而,有些患者在自我中心和对无尽成功幻想的驱动下,也会有令人称赞的职业生涯。他们独断专行和控制他人生活的倾向,为他们带来了方向感。自恋型人格障碍会随着年龄而恶化,因为对他们来说,失去年轻的活力和姣好的容貌是一件非常痛苦的事情。然而,Kernberg(2000)观察到,随着年龄的增长,他们夸大的伪装会弱化,会对治疗更加认同和接受。

13.3.4.2 诊断

DSM-5 自恋型人格障碍诊断标准	F60.81

一种需要他人赞扬且缺乏共情的自大(幻想或行为)的普遍模式;起始不晚于成年早期,存在于各种背景下,表现为下列 5 项(或更多)症状:

1.具有自我重要性的夸大感(例如,夸大成就和才能,在没有相应成就时却盼望被认为是优胜者)。

2.幻想无限成功、权力、才华、美丽或理想爱情的先占观念。

3.认为自己是"特殊"的和独特的,只能被其他特殊的或地位高的人(或机构)所理解或与之交往。

4.要求过度的赞美。

5.有一种权利感(即不合理地期望特殊的优待或他人自动顺从他的期望)。

6.在人际关系上剥削他人(即为了达到自己的目的而利用别人)。

7.缺乏共情:不愿识别或认同他人的感受和需求。

8.常常妒忌他人或认为他人妒忌自己。

9.表现为高傲、傲慢的行为或态度。

来源:American Psychiatric Association(2013). Diagnostic and statistical manual of mental disorders(5th ed). Washington,DC.

13.3.4.3 干预治疗

在自恋型人格障碍的治疗方面,还非常缺乏控制的治疗结果研究。然而,与其他类型的人格障碍治疗一样,我们可以从那些最有可能成功的治疗类型中进行推论。

Kernberg（2000）、Kohut（1971）以及其他学者曾经使用修正的精神分析法,成功地帮助自恋型人格障碍患者发展出更为准确的现实感,并产生了积极的人格改变。Kernberg 一直专注于一些基本问题,比如现实和移情中的愤怒、嫉妒、我行我素、对自己和他人的要求。Kohut 则利用移情关系来探索患者童年的发展,以及患者对完美关系和理想自我的渴望。在移情方面,不论是 Kernberg,还是 Kohut,都探讨了防御机制、需求和挫败。

心理动力学方法似乎很有可能成功治疗自恋型人格障碍患者和轻度功能障碍患者,以及积极参与治疗的人。然而,这种方法可能不适合那些患有显著情感或冲动控制障碍的人,对于他们来说,接受表达性治疗、认知疗法和支持形式的治疗要比分析治疗更有效（Kernberg,2000）。

Beck 等推荐,认知行为疗法在开始时要建立一种合作性的治疗联盟,这样可以帮助患者理解治疗如何帮助他们以及建立治疗目标。在这类治疗中,第一个阶段一般是关注行为方面的变化。与认知干预策略相比,这类患者更能接受行为干预,因为行为干预不要求太多的自我暴露,也无须讨论自身的弱点。Beck 建议使用结构化的**人格信念量表（Personality Belief Questionnaire）**,来评估是否存在自恋信念以及自恋的程度。Gunderson 等（1990）编制的**自恋诊断访谈（the Diagnostic Interview for Narcissism）**也是非常有效的。

在认知行为疗法的基础上,Young 和同事（2003）发展出一种图式治疗,来帮助这类患者认识、理解和改变早期适应不良的图式。治疗最初的关注点在于患者的亲密关系和治疗联盟。治疗师寻找并接触患者内心深藏的那个孤独小孩,帮助患者提高对痛苦和孤独的容忍度,而不是从事自我伤害、冲动行为或者成瘾行为。与自恋型人格障碍患者工作,治疗同盟是一个强有力的工具。通过体验性工作（experiential work）、认知与教育策略、咨询会谈中"此时此地"的运用、行为模式的修正,患者会学着改变与权力、情感剥夺有关的以及有缺陷的核心图式。

自恋型人格障碍患者如果想要发生明显的改变,就需要进行长期的治疗,但是对于这类患者来说,参与长期、集中的治疗是很困难的,因为他们自知力有限,而且广泛地使用合理化的防御。因此,有些治疗师提倡**简短治疗（brief therapy）**的模型,其中包括设定有限的目标,关注症状和目前的危机,而不是潜在的障碍本身。最可能有效果的治疗是关注亲密关系、认知重建、现实检验能力、沟通技巧的改善、行为演练和在治疗环境外应用所习得的行为。自恋型人格障碍的患者很难面对丧失和失败,所以可能会特别愿意接受关注这些事项的治疗。

对于被诊断为自恋型人格障碍的患者而言,如果他们可以在团体体验中忍受自我暴露和负面反馈,也不捣乱,那么团体治疗对这些患者还是很有用的。团体治疗可以帮助这类患者发展出更符合现实的自我意识,与人交往时较少使用令人厌烦的方式,稳定他们的各项功能,但是对于这类患者,团体治疗应该与个体治疗共同进行。

自恋型人格障碍患者来进行治疗,多半是因为身边有一位不合心意的伴侣。在此类案例中,伴侣治疗（couple therapy）或许可以帮助他们理解自己在互动中的角色和模式,让他们学会彼此之间更有效的交流方式。例如，图式疗法可以帮助伴侣理解对方和他们自己的核心需求和图式，彼此相互理解、支持，发展出有效的交流和应对技能（Young，2003）。因此，对于自恋型人格障碍患者来说，相应的心理教育和技能训练就非常适合他们的需求。

目前还没有能真正改善自恋型人格障碍的药物，但是药物可以治疗除潜在障碍之外的症状。例如，SSRIs类药物已被证明可以降低自恋型人格障碍患者对批评的敏感性、冲动和愤怒。

13.3.4.4 预后

自恋型人格障碍很难治疗，而且此类患者可能需要长达100次的治疗（Sperry，2003）。团体治疗与个体治疗结合，或者个体治疗与伴侣治疗结合可以减少所需治疗的次数。然而，尽管对这类患者的治疗存在挑战，Kernberg（2000）的研究表明，除了患者有较强的边缘型和反社会型人格特征之外，自恋型人格障碍的治疗具有良好的预后效果。对于那些具有较好功能的患者，预后更佳。

13.4 C族人格障碍

C族人格障碍患者的特征是焦虑、紧张和过度控制。

13.4.1 回避型人格障碍

回避型人格障碍（avoidant personality disorder，avoidant PD，APD）患者认为他们自己人际交往技能差，低人一等，而且觉得自己没有吸引力。但是，与分裂样人格障碍患者不同的是，这类患者一般渴望陪伴和参与社交活动，只不过他们强烈的焦虑和害羞限制了他们的社会化。

顾名思义，回避型人格障碍患者对于他人的意见极为敏感，而且尽管他们渴望社会关系，但是焦虑会促使他们避免与别人产生任何关联。他们的自尊水平极低，并非常害怕被人拒绝，导致他们没什么朋友，而且会依赖那些他们觉得相处起来舒服的人。

回避型人格障碍患者觉得自己能力不足，并且是社交抑制的，会对批评极其敏感。这些性格特点在整个成年生活中都存在，而且影响到日常生活的大多数方面。（就像自恋型特质一样，回避型特质在儿童身上是普遍的，但不足以说明未来会发展为人格障碍。）他们对批评和否定的敏感使得他们会忘掉自己，并想要去取悦别人，但是也会导致明显的社交隔离。他们可能会错误地将没有什么批评含义的评论解释为批评性的；通常他们会拒绝开始一段关系，除非他们能确定自己会被接纳。他们会因为害怕说了一些愚蠢的事情而在社交情境中退缩，而且可能会回避有社交要求的职业。除了他们的父母、同胞或孩子外，他们通常没什么亲密的朋友。他们对常规感到舒服，可能会竭尽全力避免偏离原有的方式。在访谈中，他们会表现得紧张和焦虑；他们甚至可能会将友善的陈述错误理解为批评。

尽管APD从1980年就已经出现在DSM中了，但是相关的研究仍然很少。通常，它占据了人格障碍发病率的中间地带（一般人群中大约有2%），男女的发病率大致相当。许多这样的患者会结婚和工作,如果失去支持系统,他们可能会变得抑郁或焦虑。有时候这一障碍和会破坏外形的疾病或状况有关。临床上 APD 并不常见;这些患者一般只有在其他疾病意外发生时,才会进行评估。APD 与社交焦虑障碍有很大的重叠。

13.4.1.1　障碍描述

DSM-Ⅳ-TR 中将回避型人格障碍描述为"存在社交限制、不足感,对负面评价过分敏感,始于成年早期,各种背景中都会发生"。这种疾病的典型表现包括情绪脆弱,不愿参与没有承诺的人际交往,害怕在公共场合做一些不适当的或愚蠢的行为,避免参与那些可能带来羞辱的新的和具有挑战性的活动。这类个体往往低自尊,不爱出风头,常因为自己不愿在社交场合冒险而自责。他们幻想自己能有一种不同的生活方式,但又因为自己无力改变而痛苦。然而,如果没有外在的帮助,他们在社交场合往往还是离群索居,性格内向,充满不信任感和警惕性,而且尽量避免社交活动。他们对控制和自我保护的需求超过了他们对陪伴的需求。

男性和女性在此类障碍上的患病率几乎对等。总人口中约有 0.5%～1% 的人被诊断为回避型人格障碍,临床上大约 10% 的人患有此类障碍。Millon 指出,"回避型人格障碍患者回避不愉快的情感",而且不喜欢披露自己的所有症状。Sperry(2003)发现,这类患者对烦躁不安的忍受力较差。因此,这类患者最初开始接受治疗,往往是因为一些包含焦虑和抑郁的其他障碍。焦虑障碍,尤其是社交恐惧症似乎与回避型人格障碍密切相关,因此治疗师需要仔细诊断,确定患者目前呈现的是何种障碍。研究者还发现,解离性障碍、躯体形式障碍、精神分裂症,以及依赖型人格障碍、边缘型人格障碍、偏执型人格障碍、分裂样人格障碍和分裂型人格障碍都会与回避型人格障碍共病。

回避型人格障碍患者一般来自这样的家庭:家人提供适宜的教养方式和情感联结,但是他们的家人也很有控制欲和批判性,他们总是关心孩子是否表现出积极的社交形象。这样的经历会让患者总是以孩子的身份来评价和渴望人际关系,但是他们总会不自觉地害怕和回避人际交往,因为他们认为别人一定会拒绝他们。即使作为孩子,回避型人格障碍患者也性格腼腆,社交经验有限,同伴关系较差,而且可能早就体验到了父母拒斥。因此,他们很少有机会去发展社交能力,而且这确实限制了他们的社交互动,使他们变得性格内向。

回避型人格障碍患者身上一般都存在心事重重的恐惧型依恋风格(preoccupied-fearful attachment style)。根据定义,回避型人格障碍患者具有一定的社交功能障碍,一般还伴有职业功能不良。这类患者通常会选择不超过他们能力的工作,因为他们害怕冒险、拒绝,而且为了避免尴尬,他们不会寻求晋升,不会在会议上表现活跃,不会参与商业社交活动,也不会让别人关注他们的成就。

回避型人格障碍的女性患者通常会有鲜明的传统性别角色认同。她们被动、缺乏安全感、依赖性强,而且会根据别人的意见来指引自己的生活。尽管她们可能也会因为自己的社会角色而产生潜在的愤怒,但是她们害怕改变之后带来的种种结果。即使其确实能够达到一种舒服的职业状态,回避型人格障碍患者的生活依然是不能令人满意的。一些患者会结婚或者发展出少数的亲密关系。但是,一般来说他们的朋友冷漠、害羞、情绪不稳定,很少为患者提供帮助。尽管这类障碍会随着年龄增长而有所改善,但是如果没有得到帮助的话,回避的模式不会明显地改善。Sperry(2003)指出,回避型人格障碍患者较易发生代谢失调。

13.4.1.2 诊断

DSM-5 回避型人格障碍诊断标准	F60.6

一种社交抑制、能力不足感和对负性评价极其敏感的普遍模式;起始不晚于成年早期,存在于各种背景下,表现为下列中 4 项(或更多)症状:

1. 因为害怕批评、否定或排斥而回避涉及人际接触较多的职业活动。
2. 不愿与人打交道,除非确定能被喜欢。
3. 因为害羞或怕被嘲弄而在亲密关系中表现拘谨。
4. 有在社交场合被批评或被拒绝的先占观念。
5. 因为能力不足感而在新的人际关系情况下受抑制。
6. 认为自己在社交方面笨拙、缺乏个人吸引力或低人一等。
7. 因为可能令人困窘,非常不情愿冒个人风险或参加任何新的活动。

来源:American Psychiatric Association(2013). Diagnostic and statistical manual of mental disorders(5th ed). Washington,DC.

13.4.1.3 干预治疗

从个案研究和社交恐惧症的研究中提炼出指导方针。Beck 及其同事(2004)推荐了一种包括四个阶段的治疗方法:

(1)建立信任和积极的治疗联盟,引导患者愿意讨论他们对拒绝的恐惧。

(2)提高自我意识和观察技能,这样患者才可以意识到他们自我破坏性的思维和行为。

(3)将治疗联盟作为"实验室",来检验患者在角色扮演中的信念和行为是否也可以在现实世界中执行。

(4)结合情绪管理技巧来帮助患者容忍烦躁不安和焦虑情绪。

要成功治疗回避型人格障碍患者,行为干预是必不可少的。行为疗法可以从相当安全的放松训练开始,接着进行自信心与社交技能训练、塑造、各种各样的角色扮演和心理剧、焦虑管理,以及循序渐进的自我暴露和脱敏(按照恐惧情境的等级从低到高依次进行)。只要他们不会感到挫败和羞辱,两次治疗之间的作业会加速他们的行为改变。对不同行为疗法进行对比研究,发现那些专为患者人际交往问题而设计的治疗方法最有可能成功。例如,对于存在愤怒和不信任问题的患者,会通过要求他们接触、与他人交谈的等级式暴露练习而受益。问题比较严重的患者从等级式暴露和社交技能训练中都不会受益(Christoph & Barber,2007)。与其他人格障碍的治疗一样,如果想要获得积极的效果,那么在制订治疗计划之前先测评个人的需求是至关重要的。

在行为改变之后需要将认知纳入重点。患者情感上的转变可以成为降低其自动思维的机会。使用标准化认知行为策略,比如检测自动化思维和假设,可以帮助患者意识到并改变那些消极的自我对话,帮助他们克服认知和情感上的回避。使用预测日志(prediction logs)来指出期待与现实的不一致性,使用积极经历日志(positive-experience logs)列出指出和反对自动思维的证据（比如，"如果人们真的了解我，他们就会拒绝我"），这样可以促进自我批评、促使认知发生改变。

因为回避型人格障碍患者倾向于回避消极情感和思维，所以干预时需要在暴露和脱敏过程中对其进行心理教育，鼓励患者更加宽容，使其更从容地面对消极情感。治疗计划中加入心理动力治疗可以产生进一步的效果，帮助患者关注他们严苛的超我、潜在的羞耻感，以及投射在他人身上不切实际的自我期望。

然而，进行解释时需要相当谨慎，因为这类患者自我概念较低，而且极其敏感，这使得他们很容易被治疗师伤害。Beck及其同事（2004）建议患者对治疗师反馈带来的不适感在0至100之间进行评估，以确保反馈保持在一个可以接受的范围内。

在治疗回避型人格障碍患者中，图式焦点认知疗法也证明了其有效性。如前所述，图式治疗结合认知、实验和行为干预以及运用治疗联盟本身，可以帮助患者识别和改变适应不良的图式。回避型人格障碍患者常见的图式有缺陷感、自我牺牲、社会隔离和寻求认同。通过使用想象练习、移情对抗（empathic confrontation）、家庭作业和有限的自我重塑（limited reparenting），图式疗法可以帮助人们做出改变。

当回避型人格障碍患者情况有所改善时，治疗可以引入团体治疗。团体治疗可以帮助患者在安全的环境中学习和练习新的社交技能，接受反馈和鼓励，提高他们与别人相处的舒适感。有研究显示，进行17人的团体行为治疗计划，结果发现在为期4天的集中团体训练环境中进行系统脱敏、行为演练和自我意象工作之后，患者发生了积极变化，而且这种变化维持了一年之久（Crits-Christoph & Barber，2002，2007）。患者的收获主要体现在降低了对参与者负面评价的恐惧。但是，回避型人格障碍患者不宜过早参与团体治疗。不合时宜地加入团体治疗非常具有威胁性，这会导致患者突然结束治疗。

如果患者与家庭成员都积极参与，家庭治疗也是非常有用的。一般来说，回避型人格障碍患者的家人通过保护患者来提供帮助，或者通过坚持让患者更多参与和他人的交往来促使其改变。Beck及其同事（2004）指出，伴侣治疗结合社交技能训练可以降低社交焦虑，鼓励倾向于"隐藏在关系边缘"的人们改变那些维持回避型行为的生活模式，提高和改善他们的社交活动。这类患者的伴侣关系往往也有关系疏远的特点，家庭治疗可以改善这种模式，推动对双方更有价值的互动方式的建立。

对回避型人格障碍患者的治疗不需要药物，而且这类障碍似乎对于服药这种观念有所抵触（或许因为他们害怕失去控制）。这类患者也受益于积极变化的反馈，而不是将这些变化归结为药物的作用。然而，一些对社交恐惧症有效的药物，比如SSRIs类药物帕罗西汀（Paxil）和舍曲林（左洛复），以及苯二氮䓬类药物也可以降低回避型人格障碍焦虑、害羞和对拒绝的敏感性。

预防复发是这类患者治疗中的一个重要组成部分，因为他们的回避行为在治疗结束后常会复发。帮助患者预先理解治疗结束后的困难，制订一项帮助他们有效应对这些困难的计划，是治疗结束前的重要环节。复发预防包括较少但是持续性的后续治疗，也可能包括患者承诺会继续使用自信行为、继续寻找新的友谊和挑战性任务的协议。应该教育患者持续关注他们的回避行为，以及这些行为之下的潜在想法，这样他们才可以在治疗结束后有效地使用在治疗中所学习的技能。

13.4.1.4 预后

与其他人格障碍相似,回避型人格障碍的预后并不乐观,而且预后取决于现实目标的设定,患者能否找到适合他们需要的人际交往和工作环境。只要他们愿意在治疗中积极配合,绝大多数回避型人格障碍患者可以做出有意义的改变,但是他们可能也会总是倾向于会自我怀疑,并在新的人际交往情境中有一些不适感。

13.4.2 依赖型人格障碍

我们都知道依赖另一个人意味着什么。但是,**依赖型人格障碍**(dependent personality disorder,dependent PD,DPD)患者从重大决策到日常小事,无不依赖别人为他们做出决定,这导致他们不合情理地害怕自己会被抛弃。在所有人格障碍中,依赖型人格障碍是最常见的诊断,研究者发现依赖型人格障碍患者大约占人格障碍患者总数的14%,在总人口中至少占2.5%。依赖型人格障碍患者在治疗中很常见,如果没有谨慎处理,他们可能会依赖他们的治疗师。

依赖型人格障碍患者感觉有让他人照顾自己的需要,这种感觉比大多数人都强烈得多。因为他们非常害怕分离,所以他们的行为会十分顺从并且有依附性,以至于可能会被他人利用或拒绝。如果被放到领导者的位置,他们会很焦虑,而且当他们独自一人的时候,他们会感到无助和不舒服。因为他们通常需要很多的保证,所以他们难以自己做决定。这样的患者难以开始一些项目或自己坚持做一份工作,尽管他们在他人细致的指导下可以做得很好。他们常常会小看自己,而且会同意那些他们知道是错的人的意见。他们也可能会容忍严重的虐待(甚至是殴打)。

尽管DPD的发生可能是普遍的,但这一疾病还没有得到很好的研究。

13.4.2.1 障碍描述

依赖型人格障碍患者具有"普遍且过度地需要被照顾,导致逆来顺受、执着的行为、恐惧分离"的特点。在没有保证的情况下,这类患者一般很难独立做出决定。他们参照别人的选择做出自己的决定,避免与他人不一样,以免被拒绝。当他们独自一人或者被要求积极主动时,他们会有不适感、害怕、无助。他们以自己的方式来寻求被喜欢,对批评和反对非常敏感,害怕被抛弃,如果一段亲密关系结束,他们会感到极度伤心,而且会很快开始另一段可以为他们提供关心和照料的关系。

依赖型人格障碍患者自尊水平较低,自信心低,而且对他人的保证有较高需求。他们认为自己没有什么可给予别人的,所以必须作为次要的甚至是屈从的角色去尊重他人以便被接纳。他们会对破坏性的关系和不合理的要求过度容忍。他们一般是他人导向的,他们的满意和失望都取决于他人的反应。与此同时,他们自我中心,通过取悦别人来获得赞赏。他们倾向于用二分的方法思考,相信绝对化,而且小题大做。

治疗中会经常见到依赖型人格障碍患者。这类障碍在女性身上更为常见,但是这种明显的模式引起了人们的思考——是不是一些信奉传统女性角色的女性受到歧视,被不恰当地诊断为具有依赖型人格障碍。在做出诊断之前,性别、年龄、文化因素都必须考虑在内。

依赖型人格障碍往往源于早期的分离焦虑或慢性病。依赖型人格障碍患者还有抑郁的倾向,这两种障碍有一些共同的特点,比如绝望、无助、缺乏主动性和难以做决定。其他障碍,如焦虑障碍、躯体形式障碍、物质使用障碍、进食障碍以及其他人格障碍,也经常与依赖型人格障碍共病。通常在丧失或预料中的抛弃发生后,症状会出现或恶化。

不足为奇的是,许多依赖型人格障碍患者会讲述一段被过度保护的经历。当他们还是婴幼儿的时候,他们有活动性低、伤心和内向的特点。他们一般在儿童时期被养尊处优,家人期望他们表现完美,与家人保持深厚的亲情和忠诚,主动性的发展被阻碍。研究表明,这些孩子的家人在情感表达上得分较低,在控制需要上得分较高。Sperry(2003)发现,依赖型人格障碍患者在儿童时期,生活充满了自我怀疑,他们回避有竞争性的活动,而且同伴关系让他们觉得自己笨拙、没有吸引力和竞争力。

依赖型人格障碍患者心中一般只有少数的重要他人,他们会依赖这些人,而且这些人可能会接纳他们被动和唯命是从的态度。Sperry(2003)指出,依赖型人格障碍患者如果对与重要他人的关系不满意,他们还是会依靠这些重要他人,因为与孤身一人相比,他们宁可保持这种并不令人满意的关系。

该障碍的患者在与自己的需求一致的工作中表现出令人满意的功能,他们需要被告知怎么做,并获得认可。他们在要求独立行动和独立决定的任务中会有很大困难,而且,他们可能显得脆弱、优柔寡断、总是讨好别人、不成熟、比别人能力差。这些问题会强化他们低人一等和软弱的感觉,导致他们继续保持向身边人寻求帮助和支持的模式。

即便是这些人的生活看起来很顺利,他们也很少体验到幸福,他们似乎有一种潜在的悲观和烦躁不安的心境。他们一般行为死板、动辄评头论足、爱说教,尤其是在压力之下。遇到危机,沮丧情绪增加而且可能出现自杀意念。

13.4.2.2 诊断

DSM-5 依赖型人格障碍诊断标准	F60.7

一种过度需要他人照顾以至于产生顺从或依附行为并害怕分离的普遍模式;起始不晚于成年早期,存在于各种背景下,表现为下列中 5 项(或更多)症状:

1. 如果没有他人过度的建议和保证,便难以做出日常决定。
2. 需要他人为其大多数生活领域承担责任。
3. 因为害怕失去支持或赞同而难以表示不同意见(注:不包括对被报复的现实的担心)。
4. 难以自己开始一些项目或做一些事情(因为对自己的判断或能力缺乏信心,而不是缺乏动机或精力)。
5. 为了获得他人的培养或支持而过度努力,甚至甘愿做一些令人不愉快的事情。
6. 因为过于害怕不能自我照顾而在独处时感到不舒服或无助。
7. 在一段密切的人际关系结束时,迫切寻求另一段关系作为支持和照顾的来源。
8. 害怕只剩自己照顾自己的不现实的先占观念。

来源:American Psychiatric Association(2013). Diagnostic and statistical manual of mental disorders(5th ed). Washington,DC.

13. 4. 2. 3 干预治疗

长期和短期的心理动力学方法在治疗依赖型人格障碍患者中证明了其有效性。心理动力学方法允许依赖性移情的出现,接下来会用促进增长的方式来处理这类移情。除此之外,鼓励和支持被用于促进自主性,提高交流和问题解决能力。这些干预策略有助于提高患者的自尊,提高他们的自主性和自我意识,教会他们掌控他们的个人生活,去寻求帮助和支持而无须被操控,减轻他们伤害别人的恐惧或是被拒绝带来的伤心。短期心理动力学治疗一般包括为期 3~5 个月的每周一次的治疗。当患者遇到一个明确且限定的焦点冲突或事件(circumscribed focal)时,这类方法最有可能成功,因为可以迅速建立治疗联盟,而且不可能采取其他行动或倒退(Sperry,2003)。心理动力学方法要求对进行的治疗和自我反思进行承诺,而且不一定适合每一个依赖型人格障碍患者,例如,对于具有强烈分离焦虑和自我强度低的人就不适合。

认知行为疗法也可以有效减轻依赖型人格障碍患者的一些症状。这种疗法与之前推荐用于回避型人格障碍的描述相似。认知行为疗法通常包括放松和脱敏,帮助患者处理具有挑战性的人际交往环境;还提供自信和交流技能训练,帮助患者通过更有效的方式识别和表达情感和需要。标准行为技术,比如塑造、强化和演练,可以促进患者症状的改善。最初的时候,治疗师应该在治疗过程中先与患者练习"家庭作业",以降低他们对失败的担心。如果能完全掌握,那么两次治疗之间的任务就有可能完成,因为这类患者一般会遵循指示而且想取悦治疗师。

通常在治疗联盟建立,并通过支持性和行为干预获得一些进步之后,对依赖型人格障碍的治疗才会引入认知疗法。认知疗法会挑战那些限制患者主动性和损害他们自尊的分裂和紊乱的信念。认知疗法可以给予患者力量和支持,让他们收集证明自己能力的证据,学会使用应对和问题解决技能。患者从自我管理、准确的自我评价和强化中受益后,他们可以在治疗中承担更大的责任。

有时候也需要考虑居住和就业等实际问题,因为许多依赖型人格障碍患者是结束一段婚姻或长期的关系之后才来寻求治疗的。帮助他们成功地重建自我意识可以促进积极的行为变化,而且任务在他们自我重建过程中可以视作治疗中所学技能的一种应用。家庭和团体治疗也常常用于此类患者。这类治疗环境可以为他们提供尝试表达自我和与他人交往新方式的机会,同时在这个过程中还可以接受支持和鼓励。

团体治疗可以减少这类患者发生危机(crisis visits)的次数和用药量。如果患者的伴侣比较抗拒治疗,那么家庭治疗可能难以进行,但是家庭成员的合作可以促进治疗进程。改善家庭关系治疗小组的成员需要悉心挑选,这样可以不超过患者的限度,不会威胁到他们,或者将他们置于过度的压力之下,导致一段伤害性的关系。同时,让患者从个体治疗转换到团体治疗可以降低移情反应,而且有助于结束治疗。

如前所述,图式疗法可以帮助人们发展出新的核心认知。依赖型人格障碍患者可以学着去克服他们寻求支持的依赖性和一些自我怀疑的模式。

依赖型人格障碍患者有时候会要求使用药物。这些患者有时也会滥用药物,而且这种需要药物治疗的信念会随着他们日益增长的胜任感而减弱。尽管有些药物可以降低失调行为、抑郁和焦虑,但 Sperry(2003)指出,通过社交技能训练也能达到类似的效果。他建议,社交技能目标的建立包括 5 个具体的方面:认知、情感控制和调节、感知(perceptions)、生理(通过药物和放松)、行为(通过自信和交流技能)。

13.4.2.4 预后

这类障碍的治疗具有相对较好的预后。依赖型人格障碍患者是可以信任的。他们可以形成治疗联盟,做出承诺,他们想要取悦他人,并寻求帮助。与对其他大多数人格障碍的治疗相比,所有的这些特点可以促使患者获得一定程度上较好的预后,和一个更短、更有成效的治疗过程。

13.4.3 强迫型人格障碍

强迫型人格障碍(obsessive-complusive personality disorder, obsessive-compulsive PD, **OCPD**)患者的主要特征是执着于要以"正确的方式"来做事。尽管许多人可能会羡慕他们的专注和奉献精神,但实际上这种对细节的过于执迷让他们很难真正做好什么事情。

强迫型人格障碍患者是完美主义者,并有秩序的先占观念。他们需要控制人际关系和精神。这些特质以牺牲效率、灵活性和直率为代价,并且长期存在。但是,OCPD 不只是**强迫症**(obsessive-compulsive disorder, OCD)的缩小版。许多 OCPD 患者完全没有强迫思维或强迫行为,尽管一些患者最终确实会发展出 OCD。这些患者僵化的完美主义通常会使得他们优柔寡断、关注细节、小心谨慎,且坚持他人要按照他们的方式行事。这些行为会干扰他们工作上或社交情境中的效率。通常,他们看起来是抑郁的,而这抑郁状况可能会有起有落,可能到了驱使他们寻求治疗的程度。有时候这些患者是吝啬的,可能是俭省的人,甚至会拒绝扔掉他们不再需要的无价值的物体。他们可能在表达情感上有困难。

OCPD 患者喜欢做时间表,但其实时间分配能力很糟糕,是连自己娱乐的事都要细心做计划的工作狂。他们可能会因为要对假期做计划而推迟假期。他们拒绝他人的权威,但是坚持自己的权威。他们可能被认为是僵硬的、僵化的或说教的。

这一疾病可能相对常见。各种不同的研究结果均表明发病率在 5% 左右。比起女性,男性更常被诊断为 OCPD,而且可能有家族遗传的倾向性。

13.4.3.1 障碍描述

这类障碍与强迫症虽然名字相似,但是二者有明显差异。强迫型人格障碍是一种普遍存在、自我协调的生活方式,而 OCD 通常有不适感,而且具有具体的强迫观念和强迫行为。完美主义和缺乏灵活性是强迫型人格障碍(OCPD)的特点。下面是典型表现:

- 沉溺于细节、规则、秩序、职责和完美主义,而在任务和活动中表现较差。
- 具有控制他人的强烈需求。
- 由于害怕自己无法正确完成任务而回避委派任务。
- 过分专注于工作成效而不顾个人消遣及人际关系。
- 优柔寡断。
- 严格的道德和伦理信念。
- 缺乏表达情感的能力。
- 如果没有给予其个人利益的承诺,就不愿与他人共事。
- 严厉的自我批评。
- 不愿丢弃没有价值的东西。

尽管OCPD患者似乎对他人的感受漠不关心,但是他们对轻视很敏感,并且经常会对真实或想象的羞辱有过激反应。一般来说,这类患者会把自己保护得很好,他们使用一些规则来将自己与自己的情绪隔离开,要求别人也要遵从他们的规则。事实上,这些患者可能会因过度遵从规则,而变得刻板和完美主义,尽管他们可以做到功成名就,做事一丝不苟。

尽管许多OCPD患者不会经历某些特定或侵入性的强迫观念或行为,但是研究发现,大约44%的OCD也符合OCPD的诊断标准(Ecker et al.,2014)。

患有进食障碍(尤其是神经性厌食障碍)的女性身上存在这类障碍的许多特点,比如完美主义和控制欲;但是在男性中,OCPD的发病率将近是女性发病率的两倍。在总人口中,这类障碍的发病率大约为1%,而在精神卫生中心的患者中,发病率为3%~10%。

焦虑和抑郁是OCPD常见的伴随症状。在经历丧失或失败后,这类患者常常产生抑郁情绪,这种情况在患者的晚年更常见。这类患者前来治疗通常是因为心身疾病或性功能障碍,而不是刻板或完美主义行为。

被诊断为OCPD的患者一般都经历了严格、惩罚性的教养方式,这都是父母为了避免他们惹麻烦而采取的教育方式。这类患者的家庭环境通常比较严厉,强调控制性。毫无意外,父母的惩罚性和专制的行为可能反映了他们自己的OCPD。与一般人群相比,OCPD在那些一级亲属患有同类障碍的家庭中更常见。

此类患者几乎不可避免地具有人际交往和社交困难。已婚人士可能会坚持伴侣治疗来帮助他们解决情绪的可用性缺乏的问题(lack of emotional availability),以及工作狂行为和与家人共处时间太少的问题。OCPD患者通常比较冷漠、缺乏信任感,苛刻而且无趣,他们很少在建立关系和交流情感上投入时间和精力。

13.4.3.2 诊断

DSM-5 强迫型人格障碍诊断标准	F60.5

　　一种沉湎于有秩序、完美以及精神和人际关系上的控制，而牺牲灵活性、开放性和效率的普遍模式；起始不晚于成年早期，存在于各种背景下，表现为下列中 4 项(或更多)症状：

1. 沉湎于细节、规则、条目、秩序、组织或日程，以至于忽略了活动的要点。

2. 表现为妨碍任务完成的完美主义(例如，因为不符合自己过分严格的标准而不能完成一个项目)。

3. 过度投入工作或追求绩效，以至于无法顾及娱乐活动和朋友关系(不能用明显的经济情况来解释)。

4. 对道德、伦理或价值观念过度在意、小心谨慎和缺乏弹性(不能用文化或宗教认同来解释)。

5. 不愿丢弃用坏的或无价值的物品，哪怕这些物品毫无情感纪念价值。

6. 不情愿将任务委托给他人或与他人共同工作，除非他人能精确地按照自己的方式行事。

7. 对自己和他人都采取吝啬的消费方式，把金钱视作可以囤积起来应对未来灾难的东西。

8. 表现为僵化和固执。

来源：American Psychiatric Association(2013). Diagnostic and statistical manual of mental disorders(5th ed). Washington,DC.

13.4.3.3 干预治疗

　　尽管长期的心理动力学或修正的精神分析疗法可能是治疗这类患者的理想方法，但是很难让他们参与到这类长期、频繁和需要内省的治疗中。有情绪反应意味着失去控制，因此大多数 OCPD 患者通常十分理智，有躯体化(somaticize) 症状或否认情绪反应。因此，许多当下或行为导向的方法，会经常用来帮助 OCPD 患者建立对自己和他人更切合实际的期望，这符合 OCPD 患者自制力有限和屈从控制的容忍度有限的特点。

　　OCPD 患者比较容易接受认知行为疗法，因为这种疗法结构化、以问题为中心，旨在当下，只要求较少的分析和情感表达。行为疗法可以有效减少这类患者的非正常行为。行为疗法还可以提高他们计划和做决定、参与休闲和社交活动的能力，以及积极、自信地交流情感和反应的能力。医患双方在治疗目标的优先顺序方面达成一致意见，有助于这类患者有效地参与治疗，而且减少抱怨和破坏治疗。用可控的方式塑造幽默感和自发行为可以教会患者新的行动方式。由于他们日益增长的焦虑和心身症状，压力管理中的放松技术也会使这些患者的情况有所改善，能起到相同作用的还有思维阻断、社交技巧训练、脱敏和应答阻止。

　　Beck 及其同事(2004)的研究表明，使用修正版的认知疗法可以成功治疗这类患者。在这种疗法中，使用行为实验而不是直接辩论来解决这些典型的自动思维问题，比如"我必须避免那些值得注意的错误"。像每周活动安排和功能失调性思想记录之类的量表，可以提高患者的结构化和合作性。

　　OCPD 患者往往不愿参加团体和家庭治疗，因为他们不愿表露自己的情感、害怕被羞辱。如果他们愿意接受足够长时间的个体治疗，而且取得一些积极的转变，那么之后他们也许可以有效地利用团体和家庭治疗。这类方法可以为他们提供反馈，学习和练习新的人际交往行为以及改善人际交往的机会。然而,治疗师要保证这类患者不能控制团体或家庭治疗,而且要确保他们已经准备好去倾听他人。

Millon 及其同事(2004)指出,OCPD 患者倾向于与依赖型或表演型人格障碍患者结婚,因为他们依赖的需要很好地吻合了 OCPD 患者控制的需要。夫妻心理治疗可以帮助改善他们的关系,解决性问题,而且建立处理问题的原则。

一般来说,OCPD 患者治疗过程中不需要药物辅助,但是一些药物确实能帮助治疗强迫型人格障碍。5-羟色胺的抗抑郁药氟西汀(百忧解)、舍曲林(左洛复)、帕罗西汀(Paxil)、西欧普兰(Celexa)、依地普仑(Lexapro),似乎可以直接作用于大脑中的 5-羟色胺神经元,减少强迫症状。药物可以用来减轻 OCPD 伴随的严重焦虑和抑郁症状。

与治疗许多其他人格障碍一样,复发预防也有助于治疗 OCPD。Beck 及其同事(2004)建议教会患者监控自己的进展,安排定期的后续辅助治疗。

13.4.3.4　预后

如果不接受治疗,OCPD 通常也是相对稳定的,不会改善但也不会变坏。许多个案研究表明,如果没有重大人格改变,通过治疗,OCPD 可以得到改善。正如许多其他类型的人格障碍,少数 OCPD 患者可能会通过治疗发生重大改变。一部分患者发生了重要的行为和态度转变,而另外很大一部分患者可能过早结束治疗或者仍然拒绝被帮助。总的来说,OCPD 治疗的预后还是比较合理的。

13.5　其他人格疾病

13.5.1　由其他躯体疾病所致的人格变化

一些躯体疾病可以导致人格变化,这被定义为患者先前人格特质的变式(通常是更糟糕的变式)。如果躯体疾病在足够早的童年时期发生,那么变化可以持续存在于个体的整个人生。在大多数人格变化的实例中,人格变化都是由脑部损伤或其他中枢神经系统障碍导致的,比如癫痫或亨廷顿氏病。但是,影响到大脑的全身性疾病(比如红斑狼疮)有时候也会导致人格变化。

通常会发生几种类型的人格变化。一些患者的心境可能变得不稳定,会有愤怒或多疑的爆发。另一些患者可能会变得情感淡漠和被动。大脑前额叶的损坏特别容易出现心境变化。有颞叶癫痫的患者可能会变得过于信仰宗教、啰嗦和缺乏幽默感。一些患者肯定会变得十分有攻击性。偏执意念也是普遍的。好战性可能会伴随愤怒的爆发而出现,以至于一些患者的社会判断力明显受损。在编码表中使用类型标注项来给人格变化的性质分类。

如果大脑结构有严重的变化,那么这些人格变化可能会持续存在。如果问题源于可修正的化学问题,那么它们可能会得到解决。当问题严重的时候,最终可以导致谵妄,正如多发性硬化症患者有时候会发生的那样。

DSM-5 由其他躯体疾病所致的人格改变 诊断标准	F07.0

A.一种持续性的人格障碍,代表与个体先前特征性的人格模式相比的变化。

注:在儿童中,该障碍涉及显著偏离正常发育或儿童常见行为模式的显著变化,且持续至少 1 年。

B.来自病史、体格检查或实验室检验的证据显示,该障碍是其他躯体疾病的直接的病理生理性结果。

C.该障碍不能用其他精神障碍来更好地解释(包括由其他躯体疾病所致的其他精神障碍)。

D.该障碍并非仅仅出现于谵妄时。

E.该障碍引起有临床意义的痛苦,或导致社交、职业或其他重要功能方面的损害。

标注是不是:

不稳定型:如果主要特征为情感的不稳定。

脱抑制型:如果主要特征为不良的冲动控制,例如,轻率的性行为等。

攻击型:如果主要特征为攻击行为。

冷漠型:如果主要特征为显著的冷漠和无动于衷。

偏执型:如果主要特征为多疑或偏执观念。

其他型:如果临床表现的特征不符合上述任何一种亚型。

组合型:如果占主要地位的临床表现有一种以上的特征。

编码备注:包括其他躯体疾病的名称(例如,F 07.0 由颞叶癫痫所致的人格改变)。在由其他躯体疾病所致的人格改变之前,其他躯体疾病应该被编码和分别列出(例如,G40.209 颞叶癫痫;F07.0 由颞叶癫痫所致的人格改变)。

来源:American Psychiatric Association(2013). Diagnostic and statistical manual of mental disorders(5th ed). Washington,DC.

13.5.2 未特定的人格障碍

DSM-5 在人格障碍章节最后一部分中讲述了一种**未特定的人格障碍(non-specific personality disorder,NOS)**分类。与其他人格障碍一样,区分这类障碍的标准必须广泛存在,而且引发了人际关系、行为、学业、工作环境中的重大问题或其他方面重要功能的损害。在 DSM-Ⅳ中,人格障碍章节附录 B 还包括了两种人格障碍的类型:被动-攻击(否定性)型人格障碍(passive-aggressive personality disorder)和抑郁型人格障碍。

DSM-5 中已经删掉了**被动-攻击型人格障碍**,但是在精神病理学的诊断中,这依然是一种值得思考的临床结构(Hopwood,et al.,2009)。被动-攻击型人格障碍最主要的特点是"普遍地对于社交和职业领域中的要求,存在负面的态度和被动型的抵抗"。这类障碍经常与物质使用障碍、自杀行为、边缘型和反社会人格障碍有关。

抑郁型人格障碍是一种"始于成年早期的、广泛的抑郁性认知和行为模式",包括焦虑、消极和不开心的想法,低自尊,自我批评,以及存在于认知和生活方式中的无价值感。这类障碍不单单是由重性抑郁发作或心境恶劣障碍引起的。在对心境恶劣障碍和抑郁型人格障碍的研究中,Sprock 和 Fredendall(2008)发现,根据目前的定义,这两种障碍之间有很大的重叠部分和共病。毫无疑问,DSM 将来的版本会区分这些障碍。

与现实意识损伤有关的障碍

14.1 精神病性概述

每一种精神病性障碍都有不同的本质。但是,越来越多的研究表明这些精神障碍都有相似的基因基础和精神病理机制,并且这些精神障碍属于同一个范围。

本章讨论的精神病性障碍列为与现实意识损伤有关的障碍,包括**精神分裂症谱系及其他精神病性障碍、短暂精神病性障碍、妄想障碍、分裂情感性障碍、共享性精神障碍和分离障碍**。

需要先提醒一下,每种精神病性障碍与分离障碍在起源、持续时间、治疗和预后等方面都有相当程度的不同。它们因症状相似而被联系在一起:这些精神障碍通常有记忆的损伤或扭曲,有现实意识的损伤或扭曲,或两者都有。大部分这些精神障碍至少在生活的一个方面产生明显的机能障碍。因为患有这些精神障碍的人常常不能描述他们的病症,因此精神病性障碍与分离障碍对诊断医生来说是个挑战,并且有时会被误诊为认知障碍、心境障碍或物质诱发的精神障碍。毫无疑问误诊是不幸的,因为误诊会导致不恰当的治疗。

14.1.1 精神病的症状

精神病性障碍的理解从症状着手,首先通常要区分精神分裂症的阳性症状、阴性症状以及瓦解性症状。阳性症状,一般指与现实扭曲有关的症状;阴性症状,涉及某些领域的正常行为缺陷,如言语、感情(缺乏情绪反应)以及动机;瓦解性症状,包括杂乱无章的言语、古怪行为以及不合时宜的情绪反应(如,在沮丧的时候微笑)。诊断精神分裂症需要具备上述三种症状中至少两种,持续时间至少一个月,至少有一种症状属于妄想、幻觉或言语错乱。DSM-5还包含一个测量症状严重程度的维度量表。在这个 0～4 的量表上,0 代表没有症状,1 代表模棱两可(不确定是否有症状),2 代表有轻度症状,3 代表有中度症状,4 代表有重度症状(American Psychiatric Association,2013)。目前,关于精神分裂症的不同症状已经

积累了大量研究,接下来我们就一一介绍。

精神病患者往往与现实脱节。具体表现为下列 5 种基本症状中的 1 种或多种。

14.1.1.1 妄想

妄想(delusion)是一种不能以患者的文化背景或教育背景来解释的错误信念,即使有相斥的证据或者来自别人的不同观点,也依旧无法使患者相信他的信念是错误的。妄想可以被进一步分为多种类型,包括:

钟情妄想:患者认为某人(通常是具有更高社会地位的个体)爱上了自己。

夸大妄想:患者认为自己处于一个崇高的地位,如自己是上帝或是电影明星。

内疚妄想:患者认为自己犯了不可饶恕的重罪或是严重的错误。

嫉妒妄想:患者认为配偶或伴侣对自己不忠。

影响妄想:患者认为自己被外界因素控制或操控,例如无线电波。

被害妄想:患者认为自己被追捕、被跟踪或以其他方式被干扰。

贫穷妄想:尽管有相反的证据(有工作和充裕的银行存款),患者认为自己很贫穷。

关系妄想:患者认为自己正在媒体或电视上被讨论。

躯体妄想:患者认为自己的身体机能发生了变化,自己闻上去很臭,或者患了可怕的疾病。

思想控制妄想:患者认为其他人正在把想法植入自己的头脑里。

其他更为奇特的妄想,包括替身综合征(Capgras syndrome,个体相信自己认识的某个人已经被另外一个人顶替了)和行尸综合征(Cotard's syndrome,个体认为自己已经死亡)。

妄想需要与过度的高估信念做区分,后者指的是并没有完全错误,但个体也会在没有证据支持其真实性的基础上对它们深信不疑,比如个体会相信自己的种族或政党的优越性。

14.1.1.2 幻觉

幻觉(illusion)是一种在缺乏相关感觉刺激的情况下产生的错误的感知觉。幻觉几乎总是异常的,而且 5 种感觉(视、听、嗅、味、触)都有可能被影响,虽然幻听和幻视是最常见的。但是,体验到幻觉并不意味着个体一定患有精神病。如果要将幻觉视为一种精神病性症状,那么它们一定要在个体完全清醒时产生。这也意味着,发生在个体谵妄状态、入睡状态或者是刚睡醒状态下的幻觉都不能被当作是其患有精神疾病的证据。这些体验并不是真正的幻觉,它们往往是正常的,一个能更好地形容这些体验的词为意象。

另一个判断幻觉是不是精神病性的要求是,个体必须对幻觉是否真实这件事情缺乏自知力。你可能会认为每一个体验到幻觉的人都无法辨别其是否真实,但事实并非如此,比如,邦纳综合征(Charles Bonnet syndrome,CBS)的患者在视觉受损的同时却能够体验到复杂的视觉图像——但是他们能够清楚意识到这些图像不是真实存在的。这个症状是以瑞士的自然博物学家查尔斯·邦纳(Charles Bonnet)为名,他在 1760 年首度描述他 87 岁的祖父的情形。他的祖父因为白内障两眼近乎全盲,但是却可以看到男人、女人、鸟、车辆、建筑物、织锦画、图腾等幻象。现阶段医学界对邦纳综合征的研究有限,初步认为是患者视神经受损后,大脑用存储画面填补空白点的一种过度补偿。

我们还必须将幻觉与错觉区分开来,错觉是对实际感觉刺激的错误知觉。它们通常发生在感觉刺激输入较弱的情况下,比如夜间(例如,一个人在夜里惊醒时发现一个窃贼弯腰站在床边;在他打开灯后,发现原来所谓的"窃贼"只是一堆放在椅子上的衣服)。错觉在生活中非常常见,而且通常是正常现象。

14.1.1.3 言语紊乱

即使没有出现妄想或幻觉症状,精神病性患者也可能会出现言语紊乱症状(有时也称言语松散)。具体而言,患者的思维不是通过逻辑进行联结的,而是通过韵律、双关或其他规则联结起来,有时甚至没有特定的联结规则。一定程度上的言语紊乱是常见的,但总体而言,这些话是能够让听众听懂的;而精神病性的言语紊乱,就已经到了一种听众完全听不懂、阻碍双方沟通的地步。

14.1.1.4 异常的行为(如紧张症)

紊乱的或非目标导向的身体动作——在公共场合脱衣服(没有戏剧性的或者政治上的意图),反复做十字的手势,维持特殊的、不舒服的姿势——可能表明个体患有精神病;同样请注意,要确定行为是否紊乱不是一件容易的事,确实有很多人会做奇怪的事情,但他们并不是精神病患者。大多数能够被界定为精神病性行为的患者会出现紧张症症状。

14.1.1.5 阴性症状

阴性症状,包括情绪表达的范围缩小(平淡或迟钝的情感),言语数量或者流利程度下降,没有做事情的愿望(动机瘫痪)。之所以称它们为阴性症状,是因为它们给人的印象是患者身上的一些东西被夺走了——而不是像幻觉和妄想障碍症状,是在患者身上增加了一些东西。阴性症状会减少患者人格的饱满度。然而,很难将这些阴性症状与由抑郁症、药物使用或普通的兴趣缺失所致的迟钝区分开来。

14.1.2 区分精神分裂症与其他障碍

DSM-5 使用 4 类信息来区分各种类型的精神病:**精神病性症状的类型、疾病的病程、疾病的功能性后果**以及**排除标准**。这 4 类信息都可以帮助我们将精神分裂症(最常见的精神病性障碍)与其他包含精神病性症状的精神疾病区分开来。之所以强调这一点,是因为针对精神病的鉴别诊断最终常常归类到"精神分裂症与非精神分裂症"这样一个问题当中去。考虑其影响之严重以及受其影响的患者数量之多,我们常常将精神分裂症认为是各种精神病性症状背后最主要的原因。

14.1.2.1 精神病性症状

任何形式的精神病必须包含上述 5 类症状中的至少 1 种,但是若要将患者诊断为精神分裂症,那必须出现 2 种及以上的症状。在诊断任何精神病之前,要做的第一件事是确定患精神病性症状的程度:当患者呈现出 2 种或 2 种以上持续时间在 1 个月以上的精神病症状,且其中至少有一项是幻觉、妄想或言语紊乱时,精神分裂症的诊断标准就可以说被满足了。

如果要将行为定义为精神病性的,它必须是非常异常的,而且患者必须对此缺乏自知力。精神病性行为的例子,包括紧张症症状,如缄默症、违拗症、怪癖或刻板运动,且患者无法清晰认识到这些行为的异常性。行为怪异却不是精神病性的一个例子就是强迫症的仪式性行为,对于这些行为强迫症患者常常是能够意识到它们是过度且无理的。

妄想和幻觉是最常见的精神病性症状。必须将妄想与被高估的信念区分开来,将幻觉和错觉区分开来。言语紊乱不是仅仅指讲话随着情境跑,而是必须表现出明显的言语之间的联系松散。举个例子:"他告诉我有东西早上在里面另一个时间在外面","半块面包比整个上海好",对于像这样的问题"你住在杭州多久了",患者的回答是"即使是食人兽也喜欢法式接吻"。

阴性症状会比较难以识别,除非你问及了个体在情感波动、意志或词汇量这几个方面的变化。用精神病药物引起的情感木僵有时也可能被误认为是阴性症状。

根据先前 DSM 版本的标准,只要患者出现了离奇的妄想症状或者幻听症状中的任何一种,就可以将其诊断为精神分裂症。幻听好理解,但是,如何去理解"离奇"呢?不同的研究对于这个词的定义既不精确也不稳定。甚至在不同版本的 DSM 中,这个词也没有一致的定义,而且在精确性上逐步递减。在 DSM-Ⅲ 中,它指的是"没有事实基础";在 DSM-Ⅲ-R 中,它指的是"完全不可信的";在 DSM-Ⅳ-TR 中,它指的是"明显不可信的"。而 DSM-5 则完全跳脱了原来的轨迹,首先界定了妄想障碍,在该障碍中,妄想的内容是具体的标注项。此外,离奇还被界定为不单单意味着"明显不可信的",还意味着是无法理解的或是无法与日常经验契合。

所以我们或许还可以采用这个单词几百年前从法语中引用过来时的含义来理解:奇怪的或是不可思议的。一些离奇妄想的例子,包括了从兔子洞坠落到仙境,被来自哈雷彗星的外星人控制了思想和行为,或大脑被一个电脑芯片所取代。非离奇妄想的例子,包括被邻居监视,被配偶背叛等。评估妄想是不是离奇的会因为我们与被评价对象的距离不同而发生变化。"自己就是独特的,你呢是古怪的,而他们就是离奇的了。"

近期的观点是"离奇"程度其实对诊断或预后的影响并不大。因此,在 DSM-5 中,精神分裂症患者必须满足 2 种或 2 种以上的精神病性症状,而不再纠结任一症状有多离奇。

14.1.2.2 病程

对于鉴别诊断而言,某个特定时间节点的症状没有病程来得重要。换言之,精神病的具体类型更大程度上是由患者纵向的发展模式以及与之相关的疾病特征决定的。几个相关的疾病特征如下:

持续时长:患者的症状出现多久了?要将患者确诊为精神分裂症其症状至少需要持续 6 个月。这条规则在数十年前就定下来了,这样界定是因为观察到生病时间较长的患者更倾向于后期发展成精神分裂症;而症状时间较短的患者则更倾向于呈现其他类型的障碍。因此,在诊断时选择将最短症状持续时间操作性定义为 6 个月。

疾病诱因：严重的情绪压力有时会诱发短期的精神病。例如，分娩压力会诱发产后精神病。如果疾病是慢性的，那么它更少可能有急性诱因。

　　先前疾病史：如果患者先前有过完全从精神病中恢复过来的经历（没有任何残留症状），那么意味着他所患的是精神分裂症以外的障碍。

　　发病前的人格：若患者在精神病性症状发作之前拥有良好的社会和工作相关功能，那么这意味着他更有可能患其他精神病性障碍而非精神分裂症，如精神病性抑郁症，或是有一般躯体疾病或者物质滥用导致的精神病。

　　残留症状：即使在急性精神病性症状得到治疗后（通常是通过药物），患者身上还可能会持续存在一些残余症状。相较于患者早期的妄想或者其他的阳性精神病性症状，这些残留症状会表现得更温和一些：古怪的信念，导致对话失焦的模糊言语，对他人的陪伴缺乏兴趣等。这些预示着精神病的再次发作。

14.1.2.3　疾病的功能性后果

　　精神病会严重影响患者及其家庭的功能。这种影响的具体程度可以帮助我们区分精神分裂症和其他精神病。要被诊断为精神分裂症，必须有社会功能和工作功能上实质性的损伤。例如，大多数精神分裂症患者一直没有结婚，也从不工作，抑或他们的工作与他们的受教育或受训水平不符，而其他精神病的诊断则不需要满足此标准。事实上，妄想障碍的诊断甚至明确了患者在与妄想症状无关的重要方面的功能没有受到损伤。

14.1.2.4　排除标准

　　一旦确定患者确实具有精神病后，是否需要考虑其可能是由除精神分裂症外的其他精神疾病引发的呢？就此，我们还需要考虑3种可能性。

　　首先需要排除的是由躯体疾病引发的其他鉴别诊断。为了排除这一可能，需要对患者的躯体情况做过去病史和当下临床检查的详细了解。

　　其次，需要排除物质相关障碍。患者是否有酒精或是毒品滥用的历史？一些物质（如可卡因、酒精、兴奋剂和拟精神病剂）可能会使患者产生与精神分裂症类似的精神病性症状。此外，一些处方药的使用（如肾上腺皮质激素类药）也会促使产生精神病性症状。

　　最后，需要考虑心境障碍。这些症状是属于躁狂还是抑郁？在精神疾病治疗的历史中，充斥着被诊断为精神分裂症的心境障碍患者。

14.1.2.5　其他特征

　　此外，尽管没有被包括进DSM-5的诊断标准之中，有些因素也需要在精神病诊断中被考虑到，其中一些甚至可以帮助预测诊断结果，这些因素包括家族病史、对药物的反应、起病年龄。

14.2　精神分裂症谱系障碍

14.2.1　精神分裂症的历史上的早期人物

精神分裂症的历史之悠久，是本书中任何其他精神障碍所不及的。了解这些历史有助于了解其多面性以及相应的治疗方法的复杂性。

英国的 John Haslam 在 1809 年出版的《对发疯和忧郁的观察》(Observations on Madness and Melancholy)一书中生动地描述了这种"精神错乱的表现"。在下面这段话中，Haslam 提到的一些症状渗透了当代精神分裂症的概念：

"疾病的来袭几乎是觉察不到的，当它引起格外注意时通常都已经过去几个月了，至亲们经常希望这只是活跃过度减弱、行事谨慎、性格沉稳的表现，然而，他们被欺骗了。接下来，个体变得忧心忡忡，活动明显减少，并且他们的正常好奇感也较从前减少。他们无视那些曾经给他们带来快乐和知识的物质与追求，他们的感觉变得极其迟钝，家长以及亲属对他们的感情得不到共鸣：对他人的关爱麻木不仁，对外界的批评不以为意……我曾经悲痛地目睹了这种绝望的退化，在短时间内，它把一个前途无量、充满活力的聪明人变成了一个遭人唾骂、嘲讽的笨蛋。"(Haslam，1809，1976)

大约在 Haslam 对症状进行描述的同一时期，法国医生皮内尔(Philippe Pinel)也报告了如今会被我们理解为患有精神分裂症的病例(Pinel，1809)。50 年后，另一位医生 Benedict Morel 用法语"démence précoce"(意为早发性痴呆)描述精神分裂症，因为它经常在青春期发病。

19 世纪末期，德国精神病学家埃米尔·克雷佩林(Emil Kraepelin，1899)在上述前辈的基础上，提出了目前最经典的关于精神分裂症的描述和分类。克雷佩林有两项卓越成就。首先，他把一些通常被认为是独立的、不同的精神异常症状，如紧张(catatonia，交替出现木僵和兴奋)、青春期痴呆(愚蠢和情感不成熟)和偏执(paranoia，夸大或迫害妄想)合并成一类。克雷佩林认为，这些症状具有相似的内在特征，因此把它们都归入拉丁语中的"早发性痴呆(dementia praecox)"。尽管临床表现可能因人而异，但是，克雷佩林认为这些疾病的本质都是早期发病后发展为"精神脆弱"。另一个重要贡献是将早发性痴呆与躁狂抑郁症(现在被称为双相障碍)区分开来，早发性痴呆起病年龄早、预后不良，躁狂抑郁症不一定具备这样的特征。此外，还列出了早发性痴呆的诸多症状，包括幻觉、妄想、违拗以及刻板行为。

精神分裂症历史上另一位重要人物是瑞士医生 Eugen Bleuler (1908)，他与克雷佩林生活在同一时期，他提出了**"精神分裂症"(schizophrenia)**这个术语。这一命名非常重要，因为其表明 Bleuler 对这种障碍的核心问题的看法不同于克雷佩林。英语单词"schizophrenia"来源于希腊语"分裂"(skhizein)和"精神"(phren)的组合，它反映出 Bleuler 认为这类患者的所有异常行为的背后是人格基本功能的联合断裂(associative splitting)，这个概念强调"连接线的断裂"，也就是负责联系不同功能的力量的瓦解。而且，Bleuler 认为，精神分裂症患者**无法保持连贯一致的思维**的特点导致了他们表现出多种多样的症状。总之，克雷佩林强调起病早和预后差，Bleuler 则强调难以保持连贯一致的思维，但不幸的是，"精神分裂"常常被误

用来表示分裂或多重人格。（见表 14.1）

表 14.1　精神分裂症历史上的早期人物

时间	历史人物	主要贡献
1809	John Haslam （1764—1844）	英国医院院长,在《对发疯和忧郁的观察》一书中,对精神分裂症的症状进行了概要描述
1801/1809	Philippe Pinel （1745—1826）	法国医生,描述了精神分裂症的病例
1852	Benedict Morel （1809—1873）	法国医生,用"早发性痴呆"描述精神分裂症,意为在早年或成熟前丧失神智
1898/1899	Emil Kracpelin （1856—1926）	德国精神病学家,他把精神分裂症的不同类型（紧张、青春期痴呆、偏执）统一到早发性痴呆名下
1909	Eugen Bleuler （1857—1939）	瑞士精神病学家,他首次提出了"精神分裂症"这个术语

14.2.2　精神分裂症

DSM 中对**精神分裂症（schizophrenia）**的诊断标准变得日益复杂。但是,诊断的基本模式还是比较直接的,可以概述为以下几点:

（1）发病前,患者可能有一个退缩的或其他奇怪的人格。

（2）在发病前一段时间内（也许 3～6 年）,患者可能有一些特殊体验,虽然不是精神病性的,但是预示着后期精神病的发作。这段前驱期常常以思维、语言、知觉和运动行为的异常为特点。

（3）疾病通常都是逐渐起病的,常以不可察觉的进度变化。然而,在做出诊断的至少 6 个月前,患者的行为就已经开始发生变化。可能从病程的最开始就包括了妄想或幻觉,也可能是以一些更温和的症状为征兆,如一些奇怪但没有到精神病性的信念。

（4）患者在 6 个月中的至少 1 个月内是处于显著的精神病性状态,即至少需要出现本章开头介绍的 5 种症状中的 2 种,其中之一必须是幻觉、妄想或语言紊乱。

（5）疾病导致患者的工作和社会功能受损。

（6）需要排除其他躯体疾病、物质滥用和心境障碍作为患者症状背后的可能原因。

（7）虽然大多数患者的症状会通过治疗而有所改善,但相对较少的患者能够完全恢复到病前的状态。

为什么准确诊断精神分裂症那么重要? 原因有以下几点:

患病率:精神分裂症是一种常见的疾病,多达 1% 的成年人会遭遇这种疾病。由于不明的原因,男性的发病时间要早于女性。

长期性:大多数精神分裂症患者的症状会伴随他们一生。

严重性:不像抗精神病药物发明之前,如今大多数患者不需要数月或数年的住院治疗,然而,精神分裂症对于患者工作能力和社会功能的损伤仍然极大。精神病症状的表现会随它们严重程度的变化而变化。

控制：恰当的治疗大多数时候都意味着使用抗精神病药物，尽管药物有副作用的风险，但患者仍需要终身服药。

虽然几乎每个人都在这样做，但将精神分裂症说成单单一种疾病很可能是不准确的。它几乎可以被理解为一系列潜在病因的合集，只是使用了相同的基本诊断标准。因此，还能在精神分裂症患者身上发现许多正式标准之外的症状，以下是一些相关的症状：

认知功能紊乱：尽管精神分裂症的症状通常表现在患者的感知觉上，但是也会出现认知问题，如容易分心、定向障碍，或者是其他认知层面的问题。

烦躁：愤怒、焦虑和抑郁都是精神病患者身上的一些常见情绪反应。部分患者会表现出不恰当的情感（如在没什么好笑的时候笑）。越来越多的患者身上被发现焦虑发作和焦虑障碍。

缺乏自知力：许多患者拒绝吃药，他们错误地相信自己没有生病。

睡眠障碍：为了应对幻觉或是妄想的发作，许多患者会故意晚睡或者晚起。

物质滥用：最常见的是烟草滥用，影响了约80%的精神分裂症患者。

自杀：多达10%的精神分裂症患者（特别是刚被确诊的年轻人）选择结束自己的生命。

DSM-5 精神分裂症的诊断标准

A. 在一个月的大部分时间里，表现出下列至少2种症状（如已经有效治疗，时间可以缩短）。其中一种症状必须属于第1、2、3项当中的一项。

  1. 妄想。

  2. 幻觉。

  3. 言语混乱（例如，经常性言语脱轨或不连贯）。

  4. 极度混乱或紧张行为。

  5. 阴性症状（例如，情绪表达减少或缺乏意志）。

B. 自起病以来的大部分时间内，在工作、人际关系或自我照顾等一个或多个领域的功能水平，较起病前显著下降（如起病于儿童期或者春期，则指个体未能达到预期的社交、学业或职业水平）。

C. 症状持续时间至少6个月。这6个月中至少有一个月（如已经过有效治疗，时间可以缩短）表现出标准A中的症状（即急性期症状）；这6个月可以包括症状前驱期或残留期的时间。在症状前驱期或残留期，可以只表现出阴性症状，或是2种以上轻微的标准A症状（例如，古怪的信念，异常的知觉体验）。

D. 须排除分裂情感性障碍以及伴有精神病性特征的抑郁或双相障碍：

  1. 在急性期没有同时表现出严重的抑郁或躁狂症状。

  2. 如果在急性期出现了心境障碍发作，其存在的时间只占急性期和残留期时间总和的少部分。

E. 症状并非精神活性物质（如滥用或医用的药物）或其他医学情形的生理后果。

F. 如果有孤独症谱系障碍或其他儿童期起病的交流障碍病史，除了诊断精神分裂症所需的其他症状外，必须表现出明显的妄想或幻觉，且症状持续时间至少1个月（如已经过有效治疗，时间可以缩短），才可另加精神分裂症的诊断。

注明：

  伴有紧张症。

来源：American Psychiatric Association（2013）. Diagnostic and statistical manual of mental disorders（5ᵗʰ ed）. Washington, DC.

14.2.3　精神分裂症的干预和治疗

对**精神分裂症**的治疗通常需要药物治疗和心理干预相结合,这一目标有助于处理障碍的急性期精神病症状和减弱残留的症状。通常患者需要入院治疗,特别是在病症活跃时期患者有强烈的精神病症、自杀倾向或拒绝饮食的时候。平均住院时间为几天到几周。当康复开始、严重的症状有所减轻时,日间治疗中心、部分住院治疗和过渡住所对患者是有帮助的。这些过渡期的设施可以提高社会化水平、使患者更轻松地进行独立的生活和提供长期维持。这些治疗设施的使用正在增多,而住院治疗的时间正在减少。

1.药物

药物几乎总会成为治疗的一部分,并且对大多数(而不是所有)诊断为精神分裂症的患者都有效。安定类的药物可以有效地减轻症状,特别是精神病的阳性症状(妄想和幻想)。药物在治疗阴性症状(情感迟钝、抑郁、社会退缩)时有效程度比较低。大量的临床试验数据证明了利培酮(维思通)、奥氮平(再普乐)和氯氮平等这类非典型性抗精神病药物的有效性、这些新的药物和旧的抗精神病药物一样有效,就像氯过苯乃嗪(盐酸氯普马嗪)和氟哌啶醇(氟哌丁苯制剂),它们有更少的副作用,造成像迟发性运动障碍这样的锥体束外症状(extrapyramidal symptom)的危险性更小。然而,最新报告将这些非典型性抗精神病药物与体重增加和糖尿病联系起来。谨慎地控制血糖含量可以预防糖尿病,并且减少相关疾病在患病风险不断增加的人群中的发生率。

药物在减小复发率方面同样重要。大多数精神分裂症患者在症状减轻之后需要持久的药物治疗。临床对照试验显示,一年后30%的在治疗中接受药物治疗的患者会复发。那些持续接受药物治疗超过一年的患者复发率为65%~70%。

服药遵从(medication compliance)对于精神分裂症患者是一个特殊的问题,并且服从性低于50%;再入院、上升的自杀倾向和过早死亡等都有可能与不遵从药物治疗有关。药物遵从治疗,包括对药物副作用的论述,可以作为对严重精神障碍患者的治疗的重要部分。精神分裂症患者不服用药物的原因,包括不希望受到药物副作用的影响、对药物的消极态度、对妄想的需求、关于锥体束外症状恶化的不安,如迟发的运动障碍或妄想型精神分裂症的患者害怕别人会通过药物去控制他们。给患者提供心理和生理健康教育、讨论和鼓励服用药物和教育家庭成员去有策略地帮助处理不遵从事件,这些有助于提高治疗的遵从性、提供支持、社会化和实际性帮助。另外,很多抗精神病药物在长效和注射形式下是可用的,这样可以帮助患者坚持药物治疗。对于其他患者,电痉挛治疗法(ECT)同样可以作为药物治疗的替代方案。

2.社会心理干预

美国心理学会对精神分裂症患者的临床指导治疗(2004B)建议,在对精神分裂症的治疗中结合社会心理干预与药物治疗。精神分裂症患者经过药物治疗变得稳定之后,社会心理干预就可以开始,治疗包括行为疗法、认知行为疗法、社会技能训练、家庭教育和参与,这样可以多方面地鼓励服用药物。这样的治疗被发现对于精神分裂症患者的治疗是有效的。

3. 行为疗法

行为疗法是对精神分裂症患者进行心理治疗的首要方法,这种方法特别注重提供信息和技能学习,对患者减少古怪行为和破坏性行为、提高功能性是必要的。生活技能的提高还有助于患者的再社会化,对经过一段时间入院治疗之后的患者的家庭生活和独立生活的适应也有好处。有用的职业技能训练和不断增加的娱乐活动能够促进调整适应。行为疗法可以给个人或团体以住院治疗或门诊治疗的形式提供,使用行为治疗模式,如环境治疗或代币行为矫正疗法,可以强化期望的行为。

4. 技能训练

元分析的技能培训计划,发现数周的训练与治疗效果的大小呈正相关。每周至少举行两次、持续六个月的技能培训计划已被认为是能最有效地帮助精神分裂症患者的方法。虽然通常以小组的形式进行,但这样的培训也包含了个人维度。小组提供的安全环境可以识别和实践技能,而不必担心消极影响。

加州大学洛杉矶分校(UCLA)的精神分裂症临床研究和精神康复中心已形成几个技能培训模块,并被证实在改善精神分裂症患者的社会和独立生活能力方面是有效的。模块的主题包括:症状自我管理、娱乐和休闲活动、药物自我管理、重返社区、寻找工作、基本对话能力、友谊与约会。每个模块的内容涉及说教式教学、角色扮演、解决问题、家庭作业和实景行为演练(vivo behavioral rehearsal)。

5. 认知行为疗法

认知行为疗法作为联合精神分裂症的药物及社交技巧训练的一种辅助治疗方式,效果也得到了证实。CBT 主要目标是减轻患者的压力和精神病性症状所造成的功能障碍。在疾病产生的每一个阶段,去确定并治疗它,似乎会改善预后。所以,CBT 的干预措施,目的是在前驱期、急性期、部分缓解期、缓解期、复发阶段专注于不同的目标,如在前驱期防止成熟的精神病,部分缓解期减少症状和增强自尊。研究发现,对 21 岁以下的精神分裂症患者,第一次发作,更难接受系统化治疗,他们更容易受到疾病伤害;CBT 在职业康复方面可以减少与严重的精神障碍相联系的**自我歧视(self-stigma)**。

6. 心理动力学疗法

心理动力学疗法在治疗精神分裂症方面没有得到太多的支持。事实上,这种做法的情感强度可能是有害的。有研究发现,接受这种疗法的独居的人实际上有升高的复发率(Evans et al.,2005)。

7. 家庭教育与咨询

家庭的教育和辅导是治疗精神分裂症的一个特别重要的组成部分,并已发现可增加服药的依从性,最多能够降低 25% 的复发率。

对于一些家庭,出现妄想或幻觉的家庭成员造成的创伤和冲击是如此之大,以致他们否认存在问题。另一些人变得愤怒或担心他们自己可能会成为那种人而悲伤,这两种类型的家庭成员可以在家庭教育与咨询中了解这种疾病的性质。

此外,在有精神分裂症患者的家庭中,**高情感表达(high EE)**可能会导致压力,并可能再度激起阳性症状。家庭训练的重点是减少批评意见、情绪过度涉入和敌视精神分裂症患者,这样的训练已被证明会产生有益的影响。当家庭成员参与家庭治疗,服药的依从性增加,高EE减少,以及家庭成员学习沟通技巧、解决问题和应对技巧时,精神分裂症的复发率较低。

显然,家庭支持和教育是有效的治疗这种慢性疾病的重要方式。Burach(2010)指出,家庭干预的时间也很重要。在不同的阶段,家庭可能会受益于不同类型的帮助(即前驱阶段的症状解释、在接纳阶段处理悲伤和丧失、恢复阶段的预防复发)。

8.综合双重诊断治疗

因为精神分裂症和物质使用障碍共同出现的频率是如此之高,所以综合治疗可以同时满足这两种疾病,这已成为双重诊断患有这两种疾病的人普遍的治疗模式。双重诊断的成功干预措施,一般需要从一个长期的角度来观察,并且需要加强专注于物质的使用辅导、动机干预措施、社会支持、分段干预、常规药物筛查、家庭辅导部分以及其他需要如就业、住房、身体健康的个案管理。与12步程序不同,大多数双重诊断程序遵循减少危害的模型,包括预测和计划一部分复发的恢复过程(Mahgerefteh et al.,2006)。

综合治疗对于使用处方药普遍采取谨慎的态度。这包括识别终止用药和使用药物的征象,避免可能性很大的药物成瘾(例如,苯二氮卓类药物),在确保对精神病症状有足够的治疗的同时,讨论和处理病患对药物和酒精的渴望。还要仔细监测用药的依从性,因为很多积极用药的患者为避免药物相互作用而停止用药。

9.团体治疗

团体治疗可以帮助提供信息、促进药物的适当使用、提高技能(如沟通、解决问题和社会化)、鼓励建设性的活动、促进实际测试、提供支持以及鼓励和培养应变能力。社会技能训练方案、职业康复方案和俱乐部提供的友情,以及宝贵的资源,都可以帮助患者发展友谊与双重诊断,并获得就业和住房援助。

10.长期管理和预防复发

这种疾病的长期管理需要警惕症状加重、药物使用和复发。抑郁、焦虑和物质方面障碍经常共同出现在精神分裂症患者身上,并且需要加以解决,以减少自杀风险、提高自尊和增加机能。

对精神障碍的自我歧视影响其对自己病情的自知力,这会让他们混淆,病情转好到底是导致生活质量的改善还是机能的减弱。当精神分裂症患者在自己的生活中成为主角,并开始切合实际地评估自己、认识自己的长处和短处时,他们将能够更好地管理他们的疾病。精神分裂症患者对他们的疾病有更高的自我歧视,并且往往有较少的洞察力和较低的整体机能。

没有预先征兆的复发很少发生,前驱症状可以持续数天或数周,并且包括非精神病症状,如烦躁不安、易怒、情绪变化、睡眠障碍、焦虑和奇异的思想或偏执。在这段时间里,患者变得更孤僻、社会隔离,或显得心事重重。特殊的症状或者说很奇怪的症状,也可能会在早期发生。因此,早期干预可以帮助抵御彻底的精神崩溃,帮助患者认识到他(或她)自己的早期预警迹象,有助于减轻发作的严重程度。

压力(包括创伤,暴露在恶劣的环境中,家庭、住房、职业或其他领域的不稳定)能激起复发和使其他生命功能减值。勇敢面对的能力和获得社会支持的能力,可以最大限度地减少压力的作用,并且减少急性护理需要。因此,增加快速恢复能力的干预措施,可以帮助患者发展稳定的目标、提高自尊、提高洞察力和积极的影响,由此可以提高精神分裂症患者的治疗效果。

持续性的个案管理,包括职业治疗、支持性就业、住房援助的社区治疗项目,是精神分裂症患者康复工作的一个重要组成部分。社区治疗项目可以减少精神分裂症患者在医院花的时间,并且在住院治疗和独立生活之间架起桥梁。

14.3　精神分裂症以外的精神病性障碍

14.3.1　精神分裂症样障碍

精神分裂症样障碍(schizophreniform disorder,SphD),这个名字听上去似乎必须与精神分裂症有关,在 20 世纪 30 年代后期,挪威精神病学家加布里埃尔·朗费尔特创造"精神分裂症样精神病"(schizophreniform psychosis)这个词。因为当时许多被诊断为精神分裂症的患者有相应的症状表现,但他们的症状持续时间没有满足诊断标准。这些患者看上去像是患有精神分裂症,但是他们能够完全恢复,没有任何残留症状。精神分裂症样障碍这个诊断的价值在于,它避免了医生过早地下定论:它提醒所有医生,患者精神病背后的潜在本质还没有被发现。(之所以在精神分裂症后面加"样"这样一个后缀,是因为虽然患者的症状看起来像精神分裂症,最终结果也可能表明他们确实患有该病,但由于信息有限,一些谨慎的临床医生认为,匆忙给予个体意味着终身残疾和治疗的诊断是不妥的。)

SphD 的症状及排除标准与基本的精神分裂症相同,二者之间的不同之处在于持续时间和患者的功能受损程度。DSM-5 不要求 SphD 影响患者功能受损的证据。实际上,对于大多数在 1 个月或更久的时间里出现幻觉和妄想的患者而言,他们的工作和社会功能很难不受损。

所以,其实两种诊断的真正区别在于患者症状持续时间的长短,要被诊断为精神分裂症样障碍,患者的症状持续时间必须为 1~6 个月不等。规定持续时间的实践意义在于,大量研究表明,生病时间短于 6 个月的精神病患者,相比那些生病时间长于 6 个月的患者而言,有更大的机会可以完全康复。虽然如此,依然有超过半数被初诊为 SphD 的患者,最终发展为精神分裂症或分裂型情感障碍。

SphD 其实并不是一种真正的疾病,它更像是一种填充性的诊断,用来归类那些在初诊中虽然可以被归类为精神分裂症,但在病龄上还不太符合要求的患者,男女比例相当,该诊断的数量只占精神分裂症诊断数的五分之一,特别是在美国和其他西方国家。

朗费尔特在 1982 年的《美国精神病学》杂志上再次陈述了这个概念,并提出其不仅包括症状表现极其类似精神分裂症,但只是病程不足的精神病,还可以用于其他的疾病类型,包括了如今的短暂性精神病性障碍、分裂型情感障碍和一些双相障碍。时间和习惯慢慢将朗费尔特当年这个词的意思窄化到了几乎不需要再被使用的地步。也许这是一个很大的遗憾,因为它是一个有用的概念,一方面可以帮助临床医生保持警觉,另一方面可以帮助患者避免不必要的长期用药。

DSM-5 精神分裂样障碍的诊断标准	

A. 在一个月的大部分时间里,表现出下列至少 2 种症状(如已经过有效治疗,时间可以缩短)。其中至少一种症状必须属于第 1、2、3 项当中的一项。

　1. 妄想。

　2. 幻觉。

　3. 言语混乱(例如,经常性言语脱轨或不连贯)。

　4. 极度混乱或紧张行为。

　5. 阴性症状(例如,情绪表达减少或缺乏意志)。

B. 发作时间至少持续 1 个月,但少于 6 个月。如果未等康复就必须做出诊断,应当定性为"暂时性"。

C. 须排除分裂情感性障碍以及伴有精神病性特征的抑郁或双相障碍:

　1. 在急性期没有用药时表现出严重的抑郁或躁狂症状。

　2. 如果在急性期出现了心境障碍发作,其存在的时间只占急性期和残留期时间总和的少部分。

D. 症状并非精神活性物质(如滥用或医用的药物)或其他医学情形的生理后果。

注明:

　有良好的预后特征:

　需要存在以下至少 2 项特征:明显的精神病性症状出现在正常行为或功能首次发生可见变化的 4 周内;状态迷惑或混乱;发病前具有良好的社交与职业功能;没有出现情绪平抑。

　没有良好的预后特征:以上特征少于 2 项或没有。

注明:

　伴有紧张症。

来源:American Psychiatric Association(2013). Diagnostic and statistical manual of mental disorders(5th ed). Washington,DC.

14.3.2　短暂精神病性障碍

短暂精神病性障碍(brief psychotic disorder,BPsD),是指精神病性症状出现至少 1 天,并在 1 个月内恢复正常。该障碍与出现多少症状,或者其社交或工作功能是否受损没有关系。(与精神分裂症样障碍一样,当患者的症状持续时间超过 1 个月,就必须给予不同的诊断。)

BPsD 并不是一个特别稳定的诊断,许多患者最终会被重新诊断为另一种精神疾病(这对于一种你只能患 30 天的疾病来说并不奇怪)。只有 7% 首次发作精神病的患者会被首诊为 BPsD。一些在分娩期出现精神病性症状的患者可能会得到这个诊断。即使如此,它依旧是一种罕见的障碍,产后精神病的发病率仅为每 1000 人有 1 到 2 人。总体而言,BPsD 在女性中的患病率是男性的 2 倍。

欧洲的医生更有可能做出 BPsD 诊断(这并不意味着欧洲人患此类疾病的概率更高,只是说欧洲的医生对它的警惕性更高,或者说更有可能过度诊断)。BPsD 更常见于年轻人(青少年和成年早期)、社会经济地位较低的人或是发作前就已经患有人格障碍的人。一些特定人格障碍的患者(如边缘型人格障碍),可能也会因为压力而出现非常短暂的精神病性症状,对此,我们不需要给予单独的 BPsD 诊断。

20 多年前,在 DSM-Ⅲ-R 中,这类障碍曾被称为短暂反应性精神病。这个名称及其标准反映了这类障碍可能会由一些剧烈的压力事件所引发(比如亲人的死亡)。但在 DSM-5 中,这个概念只以标注项的形式被保留。

DSM-5 短暂精神病性障碍的诊断标准

A. 表现出下列至少 1 种症状,其中一种症状必须属于第 1、2、3 项:

1. 妄想。
2. 幻觉。
3. 言语混乱(即,言语脱轨或前后不一)。
4. 极度混乱或紧张行为。

注意:上述症状不包括个体所属文化中认可的反应。

B. 症状的发作时间至少 1 天,但少于 1 个月;最终个体完全恢复到发病前的功能水平。

C. 此种紊乱情形用伴有精神病性特征的重性抑郁或双相障碍,或其他精神病性障碍(例如精神分裂症或紧张症)无法更好地解释,也并非精神活性物质(如滥用或医用的药物)或其他医学情形的生理后果。

注明:

有显著的应激源(短期精神性):症状出现是对事件的反应。这些事件能让个体所属文化中几乎所有处于相同情境的个体达到高度应激。

没有显著的应激源:症状的出现不是对事件的反应。尽管这些事件能让个体所属文化中几乎所有处于相同情境的个体达到高度应激。

产后出现:在妊娠期出现或产后 4 周内出现。

注明:

伴有紧张症。

来源:American Psychiatric Association(2013). Diagnostic and statistical manual of mental disorders(5th ed). Washington,DC.

14.3.3 妄想障碍

妄想障碍(delusional disorder)的主要特征是持续出现的妄想症状。通常这些妄想的内容是有可信性的,然而,根据 DSM-Ⅳ 的要求,妄想的内容也可以是离奇的。患者看上去相当正常,只要你不触及其妄想的部分。妄想可能包含的主题有 6 种,在下文的诊断编码说明中对它们进行总结。

尽管妄想障碍的症状与精神分裂症有所相似,但还是有以下几个理由来支持其独立诊断:

- 起病年龄通常晚于精神分裂症(30 岁中后期)。
- 这两种疾病的家族病史是不一样的。

- 随访时,这些患者很少被再次诊断为精神分裂症。
- 相较于妄想,幻觉只是会偶尔出现在这类患者身上,且幻觉的内容和妄想存在一定的联系。

最重要的是,与精神分裂症相比,妄想障碍患者的工作和社会功能受到破坏的程度更低。事实上,除了一些与妄想相关的特殊反应外,患者的行为不会有太大其他的改变。与妄想相关的异常行为的例子有:打电话寻求警察的保护,或写信抱怨各类想象出来的攻击或违规行为。患者可能会由此产生频繁的家庭问题,而且,一些特定型的患者可能会因此被卷入到某些诉讼或者无尽的医疗测试中去。

妄想障碍并不常见(据估计,精神分裂症的发病率是妄想障碍的30倍)。长期感觉输入不足(聋或盲),以及社会孤立(比如移民到一个陌生的国家)可能会促使该疾病的发展。妄想障碍也可能与一些家庭特征有关,比如猜忌、嫉妒和隐秘。在所有妄想障碍亚型中,被害亚型是最常见的亚型,嫉妒亚型则排在第二位。

妄想障碍患者经常共同出现的问题是心境症状。因为对于自己深信不疑的信念别人都不相信,难免会让人产生沮丧的反应。患者的抑郁心境使得鉴别诊断变得比较困难。最值得注意的是,患者是否患有原发性的心境障碍? DSM-5 标准并没有为区分这两个概念提供一条清晰的分界线,精神病性症状与心境症状出现的先后顺序可能能够帮助我们做出鉴别诊断。当然,从较为保守的角度而言,会先考虑将患者诊断为心境障碍,尽管有时可能会随着时间的推移发现妄想障碍是一个更好的诊断。

DSM-5 妄想障碍的诊断标准

A. 存在一种(或多种)妄想。持续时间一个月或更长。

B. 从未符合精神分裂症的诊断标准 A。

　注意:如存在幻觉,幻觉不严重并且与妄想的主题有关(例如,妄想遭到害虫的袭击,于是感到被害虫袭击)。

C. 除了妄想及其衍生后果的影响,功能没有受到显著损害,没有明显离奇或古怪的行为。

D. 如有躁狂或重性抑郁发作,其症状持续时间相对于妄想的持续时间较短暂。

E. 症状并非精神活性物质(如滥用或医用的药物)或其他医学情形的生理后果;用其他精神障碍(如躯体变形障碍或强迫症)也无法更好地解释。

特定类型:

钟情妄想型:相信被某人所爱。

夸大妄想型:相信自己才能卓越,智慧非凡,或有重大发现(但未被认可)。

嫉妒妄想型:怀疑配偶或恋人对自己不忠。

被害妄想型:个体认为自己正在被陷害、欺骗、监视、跟踪、投毒、骚扰或被阻挠实现长期目标。

躯体妄想型:妄想的主题涉及躯体功能或感觉。

复合型:妄想的内容中没有占据主导地位的主题。

未指定型:主要的妄想信念难以确定,或在具体类型中未涉及(例如,没有明显的迫害或夸大成分的关联妄想)。

来源:American Psychiatric Association(2013). Diagnostic and statistical manual of mental disorders(5th ed). Washington,DC.

14.3.4　分享性妄想

虽然这种情况极为罕见,但确实有个体因为身边亲近的人患有妄想障碍而产生妄想症状,如母女、姐妹、夫妻和师生等。DSM-Ⅳ把这种情况称为**感应性精神病（induced psychosis）**。通常这种疾病会涉及两个人,1例患者为原发者,另1例为被感应者,故Lasegue和Falret以"二联性精神病"（folie à deux）的名称首先作了报道（1877）。偶有报道也会涉及三四人或更多,称作三联性精神病（folie à trois）或四联性精神病（folie à quatre）等。与男性相比,分享性妄想在女性中更为常见,而且通常发生在家庭内部。社会孤立可能在这种疾病的发展中起到了一定的作用。

一名患者本身患有独立的精神病,另一人通过与其紧密联系（通常是依赖于他）,也开始相信前一名患者的妄想和其他的体验。尽管偶尔比较离奇,但是妄想的内容大多数是具有可信度的,以系统妄想为突出表现,尽管很难让人确信。将独立产生精神病的患者与其隔离开,受影响而发病的患者往往能够得到康复。但这种恢复并不能够一直有效。事实上,由于两位患者的联系往往是非常紧密的,因此会不断互相强化彼此的病理状态。

部分这类自己的妄想映射了亲密之人疾病的患者,出于种种原因,无法完全符合妄想障碍的诊断标准。对于这类患者,也可以将他们诊断为其他特定（或未特定）的精神分裂症或其他精神病性障碍。

14.3.5　分裂情感性障碍

分裂情感性障碍（schizoaffective disorder,SaD）是令人困惑的。多年来,它对临床医生而言有着不同的含义,部分由于在实际使用中有过多种解释,1980年,DSM-Ⅲ中没有列出任何的具体诊断标准。1987年,DSM-Ⅲ-R初次尝试制定该障碍的诊断标准。这项标准沿用了7年,之后DSM-Ⅳ又对其进行了重写。

DSM-5在该障碍的修改上表现出了令人难忘的克制,只是对其进行了略微的改动。尽管一直在被修改,但是这个诊断标准的价值仍然很低。

大多数的解释都认为SaD是介于心境障碍和精神分裂症之间的一种障碍。由于某些患者对锂盐治疗的反应良好,一些学者认为它其实就是双相障碍的一种形式。另一些学者则认为更接近精神分裂症。还有一些学者则认为它是一种完全独立的精神病,抑或仅仅是一系列令人困惑的甚至有时是自相矛盾的症状的集合。

根据症状比例以及最低患病时间的不同,SaD可以表现为多种形式:躁狂为主,抑郁为主,以及精神病为主。当然,与其他疾病一样,也需要排除症状是由药物和一般躯体疾病所致的。另外,如果仔细看一下对于这个障碍的各种持续时长的要求就会发现,诊断要求症状持续时间至少1个月,但实际上很多病人的症状持续时间都会长于这个标准。

没有人真正了解SaD的人口统计学特征。它的患病率可能低于精神分裂症,患者的预后恢复状况介于精神分裂症和心境障碍之间。最近的研究还表明,以躁狂症状为主的SaD患者（双相型）可能比那些抑郁型的患者预后更为良好。

DSM-5 分裂情感性障碍的诊断标准

A. 在一段连贯的患病期内,心境障碍发作(重性抑郁或躁狂)与精神分裂症的诊断标准 A 共存。

  注意:重性抑郁发作必须包括标准 A1(抑郁心境)。

B. 在整个患病期内,在没有重度心境障碍发作(抑郁或躁狂)的情况下,出现妄想或幻觉症状至少 2 周。

C. 符合重度心境障碍发作标准的症状占本病急性期和残留期时间总和的大部分。

D. 症状并非精神活性物质(如滥用或医用的药物)或其他医学情形的生理后果。

特定类型:

  双相亚型:表现出躁狂,可能也有重性抑郁。

  抑郁亚型:只表现出重性抑郁。

注明:

  伴有紧张症。

来源:American Psychiatric Association(2013). Diagnostic and statistical manual of mental disorders(5th ed). Washington,DC.

14.3.6　与其他精神障碍相关的紧张症

    紧张症(catatonia)一直被认为是精神分裂症的一种亚型。其最初是在 1874 年由卡尔·卡尔鲍姆界定;1896 年,克雷佩林将其作为一种主要亚型与瓦解型(当时称为青春型痴呆)和偏执型一起纳入早发性痴呆。在 20 世纪早期,这 3 种亚型的每一种各占因精神分裂症而住院患者人群的三分之一。

    从那之后,紧张症的患病率开始明显下降,到了现在,在急诊住院中心都已经很难见到此类患者。如今,若该症状出现,我们可以将它称为与精神分裂症相关的紧张症。

DSM-5 与其他精神障碍相关的紧张症的诊断标准(紧张症的详细说明)

A. 临床表现主要包括以下至少 3 种症状:

  1. 木僵(没有精神运动性活动;不主动与外界环境联系)。

  2. 猝倒(被动诱发对抗重力的姿势)。

  3. 蜡样屈曲(对检查者摆放的姿势甚至没有轻微的反抗)。

  4. 缄默(没有言语反应或非常少(排除失语症))。

  5. 违拗(违抗指令或外部刺激,或对此没有反应)。

  6. 摆姿势(自发主动地保持一种对抗重力的姿态)。

  7. 作态(怪异、滑稽地模仿正常行为)。

  8. 刻板(反复、异常频繁、没有目标指向的运动)。

9.兴奋,不受外界刺激影响。

10.做鬼脸。

11.模仿言语(即模仿他人的言语)。

12.模仿动作(即模仿他人的动作)。

来源:American Psychiatric Association(2013). Diagnostic and statistical manual of mental disorders(5th ed). Washington,DC.

14.3.7　由其他躯体疾病所致的紧张症

近几十年来,我们逐渐了解到紧张症与各类躯体疾病有着更紧密的关系。尽管发表的研究中涉及的患者并不多,相应的疾病却已经涉及病毒性脑炎、蛛网膜下腔出血、颅内破裂的颅内动脉瘤、硬膜下血肿、甲状旁腺功能亢进、动静脉畸形、颞叶肿瘤、无运动性哑症和渗透性头部受伤,甚至还有一名患者的描述是对氟化物的反应。在繁忙的医疗中心工作的神经科医生或精神健康医生,在众多的咨询工作中可能偶尔会碰到一两例。

无论患者是患有心境障碍、精神分裂症还是躯体疾病,他们的紧张症症状表现基本都是一样的。患有其他躯体疾病的人更可能出现迟滞性紧张症,包括姿势僵硬、全身僵直和身体灵活性低下。这样的患者可能会流口水,停止进食,或变得沉默。而与躁狂相关的紧张症患者则常常表现出过度活跃、冲动和好斗,这些病人还可能会拒绝穿衣服。与抑郁相关的紧张症患者,则可能更多表现出身体活动范围的降低(甚至到木僵的程度)、缄默、违拗、一些特殊习惯或者是刻板运动。

这类疾病的基本特征部分省略了对紧张症症状的定义,这里把它们集中到一起。需要注意的是,下面这些行为都会重复出现,而非只出现一次。

激越:在无目的又无外部原因的情况下过度活动,与之相应的是木僵。

僵住:即使被告知是不必要的,依旧保持一种不舒服的姿势一动不动。

模仿言语:当别人期待认真的回应时,患者却逐字重复别人的话。

模仿动作:即便被制止,患者依旧模仿他人的肢体动作。

过分服从:在最轻微的触碰中,患者也会向他人所指示的方向移动。

扮鬼脸:对无害的刺激做出扭曲的面部表情。

装相:针对一个目标,做出了过多的动作。

缄默:没有器质性的障碍,但依旧不说话。

违拗:如果没有明显的动机,病人就会抵抗进行任何的活动,或者反复地避开他人。

作态:自发性地摆出不自然或不舒服的姿势。

刻板运动:重复做一些无意义的动作。

蜡样屈曲:即使被要求改变,患者依旧保持一个不舒服姿势,持续几分钟或以上。

14.3.8　由其他躯体疾病所致的精神病性障碍

在其他躯体疾病患者的身上出现精神病不是一件罕见的事。有许多疾病都可以引发精神病，而且相当部分是非常常见的疾病。但是，几乎没有研究探究过这种情况的普遍性。当这类患者真正出现时，他们也经常被误诊为精神分裂症或其他精神病。这可能导致真正的悲剧：患者没有在早期得到恰当的治疗，因此可能发展为（或导致）更为严重的伤害。还不知道这种疾病的确切患病率，但它可能很低。此外，这种疾病的发病率会随着年龄的增长而增加。注意，一个以紊乱的运动行为为主要症状的患者应被诊断为其他躯体疾病所致的紧张症。

DSM-5　与其他医学情形有关的精神病性障碍	
A. 明显的幻觉或妄想。	
B. 来自病史、体检或化验结果的证据显示，此种紊乱情形是其他医学情形的直接生理病理结果。	
C. 此种紊乱情形用其他精神障碍无法更好地解释。	
D. 此种紊乱情形不只在谵妄期存在。	

来源：American Psychiatric Association(2013). Diagnostic and statistical manual of mental disorders(5th ed). Washington,DC.

14.3.9　物质/药物所致的精神病性障碍

这一类诊断包括了所有由物质所致的精神病，它们的主要症状通常是幻觉或妄想。根据物质的不同，症状可以出现在戒断期或急性中毒期。此类疾病的病程通常较短，虽然它们也可以持续足够长的时间，以至于与内源性精神病产生混淆。

虽然这些精神病有一定的自限性，早期识别是至关重要的。一些患者会在物质所致的精神病性障碍发作期死亡，其中部分症状与精神分裂症极为相似。如果将物质类型、症状持续时间和中毒期或戒断期考虑在内，我们可以对患者做出许多不同类型的诊断。这种疾病的确切发病率至今还是未知的，尽管相当数量的首发精神病患者可以被归到这类诊断中——这也是我们需要警惕的。需要了解更多与精神病相关的药物。

DSM-5 物质/药物诱发的精神病性障碍的诊断标准

A. 存在一种或两种以下症状：

1. 妄想；

2. 幻觉。

B. 来自病史、体检或化验结果的证据显示个体符合以下两项情形：

1. 诊断标准 A 中的症状出现在物质中毒或戒断期间，或是接触药物后；

2. 所涉及的物质/药物能够产生诊断标准 A 中的症状。

C. 此种紊乱情形用非物质/药物诱发的精神病性障碍无法更好地解释。非物质/药物诱发精神病性障碍的证据如下：症状出现于使用物质/药物之前；症状在急性戒断期或严重中毒期结束后，还持续了相当长一段时间（例如，1 个月）；或有其他证据表明个体患有一种独立的非物质/药物诱发的精神病性障碍（例如，曾经反复发作过与物质/药物无关的精神障碍）。

D. 此种紊乱情形不只在谵妄期存在。

E. 此种紊乱情形导致了临床上显著的痛苦，或严重损害了社交、职业及其他重要领域的功能。

注意：

只有当诊断标准 A 的症状为临床上的主要表现，并且其严重程度足够引起临床上的重视时，才应当做出这个诊断以替代物质中毒或物质戒断的诊断。

来源：American Psychiatric Association(2013). Diagnostic and statistical manual of mental disorders(5th ed). Washington,DC.

14.4 分离障碍

如果我们不记得为什么我们在某个地方，甚至我们是谁时，到底发生了什么呢？如果我们有了周围环境不真实的感觉，又发生了什么呢？我们不仅忘记了我们是谁，而且还开始觉得我们是其他人，有不同人格、不同记忆，甚至不同生理反应，比如我们从来没有过的过敏反应，这又是发生了什么呢？这些都是分离体验的例子。在每一个例子中，人与自身、周围世界或者记忆过程的关系都发生了改变。

分离障碍(dissociative disorders)，也称为**分离性精神障碍(dissociative mental disorder)**。虽然分离障碍与精神病性障碍的症状在很大程度上相似，也有对现实的觉察、记忆、意识、知觉和人格整体相关的症状，但却呈现出另一种情形。精神病性障碍与分离障碍的患者发病前的机能有相当大的差异。一些患者最初的调适能力很差，而另一些患者曾经显示出积极的社会技能和很好的应对机制。

分离障碍的特征是意识、记忆、身份、情感、感知、躯体表现、运动控制和行为的正常整合的破坏和/或中断。分离症状可以潜在地破坏心理功能的每一个方面。

分离症状被体验为：(1)不自主地对觉知和行为的侵入，伴随失去主观经验方面的连续性，即"阳性的"分离症状，例如身份分化、人格解体和现实解体；和/或（2）对于通常轻而易举就能获取的信息或控制的精神功能，无法获取或控制，即"阴性的"分离症状，例如遗忘症。

在过去的 20 年中，对分离的研究十分盛行，部分原因是那些研究将分离与创伤性生活事件相联系。Cardena(2004)认为,分离是意识的分离和改变的过程,意识分离的例子包括遗忘症和分离性身份识别障碍中出现的身份分离;在意识改变方面,患者体验到人或环境的不真实和分离的感受,如同人格解体的情况。很多心理功能都可以被分离,包括情感、身体的感觉、记忆、身份认同、相对自我或环境的感觉。

　　并不是所有分离的感受都是病态的。催眠状态或者偶尔发生的暂时性意识失误的情况,这都是良性发作的分离,比如,人们开车走在相似的道路上时的感觉。分离发作只有在长期的、周期性的、不可控制的或严重到足以产生痛苦或功能性损伤的程度时,才属于适应不良或障碍。

　　分离障碍患者似乎正在增加,可能与同样日益增加的创伤性生活体验、冲突的生活体验或高压的生活体验有关。或者可能是由于具有信效度的评估工具的发展,以及创伤性经历与急性、慢性分离性精神障碍之间关系的逐渐接受,改善了对这些障碍的诊断。研究证实,不正常的家庭且在父母与孩子之间的不正常依恋关系和分离障碍的产生之间可找到直接关系。通常,情感上的疏于照顾和虐待的历史在分离障碍或人格障碍发展前出现,其中人格障碍有很高的并发症发生率。本章中讨论的障碍也根据其发展而不同,一些患者经历着逐渐的恶化,但另一些患者在对突然的压力源做出反应时,经受着意识的快速变化和与现实联结的丧失。分离障碍或精神病性障碍的患者会显著地意识到一些事情是不正常的,但并不知道到底发生了什么,并可能会因为害怕受到伤害或被送到医院而掩饰自己的症状,也可能不接受别人提供的帮助。虽然当症状出现时,患者受困扰的程度从轻微而局限到严重而广泛不等,但是他们的社会性和职业适应无不受到影响。

　　虽然周期性发作十分常见,但一些分离障碍开始与结束都十分突然。这些分离障碍常常在儿童时期或青年时期第一次出现。80%～90%的幼儿呈现出类似于分离的依恋行为,并且这也预示着在未来成长过程中的分离症状。事实上,患有分离性身份识别障碍的人大部分在童年时期经历过乱伦、强奸或身体上的虐待。

　　DSM-5定义了四种类型的分离障碍和其他没有特别标明的分离障碍:

· 分离性身份障碍;

· 分离性遗忘症;

· 分离性漫游;

· 人格解体/现实解体障碍。

14.4.1　分离性身份障碍

分离性身份障碍(dissociative identity disorder,DID) 的特征是:(1)呈现两种或更多截然不同的人格状态,或一种附体体验;(2)反复发作的遗忘。身份分化随着文化(例如,附体形式的表现)和环境的不同而变化。因此,个体可能经历身份和记忆的中断,这种情况可能不会立即被他人发现,或者被隐藏功能失调的努力所掩盖。

　　有分离性身份障碍的个体体验:(1)反复发作、无法解释的对意识功能和自我感的侵入(例如,声音侵入、分离性行动和言语、侵入性想法、情绪和冲动);(2)自我感的改变(例如,态度、偏好以及感觉身体或行动不受自己控制);(3)感知的古怪的改变(例如,人格解体或现实解体,如感觉自己与身体脱离,像被切割开一样);(4)间歇性功能性神经症状。应激通常会导致分离性症状的短暂加重。

DSM-5 分离性身份障碍诊断标准	F44.81

A. 存在两个或更多以截然不同的人格状态为特征的身份瓦解,这可能在某些文化中被描述为一种附体体验。身份的瓦解涉及明显的自我感和自我控制感的中断,伴随与情感、行为、意识、记忆、感知、认知和/或感觉运动功能相关的改变。这些体征和症状可以被他人观察到或由个体报告。

B. 回忆日常事件、重要的个人信息和/或创伤事件时,存在反复的空隙,它们与普通的健忘不一致。

C. 这些症状引起有临床意义的痛苦,或导致社交、职业或其他重要功能方面的损害。

D. 该障碍并非一个广义的可接受的文化或宗教实践的一部分。

注:对于儿童,这些症状不能更好地用假想玩伴或其他幻想的游戏来解释。

E. 这些症状不能归因于某种物质的生理效应(例如,在酒精中毒过程中的一过性黑矇或混乱行为)或其他躯体疾病(例如,复杂部分性发作)。

来源:American Psychiatric Association(2013). Diagnostic and statistical manual of mental disorders(5th ed). Washington,DC.

在一项小型的美国社区研究中,成年人分离性身份障碍 12 个月的患病率为 1.5%。分离性身份障碍与超出承受能力的体验、创伤性事件和/或发生于儿童期的虐待有关。该障碍的完整特征可能首次出现在几乎任何年龄(从最早的儿童期到晚年)。儿童期发生的分离可能导致记忆、注意力、依恋和创伤游戏方面的问题。然而,儿童一般不会表现出身份的改变;反之,他们主要呈现出精神状态的重叠和干扰,并伴随与体验中断相关的症状。青少年突发的身份改变可能只是体现了青春期的骚动或其他精神障碍的早期阶段。老年人寻求治疗,可能表现为晚期心境障碍、强迫症、偏执狂、精神病性心境障碍,甚至是由分离性遗忘症所致的认知障碍。在一些案例中,破坏性情感和记忆可能随着年龄的增长逐渐侵入觉知。

心理的损失代偿和明显的身份改变可能被以下事件激发:(1)离开创伤环境(例如,离开家);(2)个体的孩子达到了个体曾受虐待或创伤的年龄;(3)后来的创伤经历,即使是看似没有严重后果的,例如一次轻微的交通事故;(4)施虐者的死亡或罹患致命性疾病。

另外,分离性身份障碍的许多特征都会受到个体文化背景的影响。有该障碍的个体可能表现出显著的医学上无法解释的神经系统症状,例如非癫痫发作、瘫痪或感觉丧失,这些症状在特定的文化环境中是常见的。类似的,在某些环境中,在分离性身份障碍中,附体形式的身份通常表现出一些行为,看似被"精灵"、超自然的力量或外在的人所控制,以致个体开始用截然不同的方式说话或行动。合乎规范的附体很常见(例如,在发展中国家的农村地区,在特定的宗教团体中),分化的身份可能以被精灵、神灵、魔鬼、动物或其他神话人物附体的形式表现出来。全世界绝大部分附体的状态是正常的,通常是宗教实践的一部分。文化适应或跨文化的持续性接触可以塑造其他身份的特征(如,印度身份可能只讲英文、穿西服)。附体形式的分离性身份障碍可以与文化中可接受的附体状态相区分,前者是不自主的、痛苦的、无法控制的、经常反复出现或持续;涉及个体与其家庭、社会或工作环境之间的冲突;并且在某些时间和地点,违背了当地文化或宗教的规范。

14.4.2　分离性遗忘症

分离性遗忘症(dissociative amnesia,DA)的基本特征是没有能力回忆起重要的自我经历的信息,这些信息的特点包括:(1)原本应该成功储存在记忆中;(2)通常容易回忆起来。分离性遗忘症不同于由神经生物学损害或中毒所致的永久性遗忘,它们会妨碍记忆的存储或提取,前者的遗忘通常可以逆转,因为记忆已经被成功存储。

分离性遗忘症无法回想起个人经历的信息。这种遗忘可能是局部的(即某个事件或某个时间段的经历)、选择性的(即某个事件的特定方面)或广泛性的(即身份和生活史)。从根本上看,分离性遗忘症指的是无法回想起个人经历的信息,它不同于正常的健忘。它可能涉及或不涉及有目的的旅行或漫无目标的游荡(即漫游)。尽管一些有遗忘症的个体迅速注意到他们已经"失去了时间"或在记忆中出现了缺口,但大多数有分离障碍的个体最初并未觉察到他们的遗忘症。对于他们来说,只有当个体身份丢失,或是当环境令他们意识到自己遗忘了个体经历的信息时,才会察觉到自己患上了遗忘症(例如,当他们发现自己回忆不出某些具体事件的证据时,或当他人告诉或询问某些事件而他们却回想不起来时)。直到或除非这些事情发生,否则他们已经"遗忘了他们的遗忘症"。遗忘是分离性遗忘症的基本特征;个体通常会体验局部的或选择性的遗忘,而很少体验广泛性的遗忘。分离性漫游(游离性漫游)罕见于有分离性遗忘症的个体身上,而在有分离性身份障碍的个体身上则较为常见。

局部性遗忘,即无法回忆起某一时间段的事件,是分离性遗忘症最常见的形式。局部性遗忘可能比仅仅遗忘一次创伤性事件更为宽泛(例如,与儿童虐待或激烈的战斗有关的数月或数年的情况)。在选择性遗忘中,个体可以回忆起特定时期事件的一些情况,但并非全部。因此,个体可能记得创伤性事件的某一部分,而不是其他部分。一些个体报告既有局部性遗忘,又有选择性遗忘。

广泛性遗忘,即对个人生活史的完全遗忘,是罕见的。有广泛性遗忘症的个体可能遗忘个人的身份。一些个体失去了先前拥有的有关世界的知识(即语义知识),不再能使用曾经熟练掌握的技能(即程序性知识)。广泛性遗忘症急性起病,个体表现出困惑、定向障碍以及无目的的漫游,经常引起警察或精神科急诊服务的关注。广泛性遗忘症在参战的退伍军人、性侵犯的受害者和经历过极端情绪应激或冲突的个体中更为常见。

有分离性遗忘症的个体通常没有意识到(或只是部分意识到)他们的记忆问题。许多个体,特别是那些有局部性遗忘的个体,对他们记忆丧失的重要性轻描淡写,而且在被问到该问题时感到不舒服。在系统性遗忘症中,个体失去了对特定类别信息的记忆(例如,所有与个人家庭、特定人物或儿童期性虐待相关的记忆)。在持续性遗忘症中,个体就会遗忘每一个新发生的事件。

DSM-5 分离性遗忘症诊断标准	F44.

A. 不能回忆起重要的个人信息,通常具有创伤或应激性质,且与普通的健忘不一致。

注:分离性遗忘症通常具有对特定事件的局部的或选择性遗忘;或对身份和生活史的普遍性遗忘。

B. 这些症状引起有临床意义的痛苦,或导致社交、职业或其他重要功能方面的损害。

C. 这些症状不能归因于某种物质(例如,酒精或其他滥用的毒品、药物)的生理效应或神经系统或其他躯体疾病(例如,复杂部分性发作、短暂性全面性遗忘症、闭合性头部损伤/创伤性脑损伤后遗症、其他神经系统疾病)。

D. 该障碍不能用分离性身份障碍、创伤后应激障碍、急性应激障碍、躯体症状障碍,或重度的或轻度的神经认知障碍来更好地解释。

编码备注:无分离性漫游的分离性遗忘症的编码是 F44.0。分离性遗忘症伴分离性漫游的编码是 F44.1。

标注如果是:

F44.1 伴分离性漫游:似乎有目的地旅行或与遗忘身份或其他重要个人信息有关的漫无目标的游荡。

来源:American Psychiatric Association(2013). Diagnostic and statistical manual of mental disorders(5th ed). Washington,DC.

分离性漫游与分离性遗忘包括患者暂时地遗忘生活中的重要组成部分,且比普通的健忘更加广泛和严重。根据定义,两种障碍均既不是由器官造成,也不是由一般药物条件造成。两者都常常在创伤或不寻常的压力情况下出现,两者一般都持续时间短暂且通常无复发。两种障碍均十分罕见。但在自然灾害、意外事件或战争环境中发生的可能性会增加。

14.4.3 人格解体/现实解体障碍

人格解体/现实解体障碍(disintegrating personality/disintegrating reality disorder)的基本特征是持久或反复发作的人格解体、现实解体或两者皆有。人格解体的发作特征性地表现为不真实的感觉,或与完整的自我或自我的某个方面脱离,或感到陌生。个体可能感觉到与他或她整体的人相脱离(例如,"我不是任何人","我没有自我")。他也可能主观上感觉到与自我的某个方面相脱离,包括感觉(例如,低情绪性:"我知道我有感觉,但我却感觉不到")、想法(例如,"我的想法似乎不是我自己的""脑袋里塞满了棉花")、整个躯体或部分躯体或感觉(例如,触觉、本体感觉、饥饿、口渴、力比多)。也可能出现控制感的减弱(例如,感觉自己很机械、像机器人;缺少对自我言语和行动的控制)。

"人格解体"作为一个单一症状,是由几个症状因素组成:异常的躯体体验(即不真实的自我感和感知的改变);情绪或躯体的麻木;以及时间上的扭曲,伴有异常的主观的回忆。人格解体有时被体验为自我分裂,其中一个在观察,另一个在参与,是通常所说的"灵魂出窍体验"最极端的形式。

"现实解体"的发作特征性地表现为不真实的感觉,或与世界相脱离或变得陌生,例如,从个体、无生命的物体或周围环境中脱离。个体可能感觉他好像在雾里、梦里或气泡里,或是感觉似乎在个体和周围世界之间有一层纱或一面玻璃墙。周围可能被体验为人造的、无色的或无生命的。现实解体通常伴有主观视觉扭曲,例如模糊、高度敏锐、变宽或变窄的视野、二维或平面,夸大的三维,或距离改变、物体大小改变(即视物显大症或视物显小症)。听觉扭曲也会发生,觉得噪音或声音被静音或增强。此外,要求存在临床显著的痛苦或社交、职业或其他重要领域的功能损害,及需要排除的诊断。

DSM-5 人格解体/现实解体障碍诊断标准	F48.1

A. 存在持续的或反复的人格解体或现实解体的体验或两者兼有:

　1. 人格解体:对个体的思维、情感、感觉、躯体或行动的不真实的、分离的或作为旁观者的体验(例如,感知的改变,时间感的扭曲,自我的不真实或缺失,情感和/或躯体的麻木)。

　2. 现实解体:对环境的不真实的或分离的体验(例如,感觉个体或物体是不真实的、梦样的、模糊的、无生命的或视觉上扭曲的)。

B. 在人格解体或现实解体的体验中,其现实检验仍然是完整的。

C. 这些症状引起有临床意义的痛苦,或导致社交、职业或其他重要功能方面的损害。

D. 该障碍不能归因于某种物质(例如,滥用的毒品、药物)的生理效应或其他躯体疾病(例如,惊厥发作)。

E. 该障碍不能用其他精神障碍来更好地解释,例如,精神分裂症、惊恐障碍、重性抑郁障碍、急性应激障碍、创伤后应激障碍或其他分离障碍。

来源:American Psychiatric Association(2013). Diagnostic and statistical manual of mental disorders(5th ed). Washington,DC.

14.4.4　其他特定的分离障碍

此类型适用的临床表现:它们具备分离障碍的典型症状,且引起有临床意义的痛苦,或导致社交、职业或其他重要功能方面的损害,但未能符合分离障碍类别中任何一种疾病的诊断标准。使用其他特定的分离障碍这一诊断:临床工作者选择用它来交流未能符合任一种特定的分离障碍的诊断标准,通过记录"其他特定的分离障碍",接着记录其特定原因(例如,"分离性恍惚症(游离性恍惚)")来表示。能够归类为"其他特定的分离障碍"的示例如下。

(1)**混合性分离症状的慢性和复发性综合征**:此类别包括与较不明显的自我感和自我控制感的中断有关的身份紊乱或身份改变或附体发作,个体报告没有分离性遗忘。

(2)**由长期的和强烈的胁迫性说服所致的身份紊乱**:个体一直受到强烈的胁迫性说服(例如,洗脑、思想改造、当俘虏时被教化、酷刑、长期的政治性监禁、被教派/邪教或恐怖组织招募),可以表现为长期的身份改变或有意识地质疑自己的身份。

(3)**对应激性事件的急性分离性反应**:此类别适用于通常持续少于1个月,有时只有几个小时或几天的急性、一过性状态。这些状况以意识受限、人格解体、现实解体、感知紊乱(例如,时间减速、视物显大)、轻微失忆、一过性木僵和/或感觉运动功能的改变(例如,痛觉缺失、麻痹)为特征。

(4)**分离性恍惚症**:这种状态是以急性的缩窄或完全丧失对直接环境的感知为特征,表现为对环境刺激极度的反应迟钝或不敏感。反应迟钝可伴有轻微的刻板行为(例如,移动手指),个体自己不知道和/或无法控制,并出现一过性麻痹或意识丧失。分离性恍惚症并非一个广义的可接受的集体文化或宗教实践的一部分。

14.4.5　评估

表现出记忆受损的任何障碍的诊断,都应该包括神经病学、医学和精神病学的诊断。因为很多一般躯体情况和物质使用可以造成记忆受损,这些原因应该在诊断之前排除掉。意识混浊和定向障碍(特别是在患者的中年时期)很可能表明,是认知障碍或由躯体情况所致的非分离性精神障碍。

由于这些障碍的症状可能很难描述,并且患者通常隐喻地描述症状,临床治疗师在评定一个人是否有可能患有分离性精神障碍时,应该使用评定量表,并且运用更加结构化的访谈方式,如剑桥人格解体量表(cambridge depersonalization scale,CDS),其包括 29 个部分,从四个确切的维度来评估来患者:现实感丧失、情感麻木、异常的躯体体验和主观回忆问题。人格解体和现实感丧失范围的结构化临床访谈(structured clinical interview,SCI-DER)是一个新的量表,其重点在于分离的症状;SCI-DER 似乎评定了分离性精神障碍,该精神障碍需要更多的研究。

分离性精神障碍和精神病性障碍的症状,如焦虑、人格和物质使用障碍,这些也是心境障碍的症状,很难对其区别评定。因此,分离性精神障碍和精神病性障碍并发症的评定也是非常困难的。这些其他的障碍可能也是分离性精神障碍和精神病性障碍的并发症。打个比方,精神病通常在非典型抑郁、双向型障碍和药物滥用与依赖中被发现。

14.4.6　干预与治疗

除了分离性身份识别障碍和人格解体之外,这些障碍的治疗一般都需要药物和心理干预。所以,本章中所有对障碍的描述中,心理学家、咨询师和其他非医学的心理健康专家通常会与精神科医生、内科医生和社会服务专家合作治疗患者。

药物治疗遵从与管理通常是治疗的目标,尤其是当精神病出现的时候,治疗师同样需要运用多种方法,通常包括长期的、高强度的心理动力学疗法、催眠疗法和认知行为疗法,这些都需要治疗师以令人舒适的方式对待那些不能清晰连贯地描绘出自己的症状和历史、或不配合的患者。治疗师也同样需要有能力治疗慢性的心理障碍以及对治疗很快有反应的患者。

治疗师在治疗会展现出分离症状或精神障碍症状的患者时,从患者安全方面的考虑应该是治疗工作中最重要的考虑。敏感性、以前治疗曾遭受虐待者的临床经历和随着患者的步调进行治疗而非施加个人的影响,在治疗经历过创伤和虐待的患者(大部分这样的患者经历着分离障碍)时是治疗师必要的特质。

Thomas(2003)认为,对被看护人伤害的患者治疗的第一阶段的目标是安全感的发展,以及使患者安心且明白治疗师不会去伤害他们。治疗联盟也将围绕着患者的安全需要。选择记忆损伤的干预通常在患者可以忍受紧张的情绪后进行。

14.4.7 预后

根据持续时间和所采用的治疗方法的不同,对本意所提及的各种障碍的治疗会有很大的区别。障碍的预后是不确定的,但与障碍的持续时间有一定关系。那些持续时间更短的障碍,如短暂性精神障碍和分离性遗忘,在相对短暂的治疗中就会有显著的效果。那些患病持续时间较长的障碍,特别是一些潜在发病,例如精神分裂症和分离性身份识别障碍,良好预后的可能性小,并且通常需要长期的治疗。

15 神经认知障碍

15.1 概述

15.1.1 认知、认知障碍

认知，指的是信息的心理加工过程。更确切地说，是指储存、提取和操纵信息以获得知识的记忆和思维。临床医生通过访谈时观察和让患者在进行心理状态评估时完成特定的任务，来获得关于这些过程的信息。

认知障碍（谵妄、重度、轻度）是这些心理过程的异常状态，和暂时的或永久的大脑失去功能有关。它们的主要症状包括在记忆、定向、语言、信息加工和在任务上集中和维持注意力的能力出现困难。一种由于躯体疾病或物质使用产生的认知障碍会导致大脑结构、化学或生理上的缺陷。但是，我们并不总是能确定潜在的病原体。

尽管可以以不同的方式来组织对于认知障碍症状的认识，DSM-5 认为有些领域对理解所有的认知障碍是至关重要的，特别是重度 NCD（痴呆），并已有一些一致的意见。在 DSM-5 中痴呆的新名字是**重度神经认知障碍（major neurocognitive disorder）**，所有认知障碍的集合的新名字成为**神经认知障碍（neurocognitive disorder, NCD）**。

做有关认知问题研究的人通常会提及神经认知领域。但是，他们从来没有定义他们所说的**领域（domain）**是什么意思。DSM-5 虽然一方面沿用了这一传统，但是另一方面甚至到了在自身的词汇表中忽略它的程度。根据《牛津英语词典》，领域的意思是"思维或行动的一个范围"，即思维的一个维度或某个知识领域。因此，我们可以将神经认知领域看作是一组功能，这组功能与思维、知觉或记忆的某个方面有关。即便是领域也可以有其中的领域，因此有时候 DSM-5 会将其称为**方面（facets）**。比如语言领域包括命名、语法、接受性语言、流畅性和找词。而且，DSM-5 提到的"方面"属于什么也存在疑问，一般取决于治疗师或咨询专家，比如工作记忆可能属于记忆和学习的一个方面，或复杂注意力的一个成分，或执行功能的一个分支。因此，诸如此类的一系列区分和归类成为理解认知本身的一个关键问题。

15.1.2　认知症状领域

15.1.2.1　复杂注意

"复杂注意"指的是能够聚焦于任务，在完成的时候不被分心物所干扰的这样一种能力。复杂注意的评估比让患者重复一串数字，或者以倒序的方式拼写"world"这个单词这些简单的注意广度评估要复杂多了。它还包括加工的速度，将信息保留在脑海中，并能够同时关注到多于（或多或少）一件事情，比如听收音机的同时写一个词汇表。对于轻度 NCD 患者，他们可能可以在很多事情同时进行的过程中完成任务，但是会花费更多的力气。

15.1.2.2　学习和记忆

记忆有很多变式。一般主要谈论的是长时记忆和短时记忆。而现在，就有很多与记忆分类有关的术语是我们必须记住的。

程序记忆（procedural memory）：打字、吹长号和骑单车这类技能需要使用程序记忆。它能让我们学会一系列行为序列并重复它们，而不需要使用有意识的努力。

情景记忆（episodic memory）：这类记忆记住的是个体所经历的、作为个人史的一些事件——母亲去世的那晚，你上一次度假去了哪里，你昨天晚餐选择了什么甜点。情景记忆总是从我们的视角出发，并总是与视觉有关。

工作记忆（working memory）：工作记忆指的是我们正在主动加工的、非常短暂的信息储存。我们通过让患者做一些心理算术或者倒序拼写单词来测试工作记忆。工作记忆通常被作为瞬时记忆的同义词，并被看作一种执行功能。

语义记忆（semantic memory）：这类记忆指的是当我们说到一般知识时所表示的意思——简而言之，事实和数字。这是大多数我们所学的东西落脚的地方，因为我们不再将其与任何生活中具体的东西联系起来，比如当我们学习的时候我们身处的地方。

以上除了工作记忆外的每一类记忆都会持续许多年——尽管情景记忆维持的时间通常比语义记忆短。而工作记忆是短暂的（如持续几分钟）。

随着记忆变得糟糕，加工信息所需的时间会增加。所以一个人可能在完成心算、复述刚刚叙述的故事，或者将电话号码记住直到拨出等任务时存在困难。由于痴呆逐步发展，曾经起作用的帮助会变得不再起作用。

15.1.2.3　知觉—运动能力

"知觉—运动能力"是个体理解并消化视觉及其他感官信息并使用它们的一种能力。通常是在运动的层面使用，尽管这也包含没有运动成分的面孔识别。注意，感觉能力本身是没问题的，个体实际上可以正常地看到东西，但是很难根据这些信息来应对周围环境，特别是当知觉线索减少的时候（在黄昏或夜里）。手工活动需要更多的努力；将一个设计临摹到一张纸上就会是一个真正的问题。正如其他认知功能的属性一样，这一领域的问题是以连续谱（从无到中等程度，再到重度）的形式存在的。知觉—运动能力会受到其他领域的影响，比如执行功能,因此使得很多人会对领域到底意味什么产生困惑,即便是对于研究这一主题的研究者来说。超量学习的运动行为,比如刀叉的使用,通常会一直保留到痴呆疾病发展周期的最后才受到影响。

15.1.2.4　执行功能

"执行功能"是一组机能,人们借此将一些简单的想法和行为组织为更复杂的想法和行为,以达到某个目标,比如穿衣或找路。当执行功能受到影响的时候,患者在解释新信息和适应新环境上会有困难,计划和决策也会变得困难。当个体失去心理灵活性后,行为会变得受习惯的驱使,而不是受推理或反馈纠错的引导。

15.1.2.5　混乱

混乱(confusion)这一术语通常用来描述 NCD 患者思维缓慢、记忆丧失、困惑或有定向问题。所有医疗人员(神经学家和医生),以及患者和大众,都会使用它。DSM-5 甚至有一段时间偷用这个术语。但是,这个术语是不准确的,而且,混乱术语本身就是令人混乱的。

15.2　神经认知障碍的描述

神经认知障碍(neurocognitive disorder)的类别包括一组障碍,其主要为临床认知功能缺陷,且是获得性的而非发育性的;其核心特征是认知障碍的才被包括在神经认知障碍的类别中。神经认知障碍认知功能的损害并非自出生后或非常早年的生活中就存在,因此它代表先前已经获得的功能水平的衰退。

不同神经认知障碍的诊断标准均基于明确的认知领域。神经认知障碍在 DSM-5 的类别中是独特的,因为这些综合征所涉及的病理和病因,经常可以确定。不同的潜在的疾病实体都是被广泛研究的,同时也是基于临床经验的,以及在诊断标准方面达成了专家共识。这些障碍的诊断标准是每一组疾病实体的专家组密切磋商的结果,并且尽可能地与目前每一个疾病的共识性的诊断标准相一致。

痴呆被替换为新命名的疾病实体**重度神经认知障碍(major neurocognitive disorder)**,为了其连续性,术语痴呆被保留在 DSM-5 中,在临床医生和患者都熟悉这个术语的场所中可能被用到。尽管痴呆是习惯性术语,它通常影响老年人,而术语神经认知障碍则被更广泛地使用,它往往被用来描述那些影响年轻个体的疾病,如继发于创伤性脑损伤或 HIV 感染的损害。而且,重度神经认知障碍的定义比痴呆更广泛,个体在单一功能领域的显著下降可以使用这个诊断,最明显的是 DSM-Ⅳ 类别中的"记忆障碍",现在被诊断为由其他躯体疾病所致的重度神经认知障碍,而术语痴呆则无法使用。

本章讨论三种类型障碍:**谵妄(delirium)**、重度神经认知障碍和轻度神经认知障碍。虽然所有认知障碍都有一个真实的躯体原因,但认知障碍是由不同症状和原因组成的异质组。一般的原因包括阿尔茨海默病、系统的疾病、头疼、对引起精神兴奋物质或有毒物质的反应等。

所有的认知障碍都以认知上具有显著的临床缺陷为特征,这种认知代表原先机能水平的显著变化。认知障碍的一般症状不仅包括记忆的衰退(尤其是近期记忆),还包括以下方面的损害:

- 抽象思维;
- 知觉;
- 语言;
- 集中注意力和进行新任务的能力;
- 总体的智力表现;
- 判断;
- 注意;
- 时空取向;
- 计算的能力;
- 把握含义、辨认和识别客体的能力;
- 对身体和环境的觉知。

　　神经认知障碍的症状还包含了其他和精神障碍有关的症状,例如抑郁、焦虑、人格改变、妄想和混乱。因此,其他精神障碍可能会被误诊为有相似症状的认知障碍,认知障碍也可能会被误诊为其他精神障碍(例如,一些诊断为阿尔茨海默病的病人其实是假性痴呆,有类似症状可能是另一种抑郁)。这种错误是很不幸的,因为已经有治疗抑郁的方法,但是还没有发现治疗阿尔茨海默病的有效方法(然而,在减缓病程进展上已经有了很大的进步)。

　　鉴于认知障碍的诊断挑战,诊断必须考虑症状和可能的原因。当怀疑有某种认知障碍时,治疗师就应该涉及精神病学和神经系统的评估、脑电图检查和其他医学检查,以及类似韦氏智力测验和霍尔斯泰德—瑞坦神经心理成套测验的心理测验对判断存在的认知障碍的可能性很有帮助。智能状态量表有益于认知障碍的初步诊断。

　　认知障碍在成人中出现的比例将近1％,而且很有可能随着生命周期的延长出现增加的趋势。特定病因学和相关症状不在本书的研究范围内,临床治疗师需要查阅DSM以获得更多更详细的症状描述和诊断标准来治疗认知障碍。

　　由于认知障碍的病因和症状非常不同,我们很难对这些障碍患者的特征做出很好的概括。大多数的认知障碍患者年过半百,许多有共生症状和物质滥用障碍;其他的患者特征与特定的障碍相联系。痴呆是认知障碍中最常见的障碍之一,调查发现5％～7％的65岁以上老年人患有痴呆。2％～4％的65岁以上老人受到阿尔茨海默型痴呆的影响,将近80％的痴呆病人包含其中。痴呆有遗传成分,在八旬和九旬老人中,将近50％的病人有阿尔茨海默病的家族病史。研究发现,保护性因素,例如更高的教育水平和职业成就、非类固醇抗炎药物的使用、雌激素替代疗法和维生素E都能延缓阿尔茨海默病的发病。血管性痴呆在男性、糖尿病和高血压患者中更常见,还经常和抑郁共同存在。

15.3　谵妄

　　谵妄是一种快速形成的、波动的意识降低状态,这种障碍以急性发作和意识不清醒为特征,近期记忆和注意缺损,同时伴有定向障碍。常见症状还有幻觉和妄想。患者在意识(操作性定义为定向)、注意力转换和集中上有问题;患者至少在记忆、定向、知觉、视空间技能(如找不到回家的路)或语言上存在一方面缺陷;症状不能被昏迷或其他认知障碍更好地解释。

这种障碍常会伴随情绪、知觉和精神运动性障碍以及在睡觉—觉醒周期内的变化,这些经常会在任何年龄出现,但是最常见于儿童和老年人。谵妄可能由物质滥用和多种病因学的医学情况导致。谵妄的特定病因可能包括中枢神经系统疾病(例如癫痫)、脑部创伤、感染、内分泌障碍、心力衰竭、电解质失衡和术后状况。调查显示,谵妄最常见的病因是药物中毒和药物戒断。正如阿奈西辛,有毒的药物会对谵妄有影响。

DSM-5 谵妄诊断标准

A. 注意(即指向、聚焦、维持和转移注意的能力减弱)和意识(对环境的定向减弱)障碍。

B. 该障碍在较短时间内发生(通常为数小时到数天),表现为与基线注意和意识相比的变化,以及在一天的病程中严重程度的波动。

C. 额外的认知障碍(例如,记忆力缺陷、定向障碍、语言、视觉空间能力或知觉)。

D. 诊断标准 A 和 C 中的障碍不能用其他已患的、已经确立的,或正在进行的神经认知障碍来更好地解释,也不是出现在觉醒水平严重降低的背景下,例如,昏迷。

E. 病史、体格检查或实验室发现的证据表明,该障碍是其他躯体疾病、物质中毒或戒断(即由于滥用的毒品或药物)、接触毒素或多种病因的直接的生理性结果。

标注是不是:

物质中毒性谵妄;

物质戒断性谵妄;

编码(特定的物质)戒断性谵妄;

药物所致的谵妄。

标注如果是:

急性:持续数小时或数天。

持续性:持续数周或数月。

标注如果是:

活动过度:个体的精神运动活动处于活动过度的水平,可伴有心境不稳定,激越,和/或拒绝与医疗服务合作。

活动减退:个体的精神运动活动处于活动减退的水平,可伴有迟缓和接近木僵的昏睡。

混合性活动水平:个体的精神运动活动处于正常水平,尽管注意力和意识是紊乱的,也包括活动水平快速波动的个体。

来源:American Psychiatric Association(2013). Diagnostic and statistical manual of mental disorders(5th ed). Washington,DC.

15.4　重度神经认知障碍(痴呆)

重度神经认知障碍(major neurocognitive disorder),即痴呆,是一种以获得性认知功能损害为核心,并导致患者日常生活能力、学习能力、工作能力和社会交往能力明显减退的综合征。它以多种认知缺陷为特征,包括记忆力减退、语言功能下降,甚至对于熟悉的人和客体也会出现辨认困难的现象,抽象思维、判断和洞察力受到损害;社会和职业功能的下降现象几乎总是伴随着整个过程。妄想,尤其是被害妄想是痴呆的常见症状,因此有可能会诱发攻击性和破坏性行为。痴呆还伴有幻觉和抑郁。意识水平和觉醒水平也会受到不同程度的影响。痴呆障碍通常病因不明,病程进展缓慢,并无处不在。越来越多的研究发现相关的复杂病因,包括阿尔茨海默病(AD)、路易体痴呆(DLB)、帕金森病痴呆(PDD)和额颞叶变性(FTLD)等神经变性病,也包括血管性痴呆(VaD)、正常压力性脑积水以及其他疾病如颅脑损伤、感染、免疫、肿瘤、中毒和代谢性疾病等引起的认知障碍疾病。痴呆的诊断需要神经病学、神经心理学、神经影像学、神经病理学、神经电生理学、分子生物学等多学科检测结果综合分析。病因的复杂和诸多病理机制的盲点,在不断积累和拓展临床研究基础上,迫切需要临床与基础研究紧密结合。

痴呆障碍最常见于80岁以上的老年人,大约有25%这个年纪的人有严重的痴呆症状。痴呆症是一个迅速扩大的公共卫生问题,据估计,全世界痴呆症患者数量为4700万,到2030年将达到7500万。痴呆症患者数量到2050年预计将是现在的近三倍。痴呆症也是老年人致残和依赖的一个主要原因,痴呆症不仅使患者不知所措,还会给其家庭和照护者带来巨大负担。在大多数国家,由于对痴呆症缺乏认识和理解,造成了歧视以及诊断和护理障碍,并从身体、心理和感情等方面影响照护、家庭和社会。

国际阿尔茨海默病协会(ADI)一直倡导全球积极应对持续加剧的痴呆(失智症)危机,历经十年的努力,终于推动世界卫生组织(WHO)采纳痴呆(失智症)全球计划,并在2017年第70届世界卫生大会正式通过。该计划号召各国政府积极推进痴呆(失智症)的认识、降低风险、诊断、照护与治疗、照护者支持和研究等工作,力争达到全球防治目标。194个WHO正式成员中,目前仅29个国家政府制定了痴呆(失智症)计划。全球计划的正式采纳,充分说明了这一工作的紧迫性,并力促各国政府必须执行本国计划或政策,同时,各国痴呆(失智症)计划也必须得到相应财政投入与支持,应该积极贯彻落实,并加强监督。中国老年保健协会阿尔茨海默病分会(Alzheimer's Disease Chinese,ADC)是中华人民共和国卫生部主管,经民政部批准的中国老年保健协会的全国性分支机构,是一个非营利性、非政府组织。2002年被正式批准成为国际阿尔茨海默病协会(Alzheimer's Disease International,ADI)在中国大陆的唯一正式成员组织。

DSM-5 重度神经认知障碍诊断标准	

A. 在一个或多个认知领域内(复杂的注意,执行功能,学习和记忆,语言,知觉运动或社会认知),与先前表现的水平相比存在显著的认知衰退,其证据基于:

　　1. 个体、知情人或临床工作者对认知功能显著下降的担心。

　　2. 认知功能显著损害,最好能被标准化的神经心理测评证实,或者当其缺乏时,能被另一个量化的临床评估证实。

B. 认知缺陷干扰了日常活动的独立性(即最低限度而言,日常生活中复杂的重要活动需要帮助,如支付账单或管理药物)。

C. 认知缺陷不仅仅发生在谵妄的背景下。

D. 认知缺陷不能用其他精神障碍来更好地解释(例如,重性抑郁障碍、精神分裂症)。

标注是不是由下列疾病所致:

　　阿尔茨海默病;

　　额颞叶变性;

　　路易体病;

　　血管病;

　　创伤性脑损伤;

　　物质/药物使用;

　　HIV 感染;

　　HUAN 病毒病;

　　帕金森氏病;

　　亨廷顿氏病;

　　其他躯体疾病;

　　多种病因;

　　未特定的。

标注:

　　无行为异常:如果认知异常不伴有任何有临床意义的行为异常。

　　伴行为异常(标注异常):如果认知异常伴有临床意义的行为异常(例如,精神病性症状、心境障碍、激惹、情感淡漠或其他行为症状)。

标注目前的严重程度:

　　轻度:日常生活中重要活动的困难(例如,做家务、管理钱)。

　　中度:日常生活中基本活动的困难(例如,进食、穿衣)。

　　重度:完全依赖。

来源:American Psychiatric Association(2013). Diagnostic and statistical manual of mental disorders(5th ed). Washington,DC.

15.5　轻度神经认知障碍

轻度认知障碍(mild cognitive impairment,MCI)是介于正常衰老和痴呆之间的一种中间状态,是一种认知障碍综合征。与年龄和教育程度匹配的正常老人相比,患者存在轻度认知功能减退,但日常能力没有受到明显影响。轻度认知障碍的核心症状是认知功能的减退,根据病因或大脑损害部位的不同,可以累及记忆、执行功能、语言、运用、视空间结构技能等一项或以上,并导致相应的临床症状,其认知减退必须满足以下两点。(1)认知功能下降:①主诉或者知情者报告的认知损害,而且客观检查有认知损害的证据;或/和②客观检查证实认知功能较以往减退。(2)日常基本能力正常,复杂的工具性日常能力可以有轻微损害(可用工具性日常生活活动能力量表(IADL)测量评估)。

根据损害的认知域,轻度认知障碍症状可以分为两大类:(1)遗忘型轻度认知障碍;(2)非遗忘型轻度认知障碍。它们的区别在于患者表现有记忆力损害或记忆功能以外的认知域损害。根据受损的认知域数量,又可分为单纯记忆损害型(只累及记忆力)和多认知域损害型(除累及记忆力,还存在其他一项或多项认知域损害),前者常为阿尔茨海默病的早期导致,后者可由阿尔茨海默病、脑血管病或其他疾病(如抑郁)等引起。患者表现为记忆功能保留,也可以进一步分为非记忆单一认知域损害型和非记忆多认知域损害型,常由额颞叶变性、路易体痴呆等的早期病变导致。

DSM-5 轻度神经认知障碍诊断标准

A. 在一个或多个认知领域内(复杂的注意,执行功能,学习和记忆,语言,知觉运动或社会认知),与先前表现的水平相比存在轻度的认知衰退,其证据基于:

　　1. 个体、知情人或临床工作者对认知功能轻度下降的担心。

　　2. 认知表现的轻度损害,最好能被标准化的神经心理测评证实,或者当其缺乏时,能被另一个量化的临床评估证实。

B. 认知缺陷不干扰日常活动的独立性(即日常生活中复杂的重要活动仍能进行,如支付账单或管理药物,但可能需要更大的努力、代偿性策略或调节)。

C. 认知缺陷不仅仅发生在谵妄的背景下。

D. 认知缺陷不能用其他精神障碍来更好地解释(例如,重性抑郁障碍、精神分裂症)。

标注是不是由下列疾病所致:

　　阿尔茨海默病;

　　额颞叶变性;

　　路易体病;

　　血管病;

　　创伤性脑损伤;

　　物质/药物使用;

　　HIV感染;

　　朊病毒病;

　　帕金森病;

　　亨廷顿氏病;

　　其他躯体疾病;

　　多种病因;

　　未特定的。

变态心理学

续表

编码备注：由上述任何躯体病因所致的轻度神经认知障碍，编码为 G31.84。对于假设的病因上的躯体疾病，不使用额外的编码。物质/药物所致的轻度神经认知障碍，其编码基于物质的类型：参见"物质/药物所致的重度或轻度神经认知障碍"。 未特定的轻度神经认知障碍，编码为 R41.90。 标注： **无行为异常**：如果认知异常不伴有任何有临床意义的行为异常。 **伴行为异常**（标注异常）：如果认知异常伴有临床意义的行为异常（例如，精神病性症状、心境障碍、激越、情感淡漠或其他行为症状）。

来源：American Psychiatric Association(2013). Diagnostic and statistical manual of mental disorders(5th ed). Washington,DC.

15.6 评估

首先需要对患者表现出的痴呆症状或其他认知相关障碍进行一个全面的医学和神经病学检查。在制定和实施治疗方案时，治疗师应该和医务人员紧密合作。

治疗认知障碍患者的治疗师应该在这些障碍的生理和神经病学方面有过训练，或者与有过训练的人进行合作。与认知障碍患者建立的治疗联盟在很大程度上依赖于患者的功能水平。一般来说，治疗师在治疗认知障碍患者时应该是指导性的、支持性的和可靠的。虽然我们鼓励患者尽量保持更多的自主，但治疗师可能还需要对治疗负责，判断哪种心理和医疗干预是必要的。除了提供信息，提高患者的现实感也是治疗师角色的一个重要部分。家庭咨询、教育和干预以及在辅助治疗中的援助，例如家庭支持性团体、住院治疗设施、临时看护和医学治疗同样是非常必要的。治疗师还需要处理自己对病情严重的患者的情感以及对治疗渺茫前景的担心。

15.7 治疗与预后

认知障碍的治疗目标是延缓症状的病发、减轻症状的同时减慢疾病的进程、降低风险因素、减少死亡率。这种治疗涉及与医学以及神经病学治疗相结合的多种方法，包括药物和外科手术、评估抑制和减少认知损害。药物治疗可能会将这些症状视为抑郁、焦虑、精神病性和攻击性，而且会强调障碍本身。药物常用的治疗策略有：(1)增加脑内乙酰胆碱(Ach)浓度的药物；(2)促进脑内胆碱能神经元的存活或提高其神经传导功能的药物；(3)减少乙酰胆碱酯酶的产生或促进其降解的药物。目前临床上使用的治疗药物有乙酰胆碱酯酶抑制剂(如他克林、多奈哌齐、利斯的明、加兰他敏、石杉碱甲、美金刚)、抗氧化剂等。其他最新的治疗方法正在研究中，如淀粉样蛋白靶点治疗、代谢性新靶点治疗、干细胞和基因治疗，等等。

目前所展示的药物和机制越来越广泛,这给人们以乐观,并暗示生物制药行业在未来几年有可能找到帮助患者的新方法。

尽管认知障碍患者仍有认知功能的损害,而且尽可能地维持着某种形式的雇佣关系,但是环境控制可能对他们更有效地处理生活环境问题很有帮助。为了不使症状加剧恶化,需要减少对日常工作、压力和外部刺激的改变。一个处于认知障碍进步阶段的患者可能需要被置于一个有监督的生活环境中。

一个综合的干预方法应该包括对看护人的支持,因为他们的抑郁、压力症状和孤立的风险性会不断增大。支持性团体、放松技术和应对技能够帮助渐进、慢性认知障碍患者减少抑郁、担心、愧疚和对家庭成员的照顾困难。咨询、信息、支持、帮助做出决定、表达情感和设定目标能够使家庭成员更有效地应对照顾认知障碍患者的挑战。家庭成员在辨别和利用社区资源时也能从中受益,例如他们能受到短期护理、家庭服务。社区中同伴支持团体很多,他们能够帮助分享信息、情感正常化、提供支持和一个给照顾者表达他们自己安全、理解的环境。

虽然心理治疗通常在大多数认知障碍的直接治疗中扮演着次要的角色,但这仍是医学治疗的一个很重要的补充成分。心理治疗对阿尔茨海默型痴呆和血管性痴呆的早期和中期患者特别有帮助。如果强调行为干预、鼓励人们尽可能地维持积极和独立、通过建立应对机制弥补他们能达到的能力变化,那么治疗可能会是最有效的。行为导向的治疗能够帮助人们控制破坏性的冲动和情绪波动。还应该注意保持患者对他们问题的了解,帮助他们表达体验到的变化情感,通过家庭照片、钟表和其他可视可听的物体,最大程度地建立患者和现实的联系。这些干预策略能够帮助患者减少社会回避、抑郁、否认、恐惧、混乱、冲动性行为和消极情感等次要症状,而这些症状常见于认知障碍的早期阶段。

认知障碍治疗的预后和疾病本身一样多变,通常是由疾病的起因所决定的。精神活性物质、代谢异常、系统性疾病所致的疾患更有可能受时间限制,需要完整的康复期和显著的改善。

本书参考文献